“中国制造2025”
出版工程

“十三五”国家重点出版物
出版规划项目

锂离子电池电极材料

伊廷锋　谢颖　编著

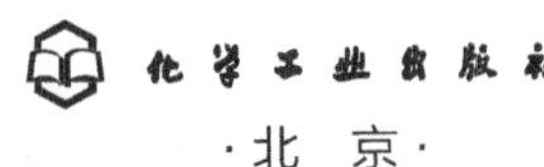

·北京·

电极材料决定着电池的性能，同时也决定电池50%以上的成本。

《锂离子电池电极材料》结合作者多年来电化学及化学电源科研与教学经验，介绍了各类电极材料以及电极的制备方法与结构，着重介绍了高性能锂离子电池正极的设计与功能调控，适宜从事电池电极设计与制造的科研及技术人员参考。

图书在版编目（CIP）数据

锂离子电池电极材料/伊廷锋，谢颖编著.—北京：化学工业出版社，2018.7

“中国制造2025”出版工程

ISBN 978-7-122-32095-7

Ⅰ.①锂…　Ⅱ.①伊…②谢…　Ⅲ.①锂离子电池-电极-材料-研究　Ⅳ.①TM912

中国版本图书馆CIP数据核字（2018）第090755号

责任编辑：邢　涛　　文字编辑：陈　雨

责任校对：边　涛　　装帧设计：尹琳琳

出版发行：化学工业出版社（北京市东城区青年湖南街13号　邮政编码100011）

印　　装：涿州市般润文化传播有限公司

710mm×1000mm　1/16　印张23¾　字数448千字　2019年1月北京第1版第1次印刷

购书咨询：010-64518888　　售后服务：010-64518899

网　　址：http://www.cip.com.cn

凡购买本书，如有缺损质量问题，本社销售中心负责调换。

定　　价：98.00元

序

制造业是国民经济的主体，是立国之本、兴国之器、强国之基。 近十年来，我国制造业持续快速发展，综合实力不断增强，国际地位得到大幅提升，已成为世界制造业规模最大的国家。 但我国仍处于工业化进程中，大而不强的问题突出，与先进国家相比还有较大差距。 为解决制造业大而不强、自主创新能力弱、关键核心技术与高端装备对外依存度高等制约我国发展的问题，国务院于 2015 年 5 月 8 日发布了“中国制造 2025”国家规划。 随后，工信部发布了“中国制造 2025”规划，提出了我国制造业“三步走”的强国发展战略及 2025 年的奋斗目标、指导方针和战略路线，制定了九大战略任务、十大重点发展领域。 2016 年 8 月 19 日，工信部、发展改革委、科技部、财政部四部委联合发布了“中国制造 2025”制造业创新中心、工业强基、绿色制造、智能制造和高端装备创新五大工程实施指南。

为了响应党中央、国务院做出的建设制造强国的重大战略部署，各地政府、企业、科研部门都在进行积极的探索和部署。 加快推动新一代信息技术与制造技术融合发展，推动我国制造模式从“中国制造”向“中国智造”转变，加快实现我国制造业由大变强，正成为我们新的历史使命。 当前，信息革命进程持续快速演进，物联网、云计算、大数据、人工智能等技术广泛渗透于经济社会各个领域，信息经济繁荣程度成为国家实力的重要标志。 增材制造（3D 打印）、机器人与智能制造、控制和信息技术、人工智能等领域技术不断取得重大突破，推动传统工业体系分化变革，并将重塑制造业国际分工格局。 制造技术与互联网等信息技术融合发展，成为新一轮科技革命和产业变革的重大趋势和主要特征。 在这种中国制造业大发展、大变革背景之下，化学工业出版社主动顺应技术和产业发展趋势，组织出版《“中国制造 2025”出版工程》丛书可谓勇于引领、恰逢其时。

《“中国制造 2025”出版工程》丛书是紧紧围绕国务院发布的实施制造强国战略的第一个十年的行动纲领——“中国制造 2025”的一套高水平、原创性强的学术专著。 丛书立足智能制造及装备、控制及信息技术两大领域，涵盖了物联网、大数据、3D 打印、机器人、智能装备、工业网络安全、知识自动化、人工智能等一系列的核心技术。丛书的选题策划紧密结合“中国制造 2025”规划及 11 个配套实施指南、行动计划或专项规划，每个分册针对各个领域的一些核心技术组织内容，集中体现了国内制造业领域的技术发展成果，旨在加强先进技术的研发、推广和应用，为“中国制造 2025”行动纲领的落地生根提供了有针对性的方向引导和系统性的技术参考。

这套书集中体现以下几大特点：

首先，丛书内容都力求原创，以网络化、智能化技术为核心，汇集了许多前沿科技，反映了国内外最新的一些技术成果，尤其国内的相关原创性科技成果得到了体现。这些图书中，包含了获得国家与省部级诸多科技奖励的许多新技术，图书的出版对新技术的推广应用很有帮助！这些内容不仅为技术人员解决实际问题，也为研究提供新方向、拓展新思路。

其次，丛书各分册在介绍相应专业领域的新技术、新理论和新方法的同时，优先介绍有应用前景的新技术及其推广应用的范例，以促进优秀科研成果向产业的转化。

丛书由我国控制工程专家孙优贤院士牵头并担任编委会主任，吴澄、王天然、郑南宁等多位院士参与策划组织工作，众多长江学者、杰青、优青等中青年学者参与具体的编写工作，具有较高的学术水平与编写质量。

相信本套丛书的出版对推动“中国制造 2025”国家重要战略规划的实施具有积极的意义，可以有效促进我国智能制造技术的研发和创新，推动装备制造业的技术转型和升级，提高产品的设计能力和技术水平，从而多角度地提升中国制造业的核心竞争力。

中国工程院院士 潘云鹤

前言

锂离子电池因其具有比能量大、自放电小、重量轻和环境友好等优点而成为便携式电子产品的理想电源，也是电动汽车和混合电动汽车的首选电源。因此，锂离子电池及其相关材料已成为世界各国科研人员的研究热点之一。锂离子电池主要由正极材料、负极材料、电解液和电池隔膜四部分组成，其性能主要取决于所用电池内部材料的结构和性能。正极材料是锂离子电池的核心，也是区别多种锂离子电池的依据，占电池成本的40%以上；负极材料相对来说市场较为成熟，成本所占比例在10%左右。正极材料由于其价格偏高、比容量偏低而成为制约锂离子电池被大规模推广应用的瓶颈。虽然锂离子电池的保护电路已经比较成熟，但对于电池而言，要真正保证安全，电极材料的选择十分关键。一般来说，和负极材料相比，正极材料的能量密度和功率密度低，并且也是引发动力锂离子电池安全隐患的主要原因。目前市场中消费类产业化锂离子电池产品的负极材料均采用石墨类碳基材料。但是碳基负极材料由于嵌锂电位接近金属锂，在电池使用过程中，随着不断的充放电，锂离子易在碳负极上发生沉积，并生成针状锂枝晶，进而刺破隔膜导致电池内部短路而造成安全事故或存在潜在危险。因此，正、负极材料的选择和质量直接决定锂离子电池的性能、价格及其安全性。廉价、高性能的电极材料的研究一直是锂离子电池行业发展的重点。

为了推动我国的锂离子电池行业的发展，帮助高校、企业院所的研发，我们编著了《锂离子电池电极材料》一书。全书包括11章，主要介绍了锂离子电池各类正极材料和负极材料的制备方法、结构、电化学性能的调控以及第一性原理计算在锂离子电池电极材料中的应用。编著者已有十多年从事电化学与化学电源的教学、科研的丰富经验，有锂离子电池电极材料的结构设计和性能调控及生产第一线的大量实践经历，根据自身的体会以及参考了大量国内外相关文献，进行了本书的编写。第1～5、7～10章由伊廷锋（东北大学秦皇岛分校）编写，第6、11章由谢颖（黑龙江大学）、伊廷锋编写。全书由伊廷锋定稿。本书的研究工作和编写得到了国家自然科学基金(51774002、21773060、51274002)的资助，同时对给予本书启示和参考的文献作者予以致谢。并特别感谢宁波大学舒杰副教授为本书提供了大量数据和图片。

锂离子电池电极材料的涉及面广，又正处于蓬勃发展之中，编著者水平有限，难免挂一漏万，不妥之处敬请专家和读者来信来函批评指正。

编著者

目录

中国制造
2025

中国制造
2025

323 第 11 章 锂离子电池材料的理论设计及其电化学性能的预测

第1章

锂离子电池概述

目前全球范围内石油等传统能源资源的日益紧缺，社会城市化的迅速发展，工业和生活污染对环境的影响日渐突出，人们对全球变暖和生态环境恶化等环保问题的关注日益增强，一些新能源，如太阳能、风能、潮汐能等，被相继开发利用起来。它们发展迅速，例如，按目前的发展速度计算，到 2030 年新能源将成为美国能源消耗的主要能源。但这些新能源供应具有不稳定性和不连续性，所以这些能源需要先转化为电能然后再输出，这就促进了对可充放电电池的研究。

寻找替代传统铅酸电池和镍镉电池的可充电电池，开发无毒无污染的电极材料、电解液和电池隔膜以及对环境无污染的电池是目前电池行业首要任务。传统的铅酸电池、镍镉电池、镍氢电池等的使用寿命短、能量密度较低以及环境污染等问题大大地限制了它们的使用。同传统的二次化学电池进行比较，由于锂离子电池具有比能量高、工作电压高、循环寿命长、能够快速充电等优点，已经被广泛地应用于手机、笔记本电脑、数码相机等便携式电子设备上。在全球能源问题和环境问题变得日趋严峻的形势下，各方竭力倡导节能减排、低碳环保生活，而使用“清洁汽车”将成为必然的发展趋势。动力电池应该是一种高容量的大功率电池，相对于其他二次电池而言，可循环的锂离子电池具有多方面的优势，它被认为是动力电池的理想之选。因此，爆发了世界范围的锂离子电池的研究与开发热潮，并在锂离子电池材料技术、生产技术、设备技术等方面有了较大的突破，从近十几年来的研究热点来看，锂离子电池在二次电池中的研究可以说是一枝独秀。

1.1 锂离子电池概述

1.1.1 锂离子电池的发展简史

锂离子电池是 20 世纪研发出来的新型高能电池。20 世纪 60 年代末，贝尔实验室的 Broadhead 等最早开始“电化学嵌入反应”方面的研究。20 世纪 70 年代初，Exxon 公司设计了锂金属为负极、TiS_2 为正极的二次电池。20 世纪 70 年代末，贝尔实验室发现金属氧化物能够提供更大的容量及更高的电压平台，从而金属氧化物开始被研究。20世纪80年代，Goodenough等先后研究发现了Li_xCoO_2和Li_xNiO_2等层状材料（R-3m空间群）的电化学价值，以及尖晶石锰酸锂（Fd-3m空间群）作为电极材料的优良性能。20世纪80年代末，加拿大Moli能源公司把Li/MoS_2二次电池推向市场，第一块商品化锂二次电池由此诞生。20世纪90年代，Badhi和Goodenough等首次构想出把橄榄石型磷酸铁锂作为锂离子电池正极材料拿来研究。20世纪90年代，日本SONY公司发明了以碳基为负极、含锂的化合物为正极的锂二次电池，并最早实现产业化生产。1993年，美国Bellcore电讯公司首次采用PVDF工艺制造聚合物锂离子电池(PLIB)。而锂离子电池和聚合物锂电池作为第三代动力电池，其能量密度高于阀控密封铅酸蓄电池和Ni-MH电池，而PLIB的质量比能量高达200W·h·kg^{-1}，有足够的优势，如果能解决安全问题，它将是最有竞争力的动力电池。

1.1.2 锂离子电池的组成及原理

锂离子电池按照不同的分类方式，有很多种类：①根据锂电池使用的电解质的不同，可分为全固态锂离子电池、聚合物锂离子电池和液体锂离子电池；②根据温度来分，可分为高温锂离子电池和常温锂离子电池；③按外形分类，一般可分为圆柱形、方形、扣式和薄板形。圆柱形电池型号为五位数：前两位是直径，后三位是高度。方形电池型号为六位数：分别用两位数表示厚度、宽度和高度。锂离子二次电池是在锂金属电池基础上发展起来的一种新型锂离子浓差电池，主要由正极、负极、电解液、隔膜、正负极集流体、外壳等几部分构成。

正极活性物质一般选择氧化还原电势较高[>3V(vs. Li^+/Li)]且在空气中能够稳定存在的可提供锂源的储锂材料，目前主要有层状结构的钴酸锂（$LiCoO_2$）、尖晶石型的锰酸锂（$LiMn_2O_4$）、镍钴锰酸锂三元材料（$LiNi_yCo_xMn_zO$）、富锂材料[$xLi_2MnO_3\cdot(1-x)LiMO_2$（M=Mn、Co、Ni等)]以及不同聚阴离子新型材料，如磷酸盐材料Li_xMPO_4(M=Fe、Mn、V、Ni、Co)、硅酸盐材料、氟磷酸盐材料以及氟硫酸盐材料等。理想的锂离子电池的正极材料应该具备以下特征。

① 在与锂离子的反应中有较大的可逆吉布斯（Gibbs）自由能，这样可以减少由于极化造成的能量损耗，并且可以保证具有较高的电化学容量；此外，放电反应应具有较大的负吉布斯自由能变化，使电池的输出电压高。

② 锂离子在其中有较大的扩散系数，这样可以减少由于极化造成的能量损耗，并且也可以保证较快的充放电，以获得高的功率密度；此外，嵌入化合物的分子量要尽可能小并且允许大量的锂可逆嵌入和脱嵌，以获得高的比容量。

③ 在锂的嵌入/脱嵌过程中，主体结构及其氧化还原电位随脱嵌锂量的变化应尽可能的小，以获得好的循环性能和平稳的输出电压平台。

④ 材料的放电电压平稳性好，在整个电位范围内应具有良好的化学稳定性，不与电解质发生反应，这样有利于锂离子电池的广泛应用。

影响正极材料的电化学性能的因素有很多，除自身结构因素外，主要还有以下几点。

① 结晶度。晶体结构发育好，即结晶度高，有利于结构的稳定以及有利于 Li^+ 的扩散，材料的电化学性能好；反之，则电化学性能就差。

② 化学计量偏移。材料在制备过程中，条件控制的差异易出现化学计量偏移，影响材料的电化学性能。如 $Li_{1-x}NiO_2$ 电极材料，由于 Li^+ 在 $Li_{1-x}NiO_2$ 中的扩散系数较大，故而其层状结构的任何位错都会影响到材料的电化学性能。$Li_{1-x}NiO_2$ 通常由固相反应合成，由于在制备过程中条件控制不同，它很容易呈非化学计量，当镍过量时，会出现 $Li_{1-x-y}Ni_{1+y}O_2$ 相，多余的镍会占据 Li^+ 可能占据的位置，从而影响材料的比容量等电化学性质。

③ 颗粒尺寸及分布。锂离子电池电极片为一定厚度的薄膜，并要求这种膜结构均匀、连续。电池正极包括正极活性材料-正极活性材料界面（平整的而且只有分子层厚度，除了原组成物质外界面上不含其他物质的界面）和正极活性材料-电解质界面（亚微米级的界面反应物层的界面）。若材料的粒径过大，则比表面积较小，粉体的吸附性相对较差，正极活性材料-正极活性材料界面间相互吸附较为困难，难以形成均匀、连续的薄膜结构，这样易引起电极片表面出现裂痕等缺陷，降低电池的使用寿命。此外，电解质对正极材料的浸润性较差，界面电阻增大，Li^+ 在电解质中的扩散系数减小，电池的容量减小。若活性材料的粉体粒径过小（纳米级），则比表面积过大，粉体极易团聚，电极片活性物质局部分布不均匀，电池性能下降；同时，粉体过细，易引起表面缺陷，诱发电池极化，降低正极的电化学性能。因此较为理想的正极材料粉体粒径应控制在微米级而且分布较窄，以保证较理想的比表面积，从而提高其电极活性。

④ 材料的结构和组成均匀性。若材料的结构和组成不均匀，会造成电极片活性物质局部分布不均匀，降低电池的电化学性能。

目前锂离子电池的成功商品化主要归功于用嵌锂化合物代替金属锂负极。负极材料通常选取嵌锂电位较低，接近金属锂电位的材料，可分为碳材料和非碳材料。碳材料包括石墨化碳（天然石墨、人工石墨、改性石墨）、无定形碳、富勒球（烯）、碳纳米管。非碳材料主要包括过渡金属氧化物、氮基、硫基、磷基、硅基、锡基、钛基和其他新型合金材料。理想的负极材料主要作为储锂的主体，在充放电过程中实现锂离子的嵌入和脱出，是锂离子电池的重要组成部分，其性能的好坏直接影响锂离子电池的电化学性能。作为锂离子电池负极材料应满足以下要求：

① 锂离子嵌入时的氧化还原电位（相对于金属锂）足够低，以确保电池有较高的输出电压；

② 尽可能多地使锂离子在正、负极活性物质中进行可逆脱嵌，保证可逆比容量值较大；

③ 锂离子可逆脱嵌过程中，负极活性物质的基体结构几乎不发生变化或者变化很小，确保电池具有较好的循环稳定性；

④ 随着锂离子不断嵌入，负极材料的电位应保持不变或变化很小，确保电池具有稳定的充放电电压平台，满足实际应用的需求；

⑤ 具有较高的离子和电子电导率，降低因充放电倍率提高对锂离子嵌入和脱出可逆性的影响，降低极化程度，提高高倍率性能；

⑥ 表面结构稳定，在电解液中形成具有保护作用的固体电解质膜，减少不必要的副反应；

⑦ 具有较大的锂离子扩散系数，实现快速充放电；

⑧ 资源丰富，价格低廉，对环境友好等。

电解液为高电压下不分解的有机溶剂和电解质的混合溶液。电解质为锂离子运输提供介质，通常具有较高的离子电导率、热稳定性、安全性以及相容性，一般为具有较低晶格能的含氟锂盐有机溶液。其中，电解质盐主要有 $LiPF_6$、$LiClO_4$、$LiBF_4$、$LiCF_3SO_3$、$LiAsF_6$ 等锂盐，一般采用 $LiPF_6$ 为导电盐。有机溶剂常使用碳酸丙烯酯（PC）、氯代碳酸乙烯酯（CEC）、碳酸甲乙酯（EMC）、碳酸乙烯酯（EC）、二乙基碳酸酯（DEC）等烷基碳酸酯或它们的混合溶剂。锂离子电池隔膜一般都是高分子聚烯烃树脂做成的微孔膜，主要起到隔离正负电极，使电子无法通过电池内电路，但允许离子自由通过的作用。由于隔膜自身对离子和电子绝缘，在正、负极间加入隔膜会降低电极间的离子电导率，所以应使隔膜空隙率尽量高，厚度尽量薄，以降低电池内阻。因此，隔膜采用可透过离子的聚烯烃微多孔膜，如聚乙烯（PE）、聚丙烯（PP）或它们的复合膜，尤其是Celgard公司生产的Celgard 2300（PP/PE/PP三层微孔隔膜）不仅熔点较高，能够起到热保护作用，而且具有较高的抗刺穿强度。

锂离子电池实际上是一种 Li^+ 在阴、阳两个电极之间进行反复嵌入和脱出的新型二次电池，是一种锂离子浓差电池。在充电状态时，电池的正极反应产生了锂离子和电子，电子即负电荷通过外电路从电池的正极向负极迁移，形成负极流向正极的电流。与此同时，正极反应产生的锂离子通过电池内部的电解液，透过隔膜迁移到负极区域，并嵌入负极活性物质的微孔中，结合外电路过来的电子生成 Li_xC_6，在电池内部形成从正极流向负极且与外电路大小一样的电流，最终形成完整的闭合回路；放电过程则正好相反。充电时，嵌入负极中的锂离子越多，表明充电容量越高；电池放电时，嵌入负极活性物层间的锂离子脱出，又迁移到正极中去，返回到正极中的锂离子越多，放电容量就越高。在正常充电和放电过程中，Li^+ 在嵌入和脱出过程中一般不会破坏其晶格参数及化学结构。因此，锂离子电池在充放电过程中理论上发生的是一种高度可逆的化学反应和物理传导过程，故锂离子电池也常称为摇椅式电池（rocking-chair battery）。而且充放电过程中不存在金属锂的沉积和溶解过程，避免了锂枝晶的生成，极大地改善了电池的安全性和循环寿命，这也是锂离子电池比锂金属二次电池优越并取而代之的根本原因。以磷酸亚铁锂/石墨锂离子电池为例，其工作原理示意图如图 1-1 所示。

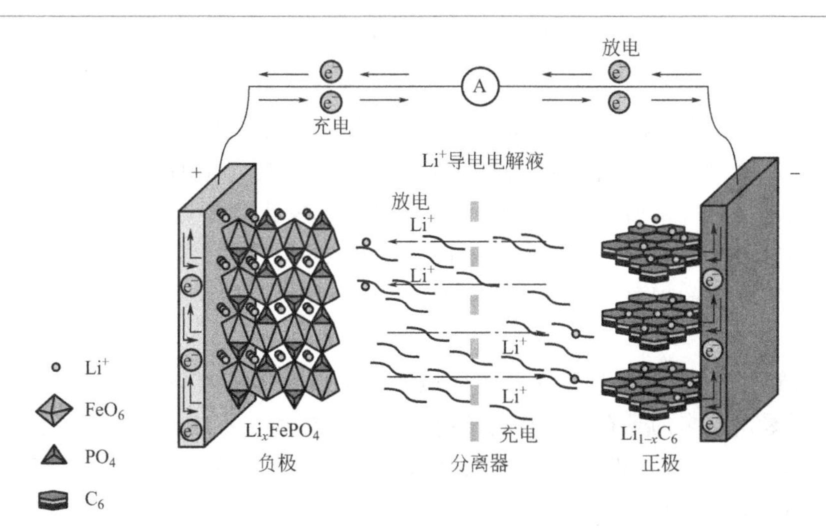

图 1-1　磷酸亚铁锂/石墨锂离子电池的工作原理示意图

当锂电池充电时，Li^+ 从正极 $LiFePO_4$ 晶格中脱嵌出来，经过电解液嵌入到负极，使正极成为贫锂状态而负极处于富锂状态。同时释放了一个电子，正极发生氧化反应，Fe 由＋2 价变为＋3 价。游离出的 Li^+ 则通过隔膜嵌入石墨，形成 Li_xC_6 的插层化合物，负极发生还原反应；放电则反之，Li^+ 从石墨中脱出，重新嵌入 $FePO_4$ 中，Fe 由＋3 价降为＋2 价，同时电子从负极流出，经外电路流向正极从而保持电荷平衡。电极反应如下。

正极：$$LiFePO_4 = Li_{1-x}FePO_4 + xe + xLi^+ \quad (1\text{-}1)$$

负极：$$6C + xLi^+ + xe = Li_xC_6 \quad (1\text{-}2)$$

总电极反应：$$6C + LiFePO_4 = Li_xC_6 + Li_{1-x}FePO_4 \quad (1\text{-}3)$$

从以上可知，锂离子电池的核心主要是正、负极材料，这直接决定了锂电池的工作电压以及循环性能。

1.1.3 锂离子电池的优缺点

跟传统电池相比，锂离子电池具备以下优点。

① 能量密度高。即同质量或体积的锂离子电池提供的能量比其他电池高。锂离子电池的质量比能量一般在 100～170W·h·kg^{-1} 之间，体积比能量一般在 270～460W·h·L^{-1} 之间，均为镍镉电池、镍氢电池的 2～3 倍。因此，同容量的电池，锂离子电池要轻很多，体积要小很多。

② 电压高。因为采用了非水有机溶剂，其电压是其他电池的 2～3 倍。这也是它能量密度高的重要原因。

③ 自放电率低。自放电率又称电荷保持率，是指电池放置不用自动放电的多少。锂离子电池的自放电率为 3%～9%，镍镉电池为 25%～30%，镍氢电池为 30%～35%。因此，同样环境下锂离子电池保持电荷的时间长。

④ 无记忆效应。记忆效应就是指电池用电未完再充电时充电量下降。锂离子电池无记忆效应，所以可以随时充电，这样就使锂离子电池效能得到充分发挥，而镍氢电池，特别是镍镉电池的记忆效应较重，有时会出现用了一半而不得不放电后再充电的现象。对于 EV 和 HEV 动力源的工作状态，这一点是至关重要的。

⑤ 循环使用寿命长。在优良的环境下，可以存储五年以上。此外，锂离子电池负极采用最多的是石墨，在充放电过程中，锂离子不断地在正、负极材料中脱/嵌，避免了锂在负极内部产生枝晶而引起的损坏。循环使用寿命可以达到 1000～2000 次。而镍镉电池、镍氢电池的充放电次数一般为 300～600 次。

⑥ 锂离子电池内部采用过流保护、压力保护、隔膜自熔等措施，工作安全、可靠。

⑦ 锂离子电池不含任何汞（Hg)、镉（Cd)、铅（Pb）等有毒元素，是真正的绿色环保电池。

⑧ 工作温度范围广。锂离子电池通常在－20～60℃的范围内正常工作，但温度变化对其放电容量影响很大。

表 1-1 中列出了几种二次电池的性能，从表中可以看出，与其他二次电池相比，锂离子电池具有较多优势。

表 1-1 各种二次电池的性能对比

项目	铅酸电池	镍镉电池	镍氢电池	锂离子电池	锂聚合物电池
比能量/W·h·kg^{-1}	50	75	75～90	180	120～160
能量密度/W·h·L^{-1}	100	150	240～300	300	250～320
功率密度/W·L^{-1}	200	300	240	200～300	220～300

续表

项目	铅酸电池	镍镉电池	镍氢电池	锂离子电池	锂聚合物电池
开路电压/V	2.1	1.3	1.3	>4.0	>4.0
平均输出电压/V	1.9	1.2	1.2	3.6	3.7
循环寿命/次	300	800	>500	>1000	400～500
记忆效应	无	有	有	无	无
月自放电率/%	3～5	15～20	20～30	6～9	3～5
工作温度/℃	－10～50	－20～60	－20～50	－20～60	－20～60
毒性	高	高	中	低	低

然而，锂离子电池也不是完美的，存在如下几点缺陷。

① 内阻相对较大。由于其电解液是有机溶剂，其扩散系数远低于Cd-Ni和MH-Ni电池的水溶性电解液。

② 充放电电压区间宽。所以必须设置特殊的保护电路，防止过充电和过放电的发生。

③ 与普通电池的相容性差。因为锂电池的电压比其他电池高，所以与其他电池的相容性就较差。

1.2 锂离子电池电极材料的安全性

锂离子电池已经广泛应用于移动电话、笔记本电脑和其他小型便携电子设备，由于它们使用的锂离子电池容量小（1～2A·h以下），又大部分是使用单体电池，其电池的安全问题不太突出。即使这样，手机电池爆炸起火事件也偶有发生。将单体电池容量10A·h，甚至100A·h的锂离子电池用于电动自行车、电动汽车、混合电动汽车和电动工具等作为动力电源使用时，安全问题更引起了全球的关注。对于手机用锂离子电池，基本要求是发生安全事故的概率要小于百万分之一，这也是社会公众所能接受的最低标准。而对于大容量锂离子电池，特别是汽车等用大容量动力锂离子电池，安全性问题尤为突出，也一直是研究的热点。引起电池安全问题的原因很多，主要集中在过充、内外部短路以及电池组使用过程中落后电池的安全隐患。影响锂离子电池安全性的主要因素有电池的电极材料、电解液以及制造工艺和使用条件等。随着材料科学和制造工艺的进步，采用具有较高热稳定性能的电极材料、选择含有阻燃剂或过充保护剂的电解液、设计良好的散热结构和电池保护电路及管理系统都有利于提高锂离子电池的安全性能，所以大容量动力锂离子电池的安全问题有望得到解决。

1.2.1 正极材料的安全性

正极材料的安全性主要包括热稳定性和过充安全性。在氧化状态，正极活性物质发生放热分解，并放出氧气，氧气与电解液发生放热反应，或者正极活性物质直接与电解液发生反应。表 1-2 列出几种正极活性物质与电解质发生放热反应的温度和分解温度。从表中可以看出，$LiMn_2O_4$ 的热稳定性最好，放热峰位置高于其他 3 种活性物质。

表 1-2 主要的四种正极材料的放热温度和分解温度

项目	$LiCoO_2$	$LiCo_xNi_{1-x}O_2$	$LiMn_2O_4$	$LiNiO_2$
放热温度	约 250℃	260～310℃	约 300℃	约 200℃
分解温度	约 230℃	230～250℃	约 290℃	约 220℃

氧化温度是指材料发生氧化还原放热反应的温度，也是衡量材料氧化能力的重要指标，温度越高表明其氧化能力越弱。表 1-3 列出了主要的四种正极材料的氧化放热温度。

表 1-3 主要的四种正极材料的氧化放热温度

项目	$LiCoO_2$	$LiCo_xNi_yMn_zO_2$	$LiMn_2O_4$	$LiFePO_4$
氧化温度	约 150℃	约 180℃	约 250℃	＞400℃

从表 1-3 中可以看出，钴酸锂和镍钴锰酸锂很活泼，具有很强的氧化性。由于锂离子电池的电压高，而且使用的是非水的有机电解质，这些有机电解质具有还原性，会和正极材料发生氧化还原反应并释放热量，正极材料的氧化能力越强，其发生反应就越剧烈，越容易引起安全事故。而锰酸锂和磷酸铁锂具有较高的氧化放热温度，其氧化性弱，或者说热稳定性要远优于钴酸锂和镍钴锰酸锂，因此具有更好的安全性。由上述综合表现可知：考虑到安全性，钴酸锂和镍钴锰酸锂是极不适合用在动力型锂离子电池领域的；锰酸锂（$LiMn_2O_4$）和磷酸铁锂（$LiFePO_4$）更适合作为动力锂电池正极材料。

1.2.2 负极材料的安全性

目前，商业化的锂离子电池多采用碳材料为负极，在充放电过程中，锂在碳颗粒中嵌入和脱出，从而减少锂枝晶形成的可能，提高电池的安全性，但这并不表示碳负极没有安全性问题。其影响锂离子电池安全性能因素表现在下列几个方面。

（1）嵌锂负极与电解液反应

随着温度的升高，嵌锂状态下的碳负极将首先与电解液发生放热反应，且生成易燃气体。因此，有机溶剂与碳负极不匹配可能使锂离子动力电池发生燃烧。

（2）负极中的黏结剂

典型的负极包含质量分数为8%～12%的黏结剂，随着负极嵌锂程度的增加，其与黏结剂反应的放热量也随之增加，通过XRD分析发现其反应的主要产物为LiF。有报道表明Li_xC_6与PVDF的反应开始时的温度是200℃。

（3）负极颗粒尺寸

负极活性物质颗粒尺寸过小会导致负极电阻过大，颗粒过大在充放电过程中膨胀收缩严重，导致负极失效。目前，主要的解决方法是将大颗粒和小颗粒按一定比例混合，从而达到降低电极阻抗、增大容量的同时提高循环性能的目的。

（4）负极表面SEI膜的质量

良好的SEI膜可以降低锂离子电池的不可逆容量，改善循环性能，增加嵌锂稳定性和热稳定性，在一定程度上有利于减少锂离子电池的安全隐患。目前研究表明，经过表面氧化、还原或掺杂的碳材料以及使用球形或纤维状的碳材料都有助于SEI膜质量的提高。

此外，在全电池中正负极活性物质的配比关系到电池的使用寿命和安全性能，尤其是过充电性能。正极容量过大将会出现金属锂在负极表面沉积，负极容量过大会导致电池的容量损失。为了确保电池的安全性，一般原则是考虑正负极的循环特性和过充时负极接受锂的能力，而给出一定的设计冗余。

1.3 锂离子电池电极材料的表征与测试方法

1.3.1 物理表征方法

锂离子电池电极材料成分的表征主要有电感耦合等离子体（ICP）、X射线荧光光谱仪（XRF）、能量弥散X射线谱（EDX）、二次离子质谱（SIMS）等。其中SIMS可以分析元素的深度分布且具有高灵敏度。元素价态的表征主要有扫描透射X射线成像（STXM）、电子能量损失谱（EELS）、X射线近边结构谱（XANES）、X射线光电子谱（XPS）等。由于价态变化导致材料的磁性变化，因此通过测量磁化率、顺磁共振（ESP）、核磁共振（NMR）也可以间接获得材料中元素价态变化的信息。若含Fe、Sn元素，还可以通过穆斯鲍尔谱

(Mössbauer) 来研究。另外，对碳包覆的电极材料中的碳含量的测定，可以使用碳硫分析仪。

电极材料的形貌表征一般采用扫描电镜（SEM）、透射电镜（TEM）、STXM、扫描探针显微镜（SPM）进行表征。SPM 中的原子力显微镜（AFM）大量应用于薄膜材料、金属 Li 表面形貌的观察，主要用在纳米级平整表面的观察。表征材料晶体结构的主要有 X 射线衍射技术（X-Ray diffraction，XRD）、扩展 X 射线吸收精细谱（extended X-Ray absorption fine spectroscopy，EXAFS）、中子衍射（neutron diffraction）、核磁共振（nuclear magnetic resonate，NMR）以及球差校正扫描透射电镜等。振动光谱（红外光谱及拉曼光谱）对材料的对称性质及局部键合情况非常敏感，能够快速地提供材料的结构信息，因此在固体化学等领域已经获得广泛的应用。振动光谱能够对材料进行定性分析，并且能够检测到用 X 射线衍射方法不易分析的非晶态和半非晶态化合物。如果晶体中存在某种在动力学上可以视为孤立的原子团、络离子等，也就是当它们的某些内在振动或所有内振动的频率显著高于外部振动时，则识别某些晶体的振动就大大简化。含有这种原子团或络离子的一个系列的化合物的光谱具有共同的特征，这些特征与它们的内振动有关系。此外，Raman 散射也可以通过涉及晶格振动的特征峰及峰宽来判断晶体结构及其对称性。

1.3.2 电化学表征方法

电化学表征除了常规的充放电测试以外，主要还包括循环伏安（cyclic voltammogram，CV）和电化学阻抗测试（electrochemical impedance spectroscopy，EIS)。循环伏安法是电化学研究中最常用的测试方法之一，根据 CV 图中的峰电位和峰电流，可以分析研究电极在该电位范围内发生的电化学反应，鉴别其反应类型、反应步骤或反应机理，判断反应的可逆性，以及研究电极表面发生的吸附、钝化、沉积、扩散、偶合等化学反应。电化学阻抗测试也是电化学研究中最常用的测试方法之一，可以获得有关欧姆电阻、吸/脱附、电化学反应、表面膜层以及电极过程的动力学参数等信息。

由于锂离子在嵌入型化合物内部的脱出/嵌入是实现能量存储与输出的关键步骤，因此离子在这些材料中的嵌脱动力学成为表征其电化学性能的非常重要的参数。对于锂离子蓄电池来说，常用的表征锂离子嵌脱动力学的电化学测试方法主要有循环伏安法、电化学阻抗谱法、恒电流间歇滴定法（GITT）和电位阶跃法（PSCA）等。

利用循环伏安测试可以得出不同扫描速率下所得的峰值电流（I_p）与扫描速率的平方根（$v^{1/2}$）的线性关系图。图 1-2 为 700℃合成的具有 Fd-3m 空间群

结构的 $LiNi_{0.5}Mn_{1.5}O_4$ 材料不同扫速的 CV 曲线及峰电流与扫描速率的平方根的线性关系图。

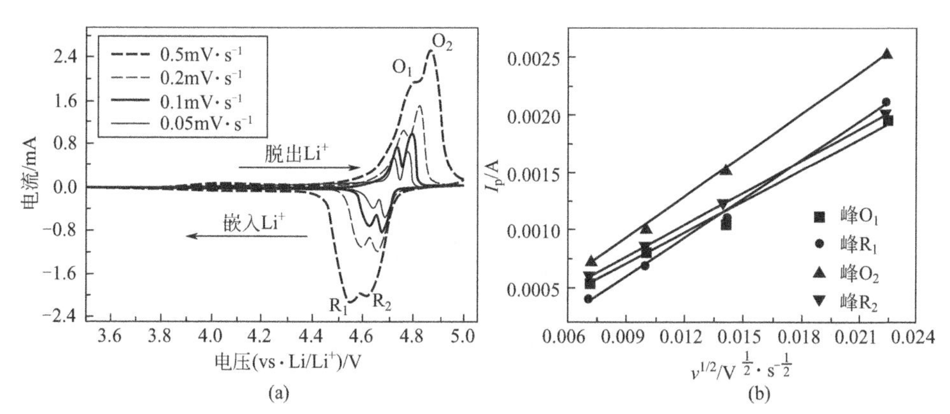

图 1-2 700℃合成的具有 Fd-3m 空间群结构的 $LiNi_{0.5}Mn_{1.5}O_4$ 材料不同扫速的 CV 曲线（a）及峰电流与扫描速率的平方根的线性关系图（b）

电极反应由锂离子扩散控制，锂离子扩散符合半无限固相扩散机制。对于半无限扩散控制的电极反应，锂离子的扩散系数可以采用 Randles-Sevcik 公式计算：

$$I_p=2.69\times10^5 n^{3/2}AD_{Li}^{1/2}c_{Li}v^{1/2} \tag{1-4}$$

式中，I_p 为峰电流，A；A 为电极表面积，cm^2；n 为反应电子数（对于锂离子，$n=1$）；D_{Li} 为扩散系数，$cm^2\cdot s^{-1}$；c_{Li} 为锂离子的浓度，$mol\cdot cm^{-3}$。计算得锂离子扩散系数值为 $4.7\times10^{-9}\sim8.27\times10^{-9}cm^2\cdot s^{-1}$ 之间，平均锂离子扩散系数为 $6.33\times10^{-9}cm^2\cdot s^{-1}$。

电化学阻抗技术是电化学研究中的一种重要方法，已在各类电池研究中获得了广泛应用。该技术的一个重要特点是可以根据阻抗谱图（Nyquist 图）准确地区分在不同频率范围内的电极过程控制步骤。锂离子扩散系数（D_{Li}）可以通过低频区的实部阻抗（Z_{re}）与角频率（ω）的关系以如下公式计算：

$$Z_{re}=R_{ct}+R_s+\sigma\omega^{-1/2} \tag{1-5}$$

$$D_{Li}=\frac{R^2T^2}{2A^2n^4F^4c_{Li}^2\sigma^2} \tag{1-6}$$

式中，σ 为与 Z_{re} 有关的 Warburg 系数；R 为气体常数（$8.314J\cdot mol^{-1}\cdot K^{-1}$）；$T$ 为热力学温度；A 为电极的表面积；n 为氧化过程中单个分子转移的电子数；F 为法拉第常数；c_{Li} 是锂离子浓度，$mol\cdot cm^{-3}$。

此外，电极阻抗最简单的 Nyquist 图如图 1-3 所示，从图中可见，高频区是一个对应电荷转移反应的容阻弧，低频区是一条对应扩散过程的直线。

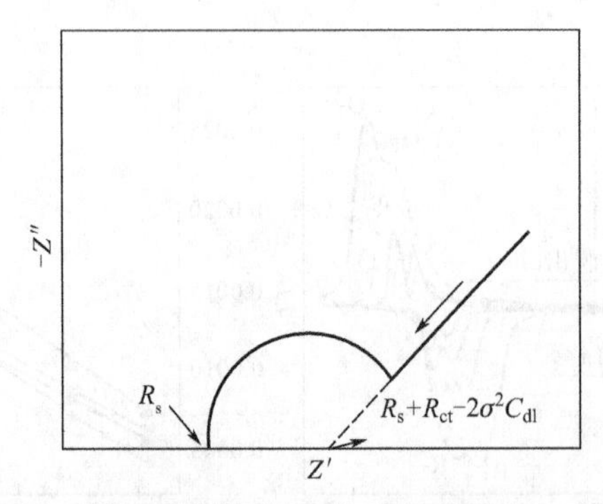

图 1-3 电极阻抗的 Nyquist 图

C_{dl} 是电极与电解质溶液两相之间的双层电容

半无限扩散条件下，Warburg 阻抗可表示为：

$$Z_W=\sigma\omega^{-1/2}-j\sigma\omega^{-1/2} \tag{1-7}$$

由式(1-7) 可见，Warburg 阻抗是一条与实轴成 45°角的直线。假设电极反应完全可逆，还原态的活度为常数，电极电势的波动与氧化态的表面浓度波动具有完全相同的电位。因此，由此而引起的电极电势波动也比电流波动落后 45°，则在由扩散控制步骤的电解阻抗的串联等效电路中，电阻部分（$R_{扩}$）与电容部分（$C_{扩}$）之间必然存在如下关系：

$$|Z_R|_{扩}=R_{扩}=|Z_C|_{扩}=\frac{1}{\omega C_{扩}}=\frac{|Z_W|}{\sqrt{2}} \tag{1-8}$$

$$R_{扩}=\frac{RT}{\sqrt{2}n^2F^2C_O^0\sqrt{\omega D_O}}=\frac{\sigma}{\sqrt{\omega}} \tag{1-9}$$

式中，C_O^0 为反应物的初始浓度；D_O 为扩散系数。

由式(1-8) 和式(1-9) 联立：

$$\sigma=\frac{|Z_W|\omega^{1/2}}{\sqrt{2}} \tag{1-10}$$

由式(1-7) 可得：

$$Z_W=\frac{1}{Y_0\left(\frac{\omega}{2}\right)^{1/2}(1+j)} \tag{1-11}$$

对式(1-11) 两边取模，则：

$$|Z_W| = Y_0^{-1}\omega^{-1/2} \tag{1-12}$$

由式(1-10) 和式(1-12) 联立：

$$\sigma = \frac{1}{\sqrt{2}Y_0} \tag{1-13}$$

此外，当频率 $f \gg 2D_{Li}/L^2$（L 是扩散层厚度）时，σ 可以表述为：

$$\sigma = \frac{V_M}{\sqrt{2}nFAD_{Li}^{1/2}} \times \frac{-dE}{dx} \tag{1-14}$$

由式(1-13) 和式(1-14) 联立：

$$D_{Li} = \left[\frac{Y_0 V_M}{FA}\left(\frac{-dE}{dx}\right)\right]^2 \tag{1-15}$$

式中，V_M 是电极材料的摩尔体积；A 是电极的表面积；Y_0 是导纳；F 是法拉第常数；n 是得失电子数（此处 $n=1$）；dE/dx 是放电电压-组成曲线上每点的斜率。

由此可见，由所测阻抗谱图的 Warburg 系数，再由放电电位-组成曲线所测的不同锂嵌入量下的 dE/dx，根据式(1-15) 也可以求出锂离子固相扩散系数 D_{Li}。

PITT 是基于平面电极的一维有限扩散模型，经过合理的近似和假设，偏微分求解 Fick 第二定律，得锂离子扩散系数的计算公式为：

$$D_{Li} = -\frac{d\ln I}{dt} \times \frac{4L^2}{\pi^2} \tag{1-16}$$

式中，I 为阶跃电流；t 为阶跃时间；L 为扩散距离（极片上活性材料厚度）。

恒电流间歇滴定技术（GITT）是稳态技术和暂态技术的综合，它消除了恒电位技术等技术中的欧姆电位降问题，所得数据准确，设备简单易行。根据 GITT 分析技术的理论，得锂离子扩散系数的计算公式为：

$$D_{Li} = \frac{4}{\pi}\left(I_0 \frac{V_M}{FA}\right)^2 \left(\frac{dE/dx}{dE/d\sqrt{t}}\right)^2, t \ll \frac{l^2}{D_{Li}} \tag{1-17}$$

式中，V_M 是电极材料的摩尔体积；I_0 是应用的电流；l 为扩散距离；E 是法拉第电池的电压。

锂离子电池的扩散系数与电池的电压、充/放电态、合成方法、粒径大小、测试温度以及测试方法有关。以尖晶石 $LiNi_{0.5}Mn_{1.5}O_4$ 材料为例，Yang 等采用 CV 法计算了溶胶-凝胶法 850℃ 在空气中烧结 6h 制备的 $LiNi_{0.5}Mn_{1.5}O_4$ 材料的锂离子扩散系数为 $7.6 \times 10^{-11} cm^2 \cdot s^{-1}$；Yi 等采用 EIS 法计算了乙二醇辅助草酸共沉淀法和氨水共沉淀法制备的 $LiNi_{0.5}Mn_{1.5}O_4$ 材料的锂离子扩散系数分别为 $2.03 \times 10^{-15} cm^2 \cdot s^{-1}$ 和 $1.01 \times 10^{-15} cm^2 \cdot s^{-1}$；Ito 等计算了喷雾

干燥法制备的 $LiNi_{0.5}Mn_{1.5}O_4$ 材料在 3～4.9V 之间的锂离子扩散系数为 10^{-13}～$10^{-9}cm^2 \cdot s^{-1}$；Kovacheva 等计算了微米级（约 1.25μm）和纳米级（约 20nm）粒径的 $LiNi_{0.5}Mn_{1.5}O_4$ 材料在 4.6～4.8V 之间的锂离子扩散系数分别为 10^{-11}～$10^{-13}cm^2 \cdot s^{-1}$ 和 10^{-16}～$10^{-15}cm^2 \cdot s^{-1}$。

1.3.3 电极材料活化能的计算

锂离子电池电极材料的制备有许多种方法，但是，无论采用哪种方法，对原料前驱体加热升温和持续焙烧是制备电极材料必需的工艺步骤。通过计算合成过程中各个反应阶段的表观活化能，可以优化工艺对终产物带来的影响。根据非等温动力学理论和 Arrhenius 方程，热动力学反应速率可表示为：

$$\ln\frac{\beta}{T^2}=\ln\frac{AR}{E_a}-\frac{E_a}{R}\times\frac{1}{T} \tag{1-18}$$

式中，β 为 DSC 曲线的升温速率，℃ · min^{-1}；A 为表观指前因子；E_a 为反应活化能，J · mol^{-1}；R 为气体常数。由 $\ln\frac{\beta}{T^2}$-$\frac{1}{T}$的关系曲线，可以得到一条直线，通过直线的斜率可求得各个峰的活化能值。通过评估其合成过程中各个反应阶段的表观活化能，并利用 X 射线衍射技术（XRD）基于热动力学结果提出分步烧结的具体工艺，然后根据各阶段产物的特点，可以优化电极材料的制备工艺及提高所制备的电极材料的纯度。

锂离子电池主要依靠锂离子在正极和负极之间移动来工作，在充放电过程中，Li^+ 在两个电极之间往返嵌入和脱嵌。锂离子在固相材料中的扩散能力远远小于其在电解液中的迁移能力。因此锂离子在电极材料内部的扩散系数直接影响了电池的性能，尤其是高倍率性能。事实上，锂离子电池电极材料普遍存在锂离子扩散系数偏低的问题。因此，在高性能电极材料的设计中，往往通过体相掺杂来提高材料的锂离子扩散系数。而锂离子扩散系数的大小直接影响了电池中电化学反应的活化能。因此，对于电池的充放电反应，获取活化能数据的一个重要意义是，由活化能的相对高低可比较不同离子掺杂或掺杂量不同的材料的性能，从而为高性能掺杂电极材料的设计提供理论依据。锂离子电池电极材料的锂离子扩散系数（D_{Li}）与活化能（E_a）之间的关系为：

$$D_{Li}=D_0\exp\left(-\frac{E_a}{RT}\right) \tag{1-19}$$

因此

$$\ln D_{Li}=\ln D_0-\frac{E_a}{R}\times\frac{1}{T} \tag{1-20}$$

式中，D_0 为表观指前因子；E_a 为反应活化能，J · mol^{-1}；T 为温度，K；

R 为气体常数。由 $\ln D_{Li}$-$\frac{1}{T}$ 的关系曲线，可以得到一条直线，通过直线的斜率（k）可求得活化能值（$E_a=-Rk$）。

另外，在锂离子电池中，交换电流密度（i_0）可以反映出一个电化学反应进行的“难易”程度，也就是说该反应过程中所遇“阻力”的大小。它的大小是由电极反应过程中“控制步骤”的“阻力”来决定的。因此，交换电流密度的大小同样影响了电池中电化学反应的活化能。由此可见，利用交换电流密度计算活化能，也可以为高性能掺杂电极材料的设计提供理论依据。锂离子电池电极材料的交换电流密度与活化能（E_a）之间的关系为：

$$\ln i_0=\ln i_A-\frac{E_a}{R}\frac{1}{T} \tag{1-21}$$

式中，i_A 为表观指前因子；E_a 为反应活化能，$J \cdot mol^{-1}$；T 为温度，K；R 为气体常数。由 $\ln i_0$-$\frac{1}{T}$ 的关系曲线，可以得到一条直线，通过直线的斜率（k）可求得活化能值（$E_a=-Rk$）。

1.4 锂离子电池隔膜

隔膜是锂离子电池重要的组成部分，其性能的优劣决定了电池的界面结构、内阻等，直接影响电池的容量、循环性能等关键特性，性能优异的隔膜对提高电池的综合性能具有重要的作用。

1.4.1 锂离子电池隔膜的制备方法

锂离子电池隔膜的材料主要为多孔性聚烯烃，其制备方法主要有两种：一种是湿法（wet），即相分离法；另一种是干法（dry），即拉伸致孔法。不管是哪种方法，其目的都是增加隔膜的孔隙率和强度。

湿法制作过程是指将液态的烃或者一些小分子物质与聚烯烃树脂混合，加热熔融形成均匀的混合物，然后用挥发溶剂进行相分离，并压制得到膜片；再将膜片加热至接近结晶熔点，保温一定时间，再用易挥发物质洗脱残留的溶剂，加入无机增塑剂粉末使之形成薄膜，再进一步用溶剂洗脱无机增塑剂，最后将其挤压成片。这种方法制作的隔膜，可以通过在凝胶固化过程中控制溶液的组成和溶剂的挥发来改变其性能和结构。采用的原料一般是具有较好力学性能和超高分子量的聚乙烯（UHMWPE）。湿法可以较好地控制孔径及孔隙率，但是需要使用溶剂，可能产生污染，提高成本。干法是将聚烯烃树脂熔融，然后挤压吹制成结晶性高分子薄膜，经过结晶化热处理、退火后得到高度取向的多层结构，继而在高温下进一步拉伸，将结晶界面进行剥离形成多孔结构，从而可以恰到好处地增加隔膜的孔径。多孔结构与聚合物的结晶性、取向性有关。表 1-4 列出了一些锂离子电池隔膜主要制造商采用的制作方法。

表 1-4 锂离子电池隔膜主要制造商采用的制作方法

制造商	结构	组分	过程	商标名称
Tonen	单层	PE	湿法	Setela^{TM}
Mitsui Chemical	单层	PE	湿法	
Entek Membranes	单层	PE	湿法	Teklon^{TM}
Celgard LLC	单层	PP,PE	干法	Celgard^{TM}
	多层	PP/PE/PP	干法	Celgard^{TM}

1.4.2 锂离子电池隔膜的结构与性能

电池的性能取决于隔膜以及其他材料的整体性能，随着电池的设计要求不同而对隔膜的要求也不同。隔膜的主要性能包括透气率、孔径大小及分布、孔隙率、力学性能、热性能及自动关闭机理和电导率等。表 1-5 为锂离子电池隔膜的一般要求。

表 1-5 锂离子电池隔膜的一般要求

参数	要求
厚度/μm	＜25
电化学阻抗/$\Omega \cdot cm^2$	＜2
孔径/μm	＜1
孔隙率/%	约 40
刺穿强度/$g \cdot \mu m^{-1}$	＞11.8
混合渗透强度/$N \cdot m^{-1}$	＞3.86×10^5
屈服强度	6.9MPa 压力下偏移量＜2%
自闭温度/℃	约 130
高温完整性/℃	＞150
化学稳定性	在电池中长时间稳定

透气率是透气膜的一种重要的物化指标，它是由膜的孔径分布、孔隙率等决定的，常采用 Gurley 方法表征透气率。孔隙率和孔径的大小及分布与微孔膜的制备方法有关。但有些商品隔膜（如表面用表面活性剂处理）其孔隙率低于 30%，也有些隔膜孔隙率较高，可达 60%左右。当温度接近聚合物熔点时，多

孔的离子传导聚合物膜变成了无孔的绝缘层，微孔闭合而产生自关闭现象。这时阻抗明显上升，通过电池的电流也受到限制，因而可防止由于过热而引起的爆炸等现象。大多数聚烯烃隔膜由于其熔化温度低于200℃（如聚乙烯隔膜的自闭温度为130～140℃，聚丙烯隔膜的自闭温度为170℃左右），当然在某些情况下，即使已经“自闭”，电池的温度也可能继续升高，因此要求隔膜耐更高的温度，并具有足够高的强度。

隔膜的制造技术和工艺的发展是影响锂离子电池性能的重要因素，随着电池技术的进步和多样化，按不同的要求将能设计出多种多样性能好的隔膜。另外在性能价格比方面有待于进一步提高。目前隔膜发展的趋势就是要求其具有较高的孔隙率，较低的电阻，较高的抗撕裂强度，较好的抗酸碱能力和良好的弹性。

1.5 锂离子电池有机电解液

锂离子电池电解液是电池的重要组成部分，在电池中承担着正负极之间传输电荷的作用，它对电池的比容量、工作温度范围、循环效率及安全性能等至关重要。锂离子电池有机电解液由有机溶剂、电解质锂盐和必要的添加剂组成，有机电解液的电化学稳定性不仅与有机溶剂的组成有关，也与电解质锂盐的种类有关。有机溶剂是电解液的主体部分，与电解液的性能密切相关，一般用高介电常数溶剂与低黏度溶剂混合使用。常用电解质锂盐有高氯酸锂、六氟磷酸锂、四氟硼酸锂等，但从成本、安全性等多方面考虑，六氟磷酸锂是商业化锂离子电池采用的主要电解质；添加剂的使用尚未商品化，但一直是有机电解液的研究热点之一。表1-6列出了锂离子电池电解液各组成的常用成分。

表1-6 锂离子电池电解液各组成的常用成分

组成	传统的	新型的
锂盐	$LiPF_6$	$LiBF_4$,LiBOB,LiODFB,LiTFSI,LiFSI等
有机溶剂	EC,PC,DMC,DEC,EMC等	EA,EB,EP,FB等
添加剂	VC,FEC,VEC,ES,PS,CHB等	PRS,VES,MMDS,TAB,SN,ADN等

锂离子电池有机电解液一般要求离子电导率高，一般应在10^{-3}～2×10^{-3}S·cm^{-1}；锂离子迁移数应接近于1；电化学稳定的电位范围宽；必须有0～5V的电化学稳定窗口；热稳定性好，使用温度范围宽；化学性能稳定，与电池内活性物质和集流体不发生化学反应；安全低毒，最好能够生物降解。

参考文献

[1] 高昆，戴长松，吕晶，冯祥明. Li_2MnSiO_4正极材料合成过程的热反应动力学. 材料热处理学报，2013，34（4）：1-6.

[2] 刘伶，张乃庆，孙克宁，杨同勇，朱晓东. 锂离子电池安全性能影响因素分析. 稀有金属材料与工程，2010，39（5）：936-940.

[3] 王峰，甘朝伦，袁翔云. 锂离子电池电解液产业化进展. 储能科学与技术，2016，5（1）：1-8.

[4] 李文俊，褚赓，彭佳悦，郑浩，李西阳，郑杰允，李泓. 锂离子电池基础科学问题（Ⅻ）——表征方法. 储能科学与技术，2014，3（6）：642-667.

[5] Liu H，Wang J，Zhang X，Zhou D，Qi X，Qiu B，Fang J，Kloepsch R，Schumacher G，Liu Z，Li J. Morphological evolution of high-voltage spinel $LiNi_{0.5}Mn_{1.5}O_4$ cathode materials for lithium-ion batteries：the critical effects of surface orientations and particle size. ACS Appl Mater Interfaces，2016，8（7）：4661-4675.

第2章

锂离子电池层状正极材料

2.1 $LiCoO_2$ 电极材料

2.1.1 $LiCoO_2$ 电极材料的结构

合成方法的不同造就了 $LiCoO_2$ 不同的物相，虽然都是嵌入式化合物，都可以作为锂离子电池正极材料，但是由于晶体结构差异导致了其电化学性能差异。高温下合成的层状 $LiCoO_2$（HT-$LiCoO_2$）由于比容量较高，并有较好的循环性能和安全性，且较易制备，从而成为目前大量用于生产的锂离子电池正极材料。$LiCoO_2$ 的另外一种物相，较低温度下（400℃）合成的尖晶石型 $LiCoO_2$（LT-$LiCoO_2$），由于颗粒为尖角形，松装密度低，循环性能有争议，而受到商业化冷淡。

HT-$LiCoO_2$ 具有 α-$NaFeO_2$ 型晶体结构，R-3m 空间群，属于六方晶系，如图 2-1 所示。三价钴占据八面体 3a 位置，锂离子占据 3b 位置，氧离子占据 6c 位置。锂原子、钴原子和氧原子分别占据八面体的三个不同位置呈立方密堆积，形成层状结构。层状结构的 $LiCoO_2$ 的氧原子作立方密堆积（ABCABC…），钴原子和锂原子有序地交替排列在（111）晶面上，这种（111）晶面的有序排列引起晶格的轻微畸变而成为三方晶系，这样（111）面就变成了（001）面，其空间群为 R-3m，称这种结构为 CuPt 型结构。

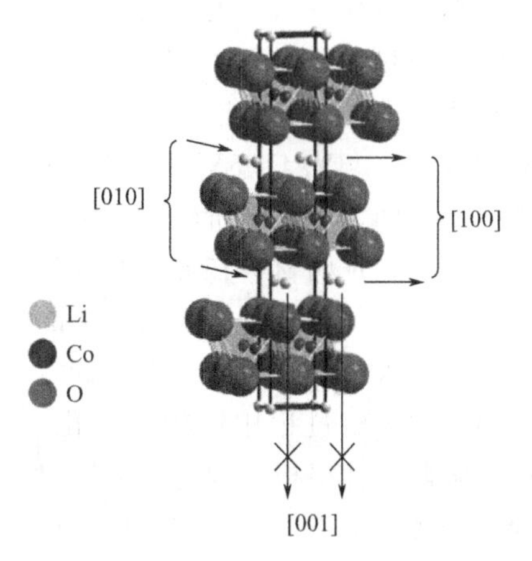

图 2-1 $LiCoO_2$ 的层状结构图

$LiCoO_2$ 的充放电中有三个相变过程，主放电平台位于 3.94V 附近，对应于富锂的 H1 相与贫锂的 H2 相共存，位于 4.05V

和 4.17V 的两个弱小平台对应于另外两个相变过程，其结构在三方晶系和单斜晶系两相之间可逆变化，循环性能较好，其实际容量约为 $156mA \cdot h \cdot g^{-1}$。当超过 0.5 个锂离子脱出时，由于 C 轴方向的形变，将导致其晶格常数发生剧烈变化，晶格失去氧，并且由于高价态的 Co 具有强氧化性，将导致电解液被氧化，引起材料的结构稳定性能和循环性能都下降，因此通常商业上把 $LiCoO_2$ 的充电截止电压限在 4.20V，其实际的比容量只有 $140 \sim 150mA \cdot h \cdot g^{-1}$。

2.1.2 $LiCoO_2$ 电极材料的电化学性能

$LiCoO_2$/C 电池充放电时，锂离子可以在所在的平面发生可逆脱嵌/嵌入反应，活性材料中 Li^+ 的迁移过程可用下式表示：

$$LiCoO_2 \rightleftharpoons Li_{1-x}CoO_2 + xLi^+ + xe \tag{2-1}$$

$$xLi^+ + xe + 6C \rightleftharpoons Li_xC_6 \tag{2-2}$$

电池充电时，正极活性材料中的部分锂离子脱离出 $LiCoO_2$ 晶格，锂离子通过电解液嵌入到负极活性物质 C 的晶格中，生成 Li_xC_6 化合物，负极处于富锂状态，正极处于贫锂状态，同时通过外电路从正极向负极补偿电子以保持电荷的平衡；反之放电时，锂离子从 Li_xC_6 中脱出，经过电解液嵌入正极晶格中，同时，电子通过外电路从负极流向正极进行电荷补偿。充放电过程就是不断重复上述过程，实现锂离子在正、负极材料中的嵌入和脱出，这种充放电机制就是前文中提到的“摇椅式”电池机制。从充放电反应来看，锂离子在迁移过程中本身并没有参与氧化还原反应，因此锂离子电池反应是一种理想的可逆反应。

图 2-2 为 $LiCoO_2$ 材料的循环伏安曲线。在第一周循环中 3.92V/3.87V 处可以明显发现一对氧化还原电对，它对应于典型的氧化还原电对 Co^{3+}/Co^{4+}，$LiCoO_2$ 材料在脱锂与嵌锂过程中，展现出复杂的固溶反应现象，也就是说，随着锂离子的进一步脱嵌，一些新的 Li_xCoO_2 相可能会在进一步探索 CoO_6 结构时形成；4.08V/4.05V 和 4.17V/4.14V 的氧化还原电对，归因于六角晶体和单斜晶体之间发生了二阶转换。第二周循环，明显的氧化还原电对出现在 3.94V/3.86V 处，证明材料在循环时发生了极化。

为了解材料在过充电状态下的结构变化，实现 $LiCoO_2$ 在高的工作电位下工作，研究人员做了许多努力。1992 年 Dahn 首次利用原位 XRD 的方法，研究电极材料在充电过程中结构的变化，文献指出 Li_xCoO_2 （$x > 0.75$）在充电过程中，随两主体层板间锂离子的脱出，c 轴膨胀，层板间距不断扩张。这是由于随锂离子含量的减少，主体层板与锂离子间的静电引力减小，层间斥力增加。1994 年 Ohzuku 等给出了 Li_xCoO_2 材料从 3V（vs. Li^+/Li）充电到 4.8V（vs. Li^+/Li）过程中的 XRD 谱图，并指出 Li_xCoO_2 （$x > 0.75$）在充电过程中由 H1 相向 H2

相转变，但只是晶胞参数的变化，仍为六方晶系，并为 O_3 结构。而且在 $x=0.55$ 时，Li_xCoO_2 转变为单斜相 M，但该相不稳定，很快转为 O_3 结构的六方相，随着充电的继续，O_3 结构在 $x<0.25$ 时又转变为一个新相。随后 Amatuccilao 等研究了 Li_xCoO_2 材料在 3～5.2V（vs. Li^+/Li）电压范围的充放电过程的 XRD 谱图，他们得出与 Ohzuku 和 Ueda 相同的结论。此外他们观察到 O_3-Li_xCoO_2 转变为 CoO_2，其结构为 O_1 结构。继上讨论后，Van 和 Ceder 利用第一定律计算了 $LiCoO_2$ 的相图，他们发现 Li_xCoO_2（$0<x<0.5$）在充电过程中，除 O_3 相外还存在两相，即 OI 相和 stag 相。并且他们提供了这两相的 XRD 谱图，与 Ohzuku 和 Ueda 的试验结果相似。总之，$LiCoO_2$ 在充电过程中，随着锂离子的脱出，材料由 O_3 相转变为 M 相，并很快转变为 O_3 相，再进一步生成 HI-3 相，最后生成极限结构 OI 相。表现在 c 值上的变化为：c 值先变大，层板扩张，后减小，层板塌陷。

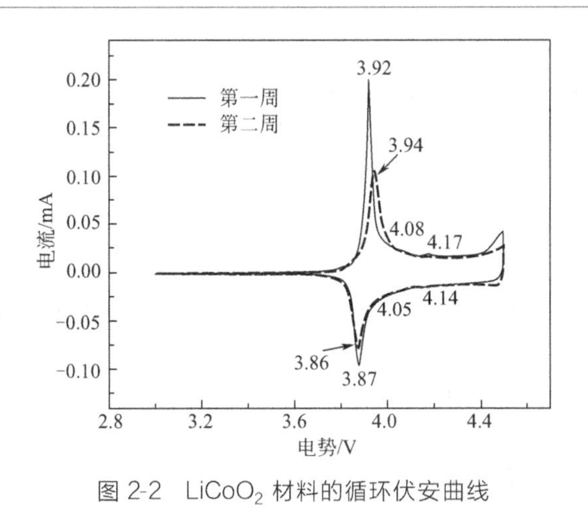

图 2-2 $LiCoO_2$ 材料的循环伏安曲线

2.1.3 $LiCoO_2$ 的制备方法

钴酸锂的合成方法，主要有高温固相法和低温液相法。传统的高温固相反应以锂、钴的碳酸盐、硝酸盐、乙酸盐、氧化物或氢氧化物等作为锂源和钴源，混合压片后在空气中加热到 600～900℃甚至更高的温度，保温一定时间。为了获得纯相且颗粒均匀的产物，需将焙烧和球磨技术结合进行长时间或多阶段加热。高温固相合成法工艺简单，利于工业化生产，但它存在着以下缺点：①反应物难以混合均匀，需要较高的反应温度和较长的反应时间，能耗巨大；②产物粒径较大且粒径范围宽，颗粒形貌不规则，调节产品的形貌特征比较困难，导致材料的电化学性能不易控制。

低温液相法主要包括共沉淀法和溶胶-凝胶法。共沉淀法是将共沉淀各组分呈离子或分子状态分散在溶液中，往溶液中加入适当的沉淀剂使多种金属离子在沉淀剂作用下均匀沉淀下来，然后过滤、洗涤沉淀，即得到粉末前驱体。对钴酸锂来说，由于大多数锂盐在水中溶解度较大，因此一般来说，加入沉淀剂后不经过过滤，而是在适当条件下将溶剂蒸发，从而得到配比准确、沉淀均匀的沉淀物。有时也采用有机物作溶剂。而溶胶-凝胶法是将有机金属盐类和无机盐类混合均匀配制成溶液，控制工艺条件聚合形成溶胶，再采用控制温度、高速搅拌和利用化学反应使溶胶失去溶剂，黏度变大，而转变成凝胶。再在适当温度下焙烧即得粉料。运用液相合成技术实现了原料在分子水平上混匀，有利于 $LiCoO_2$ 晶体的生成和生长，可以有效地降低反应温度，缩短反应时间，减少能耗。其中溶胶-凝胶法具有产品纯度高、均匀性好、颗粒小、反应过程易控制等优点。该法的关键是选择适当的前驱体溶液，控制合适的 pH 值范围，在一定温度和湿度条件下形成溶胶。

低温液相法的共沉淀法和溶胶-凝胶法虽然可以在一定范围内提高材料的性能，但由于工艺复杂以及合成材料粉末粒度难以控制，因此目前大规模工业生产上较成熟的依然是高温固相合成法，即将碳酸锂（Li_2CO_3）和钴的氧化物如碳酸钴、氧化钴或四氧化三钴按 Li/Co=1 的比例混合，在空气中高温热处理制备而成。其主要反应如下：

$$2CoCO_3 \cdot 3Co(OH)_2 \cdot 3H_2O + 5/2Li_2CO_3 + 5/4O_2 = 5LiCoO_2 + 9/2CO_2 + 6H_2O \tag{2-3}$$

$$2Co_3O_4 + 3Li_2CO_3 + 1/2O_2 = 6LiCoO_2 + 3CO_2 \tag{2-4}$$

2.1.4 $LiCoO_2$ 的掺杂

由于钴资源缺乏、价格昂贵，锂离子电池正极材料钴酸锂因成本高等因素，应用及发展受到限制。此外，研究表明纯的 $LiCoO_2$，当锂离子脱嵌量超过 50% 时，其电化学性能会有许多退化。为了进一步完善钴酸锂材料的性能，许多研究者在材料的掺杂方面做了大量的工作，取得了良好的效果。常见掺杂的元素有 Li、K、B、Mg、Al、Cr、Ti、Cd、Ni、Mn、Cu、Sn、Zn 和稀土元素等。

锂的过量也可以称为掺杂，由于锂的过量，为了保持电中性，Li_xCO_2 中含有氧缺陷，用高压氧处理可以有效降低氧缺陷结构。可逆容量与锂含量有明显关系。针对锂过量掺杂，已进行了许多研究，Li/Co=1～1.1 时，钴酸锂的电化学性能有所改善；当 Li/Co>1.1 时，由于 Co 的含量降低，可逆容量降低。过量的 Li^+ 并没有将 Co^{3+} 还原，而是产生了新价态的氧离子，其结合能高，周围电子密度小，而且空穴结构均匀分布在 Co 层和 O 层，提高 Co—O 的键合强度。此外，还有报道表明，适量引入 K 元素，可以提高材料的可逆容量。

镁离子的掺杂对锂的可逆嵌入容量影响不大，但提高了钴酸锂的循环稳定性。其原因是 Mg^{2+} 掺杂后形成的是固溶体，而不是多相结构。有报道表明，在 $LiCoO_2$ 中掺杂微量的 Mg^{2+}，可以将其电子电导率从 $10^{-3}S\cdot cm^{-1}$ 提高至 $0.5S\cdot cm^{-1}$，且不改变材料的晶体结构，同时在充放电循环过程中材料呈单相结构。这是因为掺杂的 Mg^{2+} 占据了 $LiCoO_2$ 晶格中 Co 的位置，从而按照平衡机理产生了 Co^{4+}，即空穴，因此 $LiCoO_2$ 的电导率在 Mg^{2+} 掺杂后能够大幅提高。

Al^{3+}（0.535Å，配位数为 6）与 Co^{3+}（0.545Å，配位数为 6，低自旋）的离子半径基本相当，能在较大范围内形成固溶体 $LiCo_{1-x}Al_xO_2$，掺杂后可以稳定结构，提高倍率容量，改善循环性能。有报道表明，当 $x\leqslant 0.5$ 时，材料呈单相；$0.6\leqslant x\leqslant 0.9$ 时，材料呈两相 $LiCo_{1-x}Al_xO_2$、γ-$LiAlO_2$ 共存状态；$x=1$ 时，材料又呈单相，为 γ-$LiAlO_2$ 相。材料中值的上限即 Al 的最大固溶度在 0.5 左右。在单相区（$x\leqslant 0.5$），随着 Al 掺杂的增多，材料晶格结构参数发生变化，a 轴缩短，c 轴变长，c/a 基本呈线性增加，材料的层状属性更加明显。此外，Al^{3+} 没有 3d 轨道与氧轨道杂化，进而造成 $LiCo_{1-x}Al_xO_2$ 的锂离子脱嵌电位升高，提高了材料的电压平台。还有引入含 Ca^{2+} 化合物以后进行热处理的，由于产物中 Ca^{2+} 比 Li^+ 多一个正电荷，从而造成电正性，而这样容易导致 O^{2-} 移动，从而提高了钴酸锂的导电性能，有利于快速充放电。

适量 Cr^{3+}、Ti^{4+} 和 V^{5+} 掺杂可以提高 $LiCO_2$ 的电化学性能，研究表明，在 $LiCo_{1-x}Cr_xO_2$（$0\leqslant x\leqslant 0.2$）中，随 x 的增加，由于 Cr^{3+} 的离子半径大于 Co^{3+}，晶体参数 a 和 c 增加。对于 Ti 掺杂的 $LiCo_{1-x}Ti_xO_2$（$0\leqslant x\leqslant 0.5$），当钛掺杂量低于 10%时可以得到单相结构。Gopukumar 报道，$LiCo_{0.99}Ti_{0.01}O_2$ 在 0.2C 倍率下循环首次充/放电容量分别达到 $157mA\cdot h\cdot g^{-1}$ 和 $148mA\cdot h\cdot g^{-1}$，循环 10 次后仍能保持 90%的可逆容量，而商品化 $LiCoO_2$ 在同等条件下循环的首次充/放电容量只有 $137mA\cdot h\cdot g^{-1}$ 和 $134mA\cdot h\cdot g^{-1}$。钒元素的引入使 $LiCoO_2$ 内部结构发生变化，从而在充放电过程中其晶型不易改变，使循环性能得到提高。

第一性原理计算研究结果表明，提高 Li^+ 扩散的晶格因素有两个：一是提高 Li 层间距，主要是指 c 轴间距的增加；二是引入低价态离子。Ceder 指出 Li 层间距在 2.64(±4%)Å 范围内波动，但 4%的波动会导致 200%的活化能变化。对于 M^{3+} 取代 Co^{3+} 而言，后过渡金属（如 Ni、Fe 等），具有更高的氧电子云密度和与 Co 相近的低势垒，因而比前过渡金属（如 V、Cr、Ti 等）更容易应用于层状氧化物电极材料中。更低价态的阳离子（如 Cu^{2+}）有利于降低 Li 迁移势垒，从而提高材料的 Li 离子扩散性能。由于钴、镍是位于同一周期的相邻元素，具有相似的核外电子排布，且 $LiCoO_2$ 和 $LiNiO_2$ 同属于 α-$NaFeO_2$ 型化合物，因此可以将钴、镍以任意比例混合并保持产物的层状结构，制得的 $LiCo_{1-x}Ni_xO_2$ 兼备 Co 系和 Ni 系材料的优点。此外，稀土元素（RE）的离子半径一般比较大（表 2-1），掺杂钴酸锂正极材料后使其晶胞参数发生了变化。图 2-3 为正极材料 $LiCo_{0.99}RE_{0.01}O_2$ 和 $LiCoO_2$ 的晶胞参数（数据来源于参考文献［5］）。

表 2-1　部分稀土元素的物理性质

元素	Sc^{3+}	Y^{3+}	La^{3+}	Ce^{4+}	Pr^{4+}	Nd^{3+}	Gd^{3+}	Eu^{3+}
离子半径/Å	0.81	0.93	1.06	0.92	0.90	1.00	1.11	0.947
原子外层电子排布	$3d^14s^2$	$4d^15s^2$	$5d^16s^2$	$4f^15d^16s^2$	$4f^36s^2$	$4f^46s^2$	$4f^75d^16s^2$	$4f^76s^2$

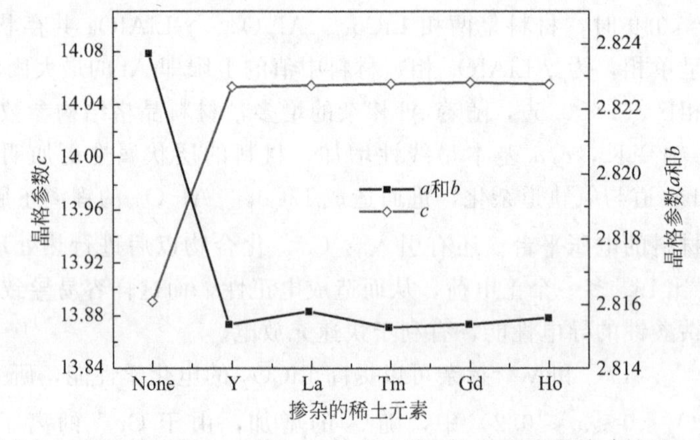

图 2-3　正极材料 $LiCo_{0.99}RE_{0.01}O_2$ 和 $LiCoO_2$ 的晶胞参数（单位：Å）

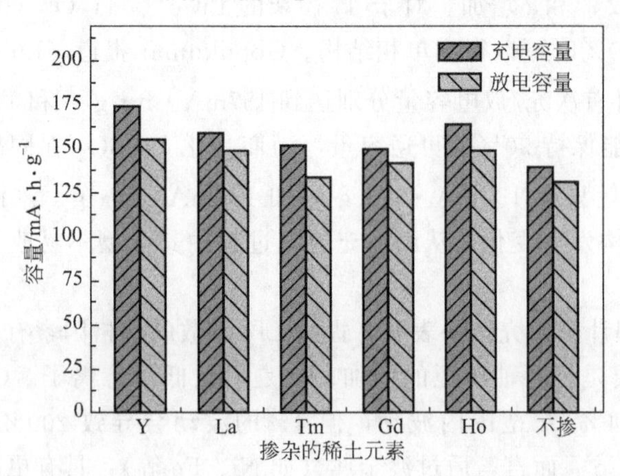

图 2-4　正极材料 $LiCo_{0.99}RE_{0.01}O_2$ 和 $LiCoO_2$ 的初始充/放电容量

从图 2-3 晶胞参数计算的结果看，掺杂了稀土元素的正极材料 $LiCo_{0.99}RE_{0.01}O_2$（RE=Y、La、Tm、Gd、Ho）的晶型没有改变，仍为六方晶系，但所得产物的晶胞 a 轴和 b 轴与纯相 $LiCoO_2$ 相比较都有不同程度的微缩，c 轴有相对较大的伸长，晶胞的体积都大于纯相 $LiCoO_2$ 的晶胞体积，增大率在 0.7%左右。这说明掺杂的稀土元素部分取代了原晶胞中的 Co 元素，同时 c 值的增大表明所得的正极材料的层间距变大，意味着产物具有更快的 Li^+ 嵌入和迁出能力、更优的充放电稳定性，从而具有更优异的电化学性能。廖春发等采用 XRD 研究还发现：不管掺杂何种稀土，$LiRE_xCo_{1-x}O_2$ 的 XRD 谱图的峰值都比纯 $LiCoO_2$ 的 XRD 谱图的峰值高，说明稀土的加入，使得 $LiCoO_2$ 结晶更为完好，颗粒更均匀。邓斌等采用高温固相合成法制备了掺杂稀土元素的锂离子电池的正极材料 $LiCo_{1-x}RE_xO_2$。图 2-4 为 $LiCo_{0.99}RE_{0.01}O_2$ 和 $LiCoO_2$ 的初始充/放电容量（数据源于文献）。从图 2-4 可以看出，掺杂了微量的 Y、La 等稀土元素的锂离子电池正极材料能够较大幅度提升钴酸锂正极材料的比容量。但由于大部分稀土元素的原子量比较大，随着 $LiCoO_2$ 中掺杂稀土元素含量的增加，所得的正极材料的充放电质量比容量逐渐下降，掺杂元素的比例越大，充放电容量的下降的幅度越大。廖春发等在合成 $LiCoO_2$ 的基础上，采用共沉淀法掺杂稀土 La、Ce、Lu、Y 等合成制备了 $LiRE_xCo_{1-x}O_2$；研究结果表明，合成的 $LiRE_xCo_{1-x}O_2$ 具有 $LiCoO_2$ 结构，当 RE 的加入量 $x<0.05$ 时，稀土能完全形成单一 $LiRE_xCo_{1-x}O_2$ 相；稀土的掺入能促进 $LiCoO_2$ 结晶，同时使（104）面的相对衍射强度增加；$LiRE_xCo_{1-x}O_2$ 首次放电容量达 $147.4mA \cdot h \cdot g^{-1}$，循环稳定性也有所提高。Nd 的掺入并未明显改变 $LiCoO_2$ 的结构，仍然属于六方晶系。随着掺杂量的不同，晶胞参数略有变动，但是相差不大。其次，掺杂元素 Nd 对材料的初始放电容量未有明显提高；另外，掺杂少量的 Nd 会使材料的放电平台更加平稳。

有报道表明，阴离子掺杂也可以提高 $LiCoO_2$ 的电化学性能，B 掺杂可以降低极化，减少电解液的分解，提高循环性能。P 的引入可以使 $LiCoO_2$ 的结构发生明显的变化，进而提高了材料的快速充放电能力和循环性能。在 $LiCoO_2$ 中引入非晶态物质，如硼酸、二氧化硅、锡化合物等，将导致 $LiCoO_2$ 的结构由六方晶系向无定形结构转变。这种掺杂的 $LiCoO_2$ 材料，在充放电循环中具有良好的稳定性。

2.1.5 $LiCoO_2$ 的表面改性

在 $LiCoO_2$ 中，以过渡金属或非过渡金属元素部分取代钴元素来提高其循环寿命的方法有许多不如人愿的地方，如可逆比容量下降等，而表面包覆方法可以弥补这些缺点。锂离子电池正极材料和电解液之间的恶性相互作用是引起正极材料和电池性能劣化的重要原因。表面修饰处理可以有效地抑制正极材料与电解液之间的恶性相互作用，是改善锂离子电池正极材料循环性能的有效途径，包覆材料主要包括惰性氧化物、磷酸盐和氟化物等。

包覆 $LiCoO_2$ 基电极材料的电化学惰性氧化物很多，包括 ZnO、CuO、Al_2O_3、ZrO_2、SnO_2、$MnSiO_4$、$MgAl_2O_4$、Li_2ZrO_3、$Li_4Ti_5O_{12}$ 等。采用电化学惰性材料对 $LiCoO_2$ 进行包覆改性后，材料的抗过充电性能、倍率性能、循环性能以及热稳定性得到了提高。其原理主要是包覆层起到了保护 $LiCoO_2$ 的作用，阻止电解液与电极材料间的反应，减少钴的溶解。同时人们还提出电极材料共混的方法，即在 $LiCoO_2$ 中添加 $LiMnO_2$。锂在嵌入和脱嵌过程中，$LiCoO_2$ 和 $LiMnO_2$ 这两种化合物的层状结构发生收缩和膨胀，而这种收缩和膨胀造成正极强度下降，使活性物质与导电剂的接触不充分，甚至发生正极与导电剂之间的分离，这就使得其循环性能及容量恶化。$LiCoO_2$ 是嵌入时发生收缩，脱嵌时发生膨胀；$LiMnO_2$ 则正好相反。两者的均匀混合就会抑制上述过程，从而使性能得以改善。这两种化合物的摩尔比为 1∶1 时，效果最好。

包覆 $LiCoO_2$ 基电极材料的磷酸盐主要包括：$AlPO_4$、$Co_3(PO_4)_2$、$Mg_3(PO_4)_2$、$Zn_3(PO_4)_2$、$FePO_4$ 和 Li_3PO_4 等。磷酸盐包覆 $LiCoO_2$ 后，不仅材料抗过充电性能有了明显改善，而且安全性能也有了较大提高。采用纳米 $AlPO_4$ 包覆 $LiCoO_2$ 组装成铝塑膜方形电池，进行 1C、12V 过充实验，电池不发生爆炸而只是热膨胀，并且电池表面的温度仅为 60℃，而未经包覆 $LiCoO_2$ 组装的电池发生爆炸，电池表面温度高达 500℃。电池安全性能提高主要是由于包覆层 $AlPO_4$ 中存在键能较大的 P═O 键（键能为 5.64eV），可以有效减小电解液的化学破坏作用。采用 $Co_3(PO_4)_2$ 包覆 $LiCoO_2$，经过热处理过程，可以在 $LiCoO_2$ 表面生成 $LiCoPO_4$ 相，改性材料组装成电池进行钉穿实验，电池没有出现热失控，即使出现了火花或着火，电池表面最高温度仅为 80℃，而未经包覆 $LiCoO_2$ 组装的电池发生着火，电池表面最高温度达到 500℃。

在高电压（4.5V）下，$LiCoO_2$ 表面包覆的氧化物有效提高了其循环性能的原因并不是在包覆后材料的层状结构改变了，而是包覆层抑制了正极材料和电解液之间的副反应，在电化学循环中显著抑制了 $LiCoO_2$ 表面 SEI 膜的不断增长。但是，有报道表明，氧化物（例如 Al_2O_3）包覆层在电解液中经过长期循环（超过 1000 次）之后仍不能避免 HF 的侵蚀，部分 Al_2O_3 转变为 AlF_3，而在 $LiCoO_2$ 表面直接包覆氟化物，对于持久提高其循环性能和倍率性能非常有效。包覆 $LiCoO_2$ 电极材料的氟化物主要包括 AlF_3、LaF_3、MgF_2 等。采用氟化物包覆 $LiCoO_2$ 后，材料表现出良好的抗过充电性能、倍率特性和热稳定性能。以 AlF_3 包覆 $LiCoO_2$ 为正极和以石墨为负极组装成的全电池为例，在充电截止电压为4.4V时，经过500周循环电池容量保持率为91%，而$LiCoO_2$组装的电池经过500周循环后容量几乎为零。此外，AlF_3包覆层可以减少形成LiF膜的量，从而减小了电极材料与电解液之间的界面阻抗，而且表面AlF_3层阻止了HF对$LiCoO_2$材料的腐蚀，从而减少了Co的溶解量，降低了$LiCoO_2$的电荷转移电阻。

2.2 $LiNiO_2$正极材料

$LiNiO_2$是目前研究的各种正极材料中容量较高的系统，其理论容量为274mA·h·g^{-1}，实际容量高达200～220mA·h·g^{-1}，具有类似于$LiCoO_2$的层状结构也属于三方晶系的六方晶胞（R-3m），锂离子占据3a位置，镍离子占据3b位置，氧离子占据6c位置。其晶胞参数为$a=0.288$nm，$c=1.42$nm，比$LiCoO_2$稍大，其晶体结构如图2-5所示。

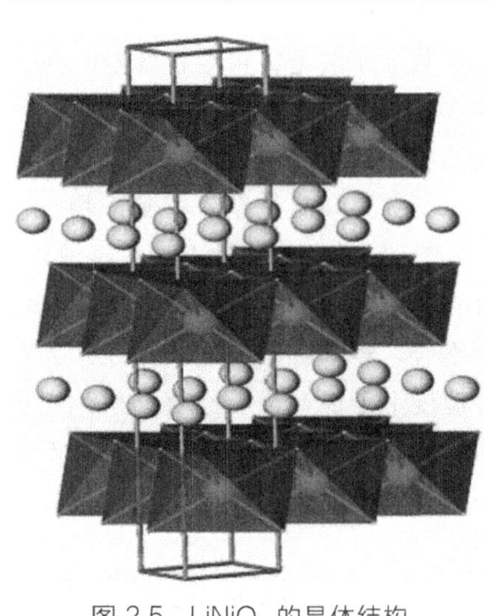

图2-5 $LiNiO_2$的晶体结构

虽然$LiNiO_2$比$LiCoO_2$有价格和容量上的优势，但目前为止，$LiNiO_2$还没有用于商品锂离子二次电池中，其主要原因是化学计量的$LiNiO_2$制备困难。其原因是，在合成$LiNiO_2$的过程中，Ni^{2+}氧化成为Ni^{3+}存在较大势垒，Ni^{2+}难以完全氧化成为Ni^{3+}，残余的Ni^{2+}容易进入Li^+占据的3a位，形成非化学计量的$Li_{1-x}Ni_{1+x}O_2$化合物；此外，锂盐在高温下容易以Li_2O的形式挥发，促进了非化学计量的$Li_{1-x}Ni_{1+x}O_2$化合物的形成；在温度高于720℃时，$LiNiO_2$在空气中容易发生相变和分解。

$$16LiNiO_2 = 2Li_2Ni_8O_{10} + 6Li_2O + 3O_2 \tag{2-5}$$

当有镍离子占据锂离子的位置时，导致材料的电化学性能极差，这主要是因为充电过程中占据Li层的Ni^{2+}氧化成为Ni^{3+}或Ni^{4+}，会造成LiO_6八面体层的局部塌陷，增加放电过程中Li^+嵌入的难度，造成放电容量下降，循环稳定性下降。而且，当过放电使$Li_xNi_{1-x}O_2$中的x趋向于0和镍的化合价达到最大值+4时，镍离子从镍层迁移到锂层。镍的迁移限制了锂离子再次嵌入时的扩散，从而降低了电池的性能。另外目前得到的 $LiNiO_2$ 快速放电能力比 $LiCoO_2$ 差，不适应于大功率输出。

2.2.1 $LiNiO_2$ 的制备方法

目前，制备 $LiNiO_2$ 的方法主要是高温固相合成法和软化学方法，包括溶胶-凝胶（sol-gel）法、共沉淀法、熔融盐法、喷雾干燥法等液相合成方法。

高温固相合成法是将锂盐和镍盐混合、研磨后，高温煅烧、冷却、研磨、过筛，制得产物。固相法操作简单，易工业化生产，但合成温度高，烧结时间长，原料的分散度较低，为使各种离子充分扩散，需要在高温下长时间烧结，因此必须加入过量的锂盐，以弥补锂在高温下的挥发，造成了配方控制困难。同时要对反应体系进行充分研磨、细化，才能得到物相均匀的产物。

共沉淀法是将可溶性镍盐（如 $NiSO_4$）的溶液滴加到混合碱 NaOH 溶液与氨水的混合溶液中，控制 pH 值（一般控制在 10～12），制备粒径大小均匀的共沉淀物。共沉淀物经陈化、洗涤、干燥，制得所需前驱体。将前驱体与锂盐混合、研磨并高温烧结，得到产物。

溶胶-凝胶法是湿法制备亚微米级锂离子电池正极材料的较好方法。传统的溶胶-凝胶法是采用有机络合剂的多官能团将阳离子（Li^+、Ni^{2+}）在一定温度下络合，经水解、交联，使之达到原子级均匀混合，得到透明的溶胶，然后在一定温度下干燥，最后经烧结得到正极材料。此方法的优点是合成温度低、烧结时间短，所合成 $LiNiO_2$ 的粒径小且分布窄，电化学性能较好。但是此方法需要使用大量有机络合物，生产成本较高。

2.2.2 $LiNiO_2$ 的掺杂改性

$LiNiO_2$ 中的 Ni^{3+} 的核外电子在 3d 轨道中采取两种相同能量的低自旋的排布方式，所以系统将产生 Jahn-Teller 效应。Li_xNiO_2 中存在超晶格结构，锂离子的脱出和缺陷的增加导致超晶格结构发生重排，晶体点阵类型不断发生变化。当 $0.75<x<1.0$ 时，Li_xNiO_2 为菱面体相 R1（rhombohedral phase）；当 $0.45<x<0.75$ 时，Li_xNiO_2 转变为单斜晶相 M（monoclinic phase）；当 $0.25<x<0.45$ 时，Li_xNiO_2 重新转变成一个新的菱面体相 R2；当 $0<x<0.25$ 时，Li_xNiO_2 先是出现一个新的菱面体相 R3，继而出现六方相 H4（Hexagonal phase）的 NiO_2，其结构为 O1 型堆积（六方密堆积 ABAB…）。与 $LiNiO_2$ 的 O3 型堆积（立方密堆积 ABCABC…）相比，结构已发生较大变化，而且此区间的相变过程是不可逆的。相变过程的结构变化降低了电极长期循环的稳定性，导

致容量衰减和寿命缩短。充电后期相变的不可逆性，要求 $LiNiO_2$ 电极充电过程必须控制在 4.1V 以下，此时 $LiNiO_2$ 的比容量将被限制在 $200mA \cdot h \cdot g^{-1}$（脱嵌 0.75 个 Li^+）以内。如果充电电压超过 4.1V，将产生高的不可逆容量损失。有实验证明，当充电至 4.8V 时，将生成组成为 $Li_{0.06}NiO_2$ 的产物，其每次循环的不可逆容量损失高达 $40 \sim 50mA \cdot h \cdot g^{-1}$，数次循环后即完全失效。掺杂改性是抑制 Li_xNiO_2 嵌入/脱出过程结构相变，提高电极性能的重要途径。

目前，单组分掺杂已经报道了 Mg^{2+}、Ca^{2+}、Sr^{2+}、Zn^{2+}、Co^{3+}、Al^{3+}、Cr^{3+}、Fe^{3+}、Mn^{4+}、Ti^{4+}、Sn^{4+}、V^{5+} 以及稀土元素等，主要从元素的种类、掺杂量、掺杂方法等角度考察掺杂后材料的电化学性能及热稳定性。Mg^{2+} 掺杂 $LiNiO_2$ 的 Li（3a 位）位置，可以减小过充时 NiO_2 层之间的膨胀；此外，Mg^{2+} 的掺杂可以导致晶格缺陷，有利于电荷的快速传递，使其循环性能与快速充放电能力得到改善。适量 Sr^{2+} 的掺杂有利于提高 $LiNiO_2$ 的锂离子扩散能力。Co^{3+}、Al^{3+} 的掺杂能够稳定 $LiNiO_2$ 的 2D 层状结构，有利于锂离子的扩散。此外，Al^{3+} 的掺杂还可提高 $LiNiO_2$ 的抗过充能力，抑制 $LiNiO_2$ 的相变，提高循环性能，抑制脱锂相在加热过程中的放热、分解反应，提高电极材料的热稳定性，提高 $LiNiO_2$ 材料的氧化还原电位。Ti^{4+} 的掺杂能够有效阻止 Ni^{2+} 进入锂层，稳定 $LiNiO_2$ 的晶体结构，提高 $LiNiO_2$ 的循环性能。Fe^{3+} 的掺杂能抑制 $LiNiO_2$ 充放电过程中的相变，但是会增强结构的三维特征，会使 $LiNiO_2$ 的循环性能恶化。

由于 $LiCoO_2$ 与 $LiNiO_2$ 是同构化合物，Co 的化学性质与 Ni 的化学性质非常相似，Co^{3+} 与 Ni^{3+} 的离子半径非常接近。因此，Co 与 Ni 任意比例互掺，二者都可以形成完全固溶体。在 $LiNiO_2$ 中掺入 Co^{3+} 可以促进 Ni^{2+} 的氧化和有序层状结构的形成，使处于充电状态的 $LiNiO_2$ 材料的稳定性有所改善，可以减少不可逆容量，增加可逆容量。Co^{3+} 掺杂的 $LiCo_xNi_{1-x}O_2$ 可以在空气中合成，容易实现工业化生产，是目前最有希望替代 $LiCoO_2$ 的新一代正极材料。

XRD 研究发现稀土掺杂镍酸锂后，各衍射峰强度及位置发生变化，出现了稀土氧化物的衍射峰，由此确定添加元素没有替代镍的晶格位置而是嵌在晶格的空隙中靠分子间力与氧相互吸引。当 Li^+ 迁出后，夹层间的静电斥力将增加，增大 O—Ni—O 层的极化力，有利于层状结构的稳定性。徐光宪认为阳离子对阴离子的极化能力大致和它的电荷的平方成正比，和它的半径成反比。因此，选择那些电荷高、离子半径小、自身极化率也较高的阳离子可以提高镍酸锂正极材料的电化学性能。各稀土金属的电荷较高，由于具有 d 层或 f 层，自身极化率也高，但相比较只有铈的电荷半径比较大。有报道表明，采用稀土金属 Ce 掺杂 $LiNiO_2$ 后，Ce 以 CeO_2 状态存在于产物中，CeO_2 对 $LiNiO_2$ 晶相形成及其局域结构有一定的影响，铈在晶格骨架中起到支撑和“钉扎”的作用。因此，添加到 $LiNiO_2$ 中产生的效果较好。其他添加元素的活性偏低，一方面是由于元素本身的性质对 $LiNiO_2$ 的结构影响（如半径大、外层电子在轨道上的分布等）；另一方面实验条件的设置以及原料配比等因素也会影响正极材料的活性。

单一的掺杂改性可以改善 $LiNiO_2$ 的性能，但不同元素具有不同的掺杂效应，单一组分的掺杂有利也有弊，只有结合多种元素的掺杂作用，扬长避短，才能全面提高 $LiNiO_2$ 的整体性能。Co 与 Al、Mn、Mg 和 Zn 组合掺杂，可以同时改善材料的循环性能和热稳定性。Co 与 Al 复合掺杂能促进 Ni^{2+} 的氧化，抑制 Ni^{2+} 进入 Li 位，减少了阳离子混乱度，抑制了充放电循环过程中六方相 H2 向六方相 H3 的相变，从而提高 $LiNiO_2$ 材料的可逆容量以及循环稳定性。Mg 与 Al 复合掺杂能够提高 $LiNiO_2$ 的循环性能，DSC 分析数据显示复合掺杂提高了正极材料的热稳定性。Ti 与 Mg 复合掺杂可以抑制 $LiNiO_2$ 的六方相 H3 的形成，进而大大提高其循环稳定性和热稳定性。

为了进一步提高掺杂的 $LiNiO_2$ 结构稳定性，表面包覆改性镍基正极材料也是一种较佳的选择。包覆材料主要包括金属氧化物、磷酸盐、氟化物和碳材料。金属氧化物包覆层可以抑制镍基材料与电解液间的副反应，减小了 HF 对电极材料的腐蚀，进而抑制了电荷转移阻抗的增加，而扩散到电极材料本体中的金属离子形成掺杂型材料，可以提高材料的倍率性能和循环性能。采用磷酸盐包覆镍基电极材料后，不仅减少了 $LiNiO_2$ 材料与电解液间的副反应，材料抗过充电性能有了明显改善，且安全性能也有了较大提高，这主要是由于 PO_4^{3-} 与金属之间具有非常强的共价键，可以减小电解液对正极活性物质的化学破坏作用，进而电极材料的电化学性能、热稳定性能得到明显提高。碳材料包覆主要是抑制 $LiNiO_2$ 材料与电解液间的副反应，提高材料的表面导电性。氟化物的包覆原理与其包覆 $LiCoO_2$ 材料类似。

2.3 层状锰酸锂（$LiMnO_2$）

$LiMnO_2$ 是一种同质多晶化合物，它主要有 3 种存在形式：正交、单斜以及四方 $LiMnO_2$，其中正交和单斜 $LiMnO_2$ 具有层状结构，如图 2-6 所示。

正交 $LiMnO_2$ 属正交晶系，其空间群为 Pmnm，通常简称为 o-$LiMnO_2$，LiO_6 八面体和 MnO_6 八面体成波纹形交互排列，而且 Mn^{3+} 向锂层迁移所引起的 Jahn-Teller 畸变效应使得 MnO_6 八面体骨架被拉长 14%左右，其晶格参数为：$a=0.2805$nm、$b=0.5757$nm、$c=0.4572$nm。o-$LiMnO_2$ 基于 Mn^{3+}/

Mn^{4+}电对的理论容量 286mA·h·g^{-1}。单斜 $LiMnO_2$ 属单斜晶系，具有 α-$NaFeO_2$ 型结构，与 $LiCoO_2$ 和 $LiNiO_2$ 结构相似，属于 C2/m 空间群，通常简称为 m-$LiMnO_2$。它具有 NaCl 型的微结构，两种不同的离子沿［111］晶面方向交替排列，理论容量也是 286mA·h·g^{-1}，在空气中稳定。四方 $LiMnO_2$ 属四方晶系，空间群 $I4_1/amd$，通常简称为 t-$LiMnO_2$。其晶格参数为 $a=0.5662nm$、$c=0.9274nm$，阳离子分布为 $[Li^+]_{8a}[Li^+]_{16c}[Mn_2^{3+}]_{16d}O_4^{2-}$，其中 8a 位是四面体位，16c 和 16d 是八面体位。目前，用作锂离子电池正极材料的主要是层状结构的 $LiMnO_2$。

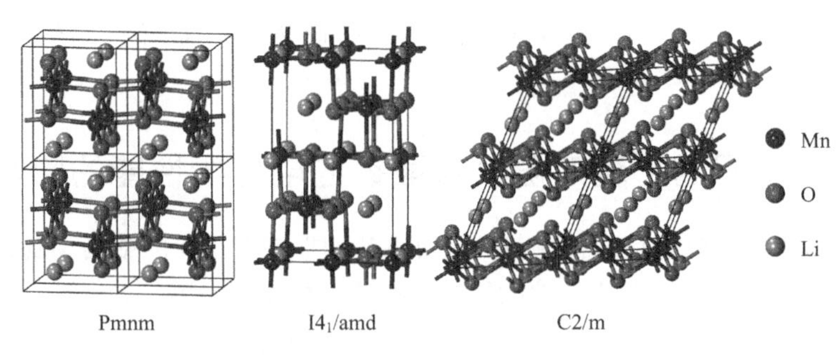

图 2-6 不同空间群的 $LiMnO_2$ 晶体结构图

2.3.1 层状锰酸锂的合成

层状 $LiMnO_2$ 可采用多种工艺方法进行合成，如高温固相合成法、溶胶-凝胶合成法、熔融盐法、模板法、水热合成法、共沉淀合成法、离子交换法等。

高温固相合成法是将锂盐、锰盐或锰的氧化物经一定方式的研磨混合后，在惰性气氛下高温烧结。固相反应方法工艺简单，适合产业化批量生产，但是反应物之间接触不均匀，反应不充分。合成产物粒径不易控制，分布不均匀，形貌不规则。溶胶-凝胶法是将锂盐、锰盐按一定的化学计量比在溶液中混合，以柠檬酸作螯合剂，经过反应形成溶胶，然后搅拌混合物经过脱水的缩聚反应形成凝胶，凝胶经真空干燥固化后再经烧结形成所要制备的样品。该法反应温度较低，反应时间短，但原料价格较贵。共沉淀法是将可溶性锰盐配成溶液，然后加入适量沉淀剂，形成难溶的超微颗粒即前体沉淀物，再将此沉淀物进行干燥或煅烧得到相应的超微颗粒的方法。熔融盐法一般是将 LiCl 和 $LiNiO_3$（两者质量比为 1∶3）在坩埚中均匀混合，在马弗炉中升温到 300℃，待混合物熔融后将 $NaMnO_2$ 粉末加入坩埚中并搅拌均匀，恒温 4h 处理后再冷却，用去离子水洗涤、真空干

燥得到 $LiMnO_2$ 产物。水热合成法是通过高温高压在水溶液或水蒸气等流体中，进行化学反应制备粉体材料的一种方法。水热法制备 $LiMnO_2$ 正极材料大致包括水热反应、过滤、洗涤干燥等步骤。水热合成法制备 $LiMnO_2$ 的粉末一般结晶度高，晶体缺陷小，而且粉末的大小、均匀性、形状、成分等可以得到严格的控制。离子交换法是一种利用固体离子交换剂（有机树脂或无机盐）中的阴离子或阳离子与液体中的离子发生相互交换反应来分离、提纯或制备新物质的方法。采用该方法制备 $LiMnO_2$ 是基于 $NaMnO_2$ 对锂离子的亲和力大于钠离子，从而与锂盐溶液中锂离子发生交换反应。模板法是将可溶性锂盐和锰盐溶于无水乙醇中，然后将一定量的硅胶在溶液中浸泡一定时间，然后在惰性气氛下煅烧一定时间，最后，利用 NaOH 溶液溶解硅胶模板，即可得到纳米尺寸的 $LiMnO_2$ 粉体。

2.3.2 不同的形貌对层状锰酸锂的电化学性能的影响

众所周知，电极材料的粒径与形貌对电池的性能有重要的影响。制备不同形貌的纳米 $LiMnO_2$ 对其电化学性能的提高有着重要作用。图 2-7 为不同形貌的层状 $LiMnO_2$ 的 SEM 图或 TEM 图，表 2-2 为不同形貌的层状 $LiMnO_2$ 的电化学性能。

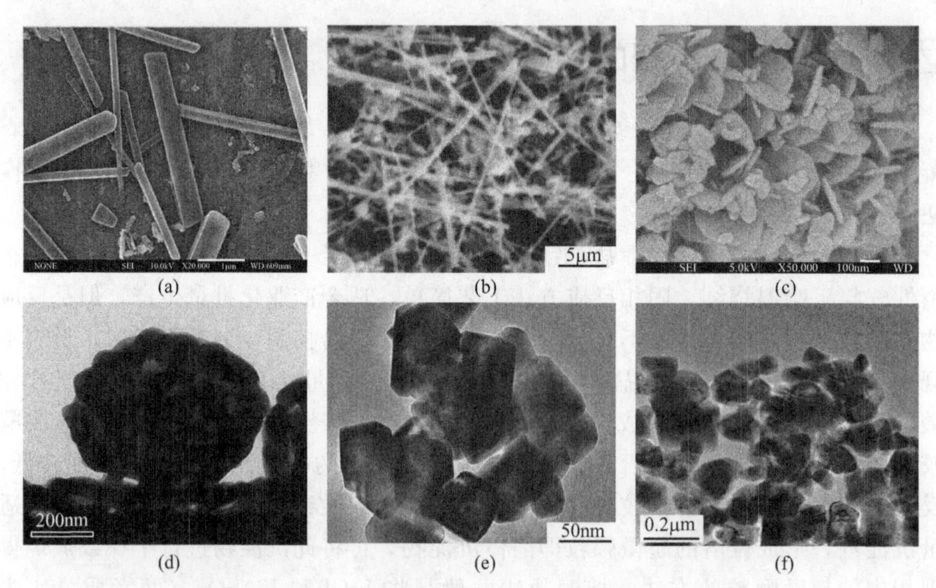

图 2-7 不同形貌的层状 $LiMnO_2$ 的 SEM 图或 TEM 图

（a）纳米棒；（b）纳米线；（c）纳米片；（d）纳米球；（e）纳米颗粒；（f）纳米颗粒

表 2-2 不同形貌的层状 $LiMnO_2$ 的电化学性能

形貌	合成方法	电化学性能包括初始容量、容量保持率（循环次数，倍率，电压范围）
纳米棒	水热法	$260mA \cdot h \cdot g^{-1}$，66.9%(7，1/20C，2.0～4.5V)
纳米线	水热法	$148mA \cdot h \cdot g^{-1}$，75%(30，0.1C，2.0～4.5V)
纳米片	水热法	235(第二周)$mA \cdot h \cdot g^{-1}$，80.8%(20，0.01$A \cdot g^{-1}$，2.0～4.5V)
纳米球	微波水热法	$228mA \cdot h \cdot g^{-1}$，70.2%(50，0.1C，2.0～4.5V)
纳米颗粒	一步水热法	$138.2mA \cdot h \cdot g^{-1}$，100%(30，0.05C，2.0～4.3V)
纳米颗粒	水热法	$166mA \cdot h \cdot g^{-1}$，>90.4%(6，0.05C，2.0～4.5V)

2.3.3 层状锰酸锂的掺杂改性

m-$LiMnO_2$ 在充放电过程中晶体结构会发生变化，单斜结构在充电后变为菱形结构，菱形结构在放电后又变为单斜结构，晶体结构的反复变化引起体积的反复膨胀和收缩，导致容量衰减快。o-$LiMnO_2$ 的正交晶系结构在循环过程中也不稳定，容易向尖晶石相转变，循环多次之后 o-$LiMnO_2$ 完全变成尖晶石结构，而尖晶石结构在 2.5～4.3V 之间充放电时会发生 Jahn-Teller 扭曲，致使循环容量降低。因此，掺杂改性是提高层状 $LiMnO_2$ 的结构稳定性、改善其电化学性能的一个行之有效的方法。体相掺杂的元素种类较多，主要有 Li、Mg、Cu、Ni、Co、Cr、Al、Zr、Ti、Y 和 S 等。

锂掺杂的 $LiMnO_2$ 主要是 Li 取代 Mn 形成 $Li_{1+x}Mn_{1-x}O_2$，引入的 Li 占据原来 Mn 的 3b 位置，提高了 Mn 的平均氧化态，降低了 Mn^{3+} 的 Jahn-Teller 畸变效应，有利于形成层状结构，保持结构的稳定性。还可以向 Li 层引入其他较大体积的碱金属离子，如 Na^+、K^+ 等，一方面作为支撑柱以稳定层板，减小塌陷；另一方面能够使更多的 Li^+ 参与嵌入/脱嵌过程，从而提高材料的可逆容量。此外，在 Mn—O 层中掺入一定量的 Ni、Cu 和 Ti 等过渡金属元素，也可以有效地抑制 $LiMnO_2$ 的层状结构在充放电过程中向尖晶石型结构转变。

镁掺杂的 $LiMnO_2$ 主要是 Mg 取代 Mn 形成 $LiMg_xMn_{1-x}O_2$，引入的 Mg 占据 Mn 位，也可以提高 Mn 的平均氧化态，且其抑制了 Jahn-Teller 畸变效应。随着掺杂量的增加，晶胞参数 c/a 的比值也随着增大，层状属性更加明显。其原因是层外电子向层内转移，使得层内原子之间的相互作用增强，层内结合更加紧密，而层与层之间的相互作用减弱。

$LiMnO_2$ 中引入 Al^{3+} 可以提高 Mn^{4+}/Mn^{3+} 的比例，结构稳定的 AlO_6 八面体替代因 Jahn-Teller 畸变效应而扭曲的 MnO_6 八面体层后降低了八面体层的扭曲应力，从而抑制了 Mn^{3+} 的 Jahn-Teller 畸变效应，并阻止 Mn^{3+} 在电化学循环过程中向内层迁移，从而起到稳定层状 $LiMnO_2$ 结构的作用。铬掺杂的 $LiCr_xMn_{1-x}O_2$ 在任意 x 值处均可形成固溶体。掺杂 Cr^{3+} 使 Mn—O 键长缩短，Mn^{3+} 稳定在八面体位置，从而抑制了 Mn^{3+} 向内层 Li^+ 层扩散，Cr^{3+} 在锂离子脱嵌过程中一直位于（Mn，Cr）O_2 层，从而抑制层状结构向尖晶石相的畸变。Co^{3+} 的离子半径和八面体择位能与 Mn^{3+} 相近，Co^{3+} 引入 $LiMnO_2$ 后主要占据 Mn^{3+} 八面体位置，抑制了 Mn^{3+} 的 Jahn-Teller 效应，稳定了 $LiMnO_2$ 的层状结构及其循环稳定性。通常，Co 的含量越高，则在循环中衰变为尖晶石相的速度越慢，但容量也随之下降。Y 的掺杂可以降低材料中 MnO_6 八面体的扭曲应力，减小材料的结构畸变，增强材料的循环可逆性，从而在很大程度上改善了材料的电化学性能。

类似于金属元素，掺杂非金属元素亦可提高层状 $LiMnO_2$ 正极材料的电化学性能。掺杂 Si 可降低层状 $LiMnO_2$ 正极材料的电阻，使材料的充放电比容量提高，循环性能得到改善，这主要是因为 Si 能增大层状 $LiMnO_2$ 的晶格参数，使锂离子在充放电过程中能更加自由地嵌入和脱出。掺杂离子不同，所产生的影响不同，如果根据其不同作用掺杂多种离子，可以提高 $LiMnO_2$ 的整体性能，这些多元掺杂的锰系衍生物也称为多元锰基固溶体材料。

2.4 三元材料（$LiNi_{1/3}Co_{1/3}Mn_{1/3}O_2$）

三元材料（Li-Ni-Co-Mn-O）是当前公认的最有商用价值的正极材料之一。随着 Ni、Co、Mn 组成比例的变化，材料的容量、安全性等诸多性能能够在一定程度上实现可调控。业内人士习惯于按照材料的比例命名，三元系列的材料可分为以下几种，即 $LiNi_{1/3}Co_{1/3}Mn_{1/3}O_2$（简称 111）、$LiNi_{0.4}Co_{0.2}Mn_{0.4}O_2$（简称 424）、$LiNi_{0.5}Co_{0.2}Mn_{0.3}O_2$（简称 523）等。受镍锂互占位的影响，Ni、Co、Mn 的比例为 1∶1∶1 和 4∶2∶4 时材料的结构稳定性较好。但为了获得更多的可逆容量，三元材料的研发方向倾向于提高镍的含量，如 523、622、712、811 等。目前，动力电池用三元材料以 111 和 424 为主，523 逐渐成为便携式电子产品中的主流材料，其他高镍材料仍处于研发之中，实际应用较少。在三元材料的文献报道中，111 体系是研究得最深入、最充分的，下面我们主要以这个组成介绍一下三元材料的晶体结构、合成方法和改性路线。

2.4.1 $LiNi_{1/3}Co_{1/3}Mn_{1/3}O_2$ 材料的结构

与 $LiCoO_2$ 一样，层状 $LiNi_{1/3}Co_{1/3}Mn_{1/3}O_2$ 属于 R-3m 空间群，六方晶系，

是 α-$NaFeO_2$ 型层状盐结构，其结构如图 2-8 所示，Li 占据岩盐结构（111）面的 3a 位置，过渡金属 Ni、Co、Mn 离子占据 3b 位置，O 占据 3c 位置，每个过渡金属由 6 个氧原子包围形成 MO_6 八面体，锂离子嵌入在过渡金属层 $Ni_{1/3}Co_{1/3}Mn_{1/3}O_2$ 中，在充放电过程中，过渡金属层间的锂离子可逆的嵌入和脱嵌。关于 3b 位置过渡金属层的排列普遍认为有三种模型：第一种模型是具有 $[\sqrt{3}\times\sqrt{3}]$ $R30°$超结构的 $Ni_{1/3}Co_{1/3}Mn_{1/3}O_2$ 的复杂模型，如图 2-8(a)；第二种模型是 CoO_2、NiO_2、MnO_2 交替组成的晶格，如图 2-8(b)；第三种模型是 Ni、Co、Mn 随机无序地占据 3b 位置。对于 $LiNi_{1/3}Co_{1/3}Mn_{1/3}O_2$ 的晶体结构有待进一步研究。

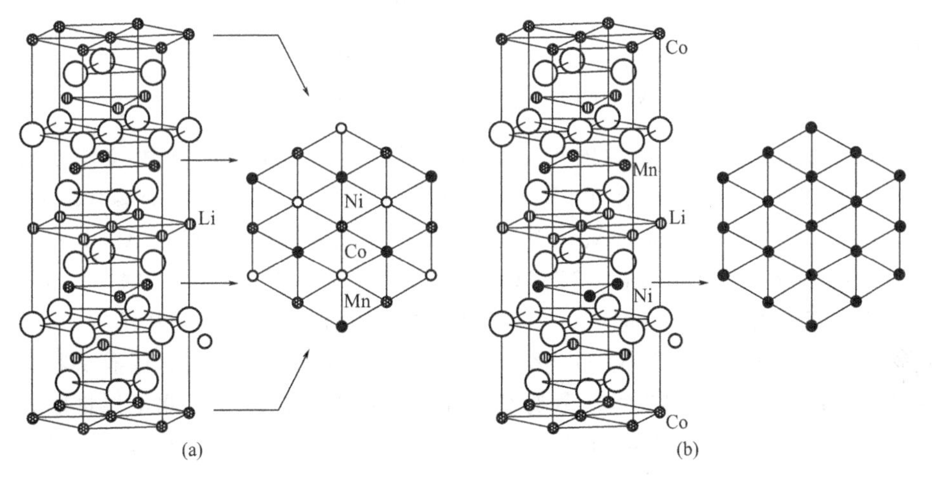

图 2-8 $LiNi_{1/3}Co_{1/3}Mn_{1/3}O_2$ 的晶体结构图

XPS 测试表明，$LiNi_{1/3}Co_{1/3}Mn_{1/3}O_2$ 中镍、钴、锰的化合价分别为+2 价、+3 价、+4 价。由于 Ni^{2+}（0.69Å）的离子半径与 Li^+（0.72Å）的离子半径较为接近，容易发生“阳离子混排”现象，即部分 Ni^{2+} 占据 Li^+ 位置，引起可逆容量下降，结构稳定性变差，材料的电化学性能变差。一般用 XRD 谱图中的（003）峰和（104）峰的强度比值 $R=I(003)/I(104)$来表征材料的阳离子混排程度，当 $R>1.2$ 时，阳离子的混排程度小，材料的电化学性能好；用晶胞参数中的 c 与 a 的比值 $R_V=c/a$ 判断材料层状结构完善程度，当 $R_V>4.96$ 时，材料的层状结构越完善，材料的电化学性能越好。

$LiNi_{1/3}Co_{1/3}Mn_{1/3}O_2$ 中各过渡金属离子作用各不相同，一般认为，Mn^{4+} 的作用在于支撑材料的结构，提高材料的安全性；Co^{3+} 的作用在于不仅可以稳定材料的层状结构，而且可以提高材料的循环和倍率性能，而 Ni^{2+} 的作用在于增加材料的容量。局域自旋密度近似（LSDA）计算表明，$Li_{1-x}Ni_{1/3}Co_{1/3}Mn_{1/3}O_2$ 的脱锂过程分为三个阶段：

① $0 \leqslant x \leqslant 1/3$ 时，对应的反应是将 Ni^{2+} 氧化成 Ni^{3+}，在充放电过程中的电化学反应式为：

$$LiNi_{1/3}Co_{1/3}Mn_{1/3}O_2 \underset{放电}{\overset{充电}{\rightleftharpoons}} Li_{2/3}Ni_{1/3}Co_{1/3}Mn_{1/3}O_2 + \frac{1}{3}Li^+ + \frac{1}{3}e \quad (2\text{-}6)$$

② $1/3 \leqslant x \leqslant 2/3$ 时，对应的反应是将 Ni^{3+} 氧化成 Ni^{4+}，在充放电过程中的电化学反应式为：

$$Li_{2/3}Ni_{1/3}Co_{1/3}Mn_{1/3}O_2 \underset{放电}{\overset{充电}{\rightleftharpoons}} Li_{1/3}Ni_{1/3}Co_{1/3}Mn_{1/3}O_2 + \frac{1}{3}Li^+ + \frac{1}{3}e \quad (2\text{-}7)$$

③ 当 $2/3 \leqslant x \leqslant 1$ 时，对应的反应是将 Co^{3+} 氧化成 Co^{4+}，在充放电过程中的电化学反应式为：

$$Li_{1/3}Ni_{1/3}Co_{1/3}Mn_{1/3}O_2 \underset{放电}{\overset{充电}{\rightleftharpoons}} Ni_{1/3}Co_{1/3}Mn_{1/3}O_2 + \frac{1}{3}Li^+ + \frac{1}{3}e \quad (2\text{-}8)$$

电位为 3.8～4.1V 区间内对应于 Ni^{2+}/Ni^{3+}（$0 \leqslant x \leqslant 1/3$）和 Ni^{3+}/Ni^{4+}（$1/3 \leqslant x \leqslant 2/3$）的转变；在 4.5V 左右对应于 Co^{3+}/Co^{4+}（$1/3 \leqslant x \leqslant 2/3$）的转变，当 Ni^{2+} 与 Co^{3+} 被完全氧化至＋4 价时，其理论容量为 $278mA \cdot h \cdot g^{-1}$。Choi 等的研究表明，在 $Li_{1-x}Ni_{1/3}Co_{1/3}Mn_{1/3}O_2$ 中，当 $x \leqslant 0.65$ 时，O 的－2 价保持不变；当 $x > 0.65$ 时，O 的平均价态有所降低，有晶格氧从结构中逃逸，化学稳定性遭到破坏。而 XRD 的分析结果表明，当 $x \leqslant 0.77$ 时，原有层状结构保持不变；但当 $x > 0.77$ 时，会观察到有 MnO_2 新相出现。因此可以推断，提高充放电的截止电压虽然能有效提高材料的比容量和能量密度，但是其循环稳定性必定会下降。

2.4.2 $LiNi_{1/3}Co_{1/3}Mn_{1/3}O_2$ 材料的合成

$LiNi_{1/3}Co_{1/3}Mn_{1/3}O_2$ 材料中各元素的化学计量比及分布均匀程度是影响材料性能的关键因素，偏离了化学计量比或组成元素分布不均匀，都会导致材料中杂相的出现。不同的制备方法对材料的性能影响较大。目前合成三元材料的方法主要有高温固相法、共沉淀法、喷雾干燥法、水热法、溶胶-凝胶法等。

高温固相法是制备 $LiNi_{1/3}Co_{1/3}Mn_{1/3}O_2$ 三元层状正极材料的传统方法，该法是将锂盐、镍盐、钴盐、锰盐按合适计量比以各种方式混合均匀，研磨均匀后高温烧结而制得材料粉体。固相烧结法的工艺流程简单，易于大批量生产，但反应物间分散不均匀，接触不充分，高温烧结时反应进程中离子扩散慢，所制得的产物粉体通常呈现出颗粒较大并且粒度不均一、晶粒形貌不规则、晶界尺寸大、组成和结构不均匀等缺点，造成产物电化学性能比较差。早期曾有企业直接采用高温固相法合成三元材料，目前已经基本淘汰了这种生产方法。

溶胶-凝胶法是通过金属离子与某些有机酸的螯合作用，再进一步酯化和聚合形成凝胶前驱体，前驱体在高温下烧结制成材料粉体。由于前驱体中锂离子、金属离子和有机酸是在原子水平上分散的，离子间距小，高温烧结时利于离子扩散，因此，溶胶-凝胶法所需要的烧结温度比较低，合成出的样品具有优良的电化学性能。该法所合成的产物一般颗粒较小并且粒径均一，晶粒形貌均匀，结晶度高，初始容量高，循环性能好。但该法有工艺流程复杂，材料振实密度低；生产过程中需要大量的有机溶剂，增加了生产成本等问题，限制了该法在工业生产中的实际应用。

共沉淀法是将镍盐、钴盐、锰盐均匀溶解后，通过控制合成条件，使其同时形成沉淀析出溶液，将沉淀过滤干燥后形成前驱体，再将前驱体高温烧结后即制成材料粉体。共沉淀法的合成条件容易控制，便于操作；制备的前驱体离子分散均匀，烧结温度低；制备的样品颗粒细小，晶粒分散均匀，结晶度好，通过改变反应条件可以制备出不同的形貌，具有优良的电化学性能。虽然该方法工业生产流程烦琐、容易出现组分损耗、产生大量废液等缺陷，但由于所制备的材料稳定性好、性能优异，成为了三元材料的主流生产方法。

水热法是基于高温高压下，锂离子与镍、钴、锰离子在液相中生长、结晶而制成样品材料的方法。该方法工艺简单，不需要后期烧结处理，便于操作；制成的材料纯度高、结晶度好、晶胞缺陷少、晶粒细小并且分散均匀，通过控制反应条件可以制备出特定的形貌，因此材料的结构稳定性好、比容量高、循环性能好。但该工艺要求存在设备生产成本高等问题，没有得到工业化应用。

2.4.3 不同形貌对 $LiNi_{1/3}Co_{1/3}Mn_{1/3}O_2$ 材料性能的影响

虽然 $LiNi_{1/3}Co_{1/3}Mn_{1/3}O_2$ 三元材料具有高容量、电压范围宽的优点，但是与 $LiCoO_2$ 相比，还存在如下问题：①循环性能不稳定，容量衰减较为严重；②电导率较低，大倍率性能不佳；③振实密度偏低，影响体积能量密度。针对 $LiNi_{1/3}Co_{1/3}Mn_{1/3}O_2$ 的缺点，目前的改良方法主要包括制备纳米级颗粒、离子掺杂、金属掺杂、表面包覆等。除此之外，形貌的选择对于 $LiNi_{1/3}Co_{1/3}Mn_{1/3}O_2$ 材料的电化学性能也有至关重要的影响。图 2-9 为不同形貌的层状 $LiNi_{1/3}Co_{1/3}Mn_{1/3}O_2$ 的 SEM 或 TEM 图。

在材料内部设计孔结构，预留体积膨胀空间，是改善硅基 $LiNi_{1/3}Co_{1/3}Mn_{1/3}O_2$ 材料循环性能的有效措施。Wang 等以蒸气生长碳纤维（VGCFs）作为模板，制备了纳米多孔的 $LiNi_{1/3}Co_{1/3}Mn_{1/3}O_2$ 正极材料［图 2-9(a)］，并展示了超级的快速充放电性能，1.5C（$160mA\cdot g^{-1}$）倍率充放电时，首次放电容量为 $155mA\cdot g^{-1}$，45C 倍率充放电时，其可逆容量仍高达 $108mA\cdot g^{-1}$。

图 2-9 不同形貌的层状 $LiNi_{1/3}Co_{1/3}Mn_{1/3}O_2$ 的 SEM 或 TEM 图

（a）纳米多孔；（b）哑铃状；（c）球形；（d）空心微球；（e）薄纳米片；（f）厚纳米片

分级结构材料具有优异的物理和化学性能，由纳米片组装成的纳米-微米分级结构不但保持了纳米片状的特点，而且还能减少纳米片之间的无序桥架作用，使得材料拥有相对较高的振实密度。利用尿素辅助的溶剂/水热法可以制备哑铃状的微球多金属碳酸盐前驱体（$Ni_{1/3}Co_{1/3}Mn_{1/3}CO_3$），然后再与化学计量比的碳酸锂混合均匀，700℃下空气中烧结 12h 即可得到哑铃状的 $LiNi_{1/3}Co_{1/3}Mn_{1/3}O_2$ 材料[图 2-9(b)]。10C 倍率放电时，可逆容量高达 $120mA \cdot h \cdot g^{-1}$。

球形颗粒有利于颗粒间的接触，可实现电极材料的紧密堆积，具有较高的振实密度和大的体积容量；同时，球形颗粒具有优异的流动性、分散性和可加工性能，因此被广泛应用于制备 $LiNi_{1/3}Co_{1/3}Mn_{1/3}O_2$ 材料。Han 等先制备了球形非晶的 MnO_2、球形 NiO 以及球形 Co_3O_4，然后与 $LiOH \cdot H_2O$ 混合，采用流变相法制备了球形的 $LiNi_{1/3}Co_{1/3}Mn_{1/3}O_2$ 材料[图 2-9(c)]。$100mA \cdot g^{-1}$ 倍率放电时，首次容量为 $177mA \cdot h \cdot g^{-1}$，50 次循环后容量为 $157mA \cdot h \cdot g^{-1}$，容量保持率为 89%。

球形颗粒的电极材料虽然具有较高的体积比容量，但由于其颗粒间的接触电阻随温度的降低而急剧升高，导致此类形貌的电极材料低温性能不够理想。多孔结构的球形材料克服了球形粒径受温度影响大和活性过高的缺点，通过改变工艺参数可实现孔径可调、合成产物具有较高的比表面积、与电解液的接触面积大等优点，有利于锂离子的快速嵌入和脱出，可以显著提高电极材料的倍率性能和循环性能。Li 等第一步利用溶剂热法制备了 $Mn_{0.5}Co_{0.5}CO_3$ 微球，然后在空气中通过非平衡加热得到多孔的 $Mn_{1.5}Co_{1.5}O_4$ 空心微球；第二步是将 $Ni(NO_3)_2 \cdot 6H_2O$、$LiNO_3$ 与 $LiOH \cdot H_2O$（两种锂盐的物质的量比为 38∶62，Li 的总量过量 7%）混合，通过浸渍法引入到 $Mn_{1.5}Co_{1.5}O_4$ 空心微球中，然后 900℃在空气中烧结 10h，冷却至室温得到 $LiNi_{1/3}Co_{1/3}Mn_{1/3}O_2$ 空心微球［图 2-9(d)］，如图 2-10 所示。$LiNi_{1/3}Co_{1/3}Mn_{1/3}O_2$ 空心微球具有优异的倍率容量，在 0.1C、0.2C、0.5C、1C、2C、5C 倍率充放电时，其可逆放电容量分别为 187.1mA·h·g^{-1}、181.4mA·h·g^{-1}、170.8mA·h·g^{-1}、159.0mA·h·g^{-1}、145.3 mA·h·g^{-1}、114.2mA·h·g^{-1}。

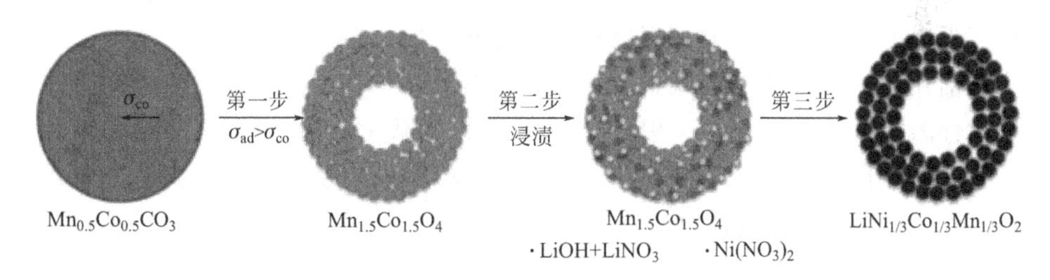

图 2-10 $LiNi_{1/3}Co_{1/3}Mn_{1/3}O_2$ 空心微球的设计合成路线图

二维的纳米片一般是由单层或多层的薄层结构材料组成，其在两个维度上具有延伸性，表面积大，离子迁移路径短，具有广泛的应用前景。Peng 等采用水热结合自组装法制备了不同晶面优先生长的 $LiNi_{1/3}Co_{1/3}Mn_{1/3}O_2$ 纳米片，研究发现（010）晶面优先生长的材料具有优异的倍率性能［图 2-9(e)］。1C 倍率时，100 次循环后的可逆容量约为 140mA·h·g^{-1}，容量保持率为 82%；10C 倍率时的可逆容量仍高达 93mA·h·g^{-1}。Li 等以乙二醇为介质，合成了 {010} 晶面优先生长的 $LiNi_{1/3}Co_{1/3}Mn_{1/3}O_2$ 纳米片［图 2-9(f)］，研究结果表明，随着 $LiNi_{1/3}Co_{1/3}Mn_{1/3}O_2$ 纳米片厚度的增加，更多的 {010} 晶面优先生长，增加了锂离子的传输通道。在所有不同条件下制备的 $LiNi_{1/3}Co_{1/3}Mn_{1/3}O_2$ 纳米片中，850℃烧结 12h 的样品展示了最好的电化学性能，0.1C 倍率时，首次放电容量为 207.6mA·h·g^{-1}；在 2C、5C、7C 倍率放电时，可逆容量分别为 169.8mA·h·g^{-1}、160.5mA·h·g^{-1}、149.3mA·h·g^{-1}。

2.4.4 $LiNi_{1/3}Co_{1/3}Mn_{1/3}O_2$ 材料的掺杂改性

虽然 $LiNi_{1/3}Co_{1/3}Mn_{1/3}O_2$ 三元材料具有良好的电化学性能，但就其实用性而言，还有不少问题要解决，例如：提高材料的电子电导率，解决宽电位区间循环时的性能恶化，减少锂层中阳离子的混排，提高首次充放电效率，提高材料的锂离子扩散系数等。目前用于掺杂的金属元素主要有 Li、Mg、Al、Fe、Cr、Mo、Zr 等，一般要求与被替代的原子半径相近，并且与氧有较强的结合能。尽管阳离子的等价态掺杂不会改变镍、钴、锰过渡金属离子的化合价，但可以稳定材料结构，提高三元材料的离子电导率。电化学非活性的 Cr^{3+} 掺杂后虽然会降低材料的比容量，但是材料的循环性能，尤其是在宽电位窗口（2.5～4.8V）的循环性能明显改善。适量 Al^{3+} 掺杂可以稳定材料的结构，提高了三元材料的倍率容量。当采用不等价阳离子掺杂时，会导致三元材料中过渡金属离子价态的升高或降低，产生空穴或电子，改变材料能带结构，从而提高其本征电子电导率。例如，有报道表明，Mg^{2+} 掺杂 $LiNi_{1/3}Co_{1/3}Mn_{1/3}O_2$ 后，电子电导率较未掺杂提高了近 100 倍，并能够显著提高材料的循环稳定性。

目前用于掺杂的非金属元素主要有 F、Si、S 等，其中关于 F 的掺杂研究较多，改性效果也比较明显。一般采用 F 掺杂来取代 O。由于 F 与过渡金属离子间的化学键键能较高结合得更紧密，提高了材料的结晶度，改善了材料的稳定性。此外，由于 Li—F 键能（$577kJ \cdot mol^{-1}$）大于 Li—O 键能（$341kJ \cdot mol^{-1}$），掺杂 F 后的材料的循环稳定性及热稳定性有所提升。Si 掺杂有利于材料的电荷转移阻抗，从而使电极极化减小，有利于电化学性能的提高。第一性原理计算的最近研究结果表明，S 掺杂的 $LiNi_{1/3}Co_{1/3}Mn_{1/3}O_{2-x}S_x$ 具有比 $LiNi_{1/3}Co_{1/3}Mn_{1/3}O_2$ 更高的稳定性，其结构如图 2-11(a) 所示。进一步的计算结果表明，充电时，锂离子在 $LiNi_{1/3}Co_{1/3}Mn_{1/3}O_{2-x}S_x$ 中比在 $LiNi_{1/3}Co_{1/3}Mn_{1/3}O_2$ 中更容易脱出。充放电测试表明，S掺杂的材料具有更高的倍率放电容量 [图 2-11(b)]；55℃循环时，掺杂 S 后的材料具有更高的放电容量以及更好的循环稳定性 [图 2-11(c)]。

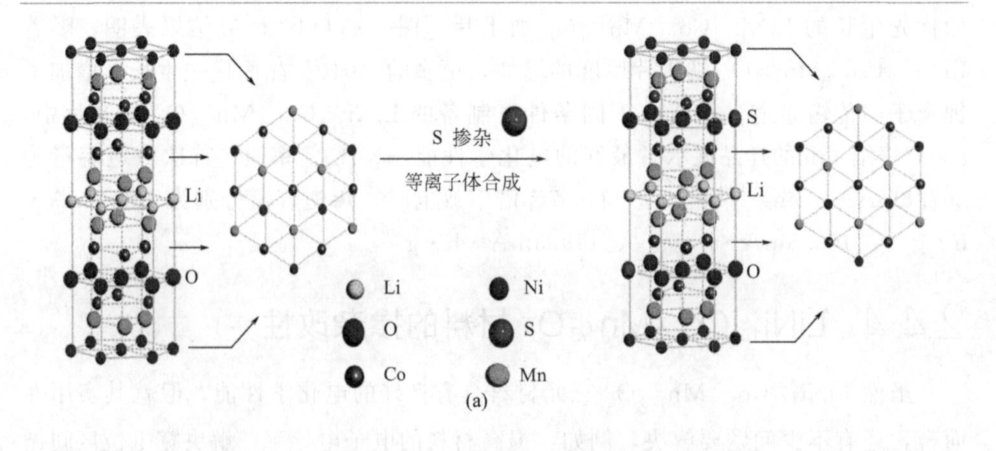

(a)

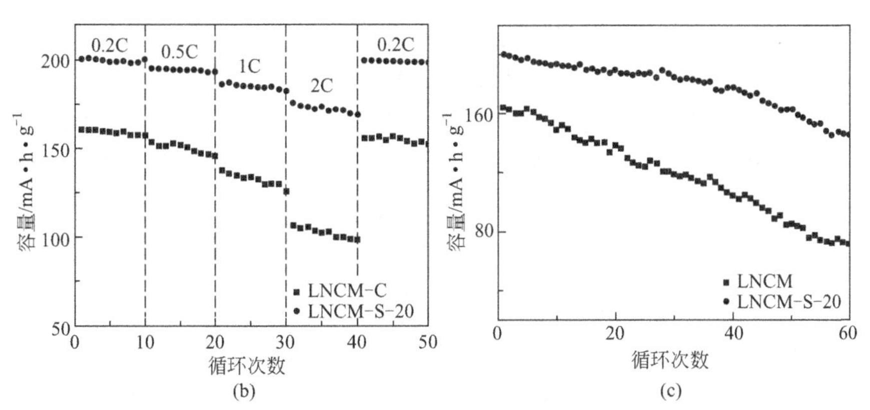

图 2-11 $LiNi_{1/3}Co_{1/3}Mn_{1/3}O_{2-x}S_x$ 结构图（a），$LiNi_{1/3}Co_{1/3}Mn_{1/3}O_{2-x}S_x$ 的倍率容量（b）及 $LiNi_{1/3}Co_{1/3}Mn_{1/3}O_{2-x}S_x$ 的高温循环性能（55℃，0.2C）（c）

2.4.5 $LiNi_{1/3}Co_{1/3}Mn_{1/3}O_2$ 材料的表面包覆

目前，提高 $LiNi_{1/3}Co_{1/3}Mn_{1/3}O_2$ 电化学性能的另一重要方法就是表面包覆改性。这主要是由于在充放电过程中 $LiNi_{1/3}Co_{1/3}Mn_{1/3}O_2$ 与电解液直接接触会发生一些副反应，如活性材料的溶解、电解液在高氧化态活性材料表面的分解等。表面包覆层起到了将 $LiNi_{1/3}Co_{1/3}Mn_{1/3}O_2$ 材料和电解液隔开，以减少它们的直接接触，从而减少副反应的发生，提高材料的循环性能的作用。目前，表面包覆材料主要包括金属氧化物、氟化物、各种含锂的金属盐以及某些导电性单质等。

2.4.5.1 氧化物包覆

在层状 $LiMO_2$（M＝Co、Mn、Ni）改性研究中，氧化物包覆明显改善了 $LiMO_2$ 的循环稳定性和安全性能，拓展了 $LiMO_2$ 的工作电位，因此在三元材料中，氧化物包覆引起了较为广泛的关注。氧化物包覆改善三元材料电化学性能的机理与 $LiMO_2$ 包覆类似，主要是表面包覆层降低了电极材料与电解液的副反应，同时还改善了材料表面的离子传输电阻。常见的用于包覆的氧化物有 Al_2O_3、Y_2O_3、Sb_2O_3、TiO_2、CeO_2、ZrO_2、MnO_2、V_2O_5 等。

Al_2O_3 能与电解液中少量的 HF 反应形成 AlF_3，从而能抑制主体材料 $LiNi_{1/3}Co_{1/3}Mn_{1/3}O_2$ 与电解液直接接触时发生的副反应，材料的稳定性和倍率性能都有所提高。Li 等用喷雾干燥法合成了 $LiNi_{1/3}Mn_{1/3}Co_{1/3}O_2$，并用质量分数为 3%的金属氧化物（$ZrO_2$、$TiO_2$ 和 Al_2O_3）对 $LiNi_{1/3}Mn_{1/3}Co_{1/3}O_2$ 进行了包覆。在 3.0～4.6V、0.5C 和 2C 条件下，包覆后的材料的循环性能较包覆前有明显的提高。EIS 测试表明，包覆前的材料循环 100 周后，其表面阻抗和充电转移阻抗均明显增加，这主要与材料的颗粒尺寸和电极形貌的改变有关。但是，包覆后的材料，由于金属氧化物薄层的存在，可以有效阻止总的阻抗的增加，使得材料的循环性能有所提高。Wu 等通过溶胶-凝胶法合成了 CeO_2 包覆 $LiNi_{1/3}Co_{1/3}Mn_{1/3}O_2$ 材料。电化学性能的研究表明，在电流密度为 $20mA \cdot g^{-1}$ 的条件下，质量分数为 1%的 CeO_2 包覆前后的材料放电比容量分别为 $165.8mA \cdot h \cdot g^{-1}$ 和 $182.5mA \cdot h \cdot g^{-1}$，循环 12 周后，容量保持率从包覆前的 86.6%提高到 93.2%，说明 CeO_2 包覆可以提高其循环性能。Wu 等用质量分数为 1%的 Y_2O_3 对 $LiCo_{1/3}Ni_{1/3}Mn_{1/3}O_2$ 进行包覆来提高其循环性能。CV 测试表明，Y_2O_3 的包覆阻止了 $LiCo_{1/3}Ni_{1/3}Mn_{1/3}O_2$ 在循环过程中的结构变化以及与电解质之间的反应，使得包覆后的材料具有较高的容量和循环性能。在 $2.0mA \cdot cm^{-2}$ 条件下，包覆后的放电比容量为 $137.5mA \cdot h \cdot g^{-1}$，而包覆前的只有 $116.2mA \cdot h \cdot g^{-1}$。循环 20 周后，包覆前的材料容量衰减了 2.8%，而包覆后仅衰减了 0.7%。EIS 测试表明，Y_2O_3 的包覆层有利于降低其在脱锂状态时的充电转移阻抗。

2.4.5.2 氟化物包覆

目前锂离子电解质主要是 $LiPF_6$，这类电解液在氧化还原过程中会分解产生 HF，与氧化物反应生成氟化物包覆在镍钴锰三元层状材料表面，研究表明这一层氟化物的存在对镍钴锰三元层状材料表面的稳定性提高有一定的作用，因此，通过包覆一层氟化物保护层来稳定镍钴锰三元层状材料的界面。AlF_3 的包覆抑制了氧气的析出，延缓了立方尖晶相的形成，可以提高材料的热稳定性能。随着 SrF_2 包覆量的增加，降低了三元材料的初始容量和倍率性能，但是通过抑制循环过程中阻抗的增加可以提高材料的循环稳定性。当 SrF_2 包覆量为 4.0%（物质的量分数）时，材料的初始容量明显减少。Li 等研究发现，使材料具有最好的电性能的 SrF_2 包覆量是 2.0%（物质的量分数），此时其首次放电容量为 $165.7mA \cdot h \cdot g^{-1}$，且循环 50 周后，容量保持率在 86.9%。Xie 的研究表明，CeF_3 的包覆可以抑制三元材料表面的电解液氧化，降低了电极的电荷转移电阻，加速了锂离子在材料中扩散，抑制了电极表面钝化膜的生长，从而提高了 $LiNi_{1/3}Co_{1/3}Mn_{1/3}O_2$ 材料的倍率容量和循环稳定性。

2.4.5.3 其他包覆

由于 PO_4^{3-} 与金属离子之间的化学键具有很强的共价性，会阻碍正极材料与电解液之间的反应，对包覆后材料的热稳定性有利，磷酸盐包覆要比氧化物包覆的耐过充性能好。常见的用于包覆的磷酸盐有 $AlPO_4$、$FePO_4$、Li_3PO_4 等。

由于导电高分子聚吡咯（PPy）导电良好，用 PPy 等对 $LiNi_{1/3}Co_{1/3}Mn_{1/3}O_2$ 正极材料进行改性，可以替代碳作为导电剂，可以提高正极材料的导电性，改善循环性能；另外，由于其具有电化学活性，因此 PPy 修饰的三元材料较原材料具有较高的容量。

锂化物（如 $LiAlO_2$、Li_3VO_4、Li_2ZrO_3 等）是锂离子的导体材料，与其他包覆物相比具有更好的 Li^+ 通过性能；不但可以改善正极材料的循环性能和倍率性能，而且对 Li^+ 在正极材料中脱嵌的影响较小。Zhang 等首先采用共沉淀法制备了 $Ni_{1/3}Co_{1/3}Mn_{1/3}O_2 \cdot 2H_2O$ 前驱体，然后与 $Zr(OC_4H_9)_4$ 混合，利用溶剂热法制备了 $ZrO_2@Ni_{1/3}Co_{1/3}Mn_{1/3}C_2O_4 \cdot xH_2O$，再将其与 $LiOH \cdot H_2O$ 混合，现在 500℃下烧结 5h，然后在 900℃下烧结 12h，最后得到 Li_2ZrO_3 包覆的 $LiNi_{1/3}Co_{1/3}Mn_{1/3}O_2$ 正极材料，合成路线图如图 2-12 所示。

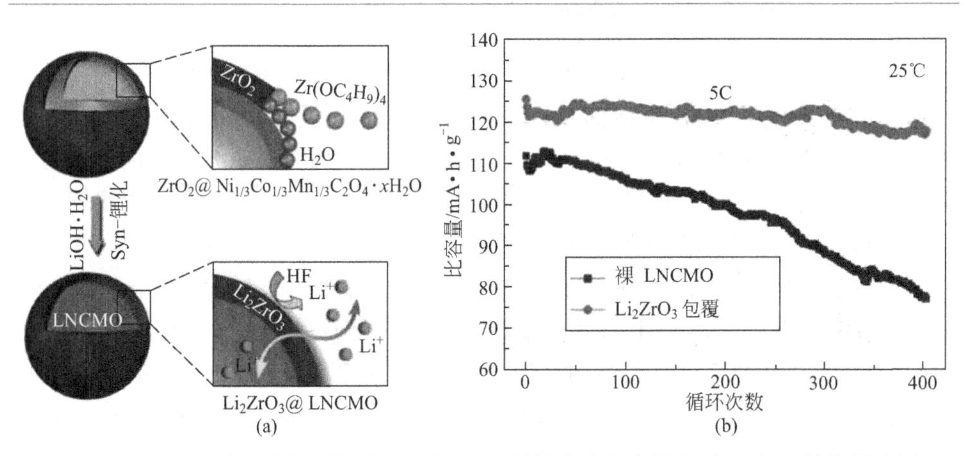

图 2-12 Li_2ZrO_3 包覆的 $LiNi_{1/3}Co_{1/3}Mn_{1/3}O_2$ 材料合成路线图（a）及循环性能图（b）

电化学性能测试结果表明，$Li_2ZrO_3@LiNi_{1/3}Co_{1/3}Mn_{1/3}O_2$ 在 10C 倍率放电时的容量高达 $106mA \cdot h \cdot g^{-1}$，而 $LiNi_{1/3}Co_{1/3}Mn_{1/3}O_2$ 的放电容量仅为 $46mA \cdot h \cdot g^{-1}$。5C 倍率放电时，400 次循环后，$Li_2ZrO_3@LiNi_{1/3}Co_{1/3}Mn_{1/3}O_2$ 在 25℃和 55℃容量保持率分别为 93.8%和 85.1%，而 $LiNi_{1/3}Co_{1/3}Mn_{1/3}O_2$ 的容量保持率仅为 69.2%和 37.4%。提高的电化学性能是因为 Li_2ZrO_3 包覆避免了三元材料直接与电解液接触，提高了锂离子导电性。

2.5 富锂材料

近年来富锂正极材料 $xLi_2MnO_3 \cdot (1-x)LiMO_2$（M＝Mn、Co、Ni 等）

受到广泛关注，其具有高比容量（200～300mA·h·g^{-1}）、优秀的循环能力以及新的电化学充放电机制等优点，正在逐渐取代目前正极商业化产品 $LiCoO_2$ 而成为富锂正极材料的主流产品。富锂正极材料主要是由 Li_2MnO_3 与层状材料 $LiMO_2$（M＝Ni、Co、Mn 等）形成的固溶体。在层状化合物 $LiMO_2$（M＝Mn、Co、Ni 等）中，镍、钴和锰分别是＋2、＋3 和＋4 价，在材料充电过程中，随着 Li^+ 的脱出，晶体结构中的 Ni^{2+} 氧化为 Ni^{4+}，Co^{3+} 氧化为 Co^{4+}，Mn^{4+} 主要起稳定结构的作用而不参与电化学反应。它与 Li_2MnO_3 形成的固溶体体系是最近研究的热点之一。这些富锂正极材料都具有优异的电化学性能，但是较大的首次不可逆容量损失和较差的倍率性能以及部分材料在循环过程中出现相变等这些不利因素抑制其商业化的发展。

2.5.1 富锂材料的结构和电化学性能

富锂正极材料 $xLi_2MnO_3 \cdot (1-x)LiMO_2$（M＝Mn、Co、Ni 等）是 Li_2MnO_3 与层状 $LiMO_2$ 形成的复合结构材料，其中 Li_2MnO_3 是具有岩盐结构的化合物，其空间群具有 C2/m 对称性。Li_2MnO_3 中的 Li 一部分的位置被过渡金属元素取代，Li 原子与 Mn 原子交替排列，形成了一种超晶格的结构，其结构与空间群 R-3m 的层状 α-$NaFeO_2$ 的结构类似。在层状 Li_2MnO_3（也可以写成富锂材料 Li［$Li_{1/3}Mn_{2/3}$］O_2 的形式）中的 Li^+ 和 Mn^{4+} 共同构成了 M 层，每 6 个 Mn 包围 1 个 Li，Li 层中的结构呈四面体结构，而过渡金属层中的 Li 和 Mn 与 O 交叠穿插构成了八面体结构，Li_2MnO_3 呈现出较低的电化学活性。另外，虽然层状结构材料 Li_2MnO_3 的比容量高达 286mA·h·g^{-1}，但在充放电循环过程中 Li_2MnO_3 材料易转化为尖晶石结构，因此容易导致放电容量的逐步衰减。该类富锂正极材料中的 Li_2MnO_3 组分可抑制层状结构 $LiMnO_2$ 组分向尖晶石结构转化。其实，富锂正极材料的晶体结构非常复杂，因为该类正极材料中存在着类超晶格结构且又在不同的充电电压下，结构的稳定性也存在差异，对富锂正极材料的结构仍需进行进一步的探究。

图 2-13(a) 展示了 Li_2MnO_3 的组成结构，由于其过渡金属层中 Li^+ 和 Mn^{4+} 形成超晶格结构，使 Li_2MnO_3 的晶体结构空间群的对称性降低，Li_2MnO_3 由六方晶系转变为单斜晶系 C2/m。图 2-13(b) 是过渡金属层中的排列顺序，且 1 个 Li 原子被 6 个 Mn 原子所包围。图 2-13(d) 所示为过渡金属层中的原子排列顺序，呈六角形图案，而图中灰色表示的原子网点会由过渡金属 M 随机占据。由于材料中原子和电子配位的变化使得材料晶体结构空间群对称性也发生变化。但在单斜晶系 C2/m 的 Li_2MnO_3 的（001）晶面和 R-3m 的 Li_2MnO_3 的（003）晶面的密堆积层中，晶面距离均为 4.7Å。如果在过渡金属层

中，Li_2MnO_3 的 Mn^{4+} 能够与 $LiMO_2$ 中过渡金属离子均匀无序分布的话，则密堆积层的兼容性可以允许 Li_2MnO_3 和 $LiMO_2$ 在原子水平上相溶，形成固溶体。

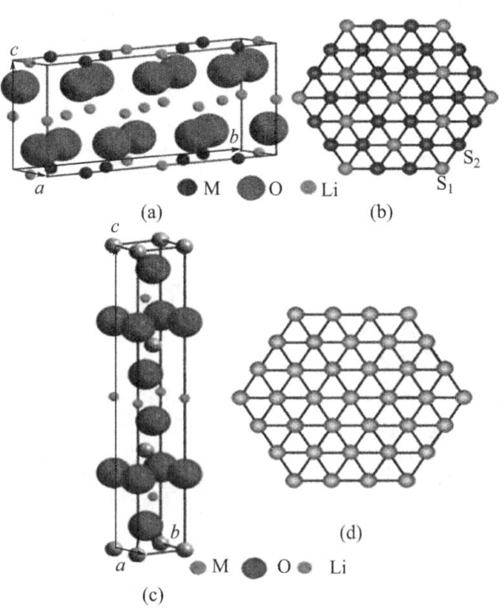

图 2-13 Li_2MnO_3 和 $LiMO_2$ 的结构示意图

（a）单斜晶系 Li_2MnO_3 晶胞（C2/m）；（b） Li_2MnO_3 过渡金属层中原子排序；
（c）三方晶系 $LiMO_2$ 晶胞（R-3m）；（d） $LiMO_2$ 过渡金属层中原子排序

以富锂型正极材料中的 $xLi_2MnO_3 \cdot (1-x)LiNi_{1/3}Co_{1/3}Mn_{1/3}O_2$ 为例，当充放电循环在较低的截止电压（≤4.5V）下进行时，此时 Li_2MnO_3 材料的电化学活性较小，因此 $LiNi_{1/3}CO_{1/3}Mn_{1/3}O_2$ 正极材料是放电容量的主要来源；当充电截止电压≥4.6V 时，固溶体中 Li_2MnO_3 材料的电化学活性增大，此时 Li_2MnO_3 材料和 $LiNi_{1/3}CO_{1/3}Mn_{1/3}O_2$ 正极材料一起起作用，进行锂离子的脱出与嵌入。在该充电截止电压下，大量的锂离子从正极材料晶格中脱出，并释放出氧，形成 Li_2O 和 MnO 的网络，若从正极电极中能够脱出所有的锂离子，则富锂型正极材料 $xLi_2MnO_3 \cdot (1-x)LiMO_2$（M＝Mn、Co、Ni 等）理想的充电反应机理可以分别用式(2-9）和式(2-10）表示，图 2-14 给出了首次充放电过程中材料的结构变化。

$$xLi_2MnO_3 \cdot (1-x)LiMO_2 \xlongequal{充电} xLi_2MnO_3 \cdot (1-x)MO_2 + (1-x)Li \tag{2-9}$$

$$xLi_2MnO_3 \cdot (1-x)MO_2 \xlongequal{充电} xMnO_2 \cdot (1-x)MO_2 + xLi_2O \tag{2-10}$$

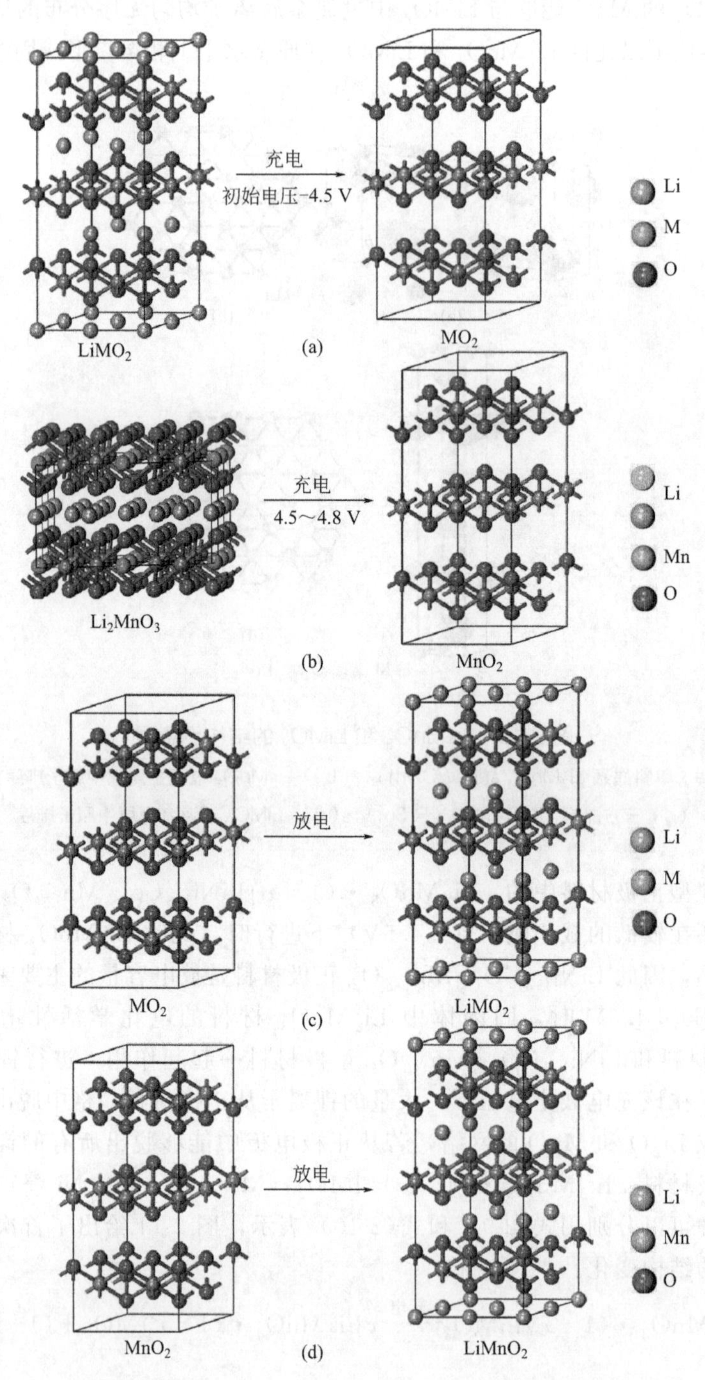

图 2-14 首次循环 $xLi_2MnO_3 \cdot (1-x)LiMO_2$ 的结构变化

然而，在充电过程中由于固相晶格中的 O_2 脱出的空位被其他过渡金属所占领，在放电过程中时，已释放出的 O_2 不可能再载入原材料的晶格结构中。因此放电时所有脱出的锂离子也不可能完全嵌入 $x Li_2MnO_3 \cdot (1-x) LiNi_{1/3}Co_{1/3}Mn_{1/3}O_2$ 正极材料结构中，所以真正嵌入原来正极材料结构的只有其中一部分锂离子，其反应机理可能如式(2-11) 所示：

$$x MnO_2 \cdot MO_2 + Li^+ \xlongequal{放电} x LiMnO_2 \cdot (1-x) LiMO_2 \tag{2-11}$$

当充放电循环在较高截止电压范围内进行时，生成 $LiMnO_2$，其中 Mn 的化合价为+3 价，此时 $LiMnO_2$ 材料具有电化学活性，并与 $LiNi_{1/3}Co_{1/3}Mn_{1/3}O_2$ 形成更加稳定的固溶体结构。

图 2-15 为富锂正极材料 $Li_{1.2}Mn_{0.56}Ni_{0.16}Co_{0.08}O_2$ 的循环伏安曲线。从图中可以看出，在首次氧化过程中出现了两个峰：其中在 4.0V 附近的峰对应着 Ni^{2+} 的氧化；而在 4.79V 左右的峰对应着富余的 Li 从过渡金属层脱出，形成 MnO_2，伴随着析氧反应。在还原过程中 3.8V 左右出现还原峰，对应着 Ni^{4+} 的还原，Li^+ 重新嵌入 $(1-x)LiMO_2$ 结构中。在随后的氧化还原过程中，4.0V 附近的氧化峰宽化；4.79V 附近的氧化峰大幅度减小或消失，这可能是由于材料的不可逆容量损失，即 Li_2O 的不可逆反应；而 3.8V 左右的还原峰没有明显变化。

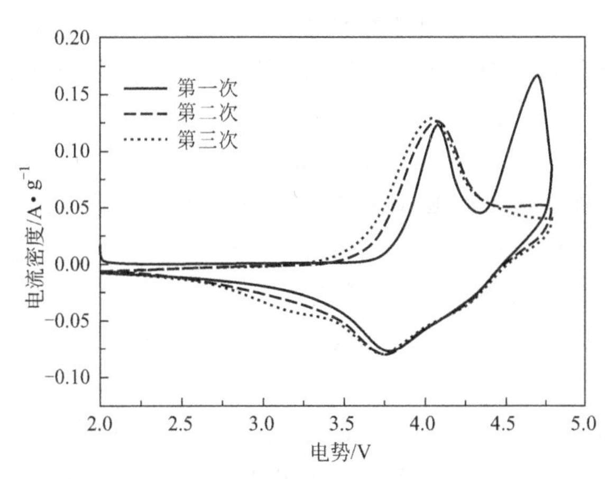

图 2-15 富锂正极材料 $Li_{1.2}Mn_{0.56}Ni_{0.16}Co_{0.08}O_2$ 的循环伏安曲线

2.5.2 富锂材料的充放电机理

在充放电过程中，Li^+ 脱出/嵌入会导致 $x Li_2MO_3 \cdot (1-x) LiMO_2$ 的结构

变化。仍以 $Li[Li_{1/3-2x/3}Mn_{2/3-x/3}Ni_x]O_2$ 为例，当充电电压低于 4.5V 时，在 $LiMO_2$ 的 Li 层中 Li^+ 脱嵌的同时，Li_2MnO_3 的过渡金属层中位于八面体位置的 Li 会扩散到 $LiMO_2$ 的 Li 层中的四面体位置以补充 Li 离子，提供额外的键能，保持氧紧密堆积结构的稳定性。因此，Li_2MnO_3 可以看作低锂状态时富锂材料的一个 Li 的“水库”，具有保持结构稳定的作用。当充电电位高于 4.5V 时，Li_2MnO_3 中的 Li 继续脱嵌，最后形成 MnO_2，而 $LiMO_2$ 变成具有强氧化性的 MO_2。与深度充电时高氧化态的 Ni^{4+} 会导致颗粒表面氧原子缺失相似，高充电电压时富锂正极材料的电极表面也会有 O_2 析出，结果首次充电结束后净脱出为 Li_2O。在随后的放电过程中，净脱出的 Li_2O 不能回到 $xLi_2MO_3 \cdot (1-x)LiMO_2$ 的晶格中，成为半电池（实验电池）中的首次循环效率偏低的重要原因之一。但是，在全电池中，这部分锂可以用于形成负极材料表面的固体电解质界面（SEI）膜，因此没有必要去刻意降低由此造成的库仑效率低下问题。造成首次循环效率低的其他重要原因还包括电解质的氧化分解及由于材料的晶格及表面缺陷而导致的不可逆容量损失。这是材料改性所要重点解决的问题。

析氧会导致阴、阳离子的重新排布，Armstrong 等提出了 $Li[Li_{0.2}Ni_{0.2}Mn_{0.6}]O_2$ 电极材料中发生氧缺失的两种模型。第一种模型认为，当 Li 和 O 同时从电极材料表面脱出时，氧离子从材料内部扩散到表面以维持反应继续进行，同时在材料内部产生氧空位。第二种模型认为，当氧气从材料表面释放时，表面过渡金属离子会扩散到结构内部，占据过渡金属层中 Li 脱出所留下的八面体空位。当其中 Li 脱嵌留下的所有八面体位置的空位都被从表面转移过来的过渡金属离子占据时，析氧过程就结束。结果当充电到 4.5V 以上电位时，MO_2 结构中的八面体位置都被 Mn 和 Ni 占据，使由于析氧所出现的氧离子空位全部消失。但是，Wu 等研究 $xLi_2MnO_3 \cdot (1-x)Li[Mn_{0.5-y}Ni_{0.5-y}Co_{2y}]O_2$ 时发现，按此模型计算的理论不可逆容量损失与实验结果不一致。他们认为，首次充放电过程中，O 离子空位并未完全消失，而是仍有一部分空位留在晶格中。

Dahn 等提出富锂材料在非水体系中，首次充电时 Li^+ 与 O 可同时从富锂材料中脱出。Armstrong 和 Tran 采用原位电化学质谱（DEMS）和氧化还原滴定分析富锂材料，认为其首次充电 4.5V 平台为氧流失和 Li^+ 脱出（净脱出 Li_2O）。Yabuuchi 等提出富锂材料的两种高容量充放机理：Mn（Mn^{3+}/Mn^{4+}）氧化还原机理和电极表面氧的氧化还原机理，如图 2-16 所示。

富锂材料 $Li_{1.2}Ni_{0.13}Co_{0.13}Mn_{0.54}O_2$ 在首次充电 4.5V 平台因氧脱出，费米能级重组，可导致材料中 Mn^{4+} 部分还原生成电化学活性的 Mn^{3+}；随后的放电过程中（<3V），该平台析出的氧发生电化学还原反应，生成 Li_2O_2 和 Li_2CO_3。Li_2O_2 可在随后的循环中参与氧化还原反应，提供可逆的表面容量，而 Li_2CO_3 为电化学惰性。Hong 等认为富锂材料首次充电过程释出的氧可发生一系列可逆/不可逆的反应。

$$O_2+e=O_2^- \tag{2-12}$$

$$O_2^-+EC=H_2O+CO+CO_2 \tag{2-13}$$

$$2O_2^-+2CO_2=C_2O_6^{2-}+O_2 \tag{2-14}$$

$$C_2O_6^{2-}+xO_2^-+4Li^++(2-x)e=2Li_2CO_3+xO_2(x\leqslant 2) \tag{2-15}$$

$$2Li_2CO_3=4Li^++2CO_2+3e+O_2^- \tag{2-16}$$

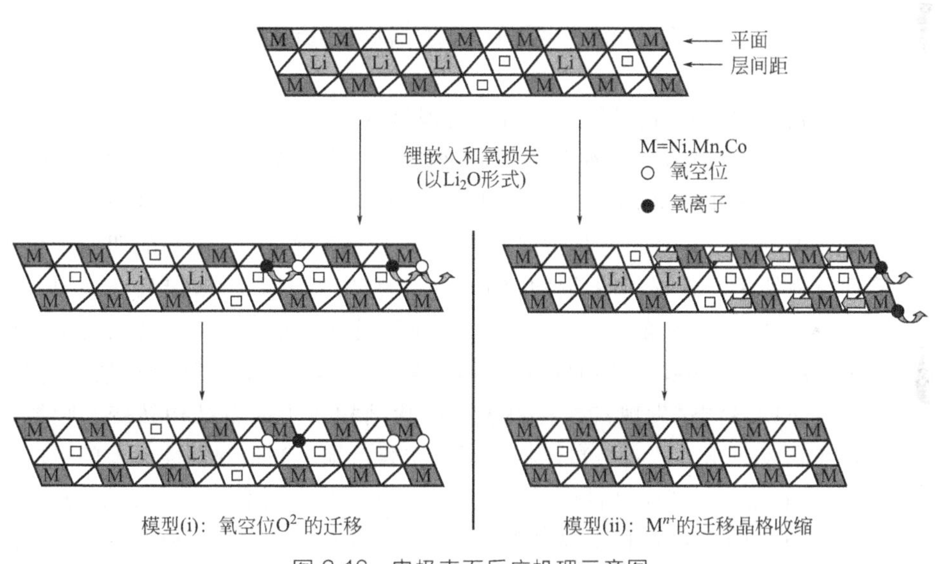

图 2-16 电极表面反应机理示意图

放电时，氧气接受电子生成氧离子［反应式(2-12)］，氧离子和电解液发生反应生成 H_2O、CO 和 CO_2 等［式(2-13)］，同时氧离子和 CO_2 反应生成 $C_2O_6^{2-}$［式(2-14)］最终在材料表面生成 Li_2CO_3［式(2-15)］。充电过程中，Li_2CO_3 则分解生成 CO 和 CO_2［式(2-16)］。因此，Li_2CO_3 在充放电过程提供部分可逆的额外容量。尽管目前仍没有一个确切的关于额外容量的解释，但此前工作均已观察到富锂材料在首次充电至 4.8V 之后，Li/Mn 的有序排布消失，表明材料本体发生了阳离子重排。Armstrong 和 Tran 等用中子衍射和 XRD 数据对材料首次充电过程的结构转变给出相应的解释，在 4.5V 充电平台发生氧从材料表面流失，同时过渡金属层的锂迁移至锂层，留下八面体空位，随之材料表面的过渡金属离子迁移至八面体空位，直至过渡金属层中锂占据的八面体空位全部由过渡金属取代，如图 2-17 所示。

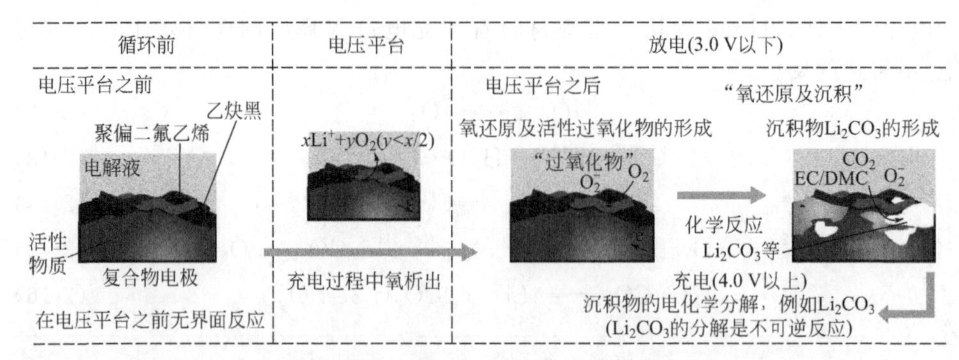

图 2-17 首次充电过程中富锂材料结构重排示意图

Xu 等结合实验和理论计算结果研究富锂材料 Li［$Ni_x x Li_{1/3-2x/3} Mn_{2/3-x/3}$］$O_2$（$0<x<1/2$），提出了一种新的锂脱嵌机理。首次充电至 4.45V 的过程中，锂首先从锂层中脱出，如图 2-18(a) 所示，当锂层与过渡金属层的锂（Li_{TM}）毗邻八面体锂（Li_{oct}）消失，此时锂层的 Li_{oct} 会迁移到 Li_{TM} 毗邻的四面体位进一步降低材料能量，迁移到四面体位的 Li_{TM} 形成哑铃型 Li—Li 结构，如图 2-18(c) 所示。充电至 4.8V 的过程中，Li_{oct} 从锂层脱出，而锂层中哑铃结构的锂则不能脱出。放电过程中，锂层的哑铃型结构阻碍锂离子嵌入过渡金属层。此外，HRTEM 和 EELS 测试发现富锂材料表面层状结构向尖晶石结构转变。哑铃型结构的存在和表面相的转变是富锂材料不可逆容量损失和倍率性能稍差的可能原因。Song 等也观察到富锂材料在循环过程中发生由层状结构向尖晶石结构转变，并认为尖晶石相的存在有利于提高材料的倍率性能。Boulineau 和 Ito 等发现富

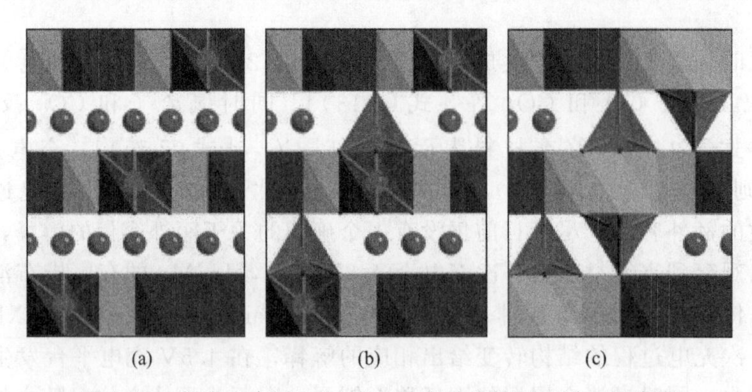

图 2-18 首次充电过程 Li-Li 哑铃型结构的形成过程示意图

锂材料 $Li_{1.2}Mn_{0.61}Ni_{0.18}Mg_{0.01}O_2$ 首次充电在晶体边缘形成带缺陷的尖晶石相 $LiMn_{2-x}Ni_xO_4$，该尖晶石相不会阻碍锂离子的脱嵌，但会导致平均电压平台和容量下降。

此外，Chen 等结合操作中子粉末衍射（NPD）和透射 X 射线显微镜（TXM）方法探究了 $Li_2MnO_3 \cdot LiMO_2$（M＝Li、Ni、Co、Mn）复合正极材料在电化学循环过程中相、晶体结构以及其形态演变，揭示了该材料在全电池中的衰减机制。当充电到 4.55V（vs. Li/Li^+）时，$LiMO_2$ 相的固溶反应会引发 $Li_2MnO_3 \cdot LiMO_2$ 粒子的裂解。当充电到 4.7V（vs. Li/Li^+）时裂解加剧，同时 $LiMO_2$ 相发生两相反应。在随后的放电过程中 $Li_2MnO_3 \cdot LiMO_2$ 电极粒子显著愈合，这一修复过程也主要和 $LiMO_2$ 相的固溶反应有关。该研究小组发现在充电过程中晶格尺寸的减少导致了 $Li_2MnO_3 \cdot LiMO_2$ 电极粒子的开裂，且开裂的程度与晶格尺寸变化的程度相关，在放电过程中裂纹的愈合可能是由于发生了反向固溶反应。$LiMO_2$ 相在两相反应过程中的相分离会阻止电极颗粒的完全愈合，导致材料在多次循环后发生粉化，这表明将相分离的行为最小化是防止电极容量衰减的关键。

2.5.3 富锂材料的合成

富锂材料 $x Li_2MnO_3 \cdot (1-x) LiMO_2$（$0<x<1$，M＝Mn、Co、Ni）包含多种过渡金属离子，为了确保各种过渡金属离子均匀分布，得到预期组分的纯相材料，合成方法的选择非常重要。不同的合成方法的要求和条件不同，得到的富锂材料的性能和结构也不尽相同。目前，富锂材料的合成方法主要有固相法、共沉淀法和溶胶-凝胶法等。

固相法成本低，产率高，制备工艺简单，是最传统、应用最广泛的制备锂离子电池正极材料的方法，采用高温固相法制备富焊材料主要是以锂的氢氧化物（或碳酸盐和硝酸盐）与锰和镍的氧化物（或氢氧化物和碳酸盐）为原料，充分混合后通过高温（600～1000℃）煅烧得到。改变 Li_2MnO_3 与 $LiMO_2$ 的比例、球磨时间、煅烧时间和温度，可调控最终产物的化学计量比、离子混排程度和晶粒尺寸。因固相反应受反应物固体比表面积、反应物间接触面、生成物相的成核过程中容易混料不均的影响，很难准确控制 Ni 和 Mn 的比例；另外，由于煅烧温度较高，氧缺失现象会比较明显，生成的杂质相较多，得到的材料的放电比容量较低以及通过生成物相的离子扩散速率等因素的影响，故合成材料的均一性较差。

共沉淀法是将镍钴锰盐在水中均匀溶解后，通过控制反应条件，使其共同形成沉淀，从溶液中析出，将共沉淀过滤、干燥后形成前驱体，再将前驱体与锂盐一起研磨混合均匀后高温烧结制得材料粉体。共沉淀法的合成条件易于控制，便于操作；制备的前驱体中的离子分散比较均匀、烧结温度较低；制备出的样品颗粒细小、晶体分散均匀、结晶度好，可以通过改变反应条件制备出不同形貌样品，并具有良好的电化学性能。虽然共沉淀法的工业生产流程烦琐，且容易出现组分消耗、产生大量废液等缺陷，但由于其所制备的材料稳定性好、性能优异，所以成为富锂材料的主流生产方法。

溶胶-凝胶法是通过金属离子与某些有机酸的螯合作用，再进一步酯化和聚合形成凝胶前驱体，前驱体在高温下烧结制得材料粉体。图 2-19 给出了溶胶-凝胶法制备富锂材料 $Li_{1.2}Mn_{0.56}Ni_{0.16}Co_{0.08}O_2$ 的合成路线图，将各种金属醋酸盐混合，配制一定量的蔗糖溶液逐滴加入镍钴锰锂的乙酸盐中，边加边搅拌至样品呈凝胶态，然后在真空干燥箱中于 120℃下继续烘干。将烘干的样品 450℃预烧结，850℃下烧结后得到 $Li_{1.2}Mn_{0.56}Ni_{0.16}Co_{0.08}O_2$。由于前驱体中金属离子和有机酸是在原子水平上均匀分散的，离子间距小，高温烧结时利于离子扩散，因此，溶胶-凝胶法所需要的烧结温度比较低，合成的样品具有优良的电化学性能。该方法合成的正极材料颗粒一般较小并且粒径均一，晶粒形貌均匀，结晶度高，初始比容量高，循环性能好，但该法工艺流程复杂，材料振实密度低；生产过程中需要大量有机溶剂，增加了生产成本等问题，限制了该法在工业生产中的实际应用。

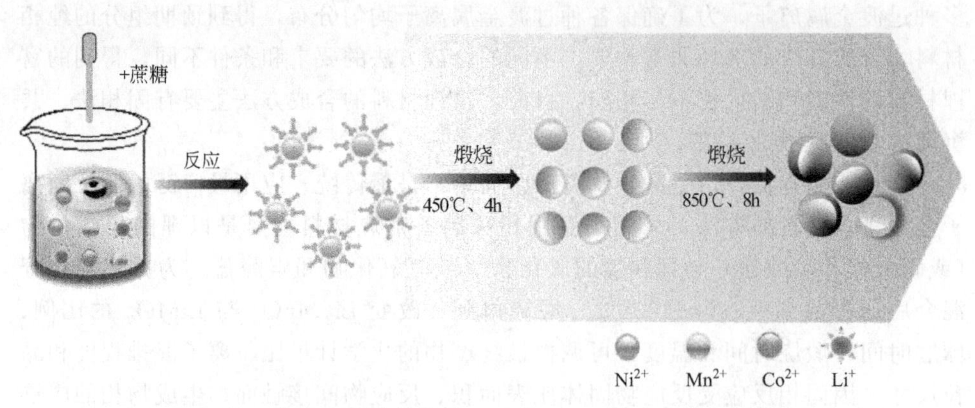

图 2-19 溶胶-凝胶法制备 $Li_{1.2}Mn_{0.56}Ni_{0.16}Co_{0.08}O_2$ 的流程图

水热法是基于高温、高压下，锂离子与镍离子、钴离子、锰离子在液相中生长、结晶而制成样品材料的方法。该方法工艺简单，不需要后期烧结处理，水热合成省略了煅烧步骤和研磨的步骤，便于操作；制成材料纯度高，结晶度好，晶胞缺陷少，晶粒细小并且分散均匀，通过控制反应条件可以制出特定的形貌，因此材料的结构稳定性好、比容量高、循环性能好。该工艺对设备要求高，增加了生产成本，而没有得到工业化应用。Oh 等利用水热法制备出 $0.5Li_2MnO_3 \cdot 0.5LiNi_{0.5}Mn_{0.5}O_2$，材料呈花状结构，如图 2-20 所示。此花状结构由直径约为 1～3μm，高 200～600nm 的鳞片状结构组成。该材料表面积小，倍率性能稳定，600 次循环后，容量保持率达到 98%以上。Yang 等先采用水热法制备单斜 MnO_2 纳米片，将其浸泡在硬脂酸溶液中，水浴处理 30min，干燥后先后进行两步热处理得到 $xLi_2MnO_3 \cdot (1-x)LiMnO_2$（$x$=0.57、0.48、0.44）。所制备材料长 200nm，厚 60nm。当 x=0.44 时，材料的可逆容量可高达 $270mA \cdot h \cdot g^{-1}$。

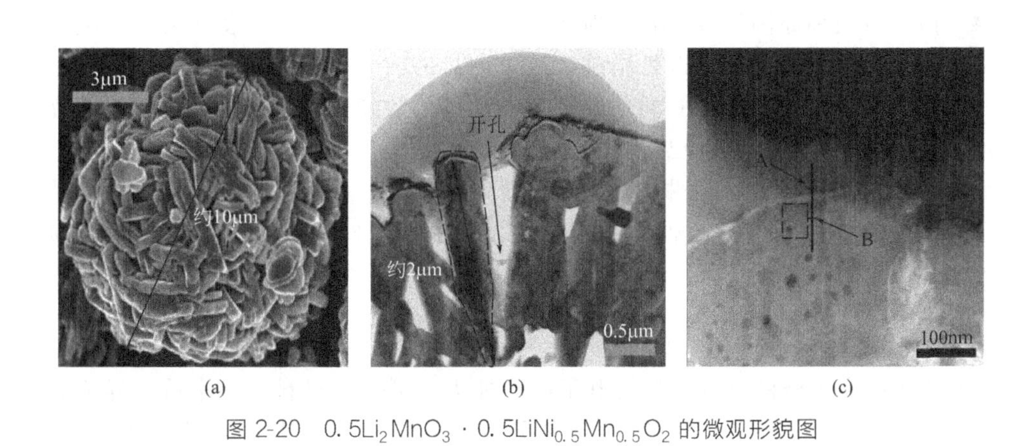

图 2-20 $0.5Li_2MnO_3 \cdot 0.5LiNi_{0.5}Mn_{0.5}O_2$ 的微观形貌图

在富锂正极材料 $xLi_2MnO_3 \cdot (1-x)LiMO_2$（M=Mn、Co、Ni 等）的合成中，各方法都具有自己的优缺点。其中，共沉淀法所制备的固体材料具有优异的电化学性能，合成过程中条件容易控制、易操作，制备的前驱体的晶粒不论是对大小、分散度还是结晶度而言都十分理想，成为富锂正极材料 $xLi_2MnO_3 \cdot (1-x)LiMO_2$（M=Mn、Co、Ni 等）的主流生产方法。但其工艺生产流程烦琐，容易出现组分损耗，还会产生大量废液，造成其生产成本提高，对环境污染较大。因此，需要进一步研究其生产条件来降低组分消耗，并对废液进行处理回收利用，降低成本，保护环境。

2.5.4 富锂材料的性能改进

富锂材料虽有较高的充放电比容量，但首次充放电过程较大的不可逆容量损失、倍率性能较差以及循环过程的相变等因素阻碍了其发展，这也是富锂材料在实际应用时需要迫切解决的问题。导致高充电容量和低放电容量的原因在于，首次放电结束时，氧离子空位消失引起材料结构中阴阳离子的重排，产生无缺陷结构的氧化物 MO_2，每两个氧离子空位的消失，会导致 Li 层中一个阳离子位置及过渡金属层中一个阳离子位置的消失。在随后的充放电过程中，只有部分 Li 位允许 Li^+ 的可逆嵌入与脱出。这是材料的内禀性质，不可能通过改变外部条件而阻止其发生。电极材料结构的这种变化不利于其充放电循环稳定性。此外，在高充电电位时电解液的氧化分解也是导致容量损失的一个重要原因。最后，绝缘相 Li_2MnO_3 的存在降低了材料的电导率，这是材料放电容量低的又一个原因。含有绝缘相且首次库仑效率低使富锂正极材料不能满足电动车等应用对锂离子电池高功率密度、高能量密度及长寿命等性能的需求。

由于后两种原因导致的容量损失、后续循环过程中的容量衰减及为解决容量衰减问题而采取的材料改性措施，改性的目的在于提高电极材料的结构稳定性与热稳定性、提高电极材料的电导率与离子扩散能力、抑制电极材料与电解液之间的副反应等。目前已经提出了多种改性方法，主要可通过体相掺杂、表面包覆和材料纳米化等来提高材料的电化学性能。除了传统的表面改性手段，对富锂正极材料的改性方法还包括表面酸处理、氟掺杂改性以及循环预处理等。

2.5.4.1 掺杂

为了提高正极极材料本身的电子电导能力，可以向材料主相中掺杂异价离子，引入自由电子或电子空穴。对其掺杂改性可以从 Ti^{4+} 或 Ru^{4+} 等方面进行。当掺杂的阳离子价态大于或等于+2 价时，就可产生自由电子；当引入的阴离子价态小于－2 价时，也可产生自由电子。

Deng 等研究发现 Ti^{4+} 取代富锂材料的 Mn^{4+} 可抑制首次充电 4.5V 电压平台上晶格的氧脱出，而 Co^{3+} 取代 $Mn^{4+}_{0.5}$、$Ni^{2+}_{0.5}$ 则会增加平台的氧脱出量。这与 Ti—O 键能比 M—O（M＝Mn、Ni）键能强，而 Co—O 键能比 M—O 键能弱有关。Tang 等研究表明，掺钴的富锂材料 $Li[Li_{0.0909}Mn_{0.588}Ni_{0.3166}Co_{0.0045}]O_2$ 其首次库仑效率达到 78.8%，能量密度为 858.4mW · h · g^{-1}，而无钴材料 $Li[Li_{0.2308}Mn_{0.5}Ni_{0.2692}]O_2$ 的首次库仑效率和能量密度仅分别为 56.5% 和 590.1mW · h · g^{-1}。Xiang 将 Co 引入过渡金属位，采用共沉淀法制备 $Li[Li_{0.2}Ni_{0.2-x/2}Mn_{0.6-x/2}Co_x]O_2$（$0 \leqslant x \leqslant 0.24$）。随着 Co 掺杂量提高，氧损失变大，可逆容量提高。在首次循环过程中，Mn^{3+} 浓度不断升高，放电电压平台变短。Yu 等在富锂材料 $Li_{1.2}Mn_{0.567}Ni_{0.166}Co_{0.067}O_2$ 的基础上掺入 Ru 取代 Mn，5%（物质的量比）Ru 富锂材料的首次库仑效率达到 86%，且首次放电比容量达到 284mA · h · g^{-1}。Ren 等采用燃烧法合成 $Li_{1.2}Mn_{0.54-x}Ni_{0.13}Co_{0.13}Zr_xO_2$

(x=0.00、0.01、0.02、0.03、0.06)。掺杂后，样品形貌没有明显变化，其粒径尺寸在160nm左右。1.0C下，其首次放电比容量为206.4mA·h·g^{-1}，100次后容量保持率达到88.9%。−10℃下经过50次循环后，其放电比容量提高了61.1%。Zang等将$LiNO_3$、$Mn(CH_3COO)_2$、$Ni(NO_3)_2$和$(NH_4)_6Mo_7O_{24}$溶于丙烯酸溶液中形成相应的丙烯酸盐，采用聚合物热解法制备出粒径为0.5μm的$Li_{1.2}Ni_{0.2}Mn_{0.6-x}Mo_xO_2$材料。测试表明：当掺杂量为0.01时，样品的倍率性能最理想。在0.1C下充放电，其放电比容量达到245mA·h·g^{-1}，循环203次后容量保持率高达93.2%。Xu等为提升材料的稳定性，选择对Li位进行掺杂。结构分析说明将Mg引入Li位后，晶格发生膨胀，材料的容量得到提高，倍率性能得到提升。当掺杂量为0.03时，材料的电化学性能达到最佳，但过量掺杂会因为杂质相的增多使得材料结构不稳定。0.1C下，$Li_{1.17}Mg_{0.03}Mn_{0.54}Ni_{0.13}Co_{0.13}O_2$的容量达到195mA·h·g^{-1}，100次循环后容量仍有76%，200次后则只剩下63%。

2.5.4.2 表面改性

富锂材料$Li_{1.2}Mn_{0.525}Ni_{0.175}Co_{0.1}O_2$电极在高电压(4.9V)工作时，电解液发生分解，在电极表面生成绝缘膜，如聚碳酸酯、LiF、Li_xPF_y和$Li_xPO_yF_z$等，电极电导率明显降低，使其容量下降。表面修饰是提高材料电化学性能的有效方法。在锂离子电池电极材料表面包覆Al_2O_3、CeO_2、TiO_2、ZrO_2、$AlPO_4$、AlF_3等能显著提高材料的电化学性能。

Choi等采用原子沉积法制备Al_2O_3包覆的富锂材料，同时对材料进行酸处理。结果表明：酸处理浓度为1mol·L^{-1}，包覆后的富锂材料的倍率性能最好。该材料的首次放电容量可达250mA·h·g^{-1}，循环25次后容量保持率提高至96.2%。Wang等采用共沉淀法成功将ZrO_2包覆到$Li[Li_{0.2}Mn_{0.54}Ni_{0.13}Co_{0.13}]O_2$。材料尺寸100～200nm，$ZrO_2$颗粒均匀包覆在纳米粒子上，厚度8～10nm。2.0～4.8V范围下，0.2C、0.5C倍率下循环50次后，其首次容量分别为235.3mA·h·g^{-1}、207.3mA·h·g^{-1}。Wu等先制备出$Li[Li_{0.2}Mn_{0.54}Ni_{0.13}Co_{0.13}]O_2$，随后将其与钼酸铵进行球磨混合，600℃烧结后得到包覆样品。微分电容曲线表明MoO_3提供了多余的锂脱嵌位点，从而补偿Li^+和O^{2-}的脱出所引起的位点损失。随着包覆量的增大，首次不可逆容量损失从81.8mA·h·g^{-1}降至1.2mA·h·g^{-1}。当包覆量为5%(质量分数)，包覆层厚度为3～4nm时，所得材料的循环性能最佳。循环50次后，包覆后的样品容量达到242.5mA·h·g^{-1}。

Xie等将LaF_3包覆到$Li[Li_{0.2}Mn_{0.54}Ni_{0.13}Co_{0.13}]O_2$上，包覆量为1%(质量分数)，厚度5～8nm，如图2-21所示。包覆后，样品的电化学性能得到很大

提高：其首次库仑效率从 75.36% 提升至 80.01%；5C 倍率下的容量从 57.4mA·h·g^{-1} 增大到 153.5mA·h·g^{-1}。EIS 谱图说明包覆后，材料的电荷转移电阻得到降低。

Sun 等研究了 AlF_3 包覆层对富锂材料 $Li[Li_{0.19}Ni_{0.16}Co_{0.08}Mn_{0.57}]O_2$ 性能的影响。XRD 谱图表明包覆后，样品并无杂质峰出现，但当包覆量增大到 10%（质量分数）时，谱图出现微弱杂质峰。电化学测试表明：包覆处理后，样品的放电容量和热稳定性均得到提高。这可能是由于 AlF_3 包覆层可减少电极材料与电解液的直接接触，从而减少放热反应。

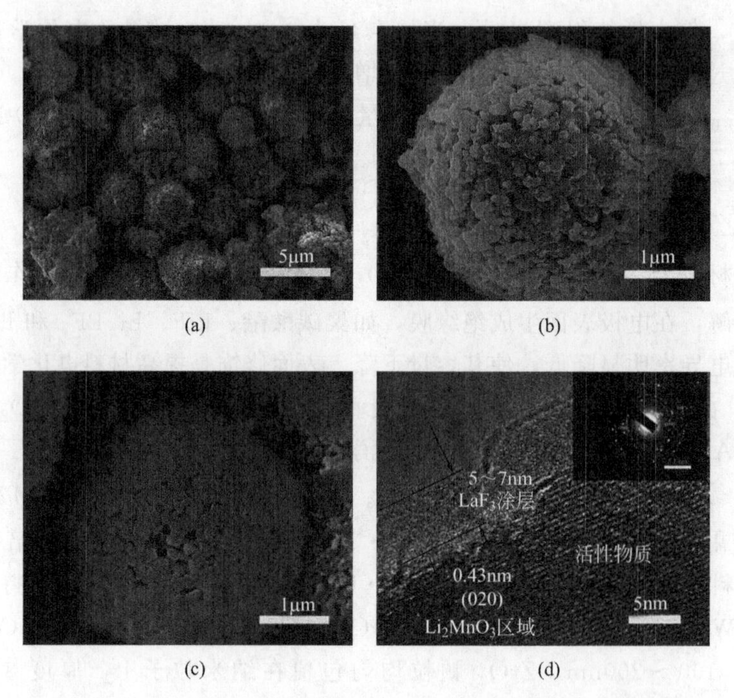

图 2-21 包覆 LaF_3 后 $Li[Li_{0.2}Mn_{0.54}Ni_{0.13}Co_{0.13}]O_2$ 形貌图

当 LiF 和 FeF_3 作为包覆层时，可以抑制电解液在电极表面的分解，从而增强材料的循环稳定性，两种材料的结构如图 2-22 所示。Zhao 等成功将 LiF/FeF_3 复合材料包覆到 $Li[Li_{0.2}Ni_{0.2}Mn_{0.6}]O_2$ 上。测试表明包覆后，材料在 0.1C 下的可逆容量达到 260.1mA·h·g^{-1}，20C 下容量仍有 129.9mA·h·g^{-1}。

Wu 等采用原子层沉积法制备超薄尖晶石膜覆盖的层状富锂材料 $Li_{1.2}Mn_{0.6}Ni_{0.2}O_2$，如图 2-23 所示。由于超薄尖晶石膜的存在，材料的倍率性能优良，循环性能优异：初始容量高达 295.6mA·h·g^{-1}，循环 50 次后，容量仍到达 280mA·h·g^{-1}，容量保持率达到了 94.7%。

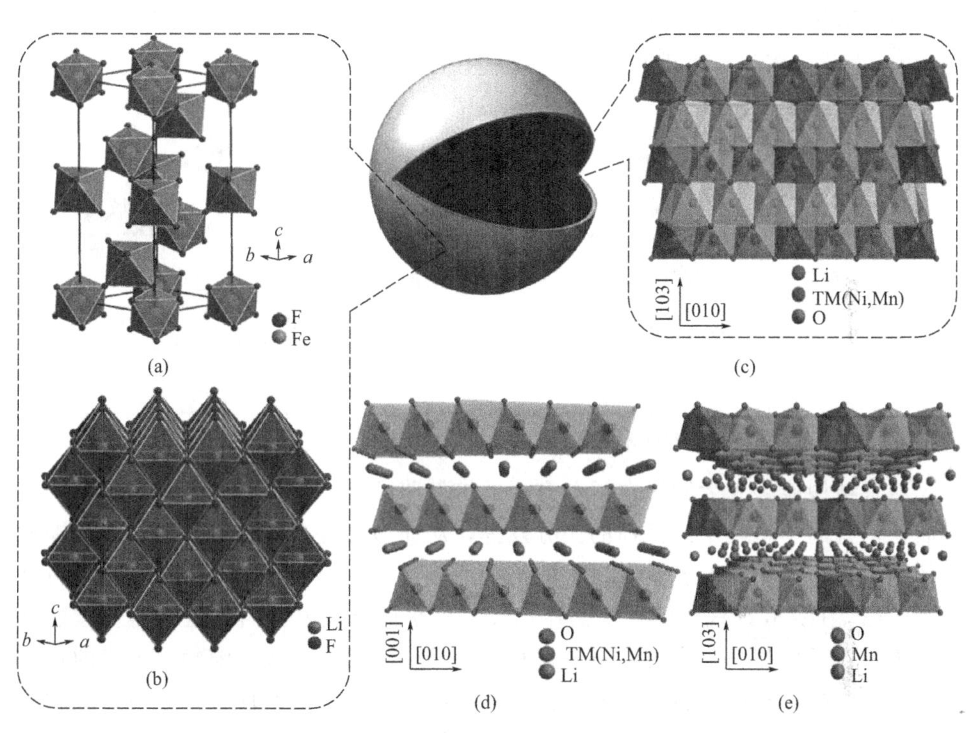

图 2-22 FeF_3（a），LiF（b），$Li[Li_{0.2}Ni_{0.2}Mn_{0.6}]O_2$（c），$LiNi_{0.5}Mn_{0.5}O_2$（d），$Li_2MnO_3$（e）结构图

此外，Zhang 等将富锂材料 $Li(Li_{0.17}Ni_{0.25}Mn_{0.58})O_2$ 在氨气气氛中 400℃热处理 3h，使材料表面氮化。经氮化处理的材料比未处理的材料有更高的放电比容量、更好的倍率性能和循环稳定性。Yu 等用 $(NH_4)_2SO_4$ 处理富锂材料，使材料表面形成一层尖晶石层，而材料本体的层状结构保持不变，处理后材料的倍率性能明显提高，300mA·g^{-1}（1.2C）电流密度下该电极能放出 230mA·h·g^{-1} 比容量。Zheng 等采用 $Na_2S_2O_8$ 和 $(NH_4)_2S_2O_8$ 化学脱去富锂材料 $Li[Li_{0.2}Mn_{0.54}Ni_{0.13}Co_{0.13}]O_2$ 的部分锂，以期提高材料的首次库仑效率。$Na_2S_2O_8$ 脱锂的富锂材料表面生成尖晶石相，首次充放电库仑效率接近 100%，1C 放电比容量高达 200mA·h·g^{-1}，而 $(NH_4)_2S_2O_8$ 脱锂的富锂材料层状结构会发生坍塌，使其电化学性能变差。

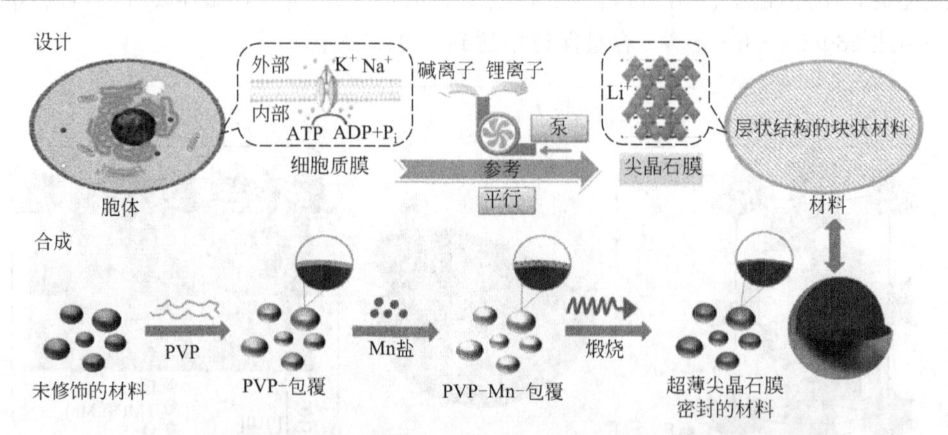

图 2-23 超薄尖晶石膜覆盖的层状 $Li_{1.2}Mn_{0.6}Ni_{0.2}O_2$ 制备流程图

2.5.4.3 富锂材料的纳米化

纳米结构能够大大缩短电子和离子的扩散路径，有效提高电极和电解液的接触面积，有助于材料中活性锂的充分发挥，从而显著提高其放电比容量。富锂材料的晶粒尺寸大小和形貌会对材料的倍率性能产生一定的影响，富锂材料的粒径较大，Li^+ 在脱嵌过程中的扩散路径较长，倍率性能较差；当富锂材料颗粒达到纳米级时，活性材料与电解液充分接触，并且较小的颗粒大大缩短了 Li^+ 的扩散路径，因此电极材料颗粒的纳米化极大地提高了材料的倍率性能。电极材料颗粒的纳米化主要是通过水热法、聚合体高温分解法和离子交换法等合成。

Kim 等也通过水热法合成纳米线状的 $Li[Ni_{0.25}Li_{0.15}Mn_{0.6}]O_2$ 材料，在高倍率 4C 下，首次放电容量达到 311mA·h·g^{-1}，显示了较高的倍率性能。Yu 等通过聚合物分解法合成了纳米尺寸为 70～100nm 的 $Li[Li_{0.12}Ni_{0.32}Mn_{0.56}]O_2$，在高倍率 400mA·$g^{-1}$ 时，首次放电容量达 147mA·h·g^{-1}。Kim 等通过离子交换方法合成了纳米片状的 $Li_{0.93}[Li_{0.21}Co_{0.28}Mn_{0.51}]O_2$，在 0.1C 条件下，首次放电容量为 258mA·h·g^{-1}，经 30 次循环后容量保持率为 95%，在 4C 下，其容量保持在 220mA·h·g^{-1} 左右，显示了较高的倍率性能和较好的循环稳定性。Wei 等通过水热法将反应物在反应釜中进行较短时间的加热（6～12h），合成了主要沿（010）面生长并垂直于（001）面和（100）面晶体结构的纳米片状的 $Li(Li_{0.17}Ni_{0.25}Mn_{0.58})O_2$（HTN-LNMO）材料，其纳米尺寸为 5～9nm。在高倍率 6C 下，充放电电压在 2.0～4.8V 时，首次放电容量达到 200mA·h·g^{-1} 左右，经 50 次循环后容量保持在 186mA·h·g^{-1}，显示了较高的倍率性能和良好的循环稳定性。Yang 组先制备出 Mn_2O_3 多孔纳米线，然后以此为模板制备出多孔

$0.2Li_2MnO_3 \cdot 0.8LiNi_{0.5}Mn_{0.5}O_2$ 纳米棒。如图 2-24 所示，Mn_2O_3 前驱体直径约为 50nm，长度在 5μm 左右；而纳米棒则是由孔状纳米二级粒子相互交联构成。在 0.2C 下进行充放电测试，其首次放电比容量达到 $275mA \cdot h \cdot g^{-1}$，100 次循环后容量保持率约为 90%。Yang 等采用模板法制备出 $LiNi_{0.5}Mn_{1.5}O_4 \cdot LiNi_{1/3}Co_{1/3}Mn_{1/3}O_2$ 纳米棒，直径为 100nm，长度 1～2μm，其表面积达到 $5.57 \sim 6.92m^2 \cdot g^{-1}$。该材料的倍率性能优异：0.1C 下，材料的容量高达 $200mA \cdot h \cdot g^{-1}$；0.2C 下循环 100 次后其容量保持率达到 87%。

图 2-24 Mn_2O_3 和 $0.2Li_2MnO_3 \cdot 0.8LiNi_{0.5}Mn_{0.5}O_2$ 的形貌图

2.5.4.4 富锂材料的表面酸处理

在首次充电过程中，富锂电极材料的充电曲线在 4.5V 左右出现一个很长的平台。这是由于材料中非电化学活性的 Li_2MnO_3 相被活化，在 Li 脱嵌的同时伴有 O 的析出。所以，富锂电极材料存在着较大的首次循环不可逆容量损失。通过对富锂材料作酸处理，可以从 Li_2MnO_3 相中除去 Li_2O 并同时活化 Li_2MnO_3 相，减小首次循环过程中的不可逆容量损失。通过共沉淀方法合成固溶体的阴极 $0.5Li_2MnO_3 \cdot 0.5LiNi_{1/3}Co_{1/3}Mn_{1/3}O_2$，用一种温和酸对其进行处理以提高 H^+/Li^+ 交换反应。原料和处理的样品之间 Mn∶Ni∶Co 的浓度比表明，在酸浸出过程中过渡金属离子已溶解到最小。然而，通过酸处理后锂含量显著降低，这

证明 Li^+ 已从结构中脱出，并用原子吸收光谱法（AAS）测定所收集的滤液加以证实。H^+/Li^+ 交换反应确实发生并且材料经过处理之后的化学组成为 $H_{0.06}Li_{1.15}Ni_{0.13}Co_{0.14}Mn_{0.55}O_{2.03}$。X射线粉末衍射图表明该结构不会通过 H^+/Li^+ 交换反应而改变，仍然是具有 R-3m 的空间群的一个六角形 α-$NaFeO_2$ 型层状结构。用原子吸收光谱法测定的滤液中 Li^+ 的量与浸出后 ICP 数据表示的结果高度一致。酸溶液的 pH 值的变化由酸度计测定。浸出前的 pH 值为 1.98，浸出后 2h pH 值达到了 6.55。pH 值的变化表明了 H^+ 从酸溶液中嵌入了材料的结构中。此外，通过 pH 值的变化计算出酸性溶液中的 H^+ 损失的量接近于滤液中锂的量。结果表明，H^+/Li^+ 交换反应发生在酸处理过程中，将初始库仑效率从 82.4%提高到了 89.7%。此外，两个电极，特别是包含 H^+ 的电极，提供实用的容量超过理论容量 $290mA\cdot h\cdot g^{-1}$。场致发射扫描电子显微镜（SEM）和透射电子显微镜（TEM）图像显示，H^+/Li^+ 交换样品表面有侵蚀痕迹。0.05C 时测得的初始充放电曲线（$12.5mA\cdot g^{-1}$）表明，H^+/Li^+ 交换电极提供的容量高达 $314.0mA\cdot h\cdot g^{-1}$，库仑初始效率也得到提高。循环伏安法（CV）测量证实，这是由于初始充电过程中，释放的氧的还原催化活性提高。经过处理的电极也显示改善了倍率性能。

参考文献

[1] Juan Z H, Wong C C, Yu W. Crystal engineering of nanomaterials to widen the lithium ion rocking "Express Way": a case in $LiCoO_2$. Cryst Growth Des, 2012, 12(11): 5629-5634.

[2] 雷圣辉，陈海清，刘军，汤志军. 锂电池正极材料钴酸锂的改性研究进展. 湖南有色金属，2009, 25(5): 37-42.

[3] Bai Y, Jiang K, Sun S W, Wu Qing, Lu X, Wan N. Performance improvement of $LiCoO_2$ by MgF_2 surface modification and mechanism exploration.Electrochim. Acta, 2014, 134(10): 347-354.

[4] Kang K, Ceder G. Factors that affect Li mobility in layered lithium transition metal oxides. Phys Rev B, 2006, 74: 94-105.

[5] 伊廷锋，霍慧彬，胡信国，高昆. 锂离子电池正极材料稀土掺杂研究进展. 电源技术，2006, 30(5): 419-423.

[6] 杨占旭，乔庆东，任铁强，李琪. 层状钴基正极材料的改性研究. 现代化工，2012, 32(5): 19-23.

[7] 叶乃清，刘长久，沈上越. 锂离子电池正极材料 $LiNiO_2$ 存在的问题与解决办法. 无机材料学报，2004, 19(6): 1217-1224.

[8] 刘汉三，杨勇，张忠如，林祖赓. 锂离子电

池正极材料锂镍氧化物研究新进展. 电化学，2001，7(2)：145-154.

[9] 史鑫，蒲薇华，武玉玲，范丽珍. 锂离子电池正极材料层状 $LiMnO_2$ 的研究进展. 化工进展，2011，30(6)：1264-1269.

[10] 胡学山，孙玉恒，吁霁，刘东强，林晓静，刘兴泉. 锂离子电池正极材料层状 $LiMnO_2$ 的掺杂改性. 化学通报，2005，7：497-503.

[11] Liu Q，Mao D L，Chang C K，Huang F Q. Phase conversion and morphology evolution during hydrothermal preparation of orthorhombic $LiMnO_2$ nanorods for lithium ion battery application. J Power Sources，2007，173：538-544.

[12] Zhou F，Zhao X M，Liu Y Q，Li L，Yuan C G. Size-controlled hydrothermal synthesis and electrochemical behavior of orthorhombic $LiMnO_2$ nanorods. J Phys Chem Solids，2008，69：2061-2065.

[13] He Y，Li R H，Ding X K，Jiang L L，Wei M D. Hydrothermal synthesis and electrochemical properties of orthorhombic $LiMnO_2$ nanoplates. J Alloys Compd.，2010，492：601-604.

[14] Ji H M，Miao X W，Wang L，Qian B，Yang G. Effects of microwave-hydrothermal conditions on the purity and electrochemical performance of orthorhombic $LiMnO_2$. ACS Sustainable Chem Eng，2014，2：359-366.

[15] Zhao H Y，Chen B，Cheng C，Xiong W Q，Wang Z W，Zhang Z，Wang L P，Liu X Q. A simple and facile one-step strategy to synthesize orthorhombic $LiMnO_2$ nano-particles with excellent electrochemical performance. Ceram Int，2015，41：15266-15271.

[16] He Y，Feng Q，Zhang S Q，Zou Q L，Wu X L，Yang X J. Strategy for lowering Li source dosage while keeping high reactivity in solvothermal synthesis of $LiMnO_2$ nanocrystals. ACS Sustainable Chem Eng. 2013，1：570-573.

[17] Koyama Y，Tanaka I，Adachi H，Makimura Y，Ohzuku T. Crystal and electronic structures of superstructural $Li_{1-x}[Co_{1/3}Ni_{1/3}Mn_{1/3}]O_2$ ($0<x<1$). J Power Sources，2003，119-121：644-648.

[18] Koyama Y，Yabuuchi N，Tanaka I. Solid-state chemistry and electrochemistry of $LiNi_{1/3}Co_{1/3}Mn_{1/3}O_2$ for advanced lithium-ion batteries：I First-Principles Calculation on the crystal and electronic structures. J Electrochem Soc，2004，151(10)：1545-1551.

[19] 邹邦坤，丁楚雄，陈春华. 锂离子电池三元正极材料的研究进展. 中国科学：化学，2014，44(7)：1104-1115.

[20] Cboi J，Mmtliiram A. Role of chemical and structural stabilities on the electrochemical properties of layered $LiNi_{1/3}Mn_{1/3}Co_{1/3}O_2$ cathodes. J Electrochem Soc，2005，152：1714-1718.

[21] Wang F X，Xiao S Y，Chang Z，Yang Y Q，Wu Y P. Nanoporous $LiNi_{1/3}Co_{1/3}Mn_{1/3}O_2$ as an ultra-fast charge cathode material for aqueous rechargeable lithium batteries. Chem Commun，2013，49：9209-9211.

[22] Ryu W H，Lim S J，Kim W K，Kwon H D. 3-D dumbbell-like $LiNi_{1/3}Mn_{1/3}Co_{1/3}O_2$ cathode materials assembled with nano-building blocks for lithium-ion batteries. J Power Sources，2014，257：186-191.

[23] Han X Y，Meng Q F，Sun T L，Sun J T. Preparation and electrochem-

ical characterization of single-crystalline spherical $LiNi_{1/3}Co_{1/3}Mn_{1/3}O_2$ powders cathode material for Li-ion batteries. J Power Sources, 2010, 195: 3047-3052.

[24] Li J F, Xiong S L, Liu Y R, Ju Z C, Qian Y T. Uniform $LiNi_{1/3}Co_{1/3}Mn_{1/3}O_2$ hollow microspheres: Designed synthesis, topotactical structural transformation and their enhanced electrochemical performance. Nano Energy, 2013, 2(6): 1249-1260.

[25] Peng L L, Zhu Y, Khakoo U, Chen D H, Yu G H. Self-assembled $LiNi_{1/3}Co_{1/3}Mn_{1/3}O_2$ nanosheet cathodes with tunable rate capability. Nano Energy, 2015, 17: 36-42.

[26] Li J L, Yao R M, Cao C B. $LiNi_{1/3}Co_{1/3}Mn_{1/3}O_2$ Nanoplates with (010) Active Planes Exposing Prepared in Polyol Medium as a High-Performance Cathode for Li-ion Battery. ACS Appl Mater Interfaces, 2014, 6: 5075-5082.

[27] Jiang Q Q, Chen N, Liu D D, Wang S Y, Zhang H. Efficient plasma-enhanced method for layered $LiNi_{1/3}Co_{1/3}Mn_{1/3}O_2$ cathodes with sulfur atom-scale modification for superior-performance Li-ion batteries. Nanoscale, 2016, 8: 11234-11240

[28] Chen C J, Pang W K, Mori T, Peterson V K, Sharma N, Lee P H, Wu S H, Wang C C, Song Y F, Liu R S. The origin of capacity fade in the $Li_2MnO_3 \cdot LiMO_2$ (M = Li、Ni、Co、Mn) microsphere positive electrode: an operando neutron diffraction and transmission X-ray microscopy study. J Am Chem Soc, 2016, 138(28): 8824-8833.

[29] Li D, Kato Y, Kobayakawa K, Yuichi Satob H N. Preparation and electrochemical characteristics of $LiNi_{1/3}Mn_{1/3}Co_{1/3}O_2$ coated with metal oxides coating. J Power Sources, 2006, 160(2): 1342-1348.

[30] Wu F, Wang M, Su Y F, Bao L Y, Chen S. Surface of $LiCo_{1/3}Ni_{1/3}Mn_{1/3}O_2$ modified by CeO_2-coating. Electrochim Acta, 2009, 54(27): 6803-6807.

[31] Wu F, Wang M, Su Y F, Chen S. Surface modification of $LiCo_{1/3}Ni_{1/3}Mn_{1/3}O_2$ with Y_2O_3 for lithium-ion battery. J. Power Source, 2009, 189(1): 743-747.

[32] Li J G, Wang L, Zhang Q, He X M. Electrochemical performance of SrF_2-coated $LiNi_{1/3}Co_{1/3}Mn_{1/3}O_2$ cathode materials for li-ion batteries. J Power Source, 2009, 190(1): 149-153.

[33] Xie Y, Gao D, Zhang L L, Chen J J, Cheng S, Xiang H F. CeF_3-modified $LiNi_{1/3}Co_{1/3}Mn_{1/3}O_2$ cathode material for high-voltage Li-ion batteries. Ceram Int, 2016, 42(13): 14587-14594.

[34] Zhang J C, Li Z Y, Gao R, Hu Z B, Liu X F. High rate capability and excellent thermal stability of Li^+-conductive Li_2ZrO_3-coated $LiNi_{1/3}Co_{1/3}Mn_{1/3}O_2$ via a synchronous lithiation strategy. J Phys Chem C, 2015, 119(35): 20350-20356.

[35] Jarvis K A, Deng Z Q, Allard L F, Manthiram A, Ferreira P J. Atomic structure of a lithium-rich layered oxide material for lithium-ion batteries: evidence of a solid solution. Chem Mater, 2011, 23: 3614-3621.

[36] Tran N, Croguennec L, Ménétrier M, Weill F, Biensan Ph, Jordy C,

Delmas C. Mechanisms associated with the “plateau” observed at high voltage for the overlithiated $Li_{1.12}(Ni_{0.425}Mn_{0.425}Co_{0.15})_{0.88}O_2$ system. Chem Mater, 2008, 20 (15): 4815-4825.

[37] Yabuuchi N, Yoshii K, Myung S T, Nakai I, Komaba S. Detailed studies of a high-capacity electrode material for rechargeable batteries, Li_2MnO_3-$LiCo_{1/3}Ni_{1/3}Mn_{1/3}O_2$. J Am Chem Soc, 2011, 133 (12): 4404-4419.

[38] Xu B, Fell C R, Chi M, Meng Y S. Identifying surface structural changes in layered Li-excess nickel manganese oxides in high voltage lithium ion batteries: A joint experimental and theoretical study. Energy Environ. Sci, 2011, 4 (6): 2223-2233.

[39] Oh P, Myeong S, Cho W, Lee M J, Ko M, Jeong H Y, Cho J. Superior long-term energy retention and volumetric energy density for Li-rich cathode materials. Nano Lett, 2014, 14: 5965-5972.

[40] 张洁，王久林，杨军. 锂离子电池用富锂正极材料的研究进展. 电化学, 2013, 19 (3): 215-224.

[41] Xie Q L, Hu Z B, Zhao C H, Zhang S R, Liu K Y. LaF_3-coated $Li[Li_{0.2}Mn_{0.56}Ni_{0.16}Co_{0.08}]O_2$ as cathode material with improved electrochemical performance for lithium ion batteries. RSC Adv, 2015, 5: 50859-50864.

[42] Zhao T L, Li L, Chen R J, Wu H M, Zhang X X, Chen S, Xie M, Wu F, Lu J, Amine K. Design of surface protective layer of LiF/FeF_3 nanoparticles in Li-rich cathode for high-capacity Li-ion batteries. Nano Energy, 2015, 15: 164-176.

[43] Wu F, Li N, Su Y F, Zhang L J, Bao L Y, Wang J, Chen L, Zheng Y, Dai L Q, Peng J Y, Chen S. Ultrathin spinel membrane-encapsulated layered lithium-rich cathode material for advanced Li-ion batteries. Nano Lett, 2014, 14: 3550-3555.

[44] Yang J G, Cheng F Y, Zhang X L, Gao H A, Tao Z L, Chen J. Porous $0.2Li_2MnO_3 \cdot 0.8LiNi_{0.5}Mn_{0.5}O_2$ nanorods as cathode materials for lithium-ion batteries. J Mater Chem A, 2014, 2: 1636-1640.

[45] Yi T F, Tao W, Chen B, Zhu Y R, Yang S Y, Xie Y. High-performance $xLi_2MnO_3 \cdot (1-x)LiMn_{1/3}Co_{1/3}Ni_{1/3}O_2$ $(0.1 \leqslant x \leqslant 0.5)$ as cathode material for lithium-ion battery. Electrochim Acta, 2016, 188: 686-695.

[46] Yi T F, Han X, Yang S S, Zhu Y R. Enhanced electrochemical performance of Li-rich low-Co $Li_{1.2}Mn_{0.56}Ni_{0.16}Co_{0.08-x}Al_xO_2$ $(0 \leqslant x \leqslant 0.08)$ as cathode materials. Sci China Mater, 2016, 59 (8): 618-628.

第3章

尖晶石正极材料

3.1 $LiMn_2O_4$ 正极材料

3.1.1 $LiMn_2O_4$ 正极材料的结构与电化学性能

3.1.1.1 $LiMn_2O_4$ 正极材料的结构

具有尖晶石结构的锂锰氧化物由于安全性好、成本低廉、无毒性等特点，被认为是最具有发展前景的锂离子电池正极材料。尖晶石型 $LiMn_2O_4$ 属于 Fd-3m 空间群，其中的［Mn_2O_4］骨架是一个有利于 Li^+ 扩散的四面体与八面体共面的三维网络，如图 3-1 所示。$LiMn_2O_4$ 中的 Mn 占据八面体 16d 位置，3/4Mn 原子交替位于立方紧密堆积的氧层之间，余下的 Mn 原子位于相邻层；O 占据面心立方 32e 位，作为立方紧密堆积；Li 占据四面体 8a 位置，可以直接嵌入由氧原子构成的四面体间歇位，Li^+ 通过相邻的四面体和八面体间隙沿 8a-16c-8a 通道在［Mn_2O_4］三维网络中脱嵌，$Li_xMn_2O_4$ 中 Li^+ 的脱嵌范围是 $0<x\leqslant1$。锂离子在 $LiMn_2O_4$ 正极活性物质的固相扩散系数很小，仅为 $10^{-9}cm^2\cdot s^{-1}$ 数量级，$LiMn_2O_4$ 电子电导率为 $10^{-6}\sim10^{-5}S\cdot cm^{-1}$，通常锰酸锂产品振实密度在 $1.8\sim2.2g\cdot cm^{-3}$ 之间。

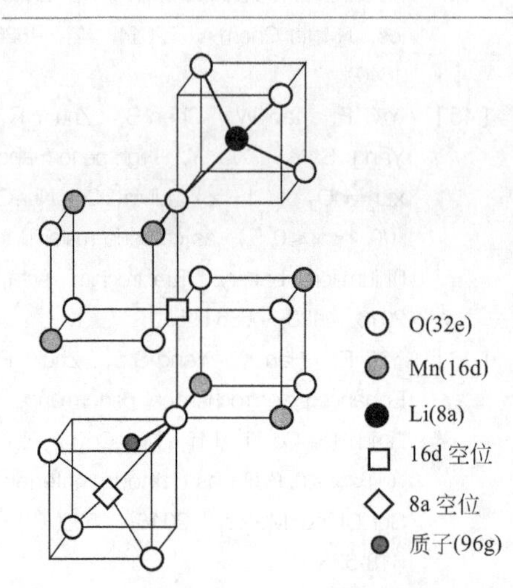

图 3-1　尖晶石锰酸锂正极材料晶格结构

3.1.1.2 $LiMn_2O_4$ 正极材料的电子结构

图 3-2 为 $LiMn_2O_4$ 电极材料的 α 和 β 自旋能带结构图。计算结果表明，$LiMn_2O_4$ 中 Mn 离子的 α 和 β 自旋态并不相等，它们之间的偏移导致系统产生磁性。在 MnO_6 八面体晶体场中，Mn 的 3d 轨道将分裂成两个组态，即 t_{2g} 和 e_g。图 3-2 表明 α 通道中的 Mn_{3d} 能带（t_{2g} 和 e_g）是部分占据的，而 β 通道中 Mn_{3d} 能带都是空带。根据 Pauli 原理和 Hund 规则，可以推断出 $LiMn_2O_4$ 中 Mn 的化合价为 +3/+4 价并以 d^4/d^3 高自旋构型存在：对于 d^4 自旋构型即有 3 个电子排布在 d_{xy}、d_{xz} 和 d_{yz} 三个轨道上（3 个电子的自旋方向向上，t_{2g}^3），剩下的一个电子排布在 $d_{x^2-y^2}$ 和 d_{z^2} 两轨道上（1 个电子自旋方向向上，e_g^1），即 $t_{2g}^3e_g^1$ 自旋态。这样的自旋态使 Mn 产生约 $4.0\mu_b$ 的理论磁矩；对于 d^3 自旋构型即有 3 个电子排布在 d_{xy}、d_{xz} 和 d_{yz} 三个轨道上（3 个电子的自旋方向向上，t_{2g}^3），而 $d_{x^2-y^2}$ 和 d_{z^2} 轨道上没有电子排布（即 e_g^0），即 $t_{2g}^3e_g^0$ 自旋态。这样的自旋态使 Mn 产生约 $3.0\mu_b$ 的理论磁矩。$LiMn_2O_4$ 中 Mn 的平均价态为 +3.5 价。需要注意的是 $t_{2g}^3e_g^1$ 自旋构型理论上会导致系统产生 Jahn-Teller 效应，降低轨道的对称性和简并度，导致材料结构发生畸变。在电池的充放电过程中，多次的循环会导致材料的结构发生不可逆的变化。这是 $LiMn_2O_4$ 电池材料产生不可逆容量的重要原因。图 3-2 中 α 通道的带隙为 0eV，β 通道的带隙为 5.70eV，其中 β 通道的带隙是由 O_{2p} 作为价带顶和 $Mn_{3d}(t_{2g})$ 作为导带底组成的。

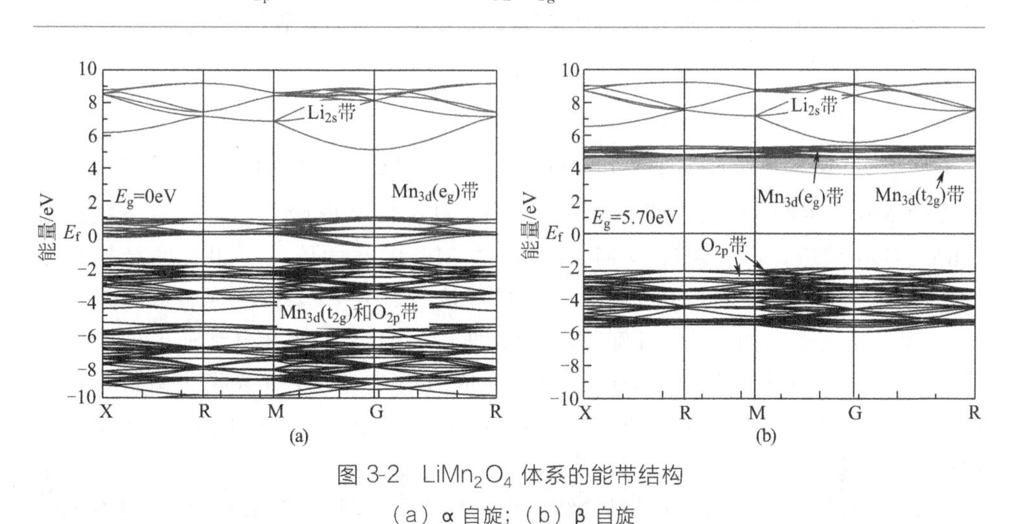

图 3-2 $LiMn_2O_4$ 体系的能带结构

（a）α 自旋；（b）β 自旋

在充电的过程中，Li^+ 从 $LiMn_2O_4$ 的晶格中脱出，释放的电子则通过外电路向负极迁移，这导致材料的微观电子结构发生变化。为了研究 Li^+ 的脱出对材料成键特征和电化学性能的影响，Yi 等计算了尖晶石 Mn_2O_4 的能带结构，图 3-3 为 Mn_2O_4 的 α 和 β 自旋通道的能带结构图。计算结果表明，与 $LiMn_2O_4$ 相比，虽然 Mn_2O_4 中各条能带的能量位置发生了很大的变化，但是它们分裂特征变化很小，这意味着 Mn_2O_4 中 Mn—O 键的键合作用与 $LiMn_2O_4$ 非常近似。

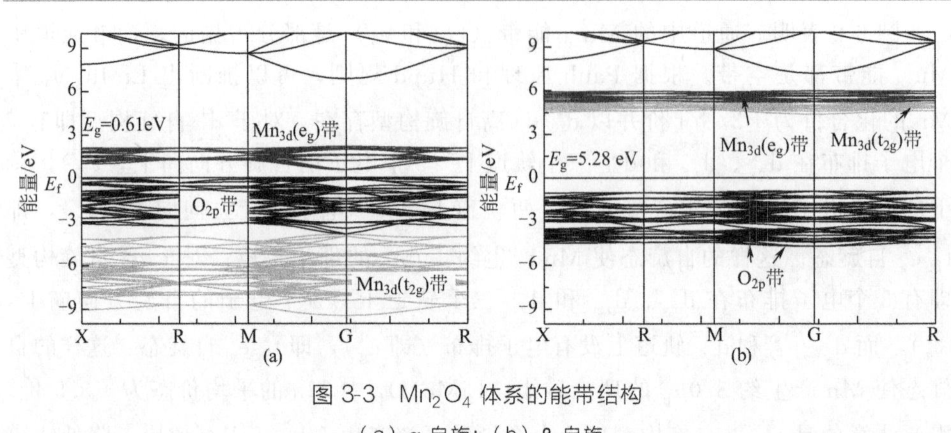

图 3-3 Mn_2O_4 体系的能带结构

（a）α 自旋；（b）β 自旋

图 3-3 中表明，Mn_2O_4 中 Mn 离子的 α 和 β 自旋态仍有明显偏移，系统仍具有磁性。MnO_6 八面体晶体场中 Mn 的 3d 轨道分裂成 t_{2g} 和 e_g 两个组态。随着 Li^+ 从正极骨架结构中脱出，Mn_2O_4 中的 Mn 离子被氧化，α 通道中的 Mn_{3d} 的 t_{2g} 态被电子完全填充，而 β 通道中 Mn_{3d} 带全是空带，β 通道中 e_g 轨道上的电子通过外电路向负极迁移。Mn_2O_4 中 Mn 以＋4 价 d^3 高自旋构型存在，即有 3 个电子排布在 d_{xy}、d_{xz} 和 d_{yz} 三个轨道上（3 个电子的自旋方向均向上，t_{2g}^3），而 $d_{x^2-y^2}$ 和 d_{z^2} 轨道上没有电子排布，即 e_g^0，形成 $t_{2g}^3e_g^0$ 的自旋构型。这样的自旋态使 Mn 产生约 $3.0\mu_b$ 的理论磁矩。$t_{2g}^3e_g^0$ 自旋构型理论上不会导致系统产生 Jahn-Teller 效应，因此脱锂态 Mn_2O_4 中的 MnO_6 八面体具有很好的结构稳定性。图 3-3 进一步表明，α 自旋通道的带隙值为 0.61eV，β 自旋通道的带隙为 5.28eV，与嵌锂态相比，α 自旋通道带隙增大 0.61eV，而 β 自旋通道的带隙减小了 0.42eV，这表明脱锂态的电子导电性依旧很差。其中 α 通道带隙价带顶是 O_{2p} 带，导带底是 $Mn_{3d}(e_g)$ 带；β 通道的带隙价带顶依然是 O_{2p} 带，导带底是 $Mn_{3d}(t_{2g})$ 带。

电池的循环性能与正极材料的结构稳定性有关。进一步揭示了化学键对电池循环性能的影响，图 3-4 给出了 $LiMn_2O_4$ 体系的电子差分密度（EDD）和键级，由于系统形成了共价键，电子分布发生了变化。正值区域或负值区域分别表明电子密度是增加或减小的区域。图 3-4 显示，氧离子附近的电子密度明显增加，而锰离子附近的电子密度明显减小。可以得出结论：氧带负电荷是阴离子，锰带正电荷是阳离子。此外，Mn 离子附近呈现出明显的 d 轨道的特性（电子分布呈十字花形），而 O 离子附近则呈现出明显的 p 轨道的特性（电子分布呈哑铃状），这表明 O_{2p} 态能够与 Mn 离子的轨道进行有效重叠并形成共价键，进而具有较好的结构稳定性。

3.1.1.3 $LiMn_2O_4$ 正极材料的电化学性能

图 3-5 为尖晶石 $LiMn_2O_4$ 正极材料的结构的循环伏安曲线和充放电曲线。所有的曲线都表现出了尖晶石锰酸锂两个对称的氧化还原特征峰，所对应的是 $Li_xMn_2O_4$ 充放电过程中占据四面体 8a 位的锂离子两个可逆脱嵌反应。Li^+ 在

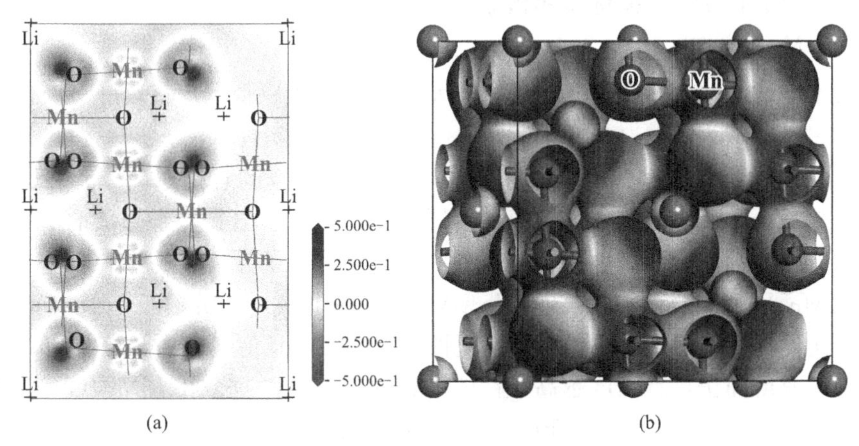

图 3-4 $LiMn_2O_4$ 体系的电子差分密度图（EDD）

（a）二维平面图；（b）三维平面图

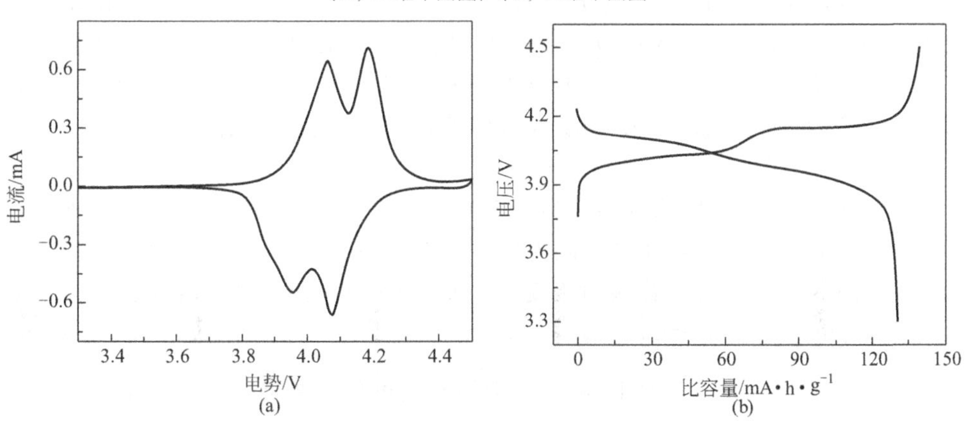

图 3-5 尖晶石 $LiMn_2O_4$ 正极材料的结构的循环伏安曲线（a）和充放电曲线（b）

尖晶石中的嵌脱两步过程为：放电嵌入时，Li^+ 首先尽可能地占据尖晶石结构中不相邻四面体 8a 的位置，直至一半的 8a 位置占满为止；继续放电嵌入时，Li^+ 占据尖晶石结构中余下的与已占四面体相邻的 8a 位置。充电时锂离子脱嵌过程正好相反，在完全充电态下，MnO_2 中 Li^+ 的量较少，晶格中存在较多四面体 8a 空位，Li^+ 嵌入时遇到的阻力较小。待一半的四面体 8a 空位占满后，Li^+ 要占据尖晶石结构中余下的四面体 8a 的位置，必须克服锂离子间的斥力，离子间的斥力可能使锂离子的嵌入自由能增加。所以，锂离子的两步嵌脱环境是完全不同的。

3.1.2 $LiMn_2O_4$ 正极材料的容量衰减机理

3.1.2.1 $LiMn_2O_4$ 正极材料的溶解

(1) Mn 的溶解

由于电解液的电解质 $LiPF_6$ 与痕量水发生如下反应：

$$LiPF_6 + H_2O \longrightarrow LiF + POF_3 + 2HF \tag{3-1}$$

而 HF 导致的锰的溶解是造成 $LiMn_2O_4$ 容量衰减的直接原因。此外，含 F 电解液本身含有的 HF 杂质，溶剂发生氧化产生的质子与 F 化合形成的 HF，以及电解液中的水分杂质或电极材料吸附的水造成电解质分解产生的 HF 造成了尖晶石 $LiMn_2O_4$ 的溶解。研究还表明 $LiMn_2O_4$ 对电解质的分解反应具有催化作用，从而使 Mn 的溶解反应具有自催化性。锰的溶解反应是动力学控制的，40℃以上溶解速度加快，且温度越高，锰的溶解损失就越严重。在 $LiMn_2O_4$/C 电池充电末期，Mn 的溶解比低电压时要明显得多。而在这一电压范围，一些溶剂如 DEC（二乙基碳酸酯）也会在电极上氧化分解，其产物对于 Mn 的溶解具有诱导作用。Mn 的溶解会使表面的尖晶石结构发生转变，其组成在三元相图中的 $LiMn_2O_4$-$Li_2Mn_4O_9$-$Li_2Mn_5O_{12}$ 区域内。同时，溶出的 Mn^{2+} 随电解液迁移至负极，并在负极被还原，伴随着 LiOH、LiF、Li_2CO_3、Li_2O 等其他杂质沉积于负极。最简单的用于解释 Mn 的溶解和开路电压降低的反应式为：

$$LiMn_2O_4 + 2yLi^+ \longrightarrow Li_{1+2y}Mn_{2-y}O_4 + yMn^{2+} \tag{3-2}$$

Mn 的溶解导致的容量衰减主要表现在两个方面：当复合正极中导电剂含量较高时，Mn 的溶解会被加剧；而当导电剂含量较低时，Mn 的溶解损失较轻，但同时 C 和 Mn 的接触电阻及电极反应电阻增大，造成容量的极化损失。

(2) $LiMn_2O_4$ 相结构的变化

锂离子蓄电池正极材料 $LiMn_2O_4$ 中的相变可分为两类：一是在锂离子正常脱嵌时电极材料发生的相变；二是过充电或过放电时电极材料发生的相变。对于第一类情况，一般认为锂离子的正常脱嵌反应总是伴随着宿主结构摩尔体积的变化，并产生材料内部的机械应力场，从而使得宿主晶格发生变化。较大的晶格常数变化或相变化减少了颗粒之间以及颗粒与整个电极之间的电化学接触，导致了循环过程中的容量衰减；第二类情况主要是指对 $LiMn_2O_4$ 进行过放电时的 Jahn-Teller 效应。$LiMn_2O_4$ 中 Li^+ 的脱嵌范围是 $0<x\leqslant2$，当 Li^+ 嵌入或脱出的范围为 $0<x\leqslant1.0$ 时，发生反应：

$$LiMn_2O_4 = Li_{1-x}Mn_2O_4 + xe + xLi^+ \tag{3-3}$$

此时 Mn 离子的平均价态在 3.5～4.0 之间，Jahn-Teller 效应不明显。晶体仍旧保持尖晶石结构，对应的 $Li/Li_xMn_2O_4$ 输出电压是 4.0V 左右；而当 $1.0<x\leqslant2.0$ 时有以下反应发生：

$$LiMn_2O_4 + ye + yLi^+ = Li_{1+y}Mn_2O_4 \tag{3-4}$$

充放电循环电位在 3V 左右，即 $1.0<x\leqslant2.0$ 时 Mn 离子的平均价态小于 3.5，即 Mn^{3+} 的数量较多。图 3-6 为 Mn^{3+} 在氧八面体中的电子结构。

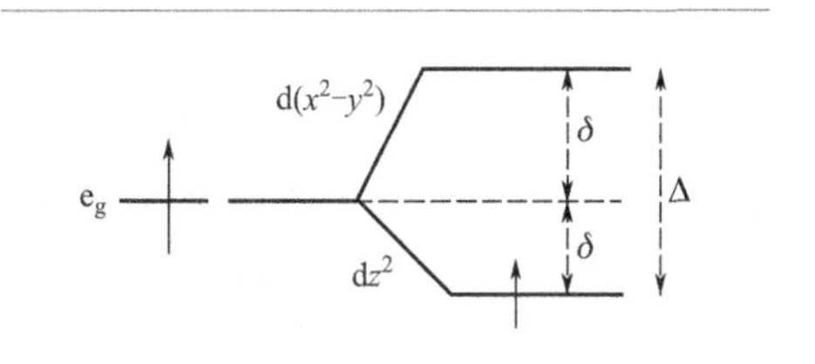

图 3-6 Mn^{3+} 在氧八面体中的电子结构

从图 3-6 中可以看出，$LiMn_2O_4$ 中 Mn^{3+} 的 d 层电子结构是 $t_{2g}^3e_g^1$，属于 d^4 高自旋。根据 Jahn-Teller 原理知，其将产生 D_{4h} 拉长变形，在氧八面体力场的作用下，e_g 轨道分裂为 $d(x^2-y^2)$ 与 dz^2 两个能级，形成畸变的八面体，而尖晶石 $LiMn_2O_4$ 的立方结构向四方结构转变，降低了晶体的对称性。此时将导致严重的 Jahn-Teller 效应，尖晶石晶体结构由立方相转向四方相，晶格常数的比值 c/a 也会增加。该结构转变破坏了尖晶石骨架，当超出材料所能承受的极限时则破坏三维离子迁移通道，Li^+ 嵌脱困难，循环性变差，导致容量衰减。此外，这种结构的转变往往发生在粉末颗粒的表面或局部，使颗粒间的接触不良，致使锂离子的扩散和电极的导电性下降，从而导致容量衰减。

Ohzuku 等总结了 $Li_yMn_{2-x}O_4$ 在正常脱/嵌锂及过放电时所发生的两类相变化，提出了尖晶石相变的双相模型理论，如表 3-1 所示。

表 3-1 正尖晶石电极放电时的相变化

材料	区域	相	$Li_yMn_{2-x}O_4$ 中 y
$Li_yMn_{2-x}O_4$	Ⅰ	两种立方相之间的反应	$0.27<y\leqslant0.6$
	Ⅱ	一种立方相的插入过程	$0.6<y\leqslant1.0$
	Ⅲ	立方相与四方相之间的相变	$1.0<y\leqslant2.0$

当 $y>1.0$ 时，存在约为 1V 的电压降，这是由于 MnO_6 八面体发生了 Jahn-

Teller 扭曲，从 O_h 对称向 D_{4h} 对称转变。随着尖晶石中立方相向四方相的转变，晶格体积急剧收缩，严重影响了循环性能。另外，Liu 等在上述理论的基础上又提出了晶型转变的三相模型：①$0<x<0.2$ 时为立方单相区 A；②$0.2<x<0.4$ 时为双相共存区 A+B；③$0.45<x<0.55$ 时为立方单相区 B；④$0.55<x<1$ 时则为立方单相区。Yang 等采用小电流充放电对 $LiMn_2O_4$ 尖晶石结构进行研究后认为，在 B 相和 C 相之间也应存在一个双相共存区（$0.55<x<0.95$），之所以三相模型中没有提出是因充电倍率过大，系统没有达到平衡态所致。但相对于 $x=1.0$ 处发生的 Jahn-Teller 形变，上述（晶格）形变对材料循环性能的影响较小。$LiMn_2O_4$ 属于 Fd-3m 空间群，锰离子（$3d^3$，$3d^4$）占据八面体 16d 位，很容易被锂离子（$2s^0$）取代，形成非化学计量比的锂锰氧化物，而不引起结构变化。因此，采用少量离子对锰离子进行掺杂，可以充分抑制 Jahn-Teller 效应的发生，有效提高了电极的循环寿命，抑制了容量的衰减。

3.1.2.2 电解液的分解

锂离子蓄电池中常用的电解液主要包括由各种有机碳酸酯溶剂和由锂盐组成的电解质。

(1) 溶剂的分解

① 碳酸丙烯酯（PC）的分解　以 PC 为主要组分的电解液在锂插入石墨过程中，在高度石墨化碳材料表面发生分解。碳酸丙烯酯在石墨负极发生分解反应的几种可能如图 3-7 所示。

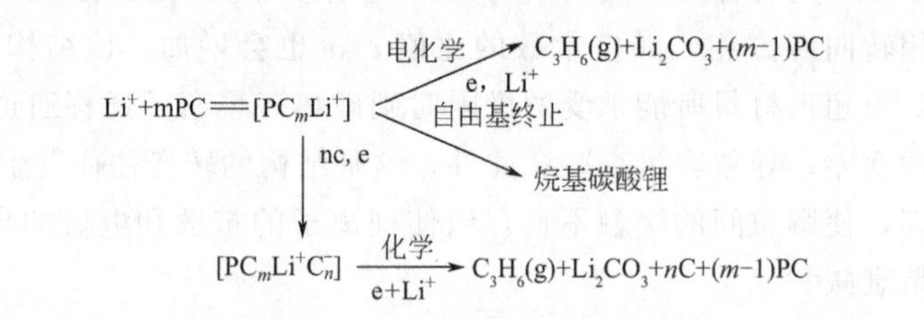

图 3-7　碳酸丙烯酯在石墨负极发生分解反应的几种可能

② 碳酸乙烯酯（EC）的分解　EC 的还原（分解）包括一电子反应和二电子反应过程，一电子反应形成烷基碳酸锂：

$$EC + e \longrightarrow EC^{-}\text{自由基} \tag{3-5}$$

$$2EC^{-}\text{自由基} + 2Li^{+} \longrightarrow C_2H_4 + \text{烷基碳酸锂} \tag{3-6}$$

二电子反应形成碳酸锂：

$$EC + 2e \longrightarrow C_2H_4 + CO_3^{2-} \tag{3-7}$$

$$CO_3^{2-} + 2Li^+ \longrightarrow Li_2CO_3 \tag{3-8}$$

碳酸锂和烷基碳酸锂一样对负极起钝化层的作用。

③ DMC/DEC 的分解　DMC（二甲基碳酸酯）和 DEC（二乙基碳酸酯）一电子还原形成烷基碳酸锂和烷基锂，以 DMC 还原反应为例：

$$CH_3OCOOCH_3 + e + Li^+ = CH_3OCOOLi + \cdot CH_3 \tag{3-9}$$

$$CH_3OCOOCH_3 + e + Li^+ = CH_3Li + \cdot CH_3OCOO \tag{3-10}$$

$$\cdot CH_3OCOO + \cdot CH_3 = CH_3OCOOCH_3 \tag{3-11}$$

(2) 电解质的分解

电解质的还原反应通常被认为是参与了碳电极表面膜的形成，还原产物夹杂于负极沉积膜中而影响电池的容量衰减。

各种盐类的还原反应机理如下。

① $LiPF_6$

$$LiPF_6 = LiF + PF_5 \tag{3-12}$$

$$PF_5 + H_2O = 2HF + PF_3O \tag{3-13}$$

$$PF_5 + 2xe + 2xLi^+ = xLiF + Li_xPF_{5-x} \tag{3-14}$$

$$PF_3O + 2xe + 2xLi^+ = xLiF + Li_xPF_{3-x}O \tag{3-15}$$

$$PF_6^- + 2e + 3Li^+ = 3LiF + PF_3 \tag{3-16}$$

② $LiBF_6$（与 $LiPF_6$ 相似）

$$BF_4^- + (2x-1)e + 2xLi^+ = xLiF + Li_xBF_{4-x} \tag{3-17}$$

③ $LiClO_4$

$$LiClO_4 + 8e + 8Li^+ = 4Li_2O + LiCl \tag{3-18}$$

$$LiClO_4 + 4e + 4Li^+ = 2Li_2O + LiClO_2 \tag{3-19}$$

$$LiClO_4 + 2e + 2Li^+ = Li_2O + LiClO_3 \tag{3-20}$$

④ $LiAsF_6$

$$LiAsF_6 + 2e + 2Li^+ = 3LiF + AsF_3 \tag{3-21}$$

$$AsF_3 + 2xe + 2xLi^+ = xLiF + Li_xAsF_{3-x} \tag{3-22}$$

此外，电解液中可能含有水、氧气和二氧化碳。水有助于形成不利于锂离子嵌入的 LiOH 和 Li_2O 沉积层：

$$H_2O + e = OH^- + 1/2H_2 \tag{3-23}$$

$$OH^- + Li^+ = LiOH(s) \tag{3-24}$$

$$LiOH + Li^+ + e = Li_2O(s) + 1/2H_2 \tag{3-25}$$

氧的存在也会形成 Li_2O：

$$1/2O_2 + 2e + 2Li^+ = Li_2O \tag{3-26}$$

二氧化碳的存在会形成 Li_2CO_3：

$$2CO_2+2e+2Li^+ \longrightarrow Li_2CO_3+CO \quad (3\text{-}27)$$

除去电解液中的水分及 HF 是减少容量衰减的最有效办法，然而由于锂盐制备过程中的固有弱点，很难将这些有害杂质含量降至理想水平。不过优化电解液的组成，选择酸性低、热稳定性高的锂盐及抗氧化性强的溶剂及对 HF 具有捕获作用的添加剂，或开发新的电解液，都可以改善 $LiMn_2O_4$ 的容量衰减。

3.1.2.3 钝化膜的形成

Blyr 认为离子交换反应从活性物质粒子表面向其核心推进，形成的新相包埋了原来的活性物质，粒子表面形成了离子和电子导电性较低的钝化膜，因此储存之后的尖晶石比储存前具有更大的极化。Pasquier 的研究进一步表明，$LiMn_2O_4$ 表面形成的钝化膜是含有 Li 和 Mn 的水溶性的有机物质，并建立了模型。Pasquier 认为 SEI 膜的沉积-溶解过程一般包括三个连续步骤：①金属与 SEI 之间电子的转移；②阳离子从金属与 SEI 膜之间的界面向 SEI 膜与溶液之间的界面转移；③SEI 膜与溶液界面处离子的交换。在不断的循环过程中，电极与电解液小面积的接触，在石墨电极上形成了电化学惰性的表面层，使得部分石墨粒子与整个电极发生隔离而失活，引起容量损失。Zhang 通过对电极材料循环前后的交流阻抗谱的比较分析发现，随着循环次数的增加，表面钝化层的电阻增加，界面电容减小。反映出钝化层的厚度是随循环次数的增加而增加的，Mn 的溶解及电解液的分解导致了钝化膜的形成，高温条件更有利于这些反应的进行。这将造成活性物质粒子间接触电阻及 Li^+ 迁移电阻的增大，从而使电池的极化增大，充放电不完全，容量减小。

3.1.2.4 过充电引起的容量损失

(1) 碳负极过充电引起的容量损失

负极过充电时，会产生金属锂沉积：

$$Li^+ + e \longrightarrow Li(s) \quad (3\text{-}28)$$

这种情况容易发生在正极活性物质相对于负极活性物质过量的场合，但是，在高充电率的情况下，即使正负极活性物质的比例正常，也可能发生金属锂的沉积。金属锂的形成可能从如下几个方面造成电池的容量衰减：①可循环锂量减少；②沉积的金属锂与溶剂或支持电解质反应形成 Li_2CO_3、LiF 或其他产物；③金属锂往往在负极与隔膜间形成，可能阻塞隔膜的孔隙，增大电池的内阻。负极过充电沉积金属锂与负极形成钝化膜的作用完全不同，负极为保持其活性物质在电解液中的稳定性，需在表面形成一层起固体电解质作用的稳定钝化膜。钝化膜的形成会造成电池的初始容量损失，但是，这是锂离子蓄电池必不可少的过程。为了弥补这种容量损失，通常使用相对过量的正极活性物质。

(2) $LiMn_2O_4$ 过充电引起的容量损失

锂锰氧化物过充电时会形成惰性的三氧化二锰，并有损失氧的趋势。不过，反应发生在锂锰氧化物完全脱锂的状态下：

$$2\lambda\text{-}MnO_2 \longrightarrow Mn_2O_3 + \frac{1}{2}O_2(g) \quad (3\text{-}29)$$

此外，Gao 等还提出了由于产生氧缺陷而导致的高压区容量损失机理：

$$EI = EI^+ + e \quad (3\text{-}30)$$

式中 EI——电解液中溶剂分子；

EI^+——带有正电的电解液中溶剂分子。

$$Li_yMn_2O_4 + 2\delta e = Li_yMn_2O_{4-\delta} + \delta O^{2-} \quad (3\text{-}31)$$

当上述反应同时在部分脱锂的尖晶石电极表面发生反应时，可得到下列反应：

$$Li_yMn_2O_4 + 2\delta EI \longrightarrow Li_yMn_2O_{4-\delta} + \delta(\text{氧化态的 EI})_2 \quad (3\text{-}32)$$

上述过程不仅对尖晶石氧化物的结构产生破坏作用，导致容量损失，还会因氧的逸出使得电解液发生氧化，缩短电池寿命。此外，由于锂离子蓄电池没有镉镍、铅酸和氢镍等蓄电池结合氧的功能，所以氧的形成对锂离子蓄电池非常危险。

3.1.2.5 自放电

自放电现象是所有蓄电池都具有的现象，由自放电而导致的容量损失分为可逆和不可逆两种。对于 $LiMn_2O_4$/有机电解液体系来说，锂锰氧化物正极与溶剂会发生微电池作用产生自放电造成不可逆容量损失，溶剂分子（如碳酸丙烯酯 PC）在导电性物质炭黑或集流体表面上作为微电池负极氧化：

$$xPC \longrightarrow xPC^+ \text{自由基} + xe \quad (3\text{-}33)$$

锂锰氧化物作为微电池正极嵌入锂离子而被还原：

$$Li_yMn_2O_4 + xLi^+ + xe = Li_{y+x}Mn_2O_4 \quad (3\text{-}34)$$

同样，负极活性物质可能会与电解液发生微电池作用产生自放电造成不可逆容量损失，电解质（如 $LiPF_6$）在导电性物质上还原：

$$PF_5 + xe = PF_{5-x} + xF^- \quad (3\text{-}35)$$

充电状态下的碳化锂作为微电池的负极脱去锂离子而被氧化：

$$Li_yC_6 = Li_{y-x}C_6 + xLi^+ + xe \quad (3\text{-}36)$$

自放电速率主要受溶液氧化程度的影响，因此电池的寿命与电解液的稳定性关系很大。

3.1.2.6 集流体的影响

正负极集流体的性质也影响着电池的容量，通常铜和铝分别用作锂离子蓄电池负极和正极的集流体，两者特别是铜容易腐蚀。集流体的钝化膜形成与活性物质的黏合力、腐蚀等因素均会增加电池的内阻，因而造成电池的容量衰减。集流体的腐蚀行为主要表现为：铝正极钝化膜的局部破坏，即点蚀，这与电解液有关。例如：铝在常见的几种电解质盐中的腐蚀顺序为：$LiAsF_6 < LiClO_4 < LiPF_6 < LiBF_6$；铜的腐蚀可以看作是负极上的一个过放电反应，过放电时会引起铜负极的腐蚀开裂，进而引起铜的溶解，溶解的铜离子会在充电时重新在负极沉积，沉积铜长成枝晶状，穿透隔膜，使电池报废。为了提高集流体与活性物质间的黏合力和减少腐蚀，锂离子蓄电池中的两个集流体都必须经过预处理（酸化、防腐涂层、导电涂层等）来提高其附着能力及减少腐蚀速率，如通过添加氟化物可以明显抑制铝的腐蚀过程。

3.1.3 $LiMn_2O_4$ 正极材料制备方法

尖晶石 $LiMn_2O_4$ 易于合成，用于合成它的方法比较多，如高温固相合成法、固相配位反应法、机械化学合成法、控制结晶法、Pechini 法及简化的 Pechini 法、溶胶-凝胶法、共沉淀法等。

3.1.3.1 高温固相法

高温固相合成法操作简便，易于工业化，是合成 $LiMn_2O_4$ 的常用方法，它是将锂盐和锰化合物按一定比例机械混合在一起，然后在高温下焙烧而制得。Siapkas 等以 Li_2CO_3 和 MnO_2 为原料制备了缺锂和富锂尖晶石相。田从学等利用高温固相反应合成了具有较好性能的 $LiMn_2O_4$。江志裕等以 Li_2CO_3、LiOH、$LiNO_3$ 和 EMD 为原材料，用固相合成法制得 $LiMn_2O_4$。由于固相反应法获得的正极材料粒度较大，均匀性较差，所以人们纷纷致力于改进该方法或是探求新的途径以期获得具有良好性能的正极材料。

3.1.3.2 固相配位反应法

固相配位反应法就是首先在室温或低温下制备可以在较低温度下分解的固相金属配合物，然后将固相配合物在一定温度下进行热分解，得到氧化物超细粉体。该法保持了传统的高温固相反应操作简便的优点，同时又具有合成温度低、反应时间短、产物粒度较小的优点。康慨等以 $LiNO_3$、$Mn(CH_3COO)_2 \cdot 4H_2O$ 和柠檬酸为原料用该法合成了 $LiMn_2O_4$ 的超细粉体，并具有较好的电化学性能。

3.1.3.3 控制结晶法

控制结晶法就是通过控制结晶工艺制备出前驱体 Mn_3O_4，再将 Mn_3O_4 与 $LiOH \cdot H_2O$ 进行固相反应合成尖晶石相 $LiMn_2O_4$。何向明等用该法得到的尖晶石相 $LiMn_2O_4$ 具有良好的电化学性能，首次放电比容量为 $125mA \cdot h \cdot g^{-1}$。

3.1.3.4 Pechini 法及简化的 Pechini 法

Pechini 法是基于某些弱酸与不同金属阳离子形成螯合物，而螯合物可与多羟基醇聚合形成固体聚合物树脂，从而使金属离子均匀分散在聚合物树脂中，在低温下烧结即可得到细微氧化物粉体。该法较传统固相法有烧结温度低、合成粉末均匀的优点，用该法合成的产品有较好的循环性能。简化的 Pechini 法较 Pechini 法有工艺简单、易于操作的特点，它不用经过真空减压步骤就可制造出前驱体材料。

3.1.3.5 共沉淀法

共沉淀法是将过量的沉淀剂加入到混合液中，使各组分溶质尽量按比例同时沉淀出来。卫敏等尝试着将共沉淀法与纳米技术相结合，以 $LiNO_3$、$Mn(CH_3COO)_2$ 及 $(NH_4)_2CO_3$ 为原料，在旋转液膜成核反应器中制得前驱体，经焙烧得尖晶石 $LiMn_2O_4$ 纳米颗粒，初步研究了它的电化学性能。但发现其容量值较低，该技术还有待改进。

3.1.3.6 机械化学合成法

机械化学合成法是通过高能球磨的作用使不同元素或其化合物相互作用，形成超细粉体的新方法。机械化学的基本过程是将粉末混合料与研磨介质一起装入高能球磨机进行机械研磨，经过反复形变、破裂和冷焊，以达到破裂和冷焊的平衡，最终形成表面粗糙、内部结构精细的超细粉末。机械化学的特点是在机械化过程中引入大量的应变、缺陷，使得其不同于平常的固态反应，它可以在远离平衡态的情况下发生转变，形成亚稳结构。其一般原理是在球磨过程中，粉末颗粒被强烈塑性变形，产生应力和应变，颗粒内产生大量的缺陷。机械化学法可以使材料远离平衡状态，从而获得其他技术难以获得的特殊组织、结构，扩大了材料的性能范围且材料的组织、结构可控。近年来，机械化学理论和技术发展迅速，在理论研究和新材料的研制中显示了诱人的前景，机械化学法已经广泛应用于制备锂离子高性能结构材料。Kosova 等利用机械化学法在不锈钢活化反应器（球的直径为 8mm，转速 $660r \cdot min^{-1}$）中合成出符合化学计量比的尖晶石 $LiMn_2O_4$ 和非化学计量比的缺陷型尖晶石 $Li_xMn_2O_4$，并进行了其组织、结构和电化学性能研究。研究表明，由于机械活化过程的磨矿作用及固体的塑性变形加速了固相之间的反应，不同配比的 $x Li_2CO_3+4MnO_2$ 混合物在机械活化反应器中活化 10min 后，均有 Li-Mn-O 尖晶石相的形成，但不同 x 值形成的活化产物中 $LiMn_2O_4$ 物相的数量不一样。机械活化直接制备的尖晶石存在晶格缺陷，因而产物的结晶度不高，活化所得产物在 600～800℃下热处理后结晶度提高。

3.1.3.7 溶胶-凝胶法

溶胶-凝胶法是把各反应物溶解于水中形成均匀的溶液，再加入有机络合剂把各金属离子固定住，通过调节 pH 值使其形成固态凝胶，再经过风干、研磨、预烧、再研磨、焙烧等过程。溶胶-凝胶法制备材料由于具有合成温度低、粒子小（在纳米级范围）、粒径分布窄、均一性好、比表面积大、形态易于控制等优点，因此近些年来被广泛应用于锂离子蓄电池正极材料的制备。

此外还有水热法、离子交换法、燃烧法、自蔓延法、脉冲激光沉积法、等离子提升化学气相沉淀法和射频磁旋喷射法等。总之，人们通过优化反应条件及改进合成方法等途径来改善尖晶石 $LiMn_2O_4$ 正极材料的性能取得了一定成效，但并不能从根本上解决 $LiMn_2O_4$ 多次循环后的容量损失问题。要提高其电化学性能单独开展该方面的工作有一定局限性。

3.1.4 提高 $LiMn_2O_4$ 正极材料性能的方法

$LiMn_2O_4$ 在充放电过程中会发生 Jahn-Teller 效应，导致温度高于 55℃时，材料结构发生变形，且晶体中的 Mn^{3+} 会发生歧化反应，生成的 Mn^{2+} 溶解于电解质中使电极活性物质损失，容量衰减很快，这些都阻碍限制了 $LiMn_2O_4$ 进一步的研究、开发和应用。目前用于提高 $LiMn_2O_4$ 材料的方法主要有纳米化、控制形貌、掺杂以及表面改性。

3.1.4.1 纳米化及表面形貌控制

为了改善 $LiMn_2O_4$ 的倍率性能，各种形貌和纳米结构的 $LiMn_2O_4$ 已经被报道。$LiMn_2O_4$ 材料的电化学性能与其形貌、颗粒大小、晶型和结构的多孔性有密切的联系，常见的形貌有纳米颗粒、纳米线、纳米纤维、纳米片、纳米棒、多孔材料以及纳米刺等。图 3-8 列出了常见的纳米 $LiMn_2O_4$ 的形貌。不同形貌纳米 $LiMn_2O_4$ 的电化学性能比较见表 3-2。其中，多孔材料存在丰富的网络状结构的孔洞，电解液可从孔隙中浸入，缩短材料内部的锂离子进入电解质的扩散路径，同时改善了 $LiMn_2O_4$ 中电子和离子的传导。

图 3-8 常见的纳米 $LiMn_2O_4$ 的形貌

(a)多孔结构;(b)多孔纳米棒;(c)纳米管;(d)超薄纳米线;(e)多孔纳米纤维;(f)中空结构微球

表 3-2 不同形貌纳米结构的 $LiMn_2O_4$ 正极材料的合成方法、放电容量、循环稳定性及倍率容量

材料	合成方法	放电容量(倍率)	容量保持率(循环次数/倍率)	倍率容量(倍率)
多孔 $LiMn_2O_4$	模板法	$118mA \cdot h \cdot g^{-1}$ ($100mA \cdot g^{-1}$)	93%(10000 次/9C)	$108mA \cdot h \cdot g^{-1}$ ($5000mA \cdot g^{-1}$)
$LiMn_2O_4$ 纳米棒	固相法	$105mA \cdot h \cdot g^{-1}$ (10C)	90%(500 次/10C)	$105mA \cdot h \cdot g^{-1}$ (10C)

续表

材料	合成方法	放电容量(倍率)	容量保持率(循环次数/倍率)	倍率容量(倍率)
$LiMn_2O_4$ 纳米管	溶剂热法结合固相法	115mA·h·g^{-1}(0.1C)	70%(1500 次/5C)	约 80mA·h·g^{-1}(10C)
超薄 $LiMn_2O_4$ 纳米线	溶剂热法	125mA·h·g^{-1}(0.1C)	约 105mA·h·g^{-1}(100 次/10C)	100mA·h·g^{-1}(60C)
多孔 $LiMn_2O_4$ 纳米纤维	静电纺丝	120mA·h·g^{-1}(15mA·g^{-1})	87%(1250 次/1C)	56mA·h·g^{-1}(16C)
有序的介孔 $LiMn_2O_4$	固相法	约 100mA·h·g^{-1}(0.1C)	94%(500 次/1C)	约 80mA·h·g^{-1}(5C)
中空结构的 $LiMn_2O_4$ 微球	固相法	128.9mA·h·g^{-1}(0.2C)	86.6%(300 次/1C,55℃)	89.7mA·h·g^{-1}(10C)

多孔结构的 $LiMn_2O_4$ 纳米棒可以利用多孔的 Mn_2O_3 纳米棒作为自支撑的模板，合成路线和不同倍率的循环性能如图 3-9 所示。显然，多孔纳米棒结构的 $LiMn_2O_4$ 在任意倍率下都具有比 $LiMn_2O_4$ 纳米棒和纳米颗粒更高的放电容量和更小的容量衰减。此外，模板法还可以制备 $LiMn_2O_4$ 纳米管。有报道采用 β-MnO_2 作为自支撑模板制备单晶的 $LiMn_2O_4$ 纳米管。充放电测试表明，5C 倍率 1500 次循环后，其容量保持率仍为首次放电容量的 70%。$LiMn_2O_4$ 优秀的循环稳定性来自于其管状的纳米结构和一维的单晶结构，其内部中空的纳米管和外部大的表面积很容易使电解液从外部渗入电极内部，减小了电极的内阻，进而提高了材料的循环稳定性。利用溶剂热法可以制备 α-MnO_2 纳米线，然后以此为原料通过高温烧结可以合成超薄的 $LiMn_2O_4$ 纳米线。充放电测试结果表明，在 60C 和 150C 倍率放电时，超薄 $LiMn_2O_4$ 纳米线的可逆放电容量分别高达 100mA·h·g^{-1} 和 78mA·h·g^{-1}。采用燃烧法可以制备 $LiMn_2O_4$ 纳米颗粒，尽管在 0.2C 倍率放电时，其放电容量仅为 114mA·h·g^{-1}，但是 5C 倍率放电时，其容量为 84mA·h·g^{-1}。采用具有尖晶石结构的 Mn_3O_4 纳米片阵列为模板，通过水热嵌锂法一步低温可以制备出具有高结晶度的 $LiMn_2O_4$ 纳米片阵列，证明了水热嵌锂条件下可实现尖晶石到尖晶石结构的转变（图 3-10）。由于结构的相似性，所得到的 $LiMn_2O_4$ 完美地保留了 Mn_3O_4 的纳米结构，解决了之前文献报道用 MnO_2 水热嵌锂制备 $LiMn_2O_4$ 无法保存原有纳米结构的难题。该方法简便易行，适用于不同导电基底。此外，在碳布基底上垂直生长了 $LiMn_2O_4$ 纳米片阵列，并将其与 $Li_4Ti_5O_{12}$ 纳米片阵列组合构建了柔性锂离子电池，并展现出优越的电化学性能和柔性。

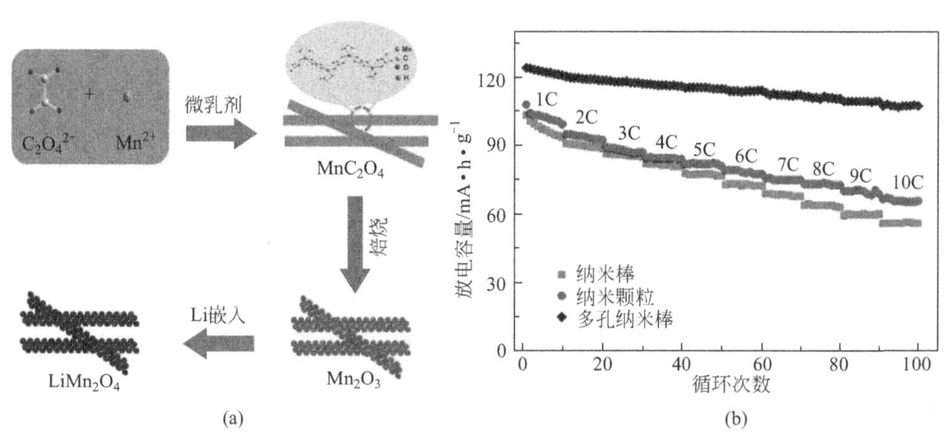

图 3-9 多孔结构的 $LiMn_2O_4$ 纳米棒合成路线（a）和纳米棒、纳米颗粒以及多孔纳米棒结构的 $LiMn_2O_4$ 循环性能（b）

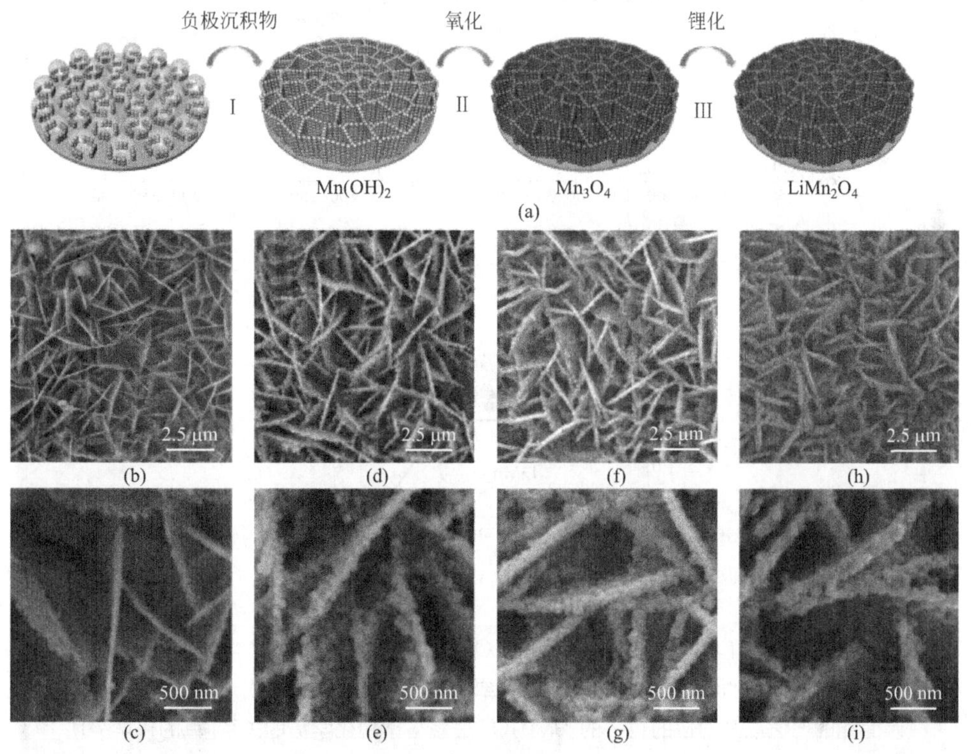

图 3-10 在 Au 基片上制备 3D 多孔 $LiMn_2O_4$ 纳米片阵列的流程示意图（a）；制备的 Mn_3O_4 纳米片阵列（b）、（c）；200℃制备的 $LiMn_2O_4$ 纳米片阵列（d）、（e）；220℃制备的 $LiMn_2O_4$ 纳米片阵列（f）、（g）；240℃制备的 $LiMn_2O_4$ 纳米片阵列（h）、（i）

在锂离子电池中，材料的晶面通常会影响锂离子的扩散、电子电导率以及电化学反应。第一性原理计算表明，$LiMn_2O_4$ 表面和亚表面附近的原子在垂直于（001）面的方向上具有非常大的弛豫，在 $LiMn_2O_4$（001）表面只有 Mn^{3+} 存在，而这些 Mn^{3+} 非常活跃，在该材料电极/电解液界面很容易发生歧化反应，从而加速了 Mn 的溶解。因此，$LiMn_2O_4$ 的电化学行为对其晶面非常敏感。例如，有报道表明重构的 $LiMn_2O_4$(111) 表面没有 Mn 原子，可以减缓材料中 Mn 的溶解。因此，在合成过程中控制 $LiMn_2O_4$ 的（111）晶面有助于提高材料的循环性能。由图 3-11(a)，（b）可以看出截角八面体结构的 $LiMn_2O_4$ 具有更好的循环性能。如图 3-11(c) 所示，低温和低锂电势有助于 $LiMn_2O_4$(111) 晶面的优先生长，这为高稳定性 $LiMn_2O_4$ 材料的合成提供了一个范例。

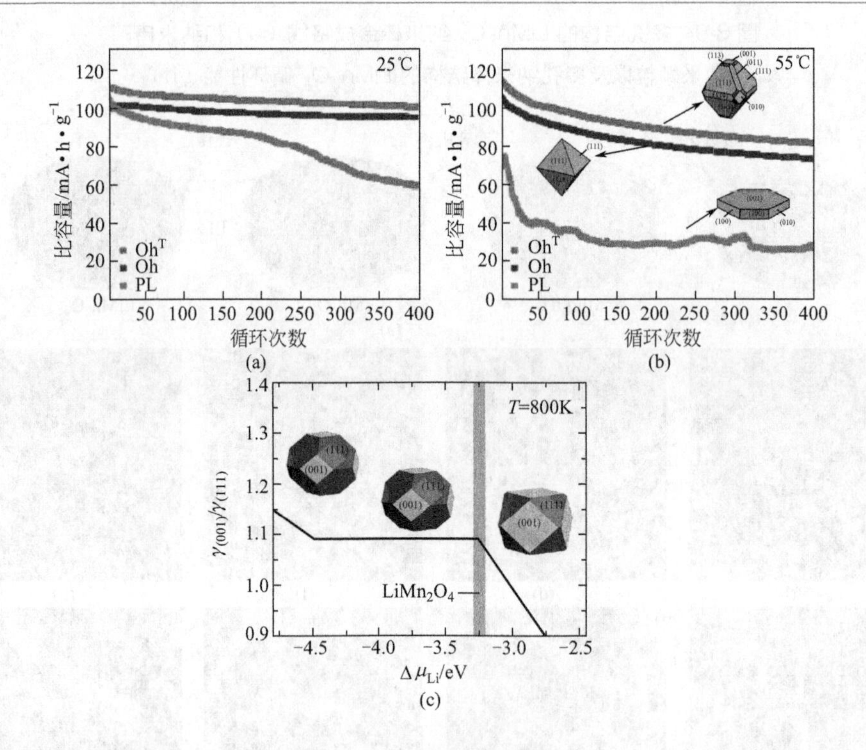

图 3-11 截角八面体（Oh^T）、普通八面体（Oh）以及薄片（PL）结构的 $LiMn_2O_4$ 在（a）25℃和（b）50℃的循环性能曲线（1C 倍率充电、10C 倍率放电）；（001）和（111）表面能的比值以及对应的粒子的 $LiMn_2O_4$ 形貌与锂的化学势的关系，氧的化学势所对应的条件为 $T=800K$，$p_{O_2}=0.5atm$（1atm=101325Pa），阴影区域表示 $LiMn_2O_4$ 的稳定区域（c）

3.1.4.2 离子掺杂

$LiMn_2O_4$ 属于 Fd-3m 空间群，锰离子（$3d^3$，$3d^4$）占据八面体 16d 位，很容易被锂离子（$2s^0$）取代，形成非化学计量比的锂锰氧化物，而不引起结构变化。因此，采用少量离子对锰离子进行掺杂，可以充分抑制了 Jahn-Teller 效应的发生，有效提高了电极的循环寿命，抑制了容量的衰减。锰酸锂正极材料的掺杂与改性主要分为三种：

① 仅提高 Mn 元素的平均价态，抑制 Jahn-Teller 效应，主要掺杂 Li^+、Mg^{2+}、Zn^{2+} 以及稀土离子等。这类离子少量掺杂，可以提高锂离子电池的循环性能和高温性能；

② 提高 Mn 元素的平均价态，增强尖晶石结构的稳定性。这类离子主要包括 Cr^{3+}、Co^{3+}、Ni^{2+}，由于这类离子的离子半径与 Mn^{2+} 的离子半径差别不大，其 M—O 键键能一般比 Mn—O 键能大，加强了晶体结构，抑制了晶胞的膨胀和收缩，因此掺杂量较大时基本上不改变尖晶石结构。

③ 提高 Mn 元素的平均价态，但容易形成反尖晶石结构［其通式为 $B(AB)O_4$，A^{2+} 分布在八面体空隙，B^{3+} 一半分布于四面体空隙，另一半分布于八面体空隙］，掺杂量较大时导致尖晶石结构破坏。这类离子主要包括 Al^{3+}、Ga^{3+}、Fe^{3+}，它们主要取代四面体 8a 位置的 Li^+，掺杂量较少时，电池可逆容量只是稍有降低，而循环性能明显提高。

（1）提高 Mn 元素的平均价态

锂原子半径较小，掺杂后晶胞产生收缩，晶胞常数变小，Mn—O 键能增大，键长变短。有报道表明，掺杂 Li 可以改善 $LiMn_2O_4$ 的高温电化学性能。此外，$LiMn_2O_4$ 在充放电过程中部分 Li 会因为电解质的氧化分解被消耗掉，导致可逆容量降低，掺杂适量的 Li 可以弥补因电解质分解而消耗掉的 Li，同时也可补偿材料在高温焙烧过程中产生的氧空位。在 $LiMn_2O_4$ 中掺入 Mg 或 Zn 后，由于 Mg 和 Zn 的价态为 +2 价，为了保持电中性，使得 $LiMn_2O_4$ 中 Mn^{4+}/Mn^{3+} 的比例升高，同时晶胞收缩，提高了材料的循环稳定性。

由于稀土离子的离子半径明显较 Mn^{3+} 的大，所以当部分稀土离子取代 Mn^{3+} 进入晶体结构中时会使晶胞增大。由稀土元素原子的基组态可知，大部分稀土元素均含有 f 电子，在自由离子体系中，七重简并的 f 轨道是完全等同的，但是在对称场中不再等价，发生分裂。在八面体场中原来七重简并的轨道分裂为三组，以 Eu^{3+} 为例，由量子化学可计算到分裂后的 f 轨道的能级顺序如图 3-12（a）所示。

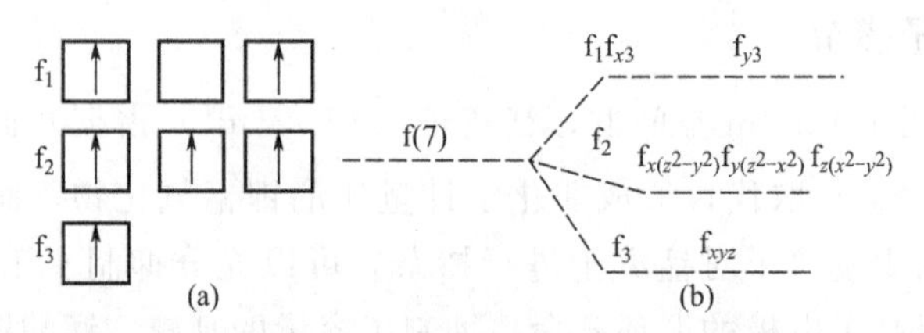

图 3-12 f轨道的能级顺序（a）和 Eu^{3+} 4f电子在八面体场中的分布（b）

Eu^{3+}（$4f^6$）为中心离子，在八面体场中，4f 电子分布分别为 $f_1^2f_2^3f_3^1$，如图 3-12（b）所示。三价稀土离子的半径均大于 Mn^{3+} 的半径，同时稀土离子对氧具有很强的亲和力，优先位于八面体位置。Eu^{3+} f_1 轨道可能容纳 Mn^{3+} 的 d 电子分裂后，d 轨道的一个电子达到稳定的半充满状态的同时，使 Mn^{3+} 的 d_γ 轨道全空，从而使 Mn^{3+} 的 d 电子分布呈球形对称或正八面体对称，抑制 Jahn-Teller 效应的产生，提高了正极材料的稳定性能。这一方面是通过将稀土元素引入到锂离子电池正极材料粉末中，由于稀土离子半径比 Mn^{3+} 大，稀土离子的引入扩大了 Li^+ 在材料中的迁移隧道直径。由于锂离子是在由锰和氧组成的四面体和八面体组成的 8a-16c-8a 通道中迁移，扩大的通道减少了对锂离子扩散的阻碍，抑制 Jahn-Teller 效应的产生，提高了正极材料的稳定性。此外，掺杂锰酸锂稀土离子与其他阳离子相互作用，致使少量的 Li^+ 进入尖晶石八面体的位置，每个嵌入的锂将受到周围相邻 4 个锂的相互作用，它们之间的相互作用导致嵌入能量的分裂，有利于 Li^+ 的可逆脱嵌。另一方面由于稀土元素的独特电催化性能，正极材料的高温循环性能也得到了很大的提高。研究还表明：掺杂部分稀土离子可以使产物的晶胞发生收缩，提高了掺杂产物的充放电稳定性，有效地改善了电极材料的循环性能，说明掺杂稀土对尖晶石结构的稳定起到了积极的作用。

（2）3d 过渡金属掺杂

由于 Mn、Cr、Ni、Cu、Fe 均属于 3d 过渡金属，其离子均能形成稳定的 d^n 构型。因此在 $LiMn_{2-x}M_xO_4$ 中，即使替代量 x 值相对比较大时，对尖晶石结构稳定影响也很小。考虑到电荷平衡，x 值一般小于等于 0.5，即使 $x=0.5$ 时，$LiMn_{2-x}M_xO_4$ 仍然能保持单一的尖晶石结构。此外掺杂形成的 $LiMn_{2-x}M_xO_4$ 中，如图 3-13 所示，掺杂 Cr、Ni、Cu 的材料晶格常数减小，有利于充放电时尖晶石结构的稳定。晶格收缩使得尖晶石 $LiMn_{2-x}M_xO_4$ 的三维隧道结构更为牢固，在循环过程中充放电状态的体积变化减小，稳定的结构保证了循环性能提高，可逆容量得以更大程度地保持。掺杂 Fe 的材料晶格常数略有增大，但总体来看，掺杂后的晶格常数变化不大。掺杂离子的离子半径是一个不容忽视的因素，在尖晶石结构中晶体场稳定起着决定性的作用。但若掺杂离子的半径过大或过小，都可能导致晶格过度扭曲而使稳定性下降，使得容量与循环性能变差。尽管所掺杂的离子都具有与 Mn 离子相近的离子半径，但 $LiMn_{2-x}M_xO_4$ 的晶格常数与半径没有直接的关系，这主要是由于掺杂后的过渡金属离子主要占据 16d 位，晶格尺寸的大小主要由尖晶石框架中的锂离子和锰离子决定，还与掺杂离子嵌入的位置和价键的形成有关。过渡金属离子的掺杂，使 Mn 的平均化合价升高，[$Mn—O_6$] 八面体中 Mn—O 的平均距离减小，作用力增大，尖晶石结构更加稳定，更有利于 Li^+ 的可逆脱嵌。

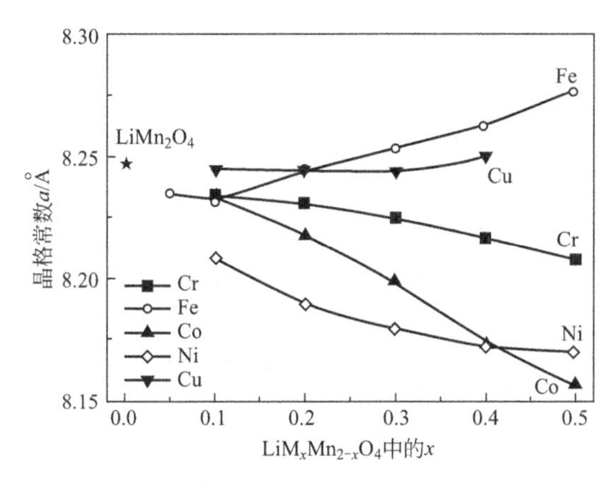

图 3-13 $LiMn_{2-x}M_xO_4$（M＝Mn，Ni，Cr，Fe，Co，Cu）晶格常数

研究表明，当 x 值等于 0.5 时形成的 $LiM_{0.5}Mn_{1.5}O_4$ 与 $LiMn_2O_4$ 有很大的差异，电压平台明显提高。$LiM_{0.5}Mn_{1.5}O_4$ 在充放电过程中存在两个平台，在低电压平台电子主要来自于 Mn 的 e_g 轨道，高电压平台电子来自于 Cr、Fe 的 t_{2g} 轨道和 Cu、Ni 的 e_g 轨道。过渡金属离子的掺杂，使得常温下的相变消失，Cu、Fe、Ni 的掺杂增加了锂的扩散系数，Cr 的掺杂提高了有效载流子的迁移速率，提高了电池的充放电性能。由于 $Li_x[Li_{1-x}Mn_2]O_4$ 中存在亚晶格，在充放电过程中宏观表现为 $x=0.5$ 时晶胞参数有一突跃。这时，Li^+ 的脱嵌在低电位时可以表示为：

$$LiM_{0.5}Mn_{1.5}O_4 \rightleftharpoons \square_{0.5}M_{0.5}Mn_{1.5}O_4 + 0.5Li^+ + 0.5e \tag{3-37}$$

在高电位时可以表示为：

$$\square_{0.5}M_{0.5}Mn_{1.5}O_4 \rightleftharpoons \square M_{0.5}Mn_{1.5}O_4 + 0.5Li^+ + 0.5e \tag{3-38}$$

因此，控制过渡金属离子的掺杂量，可以改变锂离子电池的充放电平台。

锰酸锂正极材料掺杂过渡金属离子，其结构因锰原子被取代而发生变化，致使其电化学性质和性能发生改变。采用慢扫描循环伏安，将氧化峰和还原峰电势加和取平均值，并通过电化学态密度进行精修，可以得到掺杂后的锰酸锂材料的固态氧化还原电势。图 3-14 为由慢扫描循环伏安得到的 $LiM_{0.5}Mn_{1.5}O_4$ 固态氧化还原电势，表 3-3 为其电化学参数。

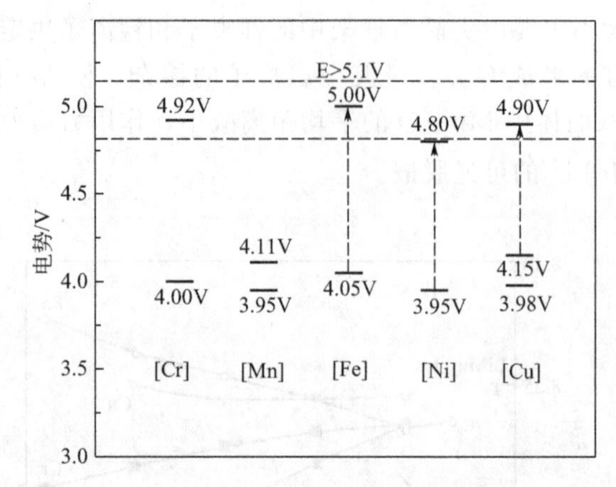

图 3-14 $LiM_{0.5}Mn_{1.5}O_4$ 慢扫描伏安固态氧化还原电势

表 3-3 $LiM_{0.5}Mn_{1.5}O_4$ 电化学参数

$LiM_{0.5}Mn_{1.5}O_4$ 中的 M	理论容量/mA·h·g^{-1}	
	3.5<E<4.5	4.5<E
Mn	148	—
Ni	—	147
Fe	74	74
Cr	75	75
Cu	72	72

从表 3-3 可以看出，$LiM_{0.5}Mn_{1.5}O_4$ 作为锂离子电池正极材料理论容量为 144～150mA·h·g^{-1}，与 $LiMn_2O_4$ 的理论容量相近；特别是 $LiNi_{0.5}Mn_{1.5}O_4$ 在 5V 左右理论放电容量可达 147mA·h·g^{-1}，是非常具有发展前景的锂离子电池正极材料。Ohzuku T 研究发现，$LiM_{0.5}Mn_{1.5}O_4$ 第一次充放电容量损失排序为 Ni<Cr≈Cu<Fe，这与它们的高放电平台放电工作电压排序相一致（图 3-14）。

$LiNi_{0.5}Mn_{1.5}O_4$ 在 3.5～4.5V 放电容量（0.5C）为 20mA·h·g^{-1}，4.5～5.0V 放电容量（0.5C）为 115mA·h·g^{-1}，30 次循环容量保持率为 88%。$LiNi_{0.5}Mn_{1.5}O_4$ 尖晶石结构中，Ni—O 键的键能（1029kJ·mol^{-1}）大于 Mn—O 键的键能（946kJ·mol^{-1}，α-MnO_2），提高了 Li^+ 的扩散系数，改善了电极的循环性能。在 3.3～4.5V 范围内，$LiNi_xMn_{2-x}O_4$ 电极的初始充放电容量随 Ni 元素取代比例 x 的增大而降低；在 4.5～4.8V 范围内，试样电极的初始充放

电容量随 Ni 元素取代比例 x 的升高而增大。在 3.3～4.8V 范围内，各种取代比例的 $LiNi_xMn_{2-x}O_4$ 试样总容量基本上保持不变。Ni^{2+} 是具有电化学活性的离子，根据化合价平衡，Ni^{2+} 的最大掺杂量 x 为 0.5；因此，可以通过掺杂高价离子平衡化合价，进一步增加 Ni^{2+} 的含量，提高电池高电压平台放电容量，这与 Park S H 的研究结果相一致。

$LiCu_{0.5}Mn_{1.5}O_4$ 在 3.3～4.5V 放电容量（0.1C）为 $47mA \cdot h \cdot g^{-1}$，4.5～5.2V 放电容量（0.1C）为 $24mA \cdot h \cdot g^{-1}$，与理论容量相差较远。说明在 4.5～5.2V 区域只有 1/3 的 Cu^{2+}，其余以 Cu^{3+} 的形式存在，而不参与充放电反应。其 160 次循环容量衰减只有 15%，可以认为是有机电解液分解引起的。

Fe^{3+} 具有比较强的四面体场择位趋向，掺杂后将占据 8a 位。在 $LiMn_2O_4$ 八面体环境中，Fe^{3+} 以 $(d_{xy})^2(d_{xz})^2(d_{yz})^1$ 组态出现，按照不均匀 Feynman 力的观点，则在 d_{yz} 轨道中的屏蔽要较 d_{xy} 和 d_{xz} 轨道中的小，因而在 d_{yz} 轨道中有更强的 Feynman 力场。中心离子对负性配位体的吸引力，必然较轨道 d_{xy} 和轨道 d_{xz} 要强，从而要拉紧分布在 xy 平面和 xz 平面上的 4 个配位体，于是呈现出 xy 平面和 xz 平面存在 4 个较长的键，y 轴和 z 轴上的两个键则要短些。yz 平面上键长略减，导致 Feynman 力场增大。因此削弱了锰离子的 Jahn-Teller 效应，减少了由于 Jahn-Taller 效应带来的锂离子的不规则四面体的个数，更利于锂离子的来回嵌入、脱嵌。Fe 掺杂尖晶石 $LiFe_xMn_{2-x}O_4$，存在 4V 和 5V 两个放电平台，放电容量可达 $120mA \cdot h \cdot g^{-1}$，随着 x 的增大，5V 放电平台容量逐渐增加，但容量衰减也逐渐增强。Fe 的 4s 与 3d 轨道上电子的电负性比 Mn 元素的大，用该元素的原子部分取代尖晶石型 $LiMn_2O_4$ 结构中的 Mn 原子时，吸引电子的能力大大增强，便于锂离子在其中的脱嵌与嵌入，能够有效改善纯相锰酸锂的电化学性能，即提高了 $LiFe_xMn_{2-x}O_4$ 的放电平台电压。Shigemura 对掺 Fe 进行了研究，采用穆斯堡尔谱分析知道 Fe 为三价，充放电过程中，尖晶石结构不发生相变，晶格常数随嵌入量的增加而增加，随脱嵌而减小。主要是由于 Fe 掺杂量较大时，Fe 离子占据四面体位置，Li^+ 占据八面体位置，增加了晶格常数。三价铁离子的半径虽然与 Mn 的相近，但是它为高自旋的 d^5 构型，掺杂量较大时容易以反尖晶石结构 $LiFe_5O_8$ 存在，易导致阳离子的无序化，结果充放电效率不高，容量衰减快。另外，铁过多掺杂有可能会催化电解质的分解。

Cr 掺杂尖晶石 $LiCr_xMn_{2-x}O_4$，在 $x=0.25$ 和 $x=0.5$ 时，其最大比能量可达到 $560mW \cdot h \cdot g^{-1}$，比 $Li_xMn_2O_4$ 高 16%；50 次循环容量衰减不到 10%，在 $x \leqslant 0.5$ 时，$LiCr_xMn_{2-x}O_4$ 正极材料的充放电和循环性能最好。由于 Cr^{3+} 外层 d 轨道没有热活性的 e_g 电子，抑制了晶格的弛豫，缓解了循环过程中晶格

的扭曲，有效抑制了Jahn-Teller效应的发生，极大提高了电池的循环性能。此外，由于Cr—O键的键能（$1142kJ \cdot mol^{-1}$）大于Mn—O键的键能，形成了比较强的化学键，加强了晶体结构，抑制了晶胞的膨胀和收缩；Cr^{3+}的掺杂减小了锰酸锂材料中的Li^{+}和Mn^{3+}的混乱度，体系的能量降低，增加了Mn离子所带的正电荷，增强了尖晶石的稳定性，也有利于电池循环性能的提高。

锂离子电池的电化学性能主要取决于所用电极材料和电解质材料的结构和性能，尤其是电极材料的选择与锂离子电池的特性和价格密切相关。因此，合成结构稳定的锂锰氧化物是研究和制备具有应用前景的锂离子正极材料的关键。过渡金属离子掺杂锰酸锂正极材料具有比较高的输出电压，降低了体系的能量，充分抑制了充放电过程中结构的不可逆变化，大大提高了锂离子电池的循环性能、能量密度以及功率密度。

(3) 反尖晶石离子掺杂

采用尖晶石离子Al^{3+}、Ga^{3+}等金属离子对锰离子进行掺杂，可以提高Mn元素的平均价态，进而提高电池的充放电性能。但根据其八面体位择优能（OPE）和共价键优先配位场可知，它们主要取代四面体8a位置的Li^{+}，故掺杂量较大时容易形成反尖晶石结构［其通式为$B(AB)O_4$，A分布在八面体空隙，B一半分布于四面体空隙，另一半分布于八面体空隙］，导致尖晶石结构破坏。

Ga^{3+}掺杂是一个比较独特的体系，Ga^{3+}既占据四面体8a位又占据八面体16d位，其中占据16d位部分的是高压下淬火得到的亚稳态化合物。Ga^{3+}掺杂量较大时形成了反尖晶石结构，锂离子占据O_h位，Ga^{3+}占据T_d位。Ga^{3+}掺杂锰酸锂正极材料，提高电池性能的机制并不清楚，但一个重要的因素就是Ga^{3+}掺杂后晶格内环境的变化。对晶格质子化作用，四面体-八面体空位偶是比较关键的缺陷。对于富锂的锂锰氧化物来说，在温度小于600℃时，这种空位偶就会形成。由于Ga^{3+}占据四面体8a位，致使Li^{+}进入16d位取代部分Mn离子，形成富锂的尖晶石相锂锰氧化物，从而形成缺陷。Ammundsen等采用EXAFS光谱研究了化合物$LiGa_xMn_{2-x}O_4$的结构，结果表明：50%的Ga^{3+}占据四面体8a位，代替Li^{+}，提高了电池的循环性能；Fourier变换表明掺杂的8a和16d位的Ga^{3+}与16d位的Mn离子共边。在$0<x<0.05$时，掺杂材料的晶胞体积随Ga^{3+}含量增大而增加，得到的结构为单一的尖晶石相，并且其立方对称性也得到保持。由于Ga^{3+}为$3d^{10}$电子构型，没有Jahn-Teller效应，晶格参数a也接近$LiMn_2O_4$（0.8227），这样使得$Mn^{3+}/Mn^{4+}<1$，减少了充放电过程中Jahn-Teller效应产生的形变，循环性能优越；掺杂量较大时（$x>0.05$），出现了反射现象，其晶胞体积变化较小。从离子半径来看，它同Mn^{3+}的相近，易形成反

尖晶石结构的 $LiGa_5O_8$，因此会导致点阵结构的无序化，使容量下降，衰减快。

Pistoia 等采用高温固相法合成了 $Li_{1.05}Ga_xMn_{2-x}O_4$，采用慢扫描伏安法（slow step voltammetry）研究了其电化学性能。100 次循环容量保持率仍然在 94%以上（$1mA \cdot cm^2$）；大电流放电（$3mA \cdot cm^2$）40 次循环容量衰减不到 5%。随着 Ga 掺杂量的增加放电容量有所降低，但仍具有相当好的循环性能，40 次循环容量基本没有衰减；采用 Ga^{3+} 和其他离子混合掺杂，其充放电性能也有很大改善。采用 Cr^{3+} 和 Ga^{3+} 混合掺杂，45 次循环容量保持率仍在 85%以上，而采用 Co^{3+} 和 Ga^{3+} 混合掺杂，45 次循环容量衰减为 5.3%。综上所述，Ga^{3+} 掺杂锰酸锂正极材料提高了电池的循环性能和大电流放电性能。Ga^{3+} 选择性地占据八面体 16d 位，使得 [$Mn_{1.95}Ga_{0.05}$] 八面体在充放电中更加稳定；当掺杂量 $x<0.05$ 时，掺杂材料为单一相，$x>0.05$ 时，出现其他相，降低了电池放电容量，所以 Ga^{3+} 不易掺杂过多。

当 Al^{3+} 掺杂锰酸锂时，占据四面体 8a 位和八面体 16d 位，其晶格常数也发生相应的变化，即随着掺杂量（$0<x<0.6$）的增大，材料结构因子减小，a 值也减小，这是因为 Al^{3+} 半径小于 Mn^{3+} 半径，Al^{3+} 的取代使八面体的位置产生较大的空隙，造成周围间距收缩，晶格产生畸变；掺杂量超过 0.6 时，晶格常数开始增加，这主要是由于 Al 掺杂量较大时不再是单一的尖晶石相，而出现其他相。在尖晶石中，Mn^{3+} 是以高自旋态存在的，掺杂的 Al^{3+} 取代的是 Mn^{3+} 或 Li^+，同时晶胞体积减小，这表明阳离子的无序程度有了提高。研究证明，在 298K 下，Al_2O_3、Mn_2O_3 的标准吉布斯生成自由能分别为 $-1573kJ \cdot mol^{-1}$、$-881kJ \cdot mol^{-1}$，说明 Al—O 键比 Mn—O 键的键能更大，因此在 Al 掺杂的 $LiM_xMn_{2-x}O_4$ 材料中，总体上金属-氧键（M—O）应比在 $LiMn_2O_4$ 中强，这有利于结构的稳定，增强了材料的循环性能。此外，以非活性的 Al^{3+} 取代部分 Mn^{3+}，使 Al^{3+} 起到了“支撑”尖晶石结构的作用，抑制了晶格收缩和膨胀带来的结构的破坏，增大了尖晶石骨架的稳定性，同时提高了 Mn^{4+} 的相对含量，减少了 Mn^{3+} 引起的 Jahn-Teller 效应，削弱了锰尖晶石材料在充放电过程中相变的剧烈程度，且使晶格变小，结构更趋稳定。但是，Al^{3+} 引入到尖晶石结构 $LiMn_2O_4$ 后，Al^{3+} 位于四面体位置，晶格产生收缩，形成可缩写为 $[Al_2^{3+}]^{tet}[LiAl_3^{3+}]^{oct}O_8$ 的结构，形成反尖晶石结构。因此，改性尖晶石结构移至八面体位置，而八面体位置的 Li^+ 在约 4V 时不能脱出。此外，当温度高于 600℃时，过多的 Al 易形成杂相 β-$LiAlO_2$($Pna2_1$)、Al_2O_3、γ-$LiAlO_2$，因而 Al 不易掺杂过多。

电化学性能研究表明，$LiAl_xMn_{2-x}O_4$ 具有良好的循环性能，随着 Al 掺杂量的增加，放电容量逐渐减少，但循环性能却逐渐提高，50 次循环容量基本没有衰减；Lee 等研究发现 $LiAl_xMn_{2-x}O_4$ 在常温下也具有这样的特点，这可能是由于 Al 的掺杂量不同，Li^+ 的嵌入行为和电极结构的完整性发生了变化。Kumagai 等采用晶格气体模型研究了不同 Al 掺杂量 Li^+ 嵌入行为：

$$E=E_0-\left(\frac{U}{F}\right)\theta-\left(\frac{RT}{F}\right)\ln\left(\frac{\theta}{1-\theta}\right) \tag{3-39}$$

式中，E_0 为标准电极电势；U 为嵌入能；F 为法拉第常数；$\theta=\delta/\delta_{max}$（$Li_\delta Al_xMn_{2-x}O_4$）；$R$ 为气体常数；T 为热力学温度。

在 $0.5<\delta<1$ 时，E 可近似看作开路电势（OCV），OCV(E) 可以通过电极充电电势和放电电势中间值获得。根据式(3-39)，拟合 OCV 曲线，可以得到 $Li_\delta Al_xMn_{2-x}O_4$ 的嵌入能（图 3-15）。

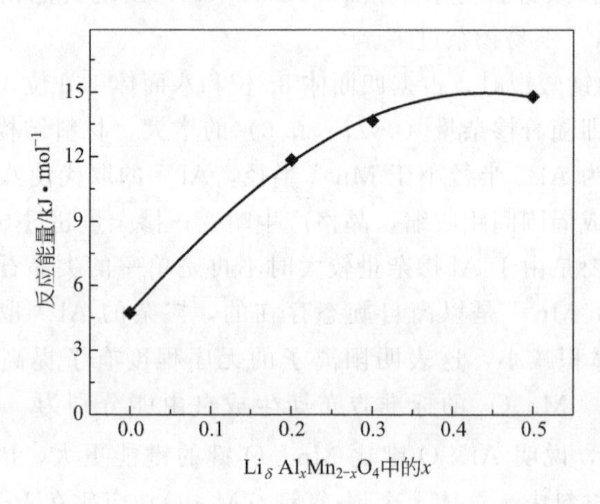

图 3-15 $Li_\delta Al_xMn_{2-x}O_4$（$0.5<\delta\leqslant1$）的嵌入能

从图 3-15 中可以看出，随着 Al 掺杂量的增加，嵌入能逐渐增大，Li^+ 脱嵌困难，充放电容量降低。掺杂量在 $0<x\leqslant0.6$ 时，随着 x 的增大，晶格常数逐渐减小，主体材料在循环过程中仍保持单一相，因此其循环性能逐渐提高。但是，随着 Al 的掺杂量的增加，电极的电导率逐渐减小，这对电池的性能非常不利。这主要是 Al^{3+} 取代了 16d 位的 Mn^{3+}，Mn^{3+} 的 $3d^4$ 和 Al^{3+} 的 3p 之间的电子云难以重叠，降低了电子的离域作用，从而引起了电子的电子电导率下降。对比充放电性能与电子电导率的研究，掺杂 Al 的主要作用是稳定材料的结构。Al 的掺入量并不是越大越好，因为掺杂量的增加减少了活性离子 Mn^{3+} 的数量，使充放电容量减少；同时 Al 的增加导致材料的电阻增加，因此掺杂 Al 量的多少既要考虑材料的稳定性，又要考虑它所带来的不利因素。

此外，阴离子掺杂也是提高 $LiMn_2O_4$ 性能的重要手段，掺入阴离子取代

O^{2-}主要是利用某些阴离子电负性高，吸引电子能力强的特性。阴离子对$LiMn_2O_4$电化学性能的影响与所掺离子的性质相关，某些低价阴离子的掺杂使得材料中负电荷总和下降，Mn^{3+}/Mn^{4+}的值增加，$LiMn_2O_4$初始放电容量增加。对于$LiMn_2O_4$正极材料，掺杂单一元素有时候并不能使其效果达到满意，而多种元素掺杂之后，在各元素的协同作用下，一定程度上使尖晶石材料的循环性能得到改善，同时又可使材料保持较高的初始容量。

3.1.4.3 表面改性

表面包覆$LiMn_2O_4$的目的主要是通过微粒包覆避免$LiMn_2O_4$和电解液的直接接触，阻止正极材料和电解液之间的相互恶性作用，抑制锰的溶解和电解液的分解，提高材料在高温下的循环稳定性能。

石墨烯具有大的比表面积（理论值为$2630m^2 \cdot g^{-1}$）、电子迁移率高（约$2\times10^5 cm^2 \cdot V^{-1} \cdot s^{-1}$）、化学稳定性好、电化学稳定窗口宽和高的储锂容量的特点。近年来，人们将石墨烯引入到锂离子电池电极材料中，以解决锂离子迁移过慢、电极的电子传导性差、大倍率充放电下电极与电解液间的电阻率增大等问题。Bak等采用Hummers制备了还原石墨烯（RGO）纳米片，然后以$KMnO_4$为原料制备了MnO_2/RGO混合物，然后微波辅助水热法制备了$LiMn_2O_4$/RGO纳米材料。1C倍率放电时，可逆容量高达$137mA \cdot h \cdot g^{-1}$，50C和100C倍率放电时，其容量为1C的85%和74%。1C和10C倍率放电时，100次循环后其容量保持率分别为90%和96%，展示了优异的循环稳定性。$LiMn_2O_4$/RGO电化学性能提高的原因主要来自于RGO纳米片的高导电性，能够为$LiMn_2O_4$提供良好的导电电子通道。

碳纳米管（CNT）具有优异的物理、化学和力学性能，独特的电子结构和奇异的量子特性。采用CNT作为主要碳源对$LiMn_2O_4$进行包覆，一方面可以有效地减少材料的比表面积及与电解液的接触，减少Mn的溶解，抑制Jahn-Teller效应；另一方面由于CNT的高导电性能，可降低粒子间的阻抗，提高$LiMn_2O_4$材料的电导率，加快离子在电极表面的传递速度，且能在$LiMn_2O_4$表面形成有效的导电网络，使得电子迁移更加迅速，相同电位差下迁出更多的电子，从而使得电池的容量增加。Jia等用水热法成功制备出了$LiMn_2O_4$/CNT复合物，制备出的电极材料无须使用黏结剂就具有一定的弹性，这种复合材料具有很高的容量和非常好的循环稳定性，在弹性锂离子电池方面有很大的应用潜力。

此外，在单晶的$LiMn_2O_4$纳米簇表面包覆一层碳层，同样可以提高其电化学性能。Lee等以蔗糖作为碳源，制备了碳包覆的$LiMn_2O_4$纳米簇，100C倍率放电时，可逆容量仍高达$mA \cdot h \cdot g^{-1}$，此外还展示了高的能量密度。显然，碳包覆明显增强电极的电导率，改善活性材料的表面化学性质，保护电极材料不与电解液直接接触，进而增强锂离子电池的寿命；若碳包覆和纳米技术结合就可以将电导率进一步提高，加快锂离子的扩散，得到更好的倍率容量。碳包覆后的材料可以长时间暴露在空气中而不会使材料表面发生氧化，增强材料的稳定性；在电解液里面可以保护材料不受 HF 的侵蚀，提高电池性能。

除了碳包覆之外，金属氧化物，如 MgO、Al_2O_3、ZrO_2 等，经常作为表层包覆 $LiMn_2O_4$，这些氧化物表层可以清除由锂离子电池内部副反应所产生的 HF，降低 Mn 的溶解侵蚀，减少 $LiMn_2O_4$ 材料与电解液的直接接触，改善材料的电化学性能。Lai 等采用溶胶-凝胶法合成 3D 花状 Al_2O_3 纳米片包覆 $LiMn_2O_4$ 材料，其合成过程如图 3-16 所示。其中，1%（质量分数）Al_2O_3-$LiMn_2O_4$ 材料在常温和高温下均表现出最好的电化学性能，0.1C 的首次放电容量高达 $128.5mA \cdot h \cdot g^{-1}$，在 1C 倍率下，循环 800 次后的容量保持率仍有 89.8%，在 55℃下，循环 500 次后的容量保持率高达 93.6%。

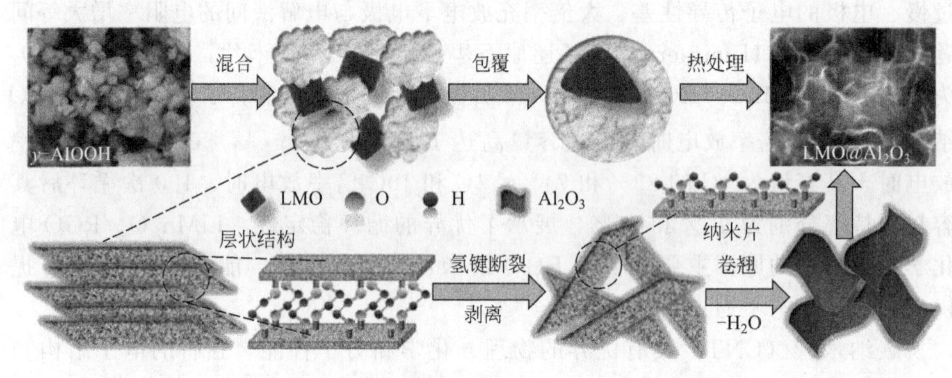

图 3-16 Al_2O_3-包覆 $LiMn_2O_4$ 材料的合成示意图

此外，有报道表明异质结构的 $LiMn_2O_4$ 材料同样具有优异的电化学性能。Cho 等利用喷雾干燥法在 $LiMn_2O_4$ 材料表面包覆了一层 2～10nm 厚的层状的 $LiNi_{0.5}Mn_{0.5}O_2$ 材料，制备了异质结构的 $LiMn_2O_4$（EGLMO），其合成路线和循环性能如图 3-17 所示。60℃、0.1C 倍率时，异质结构的 $LiMn_2O_4$ 材料首次放电容量为 $123mA \cdot h \cdot g^{-1}$，1C 倍率 100 次循环后，容量保持率为 85%；尽管纯 $LiMn_2O_4$ 材料首次放电容量为 $131mA \cdot h \cdot g^{-1}$，100 次循环后，容量保持率仅为 56%。$LiMn_2O_4$ 的优异高温性能主要来自于其独特的异质结构。层状的（R-3m）包覆层避免了尖晶石结构的主体（Fd-3m）直接接触高温的活性电解液。

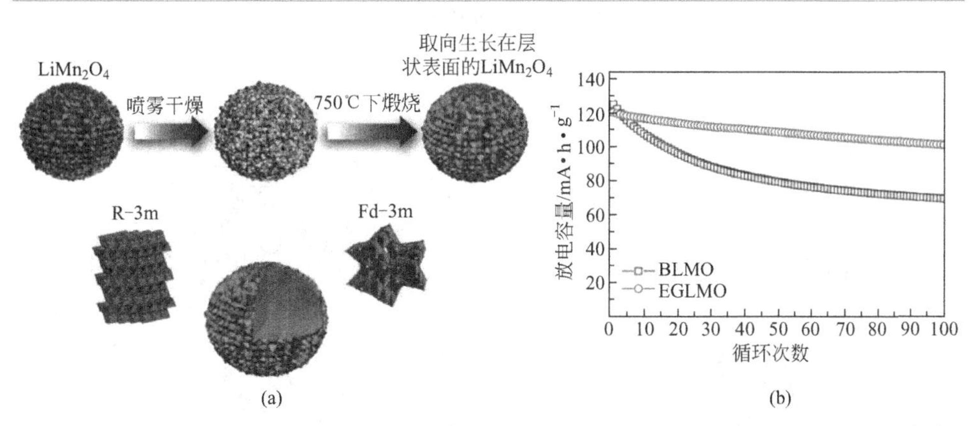

图 3-17 异质结构的 $LiMn_2O_4$（EGLMO）的合成路线（a）和 1C 倍率时循环性能图（b）

3.2 $LiNi_{0.5}Mn_{1.5}O_4$

近年来，随着耐高电压电解液的研制成功，采用过渡金属离子对锰离子进行掺杂，生成尖晶石相 $LiM_{0.5}Mn_{1.5}O_4$（M=Cr、Ni、Cu、Fe），可以提高电池的充放电电压，可达到 5V 左右，充分抑制了 Jahn-Teller 效应的发生，有效地提高了电极的循环寿命，从而引起了人们的广泛关注。电池的容量和充放电平台电压取决于过渡金属离子的类型和浓度，5V 电池的好处是可以获得高的功率密度。过渡金属离子掺杂锰酸锂正极材料具有比较高的输出电压，充分抑制了充放电过程中结构的不可逆变化，大大提高了锂离子电池的循环性能、能量密度以及功率密度。在大量的研究过程中发现，材料 $LiCr_{0.5}Mn_{1.5}O_4$ 在循环过程中容量衰减得非常快，而材料 $LiCo_{0.5}Mn_{1.5}O_4$ 在 36 个循环之后其放电电压从 5.0V 降至 4.8V，$LiFe_{0.5}Mn_{1.5}O_4$ 在 4.0V 和 4.8V 处的容量距理论值有很大的差距，只有材料 $LiNi_{0.5}Mn_{1.5}O_4$ 表现出一个可接受的稳定性能。首次放电容量有很多报道都能达到 $140mA \cdot h \cdot g^{-1}$ 左右，接近理论容量，充放电时没有 4.0V 平台，不存在 Mn^{3+}/Mn^{4+} 的氧化-还原过程，只在 4.7V 处有一个充放电平台，对应 Ni^{2+}/Ni^{4+} 的氧化-还原过程，充放电 50 次后 $LiNi_{0.5}Mn_{1.5}O_4$ 的容量保持率在 96%以上。

3.2.1 $LiNi_{0.5}Mn_{1.5}O_4$ 正极材料的结构与性能

$LiNi_{0.5}Mn_{1.5}O_4$ 具有面心立方（Fd-3m）和原始简单立方（$P4_332$）2 种结

构，这 2 种结构在一定条件下发生可逆的相互转化。图 3-18 为具有正尖晶石结构（Fd-3m 空间群）和具有 $P4_332$ 空间群结构的 $LiNi_{0.5}Mn_{1.5}O_4$ 晶体结构图。

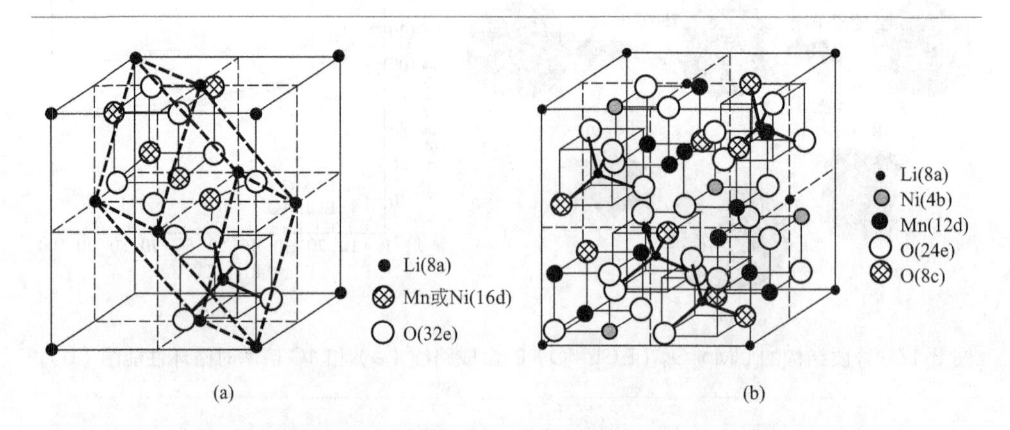

图 3-18 具有正尖晶石结构（Fd-3m 空间群）(a) 和具有 $P4_332$ 空间群结构的 $LiNi_{0.5}Mn_{1.5}O_4$ 晶体结构 (b)

对于 Fd-3m 空间群，Li 占据 8a 位，Ni 和 Mn 随机地占据 16d 位，O 则占据 32e 位，并存在少量的 Mn^{3+}；对于 $P4_332$ 空间群，Ni 有序地取代了部分 Mn 原子，16d 位分为 4b 位和 12d 位，Ni 占据 4b 位，Mn 占据 12d 位，O 占据 8c 和 24e 位，仅仅存在 Mn^{4+}。由于 Mn^{3+} 的存在，通常导致无序的 Fd-3m 空间群的 $LiNi_{0.5}Mn_{1.5}O_4$ 具有比 $P4_332$ 空间群的材料更高的电子电导率。在无序的 Fd-3m 空间群的 $LiNi_{0.5}Mn_{1.5}O_4$ 中，由于 Mn^{3+} 的存在，为了保持电中性，必然会导致氧的损失。$LiNi_{0.5}Mn_{1.5}O_4$ 在 650℃时开始失氧生成非化学计量比的尖晶石 $LiNi_{0.5-x}Mn_{1.5+x}O_4$（$x<0.1$）和 $Li_yNi_{1-y}O$，造成尖晶石相中镍的不足以及部分 Mn^{4+} 还原为 Mn^{3+}，因此在高温下很难得到化学计量比的 $LiNi_{0.5}Mn_{1.5}O_4$，用化学方程式表示：

$$LiNi_{0.5}Mn_{1.5}O_4 \longrightarrow \alpha LiNi_{0.5-x}Mn_{1.5+x}O_4 + \beta Li_yNi_{1-y}O + \gamma O_2 \quad (3\text{-}40)$$

式中，α、β 和 γ 分别定义为 $LiNi_{0.5-x}Mn_{1.5+x}O_4$、$Li_yNi_{1-y}O$ 和 O_2 相的系数。

此外，Mn^{3+}（0.645Å）具有比 Mn^{4+}（0.530Å）更大的离子半径，因此无序的 Fd-3m 空间群的 $LiNi_{0.5}Mn_{1.5}O_4$ 具有更大的晶胞体积。因此，无序的材料具有更好的电子和锂离子传输路径，进而具有比 $P4_332$ 空间群的材料更好的电化学性能。两种结构的材料可以通过控制合成温度实现。当烧结温度小于 700℃，可以得到有序结构的 $LiNi_{0.5}Mn_{1.5}O_4$ 材料；当烧结温度增加时，有序结构转变为无序结构。如果在烧结过程中进行退火，也可以实现无序结构转变为有序结构。Idemoto等采用中子衍射表明在O_2气氛下合成的$LiNi_{0.5}Mn_{1.5}O_4$材料一般具有$P4_332$空间群；大量研究表明，在700～730℃之间$LiNi_{0.5}Mn_{1.5}O_4$材料会发生从有序到无序的结构转变，也就是从$P4_332$空间群转变为Fd-3m空间群。在高温（>800℃）下合成$LiNi_{0.5}Mn_{1.5}O_4$时，如果延长退火时间，尖晶石材料会发生从无序（Fd-3m）到有序（$P4_332$）的结构转变。

两种结构的差异可以通过XRD、FT-IR光谱和Raman光谱进行区分，如图3-19所示。尽管Fd-3m空间群和$P4_332$空间群的$LiNi_{0.5}Mn_{1.5}O_4$的XRD图非常相似，但是也有两处明显不同的特征。在Fd-3m空间群的$LiNi_{0.5}Mn_{1.5}O_4$的XRD图中，在$2\theta\approx37°$、43°和64°附近可以观察到$Li_xNi_{1-x}O$岩盐相杂质峰。在$P4_332$空间群的$LiNi_{0.5}Mn_{1.5}O_4$的XRD图中，在$2\theta\approx15°$、24°、35°、40°、46°、47°、57°和75°附近可以观察到弱的超晶格反射。但是这两种结构的差别很难通过XRD分辨，这与Ni和Mn的散射因子相似有关，FT-IR光谱和Raman光谱被证明是比XRD更为有效的手段检测阳离子的占位。与$LiMn_2O_4$相比，Ni^{2+}的引入增加了FT-IR光谱和Raman光谱的振动峰。无序和有序结构$LiNi_{0.5}Mn_{1.5}O_4$的振动峰可以表示为：

$$\Gamma_{Fd-3m}=A_g(\text{Raman})+E_g(\text{Raman})+3F_{2g}(\text{Raman})+4F_{1u}(\text{FT-IR}) \tag{3-41}$$

$$\Gamma_{P4_332}=6A_1(\text{Raman})+14E_g(\text{Raman})+20F_1(\text{FT-IR})+22F_2(\text{Raman}) \tag{3-42}$$

通过Raman光谱［图3-19(b)］可以看出，$P4_332$空间群的$LiNi_{0.5}Mn_{1.5}O_4$具有比Fd-3m空间群的材料更多的拉曼衍射峰。FT-IR光谱更容易识别两种结构的$LiNi_{0.5}Mn_{1.5}O_4$材料［图3-19(c)］。对于Fd-3m空间群，位于$624cm^{-1}$处的Mn(Ⅳ)—O键伸缩振动吸收峰的振动明显比$589cm^{-1}$处的Mn(Ⅳ)—O键伸缩振动吸收峰更加强烈，而具有$P4_332$结构的$LiNi_{0.5}Mn_{1.5}O_4$恰好相反。此外，相对于$P4_332$空间群的$LiNi_{0.5}Mn_{1.5}O_4$，具有Fd-3m空间群的$LiNi_{0.5}Mn_{1.5}O_4$缺少$646cm^{-1}$、$464cm^{-1}$和$430cm^{-1}$的Ni—O键伸缩振动吸收峰，或者在这两处的Ni—O键伸缩振动吸收峰非常不明显。

无序结构$LiNi_{0.5}Mn_{1.5}O_4$材料的充放电曲线有两个电压平台，在低电压区（4.0V）的电压平台对应于Mn^{3+}/Mn^{4+}之间的氧化还原反应。由于Nie_g的结合能比Mne_g的结合能高出0.5～0.6eV，因此高电压区（4.7V）的电压平台对应于Ni^{2+}/Ni^{4+}之间的氧化还原反应。但是对于有序结构$LiNi_{0.5}Mn_{1.5}O_4$材料的充放电曲线只有一个长的4.7V电压平台，没有4.0V的电压平台。

在$LiNi_{0.5}Mn_{1.5}O_4$锂离子的脱嵌可用下面的方程式表示：

$$Li[Ni_{0.5}Mn_{1.5}]O_4 \longrightarrow Li_{1-x}[Ni_{0.5}Mn_{1.5}O_4]+xLi^++xe \tag{3-43}$$

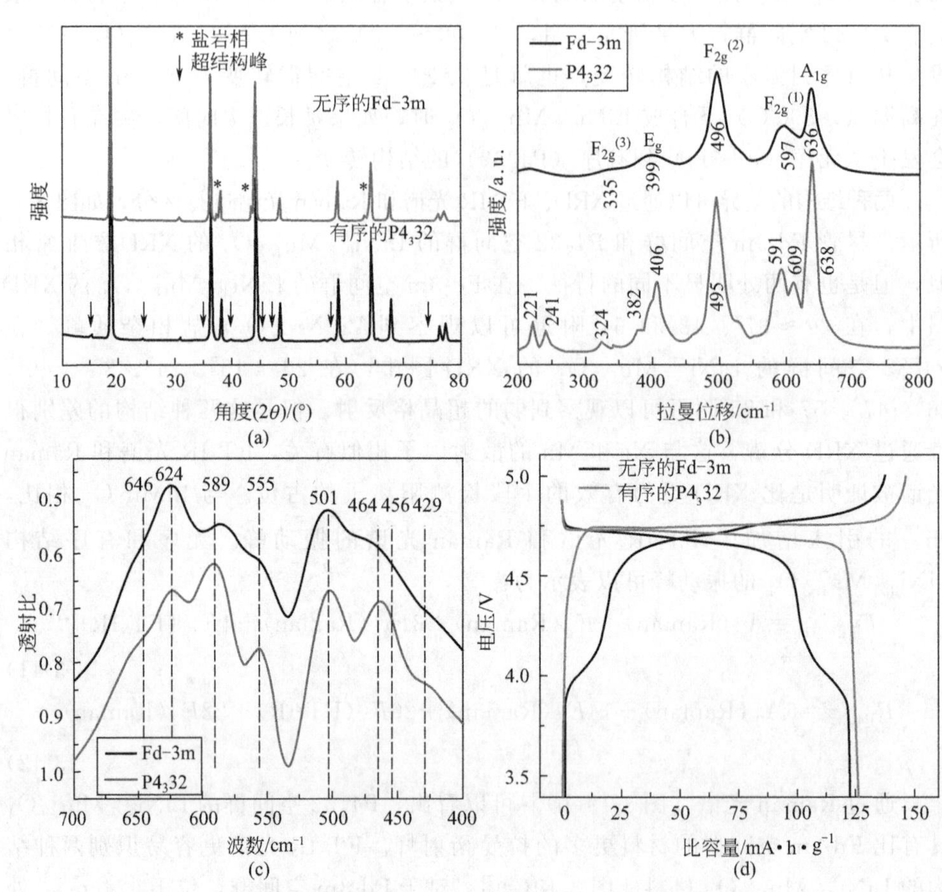

图 3-19 有序及无序结构的 $LiNi_{0.5}Mn_{1.5}O_4$ 材料典型的 XRD（a），Raman 光谱（b），FT-IR 光谱（c），充放电曲线（d）

众所周知，$LiNi_xMn_{2-x}O_4$ 材料中 5V 电压平台来自于 $LiMn_2O_4$ 中 Mn 被 Ni 的取代，这主要是与 Ni^{2+} 的 d 电子能级有关。图 3-20 列出了 $LiNi_xMn_{2-x}O_4$ 材料中 Mn^{3+} 和 Ni^{2+} 的电子能级图。

根据 $LiNi_xMn_{2-x}O_4$ 材料中 Mn^{3+} 和 Ni^{2+} 电子能级图，在充电过程中，Li^+ 发生脱嵌，同时要从金属原子的最高价轨道 3d 上失去相应的一个电子。每单位的高顺磁性物质 $LiMn_2O_4$ 中，就有一个电子占据最低的 e_g 轨道，三个电子占据最低的 t_{2g} 轨道。化合物中的 Ni 有着比晶体场能更小的交换分裂能，六个电子占据着 t_{2g} 简并能级。在充电开始，首先消耗 Mn 的 e_g 轨道电子，然后再消耗 Ni 的 e_g 轨道电子；Mn 的 e_g 轨道电子结合能约为 1.5～1.6eV，而 Ni 的 e_g 轨道电子结合能约为 2.1eV。因此，当 Ni 的其他交换分裂能级 Nie_g 为全空时，

要比全充满的 Mne_g 轨道高 0.5～0.6eV，从而导致 $Li/LiNi_xMn_{2-x}O_4$ 正极材料的电势要比 $Li/LiMn_2O_4$ 的电势高 0.5～0.6V。

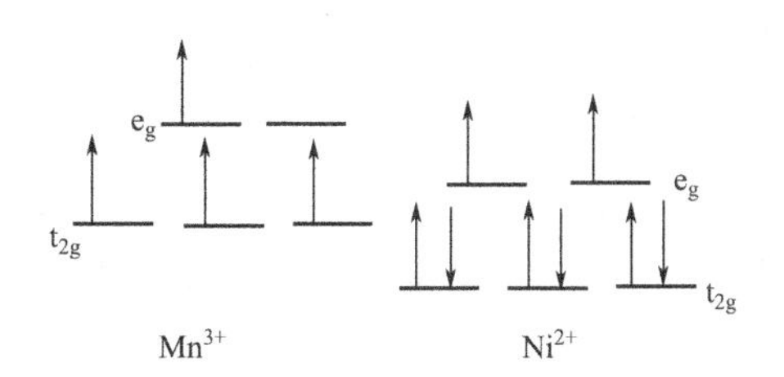

图 3-20 $LiNi_xMn_{2-x}O_4$ 材料中 Mn^{3+} 和 Ni^{2+} 电子能级图

3.2.2 $LiNi_{0.5}Mn_{1.5}O_4$ 正极材料的失效机制

$LiNi_{0.5}Mn_{1.5}O_4$ 材料在碳材料作为负极的全电池中高温容量衰减较快，其容量的衰减机制通常有 Mn 的溶解以及结构-电解液-相关反应等。在无序的 $LiNi_{0.5}Mn_{1.5}O_4$ 材料中，由于 Mn^{3+} 的存在，从而导致 Mn 溶解问题严重。Pieczonka 等研究表明，随着荷电状态（SOC）的增加，过渡金属溶解的数量也增加。也就是说，在充电态，金属的溶解增加；在放电态，过渡金属的价态较低，金属的溶解降低。此外，当使用 $LiPF_6$ 基电解液时，电解液中痕量的水容易导致电解质盐 $LiPF_6$ 的分解，进而产生 HF，其化学反应如下列各式：

$$LiPF_6 + H_2O \longrightarrow LiF + 2HF + POF_3 \tag{3-44}$$

$$POF_3 + H_2O \longrightarrow PO_2F_2^- + HF + H^+ \tag{3-45}$$

$$PO_2F_2^- + H_2O \longrightarrow PO_3F^{2-} + HF + H^+ \tag{3-46}$$

$$PO_3F^{2-} + H_2O \longrightarrow PO_4^{3-} + HF + H^+ \tag{3-47}$$

此外，电解液中反应性较强的 POF_3 容易与 EC、EMC、DMC 等碳酸酯溶剂发生反应，生成 CO_2 和 OPF_2ORF，进而在循环过程中破坏 SEI 膜。此外，在 $LiPF_6$ 的制造过程中，不可避免地会存在少量的 HF，进而与 $LiNi_{0.5}Mn_{1.5}O_4$ 材料发生化学反应：

$$4HF + 2LiNi_{0.5}Mn_{1.5}O_4 = 3Ni_{0.25}Mn_{0.75}O_2 + 0.25NiF_2 + 0.75MnF_2 + 2LiF + 2H_2O \tag{3-48}$$

高温时，上述反应会被进一步加速，不利于 $LiNi_{0.5}Mn_{1.5}O_4$ 材料在锂离子电池的应用。Kim 等证明了 $LiNi_{0.5}Mn_{1.5}O_4$/石墨全电池的容量衰减来自于 Mn 的溶解；Mn 在石墨表面的还原导致 SEI 膜的不断生成，进而导致了锂离子在全电池体系中的损失。Qiao 等也发现，$LiNi_{0.5}Mn_{1.5}O_4$ 材料失效的原因与电极-电解液表面反应生成 Mn^{2+} 有关。如图 3-21 所示，在第一次充电过程中，Mn^{2+} 演

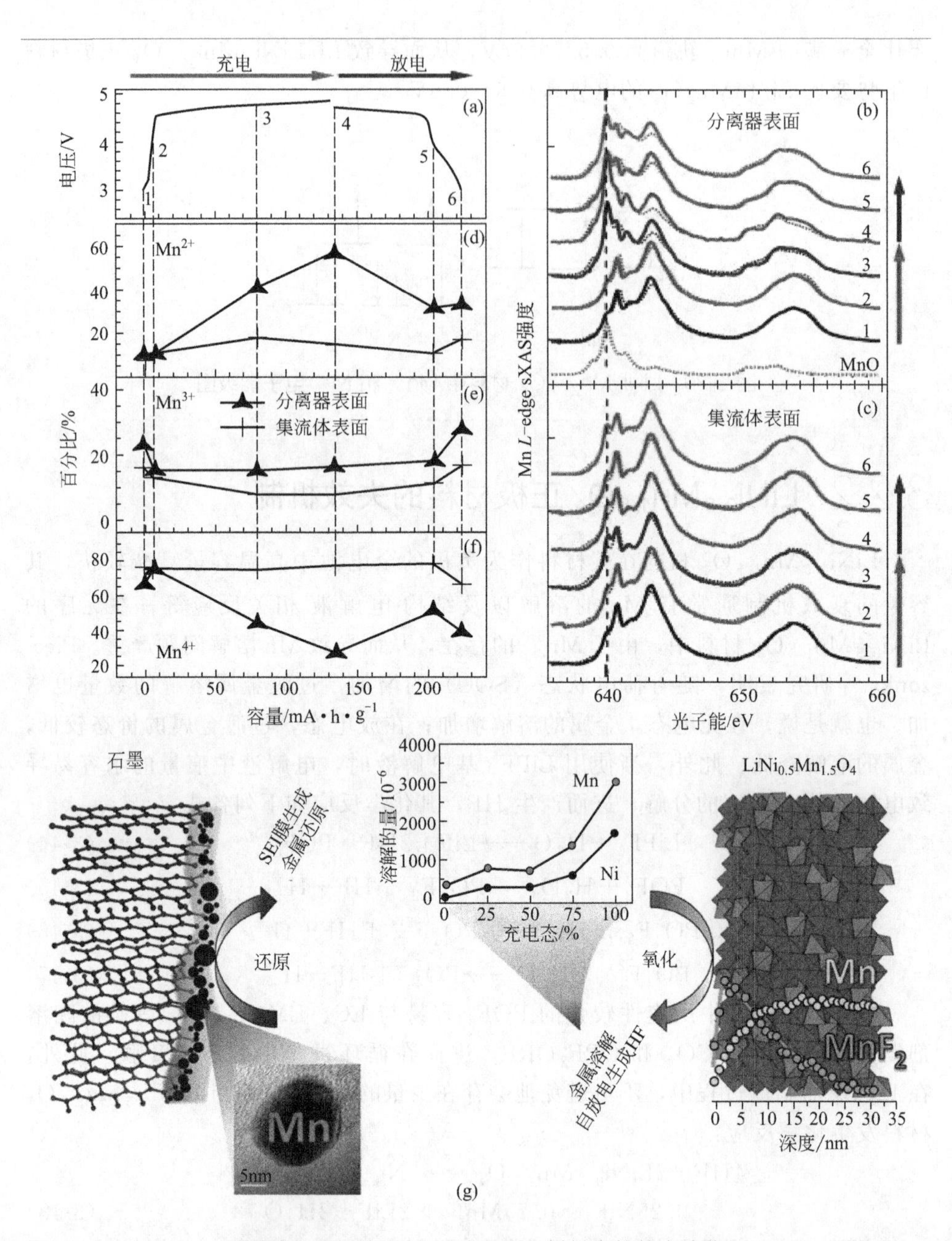

图 3-21 Mn 在 $LiNi_{0.5}Mn_{1.5}O_4$ 材料中的价态演化

(a) 不同荷电态的 $LiNi_{0.5}Mn_{1.5}O_4$ 材料 sXAS（软 X 射线吸收光谱）测试在充放电曲线上的标识；(b) Mn*L*-edge sXAS 总的电子量（TEY）在电极面向隔膜的一侧收集；(c) 在电极面向集流体的一侧收集；(d), (e), (f) 利用光谱拟合得到的不同充放电态的 Mn 价态的演化；(g) Mn 和 Ni 在 $LiNi_{0.5}Mn_{1.5}O_4$/石墨全电池中的溶解示意图变为不对称的反应，在满充电态时，在电极面对隔膜的一侧达到最大值（约60%），这说明Mn的溶解和电解液的劣化是$LiNi_{0.5}Mn_{1.5}O_4$材料容量损失的两个主要原因。Pieczonka等认为，在$LiNi_{0.5}Mn_{1.5}O_4$/石墨全电池中，Mn和Ni在各种条件下（包括荷电态、温度、存储时间以及晶体结构）都会发生溶解。如图3-21(g)所示，$LiNi_{0.5}Mn_{1.5}O_4$的自放电行为会导致电解液的分解，电解液分解生成的HF加速了Mn和Ni的溶解，生成了LiF、MnF_2、NiF_2以及聚合有机物等，沉积在$LiNi_{0.5}Mn_{1.5}O_4$电极的表面，增加了电池的阻抗。此外，Mn^{2+}在全电池的石墨负极表面被还原，并消耗了活性的Li^+，其反应方程式如下：

$$Mn^{2+}+2LiC_6 \xlongequal{} 2Li^+ + Mn + 12C \tag{3-49}$$

还原的金属Mn会进一步促进通过SEI膜厚度的增加减少活性的Li^+数量，导致$LiNi_{0.5}Mn_{1.5}O_4$/石墨全电池的容量衰减。

3.2.3 $LiNi_{0.5}Mn_{1.5}O_4$正极材料的合成

3.2.3.1 经典合成方法

固相法一般都是以Li_2CO_3、NiO、MnO_2为初始原料，混合后在空气中600～800℃下煅烧而成，很多报道说利用此法制备的样品容量能达到140mA·h·g^{-1}以上，非常接近理论容量。由于此法制备过程简单易行，成本低廉，实验条件容易控制，利于实现工业化商品化生产而成为现在研究的热点。但很多研究表明，当反应温度达到800℃以上时，会出现一个较小的对应于Mn^{3+}/Mn^{4+}氧化还原对的4V平台，这和在高温条件下反应会导致氧的缺失有关。固相法合成的材料容量较高，操作简单，成本低廉，易于工业化应用，但反应一般所需的温度较高，能耗大，而且合成的材料颗粒大，均匀性较差。Fang等采用高温固相法，以Li_2CO_3、NiO和电解MnO_2为原料，球磨混合均匀，然后于空气中在900℃温度下煅烧12h，并经600℃退火处理24h，得到最终产物$LiNi_{0.5}Mn_{1.5}O_4$。结果表明其放电容量能达到143mA·h·g^{-1}，5/7C下具有很好的循环性能，30个循环后容量保持率为98.6%。

沉淀法的优点就在于反应过程比较容易控制，将制得的沉淀在一定条件下焙烧就可得到最终产物，也可以先制得Ni-Mn氢氧化物沉淀再配锂盐然后煅烧得到产物，这与复合碳酸盐法相类似。采用沉淀法制得的产物一般颗粒细小而且均匀，电化学性能较好，不足之处就是在液相中一般需要不断调整Li、Ni、Mn的比例，才能得到按$LiNi_{0.5}Mn_{1.5}O_4$计量比合成的产物。Zhang等采用聚乙二醇(PEG4000)辅助共沉淀法制备了$LiNi_{0.5}Mn_{1.5}O_4$材料，合成路线如图3-22(a)所示。PEG4000辅助合成的材料具有优异的循环性能，40C倍率放电时，可逆容量仍高达 120mA·h·g^{-1}；5C 倍率循环 150 次后，容量保持率仍高达 89%。

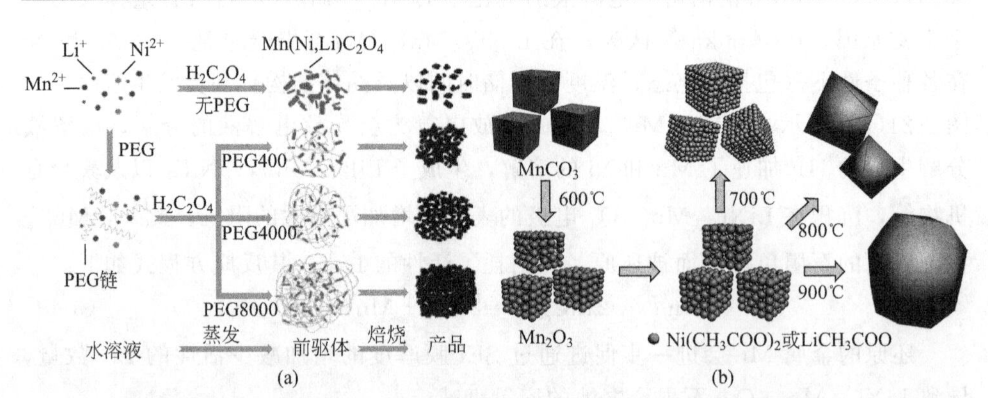

图 3-22 聚乙二醇辅助共沉淀法制备 $LiNi_{0.5}Mn_{1.5}O_4$ 材料的合成路线图（a）和通过控制烧结温度进行的 $LiNi_{0.5}Mn_{1.5}O_4$ 材料粒子形态控制示意图（b）

Lin 等采用共沉淀法先制备了立方的 $MnCO_3$，然后在 600℃热分解合成了多孔的 Mn_2O_3，然后以此为模板，在不同温度下制备 $LiNi_{0.5}Mn_{1.5}O_4$ 材料，如图 3-22（b）所示。800℃制备的 $LiNi_{0.5}Mn_{1.5}O_4$ 材料具有八面体结构，（111）晶面优先生长，具有最好的电化学性能。25℃、10C 倍率循环 3000 次后，容量保持率高达 78.1%；55℃、5C 倍率循环 500 次后，容量保持率仍高达 83.2%。

溶胶-凝胶法合成的产物一般颗粒细小，分布均匀，结晶性能好，初始容量较高，循环能也较好，但合成原料一般采用有机试剂，成本较高，故难以实际应用。Xu 等以乙酸盐和硝酸盐为原料，以丙烯酸为螯合剂，合成了具有 Fd-3m 空间群的 $LiNi_{0.5}Mn_{1.5}O_4$，研究表明，950℃合成的样品初试放电容量为 139mA·h·g^{-1}，0.2mA·cm^{-2} 下放电具有很好的循环性能，50 个循环后容量保持率为 96%。

3.2.3.2 非经典合成方法

超声辅助法能够得到物理及电化学性能优异的产物，其不足之处是反应过程中采用超声波等专用设备，增加了生产成本，阻碍了它的实际应用。我们课题组采用超声辅助共沉淀法，以硝酸盐为原料，在前驱体制备过程中，采用超声搅拌去除水分，在 800℃空气气氛中烧结 24h，得到了含有 $Li_yNi_{1-y}O$ 杂质（1%）的 $LiNi_{0.5}Mn_{1.5}O_4$（Fd-3m），该材料具有相当好的大电流放电性能，2C 放电时，初始容量为 110mA·h·g^{-1}，100 次循环后容量保持率高于 70%。Park 等以硝酸盐为原料，其中用 $LiNO_3$ 略微过量以补偿在高温下挥发的锂，以柠檬酸为螯合剂，用超声波喷雾器将溶液喷成雾状，将此气溶胶引进

500℃的石英反应器，用Teflon袋收集反应后得到的粉末，再将此粉末在空气中以期望的温度煅烧12h得到具有$P4_332$空间群$LiNi_{0.5}Mn_{1.5}O_4$。初始放电容量达到$138mA \cdot h \cdot g^{-1}$，在30℃和55℃经50次循环后容量保持率分别仍有99%和97%。

喷雾干燥法的优点是其能在原子级别上使各种阳离子充分均匀混合，得到的产物颗粒可以达到纳米尺度，但产物的初始放电容量并不高。Myung等采用硝酸盐为原料，按化学计量比配成乳胶，然后将乳胶前驱体在不同温度下烧结处理24h，得到$LiNi_{0.5}Mn_{1.5}O_4$。在750℃下所得的产物为50nm的均匀颗粒，首次放电容量可达$111mA \cdot h \cdot g^{-1}$，50次循环后，容量保持率在90%以上。Li等在此基础上，采用喷雾干燥法700℃烧结处理24h，然后在O_2气氛中处理30h，得到具有$P4_332$空间群$LiNi_{0.5}Mn_{1.5}O_4$样品，0.15C放电，室温首次放电容量为$135mA \cdot h \cdot g^{-1}$，50℃首次放电容量为$130mA \cdot h \cdot g^{-1}$，50次循环后，容量基本没有衰减。

熔盐法优点在于其操作比较简单，但由于煅烧温度一般比较高，能耗较大，阻碍了其实际应用。Kim等采用熔盐法，将LiOH、$Ni(OH)_2$和γ-MnOOH以化学计量比混合均匀，再与的过量LiCl混合，置于氧化铝坩埚中，于700～1000℃范围内煅烧，然后冷却至室温，用去离子水和酒精洗涤残留的锂盐，并干燥后得到最终产物。研究发现，只有当煅烧时用坩埚覆盖得到的产物才为纯相，说明采用熔盐法合成$LiNi_{0.5}Mn_{1.5}O_4$只需要有限量的氧气；产物颗粒随LiCl过量增加而增大，且随着煅烧温度升高其尖晶石形貌更加明显。900℃煅烧3h的产物初始放电容量为$139mA \cdot h \cdot g^{-1}$，50次循环后容量保持率为99%。

复合碳酸盐法的优点在于易于得到比较理想的纯净产物，能够制得纳米级的产物，颗粒分散比较均匀，能够提高材料在高压区锂离子的嵌入/脱出时的结构稳定性，从而能够改善材料的循环性能；该方法的缺陷就是制备产物前驱体时，由于是在液相中操作，比较难以控制Ni、Mn元素的精确计量比，给后续配Li也带来了一定的难度，阻碍了它的实际应用。Lee等将化学剂量比的$NiSO_4$、$MnSO_4$溶于蒸馏水，加入$(NH_4)_2CO_3$溶液混合，然后将制得的$(Ni_{0.25}Mn_{0.75})CO_3$沉淀在空气氛围下600℃下煅烧48h，再混合一定量的$LiOH \cdot H_2O$在450℃下处理10h，最后将混合物置于空气氛围中700℃下煅烧24h得产物$LiNi_{0.5}Mn_{1.5}O_4$。在25℃和50℃下的放电，50个循环之后容量都保持在97%以上。

燃烧法的优点在于生产工艺简单，制备的产物比较纯净，具有纳米级颗粒，电化学性能优良，但合成原料一般采用有机试剂，成本较高，故难以实际应用。Amarilla 等采用蔗糖辅助燃烧法 700℃制备了晶相粒径为 47nm 的 $LiNi_{0.5}Mn_{1.5}O_4$ 样品，1C 放电，初始放电容量为 139.3mA·h·g^{-1}，100 次循环后，容量保持率在 85%以上。

由此可见，高电位 $LiNi_{0.5}Mn_{1.5}O_4$ 正极材料的制备工艺方法和条件不同，其结构和电化学性能的差异也比较大，各种制备方法均有其利弊，有待广大科研工作者对各方法的制备条件做进一步的改善，取长补短，以达到材料制备的最佳效果，早日将 $LiNi_{0.5}Mn_{1.5}O_4$ 正极材料商品化。

3.2.4 $LiNi_{0.5}Mn_{1.5}O_4$ 正极材料的形貌控制

纳米纤维的直径能够达到几个纳米，可以大大缩短锂离子在充放电过程中的迁移距离，提高比容量。而其纵向的延续性则保证了材料的高倍率表现性和循环稳定性。Arun 等利用静电纺丝的方法制备了 $LiNi_{0.5}Mn_{1.5}O_4$ 纳米纤维，如图 3-23 所示。1C 倍率放电时，首次可逆容量为 118mA·h·g^{-1}，50 次循环后容量保持率为 93%，展示了较好的循环稳定性。

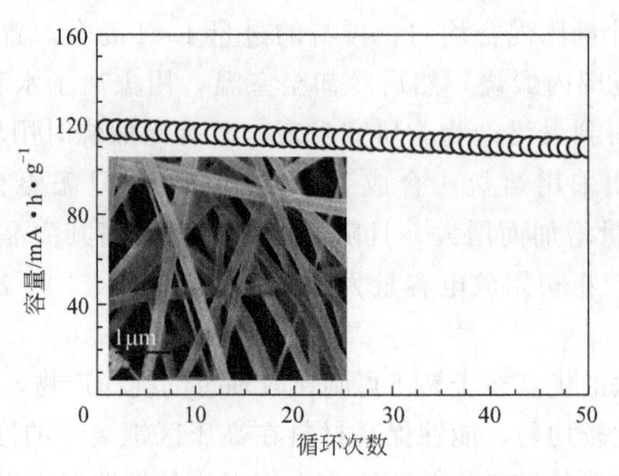

图 3-23 $LiNi_{0.5}Mn_{1.5}O_4$ 纳米纤维的 SEM 图及循环性能图

纳米棒不但具有纳米材料的性质，还拥有较高的振实密度和合适的表面活性，特别是多孔的纳米棒还有利于电解液的存储和锂离子的脱嵌，因而具有比能量高和循环性能好的优势。南开大学陈军等在微乳液介质中利用共沉淀反应制备了 $Mn_2C_2O_4$，然后 500℃烧结 10h，合成了多孔的 Mn_2O_3 纳米线，然后与乙酸锂、乙酸镍在乙醇中分散混合，室温慢慢蒸发掉乙醇，然后在空气中 700℃烧结 6h，即可得到多孔的 $LiNi_{0.5}Mn_{1.5}O_4$ 纳米棒，合成路线如图 3-24 所示。20C 倍率放电时，其可逆容量高达 109mA·h·g^{-1}；5C 倍率放电时，500 次循环后的容量保持率为 91%，展示了优异的倍率容量和循环稳定性。

Yang 等采用水热和固相法两步合成了 $LiNi_{0.5}Mn_{1.5}O_4$ 纳米片，图 3-25(a) 给出了纳米片堆积的 $LiNi_{0.5}Mn_{1.5}O_4$ 材料的形成示意图。由于 PTCDA（3,4,9,10-苝四甲酸二酐）与过渡金属离子之间存在强的络合作用，在室温下很容易迅速得到黄色的 Mn 和 Ni 有机络合物沉淀（NiMn-CP）。在水热气氛中，PTCDA 配体的平面分子结构可以作为模板，通过奥斯特瓦尔德熟化机制促进了纳米片和一层一层的六角块的形成。因此，在高温烧结除去有机物后，$LiNi_{0.5}Mn_{1.5}O_4$ 材料的结构与 NiMn-CP 的结构是一致的。通过图 3-25(b) 可以看出，合成的 $LiNi_{0.5}Mn_{1.5}O_4$ 材料大概是由 80nm×100nm 的纳米片组成。$LiNi_{0.5}Mn_{1.5}O_4$ 材料的在 1C 倍率放电时，可逆容量为 140.9mA·h·g^{-1}，15C 倍率放电时，可逆容量为 134.2mA·h·g^{-1}，40C 倍率放电时，可逆容量为 120.9mA·h·g^{-1}。提高的倍率性能来自于纳米片堆积结构缩短了锂离子扩散的路径。

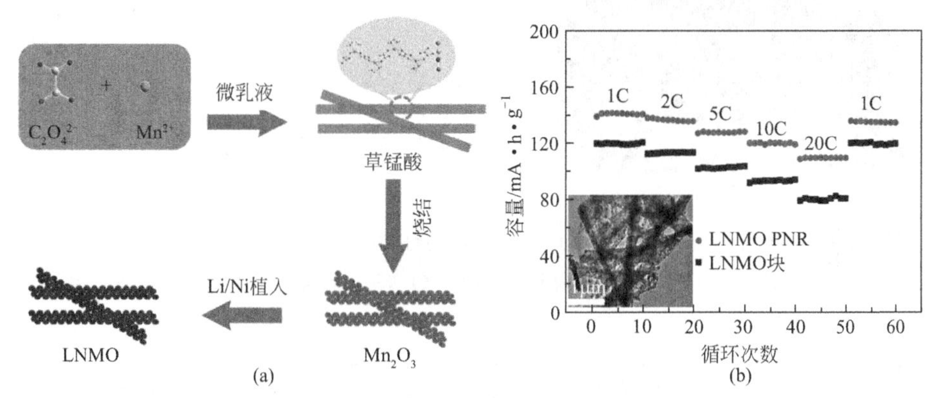

图 3-24 多孔 $LiNi_{0.5}Mn_{1.5}O_4$ 纳米棒的合成路线图（a）和不同倍率下的循环性能图及 TEM 图（b）

Chen 等利用聚合物辅助的方法分别在空气和氧气中制备了假球形倒棱多面体 $LiNi_{0.5}Mn_{1.5}O_4$ 材料（LNMO-COh）和八面体结构的 $LiNi_{0.5}Mn_{1.5}O_4$（LNMO-Oh），如图 3-26 所示。在 25℃循环时，两种 $LiNi_{0.5}Mn_{1.5}O_4$ 材料均具有较高的放电容量和优异的循环稳定性。如图 3-26 所示，在 55℃循环时，八面体结构的 $LiNi_{0.5}Mn_{1.5}O_4$ 的放电容量随着循环次数的增加迅速下降，而 LNMO-COh 表现出了优异的高温循环稳定性，其原因是这种结构的材料存在 {110} 晶面取向，有利于锂离子的扩散。

因此，制备独特结构的材料是提高 $LiNi_{0.5}Mn_{1.5}O_4$ 材料的动力学性能、比容量、比能量、比功率、高温性能以及循环寿命等电化学性能的有效方式。

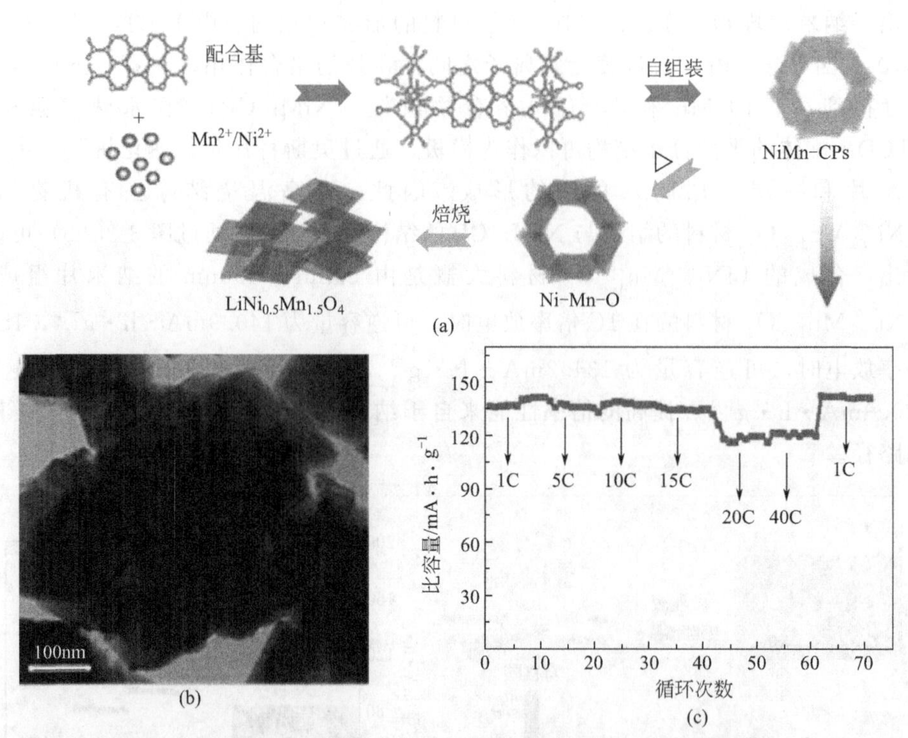

图 3-25　纳米片堆积的 $LiNi_{0.5}Mn_{1.5}O_4$ 材料的可能形成机制（a）和 $LiNi_{0.5}Mn_{1.5}O_4$ 材料的 TEM 图（b），$LiNi_{0.5}Mn_{1.5}O_4$ 纳米片的倍率性能（c）

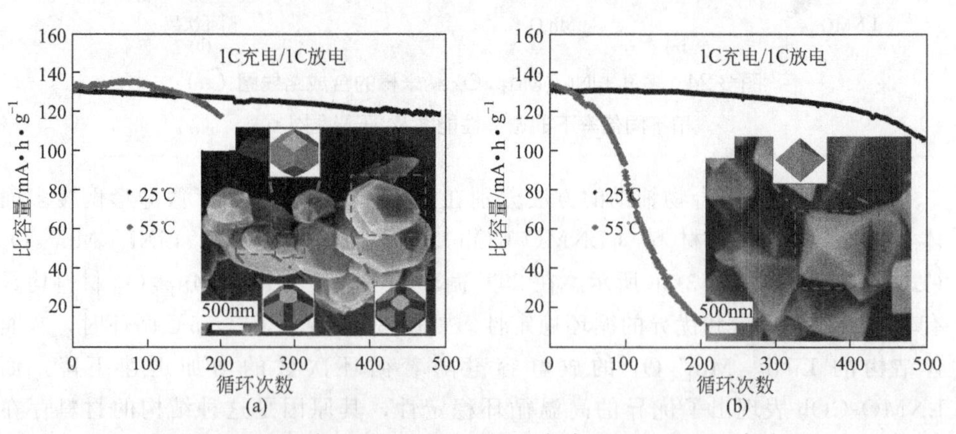

图 3-26　1C 倍率循环时 LNMO-COh（a）和 LNMO-Oh（b）在 25℃和 55℃时的循环性能曲线，插图为 SEM 图

3.2.5 $LiNi_{0.5}Mn_{1.5}O_4$ 正极材料的掺杂

尽管 $LiNi_{0.5}Mn_{1.5}O_4$ 作为高压电极材料有很多优点，但实际应用过程中仍然存在着一系列问题。首先，$LiNi_{0.5}Mn_{1.5}O_4$ 材料的烧结高于 600℃时会造成失氧，制备的材料往往含有 $Li_xNi_{1-x}O$ 等非活性的杂相，降低了材料的比容量；其次，材料的倍率性能、高温性能以及循环稳定性仍需要进一步提高。Talyosef 等研究了 $LiNi_{0.5}Mn_{1.5}O_4$ 在高温（60℃）下的循环和存储稳定性能。研究表明，在高温充放电过程中，$LiNi_{0.5}Mn_{1.5}O_4$ 在完全嵌锂和部分脱锂的状态时，都表现出十分稳定的电化学性能。存储过程中材料的容量损失主要与充放电过程中的循环倍率以及充电截止电压有关，而由于存储时间带来的损失比较小。在高温下材料进行循环和存储会导致其中的 Mn 和 Ni 的溶解，并且会在电极上形成 λ-MnO_2 等其他 Mn 的氧化物，这些现象会导致电极表面发生改变。当材料在高温（60℃）长时间储存，并处于完全嵌锂状态（3.5V 左右）时，伴随表面形态改变的同时，材料形貌也将发生明显转变。这方面的研究为我们改善材料在高温下的电化学性能提供了一定的借鉴意义。为了进一步改善 $LiNi_{0.5}Mn_{1.5}O_4$ 的结构和电化学性能，不少科研工作者对其进行了元素掺杂或者表面改性处理，并取得了一定的进展。掺杂主要是用金属元素取代部分 Ni 或者 Mn，或者非金属元素 F 或 S 取代部分 O，以起到改变或者稳定材料结构的作用；目前文献报道的掺杂离子主要有 Na^+、Mg^{2+}、Cu^{2+}、Zn^{2+}、Al^{3+}、Cr^{3+}、Co^{3+}、Fe^{3+}、Sm^{3+}、Rh^{3+}、Ga^{3+}、Ru^{4+}、Zr^{4+}、Ti^{4+}、Nb^{5+}、V^{5+}、Mo^{6+}、W^{6+}、F^- 以及 S^{2-} 等。

3.2.5.1 一价和二价离子的掺杂

众所周知，Na 的储量较高，钠盐的价格便宜，因此是一种较有前景的掺杂物。Wang 等采用高温固相法制备的 Na 掺杂的 $Li_{1-x}Na_xNi_{0.5}Mn_{1.5}O_4$ 材料，研究表明，Na 掺杂可以破坏 Ni 和 Mn 离子的有序结构，所以随着 Na 掺杂量的增加，材料中 Fd-3m 结构的尖晶石含量增加，晶格常数也逐渐增加。Wang 等的研究结果表明，高温循环时，1%、3%和 5%Na 掺杂的 $LiNi_{0.5}Mn_{1.5}O_4$ 材料具有比纯样更高的倍率容量和循环稳定性，其原因是掺杂后的材料具有更好的电荷转移能力，降低了材料的欧姆极化和电化学极化，进而提高了锂离子扩散系数。

由于储量丰富且价格低廉，原子量较低，Mg^{2+} 常被选为掺杂离子。Mg^{2+} 掺杂不但可以降低极化，还能提高 $LiNi_{0.5}Mn_{1.5}O_4$ 材料的电子电导率，进而提高材料的整体动力学性能。Locati 等分别采用高温固相法、溶胶-凝胶法和干凝胶法合成了 Mg 掺杂尖晶石 $LiMg_{0.07}Ni_{0.43}Mn_{1.5}O_4$ 正极材料，研究表明，Mg

的掺杂能够减小产物颗粒粒径，稳定材料结构，并能够改善材料的循环性能；高温固相法制备的材料在高倍率放电时具有最高的容量损失，而溶胶-凝胶法制备的样品具有最好的容量性能和倍率循环性能。Tirado 等发现 Mg^{2+} 可以有效抑制杂相生成，Liu 等指出 Mg^{2+} 掺杂可以有效消除 $LiNi_{0.5}Mn_{1.5}O_4$ 材料 4.0V 左右电压平台并有效改善其循环性能。另外，由于 Mg^{2+} 半径大于 Mn^{4+}，掺杂后材料晶胞参数有所增加，有利于锂离子的传输，倍率性能得到改善。

Cu^{2+} 由于其独特的外部电子排列结构，Cu^{2+} 掺杂通常可以提高电极材料的电子电导率，降低锂离子的迁移势垒。Sha 等采用溶胶-凝胶法制备了 $P4_332$ 结构的 Cu 掺杂的 $LiNi_{0.5-x}Cu_xMn_{1.5}O_4$（$x=0$，0.03，0.05，0.08）材料，结果表明，随着 Cu 掺杂量的增加，其晶格常数逐渐增加。$LiNi_{0.45}Cu_{0.05}Mn_{1.5}O_4$ 展示了最好的高温性能，5C 倍率放电时，150 次循环后可逆容量为 $124.5mA \cdot h \cdot g^{-1}$，容量保持率为 97.7%。性能提高的原因是 Cu 掺杂的材料具有快速的锂离子迁移能力，较低的极化以及更好的结构稳定性。Milewska 研究了 $LiNi_{0.5-y}Cu_yMn_{1.5}O_4$（$y=0$，0.02，0.05）在不同烧结温度下的电化学性能，结果表明 800℃合成的 $LiNi_{0.48}Cu_{0.05}Mn_{1.5}O_4$ 具有最好的循环性能和最高的锂离子扩散系数。

相对于许多过渡金属元素，Zn 元素的价格较低，含量较为丰富，因此利用 Zn 掺杂的电极材料往往比其他过渡金属掺杂的材料具有更低的成本。Manthiram 等采用共沉淀法得到 Zn 掺杂的 $LiNi_{0.42}Mn_{1.5}Zn_{0.08}O_4$ 材料，研究发现 Zn 的掺杂提高了材料的晶胞参数，可以有效抑制锂脱嵌过程中晶胞体积的变化，进而改善了材料的倍率性能及循环稳定性。Yang 等也发现 Zn 掺杂提高了 $LiNi_{0.5}Mn_{1.5}O_4$ 材料的晶格常数，$LiZn_{0.08}Ni_{0.42}Mn_{1.5}O_4$ 具有较好的电化学性能，0.5C 倍率、100 次循环后，容量保持率为 95%。

3.2.5.2 三价离子的掺杂

众所周知，由于 Al 的价格较低、摩尔质量较小、在地壳中的储量较大，因此 Al^{3+} 掺杂的 $LiNi_{0.5}Mn_{1.5}O_4$ 材料被认为是较有前景的电极材料。因此，很多研究工作集中在利用 Al 取代 16d 位的 Mn 或 Ni 元素来提高 $LiNi_{0.5}Mn_{1.5}O_4$ 材料的电子电导率及其高温性能。Zhong 等采用热聚合的方法制备了 $LiNi_{0.5-x}Al_{2x}Mn_{1.5-x}O_4$（$0 \leqslant 2x \leqslant 1.0$）正极材料，研究发现，随着 Al 掺杂量的增加，Mn/Ni 的无序度也逐渐增加，掺杂材料逐渐的从有序的 $P4_332$ 结构转变为无序的 Fd-3m 结构。电化学性能表明，Al 的掺杂提高了 $LiNi_{0.5}Mn_{1.5}O_4$ 材料的倍率容量和循环稳定性。此外，Shin 等发现，利用三价的 Ga^{3+} 掺杂同样可以提高 $LiNi_{0.5}Mn_{1.5}O_4$ 材料的高温性能，研究表明 Ga 的掺杂抑制了 Mn/Ni 的有序度；55℃循环时，$LiMn_{1.5}Ni_{0.42}Ga_{0.08}O_4$ 展示了比纯样更高的容量和优异的循环稳定性，其原因可能是 Ga 的掺杂抑制了合成过程中 $Li_xNi_{1-x}O$ 杂相的产生，稳定了材料的无序结构。Sm^{3+} 掺杂通常也被认为是一种提高电极材料电导率的有效方法。Mo 等采用明胶辅助固相法制备了 $LiNi_{0.5}Sm_xMn_{1.5-x}O_4$（$x=0$，0.01，0.03，0.05）材料，Sm 的掺杂同样提高了材料的无序度，其中 $LiNi_{0.5}Sm_{0.01}Mn_{1.49}O_4$ 展示了最高的倍率容量和较好的电子电导率。

由于 Cr^{3+} 具有较好的氧亲和力，Cr 掺杂的 $LiNi_{0.5}Mn_{1.5}O_4$ 材料不但具有较好的结构稳定性，而且具有更高的充放电电压平台。我们的研究表明，Cr 掺杂可以抑制 $Li_xNi_{1-x}O$ 杂质的产生，能够进一步提高 5V 电压平台的容量，进而提高材料的能量密度。此外，采用 Cr 掺杂是提高 $LiNi_{0.5}Mn_{1.5}O_4$ 材料高温性能的有效策略。但是在 Cr 掺杂的 $LiMn_{2-x}Cr_xO_4$ 中，如果 $x>0.2$，Cr^{3+} 将转化为剧毒的 Cr^{6+}；如果 $x>0.8$，会形成 $LiCrO_2$ 杂相。因此 Cr 的掺杂量需要进行优化。Park 等以乙酸盐和 $Cr(NO_3)_3\cdot 9H_2O$ 为原料，采用丙烯酸作为螯合剂的溶胶-凝胶法合成了 $LiNi_{0.5-x}Mn_{1.5}Cr_xO_4$ 正极材料，研究表明，Cr 的掺杂能够加速化学反应动力学行为，使其更容易生成形状规则的产品颗粒；随着 Cr 含量的增加，能够稳定 $LiNi_{0.5-x}Mn_{1.5}Cr_xO_4$ 的结构，减少了氧缺失。0.5C 放电时，$LiNi_{0.5}Mn_{1.5}O_4$ 的首次放电容量为 $128.67mA\cdot h\cdot g^{-1}$，50 次循环后，容量保持率为 92%；但是 Cr 掺杂的 $LiNi_{0.45}Mn_{1.5}Cr_{0.05}O_4$ 首次放电容量为 $137mA\cdot h\cdot g^{-1}$，50 次循环后，容量保持率为 97.5%。Jang 等采用溶胶-凝胶法制备了 $LiNi_{0.5-x}Mn_{1.5}Cr_xO_4$ 材料，研究发现，由于 Cr^{3+} 为活性离子且 Cr 具有更高的氧亲和力，随着 Cr 含量的增加，材料的起始容量及容量保持率均有所提高。后期研究表明，Cr 掺杂可以提高材料的无序度，进而有 $P4_332$ 结构转变为 Fd-3m 结构，而且 Cr 也具有自偏析效应，可富集在电极表面从而改善材料的高温循环性能。除上述三价金属离子外，Fe^{3+} 以及 Co^{3+} 也常被用作掺杂元素。Itoa 等合成了 Co^{3+} 掺杂的 $LiNi_{0.5-x}Co_{2x}Mn_{1.5-x}O_4$（$0\leqslant 2x\leqslant 0.2$）正极材料，发现 Co^{3+} 的掺杂可引起 $LiNi_{0.5}Mn_{1.5}O_4$ 空间结构和锂离子扩散系数的变化。掺杂后的材料虽然放电容量有所降低，但其倍率性能和容量保持率得到了大大提高。

3.2.5.3 四价离子的掺杂

由于 Ti—O 键的键能要强于 Ni—O 键，因此 Ti^{4+} 掺杂可以提高 $LiNi_{0.5}Mn_{1.5}O_4$ 材料的结构稳定性和化学稳定性，进而提高其倍率容量。Kim 等用 Ti 部分取代 $LiNi_{0.5}Mn_{1.5}O_4$ 中 Mn 后制备了 $LiNi_{0.5}Mn_{1.5-x}Ti_xO_4$ 正极材料，并对其结构和电化学性能进行了研究。结果表明，Ti 的掺杂导致材料容量有所降低，但随着 Ti 含量的增加，对应 Ni^{2+}/Ni^{4+} 的氧化峰向高电位方向移动，同时能够抑制脱锂过程中产生的相变，进而起到稳定材料结构的作用，并在循环过程中有利于保持单一物相，保证了材料在充放电过程中的可逆循环性能，从而使材料比纯相的 $LiNi_{0.5}Mn_{1.5}O_4$ 具备更好的倍率性能。此外，为了进一步提高 $LiNi_{0.5}Mn_{1.5-x}Ti_xO_4$ 正极材料在高温时的电化学性能，Noguchi 等采用 Bi 对其进行表面处理，并研究其电化学性能。采用多孔炭作为负极，$LiNi_{0.5}Mn_{1.36}Ti_{0.14}O_4$ 作为正极，1C 倍率放电；20℃时，采用 Bi［1%（质量分数）］表明处理的样品和未处理的样品，500 次循环后的容量保持率均在 85%左右；但是在 45℃时，采用 Bi［1%（质量分数）］表面处理的样品和未处理的样品，500 次循环后的容量保持率分别为 70%和 60%左右，随着放电温度的进一步升高，这种差异也越来越大，这说明，Bi 的表面处理显著地提高了其高温循环性能。

相对于其他金属，4d 金属例如 Ru，通常具有较宽的导带，进而改善电子与离子导电性。Wang 等发现，在 Ru 掺杂的 $LiNi_{0.5}Mn_{1.5}O_4$ 材料中，存在一种新型的 Ni-O-Ru-O 跃迁途径，因此电子更容易转移。此外，Ru^{4+} 不但可以有效抑制 $Li_xNi_{1-x}O$ 杂相生成，而且材料晶型保持为 Fd-3m 型，如图 3-27 所示。Ru 的掺杂明显改善了 $LiNi_{0.5}Mn_{1.5}O_4$ 材料的循环性能以及倍率容量。

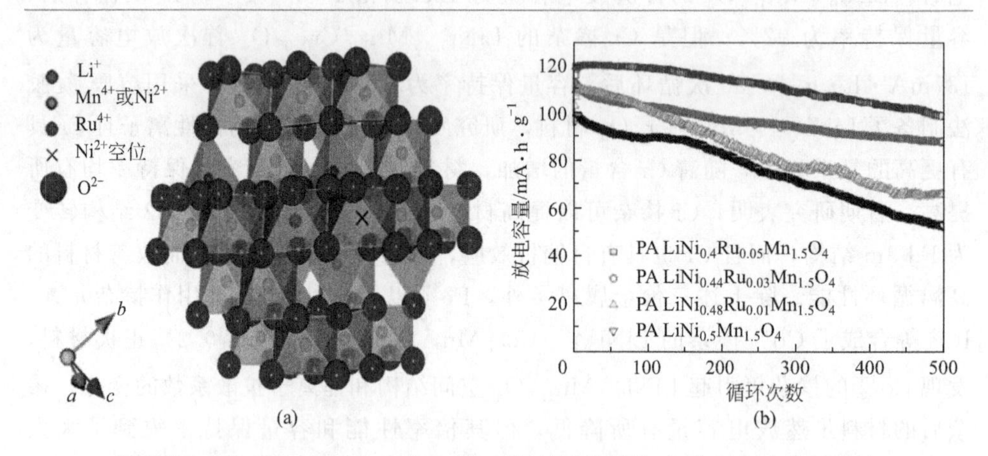

图 3-27 Ru 掺杂的 $LiNi_{0.5}Mn_{1.5}O_4$ 材料的晶体结构（a）和聚合物辅助法制备的 Ru 掺杂的 $LiNi_{0.5}Mn_{1.5}O_4$ 材料（PA-$LiNi_{0.5-2x}Ru_xMn_{1.5}O_4$）在 10C 倍率下的循环性能（b）

此外，在高价离子掺杂方面，Yi 等研究发现通过掺杂 Nb^{5+}、Mo^{6+}，并提高 Ni^{2+} 的含量，不但可以提高 $LiNi_{0.5}Mn_{1.5}O_4$ 材料的比容量，还可以提高材料电子与离子导电性，循环稳定性均有明显改善。

3.2.5.4 阴离子的掺杂

除阳离子掺杂外，F^- 或 S^{2-} 等阴离子掺杂也是提高 $LiNi_{0.5}Mn_{1.5}O_4$ 材料性能的重要手段。F通常占据O的位点，且 F^- 与金属离子的结合力更强，可以抑制杂相生成，显著提高了材料的结构稳定性。此外，F^- 掺杂可使锂脱嵌过程中的晶胞体积变化及结构应力缩小，并增强了材料的极性，有利于与极性电解质的浸润。Oh等采用超声喷雾高温分解法900℃合成了具有Fd-3m空间群的 $LiNi_{0.5}Mn_{1.5}O_{4-x}F_x$ 正极材料，研究表明，当掺杂量 $x \leqslant 0.1$ 时，所合成材料没有任何的杂质峰，F的掺杂提高了材料的结构稳定性和倍率循环性能。尽管 $LiNi_{0.5}Mn_{1.5}O_4$ 具有较高的初始放电容量，但是 $LiNi_{0.5}Mn_{1.5}O_{4-x}F_x$ $(x \leqslant 0.1)$ 具有更高的容量保持率。此外，Xu等采用溶胶-凝胶法制备了 $LiNi_{0.5}Mn_{1.5}O_{3.975}F_{0.05}$ 正极材料，研究表明，0.5C放电时，$LiNi_{0.5}Mn_{1.5}O_{3.975}F_{0.05}$ 和 $LiNi_{0.5}Mn_{1.5}O_4$ 初始放电容量分别为 $142mA \cdot h \cdot g^{-1}$ 和 $131mA \cdot h \cdot g^{-1}$，F掺杂的材料具有更高的放电容量，40次循环后容量保持率均在95%左右；研究还发现，合成的 $LiNi_{0.5}Mn_{1.5}O_{3.975}F_{0.05}$ 材料在600℃氧气气氛中再退火15h得到的样品比未处理的样品具有更高的5V电压平台放电容量。

Sun等采用（Ni-Mn）CO_3 前驱体为原料，分别在500℃和800℃制备了 $LiNi_{0.5}Mn_{1.5}O_{4-x}S_x$ $(x=0, 0.05)$ 正极材料。研究表明，S的掺杂增加了材料的晶格常数，使得样品粒径分布窄、形状规则、大小均匀，从而提高3V区域材料的放电容量和容量保持率。

3.2.6 $LiNi_{0.5}Mn_{1.5}O_4$ 正极材料的表面包覆

包覆改性也是有效改善 $LiNi_{0.5}Mn_{1.5}O_4$ 正极材料性能的常用方法，目的在于尽量保护正极材料免受HF酸的侵蚀，稳定电解液的性能，降低界面电阻。目前，对 $LiNi_{0.5}Mn_{1.5}O_4$ 的包覆改性的材料主要包括：碳材料、金属氧化物和其他化合物。表3-4列出了常见的包覆的 $LiNi_{0.5}Mn_{1.5}O_4$ 材料的合成方法及其电化学性能。

表3-4 包覆的 $LiNi_{0.5}Mn_{1.5}O_4$（LNMO）材料的合成方法及电化学性能

材料	合成方法	性能最佳的样品	电化学性能包括比容量、容量保持率（循环次数、倍率、温度）
碳材料	溶胶-凝胶	C包覆(10nm)-LNMO	125,94%(100,1C)
	溶胶-凝胶	1%(质量分数) C包覆的LNMO	130,92%(100,0.2C充电,1C放电)

续表

材料	合成方法	性能最佳的样品	电化学性能包括比容量、容量保持率（循环次数、倍率、温度）
碳材料	高温固相	0.6%（质量分数）C包覆的-LNMO	90,71%(500,10C)
	高温固相	30%（质量分数）CNFs包覆的LNMO	140,96%(100,0.5C)
	高温固相	氧化石墨烯包覆的(10nm)LNMO	130,61%(1000,0.5C)
CuO	共沉淀	3%（质量分数）CuO包覆的LNMO	130,95.6%(100,0.5C)
ZnO	溶胶-凝胶	1.5%（质量分数）ZnO-包覆的LNMO	137,100%(50,C/3,55℃)
Al_2O_3	水热	1%（原子分数）Al_2O_3包覆的LNMO	105,76.6%(100,0.5C)
RuO_2	溶胶-凝胶	2%（质量分数）RuO_2包覆的LNMO	129.4,97.7%(100,0.5C)
SiO_2	共沉淀	3%（质量分数）SiO_2包覆的LNMO	131,85%(50,0.5C,55℃)
V_2O_5	湿包覆	5% V_2O_5包覆的LNMO	126.3,92%(100,5C,55℃)
$YBa_2Cu_3O_7$	溶胶-凝胶	5% $YBa_2Cu_3O_7$包覆的LNMO	128.6,87%(100,2C,60℃)
Li_3PO_4	高温固相	$LiCoO_2/Co_3O_4$(5~6nm)包覆的LNMO	122,80%(650,0.5C)
$Li_4P_2O_7$	高温固相	LNMO/$Li_4P_2O_7$在760℃烧结Li_2O-$2B_2O_3$	123.8,74.3%(893,0.5C)
Li_2O-$2B_2O_3$	燃烧法	玻璃(5nm)包覆的LNMO	106.9,87%(50,1C,60℃)
AlF_3	溶胶-凝胶	1%（质量分数）AlF_3包覆的LNMO	约108,93.6%(50,0.1C)
GaF_3	共沉淀	0.5%（质量分数）GaF_3包覆的LNMO	约142,91.1%(300,0.1C)
聚吡咯(PPy)	高温固相	5%（质量分数）PPy包覆的LNMO	115.6,91%(100,1C,55℃)
聚酰亚胺(PI)	热亚胺化	PI(10nm)包覆的LNMO	125,约100%(50,1C,55℃)
	溶胶-凝胶	0.3%（质量分数）PI包覆的LNMO	117,90%(60,0.2mA·cm^{-2},C,55℃)

续表

材料	合成方法	性能最佳的样品	电化学性能包括比容量、容量保持率（循环次数、倍率、温度）
Al 掺杂 ZnO（AZO）	溶胶-凝胶	AZO(1～2nm)包覆的 LNMO	120，95.8%(50，0.1C 充电，5C 放电，50℃)
ZrP	溶胶-凝胶	4%(质量分数)ZrP 包覆的 LNMO	94.2%(200，1C，55℃)
$LiFePO_4$	溶胶-凝胶	$LiFePO_4$(5μm)包覆的 LNMO	110，74.5%(140，1C)
$LiMn_2O_4$	高温固相	$LiMn_2O_4$@LNMO(9：1)	100，81.9%(400，100mA·g^{-1}，55℃)
$LiCoO_2/Co_3O_4$	溶胶-凝胶	$LiCoO_2/Co_3O_4$(10nm)包覆的 LNMO	110.1，97.8%(200，5C)
Li_2TiO_3	溶胶-凝胶	5%Li_2TiO_3 包覆的 LNMO	120，94.1%(50，1C，55℃)

由表 3-4 可以看出，利用包覆技术可以有效提高 $LiNi_{0.5}Mn_{1.5}O_4$ 材料的电化学性能，其原理主要是包覆层能有效避免副反应的发生，并防止活性物质和 HF 反应。特别地，选用电子与离子导体作为包覆层，在改善循环性能的同时，倍率性能也能有所提高。另外，与金属盐及化合物相比，有机凝胶电解质更易实现在正极材料表面的均匀包覆。至于包覆方法，静电自组装和磁控溅射等与其他方式相比，能形成更为均匀、致密的包覆层。而原子层沉积（ALD）由于可以将物质以单原子膜形式一层一层地镀在基底表面，已发展成为目前最具吸引力的一种包覆方法。

参考文献

[1] Julien C M, Gendron F, Amdouni A, Massot M. Lattice vibrations of materials for lithium rechargeable batteries. Ⅵ: Ordered spinels. Mater Sci Eng B, 2006, 130 (1-3): 41-48.

[2] 王志兴，张宝，李新海，万智勇，郭华军，彭文杰. 富锂尖晶石 $Li_{1+x}Mn_{2-x}O_4$ 的合成与性能. 中国有色金属学报，2004，14 (9): 1525-1529.

[3] 阮艳莉，唐致远，韩恩山，冯季军. 锂离子电池正极材料 $LiMn_2O_4$ 的合成与晶体结构. 无机化学学报，2005，21 (2): 232-236.

[4] Lu C H, Lin S W. Inuence of the particle

size on the electrochemical properties of lithium manganese oxide. J Power Sources，2001，97-98：458-460.

[5] Cheng F Y，Wang H B，Zhu Z Q，Wang Y，Zhang T R，Tao Z L，Chen J. Porous $LiMn_2O_4$ nanorods with durable high-rate capability for rechargeable Li-ion batteries. Energy Environ Sci，2011，4：3668-3675.

[6] Ding Y L，Xie J，Cao G S，Zhu T J，Yu H M，Zhao X B. Single-crystalline $LiMn_2O_4$ nanotubes synthesized via template-engaged reaction as cathodes for high-power lithium ion batteries. Adv Funct Mater，2011，21：348-355.

[7] Lee H W，Muralidharan P，Ruffo R，Mari C M，Cui Y，Kim D K. Ultrathin spinel $LiMn_2O_4$ nanowires as high power cathode materials for Li-ion batteries. Nano Lett，2010，10：3852-3856.

[8] Gao X F，Sha Y J，Lin Q，Cai R，Tade M O，Shao Z P. Combustion-derived nanocrystalline $LiMn_2O_4$ as a promising cathode material for lithium-ion batteries. J Power Sources，2015，275：38-44.

[9] Jayaraman S，Aravindan V，Kumar P S，Ling W C，Ramakrishna S，Madhavi S. Synthesis of porous $LiMn_2O_4$ hollow nanofibers by electrospinning with extraordinary lithium storage properties. Chem Commun，2013，49：6677-6679.

[10] Qu Q T，Fu L J，Zhan X Y，Samuelis D，Maier J，Li L，Tian S，Li Z H，Wu Y P. Porous $LiMn_2O_4$ as cathode material with high power and excellent cycling for aqueous rechargeable lithium batteries. Energy Environ Sci，2011，4：3985-3990.

[11] Xia H，Xia Q Y，Lin B H，Zhu J W，Seo J K，Meng Y S. Self-standing porous $LiMn_2O_4$ nanowall arrays as promising cathodes for advanced 3D microbatteries and flexible lithium-ion batteries. Nano Energy，2016，22：475-482.

[12] Chen K F，Xue D F. Materials chemistry toward electrochemical energy storage. J Mater Chem A，2016，(4)：7522-7537.

[13] 梁慧新，张英杰，张雁南，董鹏. 尖晶石 $LiMn_2O_4$ 的掺杂工艺研究进展. 化工新型材料，2016，44(5)：6-9.

[14] Ammundsen B，Islam M S，Jones D J，Rozière a J. Local structure and defect of substituted lithium manganate spinels：X-ray absorption and computer simulation studies. J Power Sources，1999，(81-82)：500-504.

[15] Molenda J，Marzec J，Świerczek K，Pałubiak D，Ojczyk W，Ziemnicki M. The effect of 3d substitutions in the manganese sublattice on the electrical and electrochemical properties of manganese spinel. Solid State Ionics，2004，175(30)：297-304

[16] Myung S T，Komaba S，Kumagai N. Enhanced structural stability and cyclability of Al-Doped $LiMn_2O_4$ spinel synthesized by the emulsion drying method. J Electrochem Soc，2001，148(5)：482-489.

[17] Bak S M，Nam K W，Lee C W，Kim K H，Jung H C，Yang X Q，Kim K B. Spinel $LiMn_2O_4$/reduced graphene oxide hybrid for high rate lithium ion batteries. J Mater Chem，2011，21：17309-17315.

[18] Lee S，Cho Y，Song H K，Lee K T，Cho J. Carbon-coated single-crystal $LiMn_2O_4$ nanoparticle clusters as cathode material for high-energy and high-power lithium-ion batteries. Angew Chem Int Ed，2012，51(35)：8748-

8752.

[19] 伊廷锋，霍慧彬，陈辉，高昆，胡信国. 锂离子电池 $LiMn_2O_4$ 正极材料容量衰减机理分析. 电源技术，2006，30（7）：599-603.

[20] 刘金良，李世友，赵阳雨，李晓鹏，崔孝玲. 锂离子电池正极材料 $LiMn_2O_4$ 研究进展. 电源技术，2015，39（6）：1319-1322.

[21] Lee M，Lee S，Oh P，Kim Y，Cho J. High performance $LiMn_2O_4$ cathode materials grown with epitaxial layered nanostructure for Li-ion batteries. Nano Lett，2014，14：993-999.

[22] Julien C M，Gendron F，Amdouni A，Massot M. Lattice vibrations of materials for lithium rechargeable batteries. Ⅵ：Ordered spinels. Mater Sci Eng B，2006，130：41-48.

[23] Manthiram A，Chemelewski K，Lee E. A perspective on the high-voltage $LiMn_{1.5}Ni_{0.5}O_4$ spinel cathode for lithium-ion batteries. Energy Environ. Sci.，2014，7：1339-1350.

[24] Wang L，Li H，Huang X，Baudrin E. A comparative study of Fd-3m and $P4_332$ "$LiNi_{0.5}Mn_{1.5}O_4$". Solid State Ionics，2011，193：32-38.

[25] 伊廷锋，胡信国，高昆，胡信国. 稀土掺杂在锂离子电池中的应用进展. 稀有金属材料与工程，2006，35（S2）：9～12.

[26] 伊廷锋，胡信国，霍慧彬，高昆. 5V 锂离子电池尖晶石正极材料 $LiM_{0.5}Mn_{1.5}O_4$ 的研究评述. 稀有金属材料与工程，2006，35（9）：1350～1353.

[27] Qiao R，Wang Y，Velasco P O，Li H，Hu Y S，Yang W. Direct evidence of gradient Mn（Ⅱ）evolution at charged states in $LiNi_{0.5}Mn_{1.5}O_4$ electrodes with capacity fading. J Power Sources，2015，273：1120-1126.

[28] Pieczonka N P W，Liu Z，Lu P，Olson K L，Moote J，Powell B R，Kim J H. Understanding transition-metal dissolution behavior in $LiNi_{0.5}Mn_{1.5}O_4$high-voltage spinel for lithium ion batteries. J Phys Chem C，2013，117：15947-15957.

[29] Zhang X，Cheng F，Zhang K，Liang Y，Yang S，Liang J，Chen J. Facile polymer-assisted synthesis of $LiNi_{0.5}Mn_{1.5}O_4$ with a hierarchical micro-nano structure and high rate capability. RSC Adv，2012，2：5669-5675.

[30] Arun N，Aravindan V，Jayaraman S，Shubha N，Ling W C，Ramakrishna S，Madhavi S. Exceptional performance of a high voltage spinel $LiNi_{0.5}Mn_{1.5}O_4$ cathode in all one dimensional architectures with an anatase TiO_2 anode by electrospinning. Nanoscale，2014，6：8926-8934.

[31] Zhang X，Cheng F，Yang J，Chen J. $LiNi_{0.5}Mn_{1.5}O_4$ porous nanorods as high-rate and long-life cathodesfor li-ion batteries. Nano Lett，2013，13：2822-2825.

[32] Yang S，Chen J，Liu Y，Yi B. Preparing $LiNi_{0.5}Mn_{1.5}O_4$ nanoplates with superior properties in lithium-ion batteries using bimetal-organic coordination-polymers as precursors. J Mater Chem A，2014，2：9322-9330.

[33] 邓海福，聂平，申来法，罗海峰，张校刚. 锂离子电池用高电位正极材料 $LiNi_{0.5}Mn_{1.5}O_4$. 化学进展，2014，26（6）：939-949。

[34] Wang J，Lin W，Wu B，Zhao J B. Syntheses and electrochemical properties of the Na-doped $LiNi_{0.5}Mn_{1.5}O_4$ cathode materials for lithium-ion batteries. Electrochim. Acta，2014，145：245-253.

[35] Sha O, Qiao Z, Wang S, Tang Z, Wang H, Zhang X, Xu Q. Improvement of cycle stability at elevated temperature and high rate for $LiNi_{0.5-x}Cu_xMn_{1.5}O_4$ cathode material after Cu substitution. Mater Res Bull, 48 (2013) 1606-1611.

[36] Wang H L, Tan T A, Yang P, Lai M O, Li Lu. High-Rate Performances of the Ru-Doped Spinel $LiNi_{0.5}Mn_{1.5}O_4$: Effects of Doping and Particle Size. J Phys Chem C, 2011, 115 (13): 6102-6110.

[37] Wang H L, Tan T A, Yang P, Lai M O, Lu L. High-Rate Performances of the Ru-Doped Spinel $LiNi_{0.5}Mn_{1.5}O_4$: Effects of Doping and Particle Size. J Phys Chem C, 2011, 115 (13): 6102-6110.

[38] Lai F, Zhang X, Wang H, Hu S J, Wu X M, Wu Qiang, Huang Y G, He Z Q, Li Q Y. Three-dimension hierarchical Al_2O_3 nanosheets wrapped $LiMn_2O_4$ with enhanced cycling stability as cathode material for lithium ion batteries. ACS Appl Mater Interfaces, 2016, 8 (33): 21656-21665.

[39] Yi T F, Mei J, Zhu Y R. Key strategies for enhancing the cycling stability and rate capacity of $LiNi_{0.5}Mn_{1.5}O_4$ as high-voltage cathode materials for high power lithium-ion batteries. J Power Sources, 2016, 316: 85-105.

[40] Yi T F, Li Y M, Li X Y, Pan J J, Zhang Q Y, Zhu Y R. Enhanced electrochemical property of $FePO_4$-coated $LiNi_{0.5}Mn_{1.5}O_4$ as cathode materials for Li-ion battery, Sci Bull, 2017, 62 (14): 1004-1010.

[41] Yi T F, Chen B, Zhu Y R, Li X Y, Zhu R S. Enhanced rate performance of molybdenum-doped spinel $LiNi_{0.5}Mn_{1.5}O_4$ cathode materials for lithium ion battery. JPower Sources, 2014, 247: 778-785.

[42] Yi T F, Fang Z K, Xie Y, Zhu Y R, Zang L Y. Synthesis of $LiNi_{0.5}Mn_{1.5}O_4$ cathode with excellent fast charge-discharge performance for lithium-ion battery. Electrochim Acta, 2014, 147: 250-256.

[43] Yi T F, Yin L C, Ma Y Q, Shen H Y, Zhu Y R, Zhu R S. Lithium-ion insertion kinetics of Nb-doped $LiMn_2O_4$ positive-electrode material. Ceram Intern, 2013, 39 (4): 4673-4678.

[44] Zhu Y R, Yi T F, Zhu R S, Zhou A N. Increased cycling stability of $Li_4Ti_5O_{12}$-coated $LiMn_{1.5}Ni_{0.5}O_4$ as cathode material for lithium-ion batteries. Ceram Intern, 2013, 39 (3): 3087-3094.

[45] Yi T F, Xie Y, Zhu Y R, Zhu R S, Ye M F. High Rate micron-sized niobium-doped $LiMn_{1.5}Ni_{0.5}O_4$ as ultra high power positive-electrode material for lithium-ion batteries. J Power Sources, 2012, 211: 59-65.

[46] Yi T F, Xie Y, Ye M F, Jiang L J, Zhu R S, Zhu Y R. Recent developments in the doping of $LiNi_{0.5}Mn_{1.5}O_4$ cathode material for 5V lithium-ion batteries. Ionics, 2011, 17 (5): 383-389.

[47] Shu J, Yi T F, Shui M, Wang Y, Zhu R S, Chu X F, Huang F T, Xu D, Hou L. Comparison of electronic property and structural stability of $LiMn_2O_4$ and $LiNi_{0.5}Mn_{1.5}O_4$ as cathode materials for lithium-ion batteries. Comput Mater Sci, 2010, 50 (2): 776-779.

[48] Yi T F, Shu J, Zhu Y R, Zhou A N, Zhu R S. Structure and electrochemical performance of $Li_4Ti_5O_{12}$-coa-

ted $LiMn_{1.4}Ni_{0.4}Cr_{0.2}O_4$ spinel as 5V materials. Electrochem. Commun, 2009, 11(1): 91-94.

[49] Yi T F, Li C Y, Zhu Y R, Shu J, Zhu R S. Comparison of structure and electrochemical properties for 5V $LiNi_{0.5}Mn_{1.5}O_4$ and $LiNi_{0.4}Cr_{0.2}Mn_{1.4}O_4$cathode materials. J. Solid State Electrochem. , 2009, 13(6): 913-919.

[50] Yi T F, Hao C L, Yue C B, Zhu R S, Shu J. A literature review and test: structure and physicochemical properties of spinel $LiMn_2O_4$ synthesized by different temperatures for lithium ion battery. Synthetic Metals, 2009, 159 (13): 1255-1260.

[51] Yi T F, Shu J, Zhu Y R, Zhu R S. Advanced electrochemical performance of $LiMn_{1.4}Ni_{0.4}Cr_{0.2}O_4$ as 5V cathode material by citric-acid-assisted method. J Phys Chem Solids, 2009, 70 (1): 153-158.

[52] Yi T F, Zhu Y R. Synthesis and electrochemistry of 5V $LiNi_{0.4}Mn_{1.6}O_4$ cathode materials synthesized by different methods. Electrochim Acta, 2008, 53 (7): 3120-3126.

[53] Yi T F, Zhu Y R, Zhu R S. Density functional theory study of lithium intercalation for 5V $LiNi_{0.5}Mn_{1.5}O_4$ cathode materials. Solid State Ionics, 2008, 179(38): 2132-2136.

[54] Yi T F, Hu X G. Preparation and characterization of sub-micro $LiNi_{0.5-x}Mn_{1.5+x}O_4$ for 5V cathode materials synthesized by an ultrasonic-assisted co-precipitation method. J Power Sources, 2007, 167(1): 185-191.

[55] Yi T F, Hu X G, Dai C S, Gao K. Effects of different particle sizes on electrochemical performance of spinel $LiMn_2O_4$ cathode materials. J Mater Sci, 2007, 42(11): 3825. 3830.

[56] Yi T F, Hu X G, Gao K. Synthesis and physicochemical properties of $LiAl_{0.05}Mn_{1.95}O_4$ cathode material by the ultrasonic-assisted sol-gel method. J Power Sources, 2006, 162 (1): 636-643.

[57] Yi T F, Dai C S, Hu X G, Gao K. Effects of synthetic parameters on structure and electrochemical performance of spinel lithium manganese oxide by citric acid-assisted sol-gel method. J Alloys Compd, 2006, 425 (1-2): 343-347.

第4章

磷酸盐正极材料

4.1 磷酸亚铁锂

橄榄石型磷酸亚铁锂（$LiFePO_4$）电极材料是一种新型的锂离子电池正极材料。自 1997 年美国德克萨斯州立大学 Goodenough 团队首次报道了磷酸铁锂的可逆脱嵌锂特性以来，该材料受到了极大的重视，并且得到了广泛的研究和迅速的发展。$LiFePO_4$ 具有 170mA·h·g^{-1} 的理论比容量和 3.4V 左右（vs. Li^+/Li）充放电平台，产品实际比容量可超过 140mA·h·g^{-1}。与传统的锂离子二次电池正极材料相比，$LiFePO_4$ 具有原料来源广泛、价格低廉、无毒、对环境友好、热稳定性好、循环性能优良、安全性高、寿命长等优点。因此，$LiFePO_4$ 被认为是标志着“锂离子电池一个新时代的到来”，是制造“低成本、安全型锂离子电池”的理想正极材料。但 $LiFePO_4$ 存在电子电导率低、锂离子扩散速率慢和振实密度低的缺点，导致大电流放电时容量衰减大、体积能量密度低、低温性能差。目前主要通过表面包覆、金属离子掺杂、细化颗粒等改性方法，来克服 $LiFePO_4$ 的自身缺点。

4.1.1 $LiFePO_4$ 的晶体结构

$LiFePO_4$ 晶体属于橄榄石型结构，空间群为 Pnma（正交晶系，D_{2h16}），每个晶胞含有 4 个 $LiFePO_4$ 单元，晶胞参数：a=0.6008nm，b=1.0334nm，c=0.4694nm。图 4-1 为 $LiFePO_4$ 的结构示意图。

在晶体结构中，O 原子以稍微扭曲的六方紧密堆积方式排列，Li 在八面体的 4a 位置，Fe 在八面体的 4c 位置，P 位于氧原子的四面体中心位置。交替排列的 FeO_6 八面体、LiO_6 八面体和 PO_4 四面体形成层状脚手架结构。在 bc 平面上，相邻的 FeO_6 八面体通过共用顶点的一个氧原子相连构成 FeO_6 层。在 FeO_6 层与层之间，相邻的 LiO_6 八面体在 b 方向上通过共用棱上的两个氧原子相连成链，而每个 PO_4 四面体与一个 PO_6 八面体共用棱上的两个 O 原子，同时又与两个 LiO_6 八面体共用棱上的 O 原子。Li^+ 在 4a 位形成共棱的连续直线链，并平行于 c 轴，从而使 Li^+ 具有可移动性，在充放电过程中可以脱出和嵌入，而强的 P—O 共价键形成离域的三维立体化学键，使 $LiFePO_4$ 具有很强的热力学和动力学稳定性。

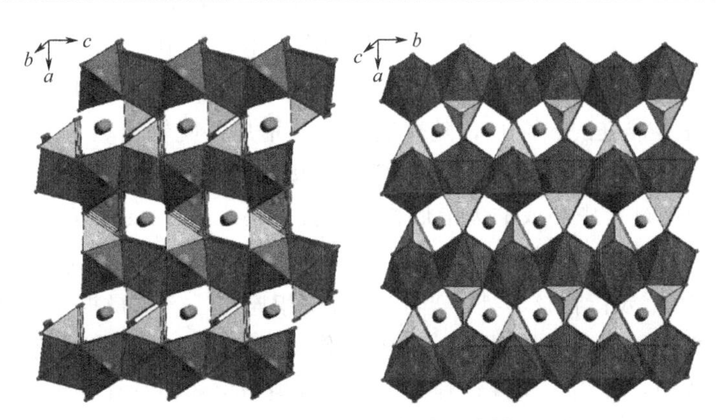

图 4-1 $LiFePO_4$ 结构示意图

4.1.2 $LiFePO_4$ 的充放电机理

$LiFePO_4$ 正极材料充电时，Li^+ 从 $FePO_4$ 迁移出来，经过电解液进入负极，Fe^{2+} 被氧化成 Fe^{3+}，电子则经过相互接触的导电剂和集流体从外电路到达负极，放电过程与之相反。

目前，提出了众多的有关 $LiFePO_4$ 体系中 Li^+ 的脱嵌机理，而其中最为经典也广泛被大家所认同的是 Andersson 等提出的 "Radial 模型" 和 "Mosaic 模型"。Radial 模型认为锂离子的脱嵌是一个沿径向扩散的过程。充电时，两相界面不断向内核推进，外层的 $LiFePO_4$ 不断转变为 $FePO_4$，锂离子和电子不断通过新形成的两相界面以维持有效电流。但在一定条件下，锂离子的扩散速率是一个常数，随着两相界面的面积缩小到一定限度时，锂离子的扩散量最终将不足以维持充电电流达到某一恒定电流密度。此时电子和锂离子不可能完全脱出，这是因为在两相界面以内，靠近中心位置的部分 $LiFePO_4$ 不能得到利用，而处于中心的非活性 $LiFePO_4$ 在之后的电池放电过程中，又会限制一部分的 PO_4 锂化。当电流密度越大时，颗粒中间位置未能进行电化学反应的那一部分 $LiFePO_4$ 的体积占整个颗粒体积的比例越大，对应的能够利用的部分比例就越小，即实际比容量降低。当脱出过程完成后，中心位置仍有部分未转换的 $LiFePO_4$。当锂离子重新从外向内嵌入时，一个新的圆环状 $LiFePO_4/FePO_4$ 界面快速向内移动，未转换的 $LiFePO_4$ 最终到达粒子中心，然而只是在 $LiFePO_4$ 核周围留下一条 $FePO_4$ 带，并不能与之合并。这就是导致 $LiFePO_4$ 容量损失的主要原因。在放电过程中，Li^+的嵌入与充电过程的模式相类似，即 Li^+嵌入 $LiFePO_4/FePO_4$的两相界面，随着 Li^+的不断嵌入，两相界面不断地向外扩大远离内核。Mosaic模型同样认为脱嵌过程是 Li^+在 $LiFePO_4/FePO_4$两相界面的脱出/嵌入过程。然而与“Radial 模型”不同，这一模型认为在充电过程中，两相界面在 $LiFePO_4$颗粒发生锂离子脱出生成 $FePO_4$的位置是随机的，而不是均匀地由 $LiFePO_4$颗粒表面向核逐步推进的。而且，随着脱锂量的增加，脱锂区域 $FePO_4$相不断增加，不同区域边缘势必会交叉接触，则没有接触的死角就会残留未反应的部分 $LiFePO_4$。充电过程中形成的无定形物质将会包覆这部分 $LiFePO_4$，而成为容量损失的来源。放电过程中 Li^+重新嵌入到 $FePO_4$相，同样地，有部分没有嵌入锂离子的 $FePO_4$残留在核心处。当 $LiFePO_4$相连通后，容量损失即来自于这个内部的非活性区域。研究表明，$LiFePO_4$作为锂离子电池正极材料时，在实际的充放电过程中，锂离子脱嵌过程都不能很好地与上述任一迁移模型相吻合。所以有的文献认为，“Radial 模型”和“Mosaic 模型”是同时发生的。虽然对壳层与内核的具体物质仍然有争议，但是“壳—核”模型还是被更多的研究者所接受。

还有一种观点认为 $LiFePO_4$在脱/嵌锂过程中出现 $LiFePO_4$/stage-Ⅱ/$FePO_4$三相共存结构。黄学杰等基于 DFT 计算提出了一种双界面模型来描述 $LiFePO_4$在充放电过程中的脱/嵌锂机理，如图 4-2 所示。计算结果表明，除了静电的直接相互作用，Fe^{2+}/Fe^{3+}的氧化还原对的间接相互作用使得锂离子只能采取隔行脱出途径，因为这样形成的“二阶”结构才在动力学上处于优势地位，然而热力学能量最低原理却支持两相分离反应机理。动力学与热力学条件的相互竞争导致 $LiFePO_4$颗粒在脱锂过程中出现 $LiFePO_4$/stage-Ⅱ/$FePO_4$三相共存结构，可以较好地解释实验现象。

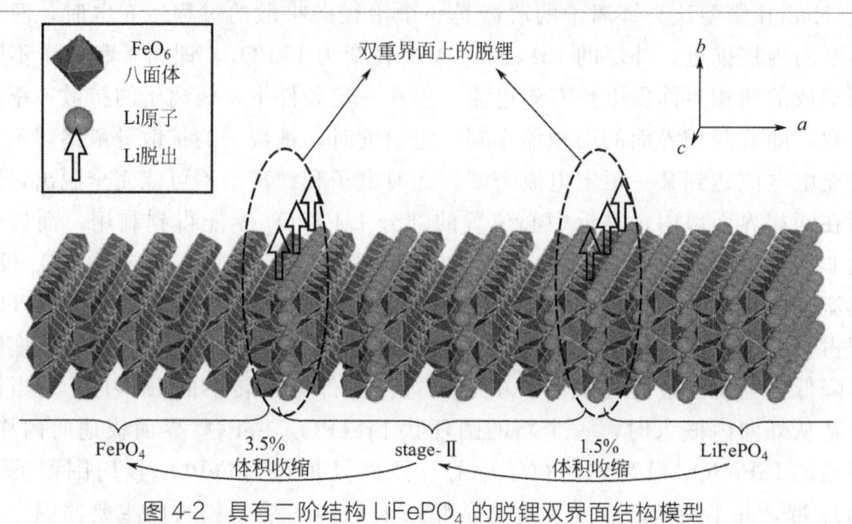

图 4-2 具有二阶结构 $LiFePO_4$的脱锂双界面结构模型

4.1.3 $LiFePO_4$ 的合成方法

目前，制备 $LiFePO_4$ 的方法主要可分为：固相煅烧法和液相合成法。固相煅烧法包括高温固相法、碳热还原法和微波合成法等；液相合成法包括溶胶-凝胶法、水热法、溶剂热法、共沉淀法和离子液体法等。

4.1.3.1 高温固相法及溶胶-凝胶法

高温固相法属于早期生产 $LiFePO_4$ 样品最普遍的一种方法，也成为目前大批量商业化生产中被使用得十分频繁、最成熟的生产手段。高温固相法是以碳酸锂、氢氧化锂等为锂源，草酸亚铁、乙二酸亚铁、氧化铁和磷酸铁等为铁源，磷酸根主要来源于磷酸二氢铵等。典型的工艺流程为：将原料球磨干燥后，在惰性或者还原气氛炉中，以一定的升温速度加热到某一温度，反应一段时间后冷却。高温固相法的优点是工艺简单、易实现产业化，但产物粒径不易控制、分布不均匀，形貌也不规则，并且在合成过程中需要使用惰性气体保护。目前国内外已经能实现磷酸铁锂电池量产的合成方法多采用高温固相法，如天津斯特兰、湖南瑞翔、北大先行等。

溶胶-凝胶法主要是锂源、铁源和磷源溶液在络合剂的作用下形成溶胶，溶胶通过进一步生长转变成具有网络结构的凝胶，凝胶经过干燥、热处理等过程最终得到磷酸铁锂材料。该方法可制得颗粒较细、分布均匀的 $LiFePO_4$ 材料，但该法成本较高，不适合工业化。

4.1.3.2 碳热还原法

碳热还原法是高温固相法的改进，属于高温固相法的范畴，它是利用碳在高温条件下，将氧化物还原的制备方法，利用碳热还原法制备磷酸铁锂材料时，采用三价铁氧化物代替二价铁氧化物作为铁源，加入过量的碳，在高温条件下碳将 Fe^{3+} 还原成 Fe^{2+} 来制备出磷酸铁锂材料，而剩余的碳能够增强磷酸铁锂的导电性能。例如，可以直接以铁的高价氧化物如 Fe_2O_3 与 LiH_2PO_4 和碳粉为原料，以化学计量比混合，在气氛保护炉中烧结，之后自然冷却到室温。由于该法的生产过程较为简单可控，且采用一次烧结，所以它为 $LiFePO_4$ 走向工业化提供了另一条途径。美国 Valence、苏州恒正为代表，用碳热还原法以 Fe_2O_3 为铁源生产磷酸铁锂材料。另外，也可用磷酸铁作为铁源，生产工艺较为简单，其最大优点是避开了使用磷酸二氢铵为原料，产生大量氨气污染环境的问题。

4.1.3.3 微波合成法

微波合成法是利用交变电磁频率变化，造成材料内部分子运动和相互摩擦，从而产生热量的过程。此方法设备简单，易于控制，加热时间短。Zeng 等以 LiCl 为锂源，乙酸亚铁为铁源，H_3PO_4 为磷源，苯甲醇和吡咯烷酮作为溶剂，通过微波法合成了两种不同结构的 α-$LiFePO_4$ 和 β-$LiFePO_4$，其形貌结构如图 4-3 所示。其中，α-$LiFePO_4$ 为纳米片状，β-$LiFePO_4$ 为纳米蝴蝶结状。α-$LiFePO_4$ 在 650℃煅烧后，0.1C、0.5C、1C 和 10C 倍率下的放电比容量分别约为 137mA·h·g^{-1}、121mA·h·g^{-1}、114mA·h·g^{-1} 和 71mA·h·g^{-1}；β-$LiFePO_4$ 在 550℃煅烧后，0.1C、0.5C、1C 和 10C 倍率下的放电比容量分别约为 130mA·h·g^{-1}、120mA·h·g^{-1}、80mA·h·g^{-1} 和 50mA·h·g^{-1}。

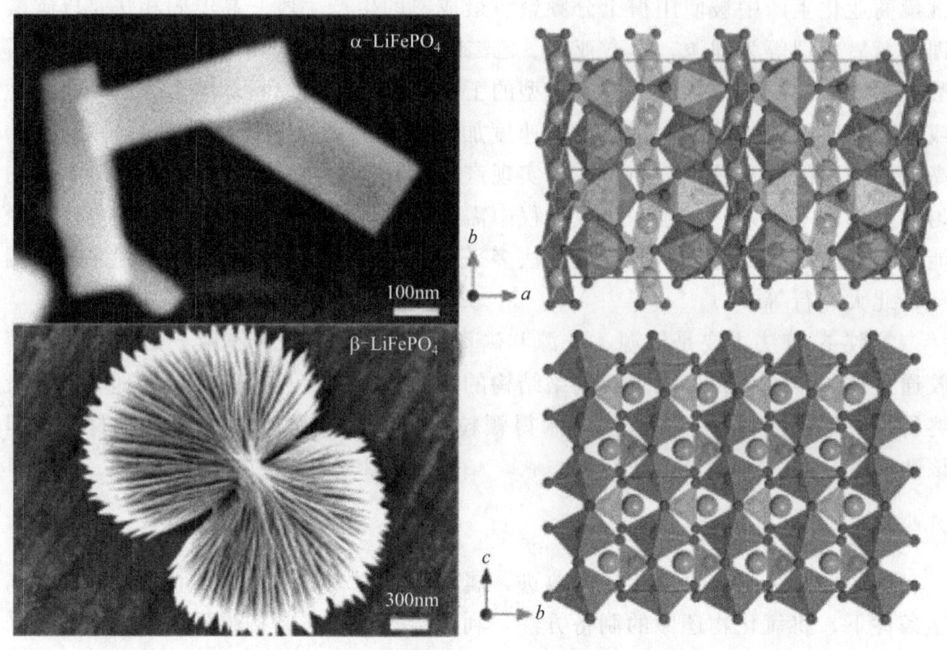

图 4-3　α-$LiFePO_4$ 和 β-$LiFePO_4$ 的形貌结构图

4.1.3.4　水热法

水热法是指在密闭反应器内，以水为溶剂在高温高压下进行反应制备粉体材料的方法。溶剂热法是由水热法发展而来的，不同的是反应使用的溶剂是有机溶剂或有机溶剂与水的混合液而非水溶液。由于水热法制备颗粒均匀细小、简单易操作，越来越多的人用此方法合成 $LiFePO_4$ 材料，并且制备的材料性能也较好。但该合成方法容易在形成橄榄石结构中发生 Fe 错位现象，影响电化学性能，且水热法需要耐高温高压设备，工业化生产的难度大，成本高。Qian 等采用无模板水热法合成了具有纳米介孔的 $LiFePO_4$ 微球，其水热过程的形貌如图 4-4 所示。这些 $LiFePO_4$ 微球的直径约为 3μm，由很多粒径为 100nm 左右的纳米颗粒和纳米通道连接而成，并且表面包覆着一层均匀的碳层。该 $LiFePO_4/C$ 材料显示出很高的堆积密度（$1.4g \cdot cm^{-3}$），并且在 0.1C 倍率下的放电比容量高达 $153mA \cdot h \cdot g^{-1}$，10C 下的放电比容量仍有 $115mA \cdot h \cdot g^{-1}$。

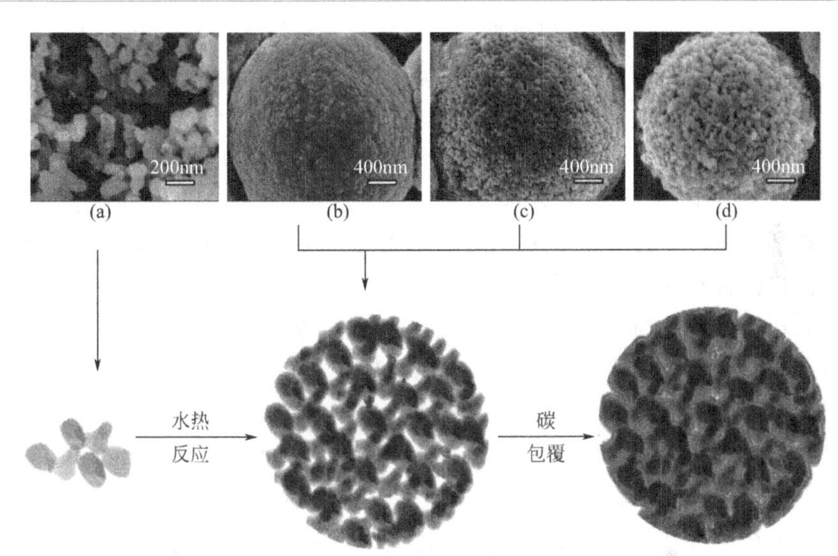

图 4-4　水热法制备纳米介孔 $LiFePO_4$ 微球的 SEM 图

水热时间：（a）1h；（b）2h；（c）6h；（d）12h

4.1.3.5 其他合成方法

共沉淀法是通过调节反应体系的 pH 值和反应物浓度等，使有效组分以沉淀物的形式从溶液中沉淀出来，过滤干燥后，进行煅烧得到目标产物。沉淀法制备的前驱体各个组分是在分子水平上混合均匀，不仅缩短了煅烧的时间、降低了温度，而且还可以通过控制反应条件来获得不同尺寸和分散性的颗粒。但由于各组分的沉淀平衡浓度积和沉淀速度不可避免地存在差异，因而容易导致组分的偏析，影响混合的均匀性，同时此方法合成条件苛刻、过程难控制、制备周期长。

液相共沉淀法是将原料分散均匀，前驱体可以在低温条件下合成。将 LiOH 加入到 $(NH_4)_2Fe(SO_4)_3 \cdot 6H_2O$ 与 H_3PO_4 的混合溶液中，得到共沉淀物，过滤洗涤后，在惰性气氛下进行热处理，可以得到 $LiFePO_4$。产物表现出较好的循环稳定性。

雾化热解法主要用来合成前驱体。将原料和分散剂在高速搅拌下形成浆状物，然后在雾化干燥设备内进行热解反应，得到前驱体，灼烧后得到产品。此外，还有流变相法、氧化-还原法、静电纺丝法等。

4.1.4 $LiFePO_4$ 的掺杂改性

$LiFePO_4$ 的电子电导率和锂离子扩散系数较低，使得容量衰减严重。为了提高 $LiFePO_4$ 的电子电导率和锂离子扩散系数，科研人员对 $LiFePO_4$ 正极材料进行了大量的改性研究。一是表面碳包覆，不仅增加了材料的比表面积，而且提高了颗粒之间的导电性，从而提高 $LiFePO_4$ 的电子电导率；二是离子掺杂，通过掺杂金属离子来改变 $LiFePO_4$ 的晶格参数，提高材料的锂离子扩散系数及电导率，主要掺杂的金属离子有 Mn^{2+}、Mg^{2+}、Al^{3+}、Ti^{4+}、Zr^{4+}、Nb^{5+} 等；三是材料纳米化，通过减小材料的粒径和改变材料的形貌来缩短 Li^+ 的扩散路径，从而提高材料的锂离子扩散系数。

表面包覆是一种简便有效的方法，表面包覆改性是对正极材料进行表面处理，使其表面包覆一层薄而稳定的阻隔物，使材料和电解液隔离开来，进而有效阻止二者之间的相互影响；或是经过表面处理改善正极复合材料的电导率，以及复合材料与集流体之间的结合力，并为 $LiFePO_4$ 正极材料提供电子隧道，补偿 Li^+ 在脱嵌过程中的电荷平衡，以提高正极材料的热稳定性、高温性能、循环稳定性和放电倍率等特性，减少电池的极化现象。常用的包覆有碳包覆、金属基包覆（如 Ag）、金属氧化物包覆（如 Al_2O_3）、磷酸盐包覆（如 $LaPO_4$）以及导电聚合物包覆（如聚吡咯、聚苯胺、聚噻吩等）等。

碳包覆实质上是在 $LiFePO_4$ 颗粒表面包覆了一层导电性能较好的碳膜，既可以增强材料的导电性，补偿脱/嵌过程中锂离子的电荷平衡。同时，由于碳的还原作用，还可以防止材料中 Fe^{2+} 被氧化，有效阻止颗粒间的团聚，而碳并未进入材料晶格。显然，作为两相复合的正极材料，$LiFePO_4/C$ 复合材料充分结合了 $LiFePO_4$ 和碳材料各自的优势，具备如下特点：

① 表面碳包覆的 $LiFePO_4$ 颗粒能完全嵌入到碳骨架结构中，被导电性能优越的立体碳网络（有一定程度的石墨化）所桥连，能显著提高 $LiFePO_4$ 颗粒间的电子传输能力。在理想情况下，高度石墨化的三维碳骨架结构就有可能完全取代导电添加剂和集流体的作用，将复合材料直接作为电极使用，从而能确保工作电极的能量和体积比容量。

② 坚固的碳骨架结构能有效控制 $LiFePO_4$ 颗粒的分布，防止其在材料合成、电极制备和电池反应过程中的有害团聚，从而极大地提高了正极材料的利用率。

③ 高比表面积的多孔碳立体结构有利于电解液的渗透和保持，使 $LiFePO_4$ 颗粒能与电解液充分接触，从而能提高 Li^+ 在电极中的传递速率。

④ 在制备过程中，碳骨架的构建能有效限制 $LiFePO_4$ 粒的生长，往往获得纳米级别的颗粒，缩短了 Li^+ 扩散的路径，有利于获得高倍率性能。

目前常被使用的碳包覆材料包括：蔗糖、葡萄糖、乙炔黑、石墨烯、抗坏血酸、柠檬酸、多壁碳纳米管、聚丙烯、聚乙烯醇等。G. Wang 等报道了介孔 C-$LiFePO_4$ 纳米复合材料，10C 倍率充放电时，1000 个循环的放电平均容量为 115mA·h·g^{-1}；Y. Wang 等报道了一种核壳结构的纳米 C-$LiFePO_4$ 复合材料，0.6C 倍率充放电时，首次放电容量为 168mA·h·g^{-1}，1100 次循环后，容量损失不超过 5%。表面包覆碳虽然可以有效改善材料的电子电导率，减小颗粒尺寸，提高材料的充放电容量，但是碳的加入明显降低了材料的振实密度、体积能量密度和质量能量密度，而且制备出理想的碳包覆材料对工艺条件有着严格的要求，故仍需要进行大量实验，以摸索出最佳的工艺条件。

通过金属或导电金属化合物包覆改性的方法也很常见，该方法可以阻止 $LiFePO_4$ 颗粒的生长，制得粒径较小的颗粒，使 Li^+ 的扩散距离减小，增大 $FePO_4$ 和 $LiFePO_4$ 的接触面积，从而使 Li^+ 可以在更大的 $FePO_4/LiFePO_4$ 界面上扩散，而且金属或金属氧化物颗粒的添加亦提高了活性物质颗粒表面的电导率。虽然表面包覆金属或导电化合物颗粒在一定程度上能够提高活性物质的电化学性能，但与包覆碳相比，其达到的效果并不明显，且近几年在该方面的研究也没有取得突破性的进展。

离子掺杂是使掺杂离子进入 $LiFePO_4$ 晶格内部取代部分离子的位置，以提高锂离子扩散速率和导电性能，降低电池内阻。掺杂改性包括金属离子掺杂和非金属离子掺杂，常见的掺杂元素有：Mg、Al、Ni、Co、Mo、Na、Mn、Zn、Nd、Nb、Rh、Cu、V、Ti、Sn、F、B、Br 等。未掺杂和掺杂的 $LiFePO_4$ 正极材料分别表现为 n 型半导体和 p 型半导体，金属离子的掺入使得 p 型半导体载流子增加，以提高正极材料的整体导电性。掺杂后的充放电循环过程中，正极材料中的 Fe 呈现混合价态，且 Fe^{3+}/Fe^{2+} 的比例发生了改变，从而导致了正极材料在 p 型和 n 型两种型态之间转变，极大地增加 $LiFePO_4$ 正极材料的导电性。而电负性较大的阴离子掺杂可以增加电池内部电势差，提高正极材料的充放电比容量。Y. M. Chiang 等利用金属离子 Mg^{2+}、Al^{3+}、Zr^{4+}、Ti^{4+} 和 Nb^{5+}（不超过 1%，原子分数）取代 $LiFePO_4$ 中的 Li^+，进行体相掺杂，可以将 $LiFePO_4$ 的室温电子电导率从 10^{-9}S·cm^{-1} 提高到 10^{-2}S·cm^{-1}，且使其高倍率充放电性能得到很大改善，但目前仍存在很大的争议。但是无可争议的是，通过选择性体相掺杂，能形成氧空位从而提高材料的导电性。

4.2 磷酸锰锂

同 $LiFePO_4$ 一样，$LiMnPO_4$ 也属于橄榄石型结构，其理论容量为 $171mA \cdot h \cdot g^{-1}$，工作平台在 4.1V（vs. Li^+/Li）左右，处于目前商业化的电解液稳定区，其能量密度为 $701W \cdot h \cdot kg^{-1}$，比 $LiFePO_4$ 高 20%。另外，$LiFePO_4$ 与碳负极构成的电池工作电压在 3.2V 左右，低于目前 $LiCoO_2/C$ 电池的电压（3.6V），使得两者不能互换通用，这大大限制了 $LiFePO_4$ 正极材料的应用范围。$LiMnPO_4$ 相对于 Li^+/Li 的电极电势为 4.1V，正好位于现有电解液体系的稳定电化学窗口，可以弥补 $LiFePO_4$ 电压低的缺点，与碳负极组成的电池工作电压与 $LiCoO_2/C$ 电池的电压相近，理论上可以取代价格昂贵的 $LiCoO_2$，是一种具有很好应用前景的锂离子电池正极材料。虽然 $LiMnPO_4$ 有诸多优点，但是它也存在一些缺陷。Yamada 等通过第一性原理对电子能级进行计算发现，$LiFePO_4$ 电子跃迁时能隙为 0.3eV，属于半导体，而 $LiMnPO_4$ 电子跃迁时能隙为 2eV，导电性差，几乎属于绝缘体。正因为 $LiMnPO_4$ 的电子导电性差，在充放电过程中发生较强的极化，另外由于 Mn^{2+} 转变为 Mn^{3+} 的过程中，发生 Jahn-Teller 效应，导致体积发生变化，使得 $LiMnPO_4$ 的研究远远低于 $LiFePO_4$。虽然 $LiMnPO_4$ 的电化学活性较低，但是我们仍不能忽视其高能量密度和安全性能等优势，应该将研究的重心放在 $LiMnPO_4$ 的改性上。因此，开展 $LiMnPO_4$ 正极材料的相关应用基础研究，对开发廉价、绿色的新一代高能锂离子电池具有重要意义。

4.2.1 $LiMnPO_4$ 的结构特性

4.2.1.1 $LiMnPO_4$ 的晶体结构

橄榄石型正极材料 $LiMnPO_4$ 属于正交晶系（Pnma），晶胞参数为 $a=10.4466(3)$Å、$b=6.10328(17)$Å、$c=4.74449(15)$Å，与 $LiFePO_4$ [$a=10.3234(6)$Å、$b=6.0047(3)$Å、$c=4.6927(3)$Å] 的晶体结构相似，原子坐标可以表示为：Li 在 LiO_6 八面体的 4a 位（0，0，0）、Mn 在 MnO_6 八面体的 4c 位（x，1/4，z）（$x\approx0.28$，$z\approx0.97$）、P 在 PO_4 四面体的 4c 位（x，1/4，z）（$x\approx0.10$，$z\approx0.42$）、O1 在 4c 位（x，1/4，z）（$x\approx0.10$，$z\approx0.74$）、O2 在 4c 位（x，1/4，z）（$x\approx0.45$，$z\approx0.20$）、O3 在 8d 位（x，y，z）（$x\approx0.16$，$y\approx0.05$，$z\approx0.28$）。氧原子为六方密堆积，Mn 和 Li 分别在六个氧组成的八面体中心，MnO_6 八面体在 ac 平面内沿 c 轴方向“Z 字形”链排列且共角，在 a 轴方向形成层状结构，这些链与 PO_4^{3-} 聚合阴离子共角或者共边形成稳定的 3D

结构，LiO_6 八面体在 b 轴方向上线性排列且共边，bc 平面被 Li 和 Mn 交替占据，在 a 轴方向上形成有序的 Li-Mn-Li-Mn 排列。Li^+ 是一维的扩散通道，沿着 b 轴［010］方向，如图 4-5 所示。

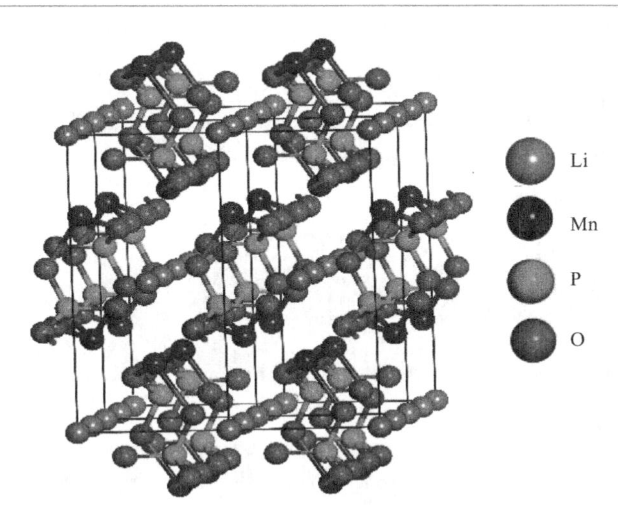

图 4-5　$LiMnPO_4$ 的晶体结构

橄榄石型系列正极材料，例如 $LiMnPO_4$ 的电化学性质比层状结构和尖晶石结构的正极材料更稳定，原因在于 $LiMnPO_4$ 晶体结构中有 P 原子的存在，P 原子与晶格中的 O 原子能形成高强度的 P—O 共价键。P—O 键与 O—O 键相比，强度要高 5 倍且键长更短，从而保证了 PO_4 四面体的稳定性，使 Li^+ 几乎不可能穿过 PO_4 四面体，降低了 Li^+ 的扩散速率，但也正因为 PO_4 的存在，才保证了 Li^+ 能在一个相对稳定的晶体结构中嵌入/脱出，从而使 $LiMnPO_4$ 具有良好的循环性能和安全性能。此外，高强度的 P—O 键能通过 Mn—O—P 的诱导效应稳定 Mn^{2+}/Mn^{3+} 反键态，从而使 $LiMnPO_4$ 产生较高的工作电压。这与 $LiFePO_4$ 类似，在 $LiFePO_4$ 晶体结构中，Fe—O 键越强，Fe^{2+}/Fe^{3+} 氧化还原对的能量越高，开路电压（OCV）越低，而 Fe 与邻近的 P 共享一个 O 原子形成 Fe—O—P 链，更强的 P—O 键通过诱导效应使 Fe—O 变得较弱，从而使 OCV 增高。除此之外，$LiMnPO_4$ 晶体结构中，其他原子与 P 形成的键（例如 Li—P 键、Mn—P 键和 P—P 键）也比与 O 形成的键（例如 Li—O、Mn—O 和 O—O 键）要强，虽然前者的键长比后者要长。如图 4-6 所示，由于 O 分别与 P 和 Mn 相邻，而且 O 周围的差分电子密度显示出了典型的 2p 轨道特征，因此可以确认 O_{2p} 与 P 和 Mn 的轨道将发生有效重叠，并形成共价键。而 Mn 周围的差分电子密度则清楚地显示出 Mn3d 轨道的特征，因此可以确认 Mn3d 和 O2p 之间能够有效地发生重叠并形成共价键。对于 PO_4 四面体中心的 P 而言，P 的 3s 和 3p 轨道发生 sp^3 杂化，这使得 P 的 3s 和 3p 态具有很强的离域特征。

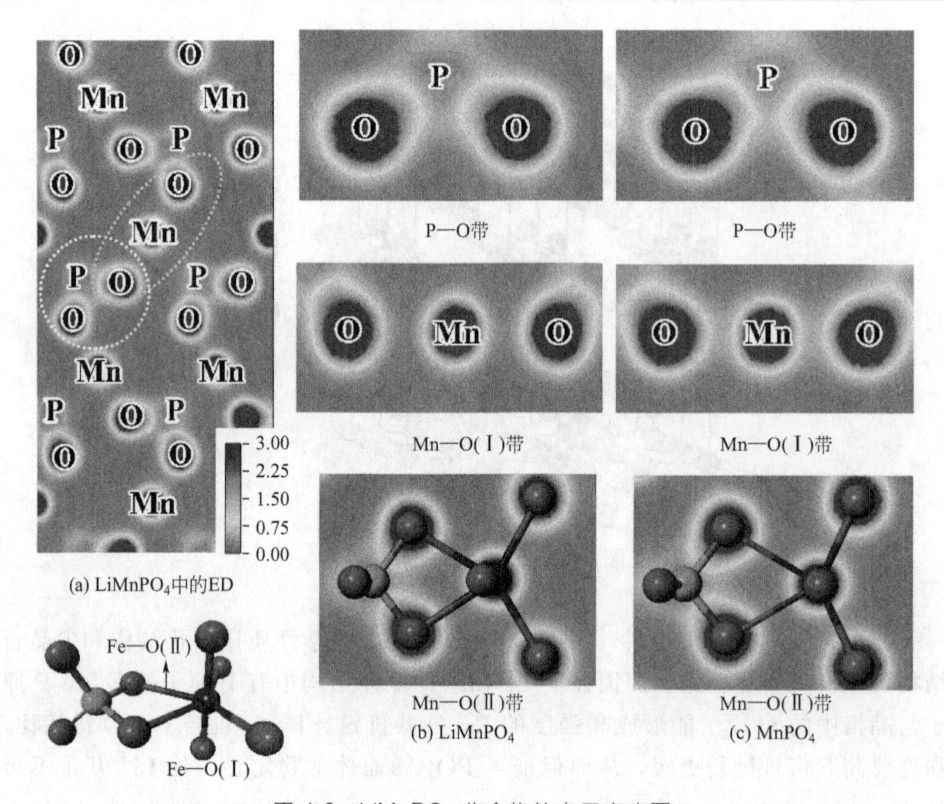

图 4-6 $LiMnPO_4$ 化合物的电子密度图

4.2.1.2 $LiMnPO_4$ 中的点缺陷

点缺陷属于最简单的缺陷，基本不会引起 $LiMPO_4$（M＝Fe、Mn、Co 或 Ni）晶格整体的变化，但点缺陷与 Li^+ 传输机制有直接联系。橄榄石型正极材料的缺陷研究大部分集中在 $LiFePO_4$ 材料。在 $LiFePO_4$ 中，反位缺陷和/或缺陷簇会严重影响 Li^+ 的扩散行为。橄榄石型正极材料中的点缺陷主要涉及两种：空位缺陷和反位缺陷。$LiMnPO_4$ 中的缺陷可以按照 Frenkel 和 Schottky 经典的空位和填隙子观点来处理。通过高价离子取代 Li 离子（M1 位）或 Mn 离子（M2 位）可能会产生空位缺陷。Fisher 等通过理论计算得出，$LiMnPO_4$ 中 O Frenkel 缺陷的能量为 7.32eV，Mn Frenkel 缺陷的能量是 6.80eV，Li Frenkel 缺陷的能量为 1.97eV，说明 Mn^{2+} 和 O^{2-} 空位缺陷的出现对 $LiMnPO_4$ 晶体结构非常不利，而 Li^+ 空位缺陷只有在高温环境下才可能出现，因此通过高价离子（例如 Ga^{3+}、Ti^{4+} 和 Nb^{5+}）取代 M1 位或 M2 位产生空位缺陷的方法是不可取的，超过 3%的高价离子掺杂都不会真正进入 $LiMnPO_4$ 晶格中。$LiFePO_4$ 中也不可能通过高价离子取代 M1 位和 M2 位产生锂空位和铁空位。Li/Mn 反位缺陷的能量为 1.48eV，在 $LiMnPO_4$ 点缺陷中能量最低；此外，Li^+（六配位离子半径为 0.76Å）和 Mn^{2+}（六配位离子半径为 0.83Å）有相似的 Shannon 离子半径，说明 $LiMnPO_4$ 晶体中出现 Li/Mn 反位缺陷的概率最大，实验结果证明了 Li/Mn 反位缺陷的存在。在 $LiMnPO_4$ 中，反位缺陷的含量较小（<2%），它们形成与合成条件有关，低温合成条件会轻微降低 Li/Mn 反位缺陷的能量，使 Li/Mn 反位缺陷容易形成。通过透射电镜（TEM）研究发现，体相 $LiFePO_4$ 在 600℃下制备时，大约形成了 1%的反位缺陷，而在 800℃下制备时，几乎没有反位缺陷。

4.2.1.3 $LiMnPO_4$ 的脱锂过程及伴随的结构扭曲

橄榄石型正极材料除了结构稳定外，另外一个优点就是它们在充电的过程中伴随着体积收缩，这正好弥补了碳类负极材料在充电时的体积膨胀，使得正负极材料能有效利用电池内的空间。电池充电时，$LiMnPO_4$ 完成的是一个脱锂过程，用 Li^+ 扩散的单相机制来描述，方程式为：

$$LiMnPO_4 - xLi^+ - xe \rightleftharpoons Li_{1-x}MnPO_4 \tag{4-1}$$

为了更好地讨论 $LiMnPO_4$ 与 $MnPO_4$ 结构的变化，上述方程式应改为用 $LiMnPO_4/MnPO_4$ 两相机制来描述：

$$LiMnPO_4 - xLi^+ - xe \rightleftharpoons (1-x)LiMnPO_4 + xMnPO_4 \tag{4-2}$$

$LiMnPO_4$ 或 $LiFePO_4$ 的脱/嵌锂过程是一个两相反应机制。Goodenough 等在发现 $LiFePO_4$ 具有可逆的嵌锂能力时，就用核-壳模型很好地描述了 $LiFePO_4$ 的两相反应机制。Yonemura 等将核-壳模型应用到了 $LiMnPO_4$ 正极材料，他们认为，$LiMnPO_4$ 脱锂是一个内核（$LiMnPO_4$）不断变小，外壳（$MnPO_4$）不断变大的过程。Chen 和 Richardson 通过实验发现，化学脱锂的过程中，脱锂相会形成非化学计量比 $Li_{1-x}MnPO_4$ 的固溶体，而不是完全的脱锂形成 $MnPO_4$，但化学计量比 $LiMnPO_4$ 中却没有 $MnPO_4$ 的出现，是因为随着化学脱锂的程度加深，富锂相 $LiMnPO_4$ 的晶胞体积维持不变，脱锂相 $Li_{1-x}MnPO_4$ 晶胞体积逐渐变小，他们还发现，即使在 4.5V 电压下充电，$LiMnPO_4$ 也不会完全脱锂，会有部分残留 Li 存在，原因在于高的电极电阻。两相转变造成的最大变化就是相界的出现，相界对 $LiMnPO_4$ 中的动力学行为有很大影响，比如，两相界面会使电极材料超电势增大。Yonemura 等认为电子传输在 $LiMnPO_4$ 和 $LiFePO_4$ 两相界面有本质的不同，主要有两个原因：①$MnPO_4$ 相的 Jahn-Teller 效应会强束缚极化子空穴使极化子有效质量迅速增长；②$LiMnPO_4/MnPO_4$ 两相处晶格的不匹配会增加电子跃迁的势垒。Goodenough 等通过实验发现，$LiMnPO_4$ 脱锂前后体积变化为 10%，而 $LiFePO_4$ 脱锂前后体积变化为 6.8%，使得 $LiMnPO_4/MnPO_4$ 界面处比 $LiFePO_4/FePO_4$ 承受了更大的应力；另外，$LiMnPO_4/MnPO_4$ 界面是与锂离子扩散方向［010］轴垂直，而 $LiFePO_4/FePO_4$ 界面与锂离子扩散方向平行，这两个原因直接造成了 $LiMnPO_4$ 与 $LiFePO_4$ 中锂离子扩散系数的不同，从而导致了电池性能的差异。

尽管 $LiMnPO_4$ 和 $LiFePO_4$ 具有相同的空间群和相似的晶体结构，但由于 Fe($3d^6 4s^2$) 和 Mn($3d^5 4s^2$) 价电子层不同，这导致了两者的微观成键结构、热力学稳定性及电子特性有所不同，而电子结构的变化对材料的电化学性质将产生深远的影响。根据正常价态的估算，若 Mn 和 Fe 都是 +2 价，则 Fe^{2+} 和 Mn^{2+} 分别是 d^6 和 d^5 构型。因此在 $LiMnPO_4$ 体系中 Mn^{2+} 的低自旋构型将会导致系统产生 Jahn-Teller 畸变，正如第一性原理计算所证实的一样，而材料的结构畸变将使电池材料的循环性能变差。而对于 $LiFePO_4$ 而言，低自旋构型可以使 MnO_6 保持理想八面体结构，这有利于增强体系的结构稳定性，并提高材料的循环性能。除此之外，Mn 和 Fe 最外层的电子数的差异也会导致 M—O（M＝Mn 和 Fe）之间的化学键的强度发生改变。可以预测随着 3d 层的电子数增加，M—O 之间的成键态逐渐被填充，在达到某个临界点之前 M—O 键的键强逐渐增强。因此，$LiFePO_4$ 的热力学稳定性应该较 $LiMnPO_4$ 更优，正如 G. Ceder 通过第一性原理计算及相图的计算所证实的那样：$MnPO_4$ 的分解温度确实较 $FePO_4$ 低得多，这与 Chen 等的实验研究相一致。另外，第一性原理计算表明，Li^+ 的脱嵌使原本很弱的 Mn—O(Ⅰ) 键进一步削弱，导致材料的力学性能发生显著改变。由于 Mn—O(Ⅰ) 主要分布在 {101} 晶面上，这导致与上述两晶面相关滑移系统（例如{101}、{101}、＜010＞和＜101＞）变得非常活跃。因此 $MnPO_4$ 材料很容易产生剪应形变和位错。沿着 (101) 和晶面分布的位错使得紧邻的 MnO_6 八面体以共享边的方式相连接，而最紧邻的两个 PO_4 四面体则通过一个共享顶点（O 原子）相连。以此，每个 $Mn_2P_2O_8$($2MnPO_4$) 将产生一个多余的 O 原子，该氧原子将在界面区域释放，因此使得反应 $2MnPO_4(P_{nma}) = Mn_2P_2O_7(C_{2/m}) + 0.5O_2$ 成为可能。

4.2.2 $LiMnPO_4$ 的改性研究

由于 $LiMnPO_4$ 的电子导电性差，锂离子在晶体内部扩散速度慢，存在 Jahn-Teller 效应，严重影响了材料的电化学性能，而从限制了 $LiMnPO_4$ 的实际应用。通过合适的改性方法来提升 $LiMnPO_4$ 的电化学性能一直是科学家研究的重点。目前，常见的对 $LiMnPO_4$ 改性方法有碳包覆、金属离子掺杂、纳米化和形貌控制等。

4.2.2.1 碳包覆

碳包覆是在提高 $LiMnPO_4$ 材料导电性方面使用较多的一种简单有效的方法。碳包覆通常是将碳源与预先制备的活性物质混合，然后在高温、惰性气体保护下进行热处理形成包覆层。通过此方法可以在 $LiMnPO_4$ 颗粒表面形成一层导电性能好的碳包覆层，良好的碳包覆有利于电子导电，从而提高材料自身的电子电导率。同时，较好的导电性为电子的快速传导提供了通道。此外碳包覆还有其他的作用：高温烧结时，涂覆的碳层作为还原剂，可以阻止 Mn^{2+} 被氧化成更高的价态；碳包覆之后，碳层附着在材料的表面上，可以防止颗粒在锻烧过程中晶体的持续长大，可以有效控制颗粒的尺寸；碳层附着在材料的表面，可以有效减少材料的团聚，可以提供有效的电子和离子传输通道。碳包覆还可以有效地避免 $LiMnPO_4$ 材料与电解液直接接触而造成活性材料的溶解，进而减小了容量的损失。

Li 等采用高温固相法制得 $LiMnPO_4/C$ 材料。Li 将炭黑、Li_2CO_3、$MnCO_3$ 和 $NH_4H_2PO_4$ 进行球磨混合，然后在 400～800℃、N_2 氛围下进行煅烧，碳包覆量为 9.8%（质量分数）。实验结果表明，在 500℃煅烧合成的材料电化学性能最好，在 0.01C 充放电下的放电比容量超过 $140mA \cdot h \cdot g^{-1}$。

Bakenow 等研究了不同导电碳对 $LiMnPO_4$ 电化学性能的影响，分别以乙炔黑（AB）和两种类型的科琴黑（KB1 和 KB2）为碳源。实验结果表明，包覆碳的 $LiMnPO_4$ 的比表面积增大，其中 KB2-$LiMnPO_4$ 表现出最好的电化学性能，在放电电流为 0.05C 时的初始放电比容量高达 $166mA \cdot h \cdot g^{-1}$，且具有良好的循环性能。这可能与导电碳的形貌有关，KB2 具有介孔结构和高的比表面积，且能充分溶于有机电解质，使电极与电解液最大限度地紧密接触，缩短了 Li^+ 的穿透通道，提高了 $LiMnPO_4$ 的导电性。

Wang 等采用多元醇法制备了 $LiMnPO_4$ 纳米片（LMP-NP）、碳包覆的 $LiMnPO_4$ 纳米片（LMP-NP@C），然后利用自组装的方法制备了有纳米片组成的微团簇的多孔 $LiMnPO_4$@C（LMP-MC@C）材料，如图 4-7 所示。研究结果表明，这种独特的结构设计以及碳包覆显著提高了 $LiMnPO_4$ 材料的比容量和循环稳定性。0.2C 倍率充放电时，200 次循环后容量仍保持 $120mA \cdot h \cdot g^{-1}$。

Fan 等采用两步溶剂热法制备了 $LiMnPO_4$@C 纳米材料，其中，油胺既作溶剂，又作为碳源。该材料的粒径小于 40nm，且在材料的表面形成一层厚度为 2～3nm 的碳包覆层，交织形成一个 2μm 的介孔结构。充放电测试表明，$LiMnPO_4$@C

在 0.1C 和 5C 下的放电比容量分别为 $168mA \cdot h \cdot g^{-1}$ 和 $105mA \cdot h \cdot g^{-1}$，碳包覆薄层不仅提高了材料的电子和离子电导率，还提升了其循环稳定性。

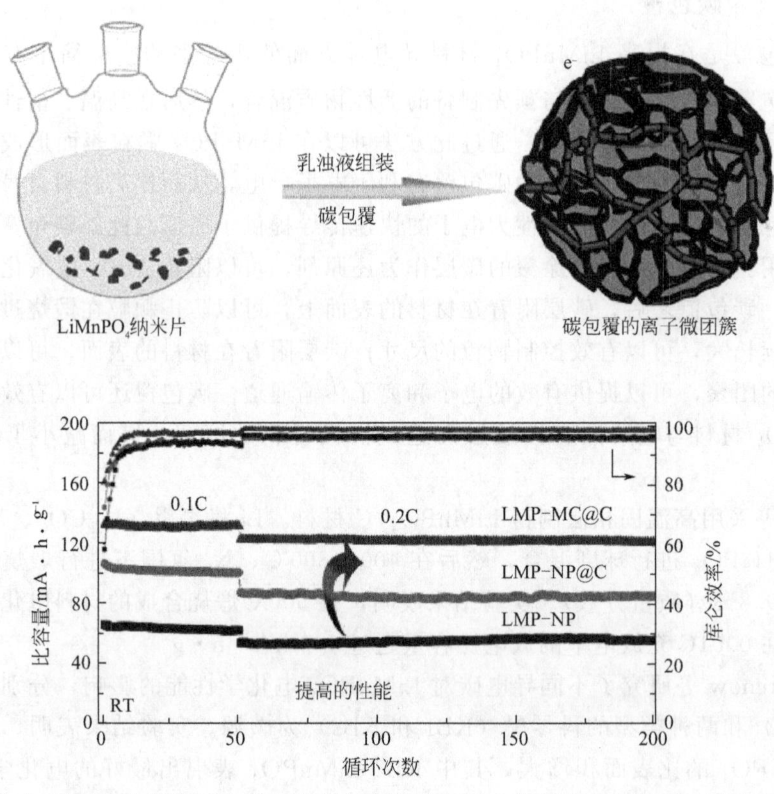

图 4-7 微团簇的多孔 $LiMnPO_4$@C（LMP-MC@C）材料的合成路线及其循环性能

Wang 等以聚并苯（PAS）作为碳源，采用溶剂热法合成了纳米尺寸的 $LiMn_{0.9}Fe_{0.1}PO_4$-PAS 材料，其制备流程如图 4-8 所示。该材料具有很高的电导率（$0.15S \cdot cm^{-1}$），表现出了良好的倍率性能和循环性能，在 0.1C、1C 和 10C 下的放电比容量分别为 $161mA \cdot h \cdot g^{-1}$、$141mA \cdot h \cdot g^{-1}$ 和 $107mA \cdot h \cdot g^{-1}$，在 20C 下循环 100 次后的容量保持率仍保持在 90%。另外，在掺杂 Fe^{2+} 之后，材料的锂离子扩散系数提高了一个数量级。

最近，石墨烯以其独特的性能作为碳源包覆颗粒成为研究重点。石墨烯的二维网状单层碳原子结构，能够更快地传递电子，由于其柔韧的网状结构，使得石墨烯的结构非常稳定，这样可以缓解电池在充放电过程中体积的收缩和膨胀，大大提高了电池的安全稳定性。

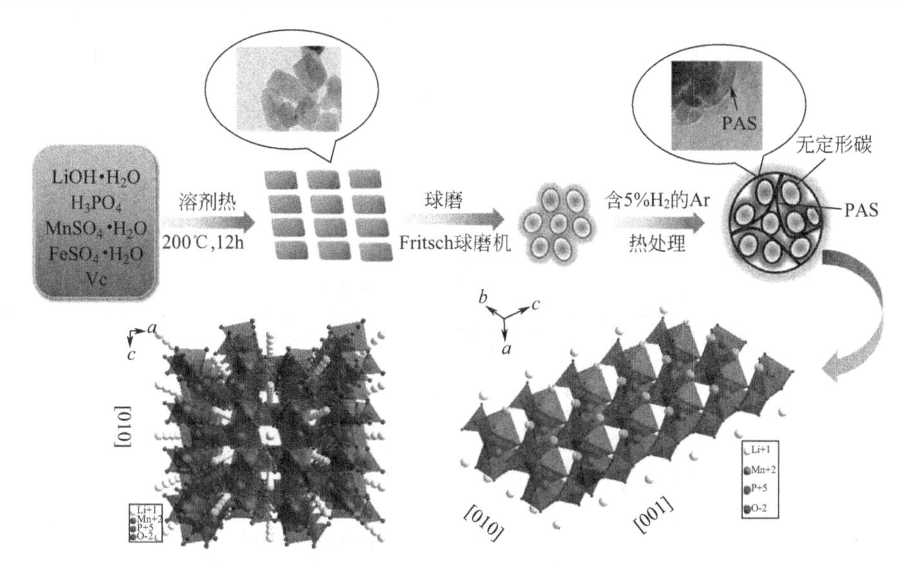

图 4-8 $LiMn_{0.9}Fe_{0.1}PO_4$-PAS 制备流程示意图

4.2.2.2 金属离子掺杂

金属离子掺杂是另一种能有效提高 $LiMnPO_4$ 的电化学性能的方法。通过掺杂一种或多种金属离子形成固溶体，使主体相产生晶格缺陷达到活化的目的，并且可抑制 Jahn-Teller 效应，从而起到稳定材料结构、提高材料电化学活性的作用。目前用于掺杂 $LiMnPO_4$ 的金属离子主要有：Fe^{2+}、Mg^{2+}、Zn^{2+}、Cu^{2+}、Co^{2+}、Ni^{2+}、Ca^{2+}、Ti^{4+}、Zr^{4+}、Nb^{5+}等。其中，由于 $LiMnPO_4$ 与 $LiFePO_4$ 结构的相似性，Fe/Mn 固溶体材料（$LiFe_{1-x}Mn_xPO_4$）得到了更多的关注。虽然 $LiMnPO_4$ 和纯 $LiFePO_4$ 的结构相同，但是 $LiFe_{1-x}Mn_xPO_4$ 固溶体并不是这两种材料的简单组合。Bramnik 等研究 $LiMn_{0.6}Fe_{0.4}PO_4$ 的脱锂过程，结果显示该材料存在两个两相区域，都随着一个两相区域移动，这不同于纯 $LiMnPO_4$ 和纯 $LiFePO_4$ 的锂离子脱/嵌。$LiMnPO_4$ 和 $LiFePO_4$ 的固溶体会提高电化学性能，可能是因为 Mn^{2+}/Fe^{2+} 对的存在降低了电子迁移的活化能，$LiFe_{1-x}Mn_xPO_4$ 中 $Mn^{2+}(3d^5)$ 和 $Fe^{2+}(3d^6)$ 的电子混合排布方式促进电荷在离子间的传输。然而，$LiFe_{1-x}Mn_xPO_4$ 的电化学行为比较复杂，也有实验结果显示 $LiFe_{1-x}Mn_xPO_4$ 的电化学性能会随着 x 的增大而降低。

Lei 等采用溶剂热法制备了系列碳包覆的 $LiMn_{1-x}Fe_xPO_4$（$0 \leqslant x \leqslant 1$）纳米材料，宽度大约 50nm，长度 50～200nm，碳层的厚度大约 2nm。研究表明，当 $x=0.2 \sim 0.3$ 时，材料具有较高比容量和倍率性能，如图 4-9 所示。循环性能测试表明，0.1C 倍率时，$LiMn_{0.7}Fe_{0.3}PO_4$/C 首次放电容量为 167mA·h·g^{-1}，50 次循环后的容量保持率为 94%；倍率性能测试表明，$LiMn_{0.7}Fe_{0.3}PO_4$/C 在 0.1C、1C、5C 倍率时的放电容量分别为 167.6mA·h·g^{-1}、153.9mA·h·g^{-1}、139.1mA·h·g^{-1}。更多的 $LiMn_{1-x}Fe_xPO_4$（富 Mn）材料的合成方法及其电化学性能见表 4-1。

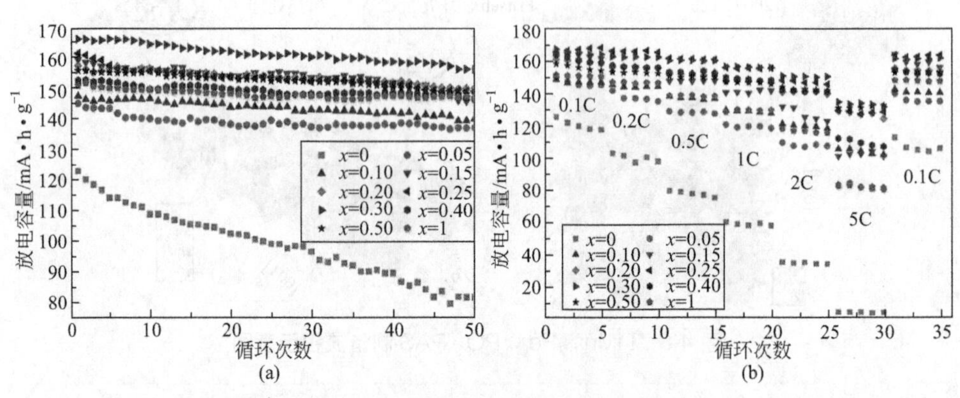

图 4-9 $LiMn_{1-x}Fe_xPO_4$/C（0≤x≤1）材料在 0.1C 倍率时的循环性能（a）和倍率性能（b）

表 4-1 $LiMn_{1-x}Fe_xPO_4$（富 Mn）材料的合成方法及其电化学性能

$LiMn_{1-x}Fe_xPO_4$	容量/mA·h·g^{-1}	倍率容量/mA·h·g^{-1}	合成方法
$LiMn_{0.7}Fe_{0.3}PO_4$	167.6@0.1C	153.9@1C,139.1@5C	溶剂热
$LiMn_{0.75}Fe_{0.25}PO_4$	161.7@0.1C	141.5@1C,121.3@5C	溶剂热
$LiMn_{0.7}Fe_{0.3}PO_4$	约 150@0.1C	约 135@1C	溶剂热
$LiMn_{0.8}Fe_{0.2}PO_4$	约 145@0.1C	130@1C	溶剂热
$LiMn_{0.7}Fe_{0.3}PO_4$	约 120@0.1C	105@1C	高温固相
$LiMn_{0.6}Fe_{0.4}PO_4$	150@0.1C	约 145@1C,130@5C	高温固相
$LiMn_{0.75}Fe_{0.25}PO_4$	55@0.01C	—	溶剂热
$LiMn_{0.5}Fe_{0.5}PO_4$	153@0.02C	120@1C	溶剂热
$LiMn_{0.8}Fe_{0.2}PO_4$	111@0.12C	80@1.2C	溶胶-凝胶
$LiMn_{0.9}Fe_{0.1}PO_4$	142@0.12C	115@1.2C	溶胶-凝胶
$LiMn_{0.8}Fe_{0.2}PO_4$	138@0.1C@50℃	110@1C@50℃	溶胶-凝胶
$LiMn_{0.8}Fe_{0.2}PO_4$	165.3@0.05C	142.2@0.5C	溶剂热
$LiMn_{0.85}Fe_{0.15}PO_4$	163.1@0.1C	150.3@1C,138@5C	溶剂热
$LiMn_{0.75}Fe_{0.25}PO_4$	157@0.1C	约 134@1C	聚合物辅助
$LiMn_{0.8}Fe_{0.2}PO_4$	146.5@0.5C	140@1C,127@5C	共沉淀
$LiMn_{0.8}Fe_{0.2}PO_4$	152@0.2C	146@1C,130@5C	溶剂热
$LiMn_{0.8}Fe_{0.2}PO_4$	145@0.2C	144@1C,116@5C	喷雾干燥

续表

$LiMn_{1-x}Fe_xPO_4$	容量/$mA\cdot h\cdot g^{-1}$	倍率容量/$mA\cdot h\cdot g^{-1}$	合成方法
$LiMn_{0.8}Fe_{0.2}PO_4$	151@0.1C	145@1C,133@5C	喷雾干燥,CVD
$LiMn_{0.8}Fe_{0.2}PO_4$	161@0.05C	158@0.5C,约124@5C	多元醇法
$LiMn_{0.8}Fe_{0.2}PO_4$	162@0.1C	145@1C	高温固相
$LiMn_{0.75}Fe_{0.25}PO_4$	132@0.1C	120@1C	共沉淀
$LiMn_{0.7}Fe_{0.3}PO_4$	约136@0.5C	107@5C	高温固相
$LiMn_{0.75}Fe_{0.25}PO_4$	156@0.1C	153@1C,约136@5C	微波
$LiMn_{0.8}Fe_{0.2}PO_4$	142@0.1C	103@1C,69@5C	溶胶-凝胶

Mg^{2+}的加入可以改善$LiMnPO_4$材料的热力学性能，提高氧化还原反应的热稳定性。20%（摩尔分数）Mg的固溶量能够有效缩短Li^+的扩散路径，并且有利于晶体的发育，削弱了Jahn-Teller效应，从而增强了材料的结构稳定性，在0.05C下比容量达150$mA\cdot h\cdot g^{-1}$。Chen等研究发现Zn^{2+}掺杂$LiMnPO_4$会产生负面效果，掺杂后的材料电化学性能反而降低了，而Wang等的研究结果显示，Zn^{2+}掺杂后材料的容量从71.9$mA\cdot h\cdot g^{-1}$提高到了140.2$mA\cdot h\cdot g^{-1}$。造成该结果的原因可能与材料的制备方法和工艺有关，如反应条件、掺杂量等不同。Fang等通过加入少量Zn（2%，摩尔分数），有效减少了充放电时的电池内阻，增加了Li^+的扩散性和相转变，通过固相法700℃煅烧3h合成的$LiMn_{0.98}Zn_{0.02}PO_4$材料的高倍率性能得到很大提高，5C下比容量达105$mA\cdot h\cdot g^{-1}$。Nithya等通过溶胶-凝胶法合成了Co^{3+}掺杂$LiMnPO_4$的正极材料$LiCo_{0.09}Mn_{0.91}PO_4/C$，结果表明该材料具有优良的容量和循环性能，放电区间为3～4.9V时，在0.1C下的放电容量为160$mA\cdot h\cdot g^{-1}$，循环50次后的容量保持率高达96.3%。Lee等考察阳离子掺杂对$LiMnPO_4$在电化学过程Li^+迁移的影响，研究发现：Mg^{2+}、Ca^{2+}和Zr^{4+}掺杂后能有效增加材料的可逆容量，减小材料电化学歧化和提高材料中Li^+的扩散系数。

4.2.2.3 纳米化和形貌控制

缩小颗粒尺寸，使其达到纳米级别，能够缩短Li^+扩散路径，同时能增大材料的比表面积，从而改善$LiMnPO_4$的电化学性能。另外，材料的形貌在很大程度上也决定了其电化学性能，因此控制$LiMnPO_4$的微观结构和形貌就显得特别重要。

由于$LiMnPO_4$晶体中锂离子的传输存在高度的各向异性，主要沿[010]方向传输，缩短[010]方向路径距离可以极大地提高锂离子的传输速度。因此，控制制备具有较短的[010]方向的形貌的材料受到了广泛的认可。Wang等通过多元醇法成功合成了纳米结构的$LiMnPO_4$正极材料，其形貌为厚度在30nm

左右的纳米片状，该纳米片最薄的方向为 $LiMnPO_4$ 晶体的［010］方向，有利于 Li^+ 的快速迁移。该材料在常温和高温下都表现出良好的容量和循环性能，在1/10C时的放电比容量达到 $141mA \cdot h \cdot g^{-1}$，1C下的放电比容量仍有 $113mA \cdot h \cdot g^{-1}$；在50℃条件下，0.1C和1C下的放电比容量分别高达 $159mA \cdot h \cdot g^{-1}$ 和 $138mA \cdot h \cdot g^{-1}$，循环200次后的容量保持率高达95%。Choi等以油酸和切片石蜡为介质，采用固相反应制备了厚度约为50nm的 $LiMnPO_4$ 纳米片，其形貌如图4-10所示。TEM图显示，纳米片由生长方向沿［010］的单晶体纳米棒自组装而成，电化学性能测试结果表明，在电流密度为0.02C时，材料的容量高达 $168mA \cdot h \cdot g^{-1}$，接近理论值；在1C倍率下的放电比容量仍高达 $117mA \cdot h \cdot g^{-1}$。

图4-10 $LiMnPO_4$ 纳米片的形貌图

Yoo等以聚甲基丙烯酸甲酯胶体为模板，通过模板法合成了具有3D结构的多孔球状 $LiMnPO_4$ 材料，其形貌如图4-11所示。该多孔球状材料的空隙和厚度分为250nm和40nm，比表面积为 $29m^2 \cdot g^{-1}$，因此表现出良好的电化学性能，在0.1C的放电比容量高达 $162mA \cdot h \cdot g^{-1}$，10C时的放电容量仍有 $105mA \cdot h \cdot g^{-1}$。

Bao等以 $NH_4H_2PO_4$、$MnSO_4$ 和 Li_2SO_4 为原料，以乙二醇的水溶液为介质，采用水热法制备了花状纳米结构的 $LiMnPO_4$ 材料，如图4-12所示。磷酸锰锂纳米片大约厚30nm，并且以（010）晶面为主。其原因是乙二醇作为有机溶剂很容易因为存在氢键被固体表面吸附，这有助于形成薄片状的 $LiMnPO_4$ 材料。为了得到更高稳定性的材料，这些片状 $LiMnPO_4$ 自组装为分级结构的花状形貌。Bao等还通过调节乙二醇水溶液中乙二醇的比例，采用水热法合成了由纳米棒自组装形成的花蕊状的 $LiMnPO_4$ 材料，如图4-13所示。

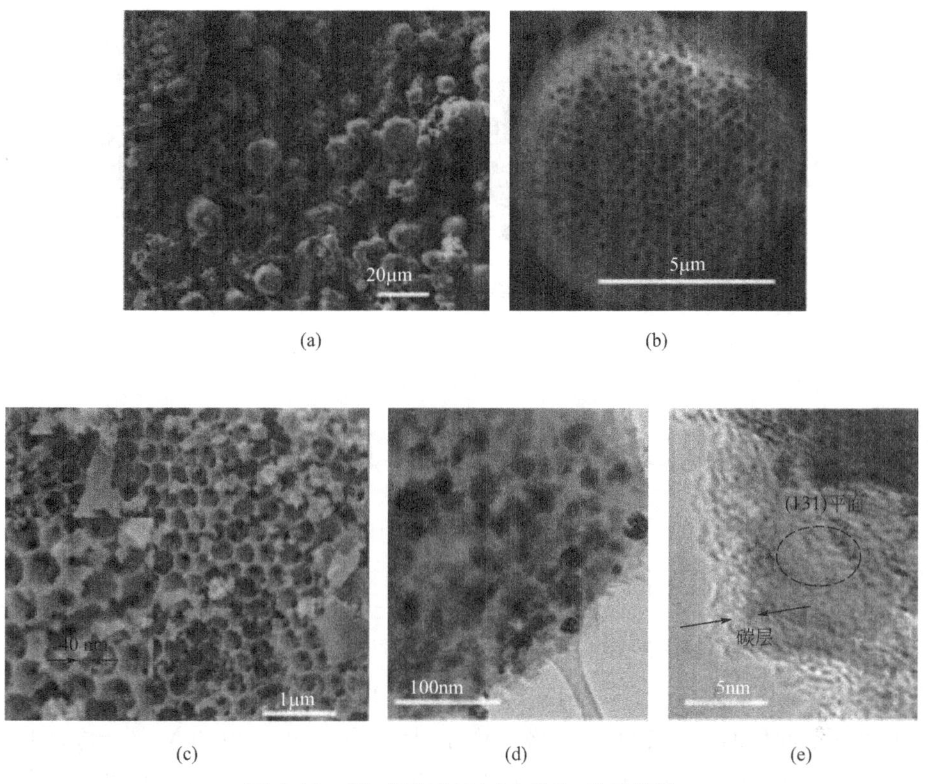

图 4-11 3D 多孔球状 $LiMnPO_4$ 的形貌图

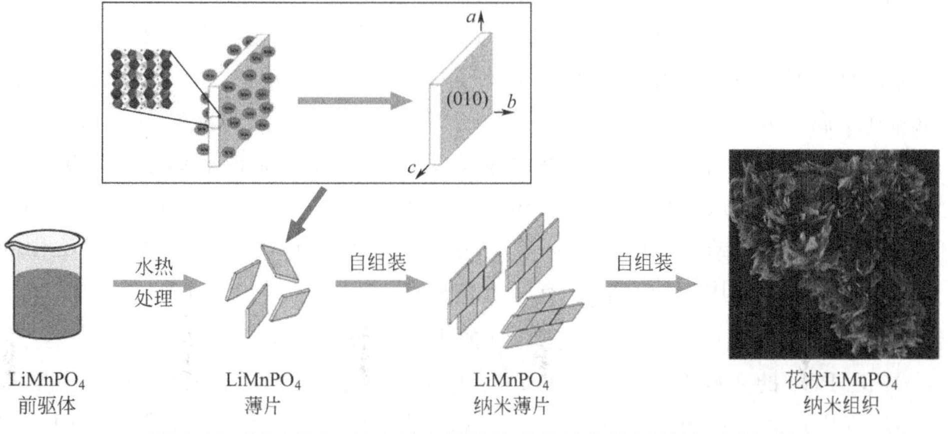

图 4-12 $LiMnPO_4$ 纳米片自组装为花状结构的材料的形成机制

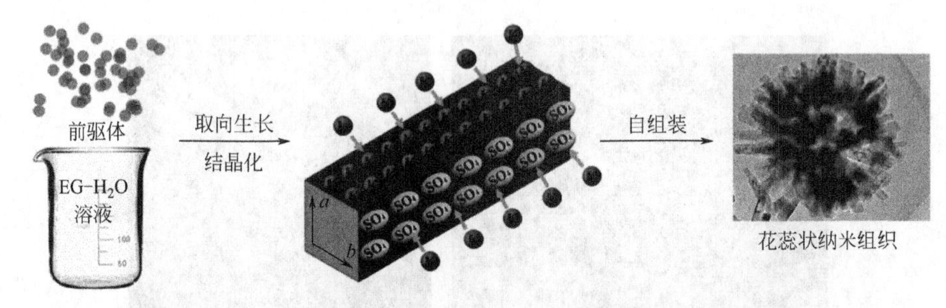

图 4-13 $LiMnPO_4$ 纳米棒自组装为花蕊状材料的形成机制

4.3 $LiCoPO_4$ 和 $LiNiPO_4$ 正极材料

4.3.1 $LiCoPO_4$ 的结构

$LiCoPO_4$ 具有有序的橄榄石型结构，有三种空间群结构，分别为 $Pn2_1a$、Cmcm 和 Pnma，如图 4-14 所示。Klingeler 利用水热法合成了具有电化学活性的 $Pn2_1a$ 空间群的 $LiCoPO_4$，晶格参数分别为：$a=10.023(8)$Å、$b=6.724(7)$Å、$c=4.963(4)$Å。Pnma 空间群的 $LiCoPO_4$ 在高压下（15GPa）可以转化为 Cmcm 空间群。图 4-15 给出了不同空间群的 $LiCoPO_4$ 的充放电曲线。从图中可以看出，Cmcm 空间群的 $LiCoPO_4$ 几乎没有电化学活性，$Pn2_1a$ 空间群的 $LiCoPO_4$ 电化学活性较低，二者均不适合作为锂离子电池电极材料，而 Pnma 空间群的 $LiCoPO_4$ 电化学活性尚可，可作为活性材料。空间群为 Pnma 的 $LiCoPO_4$ 属于正交晶系，晶胞参数为 $a=10.206$Å，$b=5.992$Å，$c=4.701$Å。在 $LiCoPO_4$ 晶体中氧原子呈六方密堆积，磷原子占据的是四面体空隙，锂原子和钴原子占据的是八面体空隙。共用边的八面体 CoO_6 在 c 轴方向上通过 PO_4 四面体连接成链状结构。$LiCoPO_4$ 中聚阴离子基团 PO_4 对整个三维框架结构的稳定起到了重要作用，使得它具有很好的热稳定性和安全性。$LiCoPO_4$ 的理论容量为 $167mA\cdot h\cdot g^{-1}$，相对 Li^+/Li 的电极电势约为 4.8V。

$LiCoPO_4$ 的充放电机理较 $LiFePO_4$ 复杂，目前还没有统一的定论。主要有一步脱嵌机理和两步脱嵌机理。一步脱嵌机理认为只有一个充放电平台和两个相（$LiCoPO_4$ 和 $CoPO_4$），充放电反应式如下：$LiCoPO_4 \rightleftharpoons CoPO_4 + Li^+ + e$，与 $LiFePO_4$ 相似。两步脱嵌机理认为充电曲线上出现 4.80～4.86V 及 4.88～

4.93V 两个平台，对应 Li_xCoPO_4 的 $0.7 \leqslant x \leqslant 1$ 和 $0 \leqslant x \leqslant 0.7$，除了 $LiCoPO_4$ 和 $CoPO_4$ 相之外，中间还出现一个 Li_xCoPO_4 相。嵌锂过程中相变向相反的方向进行。

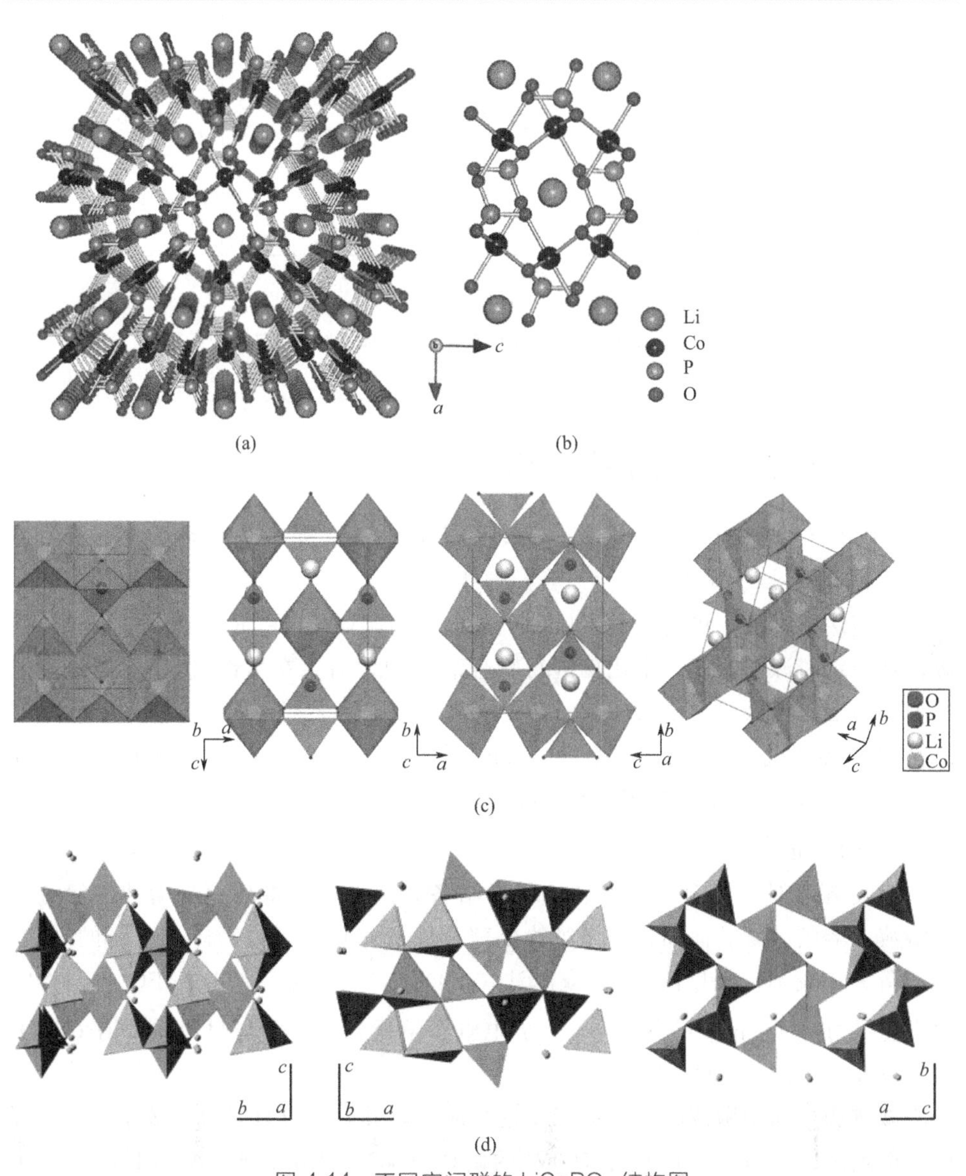

图 4-14 不同空间群的 $LiCoPO_4$ 结构图

(a)，(b) Pnma；(c) Cmcm；(d) $Pn2_1a$

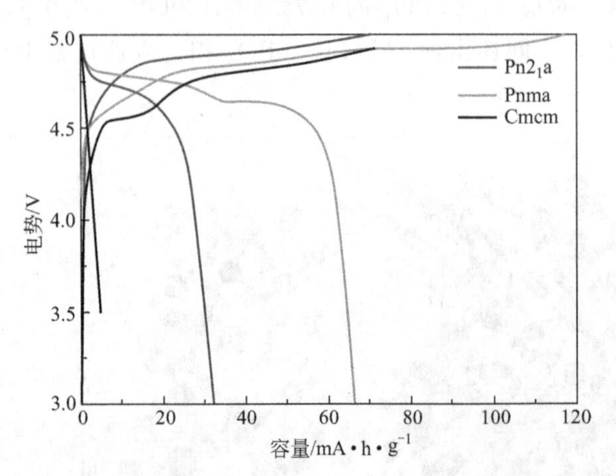

图 4-15 不同空间群的 $LiCoPO_4$ 在 0.1C 倍率时的首次充放电曲线

4.3.2 $LiCoPO_4$ 的制备方法

$LiCoPO_4$ 常用的制备方法主要有：高温固相法、喷雾热分解法、微波合成法、溶胶-凝胶法、水热合成法、共沉淀法等。

固相法是合成正极材料最常用的也是最容易产业化的一种方法，主要是将锂源、钴源、磷源等按照一定比例进行物理混合均匀后，在惰性气氛下进行烧结。高温固相法是电极材料制备中最常用的一种方法，工艺简单，易实现产业化；但样品的粒径不易控制，分布不均。Loris 等以 $CoNH_4PO_4$ 和 LiOH 为原料在 700℃空气气氛中煅烧制备了 $LiCoPO_4$ 材料，在 0.1C 倍率下首次放电容量达到 $125mA\cdot h\cdot g^{-1}$。

溶胶-凝胶法是一种条件温和的材料制备方法。它是将高化学活性的组分经过溶液、溶胶、凝胶而固化，再经热处理合成氧化物或其他固体化合物的方法。Kim 等采用葡萄糖辅助的溶胶-凝胶法在 400℃空气中制备了 $LiCoPO_4/C$ 材料，放电容量可到 $145mA\cdot h\cdot g^{-1}$，但放电电压偏低，这可能与材料中含有 Co_3O_4 杂质以及材料的结晶性较差有关。

微波法是利用微波的强穿透能力进行加热，具有反应时间短、效率高和能耗低等优点。Li 等在 2.45GHz、700W 的微波下加热 11min 制得纯相 $LiCoPO_4/C$ 材料，0.1C 倍率下放电容量为 $144mA\cdot h\cdot g^{-1}$，但循环稳定性较差，30 次循环后容量保持率仅为 50%，这可能是由于微波法加热时间较短，材料结晶度较低，晶体结构不够稳定。

4.3.3 $LiCoPO_4$ 的掺杂改性

$LiCoPO_4$ 电子电导率极低（$<10^{-10}S \cdot cm^{-1}$），属于绝缘体范畴；材料中聚阴离子基团的存在压缩了同处于相邻 CoO_6 层之间的 Li^+ 嵌/脱通道，降低了 Li^+ 的迁移速率；而且充电后高氧化态的 Co^{3+} 容易与电解液发生副反应，从而影响材料的电化学性能。为了制备性能优良的材料，目前主要利用包覆和掺杂两种方式对 $LiCoPO_4$ 进行改性。

与其他正极材料一样，在 $LiCoPO_4$ 表面包覆一层导电材料，可以大幅度提高材料粒子间的电子电导率，加快电极反应动力学速度，减小电池极化，提高材料的利用率。表面包覆常用碳包覆和金属氧化物包覆等。加入前驱体中的碳源，在烧结过程中碳化，不仅可以提高颗粒间的导电性，还可以阻止产物颗粒的团聚。表面包覆金属氧化物也可提高结构稳定性，增加材料导电性，改善循环寿命。Eftekhari 等用溅射法在 $LiCoPO_4$ 表面包覆一层 Al_2O_3，阻止了高电压下高价态的 Co^{3+} 与电解液的直接接触与反应，将 $LiCoPO_4$ 的 50 次充放电循环的容量保持率从 58% 提高到 83%。而且在 $LiCoPO_4/Al_2O_3$ 界面上形成的 $LiCo_{1-x}Al_xPO_z$ 膜还可以加快 Li^+ 的扩散。

离子掺杂是提高 $LiCoPO_4$ 电化学性能有效的路径之一。和碳包覆相比，金属离子掺杂不会降低材料的振实密度，从而从根本上改善了材料的电化学性能。Han 等用微波法合成了 $LiCo_{0.95}Fe_{0.05}PO_4$，发现用 Fe^{2+} 对 Co^{2+} 位掺杂后，晶胞参数变大，放电容量提高了 $12mA \cdot h \cdot g^{-1}$，性能提高的原因可能是掺杂拓宽了 Li^+ 的一维扩散通道。Satya Kishore 等用 Mg、Mn 和 Ni 三种元素对 $LiCoPO_4$ 的 Co^{2+} 位进行掺杂，发现 $LiCo_{0.95}Mn_{0.05}PO_4$ 具有良好的放电比容量和循环性能。Allen 等发现 Fe 掺杂的 $LiCoPO_4$ 具有优异的循环性能，500 次循环后容量保持率达 80%。XRD 精修测试结果表明，Fe^{3+} 取代部分 Li^+ 位，Fe^{2+} 和 Fe^{3+} 共同取代部分 Co^{2+} 位。

4.3.4 $LiNiPO_4$ 正极材料

与 $LiFePO_4$ 一样，$LiNiPO_4$ 是橄榄石型结构，属于 Pnma 空间群。Li^+ 和 Ni^{2+} 占据了八面体空位的一半，P^{5+} 占据了四面体空位的 1/8。PO_4^{3-} 中的 P—O 共价键很强，在充电时可以起到稳定作用，防止了高电压下 O_2 的释出，保证了材料的稳定和安全。但是，$LiNiPO_4$ 电导率较低，锂离子扩散系数较 $LiFePO_4$ 小，电化学活性较低。

$LiNiPO_4$ 的合成较为困难，用通常的合成方法得到的产物通常杂质都很多，所以通常要采用低温或者其他一些特殊手段合成。由于 Li^+ 和 Ni^{2+} 的半径相似，在 $LiNiPO_4$ 中，Li-Ni 交换是最常见的一种缺陷（称为反位缺陷），这一类缺陷会严重阻碍锂离子的嵌入。$LiNiPO_4$ 在很长时间以来也一直不能被电化学活化，直到近几年，人们才发现了一些克服这些困难的办法，比如纳米化、包覆、用变价的阳离子掺杂或形成固溶体等。材料纳米化可以同时缩短锂离子和电子的扩散距离，提高倍率性能，而且减少循环中晶格结构的破坏。用高导电性的材料包覆，比如碳、磷化镍等，也可以增加电传导性能。掺杂的目的是在晶格内部形成一定的缺陷或形变，从而提高锂的扩散性能。

4.4 $Li_3V_2(PO_4)_3$正极材料

近来许多研究小组报道了 $Li_3V_2(PO_4)_3$，发现该材料具有晶体框架结构稳定、充放电电压平台灵活可控等突出优点，极有可能被推动成为新一代锂离子电池正极材料。此外，在我国，特别是攀枝花地区有十分丰富的钒矿资源，炼铁后的铁矿渣中含有大量的钒，很有必要进行钒资源的综合利用。根据我国的钒资源情况和国情，开展新型锂离子电池正极材料 $Li_3V_2(PO_4)_3$ 的研究具有重要意义。

4.4.1 $Li_3V_2(PO_4)_3$的结构特点

$Li_3V_2(PO_4)_3$ 具有与 $LiCoO_2$ 同样的放电平台和能量密度，而 $Li_3V_2(PO_4)_3$ 的热稳定性、安全性远远优于 $LiCoO_2$，也好于 $LiMn_2O_4$。与 $LiFePO_4$ 相比，具有单斜结构的 $Li_3V_2(PO_4)_3$ 化合物，不仅具有良好的安全性，而且具有更高的 Li^+ 离子扩散系数、放电电压和能量密度。这样，$Li_3V_2(PO_4)_3$ 被认为是比 $LiFePO_4$ 更好的正极材料，并被看成是电动车和电动自行车锂离子电池最有希望的正极材料。$Li_3V_2(PO_4)_3$ 具有单斜（简称 A-LVP）和菱方（简称 B-LVP）两种晶型，两者都有相同的网状结构单元 $V_2(PO_4)_3$，不同的是金属八面体 VO_6 和磷酸根离子 PO_4 四面体的连接方式和碱金属存在的位置，如图 4-16 所示。菱方晶相具有典型的 NASICON 结构，属于 R-3m 空间群，VO_6 正八面体与 PO_4 正四面体共用顶点连接成 $V_2(PO_4)_3$ 骨架结构，锂离子则位于同一个位点之上。在充放电过程只有一个平台，但可逆性较差，容量保持率较低。并且菱方晶相热稳定性差，合成困难等缺点也影响了材料的应用。

由于单斜结构的 $Li_3V_2(PO_4)_3$ 具有更好的锂离子脱嵌性能，因此人们研究较多的是单斜结构的 $Li_3V_2(PO_4)_3$。单斜结构的 $Li_3V_2(PO_4)_3$ 属于 $P2_1/n$ 空间

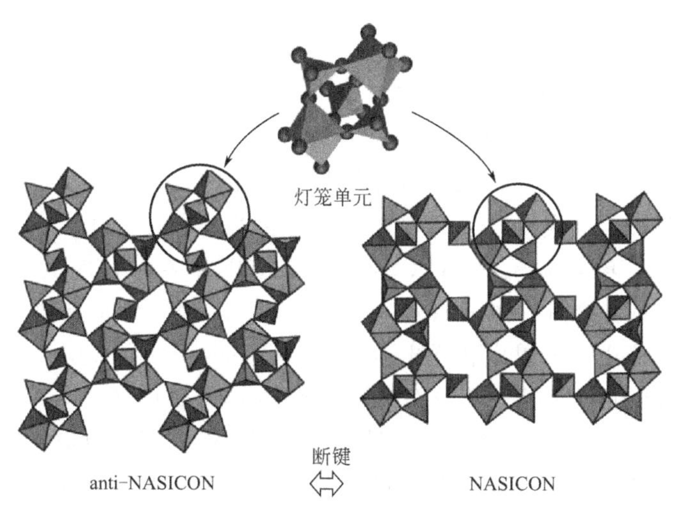

图 4-16 单斜（anti-NASICON）和菱方（NASICON）结构的 $Li_3V_2(PO_4)_3$ 晶体结构示意图

群，晶胞参数为：$a=8.662Å$，$b=8.1624Å$，$c=12.104Å$，$\beta=90.452°$。对于单斜的 $Li_3V_2(PO_4)_3$，PO_4 四面体和 VO_6 八面体通过共用顶点氧原子而组成三维骨架结构，每个 VO_6 八面体周围有 6 个 PO_4 四面体，而每个 PO_4 四面体周围有 4 个 VO_6 八面体，以 $(VO_6)_2(PO_4)_3$ 为单元形成 $Li_3V_2(PO_4)_3$ 三维网状结构，锂离子存在于三维网状结构的空穴处。这样就以 A_2B_3（$A=VO_6$，$B=PO_4$）为单元，形成三维网状结构，每个单晶中由 4 个 A_2B_3 单元构成。晶胞中有 3 个 Li^+ 晶学体位置，其中，Li(1) 占据正四面体位置，Li(2) 和 Li(3) 与 5 个 V—O 键相连，占据类四面体位置，共 12 个 Li^+。V 有两个位置：V(1) 和 V(2)，V—O 键长分别为 2.003nm 和 2.006nm。从 $Li_3V_2(PO_4)_3$ 的结构分析，PO_4^{3-} 结构单元通过强共价键连成三维网络结构并形成更高配位的由其他金属离子占据的空隙，使得 $Li_3V_2(PO_4)_3$ 正极材料具有和其他正极材料不同的晶相结构以及由结构决定的突出的性能。$Li_3V_2(PO_4)_3$ 由 VO_6 八面体和 PO_4 四面体通过共顶点的方式连接而成，通过 V—O—P 键稳定了材料的三维框架结构。当锂离子在正极材料中嵌脱时，材料的结构重排很小，材料在锂离子嵌脱过程中保持良好的稳定性。但是，由于 VO_6 八面体被聚阴离子基团 PO_4 分隔开来，导致单斜结构的 $Li_3V_2(PO_4)_3$ 材料的电子电导率只有 $10^{-7}S\cdot cm^{-1}$ 数量级，远低于金属氧化物正极材料 $LiCoO_2$ 的 $10^{-3}S\cdot cm^{-1}$ 和 $LiMn_2O_4$ 的 $10^{-5}S\cdot cm^{-1}$。

$Li_3V_2(PO_4)_3$ 的具体充放电反应为：

$$Li_3V^{Ⅲ}V^{Ⅲ}(PO_4)_3 \longrightarrow Li_2V^{Ⅲ}V^{Ⅳ}(PO_4)_3+Li^++e \qquad (4-3)$$

$$Li_2V^{III}V^{IV}(PO_4)_3 \longrightarrow Li_1V^{IV}V^{IV}(PO_4)_3 + Li^+ + e \quad (4\text{-}4)$$

$$Li_1V^{IV}V^{IV}(PO_4)_3 \longrightarrow V^{IV}V^{V}(PO_4)_3 + Li^+ + e \quad (4\text{-}5)$$

总反应式：$Li_3V^{III}V^{III}(PO_4)_3 \longrightarrow V^{IV}V^{V}(PO_4)_3 + 3Li^+ + 3e$ (4-6)

从上述反应可知，1mol $Li_3V_2(PO_4)_3$ 可嵌脱 2mol Li^+，也可以完全嵌脱 3mol Li^+，$Li_3V_2(PO_4)_3$ 的充放电性能与所设定的电位有关；在电压为 3.0～4.3V 时，可嵌脱 2mol Li^+，对应理论比容量为 133mA·h·g^{-1}；在电压为 3.0～4.8V 时，可嵌脱 3mol Li^+，对应的理论比容量为 197mA·h·g^{-1}，比 $LiFePO_4$ 的理论比容量（170mA·h·g^{-1}）高。A-LVP 中的锂离子处于 4 种不等价的电荷环境中，所以电化学电位谱（electrochemical voltage spectroscopy，EVS）及其微分电容曲线（图 4-17）中出现 3.61V、3.69V、4.1V 和 4.6V 4 个电位区。在前 3 个电位区的锂离子嵌脱是对应于 V^{3+}/V^{4+} 电对，而 4.6V 电位区的第三个锂离子嵌脱对应于 V^{4+}/V^{5+} 电对。此外，材料 A-LVP 嵌入两个锂离子后把 V^{3+} 还原为 V^{2+}，对应的电位平台在 1.7～2.0V 之间，加上材料中第三个锂离子的嵌脱，材料的比容量还有很大的上升空间。由此看来，高容量的 A-LVP 材料将很有吸引力。B-LVP 中的 3 个锂离子处于相同的电荷环境中，随着两个锂离子的脱出，V^{3+} 被氧化为 V^{4+}，但是只有 1.3 个锂离子可以再重新嵌入，相当于 90mA·h·g^{-1} 的放电容量，嵌入电位平台为 3.77V，性能明显比 A-LVP 的性能差。锂离子在 B-LVP 中的嵌脱可逆性较差，可能是因为锂离子脱出后，B-LVP 的晶体结构发生了从菱方到单斜的变化，阻止了锂离子的可逆嵌入。此外，$Li_3V_2(PO_4)_3$ 的 DSC 实验显示，尽管 $Li_3V_2(PO_4)_3$ 的热稳定性不如 $LiFePO_4$ 的热稳定性，但与镍钴酸锂和锰酸锂相比，$Li_3V_2(PO_4)_3$ 仍具有非常好的热稳定性；由此看来，高容量的 $Li_3V_2(PO_4)_3$ 材料将很有吸引力。

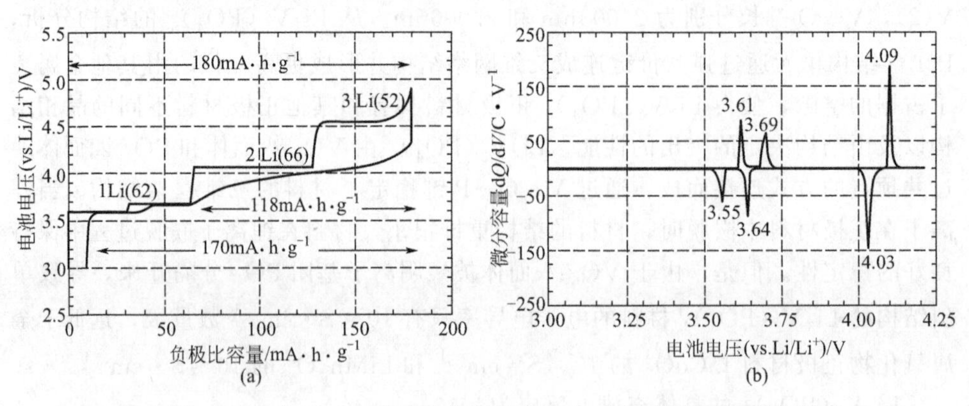

图 4-17 $Li_3V_2(PO_4)_3$ 的电化学电位谱图（a）及微分电容曲线（b）

4.4.2 $Li_3V_2(PO_4)_3$的制备方法

$Li_3V_2(PO_4)_3$ 的合成方法有高温固相法、碳热还原法、溶胶-凝胶法、微波法等，这些方法各有优缺点。

高温固相法是指固体直接参与化学反应并引起化学变化，同时至少在固体内部或外部的一个过程中起控制作用的反应。此法工艺简单，制备条件容易控制和工业化，是制备锂离子电池正极材料比较成熟的方法。高温固相法的基本流程是将化学计量比的 V_2O_5、$NH_4H_2PO_4$ 和锂盐混合，混合物先在较低温度（300℃左右）加热除去挥发性物质，然后在较高温度下烧结得到 $Li_3V_2(PO_4)_3$，热处理过程一般在保护性气氛下完成，以防止 V^{3+} 被氧化。高温固相法的缺点是产物颗粒不均匀，晶形无规则，纯度低、电性能差、实验周期长，用纯 H_2 作为还原剂成本高，并且在实验操作时由于 H_2 的易燃易爆性质而非常危险。其中焙烧温度是影响产物性能的主要因素之一，随着焙烧温度的降低，有利于减小产物的粒径，增大比表面积，从而提高产物性能。经过改进，对原料进行机器球磨或气流粉碎，可以很大程度地减小起始物的粒径大小，提高粒径均匀程度，这些物理手段均可以有效地提高产物的电化学稳定性、比容量以及循环性能。Saidi 等设计了以石墨毡为负极，$Li_3V_2(PO_4)_3$ 为正极的电池，该材料在 −10℃下具有比 $LiCoO_2$ 更高的比能量，说明低温条件下 $Li_3V_2(PO_4)_3$ 储存或释放能量的能力要比 $LiCoO_2$ 好，室温下该电池在 3.5～4.5V 的放电比容量为 $138mA \cdot h \cdot g^{-1}$，50 次循环后仍然保持很好的稳定性。

与实验室中传统的 H_2 还原方法相比，碳热还原法具有成本低、更适合于工业大规模制备的优点。在制备锂离子蓄电池正极材料过程中过量的碳还可以作为导电物质保留在活性物质中，从而提高活性物质的导电性能。碳热还原法向原料中加入过量 C，不但可以作为还原剂，同时过量的 C 还可以作为导电剂，提高材料的电子电导率，从而提高其电化学性能。同为固相法，所采用的以 C 为还原剂比文献报道的以纯 H_2 作为还原剂更具可行性，更适合于工业化批量生产。Barker 等以 V_2O_5、$(NH_4)_2HPO_4$ 和过量的具有高比表面积的碳为原料，混合后在 600～800℃的氩气环境中煅烧 8～16h，然后加入 LiF，在 650～750℃下煅烧 1～2h 得到了掺杂 F 元素的最终产物。材料在 C/5 的倍率下首次放电比容量达到 $130mA \cdot h \cdot g^{-1}$，且循环 500 次仍保持了初始容量的 90%，具有非常良好的循环稳定性能。

溶胶-凝胶法前驱体溶液化学均匀性好，热处理温度低，能有效提高合成产物的纯度以及结晶粒度，反应过程易于控制，但干燥收缩大，合成周期长，工业化难度大。戴长松等以 $LiOH \cdot H_2O$（LiF、Li_2CO_3、$LiCH_3COO \cdot 2H_2O$）、

NH_4VO_3、H_3PO_4 和柠檬酸为原料，采用溶胶-凝胶法合成 $Li_3V_2(PO_4)_3$ 正极材料，具有较高的放电比容量和较好的循环稳定性，0.1C 和 1C 倍率下首次放电比容量分别为 $130mA \cdot h \cdot g^{-1}$ 和 $129mA \cdot h \cdot g^{-1}$；1C 倍率下循环 40 次后，容量仍为 $127mA \cdot h \cdot g^{-1}$，容量保持率为 98.4%；随后又进行 10C 倍率放电，10 次循环后容量为 $105mA \cdot h \cdot g^{-1}$，容量保持率达 98.1%。

微波法是利用微波的强穿透能力进行加热。与常规的固相加热法相比，微波法具有反应时间短、制备过程快捷、省去惰性气体保护、效率高和能耗低等优点，但是过程难于控制，设备投入较大，难于工业化。应皆荣等采用微波碳热还原法合成了正极材料 $Li_3V_2(PO_4)_3$，即将一定配比的 $LiOH \cdot H_2O$、V_2O_5、H_3PO_4 和蔗糖（$C_{12}H_{22}O_{11}$）通过球磨均匀混合，烘干后埋入石墨粉中，在功率为 800W 的家用微波炉中高火加热 15min，通过碳热还原合成 $Li_3V_2(PO_4)_3$。充放电测试表明，在电压范围为 3.0～4.3V 和 3.0～4.8V 时，$Li_3V_2(PO_4)_3$ 正极材料具有较好的电化学性能。在电压范围为 1.5～4.8V 时，$Li_3V_2(PO_4)_3$ 正极材料循环性能较差。

Chang 等采用流变相法合成了正极材料 $Li_3V_2(PO_4)_3$，0.1C 和 0.2C 倍率下首次放电比容量分别为 $189mA \cdot h \cdot g^{-1}$ 和 $177mA \cdot h \cdot g^{-1}$（放电区间为 3.0～4.8V），100 次循环后放电容量分别为 $140mA \cdot h \cdot g^{-1}$ 和 $133mA \cdot h \cdot g^{-1}$。Gaubicher 等采用离子交换法合成了 B-$Li_3V_2(PO_4)_3$，循环伏安测试表明：所得样品能脱出 2 个 Li^+，对应的电压平台为 3.77V，放电比容量只有 $90mA \cdot h \cdot g^{-1}$。

除以上常用的制备方法之外，水热法、冷冻干燥法、喷雾干燥法、微波法、静电纺丝法等方法也同样应用于磷酸钒锂材料的合成中。

4.4.3 $Li_3V_2(PO_4)_3$的掺杂改性

$Li_3V_2(PO_4)_3$ 正极材料具有较高的锂离子扩散系数，允许锂离子在材料中快速扩散，但是 VO_6 八面体被聚阴离子基团分隔开来，导致材料只有较小的电子电导率。一系列研究表明，包覆、掺杂、机械化学活化或者采用低温合成技术均可有效改善材料的电导率，提高材料的充放电循环性能。

4.4.3.1 $Li_3V_2(PO_4)_3$ 的表面包覆

通过对 $Li_3V_2(PO_4)_3$ 的表面碳包覆改善材料的导电性，提高容量和提高材料放电电位平台。包覆碳可以使材料颗粒更好地接触，从而提高材料的电子电导率和容量。包覆碳结合机械化学活化预处理使得碳前驱体可以更均匀地和反应物混合，而且在烧结过程中还能阻止产物颗粒的团聚，能更好地控制产物的粒度和提高材料的电导率。Fu 等合成的 $Li_3V_2(PO_4)_3/C$ 表现出了很好的循环性能，在电压范围为3.0～4.8V时，材料1C第50次放电比容量为138mA・h・g^{-1}，为首次放电比容量的94.6%，5C时首次放电比容量为111mA・h・g^{-1}。碳包覆能显著提高$Li_3V_2(PO_4)_3$的电化学性能，其原因可能为：①有机物在高温惰性的条件下分解为碳，从表面增加其导电性；②产生的碳微粒达纳米级粒度，可细化产物粒径，扩大导电面积，对Li^+扩散有利；③碳起还原剂的作用避免V^{3+}被氧化。

目前，用碳包覆$Li_3V_2(PO_4)_3$常用的碳源主要分为无机前驱体和有机前驱体。无机前驱体包括：炭黑、高面积碳、KB炭、碳纳米片等。有机物前驱体包括：蔗糖、乙二醇、葡萄糖、柠檬酸、PEG、PVA、草酸、顺丁烯二酸、抗坏血酸、麦芽糖、EDTA、淀粉、冰糖、聚苯乙烯、腐殖酸、壳聚糖、PVDF、甘氨酸、酚醛树脂等。

相对于无定形碳，石墨烯具有高比表面积、高机械强度和最薄的理想二维晶体结构，在力学、光学、电学方面表现突出，有高的电子迁移率。利用石墨烯的高电子迁移率和高比表面积的特性与$Li_3V_2(PO_4)_3$复合，来提升$Li_3V_2(PO_4)_3$的电化学性能以及避免$Li_3V_2(PO_4)_3$在充放电过程中由体积变化所导致的团聚现象。另外，石墨烯的大比表面积能为纳米$Li_3V_2(PO_4)_3$提供接触平面，减少锂离子扩散距离，此外还原氧化石墨烯也有效地提升了导电能力。

除了用石墨烯与$Li_3V_2(PO_4)_3$复合外，碳纳米管也是与$Li_3V_2(PO_4)_3$复合的良好材料。碳纳米管有优异的力学性能和导电性以及高比表面积，沿着长度方向的电导率为$1\sim4\times10^2$s・cm^{-2}，垂直方向的电导率为5～25s・cm^{-2}。由于碳纳米管的毛细作用和表面张力，使电解液能吸附在其表面，减少了电解液的表面极化作用，此外，碳纳米管也能为Li^+提供扩散通道从而提升复合材料的电化学性能。因此，用碳纳米管为磷酸钒锂搭建一个三维导电网络也是提升$Li_3V_2(PO_4)_3$电化学性能的一种有效方法。

通过对$Li_3V_2(PO_4)_3$表面包覆非电化学活性物质的方式可以防止$Li_3V_2(PO_4)_3$在高电位下与电解液反应，进而提高材料的电化学性能。非碳材料包覆主要是金属氧化物、金属氟化物、锂离子导体等，其中金属氧化物和金属氟化物的稳定性能阻止电解液与$Li_3V_2(PO_4)_3$之间发生副反应，形成稳定的固体电解质界面膜，提升$Li_3V_2(PO_4)_3$的循环稳定性，锂离子导体包覆$Li_3V_2(PO_4)_3$的目的是提升锂离子在$Li_3V_2(PO_4)_3$粒子之间的传导，提高复合材料的锂离子扩散系数。

4.4.3.2 $Li_3V_2(PO_4)_3$的离子掺杂

采用金属离子掺杂$Li_3V_2(PO_4)_3$可以提高晶格内部的电子电导率和锂离子在晶体内部的化学扩散系数，从而提高材料的室温电导率，是近年来此类研究的发展方向。对于磷酸钒理材料来说，其可掺杂的位点主要有Li位、V位和PO_4

位，一般选择一或两个位点进行掺杂。掺杂提高 $Li_3V_2(PO_4)_3$ 性能的原因主要是：①通过掺杂稳定晶体结构，改善材料的循环性能；②通过掺杂离子半径或荷电状态不同的离子，使结构无序，产生无序效应，并以此获得特殊的性质或改善性能。通常使用离子半径较大的离子取代晶格中原有的离子，可以扩大材料的晶胞体积，使 Li—O 键被拉长，从而改善锂离子在电极材料中的扩散性能，进而改善电极材料的充放电性能。此外，掺杂离子与被取代离子的价态不同，会使电极材料的晶体结构中出现缺陷，相应的形成 p 型或 n 型导电机制，改善材料的导电能力进而降低极化，提高了材料的电化学性能。目前已经报道的掺杂离子主要有 Na^+、K^+、Ni^{2+}、Mg^{2+}、Zn^{2+}、Ca^{2+}、Mn^{2+}、Mn^{3+}、Y^{3+}、Co^{3+}、Fe^{3+}、Al^{3+}、Sc^{3+}、Cr^{3+}、La^{3+}、Tm^{3+}、Sn^{4+}、Ce^{4+}、Ti^{4+}、Ge^{4+}、Zr^{4+}、Nb^{5+}、Ta^{5+}、Mo^{6+}、F^- 和 Cl^- 等。

例如，Li 位置的掺杂离子一般为同族（Na^+、K^+）或大小相近的离子（Ca^{2+}）。研究表明，适量 Na^+ 在 Li 位的掺杂显著提升了 $Li_3V_2(PO_4)_3$ 的电导率。Ca^{2+} 在 Li 位的掺杂降低了 $Li_3V_2(PO_4)_3$ 材料小倍率放电比容量，但大倍率性与循环稳定性都得到了提升。V 位的掺杂主要是为了提供空穴，进而提升材料的电导率。例如，Zn^{2+} 的掺杂不仅能提高 VO_6 八面体结构的稳定性，还能在循环的过程中减缓 c 轴与晶胞体积的膨胀对循环稳定性的影响；Mg^{2+} 掺杂可以显著地改善 $Li_3V_2(PO_4)_3$ 材料的倍率性能，降低材料的极化，并提高循环稳定性；Fe 离子掺杂改善了 $Li_3V_2(PO_4)_3$ 材料在 3.0～4.8V 之间的循环性能；Co^{3+} 掺杂可以改善 $Li_3V_2(PO_4)_3$ 材料的电化学稳定性，并有助于提升材料的循环稳定性；Nb^{5+} 掺杂可以使 $Li_3V_2(PO_4)_3$ 材料的晶胞扩大，有利于 Li 离子的嵌入和脱出。PO_4 位掺杂主要为卤族元素的 F^- 和 Cl^-，研究表明 F^- 的掺杂能够显著提高 $Li_3V_2(PO_4)_3$ 的倍率性能，并且其电子电导率要比纯相 Li_3V_2-$(PO_4)_3$ 高出两个数量级。

4.4.4 不同形貌的 $Li_3V_2(PO_4)_3$

$Li_3V_2(PO_4)_3$ 粒子纳米化是提升锂离子扩散速率的有效方式。根据 Fick 定律 $t=L^2/D$（t 为 Li^+ 扩散时间，L 为扩散距离，D 扩散系数）。锂离子扩散系数不变的情况下，锂离子扩散时间与扩散距离的平方成正比。因此，通过形貌控制 $Li_3V_2(PO_4)_3$ 粒子的大小，能够极大地缩短锂离子扩散时间，提升材料的倍率循环性能。

Wei 等采用一锅法水热合成了介孔 $Li_3V_2(PO_4)_3$/C 纳米线（LVP/C-M-NWs）复合物，如图 4-18 所示。首先利用 V_2O_5 和草酸在去离子水中制备凝胶 VOC_2O_4，然后加入 Li_2CO_3 和 $NH_4H_2PO_4$ 的混合溶液，形成带负电荷的亲水

且均匀的 $Li_3V_2(PO_4)_3$ 胶体表面，然后加入溴化十六烷基三甲铵（CTAB）阳离子表面活性剂，利用库仑力的作用捕捉带负电荷的 $Li_3V_2(PO_4)_3$ 胶体，在溶液中形成胶团复合物。在水热过程中，位于团聚复合物间隙的有机分子自组装为中孔。同时，自组装的有机表面活性剂和水解的 $Li_3V_2(PO_4)_3$ 胶体导致纳米线形貌的形成。在5C倍率、3～4.3V之间循环时，3000次循环后的容量保持率为80%。即使是10C循环时，其可逆容量仍为理论容量的88%。LVP/C-M-NWs展示了优异的高倍率性能和超长的循环寿命，其原因来自于这种具有双连续的电子/离子传输路径、较大的电极-电解液接触面积和锂离子易嵌/脱的分级结构的介孔纳米线在电池循环过程中的优异结构稳定性。

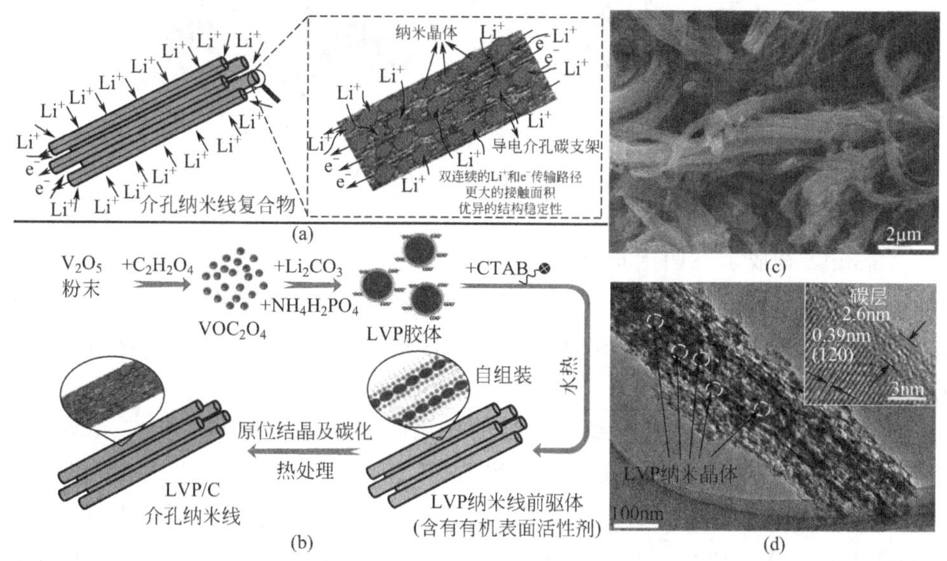

图4-18 具有双连续的电子/离子传输路径、较大的电极-电解液接触面积和锂离子易嵌/脱的介孔 $Li_3V_2(PO_4)_3$/C纳米线复合物（LVP/C-M-NWs）的示意图（a），LVP/C-M-NWs的制备流程示意图（b），SEM图（c）和HRTEM图（d）

Li等利用胶态晶体阵列（CCA）合成了三维有序多孔（3DOM）的 $Li_3V_2(PO_4)_3$/C正极材料，如图4-19所示。首先将甲基丙烯酸甲酯（MMA）聚合为直径为200nm的单分散聚甲基丙烯酸甲酯（PMMA）胶体球，然后将PMMA倒入模型，干燥后形成有序的阵列CCA模板。随后利用传统方法制备 $Li_3V_2(PO_4)_3$ 蓝黑色凝胶前驱体。在真空环境中，将 $Li_3V_2(PO_4)_3$ 凝胶前驱体完全渗透到CCA模板中，50℃下干燥后，随后350℃下在氩气中烧结4h除去模板，最后750℃下在氩气中烧结6h，得到3DOM结构的 $Li_3V_2(PO_4)_3$/C正极材料。测试结果表明，在3.0～4.4V之间循环时，其0.1C倍率时的可逆容量为151mA·h·g^{-1}，

5C 时的容量为 132mA·h·g^{-1}，展示了高的可逆容量和优异的倍率性能。

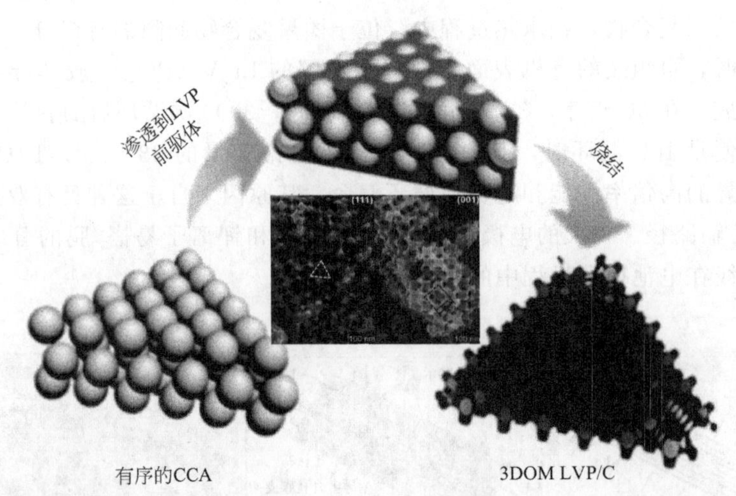

图 4-19 三维有序多孔（3DOM）的 $Li_3V_2(PO_4)_3$/C 正极材料制备流程示意图及其 SEM 图

Liang 等合成了三明治形状的 $Li_3V_2(PO_4)_3$/C 材料，碳粒子直径在 200～300nm 并且均匀地分布在 $Li_3V_2(PO_4)_3$ 片层之间形成三明治结构从而形成导电层，并且为 $Li_3V_2(PO_4)_3$ 在充电过程中留有充足的体积变化空间，材料具有很好的循环稳定性。

尽管 $Li_3V_2(PO_4)_3$ 在锂离子电池的应用时间远远短于 $LiCoO_2$、$LiMn_2O_4$ 和 $LiFePO_4$，还停留在产品实验的初级阶段，需要经历一个由小到大的发展过程，所以目前不可能成为动力型锂离子电池的主流正极材料。但是随着其研究的不断深入，$Li_3V_2(PO_4)_3$ 作为一种高电势的正极材料，以其毒性较小、成本较低、扩散系数高、比容量高及稳定性能好等显著特点，是动力锂电池正极材料的发展趋势，有望成为下一代锂离子电池的首选正极材料，有效地解决电动车用化学电源的技术瓶颈，从而使锂离子电池成为更有竞争力的动力电池。随着对这类材料研究的深入及逐步走向应用，$Li_3V_2(PO_4)_3$ 将会形成能源材料及化学电源界新的研究热点。

4.5 焦磷酸盐正极材料

焦磷酸盐 [$Li_2Fe(Mn、Co)P_2O_7$] 正极材料由于具有高的电压平台成为近期的热点。$Li_2FeP_2O_7$ 属于空间群 $P2_1/c$，其结构如图 4-20 所示。Fe 原子占据

3个结晶位，Fe原子将Fe 1位完全充满，余下的Fe原子将Fe 2位和Fe 3位占据，Fe 1位于八面体FeO_6的角上，而Fe 2和Fe 3位于弯曲的FeO_5的锥角上，Li原子位于四面体的LiO_4和三角双锥体的LiO_5角上。由于Li^+（0.76Å，六配位）的半径与Fe^{2+}（0.78Å，六配位，高自旋）的半径相近，因此$Li_2FeP_2O_7$可以看作一个富含Li-Fe反位缺陷的混乱焦磷酸体系，堆积的结构形成一个沿着*bc*平面的类似两维网状空间结构，结构中的磷酸基对材料本身起到稳定框架的作用，为Li^+的嵌脱提供了通道。与橄榄石结构$LiFePO_4$的一维通道不同，$Li_2FeP_2O_7$理论上具有更高的锂离子迁移速率。

$Li_2FeP_2O_7$能够实现一个锂离子充放电，比容量达到110mA·h·g^{-1}，平台电压达到3.5V，在所有含Fe的磷酸盐正极材料中电势最高。如图4-20所示，理论上，$Li_2FeP_2O_7$化合物能够实现2个电子传导反应（Fe^{2+}/Fe^{3+}和Fe^{3+}/Fe^{4+}）。第一性原理计算表明其第2个电子传导反应发生在较高的电势5.2V，理论容量可达220mA·h·g^{-1}。

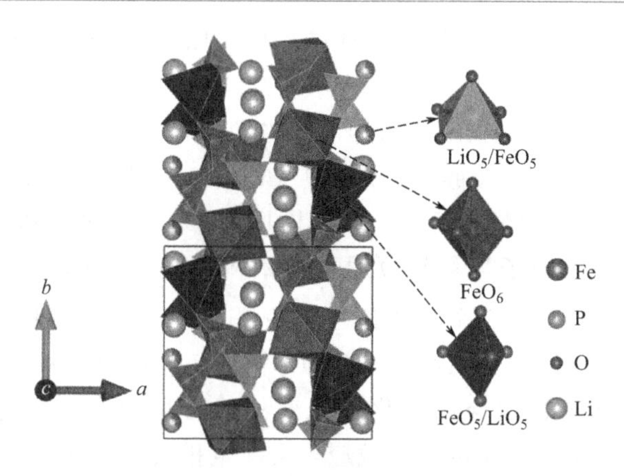

图4-20 $Li_2FeP_2O_7$的晶体结构

与$LiFeSiO_4$正极材料相似，$Li_2FeP_2O_7$的首次充电平台与第二次充电平台存在少量的电压降，可能是由于在首次充电锂离子脱出的过程中，晶体结构发生了重排而改变了LiO_5和FeO_5的占位，使充放电过程中晶体结构发生了不可逆变化，形成了更加稳定的结构而导致电压平台下降。

2010年Adam等在650℃下采用固相法合成了$Li_2MnP_2O_7$，研究发现它属于单斜晶系，晶胞体积$V=1063.1Å^3$。随后，Nishimura等在更低的温度下（400～500℃）合成了一种新型的β-$Li_2FeP_2O_7$材料，尽管同样属于单斜晶系，但是其晶胞体积仅为531.81$Å^3$，与之前发现的有很大差别。$Li_2MnP_2O_7$的电化学活性较低，但是 $Li_2Mn_xFe_{1-x}P_2O_7$ 具有较好的电化学活性。$Li_2Mn_xFe_{1-x}P_2O_7$ 的放电平台大约在 4.3V，远远高于单一的 $Li_2FeP_2O_7$ 的平台 3.5V。但是，随着 Mn 的增加，导致容量逐渐地减少。

$Li_2CoP_2O_7$ 属于单斜晶系，Co 晶格占位与 $Li_2FeP_2O_7$ 的 Fe 占位相同，具有类似的结构，电压平台约为 4.8V，电化学活性也相对较低。

4.6 氟磷酸盐正极材料

$LiFePO_4F$ 属于三斜晶系，空间群为 P_{-1}，水磷锂铁石构型。由于 Fe^{3+}/Fe^{4+} 电势较高，在现有电解液体系下，Li^+ 不容易从 $LiFePO_4F$ 中脱出，但是 Li^+ 却很容易嵌入其中，形成单相的 Li_2FePO_4F（$LiFePO_4F$ 与 $LiAlH_4$ 或 BuLi 发生还原反应）。嵌锂后形成的 Li_2FePO_4F 与 $LiFePO_4F$ 相比，晶型结构为略微扩充的水磷锂铁石型，锂离子的嵌入引起晶胞体积增大 7.9%。在 PO_4 正四面体及 FeO_4F_2 正八面体形成的三维立体结构中，Li^+ 优先在 [100] 与 [010] 两个晶向上传递。

$LiVPO_4F$ 是第一个被报道作为锂离子电池正极材料的氟磷酸盐化合物，属于三斜晶系，属于 P_{-1} 空间群，与天然矿 $LiFePO_4OH$（tavorite 型）、锂磷铝石（$LiAlPO_4F_xOH_{1-x}$）是同构型的。其结构是建立在磷氧四面体和氧氟次格子上的三维框架，每个 V 原子与 4 个 O 原子和 2 个 F 原子相连，F 原子位于 VO_4F_2 八面体顶部，该结构中有 2 个晶体位置可使 Li^+ 嵌入，如图 4-21 所示。在这个三维网络结构中，锂原子分别占据了两种不同的间隙位置。因为 PO_4^{3-} 聚阴离子的强诱导效应降低了过渡金属氧化还原对的能量从而产生相对高的工作电压(4.3V)。除此之外，F 原子的诱导效应也会产生积极的影响，也就是说 V—F 键是非常稳定的，使得 $LiVPO_4F$ 拥有稳定的结构而不受锂离子嵌入脱出的影响。Dahn 等发现脱锂态 $LiVPO_4F$ 的热稳定性比脱锂态的 $LiFePO_4$ 要优越，说明这种物质是目前热稳定性最好的正极材料之一。由此可见，基于聚阴离子型的 $LiVPO_4F$ 正极材料是一种有潜力待开发的动力锂离子电池的正极材料，有望成为下一代锂离子电池正极材料而被商业化。

$LiVPO_4F$ 的嵌脱锂过程是一个两相机理，中子衍射和 X 射线衍射的结构精修确定了 $LiVPO_4F$、VPO_4F 和 Li_2VPO_4F 三种纯单相的结构模型。VPO_4F 和 Li_2VPO_4F 属于单斜晶系（空间群 C2/c），它们的结构有很大的相关性。但是，Li_2VPO_4F 的 NMR 研究表明，2 个 Li 的空间位置是有明显区别的。到目前为止，$LiVPO_4F$ 的合成方法主要有碳热还原法、溶胶-凝胶法、离子交换法和水热法，但以碳热还原法为主。由于 $LiVPO_4F$ 也存在本征电子电导率低的问题，电子电导率低会使材料的极化增大，平均电压降低，可逆容量增大等。改善 $LiVPO_4F$ 的性能的手段主要包括碳包覆和掺杂等。碳包覆可以提高 $LiVPO_4F$ 的电导率；掺杂则是运用离子，例如 Al^{3+}、Cr^{3+}、Y^{3+}、Ti^{4+} 及 Cl^- 等，分别替代结构中的 V 和 F 来提高本征材料的离子电导率，从而使获得的锂离子电池正极材料性能更加优良。

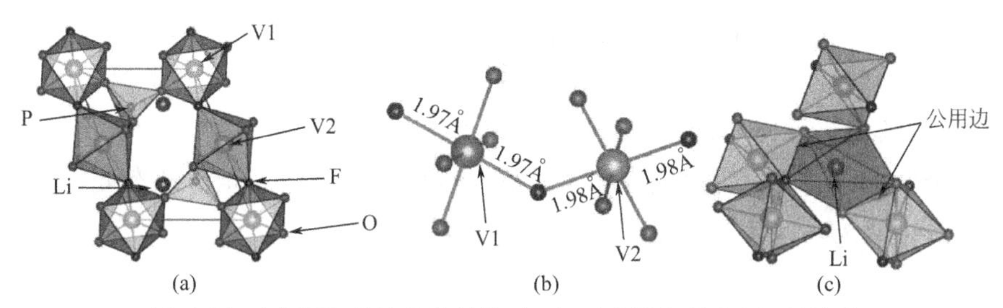

图 4-21 $LiVPO_4F$ 的晶体结构（a），$LiVPO_4F$ 中 V—F 键的键长（b）和 LiO_4F 的局部环境及 VO_4F_6 八面体（c）

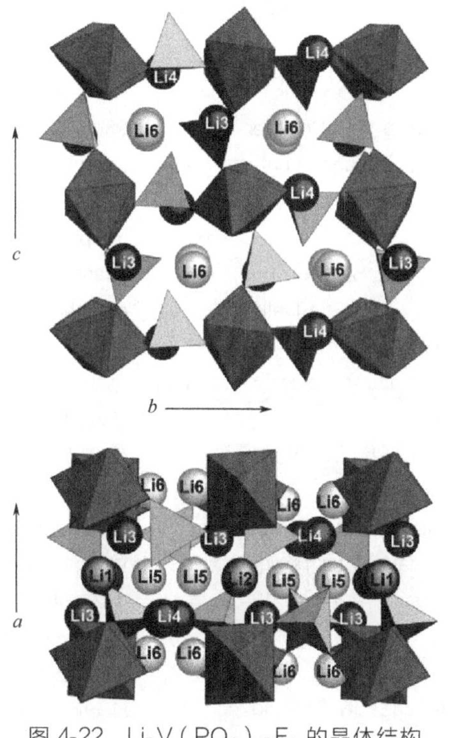

图 4-22 $Li_5V(PO_4)_2F_2$ 的晶体结构

$Li_5V(PO_4)_2F_2$ 为层状单斜晶格结构，空间构型为 $P2_1/c$，锂离子传输路径为沿 a 轴方向的一维路径与沿（100）晶面的二维路径，这两种传输路径交叉形成三维的传输通道，有利于 Li^+ 的嵌入/脱出，如图 4-22 所示。Nazar 等首先用高温固相法合成的层状 $Li_5V(PO_4)_2F_2$ 正极材料，电化学测试表明，第一个 Li^+ 脱出对应的充电电位平台为 4.15V，充电比容量为 80～90mA・h・g^{-1}，即一个 V^{3+} 被氧化成 V^{4+}，与理论值 86mA・h・g^{-1} 相一致，此过程在高倍率下充放电可逆性较好；第二个 Li^+ 脱出对应的充电电位平台为 4.65V，总的充电比容量为 162mA・h・g^{-1}，接近理论值 170mA・h・g^{-1}，这时 V^{4+} 被氧化为 V^{5+}，但此过程的可逆性较差，可能的原因有两方面：①V^{5+} 的存在造成 VO_6 正八面体结构不稳定；②电解液在 5.00V 高电位下发生氧化分解。而 $Li_3V_2(PO_4)_3$ 材料在三个 Li^+ 可逆嵌脱时可逆性相对较好，这可能与 V^{5+} 在全脱锂态分子中所占的比重较小有关。

参考文献

[1] Ellis B L, Lee K T, Nazar L F. Positive electrode materials for Li-ion and Li-batteries. Chem Mater, 2010, 22 (3): 691-714.

[2] Zhu Y R, Xie Y, Zhu R S, Shu J, Jiang L J, Qiao H B, Yi T F. Kinetic study on $LiFePO_4$ positive electrode material of lithium ion battery. Ionics, 2011, 17 (5): 437-441.

[3] Yi T F, Li X Y, Liu H, Shu J, Zhu Y R, Zhu Rongsun. Recent developments in the doping and surface modification of $LiFePO_4$ as cathode material for power lithium-ion battery. Ionics, 2012, 18 (6): 529-539.

[4] Andersson A S, Thoms J O. The source of first-cycle capacity loss in $LiFePO_4$. J Power Sources, 2001, 97-98: 498-502.

[5] Zeng G B, Caputo R, Carriazo D, Luo L, Niederberger M. Tailoring two polymorphs of $LiFePO_4$ by efficient microwaveassisted synthesis: a combined experimental and theoretical study. Chem Mater, 2013, 25 (17): 3399-3407.

[6] Qian J F, Zhou M, Cao Y L, Ai X P, Yang H X. Template-free hydrothermal synthesis of nanoembossed mesoporous $LiFePO_4$ microspheres for high-performance lithium-ion batteries. J. Phys. Chem. C, 2010, 114 (8): 3477-3482.

[7] Yonemura M, Yamada A, Takei Y, Sonoyama N, Kanno R. Comparative kinetic study of olivine Li_xMPO_4 (M = Fe、Mn). J Electrochem Soc, 2004,

151: A1352-A1356.

[8] Chung S Y, Bloking J T, Chiang Y M. Electronically conductive phosphoolivines as lithium storage electrodes. Nature Mater, 2002, 1: 123-128.

[9] Padhi A K, Nanjundaswamy K S, Goodenough J B. Phospho-olivines as positive-electrode materials for rechargeable lithium batteries. JElectrochem Soc , 1997, 144 (4): 1188-1194.

[10] Chen G, Richardson T J. Solid solution phases in the olivine-type $LiMnPO_4$/$MnPO_4$ system. J Electrochem Soc, 2009, 156 (9): A756-A762.

[11] Li G H, Azuma H, Tohda M. $LiMnPO_4$ as the cathode for lithium batteries. Electrochem Solid-State Lett, 2002, 5 (6): A135-A137.

[12] Bakenov Z, Taniguchi I. Physical and electrochemical properties of $LiMnPO_4$/C composite cathode prepared with different conductive carbons. J Power Sources, 2010, 195: 7445-7451.

[13] Fan J, Yu Y, Wang Y, Wu Q, Zheng M, Dong Q. Nonaqueous synthesis of nano-sized $LiMnPO_4$@C as a cathode material for high performance lithium ion batteries. Electrochim. Acta, 2016, 194: 52-58.

[14] Wang L, Zuo P, Yin G, Ma Y, Cheng X, Du C, Gao Y. Improved electrochemical performance and capacity fading mechanism of nano-sized $LiMn_{0.9}Fe_{0.1}PO_4$ cathode modified by polyacene coating. J Mater Chem A, 2015, 3: 1569-1579.

[15] Nithya C, Thirunakaran R, Sivashanmugam A, Gopukumar S. $LiCo_xMn_{1-x}PO_4$/C: a high performing nanocomposite cathode material for lithium rechargeable batteries. Chem Asian J, 2012, 7 (1): 163-168.

[16] Chen G Y, Richardson T J. Improving the performance of lithium manganese phosphate through divalent cation substitution. Electrochem Solid-State Lett, 2008, 11: A190-A194.

[17] Wang Y, Chen Y, Cheng S, He L. Improving electrochemical performance of $LiMnPO_4$ by Zn doping using a facile solid state method. Korean J Chem Eng, 2011, 28 (3): 964-968.

[18] Wang D, Buqa H, Crouzet M, Deghenghi G, Drezen T, Exnar I, Kwon N, Miners J H, Poletto L, Grätzel M. High-performance, nano-structured $LiMnPO_4$ synthesized via a polyol method. J Power Sources, 2009, 189: 624-628.

[19] Choi D, Wang D, Bae I, Xiao J, Nie Z, Wang W, Viswanathan V V, Lee Y J, Zhang J G, Graff G L, Yang Z, Liu J. $LiMnPO_4$nanoplate grown via solid-state reaction in molten hydrocarbon for Li-ion battery cathode. Nano Lett, 2010, 10: 2799-2805.

[20] Yoo H, Jo M, Jin B S, Kim H S, Cho J. Flexible morphology design of 3d-macroporous $LiMnPO_4$ cathode materials for Li secondary batteries: Ball to Flake. Adv Energy Mater, 2011, 1: 347-351.

[21] 张英杰，朱子翼，董鹏，邱振平，梁慧新，李雪. $LiFePO_4$ 电化学反应机理、制备及改性研究新进展. 物理化学学报，2017，33 (6): 1085-1107.

[22] Sun Y, Lu X, Xiao R, Li H, Huang X. Kinetically controlled lithium-staging in delithiated $LiFePO_4$ driven by the Fe center mediated interlayer Li-Li interactions. Chem Mater, 2012, 24 (24): 4693-4703.

[23] Bramnik N N, Bramnik K G, Nikolowski K, Hintersteina M, Baehtzb

C, Ehrenberg H. Synchrotron diffraction study of lithium extraction from $LiMn_{0.6}Fe_{0.4}PO_4$. Electrochem Solid-State Lett, 2005, 8(8): A379-A381.

[24] 万洋，郑荞佶，赁敦敏. 锂离子电池正极材料磷酸锰锂研究进展. 化学学报，2014，72：537-551.

[25] Wang C, Li S, Han Y, Lu Z. Assembly of $LiMnPO_4$ nanoplates into microclusters as a high-performance cathode in lithium-ion batteries. ACS Appl Mater Interfaces, 2017, 9(33): 27618-27624.

[26] Lei Z, Naveed A, Lei J, Wang J, Yang J, Nuli Y, Meng X, Zhao Y. High performance nano-sized $LiMn_{1-x}Fe_xPO_4$ cathode materials for advanced lithium-ion batteries. RSC Adv, 2017, 7: 43708-43715.

[27] Bao L, Xu G, Wang J, Zong H, Li L, Zhao R, Zhou S, Shen G, Han G. Hydrothermal synthesis of flower-like $LiMnPO_4$ nanostructures self-assembled with (010) nanosheets and their application in Li-ion batteries. Cryst Eng Comm, 2015, 17: 6399-6405.

[28] Bao L, Xu G, Zeng H, Li L, Zhao R, Shen G, Han G, Zhou S. Hydrothermal synthesis of stamen-like $LiMnPO_4$ nanostructures self-assembled with [001]-oriented nanorods and their application in Li-ion batteries. Cryst Eng Comm, 2016, 18: 2385-2391.

[29] Xie Y, Yu H T, Yi T F, Zhu Y R. Understanding the thermal and mechanical stabilities of olivine-type $LiMPO_4$ (M= Fe、Mn) as cathode materials for rechargeable lithium batteries from first-principles. ACS Appl Mater Interfaces, 2014, 6(6): 4033-4042.

[30] Yi T F, Fang Z K, Xie Y, Zhu Y R, Dai C. Band structure analysis on olivine $LiMPO_4$ and delithiated MPO_4 (M= Fe、Mn) cathode materials. J Alloys Compd, 2014, 617: 716-721.

[31] 朱彦荣，谢颖，伊廷锋，曾媛苑，诸荣孙. 锂离子电池正极材料 $LiMnPO_4$ 的电子结构. 无机化学学报，2013，29(3)：523-527.

[32] Truong Q D, Devaraju M K, Tomai T, Honma I. Direct observation of antisite defects in $LiCoPO_4$ cathode materials by annular dark-and bright-field electron microscopy. ACS Appl Mater Interfaces, 2013, 5(20): 9926-9932.

[33] Jähne C, Neef C, Koo C, Meyer H P, Klingeler R. A new $LiCoPO_4$ polymorph via low temperature synthesis. J Mater Chem A, 2013, 1: 2856-2862.

[34] Kreder Ⅲ K J, Assat G, Manthiram A. Microwave-assisted solvothermal synthesis of three polymorphs of $LiCoPO_4$ and their electrochemical properties. Chem Mater, 2015, 27(16): 5543-5549.

[35] Masquelier C, Croguennec L. Polyanionic (phosphates, silicates, sulfates) frameworks as electrode materials for rechargeable Li (or Na) batteries. Chem Rev, 2013, 113(8): 6552-6591.

[36] Saïdi M Y, Barker J, Huang H, Swoyer J L, Adamson G. Performance characteristics of lithium vanadium phosphate as a cathode material for lithium-ion batteries. J Power Sources, 2003, 119-121: 266-272.

[37] 戴长松，王福平，刘静涛，王殿龙，胡信国. $Li_3V_2(PO_4)_3$ 的溶胶-凝胶合成及其性能研究. 无机化学学报，2008，24(3)：381-387.

[38] 应皆荣，姜长印，唐昌平，高剑，李

维，万春荣. 微波碳热还原法制备 $Li_3V_2(PO_4)_3$ 及其性能研究. 稀有金属材料与工程，2006，35(11)：1792-1796.

[39] Liu C, Massé R, Nan X, Cao G. A promising cathode for Li-ion batteries: $Li_3V_2(PO_4)_3$. Energy Storage Materials, 2016, 4: 15-58.

[40] 张广明，周国江. 磷酸钒锂正极材料的研究进展. 化学工程师，2017，4: 51-54.

[41] Wei Q, An Q, Chen D, Mai L, Chen S, Zhao Y, Hercule K M, Xu L, Khan A M, Zhang Q. One-pot synthesized bicontinuous hierarchical $Li_3V_2(PO_4)_3$/C mesoporous nanowires for high-rate and ultralong-life lithium-ion batteries. Nano Lett, 2014, 14(2): 1042-1048.

[42] Li D, Tian M, Xie R, Li Q, Fan X, Gou L, Zhao P, Ma S, Shi Y, Hua Yong H T. Three-dimensionally ordered macroporous $Li_3V_2(PO_4)_3$/C nanocomposite cathode material for high-capacity and high-rate Li-ion batteries. Nanoscale, 2014, 6: 3302-3308.

[43] Blidberg A, Häggström L, Ericsson T, Tengstedt C, Gustafsson T, Björefors F. Structural and electronic changes in $Li_2FeP_2O_7$ during electrochemical cycling. Chem Mater, 2015, 27(11): 3801-3804.

[44] Bamine T, Boivin E, Boucher F, Messinger R J, Salager E, Deschamps M, Masquelier C, Croguennec L, Ménétrier M, Carlier D. Understanding local defects in li-ion battery electrodes through combined DFT/NMR studies: application to $LiVPO_4F$. J Phys Chem C, 2017, 121(6): 3219-3227.

[45] Makimura Y, Cahill L S, Iriyama Y, Goward G R, Nazar L F. Layered Lithium Vanadium Fluorophosphate, $Li_5V(PO_4)_2F_2$: A 4V class positive electrode material for lithium-ion batteries. Chem Mater, 2008, 20(13): 4240-4248.

第5章

硅酸盐正极材料

硅元素的地壳丰度高、环境友好和结构稳定性高等优点，使得硅酸盐成为一种潜在的锂离子电池正极材料。聚阴离子型正硅酸盐材料的通式为 Li_2MSiO_4（M=Mn、Fe、Co、Ni），强 Si—O 键使得材料具有优异的安全性，且理论上允许两个 Li^+ 可逆嵌脱（$M^{2+} \longrightarrow M^{4+}$ 氧化还原对），具有 300mA·h·g^{-1} 以上的理论容量。因此，硅酸盐正极材料具有突出的理论容量和优异的安全性能使其在大型锂离子动力蓄电池领域具有较大的潜在应用价值。

5.1 硅酸铁锂

2000 年，Armand 等首先提出了正硅酸盐作为锂离子蓄电池正极材料的想法。他们以 FeO 和 Li_2SiO_3 为原料，球磨后在 800℃烧结 4h 得到了 Li_2FeSiO_4 材料。但是，由于其电化学性能不是很理想，因此未能得到人们的重视。然而，关于 Li_2FeSiO_4 正极材料研究的正式报道始于 2005 年，Nytén 等通过高温固相法制备了 Li_2FeSiO_4 材料，测得初始充电容量约为 165mA·h·g^{-1}。与传统的锂离子电池正极材料 $LiCoO_2$、$LiNiO_2$ 和 $LiMn_2O_4$ 相比，Li_2FeSiO_4 具有价格低、环境友好、安全、电化学稳定等优点，再加上 Li_2FeSiO_4 理论上可以进行两个锂离子的脱嵌，具有很高的比容量，这使得硅酸亚铁锂正极材料迅速成为被关注的焦点。

5.1.1 硅酸铁锂的结构

由于在实际制备过程中很难得到单一相的 Li_2FeSiO_4 样品，所以 Li_2FeSiO_4 的结构仍存在争议。2005 年，Nytén 等通过固相反应，在 750℃反应 24h 首次合成了 Li_2FeSiO_4/C 正极材料。利用 Rietveld 精修、XRD 确立其结构类型：Li_2FeSiO_4 材料与 Li_3PO_4 是同构的，属于正交结构，晶胞参数为 $a=6.2661(5)$ Å，$b=5.3295(5)$ Å，$c=5.0148(4)$ Å，空间群为 $Pmn2_1$。但是，2008 年，Nishimura 等对 Nytén 的结构类型提出了质疑，认为分析和结构模型本身都存在三个主要的问题：①样品中含有一定量的 Li_2SiO_3 杂质；②存在大量的未知衍射峰；③Li—Si间距太短。为了解决这些问题，Nishimura等在800℃下制备了高质量的Li_2FeSiO_4样品。利用高分辨率的同步XRD（HR-XRD）进行表征，得出了Li_2FeSiO_4的晶体结构。认为其属于单斜晶系，空间群为$P2_1$，晶胞参数a=8.22898(18)Å，b=5.02002(4)Å，c=8.23335(18)Å。2010年，Sirisopanaporn等通过电子显微镜（EMS）、X射线衍射（XRD）、中子衍射（ND）、电感耦合等离子体原子发射光谱（ICP-AES）和穆斯堡尔谱对固相法制备的Li_2FeSiO_4进行表征，确立了一种新的Li_2FeSiO_4晶体结构。认为这种结构与Li_2CdSiO_4同构，如表5-1所示。

表5-1 不同温度下制备的Li_2FeSiO_4结构的晶胞参数

样品	a/Å	b/Å	c/Å	晶体结构	空间群
LFS@750	6.2661(5)	5.3295(5)	5.0148(4)	正交晶系	$Pmn2_1$
LFS@800	8.22898(18)	5.02002(4)	8.23335(18)	单斜晶系	$P2_1$
LFS@900	6.2836(1)	10.6572(1)	5.0386(1)	正交晶系	Pmnb

Li_2FeSiO_4的结构与合成制备条件，特别是合成温度密切相关。在不同制备条件下，合成的产物结构不尽相同。图5-1为不同空间群的Li_2FeSiO_4晶体结构图。在较高温度下，一般得到的是正交相Li_2FeSiO_4，空间群为$Pmn2_1$。在该结构中，所有阳离子都以四面体配位形式存在，其结构可以看成是[$SiMO_4$]层沿着ac面无限展开，每一个SiO_4与四个相邻的MO_4共点。锂离子位于两个[$SiMO_4$]层之间的四面体位置，且每一个LiO_4四面体中有三个氧原子处于同一[$SiMO_4$]层中，第四个氧原子属于相邻的[$SiMO_4$]层，LiO_4四面体沿着a轴共点相连，锂离子在其中完成嵌入-脱出反应。与$LiFePO_4$相比，Li_2FeSiO_4结构中的Li在b轴形成共棱的连续直线链，并平行于a轴，从而使得锂离子具有二维扩散特性。而在较低温度（600～700℃）下合成的Li_2FeSiO_4的结构更符合单斜晶系的$P2_1$空间群，在该结构中，氧原子形成有规律扭曲的四面体阵列，而阳离子则占据1/2的四面体位置。与正交晶系的结构相比，FeO_4和SiO_4四面体同样通过共点连接组成[$SiFeO_4$]$_x$层，但是这两种四面体的朝向不是相同的，如图5-2所示。这样，Li和Si之间的距离就达到了一个合理长度。除正交和单斜两种晶型外，在更高温度（900℃）下制备的Li_2FeSiO_4属于正交晶系的Pmnb空间群。

有研究表明，Li_2FeSiO_4首次循环后，材料的放电平台由3.01V降为2.80V，随后稳定在2.7V左右。原因可能是首次充放电过程中发生了离子的有序化重排，材料形成了更稳定的相。结构分析表明，在首次充放电过程中，晶体发生了结构的重组，部分占据4b位的锂离子与占据2a位的铁离子进行了互换，

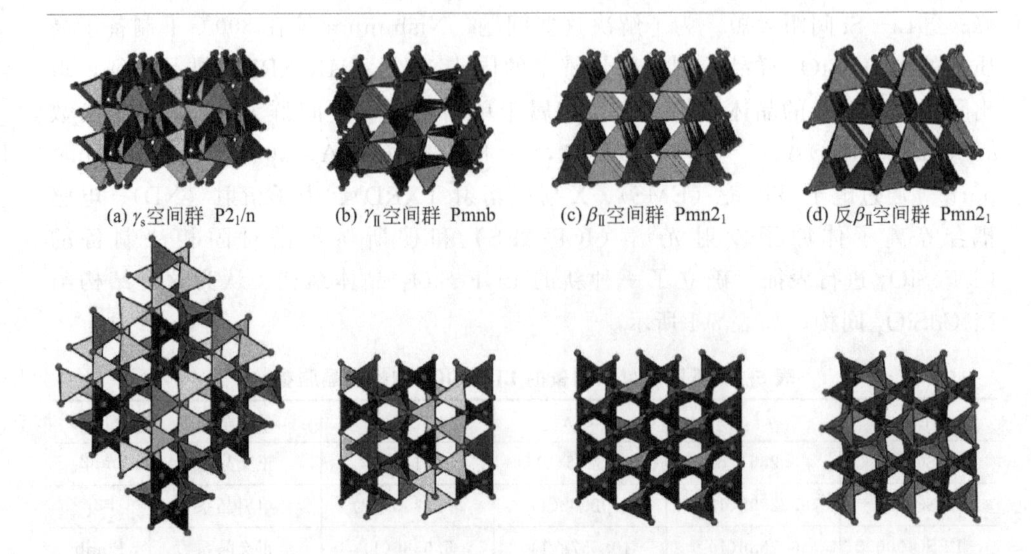

图 5-1 Li_2FeSiO_4 同质多形体结构的两个正交视图

（a）γ_s 结构（$P2_1/n$ 空间群），该结构中一半四面体的指向与其他四面体相反，且其包含具有共享边的 LiO_4/FeO_4 和 LiO_4/LiO_4 四面体；（b）γ_{II}结构（Pmnb 空间群），该结构中三个具有共享边的四面体按照 Li-Fe-Li 的次序排列；（c）β_{II}结构（$Pmn2_1$ 空间群），在该结构中所有四面体具有相同的朝向且垂直于密度积平面，不同的四面体之间通过共享顶点连接，沿 a 轴的 LiO_4 链与 FeO_4 和 SiO_4 交替排列的四面体链相互平行；（d）反 β_{II}结构（$Pmn2_1$ 空间群），在该结构中所有的四面体沿着 c 轴指向相同的方向，并且它们通过共享顶点连接。SiO_4 四面体呈孤立分布，它们分别与 LiO_4 和（Li/Fe）O_4 四面体通过顶点连接。

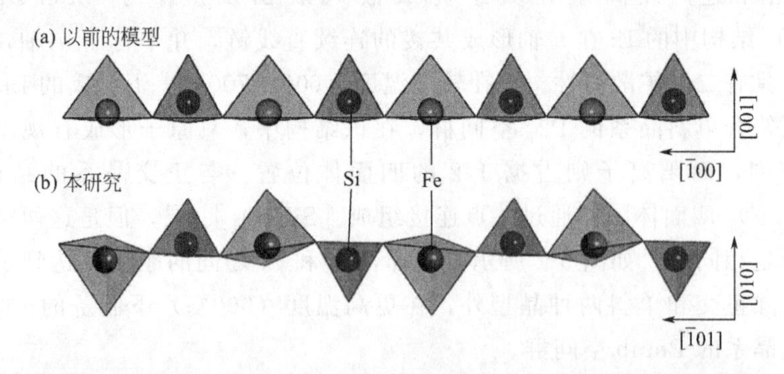

图 5-2 Li_2FeSiO_4 单斜相 $P2_1/n$（a）与正交相 $Pmn2_1$（b）间的区别

4b 位置的 Li ∶ Fe 从 96 ∶ 4 变为 40 ∶ 6，导致充电电压平台从 3.10V 降至 2.80V。这种阳离子混排在其他电池材料如橄榄石结构的 $LiFePO_4$ 中也有发生，通常它会对锂离子的一维扩散产生不利影响。密度泛函理论（DFT）研究发现，Li_2FeSiO_4 材料具有半导体属性，其带隙宽度为 0.15eV，而其脱锂态化合物 $LiFeSiO_4$ 的态密度数据说明材料为绝缘体（带隙宽度为 1.10eV），这也直接解释了材料在室温下首次循环后性能变差的原因。但是，由于 Li_2FeSiO_4 具有二维离子扩散特性，因此阳离子混排对锂离子的扩散影响甚微，反而有利于晶体结构由亚稳态向稳态转变，从而保持长时间循环的稳定性。因此，正常情况下的电化学反应为：

$$Li_2FeSiO_4 \longrightarrow LiFeSiO_4 + Li^+ + e \quad (5\text{-}1)$$

一般认为 Li_2FeSiO_4 化合物中的 Fe 只存在 2 种价态过渡金属离子（Fe^{2+} 和 Fe^{3+}），只能有 1 个 Li^+ 可以进行脱嵌，其理论容量为 166mA · h · g^{-1}。但是，Zhong 等利用第一性原理计算表明，基于单斜晶系 $P2_1$ 空间群的 Li_2FeSiO_4 分子中的第 2 个 Li^+ 可以在 4.6V（vs. Li^+/Li）进行可逆脱嵌，并且这一结论得到 Manthiram 组的验证，其理论容量可达 330mA · h · g^{-1} 左右，此时的反应式为：

$$LiFeSiO_4 \longrightarrow Li_{1-x}FeSiO_4 + xLi^+ + xe \quad (5\text{-}2)$$

两个锂脱出之间高的电位差来源于 Fe^{3+} 稳定的 $3d^5$ 半充满电子结构，因此从 $LiFeSiO_4$ 中脱出剩下的一个锂是非常困难的。Li_2FeSiO_4 在充放电循环过程中，锂离子在 $LiFeSiO_4$ 和 Li_2FeSiO_4 两相之间转移，这是两相共存的过程，对应 Fe^{3+}/Fe^{2+} 的相互转换。两相之间的晶胞体积相差只有 1%左右，说明在充放电过程中 Li_2FeSiO_4 的体积变化很小，不至于造成颗粒变形和破裂，从而颗粒与颗粒、颗粒与导电剂之间的电接触在充放电过程中不会受到破坏。聚阴离子型材料的三维框架结构，使得该材料具有较好的循环性能。另外，Li_2FeSiO_4 的充电产物与反应时间和弛豫状态密切相关，如图 5-3 所示。在 0.02C 的低倍率充电时，得到的产物 $LiFeSiO_4$ 为稳定的正交相；而在 0.1C 的较高倍率时得到的是亚稳态的单斜相 $LiFeSiO_4$。这是由于在较低的充电倍率下，中间相产物有较长的弛豫时间，可以进行部分阳离子移位从而转化为稳定的正交结构。

Eames 等使用密度泛函理论（DFT）系统地研究了硅酸亚铁锂的 4 种晶态 $Pmn2_1$、$P2_1/n$、Pmnb 和 $Pmn2_1$-循环（经循环转变结构）在充放电循环过程中电压和结构变化。测试结果显示，不同晶态结构的硅酸亚铁锂首次充电过程中，不同的电压平台与 Li_2FeSiO_4 转变为 $LiFeSiO_4$ 时所需脱离能量变化有关，具体表现在转变过程中，阳离子间的静电排斥与四面体结构的混乱发生相互对抗，因而不同晶态，电压平台不同。$Pmn2_1$ 晶构中，当 Li_2FeSiO_4 转变为 $LiFeSiO_4$ 时，体积增大 4.2%，四面体 SiO_4 和 LiO_4 中，系统中的四面体混乱度和静电排斥在能量和对抗方面最高，因而导致其初始电压平台最高，为 3.10V；$P2_1/n$ 晶

构中，SiO_4 与 O—O 共价网状结构和 LiO_4 导致能量最小；Pmnb 晶构中，Li—Fe

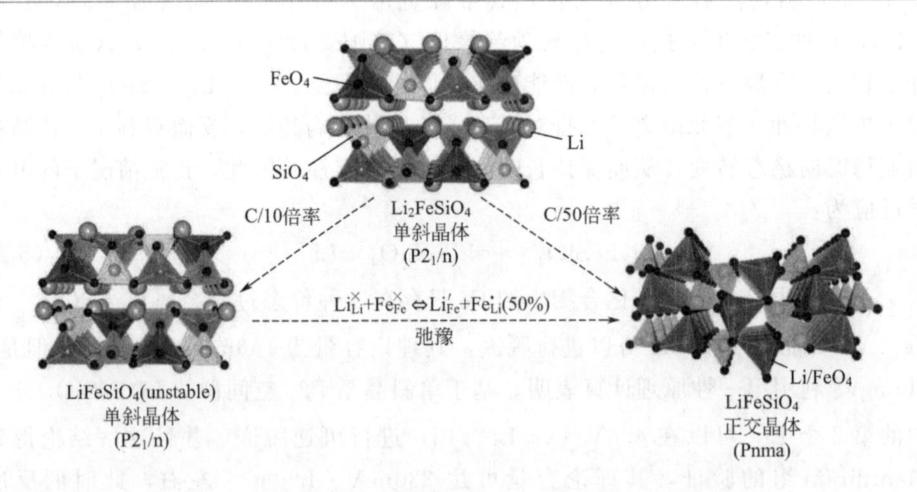

图 5-3 在不同倍率下充放电后 Li_2FeSiO_4 材料结构的变化

和 Fe—Fe 间的间隙比 $P2_1/n$ 的小，为四种晶构中离子变形度最大；电压平台最小（2.90V）。Zhang 等采用密度泛函理论研究了原始空间群为 $P2_1/n$ 的 Li_2FeSiO_4 正极材料和其循环脱嵌产物（$P2_1/n$ 循环和 $Pmn2_1$ 循环）在充放电过程中多锂嵌脱机制。如图 5-4 所示，结果表明，在单电子脱嵌过程中，充电电压平台由首次的 3.1V 变为之后循环的 2.83V，这种变化来源于材料由原始结构（$Pmn2_1$，$P2_1/n$ 和 Pmnb）向循环结构（$P2_1/n$-循环和 $Pmn2_1$-循环）的转变。多电子脱嵌中，首次充电路径的不同选择会导致充电平台出现差异：Li_2FeSiO_4 由结构 $P2_1/n$ 经中间态 $LiFeSiO_4$（$P2_1/n$-循环）再转变为 $Li_{0.5}FeSiO_4$（$P2_1/n$-循环），电压平台为 4.78V；$P2_1/n$ 结构的 $LiFeSiO_4$ 直接变为 $Li_{0.5}FeSiO_4$（$P2_1/n$-循环），此时电压平台为 4.3V。而之后的充电过程中，电压平台只以 4.78V 出现。

另外，由于 Li_2FeSiO_4 的氧化还原电位较低，材料暴露于空气中将发生化学脱锂过程。厦门大学杨勇等对 Li_2FeSiO_4 储存性能的研究表明，随着在室温空气中储存时间的延长，其体相结构发生明显变化，对称性由 $P2_1/n$ 转变为 Pnma。与之相应，材料的电化学性能也发生显著变化，主要表现在首次充电过程中 3.2V 平台容量的衰减，对应于化学氧化脱锂过程，空气中储存后的 Li_2FeSiO_4 通过高温退火后，其结构和性能可以得到恢复。Nytén 等采用现场光电子能谱（PES/XPS）对 Li_2FeSiO_4 的稳定性和表面性质研究发现，材料在空气中暴露，表面会形成 Li_2CO_3 等碳酸盐物质，说明发生了化学氧化脱锂的过程。

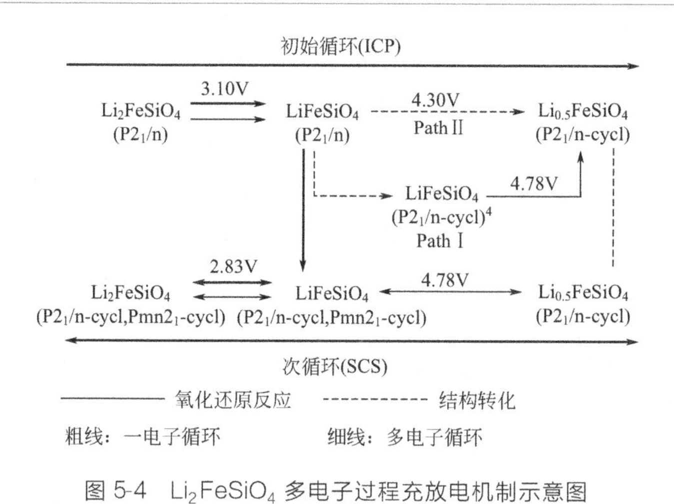

图 5-4 Li_2FeSiO_4 多电子过程充放电机制示意图

5.1.2 硅酸铁锂的合成

Li_2FeSiO_4 常见的合成方法主要有固相法、溶胶-凝胶法、水热法、微波合成法、溶剂热法、燃烧法等。

（1）固相法

固相法就是将称量的原材料充分混合后，利用高温烧结得到目标产物的合成方法。其具有制备工艺简单、易实现工业化等优点。但合成材料的晶粒大，分布不均匀，并且需要较高的合成温度、较长的反应时间和使用保护气。Nytén 等首次成功合成出纯相的 Li_2FeSiO_4 材料。在实验中，选择 $FeC_2O_4 \cdot 2H_2O$ 和 Li_2SiO_3 为原料，将其分散在丙酮中，充分混合后加入 10（质量分数）%的碳凝胶研磨；丙酮挥发完后；再将混合物加热到 750℃反应 24h，期间不断通入 CO/CO_2 气体（50/50）来抑制 Fe^{2+} 氧化。制备的样品在 60℃、2.0～3.7V 电压区间内进行充放电测试。首次充电的容量为 $165mA \cdot h \cdot g^{-1}$，几次循环后基本稳定在为 $140mA \cdot h \cdot g^{-1}$，表现出良好的容量性能。

（2）溶胶-凝胶法

溶胶-凝胶法是将原材料在液相下均匀混合，经过水解与缩合等化学反应后，形成稳定、透明的溶胶，再经过一段时间聚合形成凝胶，最后将得到的凝胶进行干燥和烧结制备出目标产物的合成方法。与固相法相比，该方法制备的材料主要有以下特点：具有分布均匀、粒径小、反应易控等优点，但是过程复杂、耗时。Dominko 等首先将乙酸锂、二氧化硅、柠檬酸和乙二醇溶于水中，经充分搅拌

2h后加入柠檬酸铁，搅拌1h，维持一晚形成凝胶；然后将凝胶在80℃干燥至少24h；最后将得到的粉末在CO/CO_2保护下加热到700℃，反应1h，冷却到室温后，得到Li_2FeSiO_4/C正极材料。材料在C/20倍率、2.0～3.8V电压下，前三次放电容量都高于$120mA \cdot h \cdot g^{-1}$。Zhang等选择柠檬酸作碳源和络合剂进行$Li_2FeSiO_4/C$的制备。向$CH_3COOLi$与Fe（NO）$_3$混合溶液中慢慢加入饱和柠檬酸溶液，待充分搅拌后，将溶液转移到盛有TEOS-乙醇的回流系统中，80℃回流至少12h。然后将得到的透明绿色溶液于75℃蒸干，100℃进行真空干燥。最后在氩气保护下，700℃煅烧12h，得到Li_2FeSiO_4/C正极材料。材料在C/16倍率、1.5～4.8V电压下，测得最大放电容量为$153.6mA \cdot h \cdot g^{-1}$，80次循环后，容量保持率为98.3%。

（3）水热法

水热法指在密封的高温高压反应容器内，在水体系下进行的化学反应。该方法易制得纯相的材料，不过设备要求高、技术难度大、成本比较高。Dippel等在氩气保护下，利用水热法进行Li_2FeSiO_4/C材料的制备。首先将0.01mol二氧化硅加入到提前制备好的氢氧化锂溶液内，磁力搅拌5min，超声水浴30min；然后向上述混合液中慢慢加入氯化亚铁溶液，搅拌30min后转移到密封的反应釜中，于180℃恒温12h，将得到的前驱体用去氧水冲洗几次，于120℃干燥至少一晚。最后，为了增加产率，将前驱体与15%（质量分数）的蔗糖在去氧水中搅拌1h，直到水挥发完，将得到的粉末于120℃干燥至少一晚，600℃煅烧6h，得到Li_2FeSiO_4/C正极材料。Dominko等同样利用水热法制备出含有多种同质异构体的Li_2FeSiO_4/C样品。在氩气保护下，将原材料放在不锈钢高压釜中，分别在不同温度（400℃、700℃、900℃）下加热6h，25℃下猝灭，然后称取1g猝灭后得到的样品与1.3g柠檬酸均匀混合，在700℃下反应6h，期间持续通入CO/CO_2，最后慢慢冷却到室温，得到目标产物。

（4）微波合成法

微波合成法是指在合成过程中，微波直接与反应物中的分子或离子耦合，利用偶极旋转或离子传导将能量传给被加热物，使反应体系快速获得整体均匀加热的一种合成方法。该方法缩短了烧结时间，节约了能源，符合环保的要求，目前已经应用到了锂离子电池正极材料的合成中。Peng等首次使用微波法制备Li_2FeSiO_4/C材料。首先将Li_2CO_3、$FeC_2O_4 \cdot 2H_2O$、SiO_2和10%（质量分数）葡萄糖按一定的化学计量比溶解在丙酮中，充分球磨6h，待丙酮挥发后，再球磨0.5h，最后将得到的粉末分成两部分且压成球状放入铝坩埚中。在氩气保护下，一部分700℃烧结20h；另一部分700℃微波处理12min。将分别得到的产物在60℃、2.0～3.7V的电压、C/20倍率下进行充放电性能测试。微波处理后合成的材料表现出116.9mA·h·g^{-1}的首次高放电容量，明显高于传统高温固相法的103mA·h·g^{-1}。

(5) 溶剂热法

溶剂热法是水热法的发展。其利用分散在非水溶剂中反应物的溶解性、分散性及化学活性提高，在较低温度下获得产物的合成方法。该方法易于控制，能获得高纯度、均匀的纳米材料。Muraliganth等采用微波溶剂热法制备纳米结构的Li_2FeSiO_4/C。以蔗糖作为碳源，将一定量的正硅酸四乙酯、氢氧化锂、乙酸亚铁溶于30mL三乙二醇中，然后转移到石英管中，密封。在微波处理过程中，300℃下反应20min；在溶剂热处理过程中，300℃下反应5min，待反应物冷却到室温后将浮在其表面上的三乙二醇轻轻倒出，用丙酮清洗多次。最后加入30%（质量分数）蔗糖，氩气保护，650℃加热6h完成碳包覆。Li_2FeSiO_4/C样品表现出良好的倍率性能和循环稳定性。在室温下，放电容量为148mA·h·g^{-1}。

(6) 燃烧法

燃烧法是一种新型的制备正极材料的方法。该方法以可溶性的前驱体盐（氧化剂）和燃料（最常见的是含碳化合物）之间的氧化还原反应为基础。并且主要由燃料和氧化剂的类型，燃料与氧化剂的摩尔比，产物中逐渐形成的气体的相对体积来控制。该方法具有低成本、快速、产率高和产物均匀的特点。Dahbi等采用蔗糖辅助燃烧法制备了Li_2FeSiO_4/C材料。先将$LiNO_3$、$Fe(NO_3)_3 \cdot 9H_2O$和SiO_2按化学计量比溶于最少量的水中，加入蔗糖后于120℃加热2h挥发掉多余的水，直到溶液达到糖浆似的黏稠度，并且变为棕色泡沫。继续加热，泡沫会无火焰自发的燃烧，最终变为棕黑色的粉末。最后将收集的粉末充分研磨后在800℃加热处理10h，期间不断通入CO/CO_2（50/50）混合气体以防止Fe^{2+}的氧化。在60℃、C/20倍率、1.8～4.0V电压下进行充放电测试，加入1.5mol蔗糖的Li_2FeSiO_4/C样品表现出最好的电化学性能、循环稳定性和倍率性能，放电容量为130mA·h·g^{-1}，50次循环后无容量衰退现象。

除此之外，一些新颖的方法也被应用到Li_2FeSiO_4材料的合成中。例如，Rangappa等采用超临界流体法合成了Li_2FeSiO_4纳米片，如图5-5所示。在45℃下0.02C倍率时，首次容量为340mA·h·g^{-1}，远高于其他方法制备的正硅酸盐材料，基本实现了第二个Li^+的全部嵌脱（图5-5），20次循环后容量仍在280mA·h·g^{-1}左右。不同的合成方法各有其优点与缺点，因此优化Li_2FeSiO_4的合成仍然是相关研究工作的重点。

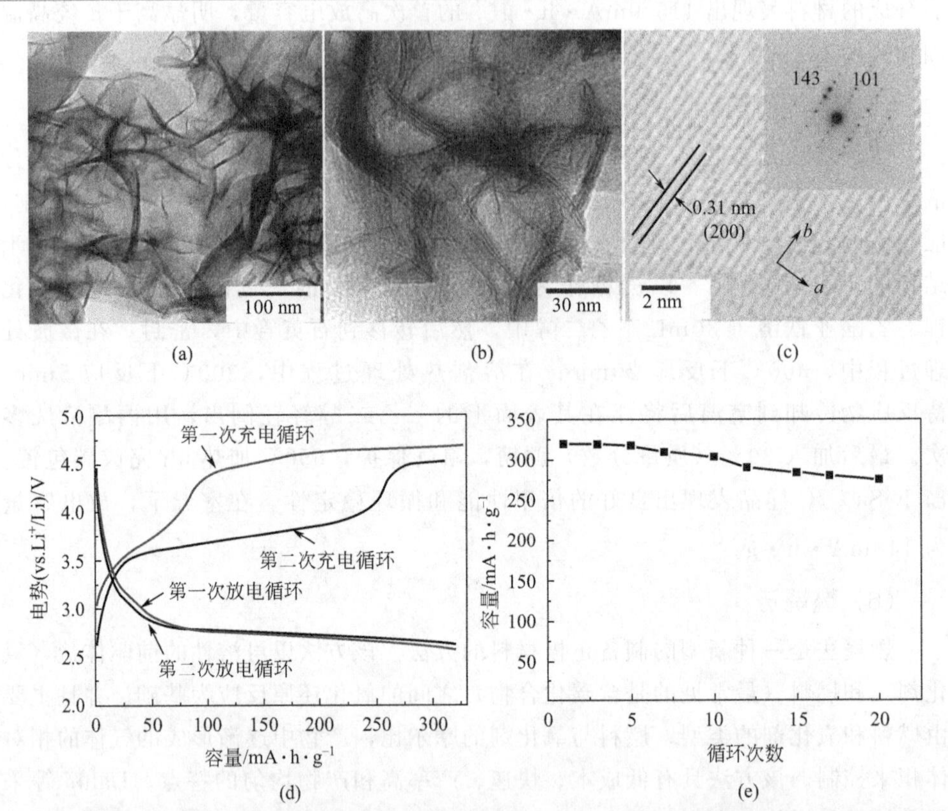

图 5-5 Li_2FeSiO_4 纳米片的 TEM 图（a），（b）；Li_2FeSiO_4 纳米片的 HRTEM 图（插图为 SAED）（c）；Li_2FeSiO_4 纳米片在 45℃、0.02C 倍率下的充放电曲线（d）；Li_2FeSiO_4 纳米片的循环性能（e）

5.1.3 硅酸铁锂的改性

Li_2FeSiO_4 的室温下其电子电导率约为 $6\times10^{-14}S\cdot cm^{-1}$，在 60℃时也仅为 $2\times10^{-12}S\cdot cm^{-1}$，近似绝缘体。其部分脱锂产物 $LiFeSiO_4$ 的带隙与 Li_2FeSiO_4 相当，电导率较低。而且，锂离子在 Li_2FeSiO_4 和 $LiFeSiO_4$ 两相中的扩散系数都很小。这些因素导致 Li_2FeSiO_4 材料的实际容量远低于理论容量，高倍率充放电性能很差，难以满足实际应用的要求。因此，如何改善 Li_2FeSiO_4 材料的电子和离子传输性能，提高材料的倍率性能是该类材料能否商业化的关键。与低电导率的材料类似，改进 Li_2FeSiO_4 材料的性能的手段主要有以下 3 种。

5.1.3.1 硅酸铁锂材料的纳米化

Fan等通过溶胶-凝胶的方法获得了多孔的 Li_2FeSiO_4/C 正极材料。以 C/5 倍率在 1.5～4.5V 电压区间内进行充放电测试。首次放电容量较低，为 $134mA \cdot h \cdot g^{-1}$，190 次循环后，材料放电的容量升高到 $155mA \cdot h \cdot g^{-1}$。这说明孔状有利于电解液与活性材料表面接触，减少锂离子的迁移距离，提高了电化学循环性能和倍率性能。燕子鹏等采用溶胶-凝胶法合成出纳米的 Li_2FeSiO_4/C 正极材料。以抗坏血酸为碳源，添加聚乙二醇（PEG），通过 SEM 观察到材料颗粒细小，粒径约为 50nm。室温下，在 1.5～4.8V 电压区间内，以 C/16 的倍率进行充放电测试，首次放电容量为 $138.2mA \cdot h \cdot g^{-1}$。Tao 等采用酒石酸辅助溶胶-凝胶法制备出多孔的 Li_2FeSiO_4/C 纳米材料。通过 XRD 测试得知材料中无杂质相产生，这说明酒石酸有利于制备高纯相的样品。在 0.5C 倍率、1.5～4.8V 电压下进行充放电测试，含碳量为 8.06%（质量分数）的 Li_2FeSiO_4/C 材料首次的放电容量为 $176.8mA \cdot h \cdot g^{-1}$。Huang 等采用喷雾干燥与固相法结合的方式，合成出球状的 Li_2FeSiO_4/C 正极材料。通过 XRD、SEM 手段进行表征，发现材料的结晶度较高，并且为孔状的球形颗粒。在 0.1C 倍率，1.5～4.6V 电压区间内进行充放电测试得出：首次放电容量为 $153mA \cdot h \cdot g^{-1}$。这表明纳米球状缩短了锂离子和电子传导的距离，碳纳米管（CNTs）连接颗粒之间，形成网状结构，促使了材料电化学性能的提高。

5.1.3.2 硅酸铁锂材料的表面包覆

在材料表面包覆一层导电性优良且在电解液以及在充放电过程保持稳定的物质，用以改善颗粒间的电子传导性能，可以提高材料的循环性能。显然，碳具有成本低、对充放电过程副作用小等优点，是满足上述要求的优良导电剂。添加碳改性主要包括碳掺杂和表面碳包覆。添加碳不仅可以提高材料的电子电导率，而且比表面积也相应增大，有利于材料与电解质充分接触，从而改善了微粒内层锂离子的嵌入/脱出性能，进而提高了材料的充放电容量和循环性能，同时碳在产物结晶过程中可充当成核剂，从而减小产物的粒径，碳还可起到还原剂的作用，抑制高温反应过程中三价铁的生成。但碳的加入会降低材料的能量密度，因此，在提高材料电化学性能的同时，要尽可能减少 Li_2FeSiO_4/C 复合材料中碳的含量。常见的碳包覆手段有原位碳包覆和非原位碳包覆，二者的区别主要在于碳的包覆过程是否与材料硅酸亚铁锂形成的过程相同步，伴随着材料硅酸亚铁锂的形成，碳材料一同包覆到材料四周的视为原位碳包覆，而对于硅酸亚铁锂形成后，再对其表面进行碳包覆修饰的称之为非原位碳包覆。与非原位碳包覆相比，原位碳包覆的碳层不仅依附于材料表面，而且能够做到分散颗粒周围、填充颗粒间隙的效果，包覆效果更佳。因此，尽管近年来大量不同原位碳包覆材料得到研究报道，但是探索以新材料为碳源的原位碳包覆研究仍是科研工作者的热门课题。Wu 等以乙酸锂、柠檬酸铁、正硅酸乙酯为原料，使用聚氧乙烯-聚氧丙烯-聚氧乙烯 P123（$EO_{20}PO_{20}EO_{20}$）材料作碳源，在氩气氛围中 650℃煅烧 10h 后制备出纯相纳米尺寸的 Li_2FeSiO_4/C，包覆碳层均匀地覆盖在材料表面，厚度为 2nm，表现出较高的有序度，因而暗示了 Li_2FeSiO_4 有较好的电化学性能。电压为 1.5～4.8V 时的电化学测试显示，当电流密度为 0.1C，Li_2FeSiO_4/C 首次放电容量为 230mA·h·g^{-1}，当电流密度增加到 10C 时，其可逆容量仍为 120mA·h·g^{-1}。

除了研究探索新碳源外，碳包覆研究中也出现了选用多种碳材料共作碳源的报道，并且包覆方式多样，性能提高显著。Mu 等以葡萄糖和碳纳米球作为碳源，制备了复合碳包覆的 Li_2FeSiO_4/C/CNS 正极材料，与葡萄糖单碳包覆材料（Li_2FeSiO_4/C）的对比表明：前者具有更小的晶粒尺寸，并且由于纳米球在材料中的依附嵌入，利于材料表观电导率的提高，同时促进了电子转移，从而表现了较低的界面阻抗和较强的锂离子扩散能力。第二次充放电循环中，Li_2FeSiO_4/C 材料放电容量仅为 115.1mA·h·g^{-1}，经 30 次循环，其放电容量衰减到 106.5mA·h·g^{-1}；相比之下，Li_2FeSiO_4/C/CNS 材料的第二次放电容量高达 159mA·h·g^{-1}，60 次循环后放电容量增长为 164.7mA·h·g^{-1}，同时显示了更好的倍率性能。Huang 等采用柠檬酸、多壁碳纳米管为碳源，溶胶-凝胶工艺合成 Li_2FeSiO_4/C/MWCNTs 复合材料。与 Li_2FeSiO_4/C 相比，MWCNTs 加入后产物的碳包覆均匀，杂质更少，粒径更小，仅出现少量团聚，并且 MWCNTs 能够很好地依附在 Li_2FeSiO_4 表面，促使 Li_2FeSiO_4 连接点增多，有利于锂离子的扩散，提高其电化学性能。在 1.5～4.8V 循环，电流密度为 0.1C 时，Li_2FeSiO_4/C/MWCNTs 前 2 次放电容量分别为 189mA·h·g^{-1} 和 206.8mA·h·g^{-1}，Li_2FeSiO_4/C 为 157mA·h·g^{-1} 和 168.7mA·h·g^{-1}。20C 时，500 次循环后的双碳放电容量为 82mA·h·g^{-1}，高于单碳放电容量 54.8mA·h·g^{-1}。

在各种碳材料中，石墨烯因其独特的二维结构和优良的物理化学性质，最适合用来包覆在电极材料表面形成包覆结构。石墨烯具有超大的比表面积，同时具有良好的导电性和导热性，因此同时具有良好的电子传输通道和离子传输通道，作为包覆材料非常有利于提高电池的倍率性能和循环性能。Yang 等采用溶胶-凝胶法制备 Li_2FeSiO_4/C 材料及石墨烯改性的 Li_2FeSiO_4/C[LFS/(C+rGO)]复合材料，合成路线如图 5-6 所示。将原材料溶于乙醇的水溶液，并加入氧化石墨烯，然后 70℃回流 12h。溶剂挥发后在 120℃下真空干燥 12h，得到干燥的凝胶前驱体，并研磨 6h。将上述粉末在 350℃下煅烧 5h，然后在氮气气氛中 650℃下煅烧10h，冷却至室温得到LFS/(C+rGO)复合材料，其电子电导率分别高达$7.1\times10^{-4}S\cdot cm^{-1}$、$1.5\times10^{-3}S\cdot cm^{-1}$，远远高于未改性的$Li_2FeSiO_4$正极材料的电导率（$6\times10^{-14}S\cdot cm^{-1}$），并具有较高的倍率放电容量。如图5-6所示，在任意倍率下，LFS/(C+rGO)复合材料具有比Li_2FeSiO_4/C材料更高的放电容量。

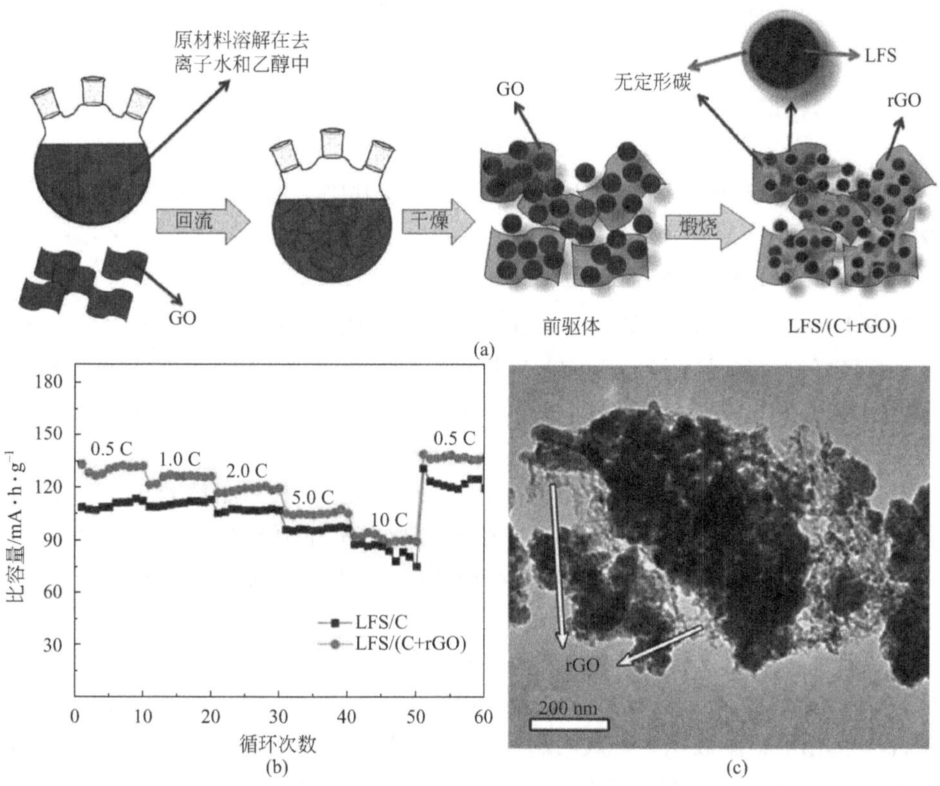

图5-6 石墨烯改性的Li_2FeSiO_4/C [LFS/(C+rGO)]复合材料的合成路线图（a），Li_2FeSiO_4/C及LFS/(C+rGO)材料的倍率性能图（b）和LFS/(C+rGO)复合材料的TEM图（c）

5.1.3.3 硅酸铁锂材料的离子掺杂

虽然降低颗粒尺寸和与碳材料复合可以提高材料的充放电性能，但是对材料本征的电子和离子传输性能影响甚微。为了提高材料本征的传输性能，引入结构缺陷和进行离子掺杂是非常有效的途径。

经过十几年的研究，大量不同的掺杂元素得到报道，种类繁多，数量庞大，

包括 Mg^{2+}、Zn^{2+}、Cu^{2+}、Ni^{2+}、Mn^{2+}、Al^{3+}、Cr^{3+}、Co^{3+}、V^{5+}、N^{3-} 等。Deng 等研究了 Mg^{2+}、Zn^{2+}、Cu^{2+}、Ni^{2+} 掺杂的 $Li_2Fe_{0.97}M_{0.03}SiO_4$ 材料，结果表明：能够成功进入 Li_2FeSiO_4 材料中只有 Mg 和 Zn，并且掺杂元素不参与反应的特性，能够起到稳定材料晶体结构、提高循环稳定性的特性。Zhang 等通过溶胶-凝胶法分别实现了 Mg^{2+}、$Zn^{2+}/Cu^{2+}/Ni^{2+}$、Cr^{3+} 的掺杂，分别表现出优越的性能。Araujo 组计算表明，Li_2FeSiO_4 具有非常低的锂离子扩散系数，仅为 $10^{-20}\sim10^{-17}cm^2\cdot s$，但是实验表明，$Ni^{2+}$ 掺杂可以提高 Li_2FeSiO_4 材料的锂离子扩散系数。但是，相比上述研究，Mn^{2+} 的 Li_2FeSiO_4 掺杂最受关注。这是因为：① Mn 和 Fe 原子半径相近，Mn 可以固溶到 Li_2FeSiO_4 的晶构中；②Mn 的双锂脱出电位均在 5V 以下，能够针对性的改善 Fe^{3+} 到 Fe^{4+} 脱锂电压太高、理论容量低的本质缺陷。例如：Sha 等将喷雾热解及球磨工艺结合制备的 $Li_2Fe_{0.5}Mn_{0.5}SiO_4$ 首次放电容量 $149mA\cdot h\cdot g^{-1}$。Deng 等采用柠檬酸辅助溶胶-凝胶工艺制备的 $Li_2Fe_{0.5}Mn_{0.5}SiO_4$ 材料首次放电容量在 $170mA\cdot h\cdot g^{-1}$ 左右。最近，Bini 等发现：Pmnb 空间群的 Li_2FeSiO_4 是硅酸铁锰锂（$Li_2Fe_xMn_{1-x}SiO_4$）材料最稳定的同素异构体，但材料中的 Li/Fe 及 Mn 位的无序受合成条件影响较大，工艺的改进将有益于材料循环性能的提高。Chen 等则通过对比 $Li_2Fe_{1-y}Mn_ySiO_4$（y=0、0.2、0.5、1）材料，指出：最初几次的循环中，硅酸铁锰锂存在 $P2_1/n$ 到 $Pmn2_1$ 晶构的转变，并伴随着明显的无定形化，而掺杂的 Mn 仅在最初几次循环中能够参与脱锂反应。可见，Mn^{3+} 的 Jahn-Teller 效应和锰参与脱锂反应的时效性是硅酸锰铁锂材料面临的主要问题。

近几年，掺杂研究也对不同掺杂位置进行了研究报道，常见的有 Si 位和 O 位。Hao 等以 $LiCH_3COO\cdot 2H_2O$、$Fe(NO_3)_3\cdot 9H_2O$、TEOS 和 NH_4VO_3 为原料，采用溶胶-凝胶工艺，成功制备出 V 元素分别掺杂于 Fe 位和 Si 位的样品 $Li_2Fe_{0.9}V_{0.1}SiO_4/C$ 和 $Li_2FeSi_{0.9}V_{0.1}O_4/C$。经比较，Si 位掺杂样品 $Li_2FeSi_{0.9}V_{0.1}O_4/C$ 放电容量最大，为 $159mA\cdot h\cdot g^{-1}$，30 次循环后，放电容量仍有 $150mA\cdot h\cdot g^{-1}$ 左右，显示出优异的循环性能。Armand 等利用第一性原理计算预测了 Li_2FeSiO_4 掺杂 N 或 F 后的电化学性能，认为掺杂 N 或 F 都可降低 Fe^{3+}/Fe^{4+} 电对的电压，N 的掺杂会提高 Li_2FeSiO_4 的比容量，而 F 可能会带来不利的影响。Zhu 等采用密度泛函理论对氧位掺杂 N 元素材料 $Li_{2-x}FeSiO_{4-y}N_y$（x=0、1、2；y=0.5、1）在脱锂过程中相位转变的稳定性变化进行了理论计算，结果表明：随着掺 N 量的增多，Fe^{3+}/Fe^{4+} 理论电压在脱锂过程中逐渐降低；随着循环的进行，取代 O 位置的 N 元素，改变了价键方向，Pugh 比值（B/G）也由 1.02 变为 1.33，低于 1.75，显示了结构的不稳定性。此外，当脱锂到 $FeSiO_{3.5}N_{0.5}$ 时，体积变化了32.0%，也暗示了材料较差的结构稳定性，因此掺杂材料 $Li_2FeSiO_{4-y}N_y$ 在开始的几次循环将获得较高的理论比容量，但随着循环的进行，容量衰减严重。

另外，为了进一步发挥不同掺杂离子的协同作用，Li_2FeSiO_4 的双离子掺杂的研究引起了人们的关注。Hu 等合成的双掺杂材料 $LiMn_{0.9}Fe_{0.05}Mg_{0.05}PO_4$，与单掺杂材料 $LiMn_{0.9}Fe_{0.1}PO_4$ 相比，具有更好的循环性能和倍率性能。当电流密度为0.2C时，首次放电容量为 $121mA \cdot h \cdot g^{-1}$，30次循环后放电容量几乎无损失。当电流密度分别为0.1C、1C、2C、3C、5C时，对应的放电比容量为 $140mA \cdot h \cdot g^{-1}$、$117mA \cdot h \cdot g^{-1}$、$103mA \cdot h \cdot g^{-1}$、$90mA \cdot h \cdot g^{-1}$、$62mA \cdot h \cdot g^{-1}$。Cui 等对比了单掺杂的 $LiZn_{0.05}Mn_{1.95}O_4$ 和双掺杂的 $LiZn_{0.05}Mn_{1.95}O_{0.0036}(PO_4)_{0.025}$ 的性能，单掺杂 Zn 能够抑制 Mn^{3+} 的 Jahn-Teller 效应，提高循环性能，20次循环后容量保持率为90.2%；而随着 PO_4^{3-} 共掺杂不仅具有更高的放电容量，而且循环性能得到再次提高，20次循环后容量保持率为94.3%。这些工作表明：适宜双掺杂成分的引入，除了可能保持单掺杂的特性外，还能够实现互补，产生协同作用，实现材料电化学性能的进一步提升。

5.2 硅酸锰锂

5.2.1 硅酸锰锂的结构

Li_2MnSiO_4 材料理论比容量可高达 $333mA \cdot h \cdot g^{-1}$，与 Fe 相比，Mn 更容易进行两电子交换，配合正硅酸盐化学式允许两个 Li^+ 交换的特性，理论上更容易实现制备高比容量正极材料的目的。Li_2MnSiO_4 的结构复杂，存在多种同分异构体。目前报道中关于 Li_2MnSiO_4 的结构主要有两大类，分别为正交晶系 $Pmn2_1$ 空间点群和单斜晶系 $P2_1/n$ 空间点群。其中，由 Dominkoa 等用改进的溶胶-凝胶法合成的 Li_2MnSiO_4 正极材料通过 XRD 分析得出 Li_2MnSiO_4 为正交晶系，属 $Pmn2_1$ 空间点群，与 Li_2FeSiO_4 同构，晶格常数为：$a=6.3109(9)Å$、$b=5.3800(9)Å$、$c=4.9662Å$，其结构如图5-7所示。Li、Mn、Si 分别占据四面体的中心位置，O 占据四面体顶点位置，Li、Mn、Si 分别与氧原子形成四面体，其结构是典型的全向上的四面体构型。但通过电子衍射分析得出 Li_2MnSiO_4 的晶格常数中 b 值是 XRD 中 b 值的2倍，与曾报道的单晶结构 Li_2FeSiO_4 中的 b 值相吻合，属 Pmnb 空间点群，这说明 Li_2MnSiO_4 是一个轻微扭曲的正交结构。同样，Belharouak 等采用溶胶-凝胶法在 700℃下烧结得到的 Li_2MnSiO_4，通过 XRD 分析同样得出 Li_2MnSiO_4 与 Li_3PO_4 同构，属于 $Pmn2_1$ 空间点群。

单斜晶系的 Li_2MnSiO_4 首次报道是由 Politaev 采用高温固相法在 950～1150℃下合成的，通过 XRD 对其结构进行表征，并采用 Rietveld 程序对 XRD 数据进行拟合，得到其结构为单斜晶系，属于 $P2_1/n$ 空间点群，晶格常数为：$a=6.336(1)$Å、$b=10.9146(2)$Å、$c=5.0730(1)$Å，结构与 γ_{II}-Li_2ZnSiO_4 以及低温合成的 Li_2MgSiO_4 相类似。如图 5-7 所示，O 位于四面体的顶点与位于四面体中心的 Li、Mn、Si 分别形成四面体，但这些四面体的方向不同，与正交晶系相比，单斜晶系为框架结构，而正交晶系为层状结构。

Arroyo-deDompablo 等认为不同条件下合成的 Li_2MnSiO_4 空间结构可能不同，包括 $P2_1/n$、Pmnb 和 $Pmn2_1$ 三种空间群，如图 5-7 所示。他们通过第一性原理计算得出，$P2_1/n$ 空间点群不如 Pmnb 和 $Pmn2_1$ 空间点群稳定，而且由于 Pmnb 和 $Pmn2_1$ 空间点群的总能量相差不到 5meV/f. u.，所以这两种点群难以孤立存在，同时还指出高温/高压不利于形成 $Pmn2_1$ 空间点群。并对实验室制得的 Li_2MnSiO_4 材料进行 XRD、Li MAS NMR 以及 SAED 测试，结果表明所得材料确实为不同晶型的混合物。为进一步证实计算结果，他们以水热法合成的 Li_2MnSiO_4 作前驱体，在 400℃下处理后获得 $Pmn2_1$ 结构，在 900℃下处理 3h

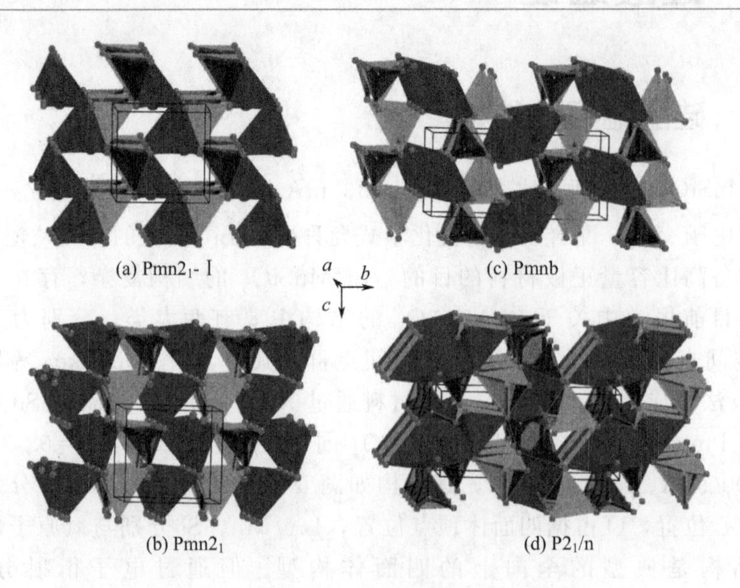

图 5-7 Li_2MnSiO_4 可能的晶体结构示意图

获得Pmnb结构，处理6h则得到$P2_1/n$结构，实现了不同晶型之间的相互转变（$Pmn2_1 \rightarrow Pmnb \rightarrow P2_1/n$）。程琥等采用溶胶-凝胶法在不同温度下合成了$Li_2MnSiO_4$正极材料，通过XRD分析和$^6Li$固体核磁共振谱研究同样发现其晶相结构比较复杂，其中，在600℃下合成的样品中正交$Pmn2_1$相占76%，正交Pmnb相占19%；在900℃下合成的样品中单斜$P2_1/n$相占66%，正交$Pmn2_1$相占14%，正交Pmnb相占18%。Liu等采用Rietveld程序对其用多元醇法在700℃下合成的Li_2MnSiO_4/C结构进行精修，发现样品中存在两种相，分别为$Pmn2_1$相和$Pl2_1/nl$相，各占52.65%和42.94%，并无$P2_1/n$相、Pmnb相和$Pmn2_1$-Ⅰ相。上述工作充分说明：Li_2MnSiO_4的结构与合成工艺有关。

Li_2MnSiO_4脱锂的氧化反应可以表示如下：

$$Li_2MnSiO_4 = LiMnSiO_4 + Li^+ + e \tag{5-3}$$

实验测得首次循环的平台在4.1V，若第2个Li^+也能脱去，则Mn^{3+}氧化成Mn^{4+}，其反应可以表示如下：

$$LiMnSiO_4 = MnSiO_4 + Li^+ + e \tag{5-4}$$

Dompablo等通过理论计算得出该氧化反应的电压平台约4.5V。Dompablo等认为，不同空间结构的Li_2MnSiO_4的放电电压不同，通过GGA+U的方法计算得到，Pmnb、$Pmn2_1$和$P2_1/n$这3种结构对应的放电电压分别是4.18V、4.19V和4.08V。

到目前为止，国内外关于Li_2MnSiO_4正极材料的合成和性能研究的文献已有很多，合成方法与Li_2FeSiO_4类似，主要包括高温固相法、溶胶-凝胶法、Pechini法、水热法、微波法、超临界法等。但其电化学性能还没有达到所预想的高容量，循环性能也较差。主要原因在于Li_2MnSiO_4电子电导率低（$<10^{-14}S \cdot cm^{-1}$），而且在循环过程中结构坍塌并伴随着Li_2SiO_3杂相的生成。Dominko等通过XRD研究了不同脱锂态下$Li_{2-x}MnSiO_4$（$x=0$，0.25，0.5，0.75，1，1.5，2）材料的晶体结构，发现随着脱锂量的增大，Li_2MnSiO_4的特征衍射峰强度逐渐减弱，当$x=1$时衍射峰已与背底难以区分。

Kokalj等通过密度泛函理论计算结合XRD、NMR和TEM得出Li_2MnSiO_4材料在脱出大量的锂离子后结构坍塌，并且向无定形态转变，Li_2MnSiO_4在反应中可能发生相分离为Li_2MnSiO_4和非晶态的$MnSiO_4$。Yang等利用XRD和IR分析不同充放电态下的Li_2MnSiO_4，同样发现在锂离子脱出过程中，XRD中Li_2MnSiO_4的特征衍射峰强度逐渐减弱并最终消失，在IR中对应于SiO_4^{4-}在$900cm^{-1}$附近的吸收峰宽化，表明Li_2MnSiO_4材料由晶态向无定形态转变。Dominko等还通过原位的XAS分析了Li_2MnSiO_4/C材料，分析结果表明：在氧化过程中，Mn(Ⅱ)-Mn(Ⅲ)的转化是有限的，并且Mn周围环境的改变是不可逆的，这种不可逆转的变化与原位的 XRD 的分析结果是相对应的。这些实验表明：Li_2MnSiO_4 材料在首次充电过程中晶体结构发生变化，晶态特征逐渐消失，最终结构完全坍塌。因此，为了进一步得到高性能的 Li_2MnSiO_4 正极材料，目前的研究工作主要集中于：①优化合成工艺缩小晶粒尺寸、提高材料纯度；②碳包覆提高材料的电子电导率；③掺杂离子提高材料的结构稳定性。

5.2.2 纳米硅酸锰锂材料的碳包覆

由于 Li_2MnSiO_4 材料的电子电导率太低，即使是纳米化的 Li_2MnSiO_4 材料的电化学性能也较差。因此，通常上碳包覆与纳米化结合，合成不同形貌的纳米结构的碳包覆 Li_2MnSiO_4 材料，是提高其电化学性能的有效方法。Xie 等以 MCM-41 为模板，采用水热法制备了碳包覆的介孔 Li_2MnSiO_4（M-Li_2MnSiO_4），MCM-41 模板以及合成碳包覆的 M-Li_2MnSiO_4 路线如图 5-8 所示。MCM-41 是一种有序介孔材料，它是一种新型的纳米结构材料，具有孔道呈六方有序排列、大小均匀、孔径可在 2～10nm 范围内连续调节、比表面积大等特点。由 Kresge 等在 1992 年的 Nature 杂志上首次报道，并命名此类材料为 MCM-41。研究结果

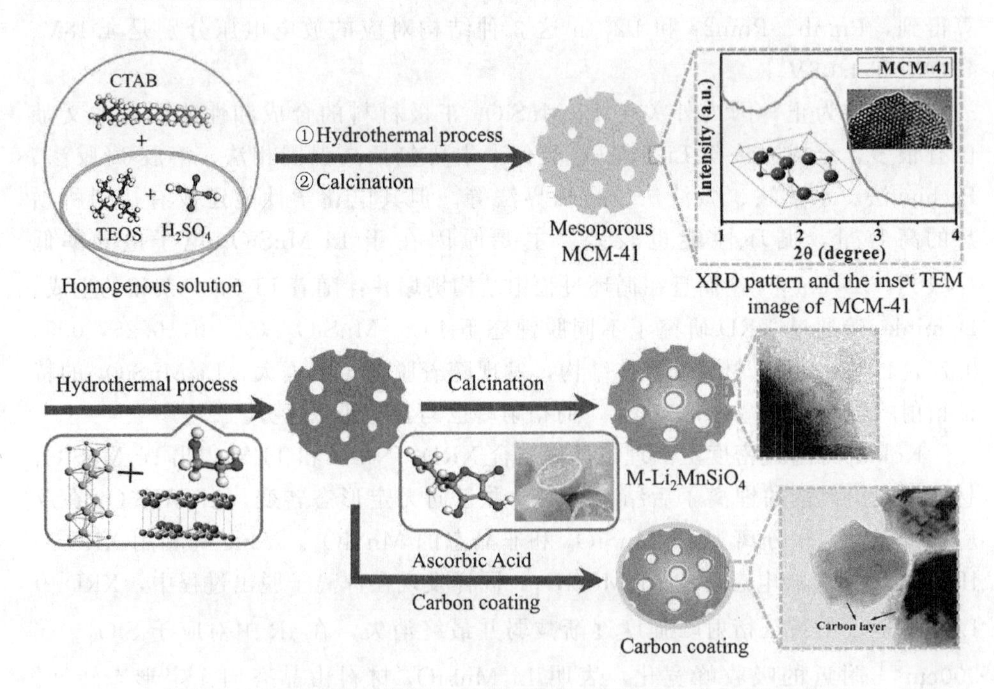

图 5-8 MCM-41 模板以及合成碳包覆的 M-Li_2MnSiO_4 路线示意图

表明，采用 MCM-41 模板制备的 M-Li_2MnSiO_4 具有多孔的结构，孔径 9～12nm，在 $20mA \cdot g^{-1}$ 电流密度充放电时，M-Li_2MnSiO_4 的可逆容量为 $193mA \cdot h \cdot g^{-1}$，而粒子状的 B-$Li_2MnSiO_4$ 的可逆容量仅为 $120.1mA \cdot h \cdot g^{-1}$。而碳包覆的 M-$Li_2MnSiO_4$ 具有更小的电荷转移电阻，在相同电流密度下的可逆容量为 $217mA \cdot h \cdot g^{-1}$，并展示了最好的循环稳定性。

Song 等采用溶剂热法制备了 Li_2MnSiO_4 纳米棒（LMS NRs），然后以聚丙烯腈（PAN）为碳源，采用静电纺丝的方法将 Li_2MnSiO_4 纳米棒嵌入到碳纳米纤维中，制备了 LMS/CNFs 材料，如图 5-9 所示。其充放电性能图说明，LMS/CNFs 材料首次放电容量高达 $350mA \cdot h \cdot g^{-1}$，300 次循环后容量仍超过 $270mA \cdot h \cdot g^{-1}$，展示了优异的循环稳定性。

基于 PEDOT（聚乙烯二氧噻吩）具有分子结构简单、能隙小、电导率高等特点，Kempaiah 等采用超临界溶剂热法合成了 PEDOT/Li_2MnSiO_4 纳米复合正极材料。室温下首次放电容量高达 $293mA \cdot h \cdot g^{-1}$，40℃时容量可提高至 $313mA \cdot h \cdot g^{-1}$，基本实现了两个锂离子的脱嵌，20 次循环后，容量仍可以保持

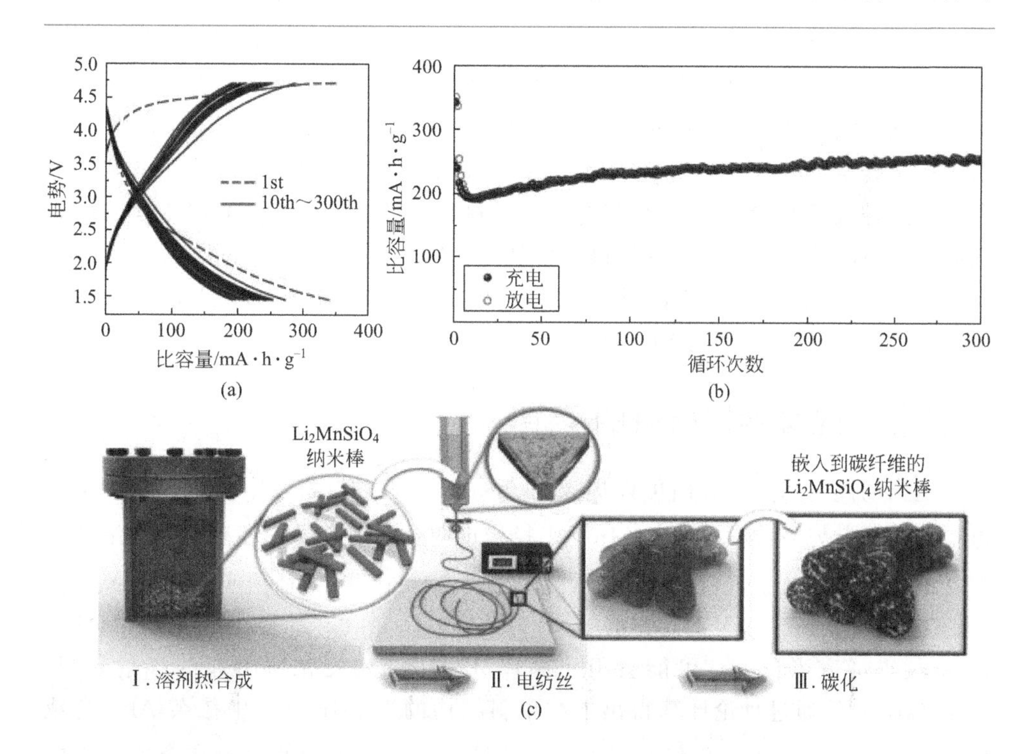

图 5-9 在 0.1C 倍率下低碳量的 LMS/CNFs 材料的充放电曲线（a）以及循环性能曲线（b），LMS NRs 和 LMS/CNFs 材料的合成路线示意图（c）

在 240mA·h·g^{-1}，展示了优异的电化学性能。这是因为高导电性的 PEDOT 有效地改善了 Li_2MnSiO_4 的导电性，并抑制了材料充电和放电过程中不可逆的体积变化。

Dominko 等采用改进的溶胶-凝胶法制备的 Li_2MnSiO_4/C 复合材料，通过 SEM 分析粒径分布大约在 20～50nm 之间，首次放电容量为 140mA·h·g^{-1}，循环 10 次后放电容量减小为 100mA·h·g^{-1}（平均每次循环衰减 4mA·h·g^{-1}）。Gong 等采用溶胶-凝胶法合成的 Li_2MnSiO_4/C 复合材料，以 5mA·g^{-1} 的电流密度在 1.5～4.8V 电压区间内进行充放电，首次放电容量达到 209mA·h·g^{-1}（相当于可逆的嵌脱 1.25 个锂）。循环 10 次后放电容量衰减到 140mA·h·g^{-1}。Belharouak 等采用溶胶-凝胶法合成了 Li_2MnSiO_4 并利用两种不同的方法（分别为碳包覆和高温球磨）掺碳，对比了无碳的 Li_2MnSiO_4 和两种掺碳的 Li_2MnSiO_4 的电化学性能，以 10mA·g^{-1} 的电流密度在 1.5～4.8V 电压区间内进行充放电，无碳的 Li_2MnSiO_4 首次放电容量仅为 4mA·h·g^{-1}，而掺碳后容量得到明显提高，碳包覆和高温球磨得到的 Li_2MnSiO_4 首次放电容量分别达到 135mA·h·g^{-1} 和 115mA·h·g^{-1}。Deng 等通过溶胶-凝胶法合成的 Li_2MnSiO_4/C，碳含量约为 10.5%（质量分数），以 10mA·g^{-1} 的电流密度在 1.5～4.8V 电压区间内进行充放电，首次放电容量为 142mA·h·g^{-1}，循环 20 次后容量衰减 70mA·h·g^{-1}，循环 50 次后容量衰减率达到 63%。Liu 等通过多元醇法合成了 Li_2MnSiO_4/C 复合正极材料，通过 TEM 观察到 Li_2MnSiO_4 表面有一层薄的碳包覆，元素分析得出样品中含碳量为 12.3%。室温下，在 1.5～4.8V 电压区间内以 C/30 的电流密度进行充放电，首次放电容量为 132.4mA·h·g^{-1}，循环 10 次后容量保持率为 81.8%。

5.2.3 硅酸锰锂材料的掺杂

适当的离子掺杂一方面可以提高 Li_2MnSiO_4 正极材料的电子电导率，减小电极的极化，另一方面掺杂与 Mn^{2+} 半径接近的金属阳离子，容易形成固溶体从而稳定 Li_2MnSiO_4 的结构。已报道的掺杂在 Li_2MnSiO_4 中的杂原子有 Mg^{2+}、Fe^{2+}、Al^{3+}、Cr^{3+}、V^{4+}、Mo^{6+}、PO_4^{3-} 等。Dominko 等提出，在 Li_2MSiO_4 的 M 位进行适当掺杂，可能会阻止循环过程中结构变化所引起的容量衰减。Kuganathan 等通过理论计算得出：在单斜结构的 Li_2MnSiO_4 中掺杂 Al^{3+} 合成 $Li_{2+x}MnSi_{1-x}Al_xO_4$，不仅有利于 Li^+ 的扩散，而且可能使材料在充电过程中脱出更多的锂离子，从而提高其充放电容量。刘文刚等采用传统高温固相合成法成功合成了 $Li_2Mn_{0.9}Al_{0.1}SiO_4$ 和 $Li_2Mn_{0.9}Ti_{0.1}SiO_4$ 固溶体材料，合成的样品中均存在少量杂质。通过SEM观察其形貌发现，未掺杂金属的Li_2MnSiO_4微观形貌为类球形颗粒，而掺杂后样品的形貌为非球形颗粒，颗粒尺寸分别为100～500nm和200～300nm。电化学测试表明，Al或Ti的掺杂均可以有效地提高Li_2MnSiO_4正极材料的容量和循环性能，说明掺杂Al或Ti可以稳定Li_2MnSiO_4正极材料的晶体结构。刘文刚还采用传统高温固相反应法合成了$Li_2Mn_{0.95}Mg_{0.05}SiO_4$固溶体材料，合成粉末中同样也存在少量杂质。比较掺Mg前后所得粉末材料，发现二者形貌区别不大（均为类球形颗粒），且粒度相差很小（均在100～500nm之间）。电化学性能测试表明，掺杂Mg可以有效提高Li_2MnSiO_4正极材料的容量和循环性能，其机理在于Mg掺杂稳定了Li_2MnSiO_4正极材料的晶体结构。Zhao等通过溶胶-凝胶法制备含Mg的Li_2MnSiO_4前驱体，然后在惰性气体的保护下高温煅烧得到碳包覆的Li_2MnSiO_4正极材料。EIS和CV测试表明碳包覆和低含量的镁离子掺杂不会破坏Li_2MnSiO_4材料结构，并且显著提高了电导率和循环性能，0.1C倍率放电测试表明，镁离子掺杂和非掺杂Li_2MnSiO_4的不可逆比容量分别为289mA·h·g^{-1}和248mA·h·g^{-1}。经过20次循环后其容量分别保持在155mA·h·g^{-1}和122mA·h·g^{-1}。与未掺杂的相比，掺杂后的Li_2MnSiO_4循环性能得到极大提高。

密度泛函理论（DFT）计算证明，$Li_2Mn_xFe_{1-x}SiO_4$在具备较高容量的同时，充放电过程中结构还相对稳定。Kuganathan等通过计算对Li_2MnSiO_4的结构、掺杂效果及晶体缺陷作了相似的研究。Belharouak等也得出了相似的结论，即该材料存在阳离子Li^+、Mn^{2+}间易位的缺陷。目前，这个结论已经得到了初步证实。杨勇等研究表明，Fe取代$Li_2Mn_xFe_{1-x}SiO_4$材料可以实现较高的充放电容量，当$x=0.5$时首次放电容量达235mA·h·g^{-1}，但材料的循环性能未见明显改善。通过进一步研究，他们发现采用改进的合成方法制备出$Li_2Fe_{0.5}Mn_{0.5}SiO_4$/C，所得样品的循环稳定性得到了一定改善。虽然长期循环稳定性仍有待改进，但是前几圈循环几乎未见明显的容量衰减，说明铁锰混合体系有利于提高该材料的结构稳定性。电化学原位XAFS研究表明，$Li_2Fe_{0.5}Mn_{0.5}SiO_4$充电过程中，铁、锰离子的吸收边均随着充电电位的升高发生向高能区的移动，对应离子价态的升高，两种离子价态变化的次序及范围与电位区间关系密切，并且Fe离子的价态变化范围更大，是该材料实现超出1个电子交换的内在原因。对$Li_2Fe_{0.5}Mn_{0.5}SiO_4$中Fe、Mn离子近邻的结构研究表明，经过首次充放电循环后，Fe、Mn离子所处四面体配位环境未发生实质变化，也未出现类似Li_2MnSiO_4的结构坍塌现象，进一步说明铁锰混合体系可以有效稳定材料的结构。密度泛函理论研究结果同样表明，适当量的Fe^{2+}部分取

代形成 $Li_2Mn_xFe_{1-x}SiO_4$ 可以稳定材料在高于一个锂脱嵌下的结构以避免相分离发生。Dominko 等采用改进的 Pechini 法在 Li_2MnSiO_4 中掺杂 Fe，合成的 $Li_2Mn_{0.25}Fe_{0.75}SiO_4$ 在 2.0～4.5V 电压区间内进行充放电，首次放电容量达到 194.81mA·h·g^{-1}（1.17 个 Li^+ 可逆），循环 3 次后放电容量为 176.49mA·h·g^{-1}（1.06 个 Li^+ 可逆）。实验证明，掺杂后尽管有大量的锂离子参与可逆循环，但结构仍然不稳定。Deng 等通过溶胶-凝胶法合成了 $Li_2Fe_{1-x}Mn_xSiO_4$（x=0,0.3,0.5,0.7,1）正极材料，以 10mA·g^{-1} 的电流密度在 1.5～4.8V 电压区间内进行充放电，当 x=0.5 时首次放电容量最大为 172mA·h·g^{-1}，循环性能较好，50 次循环后容量衰减为 86mA·h·g^{-1}，材料的结构稳定性仍然不理想。

Zhang 等采用溶胶-凝胶法合成了 Cr^{3+} 掺杂的 $Li_2Cr_xMn_{1-x}SiO_4$（x=0.03，0.06，0.10）。研究结果表明，当 Cr^{3+} 的掺杂量为 0.06 时，所制得的 $Li_2Cr_{0.06}Mn_{0.94}SiO_4$/C 的晶型为单斜晶系 Pn_7 空间群，单位晶胞体积最大，且表现出最好的电化学性能，首次放电比容量可以达到 295mA·h·g^{-1}，相当于 1.77 个锂离子嵌入，放电容量最高可以达到 314mA·h·g^{-1}。同时在 50 周循环时容量保持率接近 65.8%。这可能是因为掺杂 Cr^{3+} 能够有效地扩大单位晶胞体积，而晶胞体积的增大能够进一步阻止晶体结构的坍塌，从而提高材料在充/放电过程中的结构稳定性。

Wagner 等采用溶胶-凝胶法在氢氩混合气中合成了 V 掺杂的 $Li_2Mn_{1-x}V_xSiO_4$（0≤x≤0.15）和 $Li_2MnSi_{1-x}V_xO_4$（0≤x≤0.3），其电化学性能如图 5-10 所示。图 5-10(a) 可以看出，V 在 Mn 位的掺杂未显著影响 Li_2MnSiO_4 的充放电性能，首次充电容量均在 160mA·h·g^{-1} 左右。但是 $Li_2Mn_{1-x}V_xSiO_4$ 更高，具有比 Li_2MnSiO_4 更高的放电容量（110mA·h·g^{-1}），首次不可逆容量大约为 35%。图 5-10(b) 可以看出，V 在 Si 位的掺杂显著提高了 Li_2MnSiO_4 的充放电性能，其中 $Li_2MnSi_{0.75}V_{0.25}O_4$ 展示了最高的放电容量。另外，$Li_2MnSi_{0.75}V_{0.25}O_4$ 也展示了较好的倍率性能［图 5-10(c)］。在 0.5C 倍率循环时，$Li_2MnSi_{0.75}V_{0.25}O_4$ 同样展示了比 Li_2MnSiO_4 更高的容量。

上述工作表明：金属掺杂对 Li_2MnSiO_4 正极材料的容量和循环性能有一定的提高，但仍难以根本解决 Li_2MnSiO_4 材料晶构稳定性的问题。总之，Li_2MnSiO_4 正极材料尽管展示出良好的应用潜力，但高容量条件下循环性能不理想仍是目前面临的最大难题。能否利用 SiO_4^{4-} 与其他聚阴离子基团搭配或由多元阳离子掺杂获得稳定的框架结构是当前值得深入研究的问题。

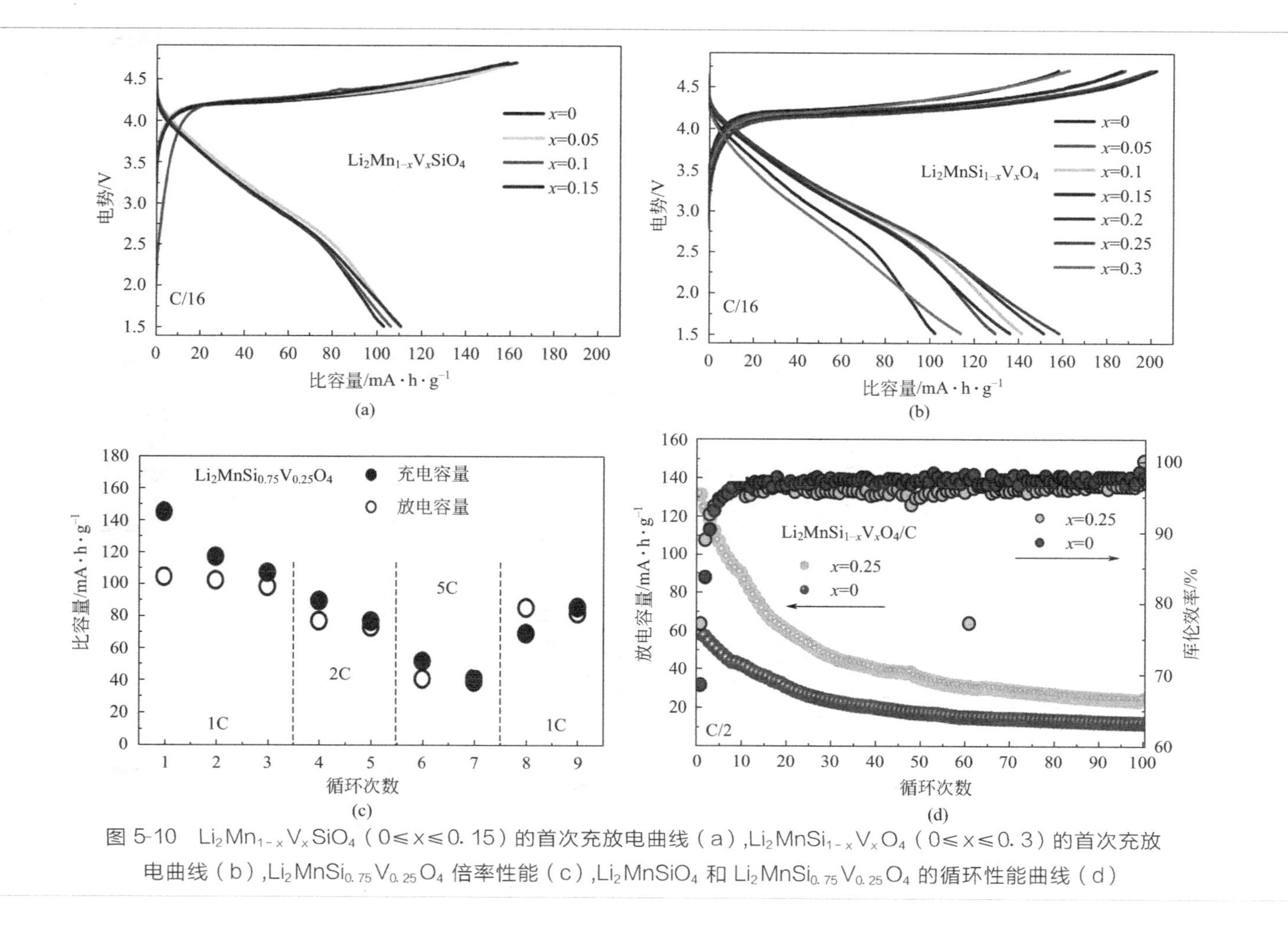

图 5-10 $Li_2Mn_{1-x}V_xSiO_4$（$0 \leqslant x \leqslant 0.15$）的首次充放电曲线（a），$Li_2MnSi_{1-x}V_xO_4$（$0 \leqslant x \leqslant 0.3$）的首次充放电曲线（b），$Li_2MnSi_{0.75}V_{0.25}O_4$ 倍率性能（c），Li_2MnSiO_4 和 $Li_2MnSi_{0.75}V_{0.25}O_4$ 的循环性能曲线（d）

5.3 硅酸钴锂

Li_2CoSiO_4 的理论比容量为 325mA·h·g^{-1}，具有相对较高的氧化还原电位（第一个锂脱嵌约在 4.1V，另一个锂脱嵌约在 5.0V），但目前所合成得到的不同结构 Li_2CoSiO_4 材料的电化学性能均较差。Lyness 等利用水热法合成出 β_{I}、β_{II}、γ_0 三种不同晶型的 Li_2CoSiO_4。材料的首次充电比容量最高为 180mA·h·g^{-1}，但首次的放电比容量却仅为 30mA·h·g^{-1}。这可能是因为充电时形成的高价 Co 离子与电解液反应，降低了充放电的库仑效率。由于 Co^{2+} 在高温下容易被碳还原为单质钴，因此通常无法实现对 Li_2CoSiO_4 进行原位碳包覆。但是，Wu 等以 GGA+U 为框架采用密度泛函理论分析了 Na 掺杂对 Li_2CoSiO_4 材料的电子结构和性能的影响。结果表明 Na 掺杂能够产生导带降低和缩窄带隙的作用，这有助于加强材料的电子导电率；另外，Na 对 Li_2CoSiO_4 材料 Li 位的替代可以使相邻两层的夹层空间扩大，有利于锂离子的传递扩散。

杨勇等报道，根据配位场理论，Fe^{2+}、Fe^{3+}，甚至 Fe^{4+} 在和氧四面体配位情况下都可以稳定，因此 Li_2FeSiO_4 具有高的循环稳定性和热稳定性。但是，Mn^{4+} 和 Co^{4+} 在氧的八面体配位场中具有很高的晶体场稳定能，因而 Mn^{4+} 和 Co^{4+} 在氧的四面体场中很不稳定，在实际体系中很少遇到 Mn^{4+} 和 Co^{4+} 与氧四面体配位的情况；同时与四面体配位相比，Mn^{3+} 也倾向于和氧采用八面体配位形式。在材料的充电过程中，由于 Mn 和 Co 离子氧化到高价态将引起它们与氧离子配位结构的重排，导致不可逆的相变过程发生。这可能是导致 Li_2MnSiO_4 和 Li_2CoSiO_4 材料循环容量衰退的一个主要原因。因此，开发过渡金属离子处于氧八面体配位环境的 Li_2MSiO_4 材料对于提高容量和正硅酸盐材料的循环稳定性是一个非常有趣和值得探索的方向。

参考文献

[1] Nishimura S, Hayase S, Kanno R, Yashima M, Nakayama N, Yamada A. Structure of Li_2FeSiO_4. J Am Chem Soc, 2008, 130 (40): 13212-13213.

[2] Nytén A, Abouimrane A, Armand M, Gustafsson T, Thomas J O. Electro-

chemical performance of Li_2FeSiO_4 as a new Li-battery cathode material. Electrochem Commun, 2005, 7 (2): 156-160.

[3] 张玲，王文聪，倪江锋. 两电子反应体系硅酸铁锂的研究进展. 中国科学：化学，2015，45 (6)：571-580.

[4] Masese T, Orikasa Y, Tassel C, Kim J, Minato T, Arai H, Mori T, Yamamoto K, Kobayashi Y, Kageyama H, Ogumi Z, Uchimoto Y. Relationship between phase transition involving cationic exchange and charge-discharge rate in Li_2FeSiO_4. Chem Mater, 2014, 26 (3): 1380-1384.

[5] 张秋美，施志聪，李益孝，高丹，陈国华，杨勇. 氟磷酸盐及正硅酸盐锂离子电池正极材料研究进展. 物理化学学报，2011，27 (2)：267-274.

[6] Peng Z D, Cao Y B, Hu G R, Du K, Gao X G, Xiao Z W. Microwave synthesis of Li_2FeSiO_4 cathode materials for lithium-ion batteries. Chin Chem Lett, 2009, 20 (8): 1000-1004.

[7] Rangappa D, Murukanahally K D, Tomai T, Unemoto A, Honma I. Ultrathin nanosheets of Li_2MSiO_4 (M = Fe, Mn) as high-capacity Li-ion battery electrode. Nano Lett, 2012, 12 (3): 1146-1151.

[8] Zhang P, Zheng Y, Yua S, Wu S Q, Wen Y H, Zhu Z Z, Yang Y. Insights into electrochemical performance of Li_2FeSiO_4 from first-principles calculations. Electrochim Acta, 2013, 111: 172-178.

[9] Fan X Y, Li Y, Wang J J, Gou L, Zhao P, Li D L, Huang L, Sun S G. Synthesis and electrochemical performance of porous Li_2FeSiO_4/C cathode material for long-life lithium-ion batteries. J Alloys Compd, 2010, 493 (1-2): 77-80.

[10] 燕子鹏，蔡舒，周幸，苗丽娟. 正极材料纳米 Li_2FeSiO_4/C 的溶胶-凝胶法合成及电化学性能. 硅酸盐学报，2012，40 (5)：734-738.

[11] Zheng Z G, Wang Y, Zhang A, Zhang T R, Cheng F Y, Tao Z L, Chen J. Porous Li_2FeSiO_4/C nanocomposite as the cathode material of lithium-ion batteries. J Power Sources, 2012, 198: 229-235.

[12] Huang B, Zheng X D, Lu M. Synthesis and electrochemical properties of carbon nano-tubes modified spherical Li_2FeSiO_4 cathode material for lithium-ion batteries. J Alloys Compd, 2012, 525: 110-113.

[13] Wu X Z, Jiang X, Huo Q S, Zhang Y X. Facile synthesis of Li_2FeSiO_4/C composites with triblock copolymer P123 and their application as cathode materials for lithium ion batteries. Electrochim Acta, 2012, 80: 50-55.

[14] Yang J L, Kang X C, Hu L, Gong X, He D P, Peng T, Mu S C. Synthesis and electrochemical performance of Li_2FeSiO_4/C/carbon nanosphere composite cathode materials for lithium ion batteries. J Alloys Compd, 2013, 572: 158-162.

[15] Peng G, Zhang L L, Yang X L, Duan S, Liang G, Huang Y H. Enhanced electrochemical performance of multi-walled carbon nanotubes modified Li_2FeSiO_4/C cathode material for lithium-ion batteries. J Alloys Compd, 2013, 570: 1-6.

[16] 杨勇，龚正良，吴晓彪，郑建明，吕东平. 锂离子电池若干正极材料体系的研究进展. 科学通报，2012，57 (27)：2570-2586.

[17] Zhang L L, Duan S, Yang X L, Peng G, Liang G, Huang Y H, Jiang Y, Ni S B, Li M. Reduced graphene oxide modified Li_2FeSiO_4/C composite with enhanced electrochemical performance as cathode material for lithium ion batteries. ACS Appl Mater Interfaces, 2013, 5(23): 12304-12309.

[18] Bini M, Ferrarin S, Capsoni D, Spreafico C, Tealdi C, Mustarelli P. Insight into cation disorder of $Li_2Fe_{0.5}Mn_{0.5}SiO_4$. J Solid State Chem, 2013, 200: 70-75.

[19] Hao H, Wang J B, Liu J L, Huang T, Yu A S. Synthesis, characterization and electrochemical performance of Li_2FeSiO_4/C cathode materials doped by vanadium at Fe/Si sites for lithium ion batteries. J Power Sources, 2012. 210: 397-401.

[20] Zhu L, Li L, Xu L H, Cheng T M. Phase stability of N substituted $Li_{2-x}FeSiO_4$ electrode material: DFT calculations. Comput Mater Sci, 2015, 96: 290-294.

[21] Hu C L, Yi H H, Fang H S, Yang B, Yao Y C, Ma W H, Dai Y N. Improving the electrochemical activity of $LiMnPO_4$ via Mn-site co-substitution with Fe and Mg. Electrochem Commun, 2010, 12: 1784-1787.

[22] Cui P, Liang Y. Synthesis and electrochemical performance of modified $LiMnO_4$ by Zn^{2+} and PO_4^{3-} co-substitution. Solid State Ionics, 2013, 249-250: 129-133.

[23] 程琥，刘子庚，李益孝. 锂离子电池正极材料 Li_2MnSiO_4 固体核磁共振谱研究. 电化学，2010, 16(3): 296-299.

[24] Liu W G, Xu Y H, Yang R. Synthesis and electrochemical properties of Li_2MnSiO_4/C nanoparticles via polyol process. Rare Met, 2009, 5: 511-514.

[25] Gong Z L, Yang Y. Synthesis and characterization of Li_2MnSiO_4/C nanocomposite cathode material for lithium ion batteries. J Power Source, 2007, 174(2): 528-532.

[26] Xie M, Luo R, Chen R, Wu F, Zhao T, Wang Q, Li L. Template-assisted hydrothermal synthesis of Li_2MnSiO_4 as a cathode material for lithium ion batteries. ACS Appl Mater Interfaces, 2015, 7(20): 10779-10784.

[27] Song H J, Kim J C, Choi M, Choi C, Dar M A, Lee C W, Park S, Kim D W. Li_2MnSiO_4 nanorods-embedded carbon nanofibers for lithium-ion battery electrodes. Electrochim Acta, 2015, 180, 756-762.

[28] Gong Z L, Li Y X, Yang Y. Synthesis and characterization of $Li_2Mn_xFe_{1-x}SiO_4$ as a cathode material for lithium-ion batteries. Electrochem. Solid-State Lett, 2006, 9: A542-A544.

[29] 刘文刚，许云华，杨蓉. $Li_2Mn_{0.9}Ti_{0.1}SiO_4$ 锂离子电池正极材料的合成及其性能. 热加工工艺，2009, 16(38): 25-27.

[30] 刘文刚，许云华，杨蓉. 锂离子电池正极材料 $Li_2Mn_{0.95}Mg_{0.05}SiO_4$ 的合成和电化学性能. 硅酸盐通报，2009, 3(28): 464-467.

[31] 刘晓彤，赵海雷，王捷，何见超. 正极材料 Li_2MSiO_4（M = Fe、Mn）的研究进展. 电池，2011, 41(2): 108-111.

[32] Zhang S, Lin Z, Ji L, Li Y, Xu G, Xue L, Li S, Lu Y, Toprakci O, Zhang X. Cr-doped Li_2MnSiO_4/carbon composite nanofibers as high-energy cathodes for Li-ion batteries. J Mater Chem, 2012, 22, 14661-14666.

[33] Wagner N P, Vullum P E, Nord M K, Svensson A M, Vullum-Bruer F. Vana-

dium substitution in Li_2MnSiO_4/C as positive electrode for Li ion batteries, J Phys Chem C, 2016, 120 (21): 11359-11371.

[34] Lyness C, Delobel B, Armstrong A R, Bruce P G. The lithium intercalation compound Li_2CoSiO_4 and its behaviour as a positive electrode for lithium batteries Chem Commun, 2007, 4890-4892.

[35] Wu S Q, Zhu Z Z, Yang Y, Hou Z F. Effects of Na-substitution on structural and electronic properties of Li_2CoSiO_4 cathode material. Trans Nonferrous Met Soc China, 2009, 19 (1): 182-186.

第6章

$LiFeSO_4F$正极材料

锂离子电池因其具有电压高、比能量高、循环寿命长、无记忆效应、对环境污染小、可快速充电、自放电率低等优点而成为便携式电子产品的理想电源，也是未来电动汽车和混合电动汽车的首选电源。其中正极材料因价格偏高、能量密度和功率密度偏低而成为制约锂离子电池被大规模推广应用的瓶颈。虽然锂离子电池的保护电路已经比较成熟，但对于动力电池而言，要真正保证安全，正极材料的选择十分关键。氟化聚阴离子材料通过 SO_4^{2-}（或 PO_4^{3-}）阴离子的诱导效应和 F^- 的强电负性作用，与金属阳离子一起组成三维骨架结构，保证了材料的结构稳定性，从而使材料具有更好的循环稳定性，进而在安全性和成本方面都特别具有吸引力。SO_4^{2-} 比 PO_4^{3-} 具有更强的诱导效应，所以硫酸盐应比磷酸盐具有更高的电位平台。2010 年 Tarascon 组首次报道了 $LiFeSO_4F$ 的电化学性能，具有 3.6V 的电位平台，比 $LiFePO_4$ 高出 0.2V，证明了诱导效应的潜在作用。$LiFeSO_4F$ 具有比 $LiFePO_4$ 更高的离子扩散系数，因而具有更好的倍率性能，但这个领域的探索才刚刚开始起步。与 $LiFePO_4$ 相比，$LiFeSO_4F$ 的原料来源则更为广泛。硫酸亚铁就是一种使用硫酸和铁屑制取的廉价铁盐。此外，硫磺和硫酸盐常常是火电厂中的副产物。低廉的价格和优异的安全性使氟硫酸盐材料特别适用于动力电池材料，从而使基于氟硫酸盐材料的锂离子电池成为更有竞争力的动力电池。

6.1 $LiFeSO_4F$ 的结构

图 6-1 为 $LiFeSO_4F$ 晶体结构示意图，$LiFeSO_4F$ 为三斜晶胞（空间群 P1），由 SO_4 四面体和 FeO_4F_2 八面体组成。从图 6-1 中可以看出，一个 S 原子周围有四个 O 原子组成了 SO_4 四面体结构且共角点的八面体沿 c 轴的方向组成长链，每个四面体与四个不同的八面体共顶点。在所有共顶点的四个八面体中，有两个八面体在一条链上，也可以说每个四面体连着三个不同的链。每个 FeO_4F_2 八面体通过其中的氧原子连着四个不同的四面体，通过其中的氟阴离子连着两个不同的八面体。这种三维结构给 Li^+ 提供了沿着［100］、［010］、［101］三个方向的

迁移通道，比一维结构的 $LiFePO_4$ 正极材料更有利于 Li^+ 的脱出和嵌入，具有更高的离子电导率，因此可提高材料的电化学性能。

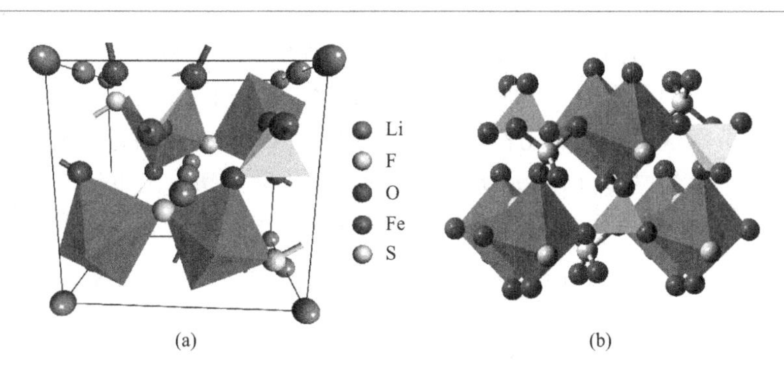

图 6-1 $LiFeSO_4F$（a）以及 $FeSO_4F$（b）晶体结构示意图

$LiFeSO_4F$ 体系在脱锂后，体积缩小。$LiFeSO_4F$ 正极放电的电化学反应如式(6-1) 所示：

$$FeSO_4F + xLi^+ + xe^- \underset{充电}{\overset{放电}{\rightleftharpoons}} Li_xFeSO_4F \tag{6-1}$$

由式(6-1) 可以看出，在放电时锂离子将从负极迁移到 $FeSO_4F$，同时为了保持体系的电中性，电子则从外电路向 $FeSO_4F$ 转移，从而形成 Li_xFeSO_4F。电子在 FeO_4F_2 骨架上的填充将导致系统的电子结构发生相应的变化。根据系统的吉布斯自由能的变化，$LiFeSO_4F$ 相对于锂负极的电压计算值为 3.66V，这与实验结果吻合。

对于固态电极材料，热力学稳定性是一个很重要的物理量，因为它通常可以与循环性能和安全性问题联系起来。可以利用材料相对于元素相的热力学生成焓（$\Delta_f H_{m,el}$）揭示 $LiFeSO_4F$ 和 $FeSO_4F$ 材料的稳定性，根据以下热力学循环：

$$LiF(s,Fm-3m) + FeSO_4(s,Cmcm) = LiFeSO_4F(s,P-1) \tag{6-2}$$

摩尔反应焓（$\Delta_r H_m$）可以用晶体的能量通过计算得到。由于体积效应对于固态材料而言非常小且通常可以忽略，因此在计算中可以不考虑体积效应。根据我们的计算，反应方程式(6-2) 的反应焓约为 $-135.466kJ \cdot mol^{-1}$。此外，反应方程式(6-2) 的摩尔反应焓还可以从各物质的实验摩尔生成焓推导出来，即

$$\Delta_r H_m = \Delta_f H_{m,el}(LiFeSO_4F) - \Delta_f H_m(LiF) - \Delta_f H_m(FeSO_4) \tag{6-3}$$

由于标准状态下 LiF 和 $FeSO_4$ 的摩尔生成焓是已知的，$\Delta_f H_m$（LiF）和 $\Delta_f H_m(FeSO_4)$ 的数值分别为 $-616.931kJ \cdot mol^{-1}$ 和 $-928.848kJ \cdot mol^{-1}$，$\Delta_f H_{m,el}(LiFeSO_4F)$ 的数值最终可确定为 $-1681.245kJ \cdot mol^{-1}$。类似地 $FeSO_4F(P-1)$ 相对于元素相的摩尔生成焓则可以通过反应方程式(6-4) 计算得

到，其数值为$-1327.868kJ \cdot mol^{-1}$。

$$Li(s,Im-3m)+FeSO_4F(s,P-1)=LiFeSO_4F(s,P-1) \quad (6-4)$$

上述结果表明，$LiFeSO_4F$和$FeSO_4F$相对于元素相都是热力学稳定的固态电极材料。需要指出的是，在多次的充放电过程中，正极材料有可能会分解成氧化物而不是相应的元素相，例如$LiCoO_2$、$LiMn_2O_4$和$LiMnPO_4$等正极材料在工作过程中分解成不同的氧化物是完全可能的。因此，可以通过材料相对于氧化物相的摩尔生成焓（$\Delta_f H_{m,ox}$）研究这个问题，该数值实际上也对应于正极材料发生分解反应时反应焓的负值。$LiFeSO_4F$可能存在以下两个分解反应：

$$LiFeSO_4F(s,P-1)=LiF(s,Fm-3m)+FeO(s,Fm-3m)+SO_2(g)+\frac{1}{2}O_2(g) \quad (6-5)$$

$$2FeSO_4F(s,P-1)=FeF_2(s,P42/mnm)+FeO(s,Fm-3m)+2SO_2(g)+\frac{3}{2}O_2(g) \quad (6-6)$$

两个反应方程式的摩尔反应焓的计算值分别为$360.68kJ \cdot mol^{-1}$和$367.81kJ \cdot mol^{-1}$，这表明$LiFeSO_4F$和$FeSO_4F$相对于相应的氧化物仍是热力学稳定的。但是实验研究表明$LiFeSO_4F$中确实存在tavorite相向triplite相的转变。对于材料的多形体，热力学稳定性并不能确保相变不会发生，这已经被自然界中的诸多例子所证实：相转变确实可以在不同的热力学稳定的多形体间进行。如软膜理论所指示的那样不稳定的晶格振动（软声子）可以导致相变发生；外部应力作用下的力学失稳也可以导致相变的发生。这两个原因可能与实验所观察到的$LiFeSO_4F$材料的相变现象有关。理论计算结果表明，tavorite相$LiFeSO_4F$在布里渊区中心Γ存在两个不稳定声子，这些不稳定的振动主要由氧原子的运动占主导位置，如图6-2所示。计算结果表明，tavorite相$LiFeSO_4F$将会经历一个相变，这与实验的观测一致。

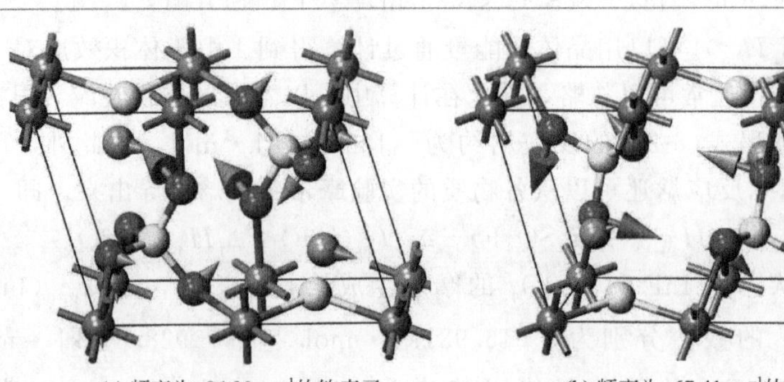

(a) 频率为$-84.20cm^{-1}$的软声子　　(b) 频率为$-67.41cm^{-1}$的软声子

图6-2 tavorite相$LiFeSO_4F$中的不稳定声子

为了进一步阐明热力学稳定性的根源，我们计算了 $LiFeSO_4F$ 和 $FeSO_4F$ 的电子结构。图 6-3 为 $LiFeSO_4F$ 的能带结构，其中费米能级设为能量零点。根据简并度、分裂特征、能带的数目以及轨道的电子密度分布，可将每一个能带的组成进行分解（图 6-4）。可以发现 S_{3s} 带和 S_{3p} 带位于费米能级之上，并且它们的能量位置要比 O_{2p} 带的能量位置高，因此相当部分的电子将从 S 原子向 O 原子转移，这个结论可被原子布居所证实。文献报道指出在 $LiMPO_4$ 材料中，电子从制衡阳离子（P）向 O 阴离子转移将导致 O_{2p} 带向低能方向移动，并使正极材料的电化学势降低；因此，电池的电压（vs. Li^+/Li）降升高。在 $LiFeSO_4F$ 材料中也存在着类似的效应，S 原子和 O 原子之间的电荷转移对 $LiFeSO_4F$（vs. Li^+/Li）材料具有相对较高的电压是有利的。

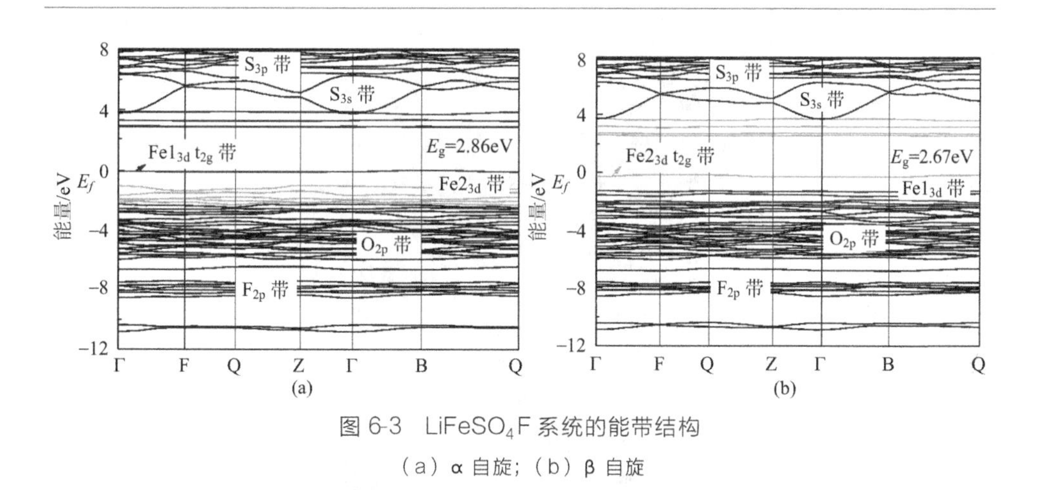

图 6-3 $LiFeSO_4F$ 系统的能带结构

（a）α 自旋；（b）β 自旋

此外，从图 6-3 可知 S_{3s} 带和 S_{3p} 带的分裂很明显，这说明 S_{3s} 和 S_{3p} 轨道的离域性很强，SO_4 四面体中 S 和 O 之间将形成有效的共价键。根据计算得到的键级数据，可以证实该化合物中确实存在很强的 S—O 键。由于共价键越强，在形成该化学键和晶体的时候所释放的能量越多，正极材料的热力学稳定性将更高。因此，可以推断 S—O 键对 $LiFeSO_4F$ 良好的热力学稳定性起到很重要的作用。

另外从图 6-3 可知，$LiFeSO_4F$ 的 α 自旋带和 β 自旋带几乎是相同的，该材料似乎是非磁性系统。但是经过仔细的考虑，我们发现 $LiFeSO_4F$ 和 $FeSO_4F$ 的反铁磁态（AFM）的能量比它们相应的铁磁态（FM）的能量分别低 31m eV 和 117m eV，这样先前的理论和实验结果完全一致。为了分析这种效应，Fe1 离子和 Fe2 离子的 3d 带分别用不同的颜色进行了区分。对于 Fe1 离子，α 自旋通道只有一个 t_{2g} 带是有电子占据的，而在 β 自旋通道，其所有的 d 带都是完全占据

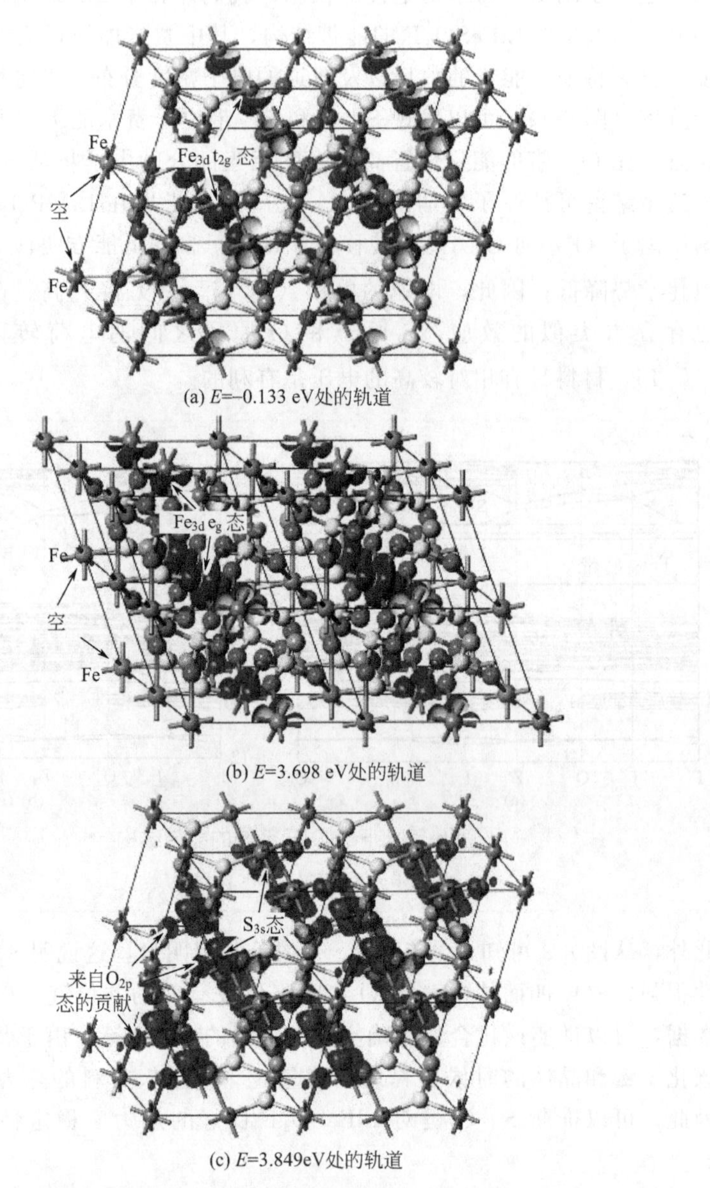

(a) E=−0.133 eV处的轨道

(b) E=3.698 eV处的轨道

(c) E=3.849eV处的轨道

图 6-4 布里渊区 Γ 点处具有不同能量值的轨道（α-自旋）的电子密度图

的。这个结果说明，Fe1 离子呈 $t_{2g}^4 e_g^2$ 高自旋排布，其理论磁矩约为 $4\mu_b$。虽然 $LiFeSO_4F$ 中的 Fe2 离子的氧化态也是 +2 价且具有 d^6 高自旋构型，但是其磁矩的方向与 Fe1 离子刚好相反。这种特殊的磁序导致整个 $LiFeSO_4F$ 材料的净磁矩为零。另外需要指出的是在 $LiFeSO_4F$ 中，Fe 离子的高自旋排列构型将导致

FeO_4F_2 八面体产生较小的 Jahn-Teller 畸变。但是由于 $LiFeSO_4F$ 相对于元素相的摩尔生成焓的数据很负，这种小畸变并不足以导致材料的结构不稳定性，$LiFeSO_4F$ 可以维持很好的循环稳定性，这已经被实验所证实。根据图 6-3 可以证实 Fe 和 O（或 F）之间的轨道交叠也是可能的，这导致较强的 Fe—O（0.19～0.23）和 Fe—F（0.20）共价键的产生。但是，相对于 S—O 共价键，Fe—O 键和 Fe—F 键要弱得多。因此可以证实 S—O 键确实对 $LiFeSO_4F$ 材料良好的热力学稳定性起决定作用。

文献曾报道电极的电化学性能是由电荷转移反应和锂离子在体相材料中的扩散这两个过程中锂离子的嵌入/脱出动力学所决定。较差的电子导电性将对电极材料在循环过程中的容量产生影响，而较高的导电性通常对应于较小的电化学极化且可导致较好的循环性能。因此，研究 $LiFeSO_4F$ 的输运性能非常有必要。除了上述的信息之外，能带结构也可以给出一些与化学物的导电性有关的信息。根据我们的计算发现 $LiFeSO_4F$ 两个自旋通道的带隙分别为 2.86eV 和 2.67eV。Ramzan 等采用杂化泛函和 GGA＋U 方法，通过计算得到 $LiFeSO_4F$ 材料两个通道的带隙值分别为 3.1eV 和 2.6eV。需要注意的是，材料的电子电导率不仅与带隙宽度有关，也与载流子的浓度和有效质量相关。为了估算材料的载流子的有效质量，我们首选确定了价带顶和导带低的位置，并通过下面的公式经过计算得到。

$$\frac{1}{m^*}=\frac{1}{h^2}\frac{\partial^2 E(k)}{\partial k^2} \tag{6-7}$$

表 6-1 为所计算的载流子的有效质量。计算结果表明 $LiFeSO_4F$ 的载流子的有效质量具有明显的各向异性，并且价带顶的空穴和导带底的电子的有效质量要比自由电子的质量大得多。大的带隙和载流子较低的移动性使得 $LiFeSO_4F$ 材料的电子导电性很差。实验结果表明 $LiFeSO_4F$ 的电子导电性约为 $10^{-11}S\cdot cm^{-1}$。这个结构并不奇怪，因为 $LiFeSO_4F$ 的价带和导带均由 Fe_{3d} 态组成，Fe_{3d} 带的分裂较弱、定域性较强，这就是电子和空穴具有很大的有效质量的原因。为了提高材料的电子导电性，可以考虑一下策略：①通过掺杂在费米能级附近引入离域态，这将导致带隙或载流子有效质量明显减小，同时也可能提高载流子的浓度。如图 6-5 所示，Fe 被 Co 离子取代后确实可以使材料的 β 通道的带隙（1.48eV）明显减小。在很多材料系统（$LiFePO_4$ 和 $Li_4Ti_5O_{12}$ 等）中，掺杂已经被证实是改善材料的电子导电性的一个有效方法。由于相似的特性及离子半径，3d 金属一般来说趋于替代 Fe 位点，而非金属原子则倾向于取代 O 离子。掺杂元素出现在填隙位置也是有可能的。虽然已有一些关于 $LiFeSO_4F$ 体系掺杂的研究，掺杂元素对电子电导率的影响仍没有完全地被揭示出来。从理论计算的角度考虑，完全阐明这种效应是可能的。但是由于掺杂元素的多样性以及掺杂位点的复杂性，

完全阐明这个问题目前仍比较困难，计算过程所需耗费的代价仍较高。但是，图 6-5 结果表明在 2×2×2 超胞中，掺杂将导致 β 自旋通道的带隙从 2.67eV 降低至 1.48eV。②电极材料的纳米化不仅可以导致材料表面产生一些活跃的表面态，同时也可以有助于降低载流子的平均自由程。如图 6-6 所示，O-和 S-终结（001）表明的带隙明显减小。特别是 O-终结（001）表明，α 自旋通道的带隙仅为 0.03eV。根据电子密度分析可知，表明态主要来自于材料表面上的 O 物质。价带顶的电子是比较活跃的，它们可以很容易在热激发的条件下向其他地方跃迁。因此可以预期表明的电子导电性将显著提高。此外，由于材料粒子的尺寸（与表面的厚度相关）降低，电子和锂离子的平均自由程均明显减小，这对于提高材料的导电性也是非常有利的。因此，可以预期材料的纳米化也是一个提高电极材料导电性的有效方法。

表 6-1 $LiFeSO_4F$ 和 $FeSO_4F$ 的载流子有效质量（自由电子质量单位，m_e）[①]

项目	$LiFeSO_4F$		$FeSO_4F$	
	TVB 孔	BCB 电子	TVB 孔	BCB 电子
$m^*_{[100]}$	−6.57(−19.39)	13.20(186.91)	−4.70(−1.98)	1.40(363.64)
$m^*_{[010]}$	−12.02(−4.74)	34.60(7.68)	−2.86(−5.56)	36.74(1.37)
$m^*_{[001]}$	−244.49(−24.15)	13.82(32.69)	−4.57(−5.42)	19.36(23.51)

①括号中的数值是 β 通道的载流子有效质量。

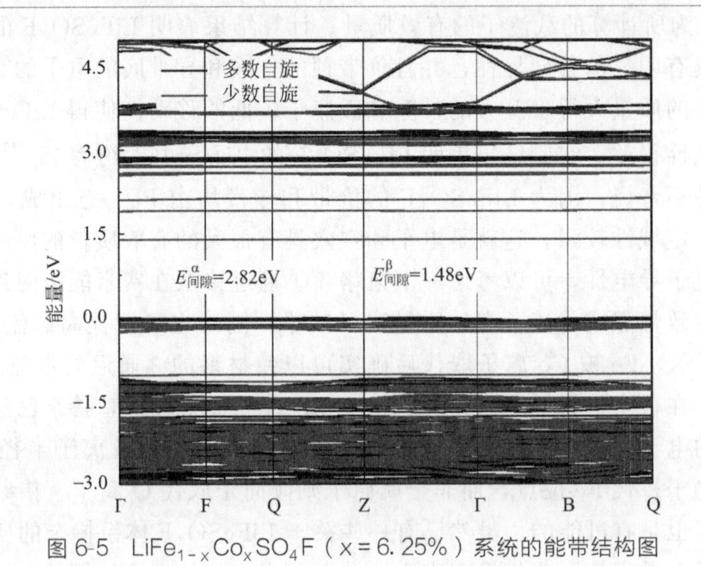

图 6-5 $LiFe_{1-x}Co_xSO_4F$（x=6.25%）系统的能带结构图

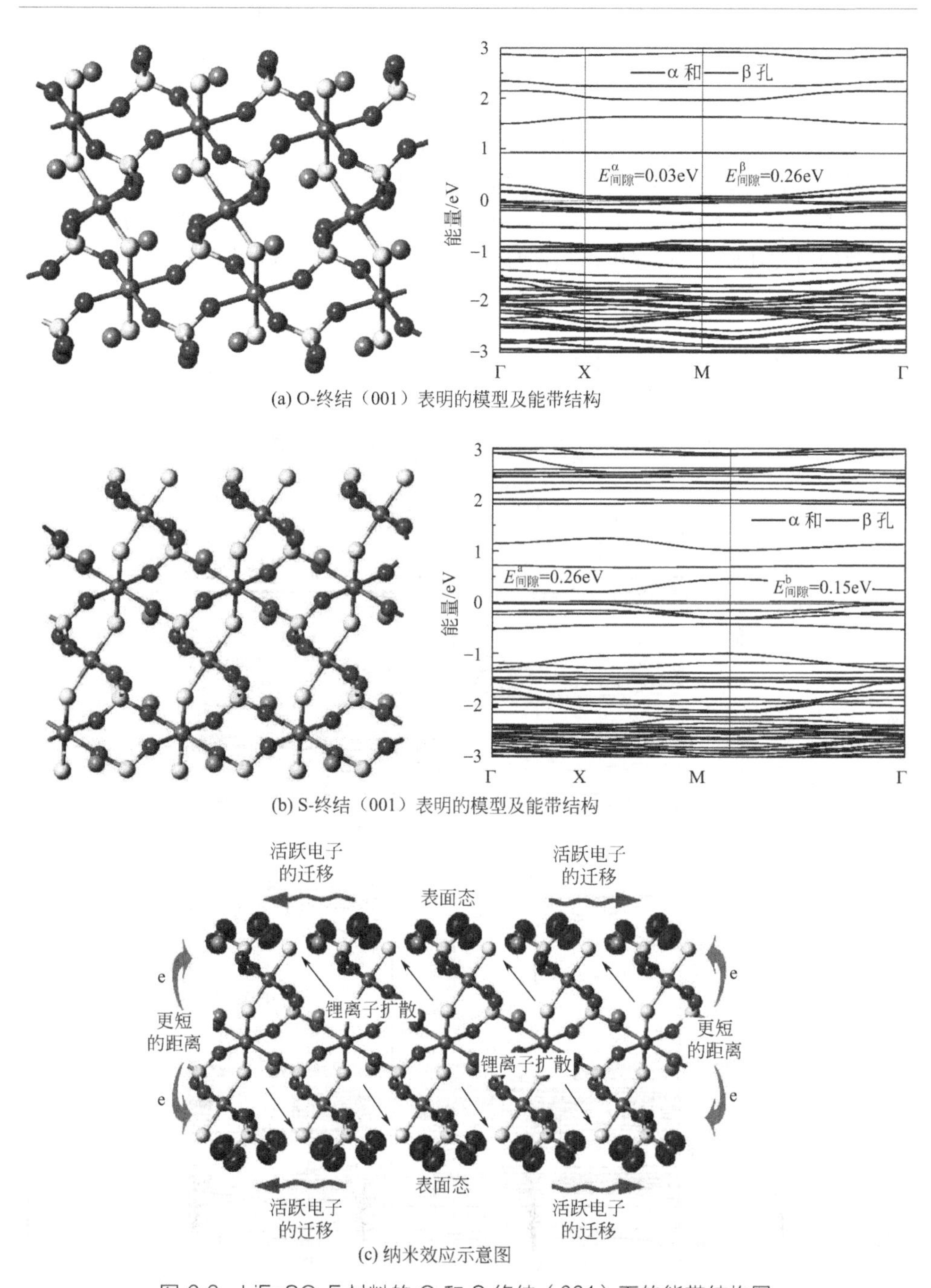

(a) O-终结（001）表明的模型及能带结构

(b) S-终结（001）表明的模型及能带结构

(c) 纳米效应示意图

图 6-6 $LiFeSO_4F$ 材料的 O-和 S-终结（001）面的能带结构图

此外，锂是以纯离子的形式存在于 $LiFeSO_4F$ 晶格中，当锂离子从电极材料中脱嵌以后，化合物的电子密度分布和电子结构将发生改变。通过比较可以发现，当材料从 $LiFeSO_4F$ 变成 $FeSO_4F$ 之后，Fe、F、O 和 S 物质的电荷变化（Δe）分别是 $0.51e$、$0.12e$、$0.09e$ 和 $0.06e$。在充放电过程中，F、O 和 S 物质电荷的变化变化比较大，但是这种现象实际上与定域在 Fe—F 和 Fe—O 化学键中的电子的划分有关。由于 Fe 的电荷在充电过程中显著增加（$\Delta e=0.51e$），Fe 位点仍可以被认为是有效的氧化还原中心。$LiFeSO_4F$ 的充放电容量将取决于以下反应：

$$Li\overset{+2}{Fe}SO_4F \underset{放电}{\overset{充电}{\rightleftharpoons}} \overset{+3}{Fe}SO_4F + Li^+ + e^- \tag{6-8}$$

图 6-7 为 $FeSO_4F$ 的能带结构。随着电子从正极材料的移除，Fe 离子被氧

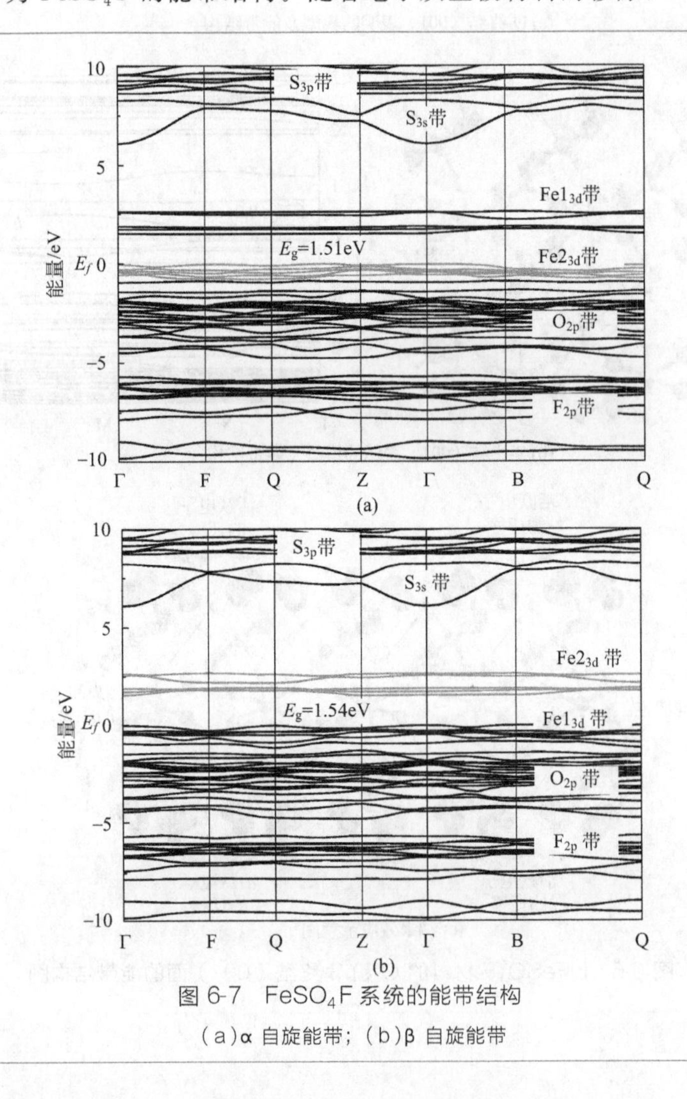

图 6-7 $FeSO_4F$ 系统的能带结构

（a）α 自旋能带；（b）β 自旋能带

化，$Fe_{3d}t_{2g}$ 占据态变空，因此在 $FeSO_4F$ 中 Fe 的氧化态为+3 价且其具有 d^5 高自旋构型，Fe 的磁矩约为 $5\mu_b$。理论上 $t_{2g}^3e_g^2$ 高自旋构型并不会导致系统产生任何的 Jahn-Teller 畸变，可以预期 FeO_4F_2 八面体将具有优良的结构稳定性。$FeSO_4F$ 中 S—O 键、Fe—O 键和 Fe—F 键的强度与 $LiFeSO_4F$ 材料中相应的键的强度相当，因此 $FeSO_4F$ 也是很稳定的。稳定的双端结构不仅保证了电化学反应具有良好的可逆性，同时也使电池具有良好的循环性能。与 $LiFeSO_4F$ 相比，$FeSO_4F$ 的带隙（约 1.5eV）更小，其载流子有效质量也明显减小，这表明 $FeSO_4F$ 的电子导电性将优于 $LiFeSO_4F$。

在诸如 HEV 和 PHEV 等需要快速充放电的应用中，材料具有良好的倍率性能至关重要。当电极反应无法跟上快速充放电过程中电流的步伐时，锂离子将没有足够的时间从电极内部扩散到电极表面和电解质中。因此，电极的倍率性能与锂离子在体相材料中的迁移能力有密切的关系。可以利用 $LiFeSO_4F$ 材料中的锂离子扩散机理来揭示这个问题的本质。图 6-8 为 tavorite 相 $LiFeSO_4F$ 中锂离子可能嵌入的空隙位置。

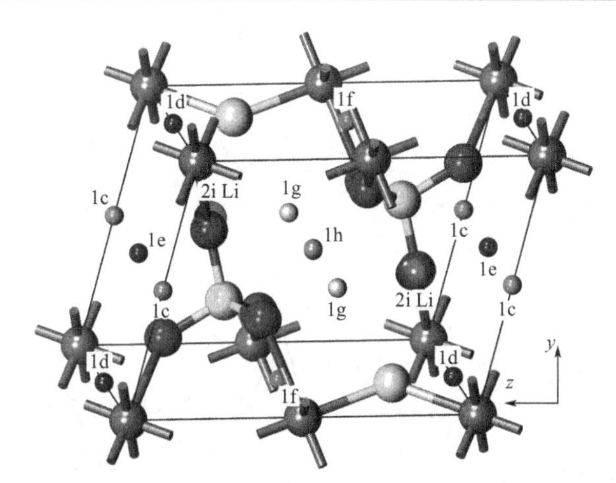

图 6-8 tavorite 相 $LiFeSO_4F$ 中锂离子可能嵌入的空隙位置

由图 6-8 可知，P_{-1} 对称点群存在很多的空隙位置，因此可以预期锂离子在 Li_xFeSO_4F 物质中的扩散行为将非常复杂，另外锂离子位于 2i 位置是非常稳定的。为了沿着材料的孔道扩散，锂离子首先需要从 2i 位置迁移出来。当锂离子从正极脱嵌出来并且在对电极上还原时，所需的平均能量应该为 3.6eV。但是假如 2i 位锂离子迁移到晶格中的空隙位置（如 1h，1g，1e 等），克服晶格中 Li^+ 和 O^{2-}（F^-）之间静电作用所需能量则小得多。

图 6-9 为锂离子从 2i 位向其他空位迁移时的能量曲线，相应的数值则汇总在

表 6-2 中。除了 1f 和 1c 位以外，$LiFeSO_4F$ 中锂离子从 2i 位向其他空隙位置跃迁所需的活化能均小于 2.3eV。根据过渡态理论和稀释扩散理论，锂离子的扩散系数可以用下面的公式计算：

$$D=a^2 v\exp\left(\frac{-E_a}{kT}\right) \tag{6-9}$$

式中，a、v 和 E_a 分别是跃迁距离、尝试频率和活化能。为了确定尝试频率，需要计算材料的声子谱。通过计算可发现在布里渊区中心 Γ 点有 7 个仅仅与锂离子的运动相关的声子，如图 6-10 所示。v 的数值通过计算可确定为 $10^{13}s^{-1}$，其中温度设置为 298K。

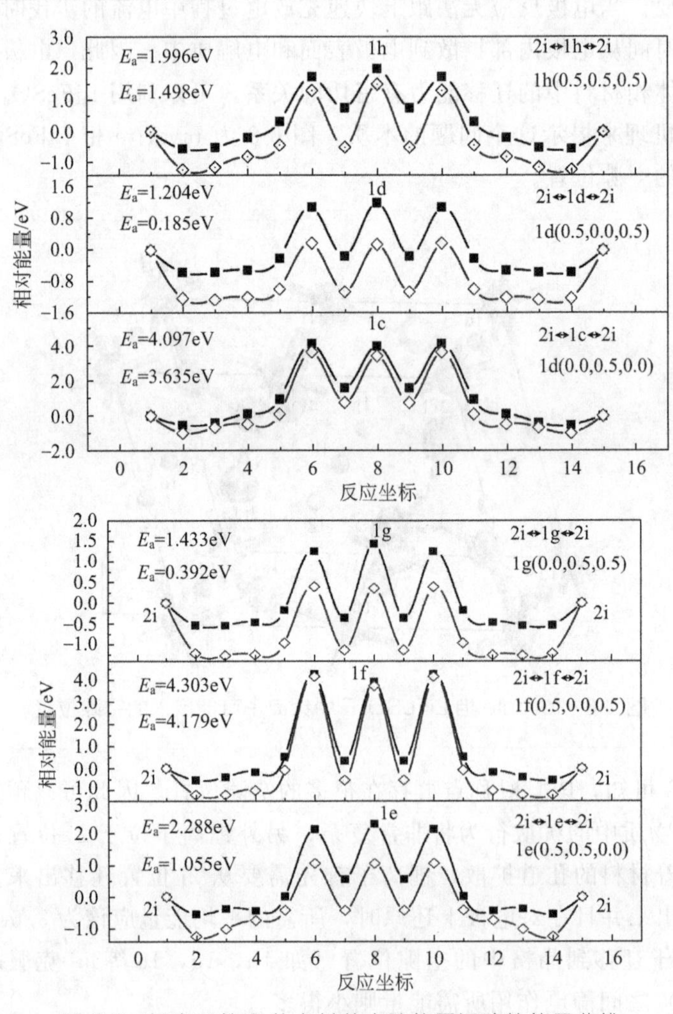

图 6-9 锂离子从 2i 位向其他空隙位置迁移的能量曲线

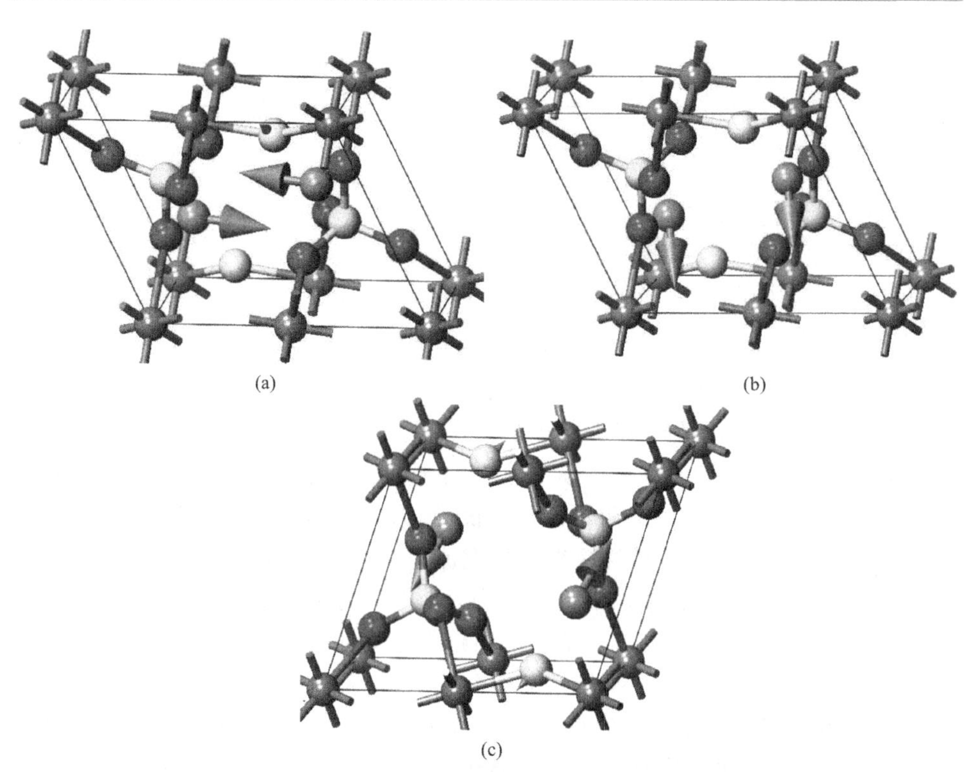

图 6-10 与锂离子运动相关的三个声子的本征矢

（a） 257.18cm^{-1}处的声子；（b） 319.10cm^{-1}处的声子；（c） 478.10cm^{-1}处的声子

表 6-2 锂离子在 tavorite 相 Li_xFeSO_4F 中的扩散性质

路径	$LiFeSO_4F$		a/Å	$Li_{0.5}FeSO_4F$		a/Å
	E_a/eV	D/cm^2·s^{-1}		E_a/eV	D/cm^2·s^{-1}	
2i↔1h	1.996	1.49×10^{-36}	2.77	1.498	3.93×10^{-28}	2.80
2i↔1g	1.433	2.68×10^{-27}	2.07	0.392	1.03×10^{-09}	2.07
2i↔1f	4.303	2.00×10^{-75}	3.72	4.179	3.65×10^{-73}	3.72
2i↔1e	2.228	9.22×10^{-41}	1.98	1.055	5.84×10^{-21}	1.96
2i↔1d	1.204	1.94×10^{-23}	2.05	0.185	2.97×10^{-06}	1.99
2i↔1c	4.097	4.01×10^{-72}	2.51	3.635	2.66×10^{-64}	2.56
[100]方向(x 轴)						
1h↔1g	0.563	2.08×10^{-12}	2.59	1.141	3.68×10^{-22}	2.62
1e↔1c	2.058	1.17×10^{-37}	2.59	2.354	1.20×10^{-42}	2.62
[010]方向(y 轴)						
1e↔1d	1.084	3.75×10^{-21}	2.76	0.897	4.94×10^{-18}	2.64
1h↔1f	1.955	7.31×10^{-36}	2.76	2.256	5.51×10^{-41}	2.64

续表

路径	$LiFeSO_4F$		a/Å	$Li_{0.5}FeSO_4F$		a/Å
	E_a/eV	$D/cm^2 \cdot s^{-1}$		E_a/eV	$D/cm^2 \cdot s^{-1}$	
[001]方向(z 轴)						
1h↔1e	0.292	1.57×10^{-07}	3.66	0.451	3.31×10^{-10}	3.70
1f↔1d	2.748	5.20×10^{-49}	3.66	3.604	1.86×10^{-63}	3.70
1g↔1c	2.530	2.50×10^{-45}	3.66	3.044	5.32×10^{-54}	3.70
[011]或[101]方向						
1h↔1d	0.792	6.43×10^{-16}	3.91	1.348	2.53×10^{-25}	3.84
1g↔1e	0.854	5.42×10^{-17}	3.79	0.775	1.17×10^{-15}	3.79

从表 6-2 中可以看出，锂离子扩散系数在 10^{-41}～10^{-27} 范围之内，$LiFeSO_4F$ 材料中的锂离子的移动性似乎是非常差的。这个结果似乎与实验和理论报道的结果相互冲突。在氟代硫酸铁锂中，实验观测得到的锂离子迁移的活化能在 0.77～0.99eV 之间，而 Tripathi 等报道的理论值为 0.36～0.46eV。基于相同的代码和方法，Lee 和 Park 等经过计算后得到的数值为 0.04～0.57eV。对于部分脱锂的正极材料，密度泛函理论给出的预测值为 0.3eV。为了阐明这个问题，Xie 等计算了 $Li_{0.5}FeSO_4F$ 体系中锂离子沿着不同路径迁移时系统的活化能。可以发现当 2i 位产生锂空位时，所有的活化能显著降低。特别是锂离子从 2i 位向 1g 位和 2i 位向 1d 位跃迁时，活化能仅为 0.392eV 和 0.185eV。这种现象表明晶格存在适量的 2i 位缺陷将有助于启动和激活锂离子在材料的通道中传输。通过分析材料结构中的一些细节，可以进一步证实在 $LiFeSO_4F$ 材料中锂离子从 2i 位向其他空隙位置迁移时，大的扩散势垒主要源于 Li-Li 之间的排斥作用。例如，当 2i 位的锂迁移至 1g 位时，1g 位的锂离子和最近邻的 2i 位锂离子之间的距离仅为 2.07Å，这个数值明显小于金属锂晶体中 Li-Li 的平衡间距（3.039Å）。Li-Li 间强烈的排斥作用使得 2i 位锂向其他空位的跃迁变得极端困难，这就是在完全嵌锂态 $LiFeSO_4F$ 中，锂离子从 2i 位向其他空隙位跃迁具有非常大的活化能的根本原因。因此可以推断在高锂浓度的条件下 2i 锂空位较少，锂离子的扩散将被有效地阻塞，这导致材料具有较差的扩散动力学特性。但是需要注意的是当系统中存在适量的 2i 位锂空位，锂离子就可以成功地向空隙位置迁移，如图 6-8 所示，锂离子沿着不同的路径迁移成为可能，如图 6-11 所示。

图 6-12 为锂离子沿着 [100]、[010]、[001]、[011] 和 [101] 方向扩散时，系统的能量曲线，相应的动力学性质汇总于表 6-2 中。从表 6-2 可知，$LiFeSO_4F$ 材料中存在两个高速扩散通道（1h↔1g 和 1h↔1e），这两个通道分别沿着 x 轴和 z 轴方向。Sebastian 等的 DFT+U 计算结果表明：在 $LiFeSO_4F$ 中，锂离子沿着 c 轴方向扩散具有很高的活化能（1.18eV）；由于 SO_4 的阻碍或较长的

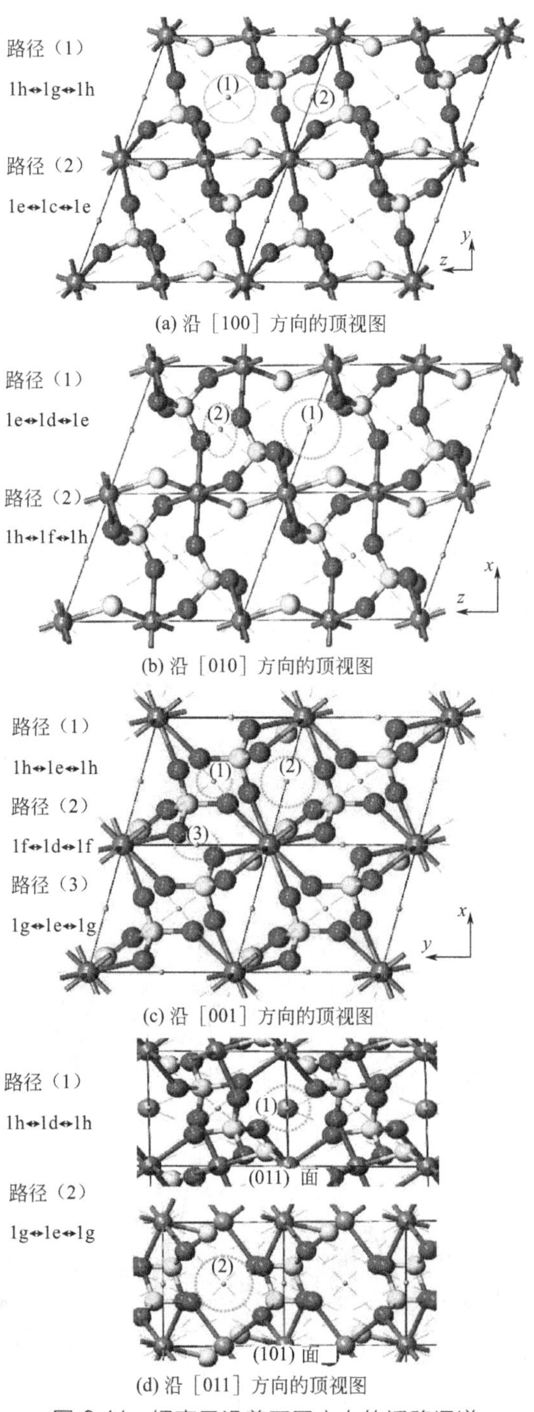

(a) 沿［100］方向的顶视图

(b) 沿［010］方向的顶视图

(c) 沿［001］方向的顶视图

(d) 沿［011］方向的顶视图

图 6-11 锂离子沿着不同方向的迁移通道

传输距离，锂离子沿 a 轴和 b 轴方向的扩散不是很有利。而后续的从头算分子动力学的计算结果则表明：①锂离子扩散是各向异性的；②锂离子可以沿着三个方向扩散；③锂离子沿着 x 轴和 y 轴方向的扩散比沿着 z 轴方向的扩散慢。此外，GULP 壳模型的计算结果也表明 $LiFeSO_4F$ 是有效的三维锂离子导体，且对角跃迁或 Z 形跃迁的组合是最有利的锂离子迁移路径。需要注意的是，在真实的条件下，锂离子在材料内的扩散实际上是由多个平行的级联跃迁共同组成的，而不仅仅是单一位点间的一次跃迁。这种情况下锂离子扩散动力学实际上与所有路径中活化能最大的基元跃迁有关，如图 6-13 所示。

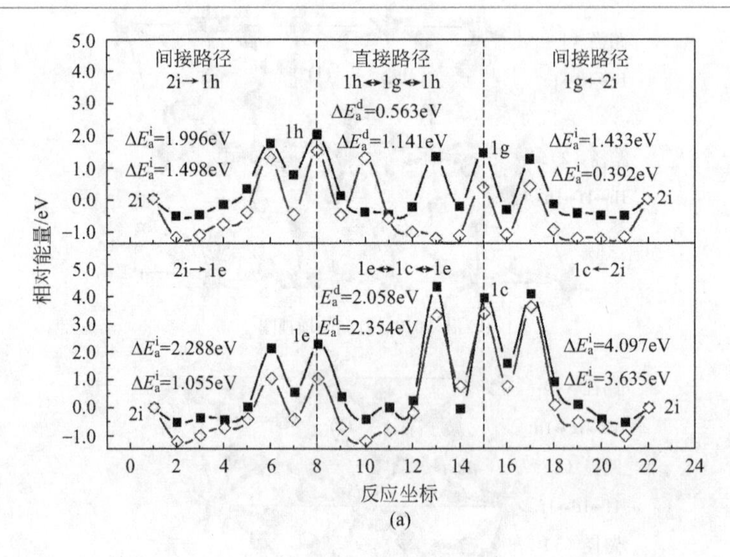

(a)

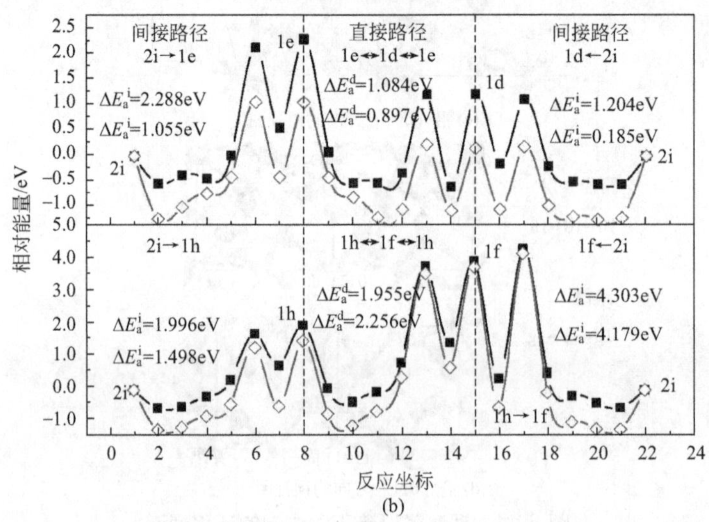

(b)

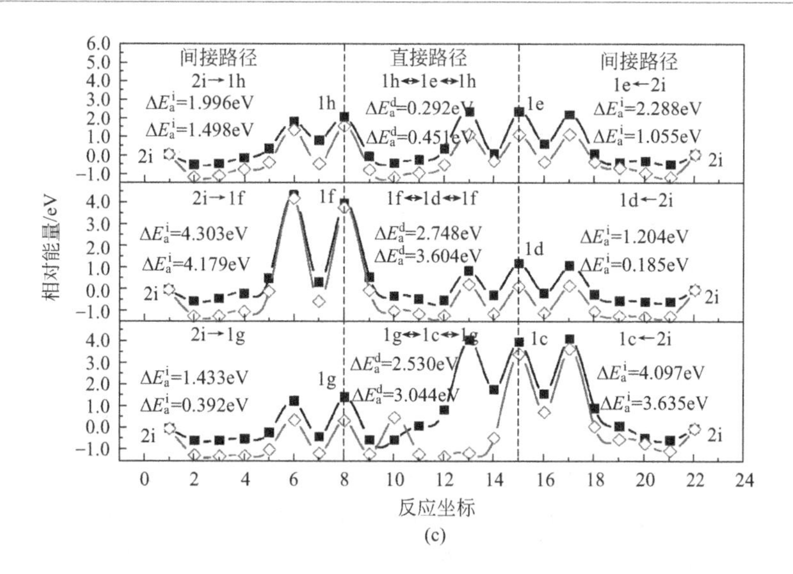

(c)

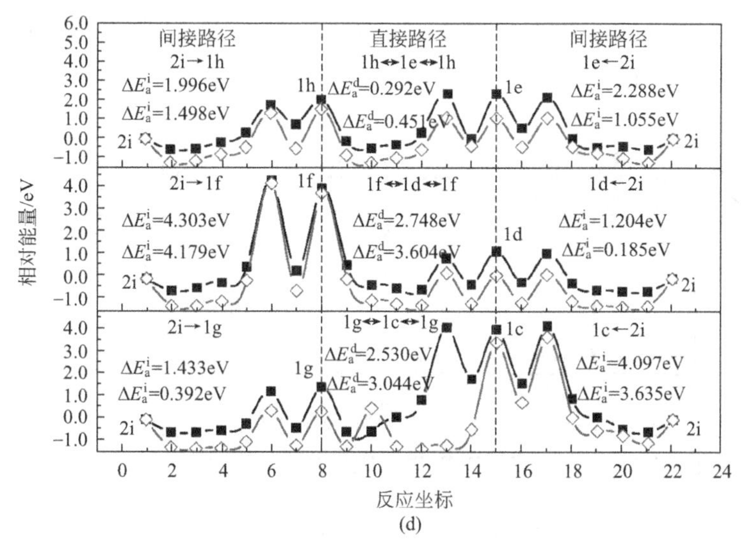

(d)

图 6-12 锂离子沿着不同方向可能的迁移路径的能量曲线

(a) 锂离子沿着 [100] (x 轴) 方向迁移的能量曲线; (b) 锂离子沿着 [010] (y 轴) 方向迁移的能量曲线; (c) 锂离子沿着 [001] (z 轴) 方向迁移的能量曲线; (d) 锂离子沿着 [011] 和 [101] 方向迁移的能量曲线

虽然 1h↔1e 跃迁的活化能仅为 0.292eV，这个数值比 1g↔1h 跃迁(0.563eV) 所需能量小得多，但是 1g↔1h 跃迁是 1h↔1e 跃迁的前置步骤。因此，锂离子沿着 [100] 和 [001] 方向跃迁的扩散动力学行为主要由 1g↔1h 跃迁步骤控制。此外，如果条件合适，锂离子沿着 Z 形链（1g→1h→1e→1h′→1g′）的扩散也是可能的。这三个路径是高速锂离子扩散通道。除了以上路径外，锂离子沿着 1g↔1e 和 1d↔1h 通道的扩散是非常困难的，即使 2i 位锂更趋向于迁移到 1d 位置；这两个通道的活化能分别是 0.854eV（约 $6.43\times10^{-16}cm^2\cdot s^{-1}$）和 0.792eV($5.42\times10^{-17}cm^2\cdot s^{-1}$)。随着锂离子从正极脱嵌并向负极迁移（充电过程），2i 位的锂空位逐渐增多，同时伴随着晶格常数的降低。这些变化使锂离子沿着不同方向的扩散动力学发生明显变化。从表 6-2 可知，除了 1e↔1d 和 1g↔1e 跃迁外，其他跃迁步骤的活化能都增加了。这种现象可以合理地归因于晶格尺寸和扩散通道的收缩。图 6-13(b) 表明 Li_xFeSO_4F 材料在低锂浓度条件下可能的扩散路。可以证实，锂离子沿着［001］方向（1e↔1h）的跃迁仍是有效的高速扩散通道。另外，需要强调的是在低锂浓度条件下，晶格中存在着很多 2i 位锂空位，这些 2i 位锂空位也可以有效地作为一些高速扩散路径的中间位置。因此，2i↔1g、2i↔1d 和 1g↔2i↔1d 高速扩散通道成为可能。$LiFeSO_4F$ 和 $FeSO_4F$ 材料中的锂离子扩散通道的活化能与 $LiFePO_4$ 中的扩散通道的活化能（0.55eV）相近，且明显小于 Li_2FeSiO_4（0.91eV）的数值，因此可以推断 $LiFeSO_4F$ 是一个很好的锂离子导体，这与先前的实验和理论结果完全吻合。

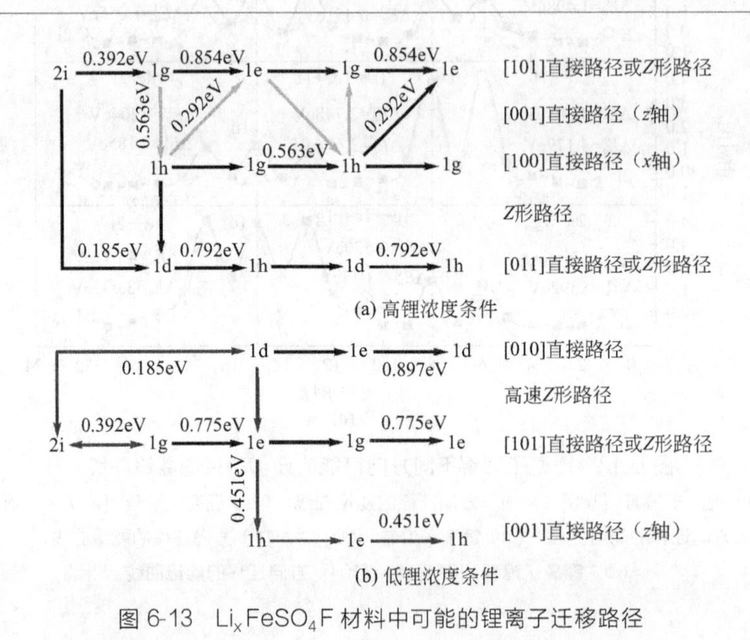

图 6-13 Li_xFeSO_4F 材料中可能的锂离子迁移路径

另外，Nazar 组的计算表明 Li^+ 沿着 $LiFeSO_4F$ 晶体的［111］方向的迁移能较低，其属于快离子导体，较低的迁移能对电极材料的容量保持率和倍率性能的提高都具有重要意义；Ramzan组采用杂化的密度泛函理论计算了 $LiFeSO_4F$ 的电子结构，并采用 Bader 方法分析了电荷分布问题，计算结果与实验一致；随后，从头算分子动力学方法的计算结果表明 Li^+ 的扩散是三维的；Frayret 组则采用态密度泛函理论计算了 $LiMSO_4F$（M=Fe，Co，Ni）的平均电势，它们的数值分别为 3.6V、4.9V 和 5.4V。我们组采用第一性原理方法研究了 Li_xFeSO_4F 材料的结构稳定性和输运性质，研究结果表明锂离子迁移活化势垒很低（0.185～0.563eV），Li_xFeSO_4F 材料具有很好的离子导电性。此外，理论计算的结果还进一步表明 Li_xFeSO_4F 的摩尔生成焓也比传统的 $LiCoO_2$ 和 $LiNiO_2$ 正极材料更负，这说明 Li_xFeSO_4F 应该具有更好的热力学稳定性。然而实验仍观察到了该材料在充放电循环过程中发生了相转变。结构相变的发生将导致电极材料的循环稳定性变差，从而影响电池的整体性能。

6.2 $LiFeSO_4F$ 的合成方法

合成 $LiFeSO_4F$ 的关键两步分别是 $FeSO_4 \cdot H_2O$ 的失水和 LiF 进行嵌锂，其反应方程式为：

$$FeSO_4 \cdot 7H_2O = FeSO_4 \cdot H_2O + 6H_2O \tag{6-10}$$

$$FeSO_4 \cdot H_2O + LiF = LiFeSO_4F + H_2O \tag{6-11}$$

氟离子取代了 $FeSO_4 \cdot H_2O$ 中 OH^- 的位置，H^+ 的位置正好由一个 Li^+ 补充上去，后一步必须比第一步要快。因此，疏水反应介质对于降低失水速率就很关键。由于 $LiFeSO_4F$ 材料在400℃下 SO_4^{2-} 就开始分解，这也表明不可能用经典的高温固相法制备该材料。因此，目前主要采用疏水的离子性液体作为溶剂，低温合成。

6.2.1 离子热法

离子热法就是用离子液体作为媒介，原料化合物分散在离子液体中，在一定的温度下反应生成目标产物的制备方法。Ati 等以 $FeSO_4 \cdot H_2O$ 与 LiF 为原料，以二（三氟甲基磺酰）1-乙基-3-甲基咪唑（EMI-TFSI）离子液体为媒介，在聚四氟乙烯内衬的反应釜内首次合成出 $LiFeSO_4F$ 粉体。该方法合成 $LiFeSO_4F$ 分两步：第一步反应是由 $FeSO_4 \cdot 7H_2O$ 脱水制成 $FeSO_4 \cdot H_2O$；第二步反应是在300℃将 $FeSO_4 \cdot H_2O$ 和 LiF 与离子性液体媒介装入聚四氟乙烯内衬的钢釜中加热5h。冷却后，采用离心法分离粉末和离子性液体。采用二氯甲烷清洗得到的粉末（介于白色和褐白色之间），最后在60℃下采用真空干燥得到

$LiFeSO_4F$ 粉体。在合成中，离子液体作为反应介质降低了反应温度，减缓了 $FeSO_4 \cdot H_2O$ 中 H_2O 的释放。该方法的优点在于操作简单、反应温度低、时间短，合成的 $LiFeSO_4F$ 粉体颗粒小（200nm），有利于离子的扩散，从而提高材料的电化学性能。0.05C 放电时，首次放电容量接近 140mA·h·g^{-1}，10 次循环后容量衰减大约 5mA·h·g^{-1}。但是这种方法存在的缺点是 Fe^{2+} 易被氧化、合成所使用的离子液体比较昂贵而且有毒需要回收等。但是，最近 Nazar 组研究表明采用亲水的四甘醇（TEG）为溶剂，220℃也可合成无杂质相的微米级的 $LiFeSO_4F$，降低了合成成本。四甘醇相对于离子液体价格低廉，且具有一定的还原性，可以防止 Fe^{2+} 的氧化。Yang 等以 TEG 为溶剂，260℃时合成了亚微米级的 $LiFeSO_4F$ 材料，0.05C 放电时，首次放电容量仅为 92mA·h·g^{-1}，0.5C 放电时，放电容量锐减至 11mA·h·g^{-1}。如此差的电化学性能主要是由 $LiFeSO_4F$ 材料较大的粒径和低的电导率引起的。Tripathi 等采用 FeF_2 和 Li_2SO_4 作为原料，按照一定的化学计量比混合，然后转移到聚四氟乙烯内衬的钢釜中，加入适量的 TEG，在 230℃下反应 48h 得到 $LiFeSO_4F$ 材料，该反应的化学式为：

$$FeF_2 + Li_2SO_4 = LiFeSO_4F + LiF \tag{6-12}$$

但是，该反应会产生电化学性质不活泼的 LiF，所以材料的性能势必会下降。

6.2.2 固相法

由于 SO_4^{2-} 在高温条件下易于分解，这使得通过传统的高温固相法来合成 $LiFeSO_4F$ 异常困难。大多数固相反应在较低的温度下难以进行，而某些熔点较低的分子固体或含有结晶水的无机物及大多数有机物能形成固态配合物，其可以在室温甚至在 0℃发生固相反应。Ati 等将 $FeSO_4 \cdot H_2O$ 与 LiF 按照一定的化学计量比放到球磨机上球磨 7min，然后在 1MPa 的压力下将粉末压成厚 5mm、直径 1cm 的小球，再将小球放入聚四氟乙烯内衬的钢釜中，在氩气保护、290℃下反应数天后，得到 $LiFeSO_4F$ 粉体。该方法需要 LiF 过量，所以合成的产物中就会有微量的 LiF，因其不活泼的电化学性质，从而影响目标产物的性能。LiF 和 $FeSO_4 \cdot H_2O$ 量的比值 r 不同，电池的电化学性能也是不同的。在此反应中，化合物中结晶水的存在并不改变反应的方向和限度，它起到降低固相反应温度的作用。实验中可以通过改变研磨时间、溶剂种类和结晶温度等来改变颗粒的半径和形状，从而改善目标产物的结构。将反应物充分研磨到细小均匀，使颗粒的表面积随其颗粒度的减小而急剧增加，是缩短反应时间、促进反应发生的重要手段。固相法操作简单，与昂贵的离子液体相比，成本大幅降低是该方法的一大优势。然而，缓慢的反应速率增加了反应时间，过量的 LiF 也降低了材料本身的电化学性能。因此，固相法还需要大量的实验进行探究和改进。

6.2.3 聚合物介质法

在聚合物介质合成法中，选取合适的反应介质就至关重要。由于聚乙二醇（PEG）有极好的热稳定性，在300℃能保持稳定，这使它能作为反应介质在整个合成过程中存在。Ati 等采用聚乙二醇（PEG）作溶剂合成了 $LiFeSO_4F$。其主要步骤如下：$FeSO_4 \cdot H_2O$ 与稍过量的 LiF 球磨混匀后，加入 PEG 后，放置于聚四氟乙烯内衬的反应釜中，在氩气气氛中升温至 290℃，保温 24h，自然冷却后，所得产物用离心管分离出溶剂并且用乙酸乙酯清洗三次，在 60℃下干燥 12h 即可得到 $LiFeSO_4F$ 材料。在 0.05C 倍率充放电时，首次放电比容量达到 $130mA \cdot h \cdot g^{-1}$，10 个循环以后容量稳定在 $120mA \cdot h \cdot g^{-1}$，具有较好的电化学性能。在用聚合物介质法合成 $LiFeSO_4F$ 中，还有多种高分子聚合物溶剂可选择，如 PEO 、PEG-PPO-PEG 等。但是，不同甚至相同的聚合物其聚合度不同对合成条件和合成材料的性能都有很大影响。

6.2.4 微波溶剂热法

微波溶剂热技术用于制备电极材料与一般的溶剂热合成方法相比，具有以下优势。①加热速度快：微波加热是使被加热物体本身成为发热体，内外同时加热，能在较短时间内达到加热效果；②加热均匀：微波加热时，物体各部位通常都能均匀渗透电磁波产生热量，因此溶液体系受热均匀性大大改善；③节能高效：在加热过程中，加热室内的空气与相应的容器都不会发热，所以热效率极高；④易于控制：微波加热的热惯性极小，适宜于加热过程和加热工艺的自动化控制。因此，微波溶剂热法已经广泛应用于制备磷酸盐正极材料及各种负极材料等。Tripathi 等采用微波辅助溶剂热法合成出 $LiFeSO_4F$ 粉体。该方法主要合成过程为：将一定计量比的 $FeSO_4 \cdot H_2O$ 与 LiF（1∶1.1）在氩气气氛下混合球磨 2h，然后转移到充满氩气的内衬聚四氟乙烯的反应釜内，并加入 TEG 作为媒介。将反应釜放到合适的带有压力和温度传感器的转子上，然后将包含反应釜的转子放置到微波反应装置中，温度在 5min 内升至 230℃，并微波合成 10min，最后采用 THF 清洗去除 TEG，得到 200nm 左右的 $LiFeSO_4F$ 粉体。电化学性能研究表明，在 0.05C 的充放电测试中，首次放电比容量达到 $130mA \cdot h \cdot g^{-1}$，可逆容量在 $115mA \cdot h \cdot g^{-1}$ 左右。

总之，人们通过优化反应条件及改进合成方法等途径来改善 $LiFeSO_4F$ 材料的性能取得了一定成效，但并不能从根本上解决 $LiFeSO_4F$ 电化学性能差的问题。要提高其电化学性能单独开展该方面的工作有一定局限性。

6.3 $LiFeSO_4F$ 的掺杂改性

第一性原理计算发现，纯的 $LiFeSO_4F$ 的带隙为 3.6eV，具有绝缘体特征。因此，$LiFeSO_4F$ 的电子电导率远低于 $LiCoO_2$ 和 $LiMn_2O_4$，这会导致材料在充放电时发生极化现象，所以材料电化学活性较低。事实上电子与离子的传导率低的问题，在高性能电极材料的设计中已经不是难题，可以通过体相掺杂来减小禁带宽度，进而提高材料的电导率，这重新引领了一系列廉价的低电导率锂离子电池材料的研究，诸如磷酸盐（$LiMPO_4$）、硅酸盐（Li_2MSiO_4）、硼酸盐（$LiMBO_3$）和氟磷酸盐（$LiMPO_4F$）。因此，可以通过 $LiFeSO_4F$ 表面包覆碳或添加导电剂形成复合材料及掺杂金属离子等方式来提高其电导率。

6.3.1 $LiFeSO_4F$ 的金属掺杂

Barpanda 等报道了 $LiFe_{1-\delta}Mn_{\delta}SO_4F$ 材料，并且发现 $LiFe_{0.9}Mn_{0.1}SO_4$ 具有 3.9V 的电位平台，比纯 $LiFeSO_4F$ 高出 0.3V，0.05C 首次放电容量接近 $125mA \cdot h \cdot g^{-1}$，25 次循环后容量衰减大约 $15mA \cdot h \cdot g^{-1}$。该正极材料在 70%～80%$Li^+$ 可逆脱嵌时只有 0.6%的体积变化，与 $LiFePO_4$ 的 7%和 $LiFeSO_4F$ 的 10%相比可以忽略不计了。此外，Radha 等的研究表明，$LiFe_{1-x}Mn_xSO_4F$（$0 \leqslant x \leqslant 1$）即使在 x 值的边界条件下仍然具有高的稳定性，说明 Mn 的掺杂不影响 $LiFeSO_4F$ 的结构稳定性。Barpanda 等采用离子热法合成了 Li（$Fe_{1-x}M_x$）SO_4F（M=Co，Ni），研究表明材料在充放电过程中的极化很小，循环性能也很好，但容量没有得到提高，反而随着 x 值（$0<x<1$）的增大而减小。Tripathi 等通过离子热法制备了 Li（$Fe_{1-x}M_x$）SO_4F（M=Zn，Mn）。他们的研究表明，在 0.05C 的电流充放电下，$LiFe_{0.9}Mn_{0.1}SO_4$ 中 70%的 Li^+ 发生了可逆脱嵌，但当 $x>0.5$ 时可逆容量几乎为 0。Zn 和 Mn 的掺杂使材料的能量密度有所提高。$LiFe_{0.9}Zn_{0.1}SO_4$ 的电化学性能相对于固相法有了很大的提高，充放电电压平台比 $LiFeSO_4F$ 高 300mV。Ati 等通过离子热法制备了 $LiFe_{1-x}Zn_xSO_4F$ 正极材料，具有 3.9V 的电位平台，比纯 $LiFeSO_4F$ 高出 0.3V，并且通过控制合适的球磨时间和包覆的碳含量，可以提高其动力学性能。伊廷锋等通过第一性原理计算研究表明，当锂嵌入材料后，S、O 和 F 的原子布居变化较小，电子主要填充在过渡金属的 3d 轨道，导致过渡金属被还原，成为电化学反应的活性中心。在嵌锂态中，锂和氧（氟）之间形成了离子键，而过渡金属（Ti 和 Fe）与氧（氟）之间则形成了共价键，S—O 键的共价性最强。态密度的计算结果则表明：Ti 和 Fe 均保持高自旋排列结构；$LiFeSO_4F$ 的两个自旋通道的带隙分别为 2.88eV 和 2.29eV，其导电性很差；Ti 掺杂使体系的带隙消失，显著地提高了正极材料的导电性；$LiTi_{0.25}Fe_{0.75}SO_4F$ 系统中 Ti—O 键和 Ti—F 键均比纯相中的 Fe—O 键和 Fe—F 键的共价性更强，因此 Ti 掺杂材料具有更好的结构稳定性。

6.3.2 $LiFeSO_4F$ 的包覆改性

在材料表面包覆一层导电性优良且在电解液以及在充放电过程保持稳定的物质，用以改善颗粒间的电子传导性能，可以提高材料的循环性能。显然，碳具有成本低、对充放电过程副作用小等优点是满足上述要求的优良导电剂。在各种碳材料中，石墨烯因其独特的二维结构和优良的物理化学性质，最适合用来包覆在电极材料表面形成包覆结构。石墨烯具有超大的比表面积，同时具有良好的导电性和导热性，因此同时具有良好的电子传输通道和离子传输通道，作为包覆材料非常有利于提高电池的倍率性能。郭维等用四甘醇作溶剂，$FeSO_4 \cdot 7H_2O$、$FeSO_4 \cdot 4H_2O$、$FeSO_4 \cdot H_2O$ 与 LiF 为原料，采用溶剂热法合成了 $LiFeSO_4F$-石墨烯复合正极材料。结果表明：以 $FeSO_4 \cdot 4H_2O$ 和 $FeSO_4 \cdot 7H_2O$ 为原料，多个结晶水的存在可以延缓原料的脱水过程，有利于消除产物中 $FeSO_4$ 杂相的生成。电实验测试材料的电化学性能，发现加入石墨烯后可以促进 $LiFeSO_4F$ 的电化学活性，提高材料的比容量、倍率性能和循环性能。Dong 等采用固相法制备了 $LiFeSO_4F$-碳纳米管［MW-CNTs，3%（质量分数)］复合正极材料，C/20 和 C/30 倍率放电时，首次放电容量分别为 $88.5mA \cdot h \cdot g^{-1}$ 和 $99.4mA \cdot h \cdot g^{-1}$，60 次循环后容量在 $40mA \cdot h \cdot g^{-1}$ 左右。

$LiFeSO_4F$ 正极材料理论上应具有比磷酸盐材料更高的电压平台和更稳定的结构，因而可能具有更好的应用前景。这个工作不仅对现有的 $LiFePO_4$ 是个挑战，也预示着更多的氟硫酸盐（$LiMSO_4F$）可以被继续研究开发，有望成为下一代锂离子电池的正极活性材料。但目前关于 $LiFeSO_4F$ 的研究工作才刚刚开始，还主要集中在材料制备上，对于掺杂改性的研究比较少。制备方法上还是主要采用离子性液体作为溶剂的离子热法，但是这种方法合成成本较高。因此，需要改进材料的制备技术，简化材料制备工艺。在提高 $LiFeSO_4F$ 电化学性能方面，可以通过包覆导电性物质和掺杂等方法进行结构调控，提高其电子电导率和离子电导率，同时可以结合第一性原理计算加强其锂离子的嵌入和脱出动力学方面的研究，找出其动力学的影响因素和反应的控制步骤，从而提高反应速率，为提高倍率放电能力奠定基础。因此，在未来的研究中，随着 $LiFeSO_4F$ 制备工艺及其掺杂改性研究的深入，$LiFeSO_4F$ 综合电化学性能必将不断地提高，在锂离子电池材料应用领域将会具有更广阔的发展空间。

参考文献

[1] Xie Y, Yu H T, Yi T F, Wang Q, Song Q S, Lou M, Zhu Y R. Thermodynamic stability and transport property of tavorite $LiFeSO_4F$ as cathode material for lithium-ion battery. J Mater Chem. A, 2015, 3 (39): 19728-19737.

[2] 陶伟，黄云，伊廷锋，谢颖. 锂离子电池 $LiTi_{0.25}Fe_{0.75}SO_4F$ 正极材料的电子结构. 无机化学学报，2017, 33 (3): 429-434.

[3] 伊廷锋，李紫宇，陈宾，谢颖，诸荣孙. 锂离子电池新型 $LiFeSO_4F$ 正极材料的研究进展. 稀有金属材料与工程，2015, 44 (12): 3248-3252.

[4] Ellis B L, Lee K T, Nazar L F. Positive electrode materials for Li-ion and Li-batteries. Chem Mater, 2010, 22 (3): 691-714.

[5] Recham N, Chotard J N, Dupont L, Delacourt C, Walker W, Armand M, Tarascon J M, A 3.6V lithium-based fluorosulphate insertion positive electrode for lithium-ion batteries. Nat Mater, 2010, 9 (1): 68-74.

[6] Tsevelmaa T, Odkhuu D, Kwon O, Cheol Hong S. A first-principles study of magnetism of lithium fluorosulphate $LiFeSO_4F$. J Appl Phys, 2013, 113 (17): 17B302.

[7] Frayret C, Villesuzanne A, Spaldin N. Bousquet E, Chotard J N, Recham N, Tarascon J-M. $LiMSO_4F$ (M = Fe, Co, Ni): promising new positive electrode materials through the DFT microscope. Phys Chem Chem Phys, 2010, 12, 15512-15522.

[8] Ramzan M, Lebégue S, Kang T W, Ahuja R. Hybrid density functional calculations and molecular dynamics study of lithium fluorosulphate, a cathode material for lithium-ion batteries. J Phys Chem C, 2011, 115 (5): 2600-2603.

[9] Tripathi R, Gardiner G R, Islam M S, Nazar L F. Alkali-ion conduction paths in $LiFeSO_4F$ and $NaFeSO_4F$ tavorite-type cathode materials. Chem Mater, 2011, 23 (8): 2278-2284.

[10] Gong Z, Yang Y. Recent advances in the research of polyanion-type cathode materials for Li-ion batteries. Energy Environ Sci, 2011, 4 (9): 3223-3242.

[11] Ati M, Melot B C, Chotard J N, Rousse G, Reynaud M, Tarascon J M. Synthesis and electrochemical properties of pure $LiFeSO_4F$ in the triplite structure. Electrochem Commun, 2011, 13 (11): 1280-1283.

[12] Tripathi R, Ramesh T N, Ellis B L, Nazar L F. Scalable synthesis of tavorite $LiFeSO_4F$ and $NaFeSO_4F$ cathode materials. Angew Chem Int Ed, 2010, 49 (46): 8738-8742.

[13] Tripathi R, Popov G, Ellis B L, Huq A, Nazar L F. Lithium metal fluorosulfate polymorphs as positive electrodes

for Li-ion batteries: synthetic strategies and effect of cation ordering. Energy Environ Sci, 2012, 5(3): 6238-6246.

[14] Atia M, Sougrati M T, Recham N, Barpanda P, Leriche J B, Courty M, Armand M, Jumas J C, Tarascona J M. Fluorosulfate positive electrodes for Li-ion batteries made via a solid-state dry process. J Electrochem Soc, 2010, 157(9): A1007-1015.

[15] Ati M, Walker W T, Djellab K, Armand M, Recham N, Tarascon J M. Fluorosulfate positive electrode materials made with polymers as reacting media. Electrochem. Solid-State Lett, 2010, 13(11): A150-A153.

[16] Tripathi R, Popov G, Sun X, Ryan D H, Nazar L F. Ultra-rapid microwave synthesis of triplite $LiFeSO_4F$. J Mater Chem A, 2013, 1(9): 2990-2994.

[17] Barpanda P, Ati M, Melot B C, Rousse G, Chotard J N, Doublet M L, Sougrati M T, Corr S A, Jumas J C, Tarascon J M. A 3.90V iron-based fluorosulphate material for lithium-ion batteries crystallizing in the triplite structure. Nat Mater, 2011, 10(10): 772-779.

[18] Radha A V, Furman J D, Ati M, Melot B C, Tarascon J M, Navrotsky A. Understanding the stability of fluorosulfate Li-ion battery cathode materials: a thermochemical study of $LiFe_{1-x}Mn_xSO_4F$ ($0 \leqslant x \leqslant 1$) polymorphs. J Mater Chem, 2012, 22, 24446-24452.

[19] Barpanda P, Recham N, Chotard J N, Djellab K, Walker W, Armand M, Tarascon J M. Structure and electrochemical properties of novel mixed $Li(Fe_{1-x}M_x)SO_4F$ (M=Co, Ni, Mn) phases fabricated by low temperature ionothermal synthesis. J Mater Chem, 2010, 20(9): 1659-1668.

[20] Ati M, Melot B C, Rousse G, Chotard J N, Barpanda P, Tarascon J M. Structural and electrochemical diversity in $LiFe_{1-\delta}Zn_{\delta}SO_4F$ solid solution: a Fe-based 3.9V positive-electrode material. Angew Chem Int Ed, 2011, 50(45): 10574-10577.

[21] 郭维，殷雅侠，张亚利，万立骏，郭玉国. $LiFeSO_4F$/石墨烯复合材料的制备与电化学性能电化学. 2012, 18(2): 125-130.

第7章

碳基、硅基、锡基材料

金属锂具有最低的电极电势，理论容量可以达到3860mA·h·g^{-1}，从材料的电极电势和理论比容量看，它是锂离子电池最为理想的负极材料，而最早期的锂离子电池负极材料采用的即是金属锂。虽然它的比容量很高，但是安全性能很差，因为单质锂属于活泼金属，在空气中较难存在，且在过充电时，负极表面极易形成锂枝晶，造成电池短路。为解决这一问题，研究者们不断寻求能够替代金属锂的新型负极材料，随后碳系材料、硅基材料、锡基材料、含锂过渡金属氮化物、金属氧化物、新型合金等其他负极材料相继出现。经过十多年的发展，商品化锂离子电池中应用最成功的负极材料是石墨类碳材料。碳材料在锂离子电池中取代金属锂作负极，使电池的安全性能和循环性能得到大大提高，同时又保持了锂离子电池高电压的优势。一般来说，选择一种好的负极材料应遵循以下原则：比能量高；相对锂电极的电极电位低；充放电反应可逆性好；与电解液和黏结剂的兼容性好；比表面积小（$<10m^2\cdot g^{-1}$）；真密度高（$>2.0g\cdot cm^{-3}$）；嵌锂过程中尺寸和机械稳定性好；资源丰富、价格低廉；在空气中稳定、无毒副作用。目前，市场上使用的石墨类碳材料由人造石墨和天然石墨组成，其中人造石墨占80%，天然石墨占20%。正在探索的负极材料有氮化物、PAS、锡基氧化物、锡合金、纳米负极材料以及其他的一些金属间化合物等。

7.1 碳基材料

由于碳材料具有比容量高、电极电位低、循环效率高、循环寿命长和安全性能良好等优点，所以碳材料被广泛地用作锂离子电池的负极材料。目前，用作锂离子电池负极的碳材料有石墨、乙炔黑、微珠碳、石油焦、碳纤维、裂解聚合物和裂解碳等。表7-1列出了部分碳材料的物理性质。

表7-1 部分碳材料的物理性质

碳材料	结晶度 L_c/nm	晶格常数 d/nm	密度/g·cm^{-3}	比表面积/$m^2\cdot g^{-1}$
乙炔黑	1.2	0.348	1.31	31.7
热解炭	1.2	0.380	1.60	4.0

续表

碳材料	结晶度 L_c/nm	晶格常数 d/nm	密度/g·cm^{-3}	比表面积/m^2·g^{-1}
石油焦炭 1400℃	3.9	0.346	2.13	9.5
沥青焦炭 1200℃	2.6	0.347	2.02	4.0
人造石墨 1900℃	19.3	0.343	1.97	4.0
人造石墨 2200℃	47.4	0.339	1.96	2.8
人造石墨 2500℃	84.5	0.337	2.00	1.9
人造石墨 2800℃	112.3	0.336	1.98	1.5
天然石墨	229.1	0.335	2.20	6.3

此外，碳材料根据其结构特点可进行如下分类，如图 7-1 所示。

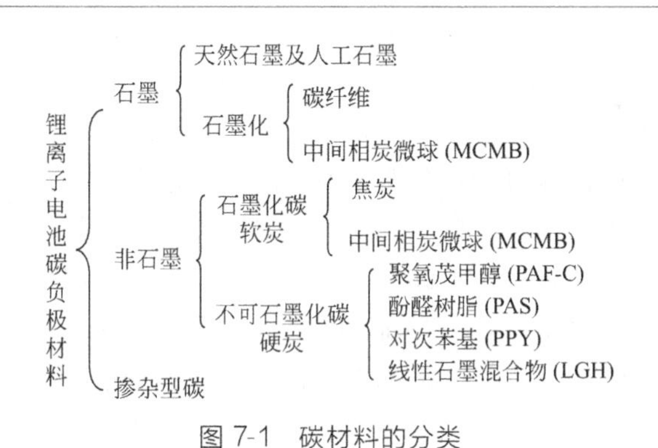

图 7-1 碳材料的分类

7.1.1 石墨

石墨是最早用于锂离子电池的碳负极材料之一，其导电性好、结晶度高、具有良好的层状结构，很适合锂离子的嵌入/脱出，形成锂-石墨层间化合物，充放电比容量可达 300mA·h·g^{-1} 以上，充放电效率在 90%以上，不可逆容量低于 50mA·h·g^{-1}。锂在石墨中脱嵌反应发生在 0～0.25V 左右（vs. Li^+/Li），具有良好的充放电电位平台，可与包括 $LiMn_2O_4$ 在内的许多正极材料相匹配，组成的电池平均输出电压高，是目前锂离子电池应用最多的负极材料。由于正电荷的相互排斥，在室温下 Li^+ 在纯石墨中是每 6 个 C 原子可嵌入 1 个 Li^+ 离子，理论表达式为 LiC_6，理论容量 372mA・h・g^{-1}。根据石墨层的堆积方式，可以将石墨分为六方石墨（2H，$P6_3/mmc$）和菱形石墨（3R，R-3m），图 7-2 给出了石墨层的不同堆积方式，其中以 ABAB 方式堆积的为六方石墨，而菱形石墨以 ACBACB 方式堆积。根据石墨的来源方式可以分为天然石墨（2H 和 2H＋3R）和人造石墨，软碳就是人造石墨的碳源，通过高温处理软碳就能得到人造石墨。

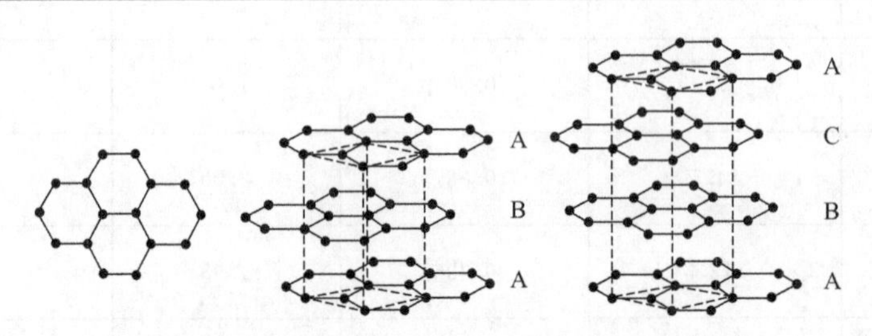

图 7-2　石墨的晶体结构及层间堆积方式图

从电化学反应来看，各种碳材料作为锂离子电池负极的主要机制，都与锂-石墨层间化合物（Li-GIC）的形成有关。锂在石墨中嵌入可形成多级化合物，LiC_6 通常称为一级化合物。石墨包括人工石墨和天然石墨两大类。人工石墨是将易石墨化炭（如沥青焦炭）在 N_2 气氛中于 1900～2800℃经高温石墨化处理制得。天然石墨有鳞片石墨和微晶石墨两种，前者经过选矿和提纯后含碳量可高达 99%以上，后者含杂质较多，难以提纯，不仅嵌锂容量较低，而且不可逆容量较高，不适合作锂离子电池的负极材料。因此，工业上多采用鳞片石墨作为碳负极的原材料。微晶石墨纯度低，石墨晶面间距［$d_{(002)}$］为 0.336nm。主要为 2H 晶面排序结构，即按 ABAB……顺序排列，可逆比容量仅 260mA・h・g^{-1}，不可逆比容量在 100mA・h・g^{-1} 以上。鳞片石墨晶面间距［$d_{(002)}$］为 0.335nm，主要有 ABAB……排列的 2H 型六方晶体结构和 ABCABC……排列的 3R 型菱形晶面排序结构。2H 型晶体的理论比容量为 372mA・h・g^{-1}，而且在两种晶型的石墨中，锂的嵌入反应是相似的。鳞片石墨可逆比容量与产品纯度关系大。含碳量为 95%时，可逆容量为 240～280mA・h・g^{-1}；含碳提高到 99%以上时，其可逆容量可达到 300～350mA・h・g^{-1}。

鳞片石墨价廉易得，用作锂离子电池负极材料具有放电电位低（0.1V vs. Li^+/Li）、放电电位曲线平稳等突出的优点，但它是石墨化程度很高的碳材料，其表面各向异性程度大。首次充电过程中，电解液在其表面还原分解反应的不均匀性增大，所形成的钝化膜疏松多孔，不能有效地阻挡溶剂化 Li^+ 的共嵌入，可能造成石墨层的崩溃。此外，这种碳材料中 Li^+ 沿石墨微晶 *ab* 轴平面扩

散速度比 c 轴方向大得多，而锂的插入是在石墨层边界进行的。由于边界面积小及颗粒之间的相互阻挡作用，致使 Li^+ 在其中扩散存在很大的动力学障碍，故不能以较高的速率进行充放电，这就限制了它在实际中的应用，因此一般要对其进行改性处理。

可石墨化碳主要有石油焦、针状焦、碳纤维、中间相碳球等。通常可石墨化碳都具有乱层的石墨结构，随着热处理温度的升高，层与层之间无规则组织降低，通过高温石墨化（2800℃以上）处理，可转化为人造石墨。

人工石墨是将易石墨化碳经高温石墨化处理制得。作为锂离子电池负极材料的人工石墨类材料主要有中间相碳微球石墨、石墨纤维及其他各种石墨化碳等。其中人们最为熟悉的是高度石墨化的中间相碳微球，简称 MCMB。MCMB 用作锂离子负极材料除了具有石墨类碳负极的一般特征外，在其结构和形态方面也具有特有的优势：①MCMB 本身具有球状结构，堆积密度大，可以实现紧密填充，制作体积比容量更高的电池；②比表面积小，减少了充电时电解液在其表面生成 SEI 膜等副反应引起的不可逆容量损失，还可以提高安全性；③MCMB 具有层状分子平行排列结构，有利于锂离子的嵌入与脱嵌，一般经分级处理后，符合粒径要求的产品就直接用作锂离子负极材料。因此，MCMB 被认为是用作锂离子电池负极最具有发展潜力的一种炭材料。MCMB 作为锂离子电池负极材料，热处理温度和热处理时间对其嵌锂性能产生较大的影响。MCMB 是目前长寿命小型锂离子电池及动力电池所使用的主要负极材料之一，而它所存在的主要问题是比容量不高、价格昂贵。

石墨化炭纤维的表面和电解液之间的浸润性能非常好，同时由于嵌锂过程主要发生在石墨的端面，从而具有径向结构的炭纤维极有利于锂离子快速扩散，因而具有优良的大电流充放电性能。此外，气相生长炭纤维还可以作为其他石墨电极材料的辅料来增强导电性，从而提高电池的循环寿命和大电流充放电的性能。无论是沥青基炭纤维还是气相生长炭纤维，它们的制造工艺比较复杂，对生产条件要求高，产物有时还不稳定，因此实用的规模不大。

石墨作负极也存在许多缺点，如：充放电循环过程中形成 SEI 膜，造成基体膨胀和容量损失，同时使石墨层发生剥落现象而降低寿命；石墨材料与溶剂相容性差；Li^+ 只能从片状边界嵌入和脱出，由于嵌入/脱出反应面积小，扩散路径长，不适应大电流充放电；石墨热处理温度通常需在 2000℃以上，使生产成本增加；当电位达 0V 或更低时，石墨电极上可能有金属锂沉积出来。由于未改性石墨存在以上缺点，所以在实际中广泛应用的多是改性石墨。石墨改性主要有以下几种。

（1）机械研磨

机械研磨可改变材料的微观结构、形态及电化学性能。采用球磨对碳负极材料进行处理后，其结构和电化学性能都会发生一定的变化。经过球磨后的石墨负极材料，其结构最显著的变化就是粒径变小，其他还有表面积、表面结构、晶体结构、表面缺陷等。利用球磨的巨大冲击能量，使天然石墨破碎，丧失掉其晶体的特征，具有非晶质结构。球磨后使得颗粒的表面含有大量的断键，超微化颗粒的表面成为极活泼的表面，另外天然石墨的形貌也从二维形貌变成絮状。超微粒子的自由膨胀和变化，使插层得以顺利进行，可逆容量得到提高，并且球磨的同时带来了石墨晶体结构的变化，使其成为非晶态，具有类似石油焦的结构。

（2）表面氧化

对天然石墨进行氧化改性，一些活性较高的组分被除掉，纳米级微孔数目增加，产生纳米级通道，而且表面结构也发生变化；氧化之前材料表面存在的氧原子与一些缺陷结构相关联，氧化之后，氧的存在则是与活性高的碳原子反应而留下，并形成一层致密的氧化物表面膜，结合更紧密，该膜有利于 Li^+ 的扩散和迁移，所以其容量明显增加，同时充放电效率亦明显提高。

（3）掺杂型石墨

Tanaka 等用湿化学还原法将 Ag 分散于石墨中增加石墨颗粒间导电性，比容量增加 10％达到 $800mA \cdot h \cdot L^{-1}$，循环寿命从 200 次增到 4200 次，且容量保持为最初的 70％以上。Chen 等提出将 MCMB 与 4％B_2O_3 混合，在 2800℃下热处理得到掺 B 的 MCMB。除去 MCMB 的球状结构和低表面积的特征，使得电压升高，但充电容量变低，不可逆容量损失变大。

总之，在石墨材料的表面修饰和改性方面的工作，归纳起来不外乎：人工施加一层固体电解质膜，材料表面无定形化，采用高分子膜修饰，通过各种氧化/还原体系处理石墨材料，物理或化学处理石墨材料，掺杂。

7.1.2 非石墨类

7.1.2.1 软炭

软炭主要有石油焦、针状焦、碳纤维、焦炭、碳微球等。石油焦、碳纤维、碳微球，这类材料的结构常为无序，晶粒尺寸小，碳原子之间的排列是任意旋转或平移的，这使其具有较大的层间距和较小的层平面，Li^+ 在其中扩散速度较快，能使电池进行更高速的充放电，且无定形碳比表面积大，表面含较多的极性基团，能与电解液有较好的相容性。软炭大多是由煤沥青、石油沥青、蒽等材料制得。焦炭是最有代表性的软炭，是经液相炭化形成的一类碳素材料。在炭化过程中 H、O、N、S 等杂原子逐渐被去除，碳含量增高，并发生一系列脱氢、环化、缩聚、交联等化学变化。根据原料的不同可以将焦炭分为沥青焦、石油焦等。

7.1.2.2 硬炭

硬炭材料一般在炭化初期便经由 sp^3 杂化形成立体交联，从而阻碍了网面平行生长，具有无定形结构，即使在很高温度（>2800℃）下进行热处理也难以石墨化，故称之为硬炭。因此，硬炭是指难石墨化碳，是高分子聚合物的热解炭。虽经过高温处理，石墨网平面仍不发达，堆叠层数少，排列紊乱，空孔多，为锂的储存提供了良好的场所。这类碳在 2500℃以上的高温也难以石墨化，常见的硬炭有树脂炭（如酚醛树脂、环氧树脂和聚糠醇 PFA-C 等）、有机聚合物热解炭（如 PFA、PVC、PVDF 和 PAN 等）和炭黑（乙炔黑）等。硬炭材料与含 PC 体系的电解液能够较好地相容。典型的硬炭材料的充放电曲线具有较大的首次充放电不可逆容量（一般大于 20%）和电压滞后现象（放电电势明显高于对应的嵌锂状态的充电电势）。

7.1.3 碳纳米材料

20 世纪 90 年代，日本的 Iijima 用氩气直流电弧对阴极碳棒放电，发现了管状结构的碳原子簇，即碳纳米管。碳纳米管的管径和管与管之间相互交错的缝隙都属纳米数量级，这种特殊的微观结构具有优异的物理及化学特性和嵌锂性能，使得锂离子的嵌入深度小、行程短、嵌入位置多（管内和层间的缝隙、空穴），同时碳纳米管导电性能很好，有较好的离子运输和电子传导能力，适合用作锂离子电池极好的负极材料。碳纳米管（CNTs）是由碳六元环构成平面叠合而成的纳米级无缝管状结构材料，有多层管（MWNT）也有单层管（SWNT），如图 7-3 所示。管子的外径几至几百纳米，内径一至几十纳米。长几十纳米到几毫米，层与层之间约 0.34nm。两端是封口的，也可以是开口的。有直的也有弯的，还有螺旋状的碳纳米管。它具有类似石墨的层状结构，许多结构性质都有利于锂离子的嵌入，同时有实验发现它具有很高的充电容量，可达 1000mA·h·g^{-1}，具有很大的吸引力。碳纳米管的层间距 [$d_{(002)}$ = 3.4～3.5nm] 大于石墨的层间距（3.35nm），大的层间距对锂离子来说进出有了大的通道，这些大的通道不仅增大了锂离子的扩散能力，而且使锂离子能够更加深入地嵌入，同时嵌锂时由于体积的膨胀，层间距要增加 10%左右，因此石墨层要发生移动，从而使嵌锂顺利进行。因此从这个原理上看碳纳米管的充电容量可能远大于石墨。碳纳米管的管径仅为纳米级尺寸，因而它具有比较大的比表面积。碳纳米管的这种特殊的微观结构使锂离子嵌入深度小，过程短。它不仅可嵌入管内各层间和管芯，而且可嵌入到管间的缝隙中，从而为锂离子提供可嵌入的空间位置，有利于进一步提高锂离子电池的放电容量及电流密度。在锂离子嵌入脱出反应中，碳纳米管的电化学行为和它们的微观结构密切相关，因此不同的制备方法、不同的工艺生产出的碳纳米管用作锂离子电池的负极后可能产生很大的差异。

图 7-3 碳纳米管的结构示意图

7.1.4 石墨烯材料

石墨烯是一种仅由碳原子以 sp^2 杂化轨道组成六角形晶格的平面薄膜，亦即只有一个碳原子厚度的二维材料。相比其他炭材料如碳纳米管，石墨烯具有独特的微观结构，这使得石墨烯具有较大的比表面积和蜂窝状空穴结构，具有较高的储锂能力。此外，材料本身具有良好的化学稳定性、高电子迁移率以及优异的力学性能，使其作为电极材料具有突出优势。研究发现，石墨烯的可逆容量在 $330\sim1054mA\cdot h\cdot g^{-1}$，这是基于其独特的二维结构提供了高的比表面积，也被认为是其表面丰富的官能团和无序/缺损的结构造成的。另外，与碳纳米管类似，纯石墨烯材料由于首次循环库仑效率低、充放电平台较高以及循环稳定性较差等缺陷并不能取代目前商用的炭材料直接用作锂离子电池负极材料。制备石墨烯的方法可分为物理法和化学法两类。物理方法包括机械剥离法、外延生长法、取向附生法；化学方法包括氧化石墨还原法，化学气相沉积法、热还原氧化石墨法等。化学剥离法成本低廉，易于大量制备，因此储能材料研究用的石墨烯材料大多采用此方法制备。化学剥离法中最主要的方法是氧化剥离法，通常先将石墨在水溶液中氧化后，进行剥离得到氧化石墨烯，氧化石墨烯经还原获得石墨烯。化学剥离法制备的石墨烯材料存在较多的官能团和结构缺陷。氧化石墨烯以碳、氢、氧元素为主，但没有固定的化学计量比，主体仍然是由碳原子构成的蜂窝状六元环结构。

影响石墨烯储锂容量的结构参数主要包括：层间距、无序度、比表面积、含氧官能团（C/O 比）和层数。多层石墨烯的层间可为锂离子提供可逆的存储空间，大层间距一直被认为是石墨烯高储锂容量的一个重要来源。有报道表明，小尺寸无序结构的石墨烯的储锂容量达到了石墨负极的两倍，并认为该种石墨烯材料具有高容量的原因是大层间距使得石墨烯两个表面均能储锂，石墨烯层间距的增加能够提升石墨烯材料的可逆储锂容量。石墨烯的充放电行为类似于低温软炭负极，目前已提出多种模型用于解释锂在软炭材料中的储锂行为。化学剥离法制备的石墨烯材料可看作是含有大量微孔缺陷和含氧官能团的二维炭材料，因此微孔机制和碳-锂-氢机制可以部分解释石墨烯的储锂特征。根据软炭负极的微孔储锂机制，大量微孔的存在可能使石墨烯材料具有高放电比容量和严重容量衰减，这是因为在石墨烯的反应过程中，Li^+ 首先插入石墨烯中的 sp^2 碳的区域中，并进入附近的微孔，形成锂簇或锂分子 Li_x（$x \geqslant 2$），这使得石墨烯具有很高的储锂容量。另外，实际制备的石墨烯材料中含有一定量的氧和氢原子，根据碳-锂-氢模型，大量的 Li^+ 能够吸附在碳六元环的氢原子周围，形成类似有机锂分子（$C_2H_2Li_2$）的结构，因而石墨烯中的氢使得石墨烯具有更高的比容量。

另外，有报道表明氮、硼等原子对石墨烯的储锂性能也有重要影响。氮掺杂后，石墨烯的能带和电子结构会发生变化，同时增加了电极/电解质润湿性，其电学性能和稳定性也会得到相应的提升，在其表面提供更多的活性中心，从而增强锂离子与石墨烯之间的相互作用，进一步提高其电化学性能。石墨烯中掺杂硼后，掺杂的硼原子周围能够形成缺电子中心，并形成稳定的 Li_6BC_5 化合物，而 Li_6C_6 在石墨烯片层间不能稳定存在，因此也能够提高石墨烯的比容量。

但是，石墨烯直接用作锂离子电池负极材料时还存在着一些问题。例如，石墨类负极材料在首次充放电过程中会与电解液发生反应，形成固体电解质界面膜（solid electrolyte interface，SEI 膜），导致电池负极的钝化，消耗大量的锂离子，使得石墨类负极材料的不可逆容量较高。而石墨烯的比表面积更大，与电解液接触面积也就更大，会形成更多的 SEI 膜，导致更高的不可逆容量的损失。另外，制备过程中石墨烯片层容易发生团聚和堆积。这些都会导致石墨烯电极在充放电过程中出现首次库仑效率低、容量衰减快等问题。而且，其充放电曲线显示，石墨烯电极没有明显而平稳的放电平台。因此，将石墨烯直接作为锂离子电池负极材料的效果并不理想。随着制备技术的发展，通过控制石墨烯片层间的间距、防止固体电介质层的形成大量消耗锂离子，并合理平衡缺陷结构与“死锂”的产生也许是石墨烯材料进一步向实用化材料发展的方向之一。石墨烯诸多优良的物理化学特性，使其在锂离子电池负极材料中能够发挥出巨大的应用价值。作为基体材料，石墨烯能有效地提供纳米颗粒的附着位点，既减少了纳米颗粒的团聚，又能缓解其充放电过程中剧烈的体积效应；同时，石墨烯还可以提高复合材料中电子和离子的传输能力。另外，石墨烯超大的比表面积和独特的微观结构，使得形成的复合材料具有多孔的结构，增强了电解液的浸润性。因此，将石墨烯与其他负极材料进行复合后，能够充分地发挥二者的协同效应，以使其综合电化学性能得到提升。因此，石墨烯复合材料作为负极材料比单一的原材料电极普遍表现出了更优异的性能。

7.2 硅基材料

硅基负极材料是目前发现的容量最高的负极材料。正常情况下，硅负极的首次脱锂容量能达到 $3000mA \cdot h \cdot g^{-1}$，但是可逆性能很差，容量在循环过程中衰减很快，5 次循环之后就减至 $500A \cdot h \cdot g^{-1}$ 左右，主要也是由于其在脱嵌锂过程中体积变化比较大。在嵌入锂离子后，硅材料的体积膨胀到原来的 4 倍以上，脱锂过程中，体积又迅速减小，在此过程中，硅晶体的内部结构可能被破坏，活性物质与电极的接触性能变差，导电性变差，从而容量也剧烈锐减。目前对于高容量硅负极材料的改性主要采用表面改性、掺杂、复合等方法，形成包覆或高度分散的体系，通过提高材料的力学性能，以缓解脱/嵌锂过程中的体积膨胀产生的内应力对结构的破坏。在众多改善其循环性能的方法中，减小活性物质尺寸，制备纳米级硅基负极材料有望较好地解决这一问题。因为纳米材料具有较大的孔隙容积，能够容纳较大的体积膨胀而不致造成结构的机械破碎及崩溃。

7.2.1 硅负极材料的储锂机理

硅负极材料的充放电过程通过硅与锂的合金化和去合金化反应来实现，即合金化/去合金化机理，其可逆储锂可用下列反应式为：

$$x\mathrm{Li}+y\mathrm{Si} \underset{\text{去合金化}}{\overset{\text{合金化}}{\rightleftharpoons}} \mathrm{Li}_x\mathrm{Si}_y \tag{7-1}$$

在储锂过程中，硅与锂反应可形成一系列 Li_xSi_y 合金（例如 $Li_{12}Si_7$、Li_7Si_3、$Li_{13}Si_4$、$Li_{15}Si_4$、$Li_{22}Si_5$ 等），不同 Li_xSi_y 合金具有不同的微结构和嵌锂电位。

脱锂截止电压＞50mV：

$$x\mathrm{Li}+y\mathrm{Si}(\text{透明}) \xlongequal{\text{合金化}} \mathrm{Li}_x\mathrm{Si}_y(\text{无定形}) \tag{7-2}$$

脱锂截止电压 0mV：

$$\mathrm{Li}_x\mathrm{Si}_y(\text{无定形})+z\mathrm{Li} \xrightarrow{\text{合金化}} \mathrm{Li}_4\mathrm{Si}_{15}(\text{透明}) \tag{7-3}$$

$$\mathrm{Li}_4\mathrm{Si}_{15}(\text{透明}) \xrightarrow{\text{去合金}} \mathrm{Li}+\mathrm{Si}(\text{无定形}) \tag{7-4}$$

硅负极材料的主要问题是首次库仑效率低、充放电循环寿命短和倍率性能差等。在嵌锂过程中，由于锂离子不断插入，硅的体积膨胀可高达300%～400%，同时，硅的导电性也得到了提高，电池内阻不断减小。在脱锂过程中，随着锂离子脱出，硅的体积大幅收缩，导电性不断降低，电池内阻不断增加。硅在嵌脱锂过程中体积大幅膨胀与收缩所带来的应力将使电极材料产生大量微裂纹，活性物质间、活性物质与集流体间接触不良，进而引起活性物质剥落和结构崩塌。这种现象一方面导致了电极活性物质无法完全参与电化学嵌脱锂反应，在充放电过程中产生了不可逆的容量，这种不可逆容量是硅充放电效率低和循环稳定性差的主要原因之一；另一方面，活性物质间、活性物质与集流体间接触不良可导致硅电极的导电性降低、电池内阻增加。此外，本征硅为半导体材料，电子和锂离子传导系数都不大。这些都是硅充放电倍率性能差的主要原因。

在初期的充放电过程中，硅与有机电解液会在固液相界面发生还原反应，在硅表面形成一层钝化膜。这层钝化膜称为SEI膜。在硅表面形成SEI膜的电化学反应是一个不可逆储锂反应，这也是硅首次库仑效率低的另一个主要原因。硅在嵌脱锂过程的巨大体积变化将导致电极材料的粉化，破坏了原先形成的SEI膜。在裂纹的断层面，电极材料内部的硅将与电解液接触，在充放电过程中，硅表面会形成新的SEI膜。嵌脱锂过程中新SEI膜不断地生成也是导致硅充放电循环稳定性较差的主要原因之一。

7.2.2 硅负极材料纳米化

硅纳米材料主要包括硅纳米颗粒、硅纳米管以及硅纳米线等，如图7-4所示。颗粒细化可以减轻硅的绝对体积变化程度，同时还能减小锂离子的扩散距离，提高电化学反应速率。但当尺寸降至100nm以下时，硅活性颗粒在充放电过程中很容易团聚，发生“电化学烧结”，反而加快了容量的衰减。而且硅纳米颗粒的比表面积很大，增大了与电解液的直接接触，导致副反应及不可逆容量增加，降低了库仑效率。另外，纳米硅粉主要通过激光法生产，制备成本高。

硅纳米线可减小充放电过程中径向的体积变化，实现良好的循环稳定性，并在轴向提供锂离子的快速传输通道。因此，采用硅纳米线作为锂离子电池负极材料有望较好的进行硅基负极的改性。但一般来说，一维纳米硅粉末材料并不比纳米颗粒材料有明显优势，而在集流体上直接生长硅纳米线由于制备成本高、生产周期较长、纳米线长度有限等原因而难以实用化。另外，技术问题在于所采用的集流体质量远大于活性物质硅的质量。因此，硅纳米线沉积基底的选择对其商业化应用的实现至关重要。

硅纳米管材料由于在其轴向可提供空间来缓解硅材料在循环过程中的体积膨

胀，避免了硅材料的坍塌和新的 SEI 膜的形成，因此硅纳米管负极材料锂离子电池具有较高的比容量和较好的循环性能。但是，该材料振实密度较低、体积比容量相对较低，且制备成本较高，因此不适用于大规模生产。

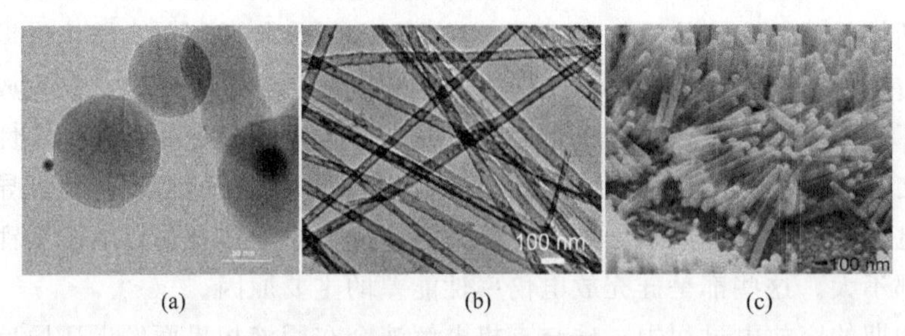

图 7-4 硅纳米材料的 TEM 图

（a）硅纳米颗粒；（b）硅纳米管；（c）硅纳米线

二维纳米化即制备硅基薄膜，薄膜化可降低与薄膜垂直方向上产生的体积变化，从而维持电极的结构完整性。通过基底选择和处理、界面过渡层优化以及薄膜微观结构调制，厚度为 100nm～3.6μm 的硅薄膜负极在较大的充放电倍率下仍然能够释放出 $2000mA \cdot h \cdot g^{-1}$ 以上的可逆容量，并且具有优异的循环稳定性。

多孔硅是硅负极三维纳米化的一种形式，多孔硅负极材料电池可以提高电极的循环稳定性，原因主要是，其大量的孔洞结构，可以释放材料内部因体积效应带来的应力。同时，多孔硅材料的比表面积比体硅材料大很多，使得锂离子迁移的边界通道增加。Takeshi 等采用冶金学上简单的自上而下的方法将金属熔化物去合金制备了三维纳米多孔硅，利用该三维纳米多孔硅作为锂离子电池的负极材料。由于三维纳米多孔结构承受了体积膨胀，如图 7-5 所示。电极显示了高的倍率性能和全重比容量，其电池比容量为 $1000mA \cdot h \cdot g^{-1}$，大概是目前碳质负极材料电池的三倍，并且其比容量可以维持 1500 次循环，是传统的纳米硅粒子无法达到的。该方法制备简单，有望规模化生产大容量锂离子电池。

传统的纳米化手段一般都工艺复杂，且成本高昂，而中南大学的周向阳等利用天然高岭土作为原料，通过选择性酸腐蚀和镁热还原的方法成功制备了纳米 Si 材料。该材料由直径为 20～50nm 的颗粒相互连接而成，这种纳米颗粒组成的多孔结构使得该材料具有非常优良的电化学性能，在 0.2C 倍率下循环 100 次，可以获得高达 $2200mA \cdot h \cdot g^{-1}$ 的稳定容量，1C 循环 1000 次，可逆容量达到 $800mA \cdot h \cdot g^{-1}$ 以上。

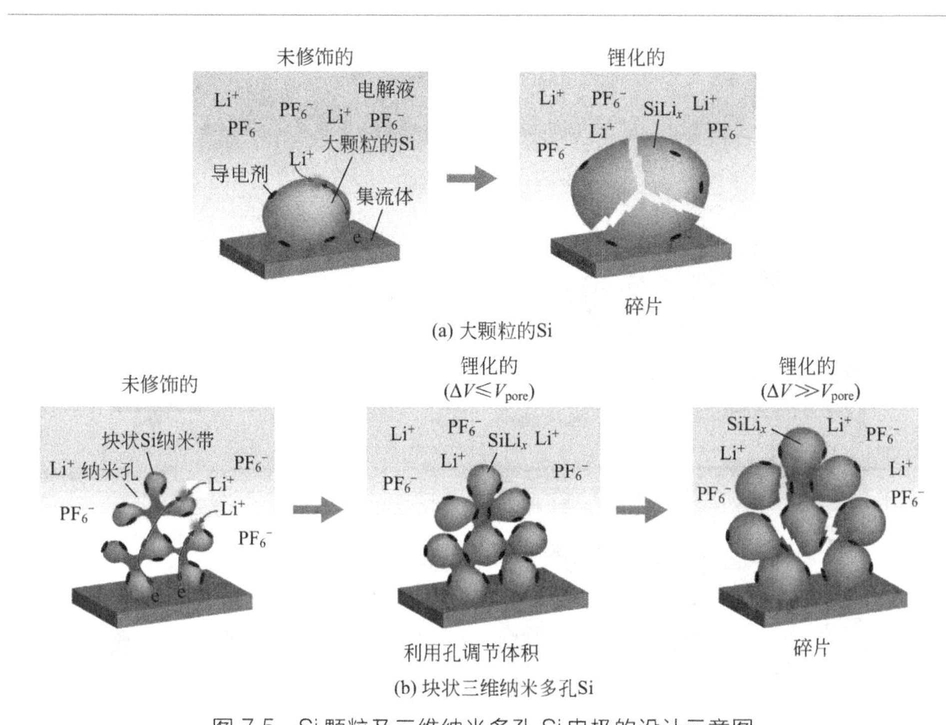

图 7-5 Si 颗粒及三维纳米多孔 Si 电极的设计示意图

（a） Si 颗粒锂化之后的粒子破裂；（b）三维纳米多孔 Si 电极锂化后的结构示意图

另外，硅烯被认为是一种具有高容量及高循环稳定性的负极材料，硅烯是一种具有蜂窝状结构的层状硅材料，可通过分子束外延以及固相反应的方法制备得到。由于在硅烯中，硅原子间的键长要比石墨烯中碳原子间的键长大许多，所以硅烯中层间原子排列具有曲翘的排列结构。相比于传统金刚石结构的硅材料，硅烯的层间耦合作用是范德华力，层与层之间提供了可供锂离子插入的空间，确保在充放电过程中硅烯的结构不被破坏，从而避免了传统硅电极材料在充放电过程中电极体积膨胀的问题。利用硅烯制作的负极材料的稳定性和循环次数都可以得到很大的提高，相比于石墨，多层硅烯的晶格常数更大，其理论容量可以达到石墨的三倍左右。Li 等通过分子束外延的方法制备了单层/多层硅烯样品，并用扫描隧道显微镜详细地研究了硅烯的原子和电子结构，如图 7-6 所示。研究结果清楚地显示了硅烯的 $AB\overline{A}$ 结构。通过角分辨光电子能谱仪确定了硅烯的狄拉克费米子特性，这一研究表明硅烯中的电子具有极快的传输速度，解决了传统硅材料中导电性差的问题。另外，研究还表明硅烯在大气下的稳定性远高于传统硅材料，其结构和电子性能均得以保持。

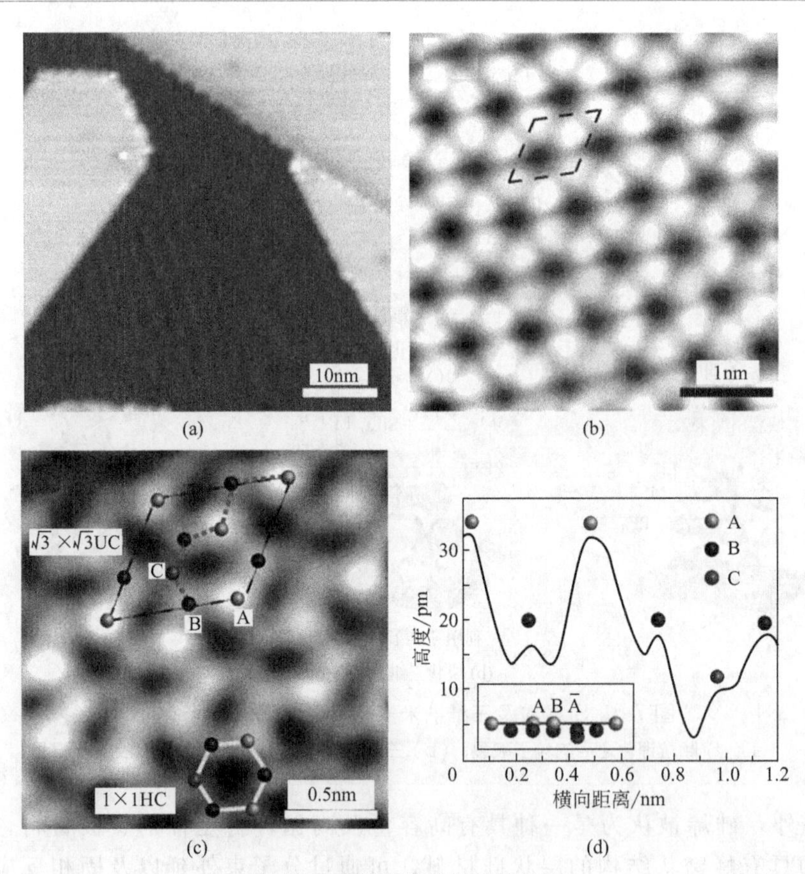

图 7-6 硅烯薄膜及其蜂窝结构

（a）多层硅烯薄膜的 STM 图；（b）硅烯结构的 STM 图；（c）硅烯 ABĀ 原子结构；（d）高度曲线

7.2.3 硅-碳复合材料

硅-碳复合负极材料中硅作为活性物质，提供储锂容量；碳作为分散基体，缓冲硅颗粒嵌脱锂时的体积变化，保持电极结构的完整性，并维持电极内部电接触。因此硅-碳复合材料综合了两者的优点，表现出高的比容量和较长的循环寿命，有望代替石墨成为新一代锂离子电池负极材料。目前硅-碳复合负极材料中作为基质的碳可分为石墨碳、无定形碳、中间相碳微球、碳纤维、碳纳米管、石墨烯等。碳基质及制备方法的不同都会对复合材料的形貌及电化学性能产生重要的影响。其中，纳米线/管型的 Si/C 作电池负极材料具有优良的电化学性能，归因于：①纳米线的多分枝微观结构使得纳米线间的直接接触面积达到最小，从而使硅团聚膨胀过程中的应力得到极有效舒缓；②纳米线阵列可为相邻纳米线 Si

在嵌脱锂时的体积变化提供足够的孔隙；③碳虽然相比硅具有较低的比能量，但是碳纳米纤维作为核结构在充放电过程中体积变化小，因此可以作为支撑结构并提供有效的导电路径。Liu 等在泡沫镍上制备了一种三明治结构的 C-Si-C 纳米管，如图 7-7 所示。0.05C 倍率充放电的时候，C-Si-C 纳米管首次放电容量超过 $2500mA \cdot h \cdot g^{-1}$，2C 倍率时，放电容量仍在 $1300mA \cdot h \cdot g^{-1}$ 左右，展示了优异的倍率性能和高的循环稳定性。

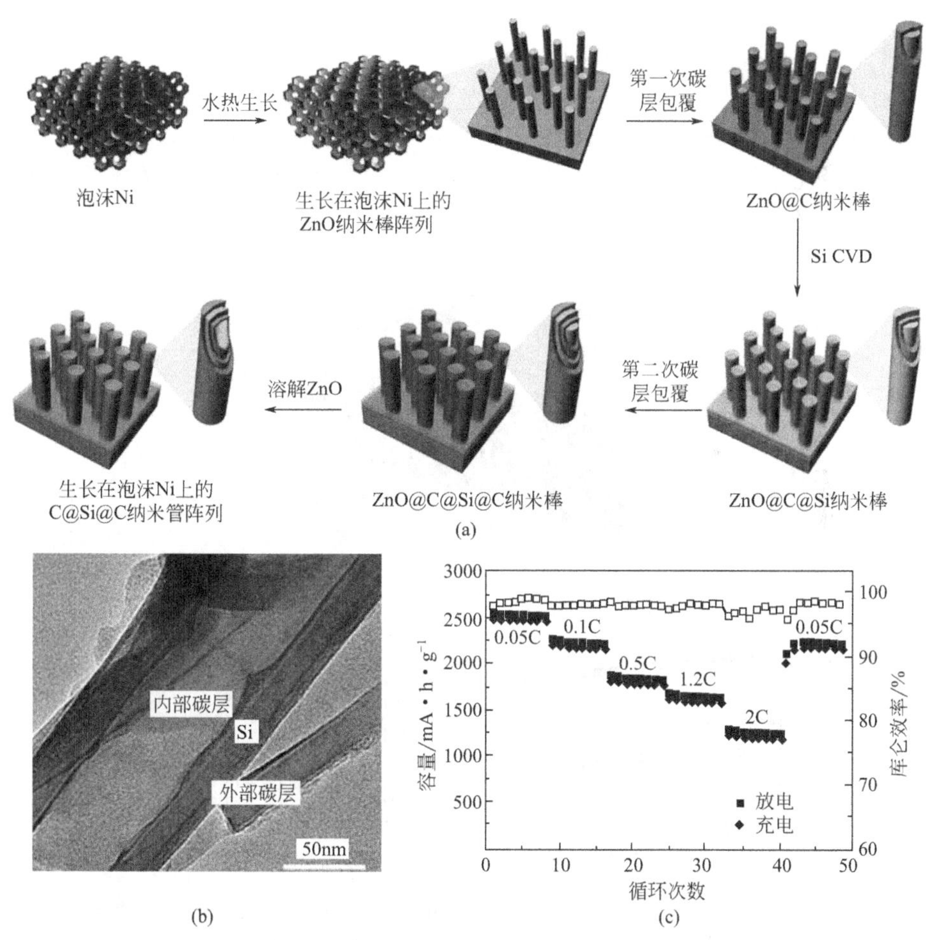

图 7-7 在三维泡沫镍上制备三明治结构的 C-Si-C 纳米管阵列的示意图（a）；C-Si-C 纳米管 TEM 图（b）；C-Si-C 纳米管电极的倍率性能（c）

SiO_x 材料的首次效率过低的问题是其在应用过程中绕不开的问题，在首次嵌锂过程中生成的 Li_2O 和 Li_4SiO_4 非活性相虽然能够很好地缓冲材料的体积膨胀，但是也消耗了大量的 Li，因此导致该材料的不可逆容量很高，严重影响了该材料的实际应用。目前较为实际的解决办法主要是通过向正极或者负极添加少量的 Li 源，在充电的过程中利用这部分额外的 Li 补充首次充电过程中不可逆的 Li 消耗，以达到提升锂离子电池首次效率的目的。为了从本质上提高 SiO_x 材料的首次效率，Lee 等开发了一种 Si-SiO_x-C 复合结构的硅负极材料，纳米 Si 颗粒分散在 SiO_x 颗粒中，颗粒表面包覆了一层多孔碳材料。电化学测试表明该材料具有优良的电化学性能，在 0.06C 下可逆容量达到 1561.9mA·h·g^{-1}，首次效率达到 80.2%，1C 循环 100 次，容量保持率可达 87.9%

7.2.4 其他硅基复合材料

Song 等利用模板辅助法制备了 Si/Ge 双层纳米管阵列（Si/Ge DLNTs）电极，展示了优异的电化学性能。如图 7-8 所示，3C 倍率时，50 次循环后 Si/Ge DLNTs 容量保持率为 85%，容量是 Si 纳米管的 2 倍。

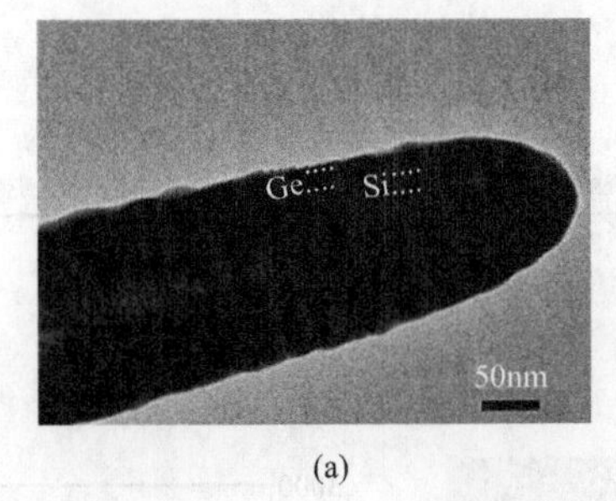

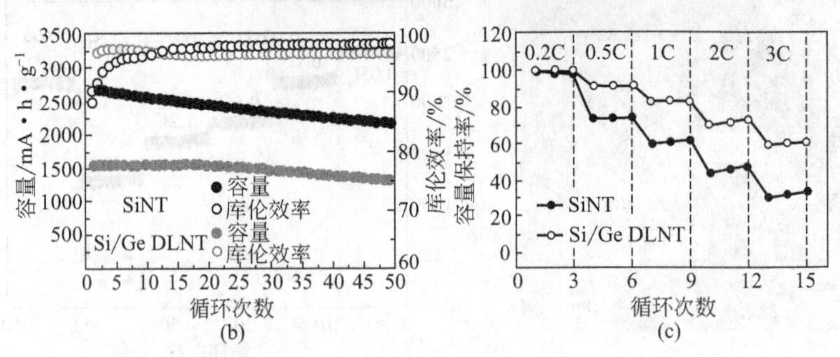

图 7-8 Si/Ge 双层纳米管阵列的 TEM 图（a）， Si 纳米管及 Si/Ge 双层纳米管阵列在 0.2C 倍率的循环性能（b）及在不同倍率下的容量保持率（c）

Jin 等在纳米 Si 负极外表面包覆一层人工的 TiO_2 纳米层，合成出高机械强度的蛋黄壳结构的（yolk-shell）Si@TiO_2 负极。原位 TEM 力学测试显示，TiO_2 外壳的机械强度是无定形碳的 5 倍。Si@TiO_2 电极片可以承受高强度的辊压力以提高电极片压实密度，并且通过 SEI 膜的自修复，使 Si 的外表面形成一层致密的人工 SEI 膜+自然 SEI 膜，可以使稳定的库仑效率达到 99.9%以上。如图 7-9 所示，制备出的高压实密度的 $Si@TiO_2$ 结构硅负极全电池，实现了较传统石墨负极 2 倍的体积比容量（$1100mA \cdot h \cdot cm^{-3}$）和 2 倍的质量比容量（$762mA \cdot h \cdot g^{-1}$），可满足工业化的应用标准，将有效地推动 Si 基负极在电池工业中的商业应用。

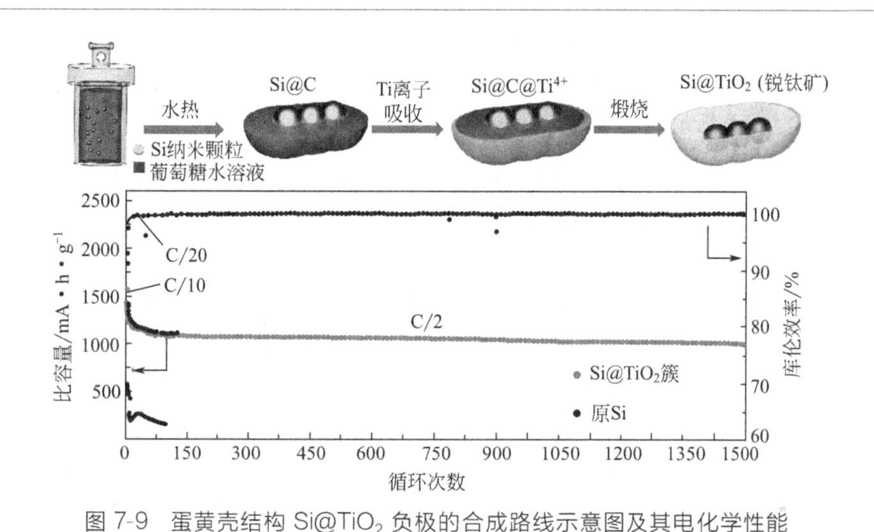

图 7-9 蛋黄壳结构 $Si@TiO_2$ 负极的合成路线示意图及其电化学性能

7.3 锡基材料

1995 年 Idota 等报道了锡基氧化物作为锂离子电池负极材料具有高的比容量，由此掀起了研究开发锡基负极材料的热潮。由于碳负极材料的比容量低，首次充放电效率低，以及有机溶剂共插入等缺陷，因此众多研究者开始寻求其他非碳负极材料替代已商业应用的碳负极材料。相对于碳负极材料，锡基负极材料是一种高比容量的负极材料，包括锡的氧化物、锡基复合氧化物、锡盐和锡合金等。锡及其氧化物，通过与 Li^+ 发生可逆合金化反应，可具有两三倍于石墨的高理论比容量（Sn：$994mA \cdot h \cdot g^{-1}$，$SnO_2$：$782mA \cdot h \cdot g^{-1}$）；同时，其略高于石墨的低充放电电位（1.0～0.3V）可使电池既获得高电压又不致析出锂枝晶；并且该类负极材料不存在溶剂共嵌入现象。这些优势使锡基材料成为近年来锂离子电池负极材料领域的一个研究热点。锡的氧化物有氧化锡、氧化亚锡以及二者的混合物。多数研究者认为锡的氧化物嵌锂机理为锂和氧化锡或氧化亚锡在充放电过程中分两步进行：

$$Li+SnO_2(SnO) \longrightarrow Li_2O+Sn \tag{7-5}$$

$$xLi+Sn = Li_xSn \tag{7-6}$$

首先锂与氧化锡或氧化亚锡反应生成 Li_2O 和 Sn，这是一个不可逆过程；然后锂与锡反应生成锂锡合金，此过程是可逆的。由于第一步不可逆过程以及锡的氧化物与有机电解液等的反应，直接导致了锡的氧化物电极材料首次不可逆容量较高。此外，锂离子在嵌入和脱嵌的过程中，材料本身体积变化很大（300%），引起电极材料结构改变，导致活性物质的开裂、粉化和较差的循环稳定性，以及完全锂合金化时电极材料较差的导电性也造成材料比容量衰减，循环稳定性下降。因此，改善循环稳定性、减少首次充放电循环不可逆损失、提高充放电倍率得到广泛关注，成为近些年 Sn 基负极研究的重点。

针对锡基材料的上述不足，目前主要的解决办法有：

① 合成纳米化材料，减小绝对体积变化来缓解部分体积膨胀以及降低 Li^+ 的迁移路径，缓解 Li^+ 嵌入/脱出活性材料所产生的极化；

② 与活性物质或非活性物质形成金属间化合物，利用惰性相组分抑制其体积膨胀和粉化，同时增强活性相的导电性；

③ 调控锡基负极材料的形貌，使其具有高孔隙率、低密度和较大的比表面积，使 Li^+ 的传输更容易进行，并且可为锡体积膨胀提供空间，减小体积膨胀带来的负面影响；

④ 合成复合材料，使材料的物理化学性质发生变化，实现对其尺寸、形貌、组成与结构等方面的有效调控和剪裁，从而利用各组分间的协同作用，优势互补，提高其电化学活性和稳定性。研究内容主要涉及金属锡材料、锡基合金材料、锡基氧化物材料、锡基复合材料等。

7.3.1 锡基材料的纳米化

目前对于锡基材料的合成主要基于其氧化物的制备，主要合成方法包括模板法、水热法、溶胶-凝胶法以及静电喷镀法、真空热蒸镀法、磁控溅射法、化学气相沉积法等。通过不同方法制备出来的产物的微观形貌、大小等也会不同，从而其具备的电化学性能也不尽相同。而对于锡基氧化物当前的研究重点在于对其纳米化、复合化和特殊结构的设计。SnO_2 的纳米线、纳米棒、纳米片、空心球、纳米管等各种结构依次被制备出来，这些纳米结构材料都极大地提高了锡基负极材料的循环和稳定性能。如图 7-10 为部分纳米形貌的锡基氧化物的微观结构，显著提高了 SnO_2 材料的电化学性能。

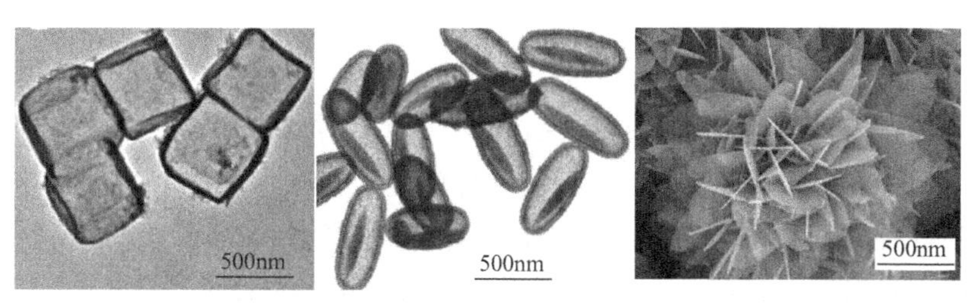

图 7-10 SnO_2 空心纳米块、纳米茧及纳米花的微观形貌

Jiang 等报道了一种“玉米状”纳米级 SnO_2 负极材料，显著地改善了 SnO_2 负极材料的可逆性和循环性能，如图 7-11 所示。首先合成刷子状两嵌段高分子模板（HPC-g-PAA），其直径和长度可以通过改变这种两嵌段高分子的分子量自由改变。这种高分子模板上的官能团羧基与 SnO_2 之间存在较强的络合作用，反应过程中形成的纳米 SnO_2 颗粒被限定并逐层堆积在这种刷子状高分子模板的长链上，形成多孔的“玉米状”纳米级 SnO_2 材料。另外，在 SnO_2 材料表面包覆了一层 1nm 左右的聚多巴胺薄膜，避免活性物质表面与电解液的直接接触，抑制了 SEI 膜的增长，展示出优异的电化学性能。在 $160mA \cdot g^{-1}$ 的电流密度循环时，该材料循环 300 次后接近 SnO_2 的理论容量，并展示了较好的循环稳定性。

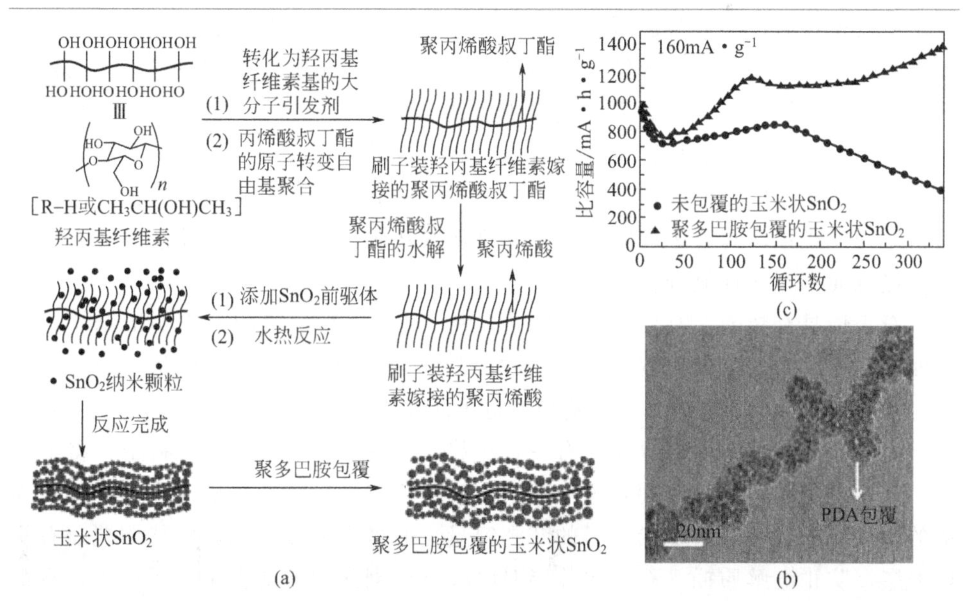

图 7-11 亲水性的刷子状两嵌段高分子模板（HPC-g-PAA）合成及 PDA 包覆的“玉米状”纳米级 SnO_2 模板生长示意图（a），PDA 包覆的“玉米状” SnO_2 纳米晶的 TEM 图（b）及循环性能曲线（c）

7.3.2 锡-碳复合材料

碳类负极材料，由于嵌脱锂时体积变化较小、循环性能稳定，且具有很好的弹性和导电性，是Sn基材料改性方面很好的缓冲基体。通过包覆、附着等方式将Sn基材料与碳质材料复合，并结合纳米化和微观结构设计，制备成各种纳米结构的Sn/C复合材料，是提高Sn基负极材料电化学性能的有效方式。

将Sn基材料附着在石墨、碳纳米管、碳纳米纤维等已有的碳质材料基体的外表面，可以提升锡基材料的电化学性能。一方面，碳质材料作为基体，可以对锡基颗粒起到支撑和固定作用，抑制锡基颗粒的团聚；另一方面，导电性的碳材料与锡基颗粒紧密相连，有利于保持活性颗粒之间及活性颗粒与集流体之间的导电性；另外，碳质材料具有一定的柔韧性，可对锡基颗粒的体积变化起到一定的缓冲作用。

对于包覆型Sn/C复合材料，一方面，弹性的碳壳可以缓冲内部Sn基颗粒反应时的体积变化，并将其体积膨胀限制在碳壳内部，从而降低Sn基颗粒破坏的速度；另一方面，强韧的碳壳将Sn颗粒包裹在其内部，使Sn颗粒彼此隔离，可有效避免其在反应时的接触和团聚。这种特殊的结构使电极材料在维持自身结构及提高电化学稳定性方面具有很大优势。另外，对空心或多孔锡结构进行碳包覆，不仅可以通过碳壳限制缓冲内部活性材料的体积应变并防止其严重团聚，本身预留的空腔或空隙也可容纳反应时的体积变化，延缓电极的粉化失效。另外，超薄壳的空心结构也可为锂离子提供更短的传输路径，有利于倍率性能的提升。因此，一般来说，包覆型比表面附着型具有更好的循环性能。对于包覆型，即便纳米颗粒从碳壳内表面脱落，也将被同一碳壳内表面的其他部位捕获而继续发挥活性储锂作用；而对于表面附着型，一旦颗粒从碳壳外表面脱落将会导致永久失去电接触而不再发挥储锂作用。

石墨烯具有超薄、高导电性等特点，将其与Sn基材料制成三明治结构，一方面，石墨烯片层可以固定Sn基颗粒并保持其良好的电接触、抑制不同层间的Sn基颗粒聚集；另一方面，Sn基颗粒也可防止石墨烯片层的再堆叠，在提高Sn基电极的循环和倍率性能方面具有一定优势。在Sn/石墨烯负极材料中，将金属锡引入到石墨烯中，插入到石墨片层结构间，不仅能扩大石墨层间距，扩大石墨烯的比表面积，增加石墨烯材料的储锂容量，而且金属锡纳米颗粒能够覆盖石墨烯表层，防止电解质插入石墨烯片层时电极材料剥落现象的发生。反过来，石墨烯又可以缓冲金属锡在充放电过程中体积的膨胀收缩，增强电子传输能力，改善材料倍率性能。因此，如何有效地调控石墨烯与Sn基材料的组装与排列，使其形成良好的电子与离子传输通道是构建高性能复合电极材料的关键。

另外，在Sn/C复合物中加入另外一种非活性且比较软的金属（M），形成合金，这样锂插入时由于M的可延性，体积变化大大减小，金属M主要是充当缓冲“基体”的作用，减小锡金属充放电过程中的应力变化，增加电导率，维持材料结构的稳定性，同时也可以提高Sn的电化学性能。在首次放电过程中，Sn—M键断开，生成金属M和Sn-Li合金相。若M为活性金属，则其可以与锂进一步反应。Sn可以和多种金属M形成合金负极，比如Co、Ni、Cu、Sb、Fe、Ca、Al、Mg等。

参考文献

[1] 陈德钧. 锂离子电池的碳负极材料. 电池工业，1999，4（2）：58-63.

[2] 周德凤，赵艳玲，郝婕，马越，王荣顺. 锂离子电池纳米级负极材料的研究. 化学进展，2003，15（6）：445-450.

[3] 郭丽玲，张传祥，范广新. 碳纳米管用作锂离子电池负极材料的研究进展. 材料导报，2011，25（S2）：111-114.

[4] 赵廷凯，邓娇娇，折胜飞，李铁虎. 碳纳米管和石墨烯在锂离子电池负极材料中的应用. 炭素技术，2015，34（3）：1-5.

[5] 闻雷，刘成名，宋仁升，罗洪泽，石颖，李峰，成会明. 石墨烯材料的储锂行为及其潜在应用. 化学学报，2014，72（3）：333-344.

[6] 龚佑宁，黎德龙，张豫鹏，潘春旭. 石墨烯及其复合材料在锂离子电池负极材料中的应用. 材料导报A：综述篇，2015，29（4）：33-38.

[7] 高鹏飞，杨军. 锂离子电池硅复合负极材料研究进展. 化学进展，2011，23（2-3）：264-274.

[8] 梁初，周罗挺，夏阳，黄辉，陶新永，甘永平，张文魁. 硅负极材料的储锂机理与电化学改性进展. 功能材料，2016，47（8）：08043-08049.

[9] Chen B，Meng G，Xu Q，Zhu X，Kong M，Chu Z，Han F，Zhang Z. Crystalline silicon nanotubes and their connections with gold nanowires in both linear and branched topologies. ACS Nano，2010，4（12）：7105-7112.

[10] Cho J H，Picraux S T. Enhanced lithium ion battery cycling of silicon nanowire anodes by template growth to eliminate silicon underlayer islands. Nano Lett，2013，13（11）：5740-5747.

[11] Luo L，Xu Y，Zhang H，Han X，Dong H，Xu X，Chen C，Zhang Y，Lin J. Comprehensive understanding of high polar polyacrylonitrile as an effective binder for Li-ion battery nano-si anodes. ACS Appl Mater Interfaces，2016，8（12）：8154-8161.

[12] Wada T，Ichitsubo T，Yubuta K，Segawa H，Yoshida H，Kato H. Bulk-nanoporous-silicon negative electrode with extremely high cyclability for lithium-ion batteries prepared using a top-down

process. Nano Lett，2014，14（8）：4505-4510.

[13] 张纪伟，张明媚，张丽娟. 锂离子电池硅/碳复合负极材料研究进展. 电源技术，2013，37（4）：682-685.

[14] Li Z，Zhuang J，Chen L，Ni Z，Liu C，Wang L，Xu X，Wang J，Pi X，Wang X，Du Y，Wu K，Dou S X. Observation of van hove singularities in twisted silicene multilayers. ACS Cent Sci，2016，2（8）：517-521.

[15] Jin Y，Li S，Kushima A，Zheng X，Sun Y，Xie J，Sun J，Xue W，Zhou G，Wu J，Shi F，Zhang R，Zhu Z，So K，Cui Y，Li J. Self-healing SEI enables full-cell cycling of a silicon-majority anode with a coulombic efficiency exceeding 99.9%. Energy Environ Sci，2017，10（2）：580-592.

[16] Liu J，Li N，Goodman M D，Zhang H G，Epstein E S，Huang B，Pan Z，Kim J，Choi J H，Huang X，Liu J，Hsia K J，Dillon S J，Braun P V，Mechanically and chemically robust sandwich-structured C@Si@C nanotube array Li-ion battery anodes. ACS Nano，2015，9（2）：1985-1994.

[17] Song T，Cheng H，Choi H，Lee J H，Han H，Lee D H，Yoo D S，Kwon M S，Choi J M，Doo S G，Chang H，Xiao J，Huang Y，Park W，Chung Y C，Kim H，Rogers J A，Paik U. Si/Ge Double-layered nanotube array as a lithium ion battery anode. ACS Nano，2012，6（1）：303-309.

[18] 储道葆，李建，袁希梅，李自龙，魏旭，万勇. 锂离子电池 Sn 基合金负极材料. 化学进展，2012，24（8）：1466-1475.

[19] Lou X W，Yuan C L，Archer L A. Double-walled SnO_2 nano-cocoons with movable magnetic cores. Adv Mater，2007，19（20）：3328-3332.

[20] Liang J，Yu X Y，Zhou H，Wu H B，Ding S，Lou X W. Bowl-like SnO_2@carbon hollow particles as an advanced anode material for lithium-Ion batteries. Angew Chem Int Ed，2014，53（47）：12803-12807.

[21] Chen J S，Archer L A，Lou X W. SnO_2 hollow structures and TiO_2 nanosheets for lithium-ion batteries. J Mater Chem，2011，21（27），9912-9924.

[22] Jiang B，He Y，Li B，Zhao S，Wang S，He Y B，Lin Z. Polymer-templated formation of polydopamine-coated SnO_2 nanocrystals：anodes for cyclable lithium-ion batteries. Angew Chem Int. Ed.，2017，5（7）：1869-1872.

[23] 周达飞，吕瑞涛，黄正宏，郑永平，沈万慈，康飞宇. 锂离子电池 Sn/C 复合负极材料的研究进展. 材料科学与工程学报，2016，34（5）：830-835.

[24] 孟浩文，马大千，俞晓辉，杨红艳，孙艳丽，许鑫华. 锂离子电池锡-金属-碳复合负极材料. 化学进展，2015，27（8）：1110-1122.

[25] Zhou X，Wu L，Yang J，Tang J，Xia L，Wang B. Synthesis of nano-sized silicon from natural halloysite clay and its high performance as anode for lithium-ion batteries. J Power Sources，2016，324（30），33-40.

[26] Lee S J，Kim H J，Hwang T H，Choi S，Park S H，Deniz E，Jung D S，Choi J W. Delicate structural control of Si-SiO_x-C composite via high-speed spray pyrolysis for Li-ion battery anodes. Nano Lett，2017，17（3）：1870-1876.

第8章

$Li_4Ti_5O_{12}$负极材料

近年来，全球资源紧缺和环境恶化使人类发展面临严峻挑战，低碳经济以及全球可持续发展战略使以储能技术为基础的新能源汽车备受瞩目。在各种新能源动力形式中，锂离子电池被认为是当前最有发展前途的新能源动力形式。虽然锂离子电池的保护电路已经比较成熟，但对于动力电池而言，要真正保证安全，电极材料的选择十分关键。目前锂离子电池负极材料大多采用各种嵌锂碳材料，但是碳电极的电位与金属锂的电位很接近；当电池过充电时，碳电极表面易析出金属锂，会形成枝晶而引起短路，温度过高时易引起热失控等。同时，锂离子在反复地插入和脱嵌过程中，会使碳材料结构受到破坏；另外，碳材料与电解液兼容性也存在较大问题，导致容量衰减。因此，寻找能在比碳电位稍正的电位下嵌入锂，廉价、安全可靠和高比容量的新的负极材料是当前锂离子电池的研究热点之一。开发 HEV、EV 用动力锂离子电池的主要技术瓶颈是倍率性能和安全性。尖晶石 $Li_4Ti_5O_{12}$ 是一种“零应变”插入半导体材料，它以优良的循环性能和稳定的结构而成为备受关注的动力锂离子电池负极材料。但是它存在电子电导率和离子电导率低的缺点，在大电流充放电时容量衰减快，倍率性能较差，限制了在高功率锂离子电池中的应用。在动力电池这一全球瞩目的领域，锂离子电池的高倍率工作特性是决定其能否获得商业化应用的关键因素之一。较差的倍率性能是影响 $Li_4Ti_5O_{12}$ 作为负极材料的发展的瓶颈，因此如何提高 $Li_4Ti_5O_{12}$ 的电导率进而提高其倍率性能具有重要的理论和现实意义。

8.1 $Li_4Ti_5O_{12}$ 的结构及其稳定性

8.1.1 $Li_4Ti_5O_{12}$ 的结构

$Li_4Ti_5O_{12}$（也可写作 $Li_{4/3}Ti_{5/3}O_4$）是一种能够在空气中稳定存在的不导电的白色晶体，呈尖晶石型结构，具有与 $LiMn_2O_4$ 相似的“AB_2O_4”结构，晶格常数 $a=0.836nm$，空间群为 Fd-3m，其中 O^{2-} 构成 FCC 点阵，位于 32e 的位置。点阵中共有 32 个四面体间隙和 32 个八面体间隙，3/4 锂离子位于 8a 的四面体间隙中，同时 1/4 锂离子和全部钛离子以 1∶5 的比率随意地占据 16d 的八面体间隙中，因而其结构式可表示为$[Li]_{8a}[Li_{1/3}Ti_{5/3}]_{16d}[O_4]_{32e}$，每个晶体单胞中含有 8 个$[Li]_{8a}[Li_{1/3}Ti_{5/3}]_{16d}[O_4]_{32e}$ 分子，如图 8-1 所示。结构中$[Li_{1/3}Ti_{5/3}]_{16d}[O_4]_{32e}$ 框架非常稳定，并且在共面的 8a 四面体位置和 16c 八面体位置存在的三维间隙空间为锂离子扩散提供了通道。

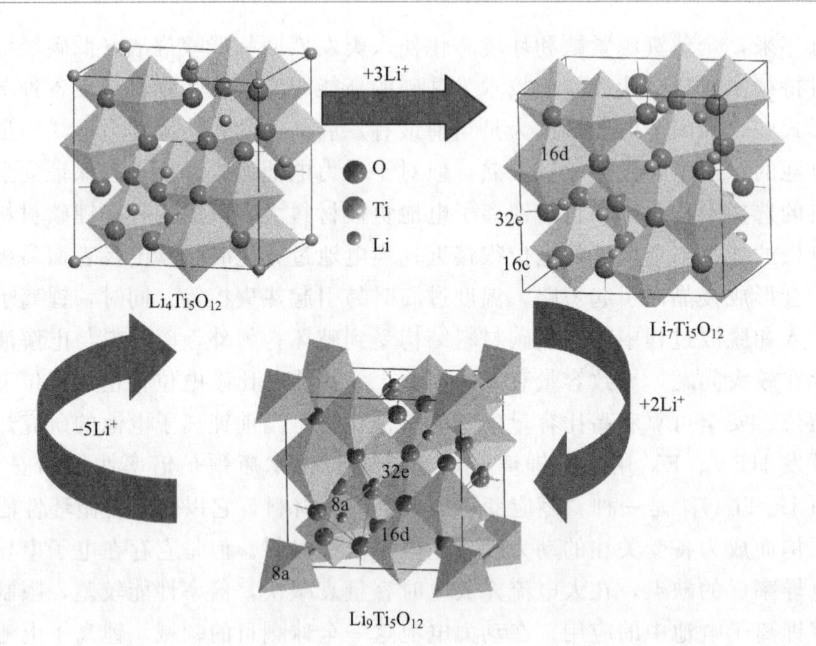

图 8-1 $Li_4Ti_5O_{12}$、$Li_7Ti_5O_{12}$ 以及 $Li_9Ti_5O_{12}$ 晶体结构图

8.1.2 $Li_4Ti_5O_{12}$ 的稳定性

$Li_4Ti_5O_{12}$ 可通过下述热力学循环完成：

$$2Li_2O(s)+5TiO_2(s)=Li_4Ti_5O_{12}(s) \tag{8-1}$$

其摩尔反应焓（$\Delta_r H_m$）可以通过下式计算：

$$\begin{aligned}\Delta_r H_m &= \Delta_f H_m(Li_4Ti_5O_{12})-2\Delta_f H_m(Li_2O)-5\Delta_f H_m[TiO_2(\text{金红石})]\\ &=E(Li_4Ti_5O_{12})-2E(Li_2O)-5E[TiO_2(\text{金红石})]\end{aligned} \tag{8-2}$$

其中，$E(Li_2O)$、$E(TiO_2)$（s，金红石）、$E(Li_4T_5O_{12})$ 代表 Li_2O（−821.0508701eV）、二氧化钛（−2483.2406419855eV）和 $Li_4Ti_5O_{12}$ 的总能（−14060.26244eV）。根据 DFT 的运算法则，摩尔反应焓（$\Delta_r H_m$）的计算值为 $-143.99kJ\cdot mol^{-1}$。通过文献可知，TiO_2（s，金红石）的摩尔生成焓

($\Delta_f H_m$) 值为$-944.0kJ \cdot mol^{-1} \pm 0.8kJ \cdot mol^{-1}$。根据下述方程式：

$$\Delta_f H_m(Li_4Ti_5O_{12}) = \Delta_r H_m + 2\Delta_f H_m(Li_2O) + 5\Delta_f H_m(TiO_2, s, \text{金红石}) \tag{8-3}$$

$Li_4Ti_5O_{12}$的摩尔生成焓 ($\Delta_f H_m$) 的计算值为$-6061.45kJ \cdot mol^{-1} \pm 4kJ \cdot mol^{-1}$。$Li_{4/3}Ti_{5/3}O_4$ ($\frac{1}{3}[Li_4Ti_5O_{12}]$) 的摩尔生成焓 ($\frac{1}{3}\Delta_f H_m = -2020.48kJ \cdot mol^{-1} \pm 1.333kJ \cdot mol^{-1}$) 明显低于 $LiCoO_2$ ($-142.54kJ \cdot mol^{-1} \pm 1.69kJ \cdot mol^{-1}$)、$LiNiO_2$ ($-56.21kJ \cdot mol^{-1} \pm 1.53kJ \cdot mol^{-1}$) 和 $LiMn_2O_4$ ($-1380.9kJ \cdot mol^{-1} \pm 2.2kJ \cdot mol^{-1}$)。

$Li_7Ti_5O_{12}$ 和 $Li_{8.5}Ti_5O_{12}$ 可通过下述热力学循环完成：

$$2Li_2O(s) + 5TiO_2(s) + 3Li(s) = Li_7Ti_5O_{12}(s) \tag{8-4}$$

$$2Li_2O(s) + 5TiO_2(s) + 4.5Li(s) = Li_{8.5}Ti_5O_{12}(s) \tag{8-5}$$

其中，$E(Li_2O)$、$E(Li)$、$E(TiO_2)$ (s，金红石)、$E(Li_7Ti_5O_{12})$ 代表 Li_2O、锂 ($-190.19579eV$)、二氧化钛、$Li_7Ti_5O_{12}$ ($-14636.002eV$) 和 $Li_{8.5}Ti_5O_{12}$ 晶体 ($-14920.593eV$) 的总能。因此，可以计算出 $Li_7Ti_5O_{12}$ 和 $Li_{8.5}T_5O_{12}$ 的摩尔反应焓 ($\Delta_r H_m$) 的计算值分别为$-641.12kJ \cdot mol^{-1}$、$-573.32kJ \cdot mol^{-1}$。

根据下述方程式：

$$\Delta_f H_m(Li_7Ti_5O_{12}) = \Delta_r H_m + 2\Delta_f H_m(Li_2O) + 5\Delta_f H_m(TiO_2, s, \text{金红石}) + 3\Delta_f H_m(Li) \tag{8-6}$$

$$\Delta_f H_m(Li_{8.5}Ti_5O_{12}) = \Delta_r H_m + 2\Delta_f H_m(Li_2O) + 5\Delta_f H_m(TiO_2, s, \text{金红石}) + 4.5\Delta_f H_m(Li) \tag{8-7}$$

$Li_7Ti_5O_{12}$ 和 $Li_{8.5}T_5O_{12}$ 的摩尔生成焓 ($\Delta_f H_m$) 的计算值为$-6558.58.45kJ \cdot mol^{-1} \pm 4kJ \cdot mol^{-1}$、$-6490.78kJ \cdot mol^{-1} \pm 4kJ \cdot mol^{-1}$。由此可见，$Li_7Ti_5O_{12}$ 和 $Li_{8.5}T_5O_{12}$ 的摩尔生成焓值差别很小。根据计算结果可以看出，锂离子嵌入后，$Li_4T_5O_{12}$ 的热力学稳定性被进一步提高。但是随着锂离子的进一步嵌入 $Li_{8.5}Ti_5O_{12}$ 的热稳定性略微减小，但是可以推断出 $Li_7Ti_5O_{12}$ 和 $Li_{8.5}T_5O_{12}$ 都具有较高的热稳定性。相对于上述计算的 $LiTi_2O_4$ 晶体的摩尔生成焓 ($-2070.723kJ \cdot mol^{-1} \pm 1.6kJ \cdot mol^{-1}$)，16*d* 位的 Ti 被 Li 取代后，其摩尔生成焓增大 [$\Delta_f H_m(Li_{4/3}Ti_{5/3}O_4) = -2020.48kJ \cdot mol^{-1} \pm 1.33kJ \cdot mol^{-1}$]，这说明取代削弱了体系的稳定性。

图 8-2 为 $Li_4T_5O_{12}$ 的电子密度图和差分电子密度图。其中正值表示得电子，负值表示失去电子，正值越大，表示该区域获得的电子数越多，负值越大，表示失去电子越多。

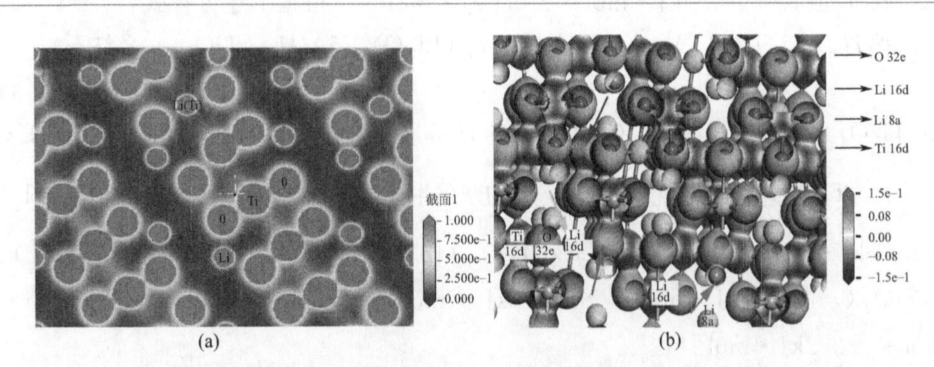

图 8-2 $Li_4Ti_5O_{12}$ 的电子密度图（a）和差分电子密度图（b）

由于原子内层电子只有定域性，这从能带结构和态密度图均可以证实，因此各原子在核处的电子密度都很大。计算结构表明 Li 与 O 之间的电子密度为 0，说明 Li 与 O 之间不能形成有效共价键，Li 以离子形式存在，而 Li 与 O 之间有较大的电子密度，说明 Ti-O 之间轨道电子密度发生重叠，形成强共价键。计算结果还表明：Li 以离子形式存在晶格中，（得失电子不明显，不形成共价键）；Ti 呈花瓣状，3d 轨道失去电子，O 平面内为三角形，属于 sp^3 杂化，Ti_{3d} 与 O_{2p} 轨道成键，这说明 $Li_4T_5O_{12}$ 具有较好的结构稳定性。

图 8-3 为 $Li_4T_5O_{12}$ 材料在 0～2V 之间循环时的晶格常数变化曲线，可以看出即使是在材料的深度嵌脱锂过程中晶胞参数最大膨胀不超过 0.1%，而缩小时这个数值仅为 0.05%，这充分表明即使在深度嵌脱锂（4Li，$Li_9Ti_5O_{12}$）情况下 $Li_4Ti_5O_{12}$ 依旧能维持它零应变的特性。当深度嵌脱锂时材料的晶胞参数仅出现微小的变化，说明晶体的内部结合能也变化不大，这也进一步说明了 $Li_4T_5O_{12}$ 材料的结构高度稳定性。

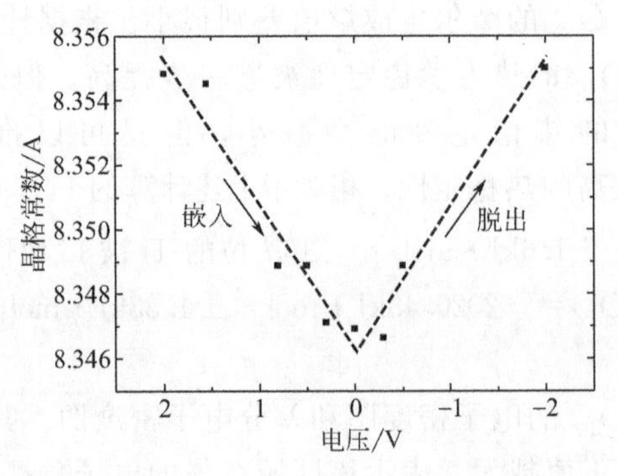

图 8-3 $Li_4T_5O_{12}$ 材料在 0～2V 之间循环时的晶格常数变化曲线

8.2 $Li_4Ti_5O_{12}$的电化学性能

图 8-4 为 $Li_4Ti_5O_{12}$ 材料在 0.1C 下的首次充放电曲线及其循环伏安曲线，充放电区间为 0～2V，从首次充放电曲线中可以看出，在 1.5V 较明显的放电平台，1.58V 附近有个充电平台，这主要归因于 Ti^{4+}/Ti^{3+} 的氧化还原电对反应。此时，尽管 $Li_4Ti_5O_{12}$ 的理论容量只有 $175mA \cdot h \cdot g^{-1}$，但由于其可逆锂离子脱嵌比例接近 100%，故其实际容量一般保持在 $150 \sim 160mA \cdot h \cdot g^{-1}$。嵌锂过程中，结构变化原理如下：

$$[Li]_{8a}[Li_{1/3}Ti_{5/3}]_{16d}[O_4]_{32e}+e^-+Li^+ = [Li_2]_{8a}[Li_{1/3}Ti_{5/3}]_{16d}[O_4]_{32e} \tag{8-8}$$

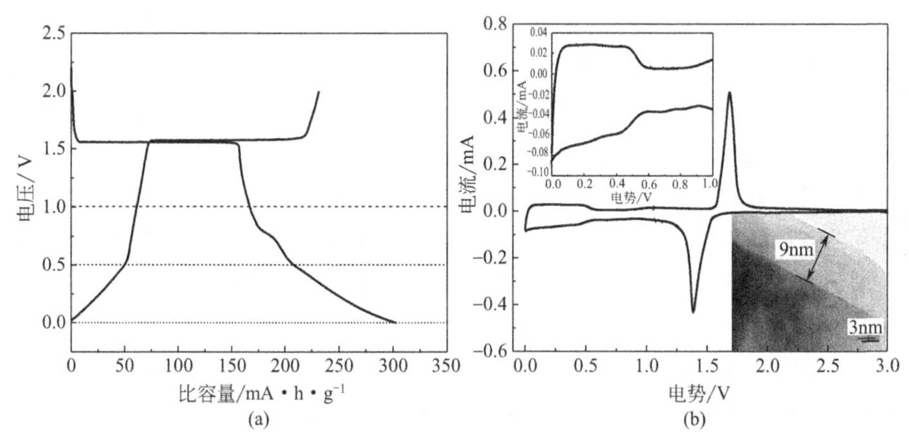

图 8-4 $Li_4Ti_5O_{12}$ 材料在 0.1C 下的首次充放电曲线（a）和循环伏安曲线（b）（插图为放大的 CV 曲线以及深度嵌锂时的 TEM 图）

大部分尖晶石型物质都是单相离子随机插入的化合物，而 $Li_4Ti_5O_{12}$ 具有十分平坦的充放电平台，在外来的 Li^+ 嵌入到 $Li_4Ti_5O_{12}$ 的晶格中时，这些 Li^+ 开始占据 16c 位置，而 $Li_4Ti_5O_{12}$ 的晶格原位于 8c 的 Li^+ 也开始迁移到 16c 位置，最后所有的 16c 位置都被 Li^+ 所占据，所以其容量也主要被可以容纳 Li^+ 的八面体空隙的数量所限制。反应产物 $Li_7Ti_5O_{12}$ 为淡蓝色，由于出现 Ti^{4+} 和 Ti^{3+} 变价，其电子导电性较好，电导率约为 $10^{-2}S \cdot cm^{-1}$。将嵌脱锂截止电位降低到 0.5V，可以发现首次嵌锂时，在 0.75V 出现一个不可逆的电位平台，对应的是电解液的分解，因为溶剂或溶质一般在 1.0V 以下发生分解，所以截止电位一下降，材料的首次效率也下降，当然其中一部分不可逆容量也可能来自于结构中锂的未脱出（即所谓的“死锂”）。死锂现象随着截止电位的进一步降低变得更加明显，当 $Li_4Ti_5O_{12}$ 在 0～2V 间循环时，首次嵌锂容量超过 $300mA\cdot h\cdot g^{-1}$，超过了额定的理论质量比容量 $293mA\cdot h\cdot g^{-1}$。从图 8-4 中可以看出，0.5V 的超长斜坡是额外高容量的主要来源。尽管放电容量比较可观，但是首次不可逆容量非常高。此时，$Li_7Ti_5O_{12}$ 可以进一步嵌锂变为 $Li_9Ti_5O_{12}$（相当于 $Li_4Ti_5O_{12}$/Li 电池放电至 0V），结构变化原理可能如下：

$$[Li_3]_{8a}[LiTi_5]_{16d}[O_{12}]_{32e}+5e^-+5Li^+ \Longrightarrow [Li_x]_{8a}[Li_y]_{8b}[Li_6]_{16c}[Li_{2-x-y}]_{48f}[LiTi_5]_{16d}[O_{12}]_{32e} \quad (8\text{-}9)$$

从循环曲线中出现了两对氧化还原峰，分别位于 1～2V 之间和 0.6V 以下，在 0.6～0.75V 之间还出现了一个不可逆的还原峰。位于 1.5V、1.7V、0.6V 附近的还原峰和氧化峰主要归因于 Ti^{4+}/Ti^{3+} 的氧化还原反应，而 0.6～0.75V 附近的不可逆的还原峰可能是电解液的不可逆分解造成的。循环伏安测试结果出现的峰电位正好与首次充放电曲线的平台一一对应，可见循环伏安测试也同样验证了 Ti^{4+} 的转化是一个多步的过程，而 $Li_9Ti_5O_{12}$ 才是 $Li_4Ti_5O_{12}$ 的最终还原产物。此外从放大的 CV 曲线上可以看出，在深度嵌锂时，CV 曲线成信封状，说明形成了非晶相。当截止电位下降到 1V 以下进行深度嵌锂时，不可避免地会出现电解液的分解，从而其反应产物 SEI 膜覆盖在材料的表面，因而造成了一定的不可逆容量损失。从图 8-4(b) 中的 TEM 图可以看出，当 $Li_4Ti_5O_{12}$ 深度嵌锂时，无定形的 SEI 膜（约 9nm）在材料嵌锂到 0V 时出现了，说明电解液的分解反应在 $Li_4Ti_5O_{12}$ 的表面同样也能发生，这个反应对应着 CV 曲线上首次嵌锂时 0.75V 的不可逆还原峰。深度嵌锂（4Li）后材料清晰可见的晶格条纹进一步说明 $Li_4Ti_5O_{12}$ 晶体结构在低电位区域的稳定性。

因此，$Li_4Ti_5O_{12}$ 能够避免充放电循环过程中由于电极材料的连续膨胀收缩而导致严重的结构破坏，从而使电极保持良好的循环性能、可逆容量和使用寿命，减缓了电池在充放电循环过程中容量衰减的速度，使得 $Li_4Ti_5O_{12}$ 作为负极材料具有比碳负电极更优良的电化学性能。$Li_4Ti_5O_{12}$ 的电极电位为 1.55V (vs. Li^+/Li)，有平坦且稳定的充放电平台。由于 $Li_4Ti_5O_{12}$ 电极的工作电压较高（1V 以上循环），而有机电解液的还原分解反应一般在低电压下（<0.8V vs. Li^+/Li）才会进行，因此在锂离子电池充放电过程中，将不会在较低的电压下发生电解液的副反应，提高了电池的循环性能和安全性。同时，$Li_4Ti_5O_{12}$ 在全充电状态下具有良好的热稳定性和较小的吸湿性，成为了下一代锂离子电池负极材料的热门候选。图 8-5 给出了部分可能的 $Li_4Ti_5O_{12}$ 全电池的电压，例如，1.55V$Li_4Ti_5O_{12}$/$LiNi_{0.8}Co_{0.15}Al_{0.05}O_2$（LNCAO）、2.4V$Li_4Ti_5O_{12}$/

$LiCoO_2$(LCO)、2.3V$Li_4Ti_5O_{12}$/$Li_{1+x}(Ni_{1/3}Co_{1/3}Mn_{1/3})_{1-x}O_2$(L333)、1.9V$Li_4Ti_5O_{12}$/$LiFePO_4$（LFP）、2.45V$Li_4Ti_5O_{12}$/$LiFe_{0.2}Mn_{0.8}PO_4$（LFMP）、2.6V$Li_4Ti_5O_{12}$/$LiMn_2O_4$(LMO)、3.2V$Li_4Ti_5O_{12}$/$LiNi_{0.5}Mn_{1.5}O_4$(LNMO)、$Li_4Ti_5O_{12}$/ $LiCoPO_4$(LCP)以及3.5V$Li_4Ti_5O_{12}$/$LiCoMnO_4$(LCMP)。

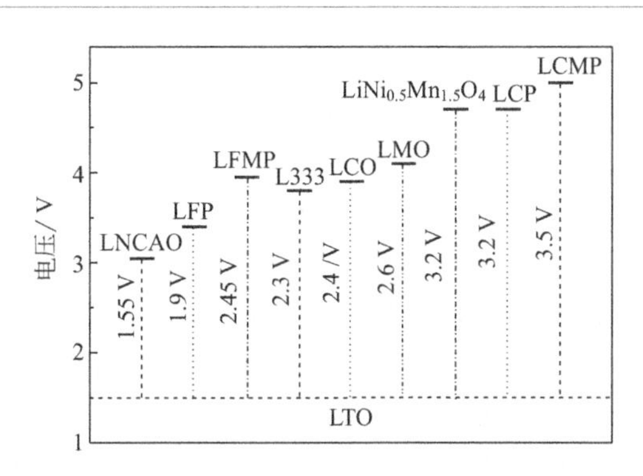

图8-5 部分可能的$Li_4Ti_5O_{12}$全电池的电压

但是纯相$Li_4Ti_5O_{12}$同样具有下列明显的缺点：①与其他负极材料相比，$Li_4Ti_5O_{12}$负极材料的放电比容量较低，其理论比容量才约为175mA·h·g^{-1}；②$Li_4Ti_5O_{12}$是不导电的晶体，作为导电性差的电极材料，在大电流充放电时，极化现象严重，比容量衰减速度较快，高倍率性能不佳；③虽然$Li_4Ti_5O_{12}$的电极电势高，保证了电池较高的安全性，同时却降低了输出电压；④作为负极材料的振实密度应大于2g·cm^{-3}，而$Li_4Ti_5O_{12}$的振实密度较低，只有1.68g·cm^{-3}，导致体积比容量低。所以改善倍率性能成为$Li_4Ti_5O_{12}$实用化进程的关键。

8.3 $Li_4Ti_5O_{12}$的合成

8.3.1 $Li_4Ti_5O_{12}$的合成方法

目前，$Li_4Ti_5O_{12}$制备方法有固相法和液相法两大类。固相法又可细分为高温固相法、熔融浸渍法、微波化学法等。液相法包括溶胶-凝胶法、水热反应法等。

8.3.1.1 高温固相法

固相法操作简单，对设备要求低，适用于大规模生产，因此在很多研究中，

$Li_4Ti_5O_{12}$ 可通过固相反应法合成。研究者通常以 $LiOH \cdot H_2O$ 或 Li_2CO_3 与 TiO_2 为原料，通过高温（800～1000℃）、长时间（24h 以上）的热处理制备产物，自然冷却后球磨即可得到理想的尖晶石结构 $Li_4Ti_5O_{12}$。Yi 等利用高温固相法在空气中 850℃烧结 24h 合成了微米级的 $Li_4Ti_5O_{12}$ 阳极材料，研究了其过放电至 0V 时的电化学性能，结果表明：0.1C 倍率时，其首次放电容量高达 $333.5mA \cdot h \cdot g^{-1}$，超过了其理论容量 $298mA \cdot h \cdot g^{-1}$，不可逆容量高达 $92.5mA \cdot h \cdot g^{-1}$，这可能与首次放电至 0V 时 SEI 膜的产生有关；53 次循环放电容量仍高达 $195.4mA \cdot h \cdot g^{-1}$，这说明，过放电至 0V 时 $Li_4Ti_5O_{12}$ 仍具有相当好的结构稳定性，提高了 $Li_4Ti_5O_{12}$ 的能量密度。

高温固相反应工艺简单、成本低、易于实现工业化生产，但粉体原料需要长时间的研磨混合，混合均匀程度有限，扩散过程难以顺利进行；高的煅烧温度和长煅烧时间使制备得到的 $Li_4Ti_5O_{12}$ 颗粒较大，从而使锂离子在其中的迁移路径变长、嵌入和脱出困难。尤其在高倍率环境下，容易在其内部形成无法脱、嵌的“死锂”，导致高倍率性能较差；产物非常坚硬，很难将其磨成制作电极需要的粉末；材料电化学性能不易控制。于是有研究者从混料工艺入手，对传统固相合成方法进行改进，采用高能行星式球磨或振荡研磨等机械法混料，得到了颗粒细小甚至纳米级产物，有效提高了材料电化学性能，并且使烧结温度明显降低、时间缩短。Kiyoshi 等采用振荡研磨机混料，在 800℃下仅反应 3h，即可获得 $Li_4Ti_5O_{12}$ 精细微粒，具有非常好的大倍率放电性能，1C 下充放电显示出优异的循环稳定性，100 次循环后，仍保持 99％的相对容量。

8.3.1.2 溶胶-凝胶法

溶胶-凝胶法采用液相法-溶胶-凝胶法制备 $Li_4Ti_5O_{12}$，一般是以 [$Ti(OCH(CH_3)_2)_4$] 和 $LiC_2H_3O_2 \cdot 2H_2O$ 的乙醇溶液为前驱体。TiO_2 来自金属-有机物和金属环氧化合物的水解和高分子的聚合浓缩反应，而 $Ti(OR)_4$ 则是金属与醇 ROH 直接反应所得。溶胶-凝胶法制备 $Li_4Ti_5O_{12}$ 的可能形成过程为：钛酸丁酯的醇溶液在有水存在时缓慢水解，首先生成 $Ti(OH)_4$，然后发生失水缩聚和失醇缩聚形成凝胶；前驱体在高温加热时氢氧化钛发生分解生成 TiO_2，然后和锂盐 $LiOOCCH_3$ 分解得到的 Li_2O 或 Li_2CO_3 反应生成 $Li_4Ti_5O_{12}$。Hao 等采用溶胶-凝胶法，通过加入不同的螯合剂（如三乙醇胺、乙二酸、柠檬酸和乙酸）制备得到不同纳米粒径的 $Li_4Ti_5O_{12}$。其中以三乙醇胺作为螯合剂得到 $Li_4Ti_5O_{12}$ 粒径最小，平均粒径大小仅为 80nm。$23.5mA \cdot g^{-1}$ 下首次放电比容量为 $168mA \cdot h \cdot g^{-1}$，二次放电比容量为 $151mA \cdot h \cdot g^{-1}$，且有好的循环性能。结果表明在溶胶-凝胶的过程中加入适量的螯合剂可以减慢胶凝速度，使制备得到的 $Li_4Ti_5O_{12}$ 颗粒更小、更均匀，从而使其高倍率性能得到提高。

溶胶-凝胶法有以下优点：①溶胶-凝胶法前驱体溶液化学均匀性好，热处理温度低；②能有效提高合成产物的纯度以及结晶粒度，反应过程易于控制；③可制备纳米粉体和薄膜；但有机物在烧结的过程中产生大量的 CO_2 气体，干燥收缩大，合成周期长，工业化难度大。其缺点也是显而易见的：添加有机化合物造成了成本上升；在烧结的过程中，凝胶成粉是一个体积剧烈膨胀的过程，因此反应炉的利用率较低；有机物在烧结的过程中产生大量的 CO_2 气体。

8.3.1.3 水热合成法

水热合成法也是制备电极材料较常见的湿法合成法，一般来说，水热合成法在相对较低的温度下合成具有晶体结构的材料，反应条件多变可调，产物组成均匀，物相和微结构一致，粒径分布较窄，设备比较简单，操作不复杂。杨立等的实验中采用二氧化钛胶体作为初始原料，在搅拌条件下，将 TiO_2 胶体和 LiOH 加入到水和乙醇的混合溶液中，随后将溶液转入水热反应釜中，在 150～200℃下水热离子交换反应 10～18h，得到白色沉淀，再将白色沉淀置于 350～600℃的马弗炉中热处理 1～3h，得到 $Li_4Ti_5O_{12}$ 负极材料，该材料在 20C 的倍率下具有 $125mA \cdot h \cdot g^{-1}$ 的稳定放电比容量，显示了良好的大倍率充放电性能。Li 等的实验成功地制备了形状可控、电化学性能优良的 $Li_4Ti_5O_{12}$ 纳米管/纳米线，结果表明水热合成法制备的材料比传统高温固相法制得的材料电荷转移阻抗及动力学数据都得到了改善。

8.3.1.4 微波法

微波技术用于制备电极材料从本质上也是高温固相反应，但与传统的高温固相反应相比，微波具有加热反应时间短、生产效率高、消耗能量少、对环境无污染、产品纯度高的特点。微波法已被广泛用于制备电极材料，用微波的高能量快速加热，瞬间反应来制备 $Li_4Ti_5O_{12}$，制备出的 $Li_4Ti_5O_{12}$ 质量好、纯度高、可达纳米级，因此越来越受到人们的重视。Yang 等利用微波法首次合成了一系列锂钛氧化合物，如 $Li_4Ti_5O_{12}$、$Li_2Ti_3O_7$、Li_2TiO_3 和 $LiTiO_2$。产物 $Li_4Ti_5O_{12}$ 具有很好的性能，初始放电容量为 $150mA \cdot h \cdot g^{-1}$。按照化学计量比混合原料 Li_2CO_3 和 TiO_2，置于氧化铝坩埚，用碳化硅作为微波吸收材料，并将热量转移至原料发生化学反应，生成 $Li_4Ti_5O_{12}$。因为反应有 CO_2 气体放出，所以要控制微波加热功率，以保证最终产物的形貌特征。

8.3.1.5 熔盐合成法

熔盐合成法是近代发展起来的一种合成无机氧化物材料最简单的方法之一，主要应用具有低熔点的碱金属盐类作为反应介质，反应物在液相中能实现原子尺度的混合，能使合成反应在较短的时间内和较低的温度下完成，合成产物各组分配比准确，成分均匀，形成纯度较高的反应产物。但由于煅烧温度一般比较高，能耗较大，阻碍了其实际应用。Bai 等以 LiCl 和 KCl 为合成介质，合成尖晶石型钛酸锂，在制备过程中，反应物在低温熔融盐中的扩散速度明显高于在传统固相环境中，这可有效地加快反应速率，降低反应温度，缩短反应时间，制备的尖晶石型钛酸锂形貌规则、粒度分布均匀，当 LiCl 和 KCl 的摩尔比为 1.5 时，0.2C 放电时，样品首次充放电效率为 94%，放电比容量为 $169mA \cdot h \cdot g^{-1}$，并且在 5C 充放电时同样具有较好的倍率性能。

8.3.1.6 燃烧合成法

燃烧合成法一般是将锂源、钛源、氨基酸和硝酸混合在一起，在较低的温度下引发其燃烧，然后再进行高温处理，它同时具备固相法和溶胶-凝胶法的优点。燃烧法的优点在于生产工艺简单，制备的产物比较纯净，具有纳米级颗粒，电化学性能优良，但合成原料一般采用有机试剂，成本较高，故难以实际应用。Yuan 等采用燃烧合成法在 700℃或更高的温度合成了纯相纳米 $Li_4Ti_5O_{12}$，结果表明 700℃合成的材料具有最好的电化学性能，10C 倍率放电时仍具有 $125mA \cdot h \cdot g^{-1}$ 的可逆容量，并具有稳定的循环性能，这主要是由于电子电导率的增加提高了其表面反应动力学。

8.3.1.7 喷雾合成法

喷雾合成法一般是先将反应物制成浆料，然后经喷雾干燥器和高温煅烧处理，产物 $Li_4Ti_5O_{12}$ 的粒径相比直接固相法要小，它的优点是产物形貌均一、粒径分布窄。Ju 等利用喷雾高温分解后处理前驱体的方法制备了球形 $Li_4Ti_5O_{12}$ 材料，合成的最佳条件是 800℃，并具有相当好的循环性能。Nakahara 等将 $LiOH \cdot H_2O$ 和锐钛矿 TiO_2 混合制成浆料，喷雾干燥后于 800℃下烧结 3h，再经球磨 4h 后制得平均粒径为 0.7μm 的 $Li_4Ti_5O_{12}$ 材料。在 25℃下 1C 倍率循环 100 次后容量保持率高达 99%，10C 的放电容量是 0.15C 的 86%，而 50℃下 10C 的容量是 0.15C 的 96%，展示了优秀的循环性能。

8.3.2 $Li_4Ti_5O_{12}$ 的纳米化及表面形貌控制

形貌的选择对于 $Li_4Ti_5O_{12}$ 材料的电化学性能有至关重要的影响，制备不同形貌的 $Li_4Ti_5O_{12}$ 材料是提高其电化学性能的重要手段。相对于普通材料，纳米材料的尺寸小，锂离子传输路径短，能更好地释放嵌脱锂的应力，具有快速的充放电能力；纳米材料的表面张力比普通材料大，嵌锂过程中，溶剂分子难以进入材料的晶格，因此可阻止溶剂分子的共嵌，延长电池的循环寿命。此外，高比表面积的纳米材料增大了反应界面，可以提供更多的扩散通道，具有理论储锂容量高的优势。到目前为止，常见的纳/微结构的 $Li_4Ti_5O_{12}$ 材料主要包括纳米颗粒、纳米纤维、纳米管、纳米线、纳米棒、纳米片、纳米盘、波浪形的纳米片、多孔结构、球形分级结构、纳米阵列等不同形貌，如图 8-6 所示。

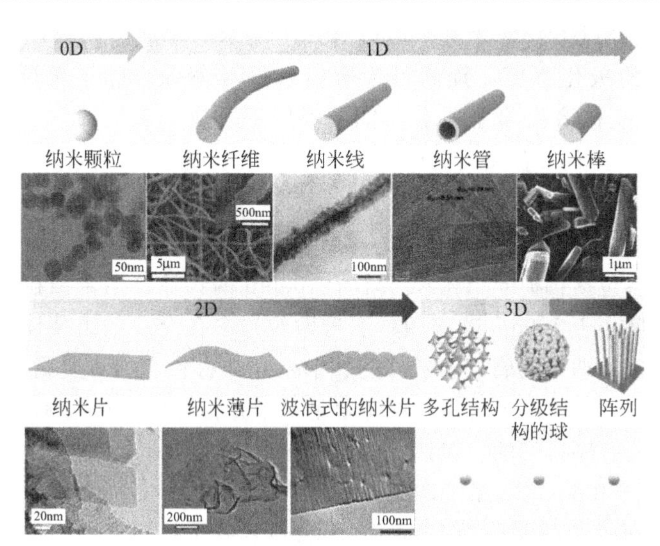

图 8-6 常见的纳/微结构的 $Li_4Ti_5O_{12}$ 材料示意图及其对应的 TEM 图

一维纳米材料是指向一个方向定向延伸，而其他两个方向的维度受到抑制的一类材料，包括纳米管、纳米线、纳米棒、纳米纤维等不同形貌。由于该结构材料的轴向长度可达到微米级，而径向却只有纳米级，从而可同时实现提高循环性和离子迁移率的双重作用。纳米管的中空结构使 $Li_4Ti_5O_{12}$ 材料具有较大的比表面积，可以有效地提高电极材料与电解液的接触面积，缩短锂离子的迁移路径，进而可以提高材料的电化学性能。但是纳米管的缺点是，空心结构导致其振实密度低，比能量小；此外，与电解液的接触面积过大，也容易导致副反应发生，进而导致材料的不可逆容量提高。对比纳米管，纳米棒拥有较高的振实密度和介适的表面活性，因而具有比能量高和循环性能好的优势。纳米线和纳米纤维的直径能够一般只有几个纳米，不但可以大大缩短锂离子在充放电过程中的迁移距离，还能增大活性物质的比表面积，提高利用率，增大电池比容量，还因其多孔和纤维相互连接形成互穿网络等结构特点，能加快离子、电子传导，使电池具有优异的循环性能及倍率性能。静电纺丝法制备的纳米纤维，因其直径小、比表面积大、孔隙率高等特点，在 $Li_4Ti_5O_{12}$ 材料制备方面得到广泛应用。该技术生产方式简单、成本低且原料来源广泛，而且比采用常规方法制得的纤维直径小几个数量级。

二维材料是指电子仅可在两个维度的非纳米尺度（1～100nm）上自由运动（平面运动）的材料，与一维纳米材料不同，二维纳米材料是由纳米晶料构成的单层或多层的薄层结构材料，其在两个维度上具有延伸性。该结构表面积大，离子迁移路径短，同时也可直接在表面镶嵌其他高电导性材料对 $Li_4Ti_5O_{12}$ 进行改性，具有广泛的应用前景。二维纳米 $Li_4Ti_5O_{12}$ 材料主要包括纳米片、纳米盘、纳米薄膜等。$Li_4Ti_5O_{12}$ 纳米片一般只有几个纳米的厚度，可有效减小电极在大电流下充放电的极化程度，提高可逆容量和循环寿命。除了单层的纳米片外，Mani 等通过无模板溶胶-凝胶法在不同的温度下合成了多层 $Li_4Ti_5O_{12}$ 复合物薄膜，该平面薄膜表面长有突出的刺，这些刺聚集形成连续的网络结构而使表面粗糙，这增加了其比表面积，从而有利于比容量的提高。

三维纳米结构是指由零维、一维、二维中的一种或多种基本结构单元组成的复合材料，其中包括：横向结构尺寸小于 100nm 的物体；纳米微粒与常规材料的复合体；粗糙度小于 100nm 的表面；纳米微粒与多孔介质的组装体系等。三维纳米材料主要包括：纳米玻璃、纳米陶瓷、纳米介孔材料、纳米金属和纳米高分子。其中，锂离子电池三维纳米电极材料主要是纳米介孔材料。介孔材料具有蜂窝状的孔道，其孔道是有序排列的，包括层状、六方对称排列和立方对称排列等，孔径分布窄并可在 1.5～10nm 之间系统调变；比表面积大，可高达 $1000m^2 \cdot g^{-1}$；孔隙率高等特点。通过模板法制备的 $Li_4Ti_5O_{12}$ 材料具有不易团聚的优点，因而目前三维纳米结构的合成多用此法。C. Jiang 等采用溶胶-凝胶法，以碳球为模板成功制备出微米尺寸、薄壁、空心球结构 $Li_4Ti_5O_{12}$。研究发现：薄的空心球壁缩短了锂离子的迁移路径，有利于锂离子的快速嵌入和脱出；大量孔结构的存在增大了 $Li_4Ti_5O_{12}$ 与电解液的接触面积，同时也能与导电剂充分混合以提高其导电性。该材料具有较好的高倍率性能，0.57C 下该薄壁空心球结构 $Li_4Ti_5O_{12}$ 的首次放电比容量可高达 $175mA \cdot h \cdot g^{-1}$，二次放电比容量为 $159mA \cdot h \cdot g^{-1}$；5.7C 下其二次放电比容量仍为 0.57C 下的 76%，不同倍率下都有较好的循环性能。Sorensen 等以聚甲基丙烯酸甲酯（PMMA）球为模板成功制备出微米尺寸三维有序大孔 $Li_4Ti_5O_{12}$。研究发现只有较薄孔壁的三维有序大孔 $Li_4Ti_5O_{12}$ 才具有较好的高倍率性能。$0.125mA \cdot cm^{-2}$ 下首次放电比容量为 $149mA \cdot h \cdot g^{-1}$；当电流密度增加一倍时，比容量几乎没有变化；$0.63mA \cdot cm^{-2}$ 下首次放电比容量仍有 $143mA \cdot h \cdot g^{-1}$ 左右，并且在不同电流密度下循环性能都较好。

纳米材料由于较小的尺寸、较大的比表面积，可有效提高电极和电解液的接触面积，有助于活性物质利用率的提高，从而显著提高其放电比容量，用于 $Li_4Ti_5O_{12}$ 储锂方面显示了较大的优势，但又存在着稳定性差的缺陷。纳微结构是由纳米单元组成的，而整体尺度在微米级的一类结构体系，这类结构体系结合了纳米结构和微米结构的优点，在提高锂离子电池的倍率性能和循环寿命的同时，不会降低电池的比容量。因此如何构筑动力学稳定的纳微结构电极材料是当前 $Li_4Ti_5O_{12}$ 电极材料研究的热点问题。Yang 等通过水/溶剂热法先后制备得到了花状、片组装中空微球、介孔微球、锯齿状 $Li_4Ti_5O_{12}$，电化学性能都较为优越。所得的产物都是纳微分级结构，能够同时具备纳米材料和微米材料的优点，例如短的电子和离子传输距离、高比表面积、热动力学稳定性、易于处理。将适量四异丙醇钛（TTIP）和氨水加入到热的乙二醇中，然后加入到 LiOH 溶液中于 170℃水热反应，经过 500℃的热处理，最终得到花状 $Li_4Ti_5O_{12}$，8C 倍率下循环 100 次后可逆容量为 152mA·h·g^{-1}。Yang 等还利用 TTIP 水解得到的水合 TiO_2 微球，并以此作为前驱体，分别在 LiOH 水溶液和乙醇/水（体积比 1∶1）混合溶液中水热反应，可制得片组装中空微球和介孔微球，其中前者显示出了优异的高倍率性能，在 50C 时候仍然拥有 131mA·h·g^{-1} 的放电比容量。Yang 等将 TTIP 直接加入到 LiOH 和 H_2O_2 溶液中经水热反应、500℃处理可制得锯齿状 $Li_4Ti_5O_{12}$ 纳米片组装的微球，57C 下循环 200 次后依然具有 132mA·h·g^{-1} 的放电比容量。

8.4 $Li_4Ti_5O_{12}$ 的掺杂

对 $Li_4Ti_5O_{12}$ 进行掺杂改性，除了可以提高材料的导电性，降低电阻和极化，还能降低其电极电位，提高电池的能量密度。掺杂改性一方面可以对材料进行体掺杂，另一方面可以直接引入高导电相。为提高材料的电子导电能力，可以在材料中引入自由电子或电子空穴。对 $Li_4Ti_5O_{12}$ 的掺杂改性可以从取代 Li^+、Ti^{4+} 或 O^{2-} 三方面进行。常见的掺杂离子包括：Na^+、Mg^{2+}、Zn^{2+}、Ca^{2+}、Ni^{2+}、Cu^{2+}、Sr^{2+}、Al^{3+}、La^{3+}、Sc^{3+}、Ru^{4+}、Zr^{4+}、Nb^{5+}、V^{5+}、W^{6+}、Mo^{6+}、Br^-、F^-、N^{3-} 等，表 8-1 给出了不同的掺杂离子及合成方法对 $Li_4Ti_5O_{12}$ 电化学性能的影响。

表 8-1 不同的掺杂离子及合成方法对 $Li_4Ti_5O_{12}$ 电化学性能的影响

掺杂离子	合成方法	具有最佳电化学性能的样品	掺杂对电化学性能的正影响	掺杂对电化学性能的负影响
Na^+	高温固相	$Li_{3.85}Na_{0.15}Ti_5O_{12}$	适量的 Na 掺杂可以显著提高材料的离子和电子电导率，进而提高了材料的快速充放电性能。Na 掺杂的 $Li_4Ti_5O_{12}$ 材料有希望商业化大规模应用	Na 掺杂量过高降低了锂离子扩散系数，增加了电荷转移电阻

续表

掺杂离子	合成方法	具有最佳电化学性能的样品	掺杂对电化学性能的正影响	掺杂对电化学性能的负影响
Mg^{2+}	高温固相	Mg与Li的摩尔比为3%	Mg掺杂可以显著提高材料的电子电导率和锂离子扩散系数，进而提高了材料的高倍率性能	过量的Mg掺杂提高了材料的电荷转移电阻，减小了放电容量
Zn^{2+}	高温固相	$Li_4Ti_{4.8}Zn_{0.2}O_{12}$	Zn掺杂提高了材料锂离子扩散系数、锂离子脱嵌的可逆性，进而表现出了优异的宽电位窗口的循环性能	过量的Zn掺杂降低了材料的放电电压平台，进而提高了全电池的充电电压
Ca^{2+}	高温固相	$Li_{3.9}Ca_{0.1}Ti_5O_{12}$	适量Ca掺杂提高了材料的电子电导率和锂离子扩散系数	过量的Ca掺杂增加了电极的极化，降低了材料的放电容量
Ni^{2+}	高温固相	$Li_{3.9}Ni_{0.15}Ti_{4.95}O_{12}$	Ni掺杂大大提高了材料的电子电导率。5C倍率放电时，$Li_{3.9}Ni_{0.15}Ti_{4.95}O_{12}$的可逆容量为$72mA \cdot h \cdot g^{-1}$，是纯$Li_4Ti_5O_{12}$的2倍	Ni掺杂降低了$Li_4Ti_5O_{12}$的理论容量，进而降低了材料的低倍率容量
Cu^{2+}	高温固相	$Li_{3.8}Cu_{0.3}Ti_{4.9}O_{12}$	Cu^{2+}掺杂显著提高了$Li_4Ti_5O_{12}$的电导率，进而掺杂材料展示了高的倍率性能和循环性能	过量的Cu掺杂提高了材料的电荷转移电阻，降低了锂离子扩散系数
Sr^{2+}	高温固相	0.02Sr-$Li_4Ti_5O_{12}$（Sr与Ti的摩尔比为0.02）	Sr^{2+}掺杂增加了材料的晶格常数，减小了材料的粒径和电荷转移电阻，进而增加了材料的倍率容量	过量的Sr掺杂导致了$SrLi_2Ti_6O_{14}$杂质的出现，进而明显降低了材料的放电容量
Al^{3+}	高温固相	$Li_{3.9}Al_{0.1}Ti_5O_{12}$	Al掺杂提高了$Li_4Ti_5O_{12}$的电子电导率，进而提高了材料高倍率充放电时的循环稳定性	过量的Al掺杂引起了电极的极化，降低了离子电导率，进而降低了材料的高倍率容量
La^{3+}	高温固相	$Li_4Ti_{4.95}La_{0.05}O_{12}$	La掺杂提高了材料的电导率和可逆性，进而提高了材料高倍率时的过放电性能	过量的La掺杂降低了锂离子扩散系数，进而降低了材料的容量
Sc^{3+}	溶胶-凝胶	$Li_4Ti_{4.95}Sc_{0.05}O_{12-\delta}$	Sc掺杂的$Li_4Ti_5O_{12}$材料具有小的电荷转移电阻荷高的锂离子迁移速率。Sc^{3+}掺杂有利于锂离子的可逆脱嵌，提高了材料的容量	合成的成本较高，合成路线复杂

续表

掺杂离子	合成方法	具有最佳电化学性能的样品	掺杂对电化学性能的正影响	掺杂对电化学性能的负影响
Ru^{4+}	反相微乳液	$Li_4Ti_{4.95}Ru_{0.05}O_{12}$	Ru^{4+} 掺杂有效提高了 $Li_4Ti_5O_{12}$ 材料的电子电导率，进而提高了材料的倍率容量和循环稳定性	采用较为昂贵的 $RuCl_3$ 作为原材料，过量的 Ru 掺杂降低了材料的容量
Zr^{4+}	高温固相	$Li_4Ti_{4.9}Zr_{0.1}O_{12}$	Zr 掺杂降低了材料的电荷转移电阻，提高了的材料的锂离子嵌脱动力学，进而提高了材料的快速充放电性能	过量的 Zr 掺杂降低降低了材料在宽电位窗口的容量
Nb^{5+}	高温固相	$Li_4Ti_{4.95}Nb_{0.05}O_{12}$	适量 Nb 掺杂有利于提高了锂离子的可逆脱嵌，进而提高了材料的电导率	Nb 掺杂导致材料具有较高的不可逆容量，过量的 Nb 掺杂减小了材料的放电容量
V^{5+}	高温固相	$Li_4Ti_{4.95}V_{0.05}O_{12}$（1.0～2.0V 之间循环） $Li_4Ti_{4.9}V_{0.1}O_{12}$（0～2.0V 之间循环）	放电至 0V 时，适量 V 掺杂有利于提高材料的可逆容量、结构稳定性以及循环性能	随着 V 掺杂量的增加，$Li_4Ti_5O_{12}$ 在不同电位区间的容量减少
W^{6+}	溶胶-凝胶	$Li_4Ti_{4.9}W_{0.1}O_{12}$	W 掺杂的 $Li_4Ti_5O_{12}$ 材料具有高的电子电导率和优异的倍率容量	W 掺杂降低了材料的低倍率容量（3C 以下）
Mo^{6+}	高温固相	$Li_4Ti_{4.85}Mo_{0.15}O_{12}$	Mo 掺杂的 $Li_4Ti_5O_{12}$ 材料展示了大的锂离子扩散系数，低的电荷转移电阻，高的倍率容量以及优异的可逆性	过量的 Mo 掺杂导致了杂质的出现，进而降低了材料的循环稳定性
Br^-	高温固相	$Li_4Ti_5O_{11.8}Br_{0.2}$	Br 掺杂显著提高了 $Li_4Ti_5O_{12}$ 材料的比容量和高倍率容量	过量的 Br 掺杂降低了材料的电子电导率，进而降低了材料的比容量
F^-	高温固相	$Li_4Ti_5O_{11.7}F_{0.3}$	F 掺杂显著降低了材料的电荷转移电阻，提高了材料的锂离子迁移能力，进而提高了 $Li_4Ti_5O_{12}$ 的倍率容量和循环稳定性	过量的 F 掺杂降低了材料在 0.01～2.5V 之间放电比容量
N^{3-}	水热合成	—	N 掺杂加速了电荷转移的反应，提高了材料的电导率，展示了优异的倍率容量	难以控制 N 的精确掺杂量，合成成本较高

通过表 8-1 可以看出，离子掺杂提高 $Li_4Ti_5O_{12}$ 材料性能的主要原因是适量的掺杂提高了材料的离子和电子电导率。例如，Chen 等以 $LiOH \cdot H_2O$、TiO_2、$Mg(OH)_2$ 为原料通过高温固相法制备出 $Li_{4-x}Mg_xTi_5O_{12}$（$x=0$，0.1，

0.25，0.5，1.0)。实验中采用四点探针法，测得 $Ti_{4-x}Mg_xTi_5O_{12}$ 的电导率保持在 $10^{-2}S\cdot cm^{-1}$ 左右，未掺杂样品 $Li_4Ti_5O_{12}$ ($x=0$) 的电导率约为 $10^{-10}S\cdot cm^{-1}$，前者比后者提高了约 11 个数量级，导电能力明显增强。并且少量 Mg^{2+} ($x=0.25$，0.5) 掺杂样品的比容量高于未掺杂样品，尤其是 $Li_{3.75}Mg_{0.25}Ti_5O_{12}$，在 17C 时的比容量仍然很稳定。$Mg^{2+}$ 掺杂 $Li_4Ti_5O_{12}$ 使得材料的电化学性能得到了很大的改善。Zhao 等在氩气氛围下高温固相反应制得了 $Li_{4-x}Al_xTi_5O_{12}$ ($x=0$，0.05，0.1，0.2)，结果表明：Al^{3+} 的掺入明显改善了材料在大倍率下充放电的循环稳定性，却降低了循环过程中的可逆比容量。在 Li 位掺 Al^{3+} 后，为了保持晶胞电中性，Ti^{4+}/Ti^{3+} 自由电子对增加，提高了 $Li_4Ti_5O_{12}$ 的电子电导率，但锂离子在晶格中的扩散活性降低。相对来说，样品 $Li_{3.9}Al_{0.1}Ti_5O_{12}$ 具有较好的导电性和高倍率性能以及良好的循环性能。Wolfenstine 研究了在不同加热气氛下合成 Ta^{5+} 掺杂对纯样 $Li_4Ti_5O_{12}$ 导电性的影响，结果发现，在氧化气氛下合成的纯样 $Li_4Ti_5O_{12}$ 和 $Li_4Ti_{4.95}Ta_{0.05}O_{12}$ 具有相近的离子电导率；在还原气氛下的电子电导率分别为 $3\times10^{-5}S\cdot cm^{-1}$、$1\times10^{-3}S\cdot cm^{-1}$，掺杂后的电导率明显提高。

除了上述的一元掺杂之外，多元掺杂同样有利于提高 $Li_4Ti_5O_{12}$ 材料的电化学性能。Shenouda 等以 Li_2CO_3、$MgCO_3$、锐钛矿 TiO_2 和 NH_4VO_3 为原料，采用高温固相法合成了掺杂材料 $Li_{4-x}Mg_xTi_{5-x}V_xO_{12}$ ($0\leqslant x\leqslant1$)。结果发现，低价态 Mg^{2+} 和高价态 V^{5+} 的共掺杂可以提高材料的电导率，当 $x=0.75$ 时，材料的电导率较高，其首次放电比容量约为 $198mA\cdot h\cdot g^{-1}$，25 次循环后仍有 $187mA\cdot h\cdot g^{-1}$，明显改善了纯样 $Li_4Ti_5O_{12}$ 的导电性和循环稳定性。Huang 等制备了 Mg^{2+}、Al^{3+} 共掺杂 $Li_4Ti_5O_{12}$ 的 $Li_{3.9}Mg_{0.1}Al_{0.15}Ti_{4.85}O_{12}$ 材料，在研究对 $Li_4Ti_5O_{12}$ 电化学特性的影响中发现，Mg^{2+}、Al^{3+} 共掺杂后，材料 $Li_{3.9}Mg_{0.1}Al_{0.15}Ti_{4.85}O_{12}$ 的可逆比容量与未掺杂材料 $Li_4Ti_5O_{12}$ 相比有所降低。Al^{3+}、F^- ($Li_4Al_xTi_{5-x}F_yO_{12-y}$) 共掺杂表明，合成样品的电化学性能较纯样 $Li_4Ti_5O_{12}$ 有所提高，总的来说优于 F^- 单独掺杂，但不如 Al^{3+} 单独掺杂的效果好。

8.5 $Li_4Ti_5O_{12}$ 材料的表面改性

8.5.1 $Li_4Ti_5O_{12}$ 复合材料

锂镧钛氧化合物具有很多的 A 空位，因而锂离子较容易在其中移动。钙钛

矿型 $Li_{3x}La_{2/3-x}TiO_3$ 在室温下表现出良好的离子迁移率。最新研究认为钙钛矿型固溶体锂离子传导的机理是由于离子空位引起的，即通过 A 位互相作用，在被 La^{3+} 占据的位置周围产生通道，使 Li 离子通过 A 空位传导。这类多晶电解质材料在室温下晶粒锂离子电导率高达 $10^{-3}\sim10^{-4}S\cdot cm^{-1}$。此外，室温下 $x=0.11$ 时，其电导率达到 $10^{-3}S\cdot cm^{-1}$，而 $Li_4Ti_5O_{12}$ 的电子电导率只有 $10^{-9}S\cdot cm^{-1}$。因此，利用 $Li_{0.33}La_{0.56}TiO_3$ 的优点，制备的 $Li_4Ti_5O_{12}$-$Li_{0.33}La_{0.56}TiO_3$ 的复合物具有较好的电化学性能。图 8-7 为 $Li_4Ti_5O_{12}$-$Li_{0.33}La_{0.56}TiO_3$ 的复合物的结构模型。

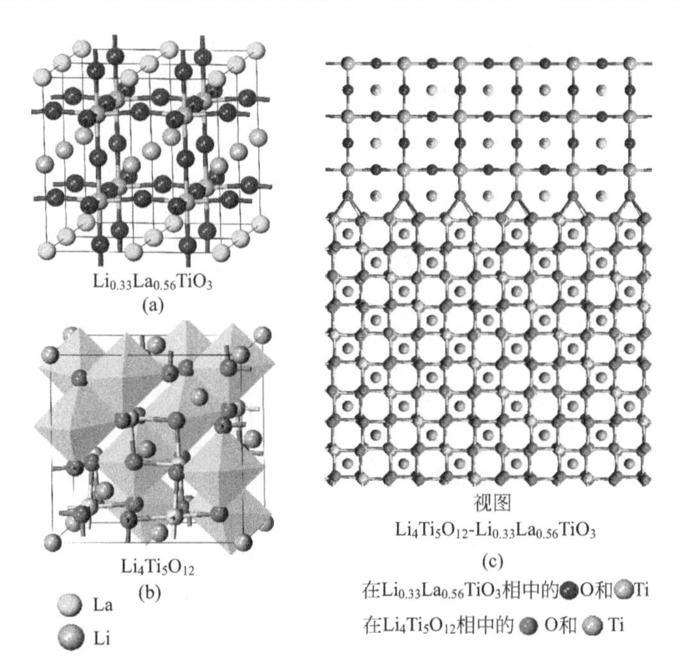

图 8-7 $Li_{0.33}La_{0.56}TiO_3$ 的结构图（a），$Li_4Ti_5O_{12}$ 的结构图（b）和 $Li_4Ti_5O_{12}$-$Li_{0.33}La_{0.56}TiO_3$ 的复合物的结构模型（c）

研究结果表明，$Li_4Ti_5O_{12}$-$Li_{0.33}La_{0.56}TiO_3$ 复合物具有比 $Li_4Ti_5O_{12}$ 更大的晶格常数，这是可能是因为合成过程中部分 La^{3+} 进入了材料的晶格，从而拓宽了锂离子的迁移通道。充放电测试表明，由于 LLTO 固体电解质本身具有较高的离子传导率，用适量的 $Li_{0.33}La_{0.56}TiO_3$ 对 $Li_4Ti_5O_{12}$ 进行包覆可以使其放电比容量和容量保持率均显著提高，$Li_{0.33}La_{0.56}TiO_3$ 质量含量为 5%时表现出的电化学性能最好。CV 曲线和 EIS 测试表明，$Li_4Ti_5O_{12}$-$Li_{0.33}La_{0.56}TiO_3$ 复合物的氧化还原电势差 $\Delta\varphi_p$ 和电荷转移阻抗减小，电极的极化程度减小，电子电导率提高，在动力学上有利于锂离子的可逆脱嵌。

众所周知，TiO_2 作为负极材料容量不高（根据其晶型的不同，理论容量最高为 $335mA \cdot h \cdot g^{-1}$），但其首次不可逆容量低，在脱嵌锂过程中体积变化小、结构稳定、循环性能好，在高倍率和较高温度下正常工作。其脱嵌锂电压高，增强了电池的安全性，能够避免 SEI 膜的形成。TiO_2 还具有储量丰富、成本低廉、自放电低等优点，是一种非常具有应用前景的负极材料。另外，金红石型的 TiO_2 在 c 轴方向具有较高的锂离子扩散系数，高达 $10^{-6}cm^2 \cdot s^{-1}$，远远高于 $Li_4Ti_5O_{12}$。因此，$Li_4Ti_5O_{12}$-TiO_2 复合物通常具有较高的容量和循环稳定性。Yi 等采用溶剂热法制备了 $Li_4Ti_5O_{12}$-TiO_2 纳米片纳米管复合物，如图 8-8 和图 8-9 所示。所有的充放电曲线在 1.55V 附近都有扁的放电平台。放电曲线在 1～2V 范围内的 1.55V 左右的放电平台表明所合成的 $Li_4Ti_5O_{12}$ 材料具有完美的尖晶石结构。在 2.0V 出现的跳跃是金红石型 TiO_2 嵌锂所致。此外，$Li_4Ti_5O_{12}$-TiO_2 纳米具有比 $Li_4Ti_5O_{12}$ 更高的可逆容量。

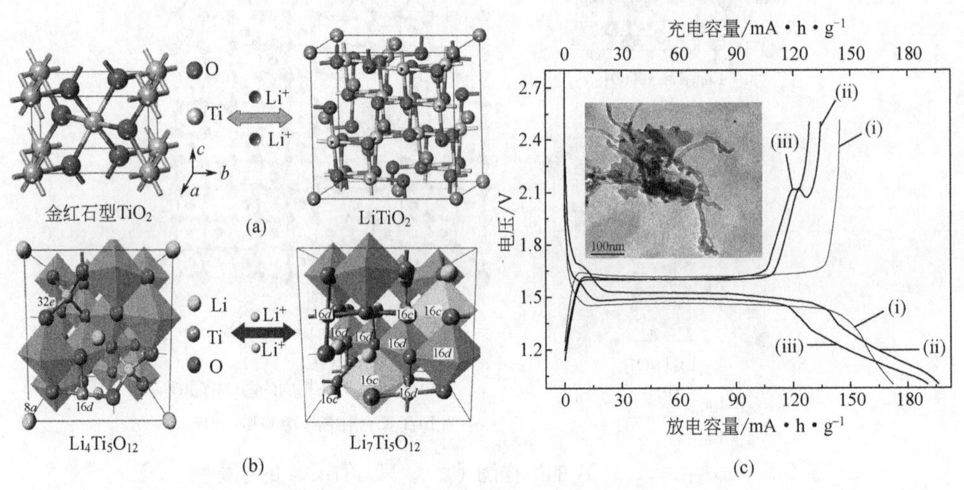

图 8-8 金红石型 TiO_2 和 $LiTiO_2$ 在充放电过程中的结构转化模型（a），$Li_4Ti_5O_{12}$ 和 $Li_7Ti_5O_{12}$ 在充放电过程中的结构转化模型（b），$Li_4Ti_5O_{12}$ 以及 $Li_4Ti_5O_{12}$-TiO_2 纳米片纳米管复合物的首次充放电曲线（c）

（ⅰ），（ⅱ） $Li_4Ti_5O_{12}$-TiO_2；（ⅲ） $Li_4Ti_5O_{12}$（插图为复合物的 TEM 图）

CeO_2 具有较好的电导率，CeO_2 在氧化物之间可以产生较好的电子接触，有利于电荷在 CeO_2 和其他支持氧化物之间转移，因此，可以期望 $Li_4Ti_5O_{12}$-CeO_2 复合物具有较好的电化学性能。Yi 等采用高温固相法法制备了 $Li_4Ti_5O_{12}$-CeO_2 复合物负极材料，结构模型如图 8-9(b) 所示。研究结果表明，在 $Li_4Ti_5O_{12}$-CeO_2 复合物中，部分 Ce^{4+} 进入晶格结构内部，而不改变材料结构。$Li_4Ti_5O_{12}$-CeO_2 复合物具有更好的锂离子可逆性。在不同倍率下充放电时，$Li_4Ti_5O_{12}$-CeO_2 具有较好的循环稳定性和倍率量。

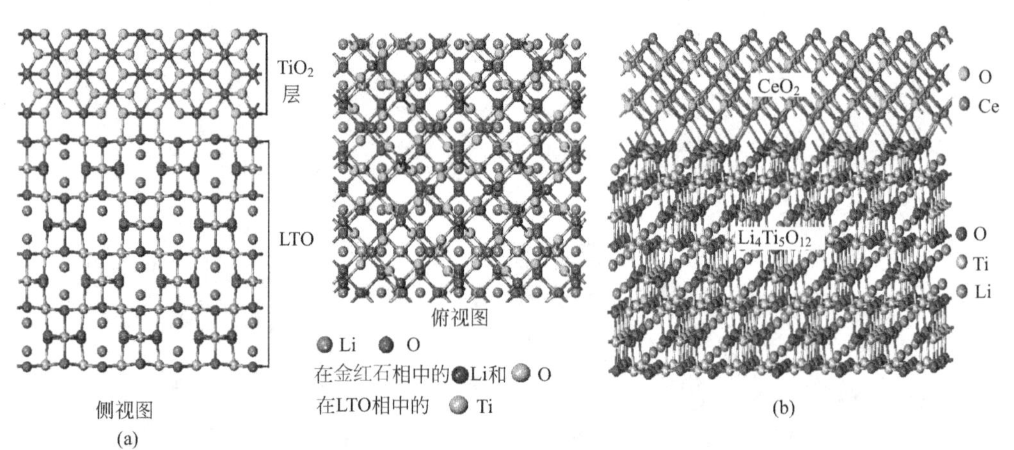

图 8-9 $Li_4Ti_5O_{12}$-TiO_2 纳米复合物的结构模型（a），$Li_4Ti_5O_{12}$-CeO_2 复合物的结构模型（b）

$LiAlO_2$ 是一种锂快离子导体，具有高的锂离子电导率，可用于提高材料导电性以及离子的扩散速率。Yi 等采用高温固相法制备了 $Li_4Ti_5O_{12}$-$LiAlO_2$ 复合物负极材料，结构模型如图 8-10 所示。研究结果表明，$LiAlO_2$ 改性并未改变材料的尖晶石结构，部分 Al^{3+} 进入晶格结构内部，Al^{3+} 的掺杂以及 $LiAlO_2$ 的原位改性减小了电极的极化和电荷转移电阻，提高了锂离子脱嵌的可逆性以及锂离子扩散系数，改善了 $Li_4Ti_5O_{12}$ 颗粒之间的电子传输特性和离子传输特性。$Li_4Ti_5O_{12}$-$LiAlO_2$［5%（质量分数）］材料展示了最高的倍率容量和循环稳定性。

总的来说，锂离子是在多晶材料的晶界相或者是电解液中固/液界面处发生反应。通过以上的合成方法以及可以看出 $Li_{0.33}La_{0.56}TiO_3$、TiO_2、CeO_2、$LiAlO_2$ 都是原位生长在 $Li_4Ti_5O_{12}$ 颗粒表面，能够与 $Li_4Ti_5O_{12}$ 颗粒紧密结合在一起，形成了较多的 $Li_4Ti_5O_{12}/M$（$M=Li_{0.33}La_{0.56}TiO_3$，$TiO_2$，$CeO_2$，$LiAlO_2$）界面。这些界面可以储存更多的电解液，提供更多的位置用于锂离子的嵌入/脱出反应，进而提高了 $Li_4Ti_5O_{12}$ 的反应动力学，进而降低充放电过程中的电极极化。这就是 $Li_4Ti_5O_{12}/M$ 复合物具有较高倍率容量和循环稳定性的重要原因。相同的策略可以用于提高其他电极材料的电化学性能，进而发展所期望的锂离子电池先进电极材料。

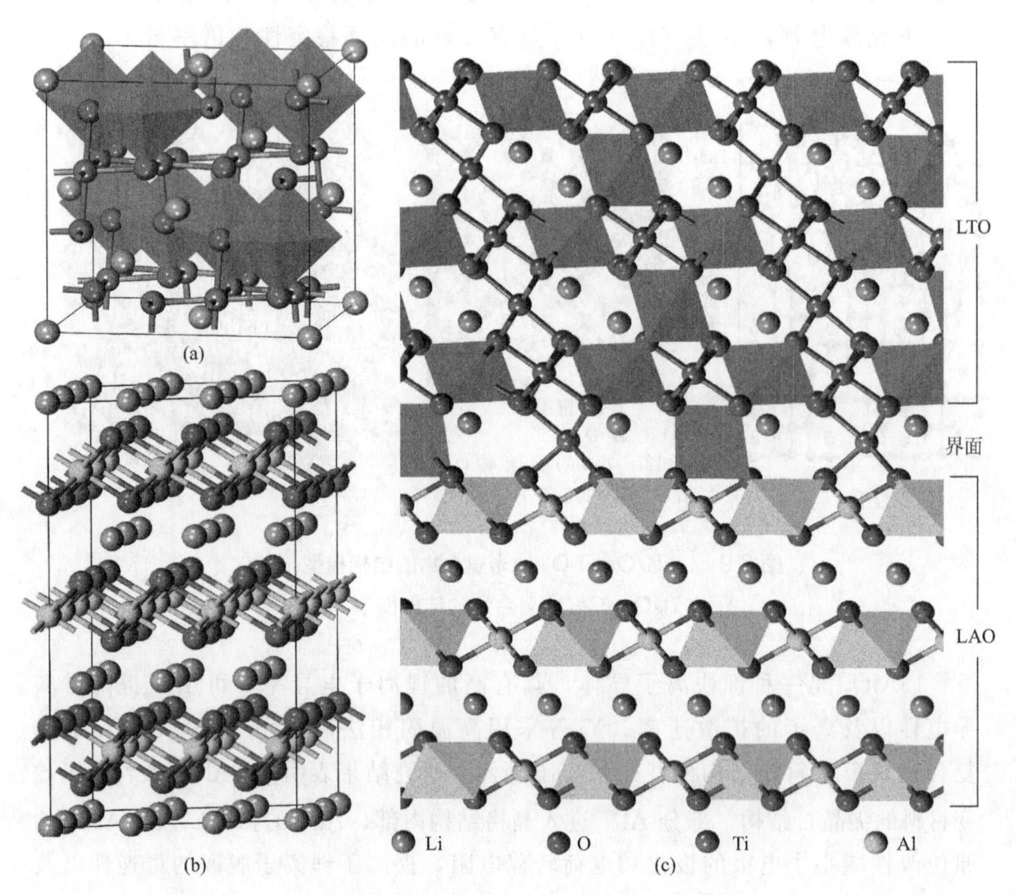

图 8-10 $Li_4Ti_5O_{12}$ 的结构模型（a），$LiAlO_2$ 的结构模型（b），$Li_4Ti_5O_{12}$-$LiAlO_2$ 的复合物的结构模型（c）

8.5.2 $Li_4Ti_5O_{12}$ 的表面改性

$Li_4Ti_5O_{12}$ 具有较低的电子电导率，因此电子从 $Li_4Ti_5O_{12}$ 颗粒转移到外电路比较困难，导致在充放电过程中特别是高倍率充放电时具有较大的极化电阻。因此，在 $Li_4Ti_5O_{12}$ 表面包覆一层锂离子可以透过的导电材料不但有助于提高其电子电导率，还能抑制电解液的分解，影响材料的相结构。图 8-11 给出了表面包覆对 $Li_4Ti_5O_{12}$ 材料的影响示意图。因此，在 $Li_4Ti_5O_{12}$ 材料表面包覆一层导电性优良且在电解液以及在充放电过程保持稳定的物质，用以改善颗粒间的电子传导性能，可以提高 $Li_4Ti_5O_{12}$ 材料的循环性能。

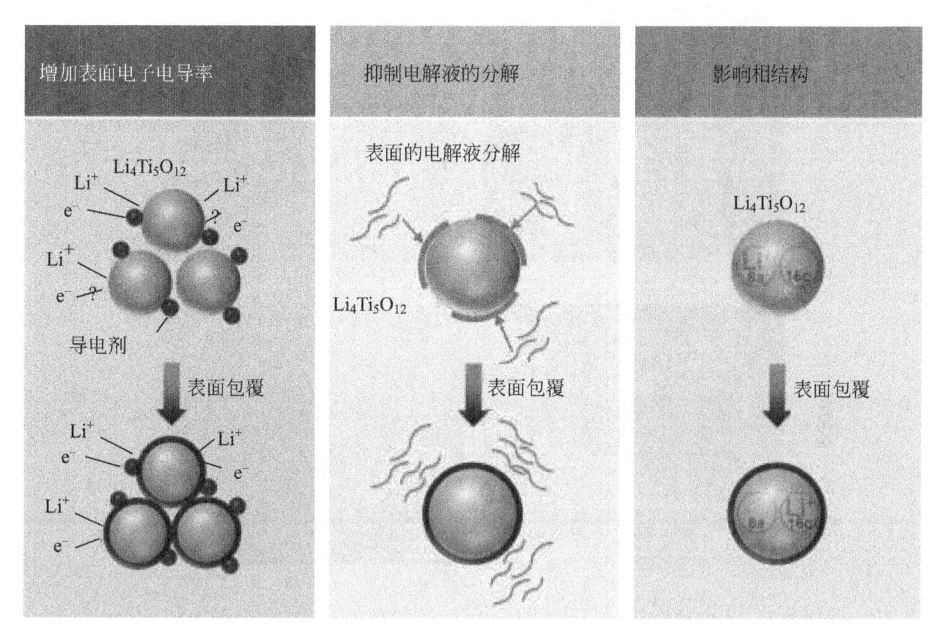

图 8-11 表面包覆对 $Li_4Ti_5O_{12}$ 材料的影响示意图

8.5.2.1 碳改性

相对于其他包覆材料，碳材料是一种好的电子导体。碳包覆结合纳米技术通常可以提供高的导电性、快速的锂离子迁移，从而提高了电极材料的倍率容量。因此，碳包覆不但可以用于提高 $Li_4Ti_5O_{12}$ 材料的电子电导率，还可以避免 $Li_4Ti_5O_{12}$ 材料直接与电解液接触，进而抑制气胀问题。通常，可以将碳前驱体（葡萄糖、蔗糖、沥青等）加入 $Li_4Ti_5O_{12}$ 前驱体中，混合均匀，然后在惰性气氛中高温烧结，即可得到碳包覆的 $Li_4Ti_5O_{12}$ 材料。Chen 等采用一种新的碳预包覆技术制备了碳包覆的 $Li_4Ti_5O_{12}$ 纳米棒材料，如图 8-12 所示。在前驱体 TiO_2 到立方的 $Li_4Ti_5O_{12}$ 转化过程中，碳层以及纳米棒的形貌得到了很好的保持。碳层的厚度大约有 5nm，碳包覆的 $Li_4Ti_5O_{12}$ 纳米棒材料展示了优异的倍率性能和循环稳定性。

Luo 等以蔗糖为碳源，利用水热法制备了碳包覆的 $Li_4Ti_5O_{12}$ 材料，如图 8-13 所示，所制备的材料粒径在 10～100nm 之间，$Li_4Ti_5O_{12}$ 纳米棒的表面覆盖了一层 1～3nm 厚的薄碳壳。图 8-14 给出了 $Li_4Ti_5O_{12}$ 纳米颗粒和碳包覆的 $Li_4Ti_5O_{12}$ 纳米棒的电化学性能，碳包覆 $Li_4Ti_5O_{12}$ 材料在任意倍率循环时，明显具有比 $Li_4Ti_5O_{12}$ 纳米颗粒更高的可逆容量。

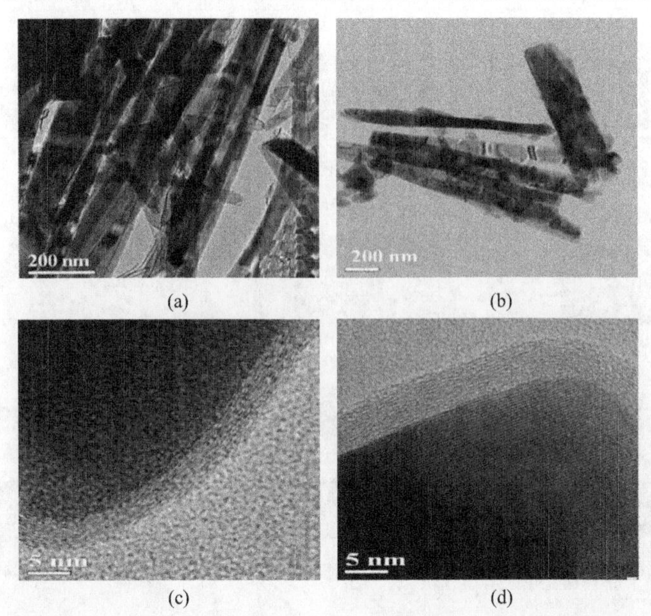

(a) (b) (c) (d)

图 8-12 碳包覆的 TiO_2 棒前驱体 TEM 图（a），碳包覆的 $Li_4Ti_5O_{12}$ 纳米棒 TEM 图（b），碳包覆的 TiO_2 的 HRTEM 图（c），碳包覆的 $Li_4Ti_5O_{12}$ 的 HRTEM 图（d）

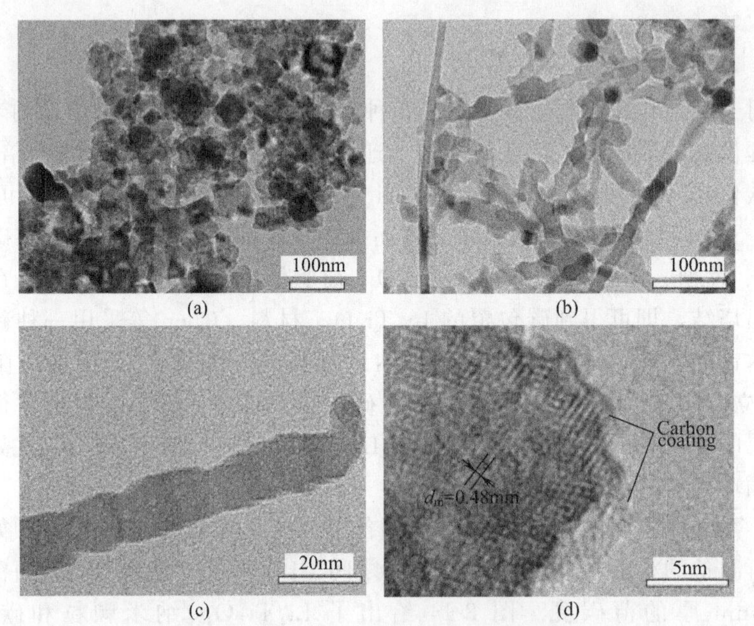

(a) (b) (c) (d)

图 8-13 $Li_4Ti_5O_{12}$ 纳米颗粒的 TEM 图（a），碳包覆的 $Li_4Ti_5O_{12}$ 纳米棒的 TEM 图（b）、（c），碳包覆的 $Li_4Ti_5O_{12}$ 纳米棒 HRTEM 图（d）

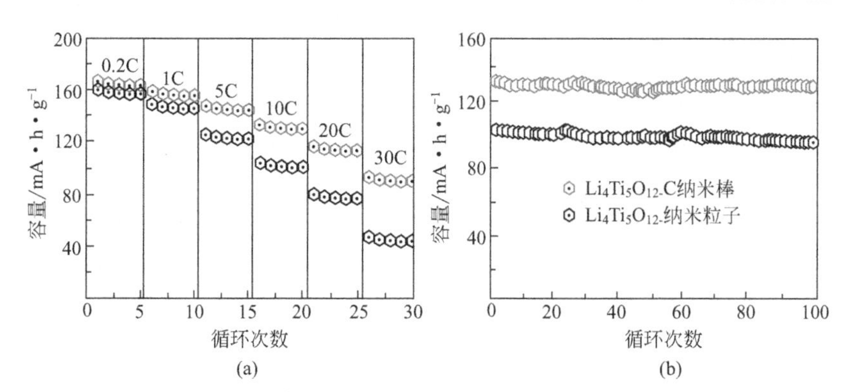

图 8-14 $Li_4Ti_5O_{12}$ 纳米颗粒以及碳包覆的 $Li_4Ti_5O_{12}$ 纳米棒的倍率性能图（a），$Li_4Ti_5O_{12}$ 纳米颗粒以及碳包覆的 $Li_4Ti_5O_{12}$ 纳米棒在 10C 倍率下的循环性能图（b）

Cheng 等采用 CVD 法在 $Li_4Ti_5O_{12}$ 表面包覆了一层石墨化炭，在其研究过程中，炭主要起提高电导率的作用。包覆过程为 $Li_4Ti_5O_{12}$ 粉末制备好后，转移到反应管内，由 N_2 带入甲苯热蒸气，在 800℃下反应 2h，得到包覆均匀的 LTO/C 复合材料。所得样品比容量为 155mA·h·g^{-1}，略低于本征态的 $Li_4Ti_5O_{12}$，24C 大电流放电时，LTO/C 的比容量保持 8C 时的 50%，远远优于纯 $Li_4Ti_5O_{12}$ 的 29%。表 8-2 给出了不同碳源包覆对 $Li_4Ti_5O_{12}$ 电化学性能的影响。

Fang 等通过固相反应法制备出 $Li_4Ti_5O_{12}$/AB/MWCNTs 复合材料。其中，AB 是乙炔黑，MWCNTs 为多壁碳纳米管，它们都是作为碳源。首先，多壁碳纳米管和乙炔黑混合，形成均匀的浆料，然后将 TiO_2 和 Li_2CO_3（$n_{Li}:n_{Ti}=4.32:5$）加入浆料中，在 80℃干燥，最后将得到的粉末置于管式炉中，在氩气气氛中 800℃下烧结 10h 得到 $Li_4Ti_5O_{12}$/AB/MWCNTs 复合材料。与纯 $Li_4Ti_5O_{12}$ 相比，具有体积更小、颗粒均匀的复合材料表现出优异的高倍率性能和循环性能。通过混合 AB 和 MWCNTs 的 $Li_4Ti_5O_{12}$ 的电化学性能和电子电导率都得到了较大的提高。该复合材料在 30C 充放电倍率下可提供 102mA·h·g^{-1} 的放电比容量，在 2C 时，循环 1000 次后，放电比容量仍能维持在 163mA·h·g^{-1}。

Liu 等采用流变相法制备了 $Li_4Ti_5O_{12}$/C 复合材料。以碳酸锂和二氧化钛为原料，混匀后加入 PVB/乙醇溶液中，其中 PVB 为碳源，得到固-液磁混合物流变。将混合物磁力搅拌 4h 后，于 80℃干燥 6h 除去乙醇，将前驱体在氩气气氛中、800℃下煅烧 15h，得到 $Li_4Ti_5O_{12}$/C 复合材料。该材料的平均粒径为 211nm，粒径分布较窄。研究结果表明，与原始的钛酸锂负极相比，复合负极的表面上的导电性得到了显著地提高，这是由于在钛酸锂表面上形成了碳涂层。该材料在 0.1C 倍率下的放电比容量为 173.94mA·h·g^{-1}，而纯钛酸锂只有 165.78mA·h·g^{-1}；在 3C 倍率下的放电比容量为 126.68mA·h·g^{-1}，而纯 $Li_4Ti_5O_{12}$ 只有 107.93mA·h·g^{-1}；0.5C 时，循环 100 次后的放电比容量衰减为 165.94mA·h·g^{-1}，而纯样只有 143.06mA·h·g^{-1}。

表 8-2 不同碳源包覆对 $Li_4Ti_5O_{12}$ 电化学性能的影响

碳源	含量	厚度	合成方法	电压区间/V	电化学性能
醋酸盐热水解	—	约 4～6nm	高温固相	1.0～2.0	155.0mA·h·g^{-1}(20mA·g^{-1})
				0.5～2.0	158.2mA·h·g^{-1}(20mA·g^{-1})
				0～2.0	220.2mA·h·g^{-1}(20mA·g^{-1})
柠檬酸	2%,3.5%,5.5%(质量分数)	约 2～10nm	溶胶-凝胶	1.0～3.0	碳包覆量过高会降低电导率。$Li_4Ti_5O_{12}$@C(3.5%,质量分数)具有最高的容量,1C、50 次循环后容量为 133.5mA·h·g^{-1}
PAN(聚丙烯腈)	5%,10%,15%(质量分数)	约 1～10nm	高温固相	1.0～2.5	$Li_4Ti_5O_{12}$@C(10%,质量分数)具有最高的初始容量(158mA·h·g^{-1},0.2C),而未包覆的 $Li_4Ti_5O_{12}$ 仅为 110mA·h·g^{-1}
PVP(聚乙烯吡咯烷酮)	PVP 含量为 1%,3%(质量分数)	—	喷雾干燥	1.0～2.5	随着 PVP 的增加避免了烧结过程中形貌的塌陷,但是粒径较大的材料容量衰减较大。PVP 含量为 3%(质量分数)样品在 10C 倍率下可逆容量为 107.2mA·h·g^{-1}
蔗糖	—	—	高温固相	1.0～2.5	0.1C 倍率时,$Li_4Ti_5O_{12}$@C 和 $Li_4Ti_5O_{12}$ 的可逆容量分别为 155.7mA·h·g^{-1} 和 103.6mA·h·g^{-1}

石墨烯作为一种新型二维碳材料，具有优良的导电性和机械性能，是纳米复合电极理想载体。石墨烯不仅可以提供连续的电子导电网络，减少循环过程中的阻抗增加，而且保证了电极材料快速有效的电子通道。因此，将石墨烯与电极材料复合以获得容量高、循环稳定性好、倍率性能好的新型锂离子电池 $Li_4Ti_5O_{12}$ 材料的重要方法。Shi 等直接以 $Li_4Ti_5O_{12}$ 颗粒与石墨烯为原材料，以 NMP 为分散剂，高能球磨制备了 $Li_4Ti_5O_{12}$/石墨烯复合材料，该材料在 30C 充放电时可逆比容量可达 122mA·h·g^{-1}，20C 倍率下循环 300 次后，容量损失仅为 6%，这是因为石墨烯优越的电子导电性加快了锂离子在材料中

的传输速度。但是，由于合成的 $Li_4Ti_5O_{12}$ 多以三维颗粒状存在，在复合时与石墨烯等二维材料无法充分接触，限制了其性能的进一步提高。若合成的 $Li_4Ti_5O_{12}$ 为纳米片状结构，有利于离子及电子在材料内部的快速传导的同时，还能够与同为片状结构的石墨烯充分利用同维结构材料结合紧密的特点实现更加充分地接触，这将有望大幅提高 $Li_4Ti_5O_{12}$ 材料的电子电导率和离子电导率，使其成为具有优异的高倍率充放电性能的电极材料。贺艳兵等采用溶剂热法制备得到高结晶度片状结构 $Li_4Ti_5O_{12}$/石墨烯复合电极材料（NMP-LTO/G），其中作为模板剂的氧化石墨烯和作为溶剂的 *N*-甲基吡咯烷酮（NMP）发挥协同作用，可以得到高结晶度片状结构钛酸锂/石墨烯复合电极材料，有利于提高复合材料的体积比容量。

不少文献将碳纳米管加入到其他嵌锂材料中，形成复合材料作为锂离子电池的负极，表现出了良好的电化学性能。碳纳米管在复合材料中的作用主要体现在两个方面：一是利用碳纳米管具有中空结构、比表面积大、导电性良好等优点将其作为载体改善材料的物理性能，从而制成结构独特的新型一维纳米复合材料；二是综合碳纳米管及与之复合材料的性能，起到协同作用，从而提高材料的导电性和结构稳定性等。Ni 等通过液相沉积法用钛酸四丁酯的水解控制将 50nm 的 $Li_4Ti_5O_{12}$ 均匀地沉积在多壁碳纳米管（MWCNTs）上，制备出 $Li_4Ti_5O_{12}$/MWCNTs 复合材料作为锂离子电池的负极；电化学测试表明，该复合材料在 1C 倍率下的放电容量为 $171mA \cdot h \cdot g^{-1}$，在 20C 倍率下的放电容量为 $112mA \cdot h \cdot g^{-1}$，倍率性能良好。优异的电化学性能归因于 $Li_4Ti_5O_{12}$/MWCNTs 纳米复合材料的独特性能，该纳米复合材料缩短了锂离子的扩散路径，并加快了电子电导率。舒杰等利用碳纳米管构建了一种具有超级导电网络的 $Li_4Ti_5O_{12}$/CNTs 材料，如图 8-15 所示。$Li_4Ti_5O_{12}$/CNTs 材料比未包覆的 $Li_4Ti_5O_{12}$ 材料在任意倍率下都具有高的可逆容量。

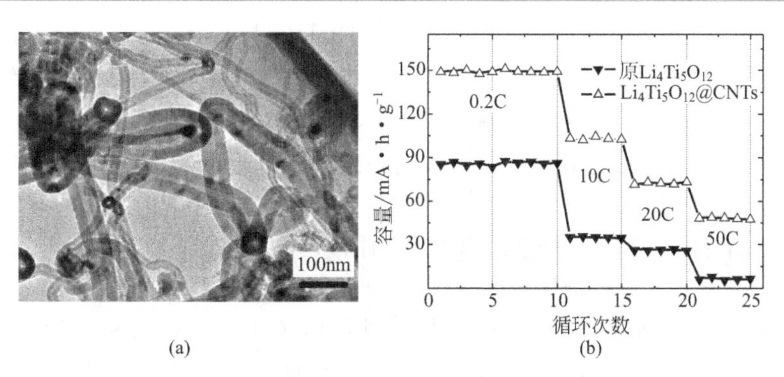

图 8-15 $Li_4Ti_5O_{12}$/CNTs 复合材料的 TEM 图（a）以及倍率性能图（b）

8.5.2.2 金属包覆

由于金属的导电性非常好，因此通过将导电性好的金属颗粒与 $Li_4Ti_5O_{12}$ 材料进行复合制备纳米复合材料，可以提高 $Li_4Ti_5O_{12}$ 活性材料的电子电导率，使其结构更加稳定，再提高 $Li_4Ti_5O_{12}$ 的电化学性能。

Huang 等通过高温固相法合成了 $Li_4Ti_5O_{12}/Ag$ 复合物，用硝酸银、二氧化钛和碳酸锂作为原料，按化学计量比混匀后煅烧得到样品。研究结果表明，该复合材料在 4C 充放电时，10 次循环后放电比容量为 156.2mA・h・g^{-1}，容量损失仅为 0.32%，对纯 $Li_4Ti_5O_{12}$ 来说，10 次循环后容量仅为 117.3mA・h・g^{-1}，容量保持率为 88.2%。Huang 等还研究了不同的 Ag 包覆量对于 $Li_4Ti_5O_{12}$ 电化学性能的影响。结果表明，随着 Ag 添加量的增加，明显提高了 $Li_4Ti_5O_{12}$ 材料的电子电导率，材料的倍率性能也随之增加。其中，添加 5%（质量分数）的 Ag 的复合材料具有最高的首次放电比容量。

Wang 等通过水热法合成了 $Li_4Ti_5O_{12}/Au$ 复合物。称取适量的采用高温固相法制备纯净的 $Li_4Ti_5O_{12}$ 纳米棒聚合体，加入乙二醇和 PVP 的混合溶液中，将溶液加热并保持在 170℃，随后逐滴加入适量的 Au^{3+} 溶液，将混合物搅拌 4h，接着将沉淀物通过离心收获并用去离子水和乙醇洗涤三次，将得到的产物干燥后在 550℃下焙烧 4h，得到 $Li_4Ti_5O_{12}/Au$ 复合物，其中 Au 包覆在 $Li_4Ti_5O_{12}$ 纳米棒的表面上。研究结果表明，单个纳米棒的直径估计为 10～20nm，所得 $Li_4Ti_5O_{12}/Au$ 复合物的锂离子扩散系数为 $7.32\times10^{-10}cm^2\cdot s^{-1}$，并且其稳定的可逆容量为 169mA・h・$g^{-1}$，该材料 5C 充放电循环 100 次后的容量保持率为 91.1%，库仑效率都在 93.3%之上，除了第一个循环。另外，该复合材料也显示出优异的速率性能和循环性能，可以归因于其独特的纳米棒的特性，结构稳定和 Au 构成的均匀的纳米涂层对该电极的离子和电子传导速率的改善。

由于 Ag 价格较贵，于是用比较便宜且导电性好的金属 Cu 作为替代，Huang 等通过化学镀法，在碱性条件下让 HCHO 与 Cu^{2+} 反应沉积出铜，直接在钛酸锂颗粒表面均匀覆盖一层含量为 10%的铜，可将纯 $Li_4Ti_5O_{12}$ 的电导率提高 2 个数量级，所得产物在 1C 和 10C 首次放电比容量分别为 209mA・h・g^{-1} 和 142mA・h・g^{-1}。Huang 等还以硝酸铜和钛酸锂为原料混匀后，通过热沉积方法，将其在氢气和氮气混合气氛制得 $Li_4Ti_5O_{12}$-CuO 和 $Li_4Ti_5O_{12}$-Cu 复合材料。该复合材料在 10C 充放电倍率时，100 次循环后的放电比容量为 137.6mA・h・g^{-1}，容量保持率达到 94.44%。

Cai 等通过纤维素辅助燃烧法成功制备出了 $Li_4Ti_5O_{12}/Sn$ 复合材料，以 $LiNO_3$ 为锂源，Ti $(C_4H_9O)_4$ 为钛源，经用纤维素辅助燃烧技术先制备出钛酸锂粉末，然后采用浸渍法将钛酸锂粉末加入到氯化亚锡溶液中，加入 NH_4OH

直到pH值达到10以诱导沉淀，得到的浆料用去离子水洗涤和干燥，将固体前驱体转移到氧化铝坩埚中，在400～700℃下煅烧3h，得到$Li_4Ti_5O_{12}$/Sn复合材料。研究结果表明，在500℃下煅烧的$Li_4Ti_5O_{12}$/Sn复合材料表现出最优良的电化学性能，这是由于钛酸锂的空间位阻效应和$Li_4Ti_5O_{12}$与锡氧化物的化学相互作用，锡晶粒的生长在500℃煅烧$Li_4Ti_5O_{12}$材料时受到了抑制。在100mA·g^{-1}的电流密度下循环50次后的容量为224mA·h·g^{-1}，高于纯钛酸锂在相同充放电循环条件下的195mA·h·g^{-1}放电容量。它表明$Li_4Ti_5O_{12}$/Sn复合材料可以通过优化合成过程作为锂离子电池的阳极。

8.5.2.3 氧化物包覆

Xiong等以$SnCl_4$、CH_3COOLi、$Ti[CH_3(CH_2)_3O]_4$和$NH_3\cdot H_2O$作为原料，采用溶胶-凝胶法制得$Li_4Ti_5O_{12}/SnO_2$复合材料。测试结果表明，通过溶胶-凝胶技术合成的$Li_4Ti_5O_{12}/SnO_2$复合材料是具有核壳结构的纳米复合材料，并且无定形钛酸锂的表面上涂覆了一层厚度为20～40nm的SnO_2颗粒。在复合材料中的无定形钛酸锂可以容纳SnO_2电极的体积变化，并防止小型和活性的Sn粒子在有效循环过程中聚集成较大的和不活动的Sn集群，从而增强了SnO_2电极的循环稳定性。电化学测试表明，$Li_4Ti_5O_{12}/SnO_2$复合材料在0.1C充放电倍率下提供的可逆容量为688.7mA·h·g^{-1}，在0.2C时，循环60次后，容量保持率仍有93.4%。

NiO_x是通过空穴导电，属于p型半导体，在$Li_4Ti_5O_{12}$电极表面包覆一层NiO_x可以减少不可逆的锂离子损失，提高材料的电化学性能。Jo等研究表明，在0.01～3V之间循环，0.1C倍率时，纯$Li_4Ti_5O_{12}$与NiO_x包覆的$Li_4Ti_5O_{12}$具有相似的放电（嵌锂）容量，当提高至5C倍率放电时，NiO_x包覆的$Li_4Ti_5O_{12}$比纯$Li_4Ti_5O_{12}$的嵌锂容量高30mA·h·g^{-1}。其他的氧化物包覆，例如Fe_2O_3以及CuO等，都可以提高$Li_4Ti_5O_{12}$的电化学性能。Wang等利用简单的水解法制备了Fe_2O_3包覆的$Li_4Ti_5O_{12}$材料，10C倍率时，其放电容量为109.4mA·h·g^{-1}，展示了优异的倍率性能。Hu等利用两步燃烧法合成了TMO（Fe_2O_3和CuO）包覆的$Li_4Ti_5O_{12}$材料，两种包覆材料在100次循环后均展示了172mA·h·g^{-1}的可逆容量，其中Fe_2O_3包覆的$Li_4Ti_5O_{12}$在20C倍率时仍具有106mA·h·g^{-1}的可逆容量。

8.5.2.4 TiN包覆

钛的氮化物TiN具有很好的导电性能，20℃时电导率为8.7μS·m^{-1}。在$Li_4Ti_5O_{12}$材料表面生成一层TiN膜，有望提高其电化学性能。

M. Q. Snyder等采用原子层沉淀法，用TiN材料对$Li_4Ti_5O_{12}$进行包覆，合

成 $Li_4Ti_5O_{12}$/TiN 复合材料。TiN 是一种坚硬、耐火的金属型导体。用原子层沉淀法，将由 $TiCl_4$ 和 NH_3 制得的 TiN 包覆在 $Li_4Ti_5O_{12}$ 颗粒的表面。纽扣电池的测试结果表明，TiN 薄膜沉积在 $Li_4Ti_5O_{12}$ 表面上增强了 $Li_4Ti_5O_{12}$ 电极的性能，可能是通过由电解质除去表面各种碳酸盐和防止阳极分解的缘故。无论充电还是放电，原子层沉淀法改性的 $Li_4Ti_5O_{12}$ 粉末会产生一个恒定的电压并迅速地终止变化的电位。循环测试结果表明，$Li_4Ti_5O_{12}$/TiN 复合材料在不同的循环速率下能够保持一个恒定的充电容量，接近其理论容量。如果对电极的组成和适当的黏结剂的选择进行优化甚至可以进一步提高其性能。

周晓玲等采用溶胶-凝胶法，以 $CH_3COCH_2COCH_3$ 为螯合剂、$HO(CH_2CH_2O)_nH$ 为分散剂合成了 $Li_4Ti_5O_{12}$/TiN 复合材料。该复合材料为结晶良好的亚微米纯相尖晶石型钛酸锂。电化学性能测试表明，该材料的首次放电比容量为 173.0mA·h·g^{-1}，并且具有良好的循环性能，$Li_4Ti_5O_{12}$/TiN 在 0.2C、1C、2C 和 5C 倍率放电，10 次循环后比容量分别为 170.6mA·h·g^{-1}、147.6mA·h·g^{-1}、135.6mA·h·g^{-1} 和 111.0mA·h·g^{-1}，较之表面无 TiN 膜的钛酸锂材料表现出更好的倍率特性。所以，TiN 膜改善了尖晶石型 $Li_4Ti_5O_{12}$ 锂离子电池负极材料的电化学性能。

Park 等发现通过在氨气中热处理 $Li_4Ti_5O_{12}$，进行结构表面修饰，可以改变锂离子的嵌入/脱出行为，同时产生 Ti 和 N 表面之间的化学键。为了验证这一说法，Park 等引入混合化学键中间相，$Li_{4+\delta}Ti_5O_{12}$ 和表面导电层 TiN，提高了电池的性能。实验者在 700℃下含有 NH_3 的气氛下进行热氮化。制得的活性材料体现出令人印象深刻的循环性能，TiN/$Li_4Ti_5O_{12}$ 核壳结构在电化学反应中保持了强健的结构。经证实氨气使得 $Li_4Ti_5O_{12}$ 分解为 TiN 和 Li_2CO_3，并且晶格常数没有明显变化，在高电流密度下提高了 TiN 层包覆的 $Li_{4+\delta}Ti_5O_{12}$ 的电化学性能。

8.5.2.5 其他包覆

采用其他导电层，例如 AlF_3、多并苯（PAS）、聚［3,4-亚乙基二氧噻吩(PEDOT)］、TiN/TiO_xN_y 以及 $Li_{3x}La_{(2/3)-x}TiO_3$（LLTO）等，对 $Li_4Ti_5O_{12}$ 进行包覆也可以提高其倍率性能。表 8-3 给出了 $Li_4Ti_5O_{12}$ 及其包覆化合物的合成方法及电化学性能。

表 8-3 $Li_4Ti_5O_{12}$ 及其包覆化合物的合成方法及电化学性能

包覆的化合物	合成方法以及包覆量	合成条件	对性能的正影响	对性能的负影响
AlF_3	高温固相[2%(质量分数)]	400℃在 Ar 中烧结 5h	AlF_3 包覆层提高了 $Li_4Ti_5O_{12}$ 的高倍率性能，抑制了气胀	部分 Al^{3+} 和 F^- 进入了 $Li_4Ti_5O_{12}$ 的晶格，导致有 TiO_2 杂质峰产生

续表

包覆的化合物	合成方法以及包覆量	合成条件	对性能的正影响	对性能的负影响
PAS(多并苯)	喷雾干燥[6%(质量分数)]	800℃在N_2中烧结12h	PAS包覆提高了$Li_4Ti_5O_{12}$的电子电导率，进而提高了材料的循环性能和倍率容量	$Li_4Ti_5O_{12}$/PAS合成路线复杂
PEDOT[聚(3,4-亚乙基二氧噻吩)]	高温固相[10%(质量分数)]	600℃烧结2h	1D的形貌以及均一的PEDOT聚合物层缩短了锂离子迁移路径，提高$Li_4Ti_5O_{12}$的倍率容量($135.2mA \cdot h \cdot g^{-1}$,10C)	原材料以及合成成本较高
TiN/TiO_xN_y	静电纺丝	700℃在NH_3中煅烧5～10min，然后冷却至室温	在10C倍率时，氮化的$Li_4Ti_5O_{12}$的容量是纯样的1.35倍	难以控制TiN的含量，合成成本较高，合成路线复杂
LLTO($Li_{3x}La_{2/3-x}TiO_3$)	高温固相结合水热合成[3%,5%,10%(质量分数)]	高温固相合成$Li_4Ti_5O_{12}$，然后水热合成LLTO包覆的材料，并600℃煅烧6h	LLTO改性提高了$Li_4Ti_5O_{12}$材料的电化学可逆性、锂离子迁移能力、电子电导率，进而提高了材料的高倍率容量、循环稳定性以及快速充放电性能	在$Li_4Ti_5O_{12}$颗粒表面很难包覆均一的LLTO层

8.6 $Li_4Ti_5O_{12}$材料的气胀

尽管$Li_4Ti_5O_{12}$材料作为锂离子电池负极具有很多的优点，但是迄今为止，电池仍未实现成熟的产业化发展。主要原因是用该材料的电池在化成以及充放电过程中普遍存在产气现象即电池内部不断析出气体，该电池一旦气胀，正、负极间的接触距离增大，而电解液仍是原来的加入量，使得电池的阻抗显著增加，电池的容量、功率及循环性能将急剧下降；无论电池外壳是钢壳还是铝壳，电池气胀还会引起电池的安全阀排气，进一步降低电液量，这使得钛酸锂材料在实际商业化应用中受到了很大限制，尤其是在动力电池领域。

8.6.1 $Li_4Ti_5O_{12}$材料的产气机理

钛酸锂的产气问题相对于通常使用的石墨负极材料比较特殊。一般的电极材料通常都是在化成过程中产气，通过切除铝塑外壳的气袋就可以将气体排除而不影响使用。钛酸锂作负极的电池在化成过程中产气比较明显，而且在后续循环过程中也有气体生成。这个问题在圆柱电池上并不明显，因为圆柱电池使用不锈钢壳体，而在软包电池上可以看到电池鼓包现象，这说明气胀现象与 $Li_4Ti_5O_{12}$ 材料的自身特性及其与电解液的界面特性与气体的产生密切相关。贺艳兵等研究表明，$Li_4Ti_5O_{12}$ 产气的气体主要的成分为 H_2、CO_2 和 CO 等，其中 H_2 是最主要成分。$Li_4Ti_5O_{12}$ 材料自身并不含有氢元素，所以产气并非是 $Li_4Ti_5O_{12}$ 自身分解导致。进一步研究发现，$Li_4Ti_5O_{12}$ 在溶剂 DEC 中浸泡后，最表面的（111）晶面转换为（222）晶面且最外层伴随有锐钛矿 TiO_2 的生成。（222）晶面中仅含有［$Li_{1/3}Ti_{5/3}$］层，而（111）晶面则含有 Li^+、O^{2-} 及［$Li_{1/3}Ti_{5/3}$］层，$Li_4Ti_5O_{12}$ 和 DEC 的反应使得 $Li_4Ti_5O_{12}$ 最外层的 Li^+ 及 O^{2-} 消失，最外层表面由 Li 原子转换成富 Ti 的界面。说明 $Li_4Ti_5O_{12}$ 的（111）晶面在与溶剂的反应中有最高的反应活性。贺艳兵等将 $Li_4Ti_5O_{12}$ 极片分别于溶剂、电解液中浸泡，检测了 $Li_4Ti_5O_{12}/LiNi_{1/3}Co_{1/3}Mn_{1/3}O_2$ 全电池储存及循环中气体成分、体积，认为溶剂在 $Li_4Ti_5O_{12}$（111）晶面上发生了脱羧基、脱羰基及脱氢反应，进而产生 H_2、CO_2 和 CO 等是气胀的主要原因，主要反应机理如图 8-16 所示。$Li_4Ti_5O_{12}$ 中的 Ti—O 键是催化电解液在负极表面分解的主要原因，有机溶剂在 Ti^{4+} 的催化下脱羧基反应产生 CO_2；烷基碳酸盐中的烷氧基在 $Li_4Ti_5O_{12}$ 的催化作用下发生脱氢反应生成 H_2；溶剂脱氢反应的中间产物也可以接受电子和 Li^+ 进行脱羰反应生成 CO，其中，CO_2 也可被还原成 CO。

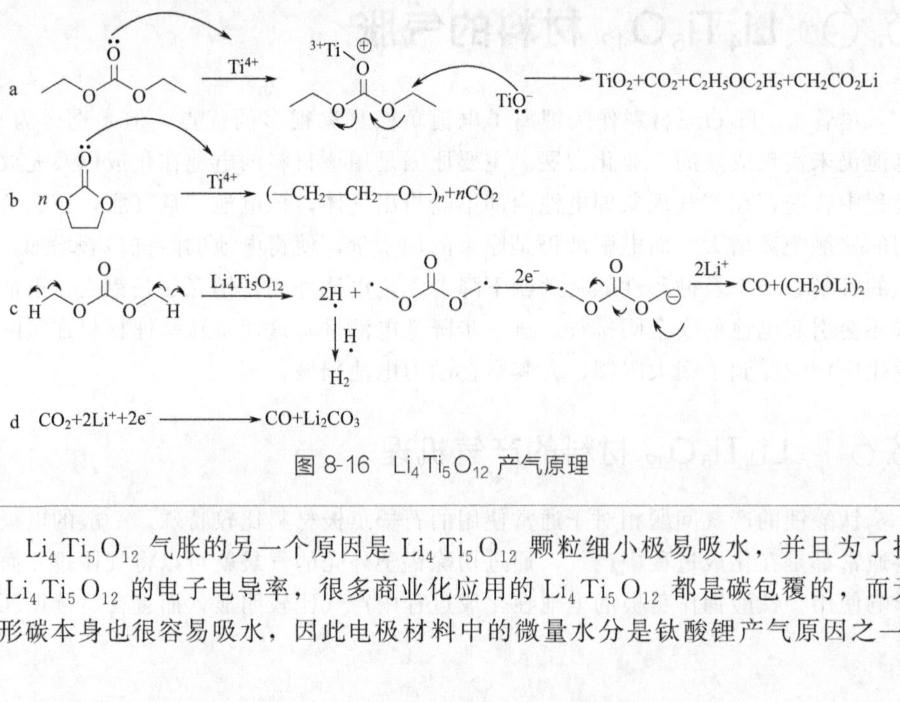

a $\xrightarrow{Ti^{4+}}$ ^{3+}Ti … TiO^- $\longrightarrow TiO_2+CO_2+C_2H_5OC_2H_5+CH_2CO_2Li$

b n … $\xrightarrow{Ti^{4+}} (—CH_2—CH_2—O—)_n+nCO_2$

c $\xrightarrow{Li_4Ti_5O_{12}} 2H\cdot + \cdot … \cdot \xrightarrow{2e^-} … \xrightarrow{2Li^+} CO+(CH_2OLi)_2$；$H\cdot \rightarrow H_2$

d $CO_2+2Li^++2e^- \longrightarrow CO+Li_2CO_3$

图 8-16 $Li_4Ti_5O_{12}$ 产气原理

$Li_4Ti_5O_{12}$ 气胀的另一个原因是 $Li_4Ti_5O_{12}$ 颗粒细小极易吸水，并且为了提高 $Li_4Ti_5O_{12}$ 的电子电导率，很多商业化应用的 $Li_4Ti_5O_{12}$ 都是碳包覆的，而无定形碳本身也很容易吸水，因此电极材料中的微量水分是钛酸锂产气原因之一。

另外，还有报道表明 $Li_4Ti_5O_{12}$ 中含有杂质 TiO_2 也会对电池的气胀产生重要影响。

8.6.2 抑制 $Li_4Ti_5O_{12}$ 材料气胀的方法

抑制 $Li_4Ti_5O_{12}$ 材料气胀的方法通常包括电解液除水、采用包覆、掺杂改性等手段，避免钛酸锂表面与电解液直接接触或改变接触界面性质等。贺艳兵等研究表明，在 $Li_4Ti_5O_{12}$ 材料的表面构建一层稳定而均匀的碳层，在随后的充放电过程中可在 $Li_4Ti_5O_{12}$ 表面形成稳定的 SEI 膜，改善固液界面特性，减少电解液在 $Li_4Ti_5O_{12}$ 表面的脱羧基、脱羰基及脱氢反应，既缓解了电池的气胀，又提高了 $Li_4Ti_5O_{12}$ 电极的高温、倍率充放电特性。

黄东海等研究发现 $LiNi_{1/4}Co_{1/2}Mn_{1/4}O_2/Li_4Ti_5O_{12}$ 电池在高温 60℃下、储存 7 天后，容量保持率和恢复率都出现不同程度的衰减，内阻和厚度有所增加。这是由于电池在满电高温储存时，电解液容易被 $Li_4Ti_5O_{12}$ 电极表层（111）面的 Ti^{4+} 催化，发生脱羧基、脱羰基分解反应，产生 CO_2、CO 和 C_2H_6 等气体，同时生成 Li_2CO_3、LiF 等无机盐，导致 $Li_4Ti_5O_{12}$ 电极的 SEI 膜变厚，引起内阻增大，造成放电容量衰减。加入 0.5%LiBOB 的电池，高温储存后的容量保持率提高至 91.4%，容量恢复率提高至 96.5%，内阻变化率降低至 13.5%，厚度膨胀率降低至 8.3%，说明添加的 LiBOB 起到了抑制气胀的效果，提高了电池的高温储存性能。

参考文献

[1] Yi T F, Yang S Y, Xie Y. Recent advances of $Li_4Ti_5O_{12}$ as promising next generation anode material for high power lithium-ion batteries. J Mater Chem A, 2015, 3 (11): 5750-5777.

[2] Zhao B, Ran R, Liu M, Shao Z. A comprehensive review of $Li_4Ti_5O_{12}$-based electrodes for lithium-ion batteries: The latest advancements and future perspectives. Mater Sci Eng, R, 2015, 98: 1-71.

[3] 张永龙，胡学步，徐云兰，丁明亮. 不同形貌结构 $Li_4Ti_5O_{12}$ 负极材料的最新进展. 化学学报，2013，71：1341-1353.

[4] 杨立，陈继章，唐宇峰，房少华. 锂离子电池负极材料 $Li_4Ti_5O_{12}$. 化学进展，2011，23 (2-3)：310-317.

[5] Cheng L, Yan J, Zhu G N, Luo J Y,

Wang C X, Xia Y Y. General synthesis of carbon-coated nanostructure $Li_4Ti_5O_{12}$ as a high rate electrode material for Li-ion intercalation. J Mater Chem, 2010, 20: 595-602.

[6] Luo H J, Shen L F, Rui K, Li H, Zhang X G. Carbon coated $Li_4Ti_5O_{12}$ nanorods as superior anode material for high rate lithium ion batteries. J Alloys Compd, 2013, 572: 37-42.

[7] 张明，张宝，吴燕妮. 石墨烯/钛酸锂复合材料制备研究. 稀有金属材料与工程，2015，44（8）：1990-1993.

[8] 董海勇，贺艳兵，李宝华，康飞宇. 高结晶度片状钛酸锂/石墨烯复合材料的可控制备及其电化学性能. 新型炭材料，2016，31（2）：115-120.

[9] Wang W, Guo Y Y, Liu L X, Wang S X, Yang X J, Guo H. Gold coating for a high performance $Li_4Ti_5O_{12}$ nanorod aggregates anode in lithium-ion batteries. J Power Sources, 2014, 245: 624-629.

[10] Huang S H, Wen Z Y, Zhang J C, Gu Z H, Xu X H. $Li_4Ti_5O_{12}$/Ag Composite as electrode materials for lithium-ion battery. Solid State Ionics, 2006, 177（9-10）: 851-855.

[11] Huang S H, Wen Z Y, Lin B, Han J D, Xu X G. The high-rate performance of the newly designed $Li_4Ti_5O_{12}$/Cu composite anode for lithium ion batteries. J Alloys Compd, 2008, 457: 400-403.

[12] Cai R, Yu X, Liu X Q, Shao Z P. $Li_4Ti_5O_{12}$/Sn composite anodes for lithium-ion batteries: Synthesis and electrochemical performance. J Power Sources, 2010, 195: 8244-8250.

[13] Jo M R, Lee G H, Kang Y M. Controlling Solid-Electrolyte-Interphase Layer by Coating P-Type Semiconductor NiO_x on $Li_4Ti_5O_{12}$ for High-Energy-Density lithium-ion Batteries. ACS Appl Mater Interfaces, 2015, 7: 27934-27939.

[14] Wang B F, Cao J, Liu Y, Zeng T. Improved capacity and rate capability of Fe_2O_3 modified $Li_4Ti_5O_{12}$ anode material. J Alloys Compd, 2014, 587: 21-25.

[15] Hu M J, Jiang Y Z, Yan M. High rate $Li_4Ti_5O_{12}$-Fe_2O_3 and $Li_4Ti_5O_{12}$-CuO composite anodes for advanced lithium ion batteries. J Alloys Compd, 2014, 603: 202-206.

[16] Liu J, Li X F, Cai M, Li R Y, Sun X L. Ultrathin atomic layer deposited ZrO_2 coating to enhance the electrochemical performance of $Li_4Ti_5O_{12}$ as an anode material. Electrochim Acta, 2013, 93: 195-201.

[17] Snyder M Q, Trebukhova S A, Ravdel B, Wheeler M C, DiCarlo J, Tripp C P, DeSisto W J. Synthesis and characterization of atomic layer deposited titanium nitride thin films on lithium titanate spinel powder as a lithium-ion battery anode. J Power Sources, 2007, 165: 379-385.

[18] 周晓玲，黄瑞安，吴肇聪，杨斌，戴永年. 高倍率尖晶石型 $Li_4Ti_5O_{12}$/TiN 锂离子电池负极材料的合成及其电化学性能. 物理化学学报，2010，26（12）：3187-3192.

[19] Park K S, Benayad A, Kang D J, Doo S G. Nitridation-driven conductive $Li_4Ti_5O_{12}$ for lithium ion batteries. J Am Chem Soc, 2008, 130（45）: 14930-14931.

[20] Li W, Li X, Chen M Z, Xie Z W, Zhang J X, Dong S Q, Qu M Z. AlF_3 modification to suppress the gas generation of $Li_4Ti_5O_{12}$ anode battery.

Electrochim Acta, 2014, 139: 104-110.

[21] Yu H Y, Zhang X F, Jalbout A F, Yan X D, Pan X M, Xie H M, Wang R S. High-rate characteristics of novel anode $Li_4Ti_5O_{12}$/polyacene materials for Li-ion secondary batteries. Electrochim Acta, 2008, 53 (12): 4200-4204.

[22] Wang X Y, Shen L F, Li H S, Wang J, Dou H, Zhang X G. PEDOT coated $Li_4Ti_5O_{12}$ nanorods: Soft chemistry approach synthesis and their lithium storage properties. Electrochim Acta, 2014, 129: 283-289.

[23] Park H, Song T, Han H, Paik U. TiN/TiO_xN_y layer as an anode material for high power Li-ion batteries. J Power Sources, 2013, 244: 726-730.

[24] Yi T F, Yang S Y, Tao M, Xie Y, Zhu Y R, Zhu R S. Synthesis and application of a novel $Li_4Ti_5O_{12}$ composite as anode material with enhanced fast charge-discharge performance for lithium-ion battery. Electrochim Acta, 2014, 134: 377-383.

[25] He Y B, Li B, Liu M, Zhang C, Lv W, Yang C, Li J, Du H, Zhang B, Yang Q H, Kim J K, Kang F. Gassing in $Li_4Ti_5O_{12}$-based batteries and its remedy. Scientific Reports, 2012, 2: 913.

[26] 王倩，张竞择，娄豫皖，夏保佳. 钛酸锂基锂离子电池的析气特性. 化学进展，2014，26 (11): 1772-1780.

[27] 黄东海，刘建生，周邵云. 二草酸硼酸锂对钛酸锂负极电池高温性能的影响. 电池，2014，44 (2): 80-83.

[28] Zhu Y R, Yuan J, Zhu M, Hao G, Yi T F, Xie Y. Improved electrochemical properties of $Li_4Ti_5O_{12}$-$Li_{0.33}La_{0.56}TiO_3$ composite anodes prepared by a solid-state synthesis, J Alloys Compd, 2015, 646, 612-619.

[29] Yang S Y, Yuan J, Zhu Y R, Yi T F, Xie Y, Structure and electrochemical properties of Sc^{3+}-doped $Li_4Ti_5O_{12}$ as anode materials for lithium-ion battery, Ceram Int, 2015, 41: 7073-7079.

[30] Yi T F, Fang Z K, Xie Y, Zhu Y R, Yang S Y, Rapid charge-discharge property of $Li_4Ti_5O_{12}$-TiO_2 nanosheet and nanotube composites as anode material for power lithium-ion batteries. ACS Appl Mater Interfaces, 2014, 6 (22): 20205-20213.

[31] Yi T F, Xie Y, Zhu Y R, Zhu R S, Shen H. Structural and thermodynamic stability of $Li_4Ti_5O_{12}$ anode material for lithium-ion battery. J Power Sources, 2013, 222: 448-454.

[32] Yi T F, Chen B, Shen H Y, Zhu R S, Zhou A N, Qiao H B, Spinel $Li_4Ti_{5-x}Zr_xO_{12}$ ($0 \leqslant x \leqslant 0.25$) materials as high-performance anode materials for lithium-ion batteries. J Alloys Compd, 2013, 558: 11-17.

[33] Zhu Y R, Yin L C, Yi T F, Liu H, Xie Y, Zhu R S, Electrochemical performance and lithium-ion intercalation kinetics of submicron-sized $Li_4Ti_5O_{12}$ anode material.J Alloys Compd, 2013, 547: 107-112.

[34] Yi T F, Liu H, Zhu Y R, Jiang L J, Xie Y, Zhu R S. Improving the high rate performance of $Li_4Ti_5O_{12}$ through divalent zinc substitution. J Power Sources, 2012, 215: 258-265.

[35] Yi T F, Xie Y, Wu Q, Liu H, Jiang L, Ye M, Zhu R. High rate cycling performance of lanthanum-modified $Li_4Ti_5O_{12}$ anode materials for lithium-ion batteries. J Power Sources, 2012,

214: 220-226.

[36] Yi T F, Xie Y, Jiang L J, Shu J, Yue C B, Zhou A N, Ye M F. Advanced electrochemical properties of Mo-doped $Li_4Ti_5O_{12}$ anode material for power lithium ion battery. RSC Adv, 2012, 2 (8): 3541-3547.

[37] Yi T F, Xie Y, Shu J, Wang Z, Yue C B, Zhu R S, Qiao H B. Structure and electrochemical performance of niobium-substituted spinel lithium titanium oxide synthesized by solid-state method. J Electrochem Soc, 2011, 158 (3): A266-A274.

[38] Yi T F, Shu J, Zhu Y R, Zhu X D, Zhu R S, Zhou A N. Advanced electrochemical performance of $Li_4Ti_{4.95}V_{0.05}O_{12}$ as a reversible anode material down to 0V. J Power Sources, 2010, 195 (1): 285-288.

[39] Yi T F, Jiang L J, Shu J, Yue C B, Zhu R S, Qiao H B. Recent development and application of $Li_4Ti_5O_{12}$ as anode material of lithium ion battery. J Phys Chem Solids, 2010, 71 (9): 1236-1242.

[40] Yi T F, Shu J, Zhu Y R, Zhu X D, Yue C B, Zhou A N, Zhu R S. High-performance $Li_4Ti_{5-x}V_xO_{12}$ ($0 \leq x \leq 0.3$) as an anode material for secondary lithium-ion battery. Electrochim Acta, 2009, 54 (28): 7464-7470.

[41] Zhu Y R, Yi T F, Ma H T, Ma Y Q, Jiang L J, Zhu R S, Improved electrochemical performance of Ag modified $Li_4Ti_5O_{12}$ anode material in a broad voltage window, J Chem Sci, 2014, 126 (1): 17-23.

[42] Yi T F, Yang S Y, Li X Y, Yao J H, Zhu Y R, Zhu R S. Sub-micrometric $Li_{4-x}Na_xTi_5O_{12}$ ($0 \leq x \leq 0.2$) spinel as anode material exhibiting high rate capability. J Power Sources, 2014, 246: 505-511.

[43] Yi T F, Fang Z K, Deng L, Wang L, Xie Y, Zhu Y R, Yao J H, Dai C, Enhanced electrochemical performance of a novel $Li_4Ti_5O_{12}$ composite as anode material for lithium-ion battery in a broad voltage window. Ceram Int, 2015, 41: 2336-2341.

[44] Zhu Y R, Wang P, Yi T F, Deng L, XieY, Improved high-rate performance of $Li_4Ti_5O_{12}$/carbon nanotube nanocomposite anode for lithium-ion batteries. Solid State Ionics, 2015, 276: 84-89.

[45] Fang Z K, Zhu Y R, Yi T F, Xie Y. $Li_4Ti_5O_{12}$-$LiAlO_2$ composite as high performance anode material for lithium-ion battery. ACS Sustain Chem Eng, 2016, 4 (4): 1994-2003.

第9章

钛基负极材料

传统的化石能源正面临短缺甚至枯竭的危机，并给环保带来巨大压力，循环经济、低碳经济的新型工业化发展方向将推动新能源汽车产业的快速发展。锂离子动力电池作为新一代环保、高能电池，已成为目前新能源汽车用动力电池主流产品。虽然锂离子电池的保护电路已经比较成熟，但对于动力电池而言，要真正保证安全，负极材料的选择十分关键。目前商用锂离子电池的负极材料大多为嵌锂型碳材料，而碳材料的氧化还原电位接近金属锂，当电池过充电时，金属锂可能在碳负极表面产生枝晶，从而刺穿隔膜导致电池短路和热失控。钛酸盐基材料具有较高的嵌锂电位可以有效避免金属锂的析出，且在高温下具有一定的吸氧功能，因而具有明显的安全性特征，被认为是代替石墨作为锂离子电池负极材料的理想选择。常见钛酸盐除了上一章介绍的 $Li_4Ti_5O_{12}$ 之外，还包括 $LiTi_2O_4$、$Li_2Ti_3O_7$、$Li_2Ti_6O_{13}$ 等锂钛氧化合物，$MLi_2Ti_6O_{14}$（M=2Na，Sr，Ba）等含钠的钛酸盐以及含铬的钛酸盐。

9.1 Li-Ti-O 化合物

9.1.1 $LiTi_2O_4$

$LiTi_2O_4$ 是首例发现临界温度 T_c>10K 的超导体，具有尖晶石和斜方锰矿两种同质异形体，前者在温度低于 875℃时稳定，后者在温度高于 925℃时稳定。$LiTi_2O_4$ 理论上能嵌入 1mol Li^+ 生成 $Li_2Ti_2O_4$，理论比容量约为 160mA・h・g^{-1}。尖晶石结构的 $LiTi_2O_4$ 空间群为 Fd-3m，氧离子（O^{2-}）立方密堆构成面心立方（FCC）点阵，占据 32e 位；锂离子占据 8a 位，Ti^{4+}/Ti^{3+} 占据 16d 位，$LiTi_2O_4$ 的结构式可以表示为 $[Li]_{8a}[Ti_2]_{16d}[O_4]_{32e}$，晶格常数为 0.8405nm。图 9-1 为 $Li_{1+x}Ti_2O_4$ 的晶体结构。当 $LiTi_2O_4$ 嵌锂时，8a 位迁移到 16c 位，结构式为 $Li_{1+x}Ti_2O_4$，当 16c 位完全被锂离子占据后，结构式为 $Li_2Ti_2O_4$。尖晶石结构 $LiTi_2O_4$ 的嵌锂电位为 0.94～1.50V（vs. Li/Li^+），实验可逆比容量为 120～140mA・h・g^{-1}；斜方锰矿结构 $LiTi_2O_4$ 的嵌锂电位为 1.33～1.40V (vs. Li/Li^+)，实验可逆比容量为 $100mA\cdot h\cdot g^{-1}$。

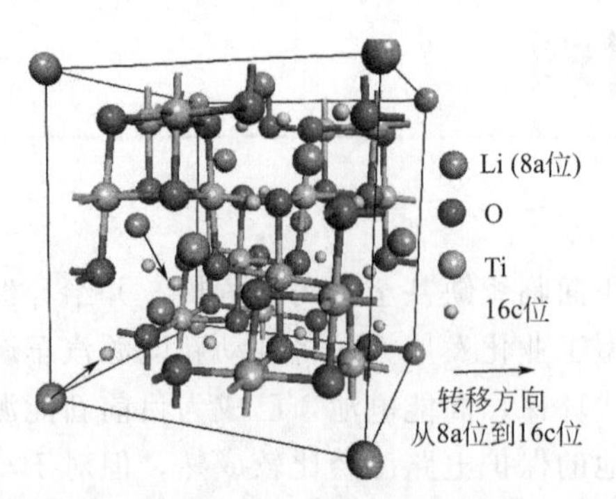

图 9-1 $Li_{1+x}Ti_2O_4$ 的晶体结构

一定温度和压力下由稳定态单质生成 1mol 某化合物 B(β) 的热效应，称为该化合物 B 的“摩尔生成焓”，以 $\Delta_f H_m$(B, β) 表示。若 $\Delta_f H_m>0$，说明产物的能量大于反应物的能量，这样的反应是吸热反应，需要外界提供能量；若 $\Delta_f H_m<0$，说明产物的能量小于反应物的能量，这样的反应是放热反应。若 $\Delta_f H_m<0$，且 $\Delta_f H_m$ 的绝对值越大，说明产物（化合物）的能量较之反应物（最稳定单质）的能量有很大程度的降低，这样产物 B 就越稳定。若 $LiTi_2O_4$ 可通过 Li、Ti、O 的单质化合而成，则反应方程式如下：

$$Li(s)+2TiO_2(s,金红石)=\!=\!=LiTi_2O_4(s) \tag{9-1}$$

则该反应的摩尔反应焓（$\Delta_r H_m$）为：

$$\begin{aligned}\Delta_r H_m &=\Delta_f H_m(LiTi_2O_4)-\Delta_f H_m(Li)-2\Delta_f H_m[TiO_2(金红石)]\\ &=E(LiTi_2O_4)-E(Li)-2E[TiO_2(金红石)]\end{aligned} \tag{9-2}$$

式中，E(Li)、$E[TiO_2$(金红石)]和 $E(LiTi_2O_4)$ 分别代表相关体系的总能，其大小为−190.18902954715eV、−2483.2406419855eV、−5158.56640998375eV。另外，根据文献报道，$\Delta_f H_m$（TiO_2，s，金红石）的数值为$-944.0kJ\cdot mol^{-1}\pm0.8 kJ\cdot mol^{-1}$。利用 DFT 计算法则可以得到该反应的 $\Delta_r H_m$ 的大小为$-182.723 kJ\cdot mol^{-1}$。根据公式(9-2) 可以得到：

$$\Delta_f H_m(LiTi_2O_4)=\Delta_r H_m+\Delta_f H_m(Li)+2\Delta_f H_m(TiO_2,s,金红石) \tag{9-3}$$

通过计算可以得到 $LiTi_2O_4$ 的摩尔生成焓为$-2070.723kJ\cdot mol^{-1}\pm1.6 kJ\cdot mol^{-1}$，远远低于 $LiCoO_2$（$-142.54kJ\cdot mol^{-1}\pm1.69kJ\cdot mol^{-1}$）、$LiNiO_2$（$-56.21kJ\cdot mol^{-1}\pm1.53kJ\cdot mol^{-1}$）以及 $LiMn_2O_4$（$-1380.9kJ\cdot mol^{-1}\pm2.2kJ\cdot mol^{-1}$）。因此，可以推断，作为锂离子电池电极材料，$LiTi_2O_4$ 热力学稳定性远远高于 $LiCoO_2$、$LiNiO_2$ 以及 $LiMn_2O_4$。利用同样的方法，可以计算

出嵌锂后的 $Li_2Ti_2O_4$ 的摩尔生成焓为 $-2155.08kJ \cdot mol^{-1} \pm 1.6kJ \cdot mol^{-1}$。因此，嵌锂的材料具有更好的热力学稳定性。

9.1.2 $Li_2Ti_3O_7$

$Li_2Ti_3O_7$ 具有斜方锰矿结构（Pnma）和三钛钛酸钠型层状结构（P21/m）两种同质异形体。斜方锰矿结构 $Li_2Ti_3O_7$ 由共边和共角的（Ti，Li）O_6 八面体构成 c 轴向一维开放性通道骨架，部分 Li^+ 位于通道中的氧四面体间隙，嵌入 Li^+ 占据骨架通道中空的氧四面体间隙，如图 9-2 所示。其室温电导率为 $4.05 \times 10^{-7} S \cdot cm^{-1}$，理论嵌锂量为 2.28mol，比容量为 $235mA \cdot h \cdot g^{-1}$，嵌锂电位曲线呈现 3 个不同梯度的斜坡，表明嵌锂过程出现 2 个连续的固溶体和 1 个两相平衡区域，平均嵌锂电位约 1.4V(vs. Li/Li^+)，但因毗邻的氧四面体间隙间距较小，导致 Li—Li 库仑斥力较大，实验比容量仅约 $150mA \cdot h \cdot g^{-1}$。层状结构的 $Li_2Ti_3O_7$ 由 3 个强烈扭曲的 TiO_6 八面体构成 $[Ti_3O_7]^{2-}$ 基本骨架，锂离子位于层间氧四面体间隙中，Li^+ 嵌入时占据层间剩余的氧四面体间隙，其脱嵌锂电位和实验比容量与斜方锰矿相类似。斜方锰矿结构 $Li_2Ti_3O_7$ 的合成方法有固相法和溶胶-凝胶法。层状结构 $Li_2Ti_3O_7$ 可采用熔盐离子交换法制备。

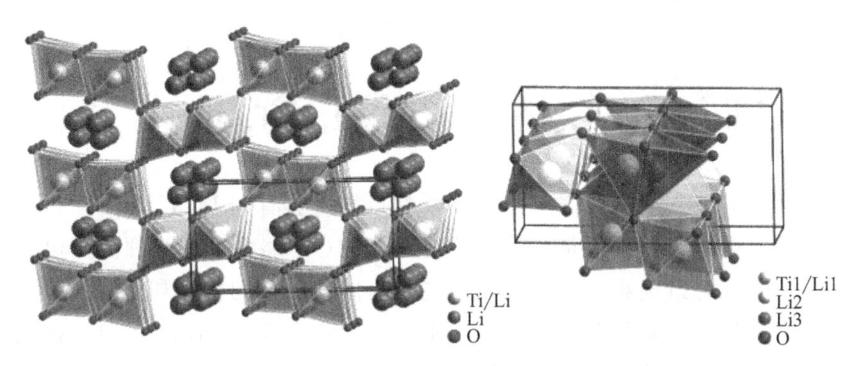

图 9-2 斜方锰矿结构的 $Li_2Ti_3O_7$ 晶体结构图（左）以及通道细节（右）

9.1.3 $Li_2Ti_6O_{13}$

$Li_2Ti_6O_{13}$ 属于单斜晶系，其空间群为 C2/m，由 3 个共边扭曲的 TiO_6 八面体交错排列构成 $[Ti_6O_{13}]^{2-}$ 基本骨架，在 b 轴向具有一维开放性间隙通道，Li^+ 占据通道中 4i 位偏离 4 个氧组成的扭曲二维平面中心，如图 9-3 所示。其晶格常数为 $a=1.53065(4)nm$，$b=0.374739(8)nm$，$c=0.91404(2)nm$，$\beta=99.379(2)°$。第一

性原理和原位 XRD 研究表明，$Li_2Ti_6O_{13}$ 的能隙值约为 3.0eV，电子电导率约 $4.19\times10^{-7}S\cdot cm^{-1}$；$Li_2Ti_6O_{13}$ 在低于 600℃时能稳定存在，在 700℃左右分解生成尖晶石型 $Li_4Ti_5O_{12}$ 和金红石型 TiO_2。$Li_2Ti_6O_{13}$ 理论上能嵌入 6mol Li^+，使 Ti^{4+} 完全还原为 Ti^{3+}，其理论比容量高达 320mA·h·g^{-1}，平均嵌锂电位为 1.50V(vs. Li/Li^+)。然而，实验条件下其最大嵌锂量低于 5.5mol Li^+，且首次放电存在不可逆相变，使初始放电比容量损失达 30%～50%，后续可逆循环容量为 90～170mA·h·g^{-1}，平均嵌锂电位为 1.7V(vs. Li/Li^+)。

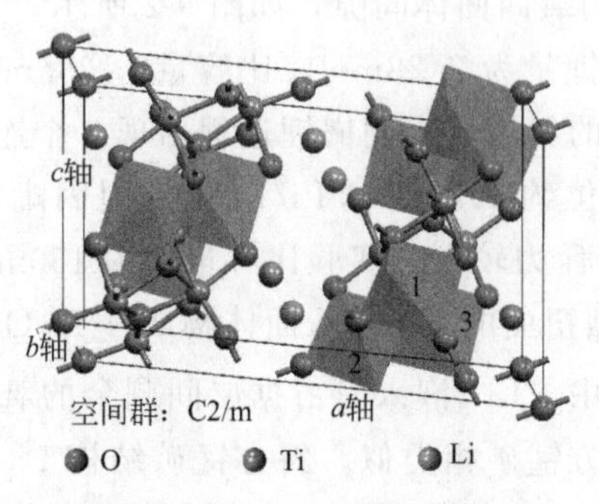

图 9-3 $Li_2Ti_6O_{13}$ 晶体结构图

9.2 $MLi_2Ti_6O_{14}$ (M=2Na, Sr, Ba)

$MLi_2Ti_6O_{14}$（M=2Na，Sr，Ba）系列负极材具有同 $Li_4Ti_5O_{12}$ 一样的安全性及结构稳定性的优点，但是嵌锂电位比 $Li_4Ti_5O_{12}$ 略低，作为锂离子电池负极组成全电池时，可以提高电池的电压和能量密度。低廉的价格和优异的安全性使 $MLi_2Ti_6O_{14}$ 材料特别适用于动力电池材料，从而使基于 $MLi_2Ti_6O_{14}$ 材料的锂离子电池成为更有竞争力的动力电池。

9.2.1 $MLi_2Ti_6O_{14}$ (M=2Na, Sr, Ba) 的结构

图 9-4 为 $MLi_2Ti_6O_{14}$（M=2Na，Sr，Ba）晶体结构示意图，该晶胞是由中心的 Ti 原子和边缘的 O 原子构成正八面体的 TiO_6 网状结构。所以，$SrLi_2Ti_6O_{14}$ 和 $BaLi_2Ti_6O_{14}$ 为 Cmca 空间群，而 $Na_2Li_2Ti_6O_{14}$ 则因为两个 Na 原子替代一个二价金属原子使得 11 位置被填满，此时结构有更高的对称性，为 Fmmm 空间群。在 $MLi_2Ti_6O_{14}$ 结构中有 6 个 Ti^{4+} 离子，理论上全部可以转变

为 Ti^{3+}，从而提供约 240～280mA·h·g^{-1} 的理论容量，实际充放电过程中可能比理论值相对小一些。

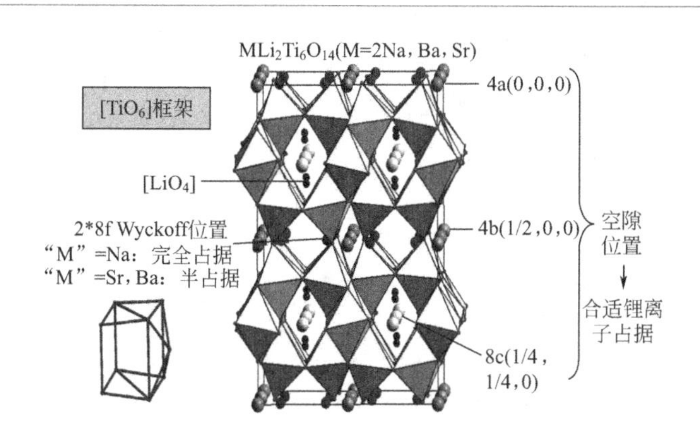

图 9-4 $MLi_2Ti_6O_{14}$（M＝Sr，Ba，2Na）晶体结构示意图

$Na_2Li_2Ti_6O_{14}$ 理论上可以嵌入 6 个 Li^+，从而提供 281mA·h·g^{-1} 的容量。通过图 9-5(a) 可以看出，原始 $Na_2Li_2Ti_6O_{14}$ 可以提供三类嵌锂空位，分别是 8e、4b 和 4a，对应的理论嵌锂量分别为 3、1.5、1.5。对应于图 9-5(b) 的放电过程的第一个平台，理论嵌入 3 个 Li，第二部分在 1V 以下可以大概均分成 2 个小平台，分别对应 4b 和 4a 位置嵌入的 1.5 个 Li。图 9-5(b) 为显材料的原位 XRD 图谱，随着锂离子嵌入结构，晶格参数发生微小变化，$Na_2Li_2Ti_6O_{14}$ 的特征峰普遍向低角度偏移；而在之后的反向充电过程中，嵌入结构的 Li 离子脱出，对应的 XRD 图谱也偏转回原来的位置，证明了该脱嵌锂过程具有较强的可逆性。因此，$Na_2Li_2Ti_6O_{14}$ 作为一种新的锂离子电池负极材料，已经显示了极高的潜力，有望取代 $Li_4Ti_5O_{12}$ 而被广泛研究，从而成为高性能阳极材料。

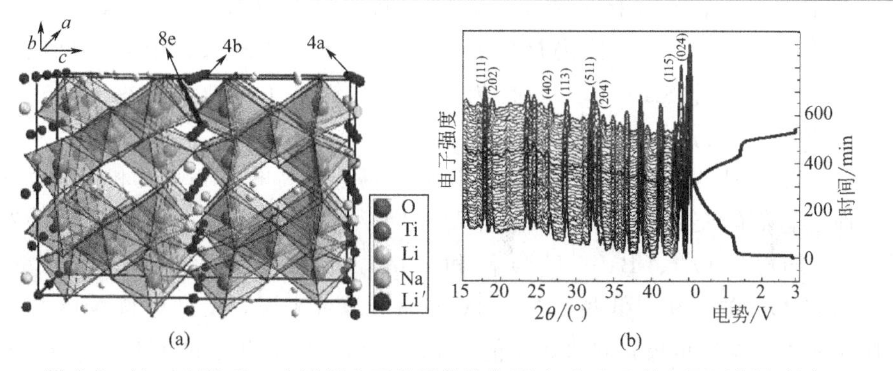

图 9-5 $Na_2Li_2Ti_6O_{14}$ 在嵌锂之后的晶体结构图（a）和原位 XRD 谱图（b）

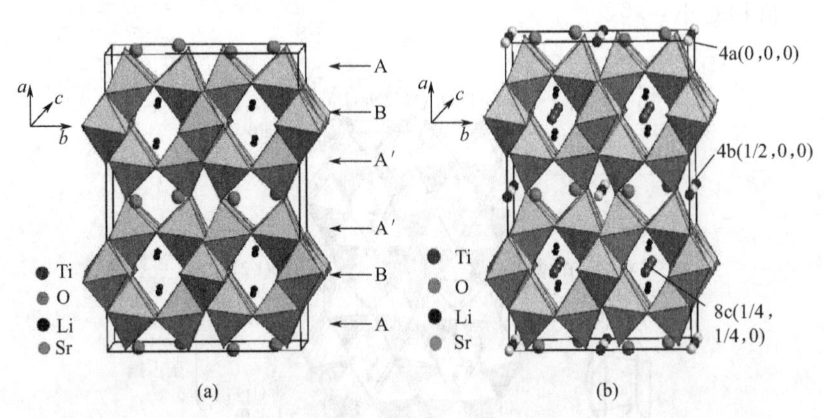

图 9-6 $SrLi_2Ti_6O_{14}$ 在嵌锂之前（a）和嵌锂之后（b）的晶体结构图

$MLi_2Ti_6O_{14}$（M＝Sr，Ba）的结构与嵌锂机制类似，以 $SrLi_2Ti_6O_{14}$ 为例，它的理论比容量高达 $262mA \cdot h \cdot g^{-1}$ 属于正交晶系，Cmca(64) 空间点群（图 9-6）。晶体结构中共边共顶点的扭曲 TiO_6 八面体形成了平行于（100）面的层状结构，连续的层状结构之间由沿 *a* 轴方向的［TiO_6］八面体的共用顶点相连，构建了 $SrLi_2Ti_6O_{14}$ 的稳定晶体结构。但钛原子周围的环境较为复杂，它占据了 4 种不同的晶格位，这 4 种钛原子均与周围的 6 个氧原子协同构成八面体。锂原子占据［TiO_6］八面体形成的空隙中，构成［LiO_4］四面体。锶原子位于两个连续的［TiO_6］构成的 ABA′型"三明治"结构的镜面上，与周围 11 个氧原子协同构成［SrO_{11}］多面体。$SrLi_2Ti_6O_{14}$ 独特的晶体结构形成了一定数量理想的锂离子嵌入位置——8c、4b 和 4a 空位，并且 8c 空位的数目是 4b 和 4a 空位数目的 2 倍。此外，晶格中间隙空位之间相互连接形成了沿 *b* 轴方向的离子通道，使得 Li^+ 可以可逆地"嵌入、脱嵌"，且主体晶格的骨架结构在 Li^+"嵌入、脱嵌"反应过程中保持稳定。因此 $SrLi_2Ti_6O_{14}$ 作为一种新型锂离子电池负极材料，在锂电领域展现出了良好的应用前景。

由于此系列材料的分子量较大，导致其具有更高的振实密度和体积能量密度。而且它们的充放电电压平台也不尽相同，都比 $Li_4Ti_5O_{12}$ 的电位平台稍微低些。$SrLi_2Ti_6O_{14}$、$BaLi_2Ti_6O_{14}$ 和 $PbLi_2Ti_6O_{14}$ 在 1.4～1.5V 左右，$Na_2Li_2Ti_6O_{14}$ 的则相对低些，在 1.3V 左右。综合来说，新型材料 $MLi_2Ti_6O_{14}$ 在作为锂离子电池负极材料来讲可能比 $Li_4Ti_5O_{12}$ 具备更好的性能，所以对该系列材料的研究也就变得很有吸引力。

9.2.2 $MLi_2Ti_6O_{14}$（M=2Na, Sr, Ba）的合成方法

9.2.2.1 高温固相法

高温固相法是目前用于制备 $MLi_2Ti_6O_{14}$ 负极材料的最常用方法，以 $Na_2Li_2Ti_6O_{14}$ 及其掺杂材料为例常用合成步骤如图 9-7 所示。将 TiO_2、$CH_3COOLi \cdot 2H_2O$、$CH_3COONa \cdot 3H_2O$ 及 $H_2C_2O_4 \cdot H_2O$ 按照既定比例称取一定量置于球磨罐中，加入少量乙醇球磨 12h，然后放入烘箱 60～80℃烘干，得到未烧结的前驱体，取出部分烘干的产物捣碎放于瓷舟，在 800℃煅烧，冷却至室温得到 $Na_2Li_2Ti_6O_{14}$ 材料。

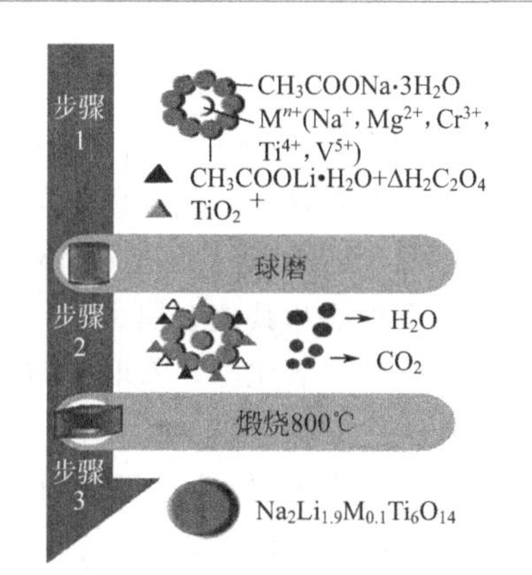

图 9-7 $Na_2Li_2Ti_6O_{14}$ 及其掺杂材料高温固相法的合成步骤

舒杰等采用高温固相法在不同温度下成功制备了 $Na_2Li_2Ti_6O_{14}$ 负极材料，充放电测试表明：800℃下制备的 $Na_2Li_2Ti_6O_{14}$ 负极具有最好的电化学性能，在 1～3V 之间循环，充放电电流密度分别为 $100mA \cdot g^{-1}$、$200mA \cdot g^{-1}$、$300mA \cdot g^{-1}$、$400mA \cdot g^{-1}$、$500mA \cdot g^{-1}$ 时，其可逆容量分别为 $89.9mA \cdot h \cdot g^{-1}$、$81.3mA \cdot h \cdot g^{-1}$、$75.2mA \cdot h \cdot g^{-1}$、$69.6mA \cdot h \cdot g^{-1}$、$65.5mA \cdot h \cdot g^{-1}$。Li 等采用高温固相法在 900℃下成功制备了 $Na_2Li_2Ti_6O_{14}$ 负极材料，其粒径分布在 200～400nm 之间，$100mA \cdot g^{-1}$ 的电流密度循环时，可逆容量在 $74mA \cdot h \cdot g^{-1}$，50 次循环后，容量保持率超过 98%。Liu 等采用高温固相法制备了 $SrLi_2Ti_6O_{14}$ 负极材料，并利用非原位 XRD 证明了在 950℃下制备的材料具有最好的电化学性能，1C 倍率循环 1000 个循环，其容量保持率仍然超过 90%。Lin 等采用高温固相法在 950℃下成功制备了 $SrLi_2Ti_6O_{14}$ 负极材料，$50mA \cdot g^{-1}$ 的电流密度循环时，首次容量在 $170.3mA \cdot h \cdot g^{-1}$，50 次循环后，容量保持率超过 91%，显示了优秀的电化学性能。Liu 等采用高温固相法制备了 $SrLi_2Ti_6O_{14}$ 材料，并采用原位 XRD 和原位 EIS 技术研究了其嵌/脱锂动力学，原位 XRD 结果表明：$SrLi_2Ti_6O_{14}$/Li 电池放电至 0.5V 时，其晶胞体积膨胀了大约 2.74%；原位 EIS 结果表明：$SrLi_2Ti_6O_{14}$ 材料在脱锂的时候其电荷转移电阻小于嵌锂时，在 1.3～2.5V 之间循环时，电荷转移电阻变化最小，且具有最好的循环性能。高温固相法设备和工艺简单，便于工业化生产，但该法的制备周期较长、产物颗粒较大、粒度分布较宽。

9.2.2.2 其他方法

$MLi_2Ti_6O_{14}$（M=Sr，Ba）负极材料的溶胶-凝胶法制备鲜有报道，这可能与锶盐和钡盐难于溶于有机溶剂有关。$Na_2Li_2Ti_6O_{14}$ 材料的溶胶-凝胶法制备是将钛酸四丁酯在搅拌条件下溶于无水乙醇和柠檬酸的混合溶液，然后将 $CH_3COOLi \cdot 2H_2O$ 和 $CH_3COONa \cdot 3H_2O$ 溶于乙醇的水溶液；将上述溶液混合，形成稳定的溶胶体系，通过干燥将溶质聚合成凝胶，在空气中煅烧分解凝胶得到 $Na_2Li_2Ti_6O_{14}$。舒杰等分别采用高温固相法和溶胶-凝胶法制备了 $Na_2Li_2Ti_6O_{14}$ 负极材料，结果表明：采用溶胶-凝胶法制备的材料具有更好的电化学性能和可逆容量，其原因在于溶胶-凝胶法制备的材料具有更小的粒径和更大的表面积，进而减小了电化学阻抗，提高了材料的电化学性能。溶胶-凝胶法可以保证锂离子和其他金属离子在原子级水平均匀混合，从而降低离子在晶格重组时迁移所需的活化能，有利于降低反应温度和缩短反应时间，但是溶胶-凝胶法工艺复杂、成本较高、工业化生产难度较大。

熔盐合成法主要是应用具有低熔点的碱金属盐类作为反应介质，反应物在液相中能实现原子尺度的混合，能使合成反应在较短的时间内和较低的温度下完成，合成产物各组分配比准确、成分均匀，形成纯度较高的反应产物。Yin 等以 NaCl 和 KCl 为反应介质利用熔盐合成法在制备了 $Na_2Li_2Ti_6O_{14}$ 负极材料，研究结果表明在 700℃合成的材料具有最好的电化学性能，在 1～3V 之间循环，充放电电流密度为 $100mA \cdot g^{-1}$ 时，500 次循环后，容量仍可达 $62mA \cdot h \cdot g^{-1}$。

静电纺丝技术生产方式简单、成本低且原料来源广泛，制备的纤维比表面积大、孔隙率高、孔径小、长径比大，是制备一维纳米材料的最常用技术，它具有操作简单、可连续生产的优点。Li 等采用静电纺丝技术制备了超长 $SrLi_2Ti_6O_{14}$ 纳米线，如图 9-8 所示。研究结果表明：在 0.5～2.0V 之间循环时，$SrLi_2Ti_6O_{14}$ 纳米线具有较高的可逆容量，0.1C 倍率的可逆容量为 $171.4mA \cdot h \cdot g^{-1}$，20C 倍率时，其可逆容量仍高达为 $96.2mA \cdot h \cdot g^{-1}$。10C 倍率充放电时，1000 个循环后的容量仍稳定在 $101mA \cdot h \cdot g^{-1}$，平均每个循环容量的衰减仅为 0.0086%，其优异的电化学性能来源于独特的含有纳米颗粒的一维纳米线结构提高了材料的动力学性能。此外，Dambournet 等以介孔的板钛矿型 TiO_2 作为模板和反应物，采用模板辅助法制备了 $SrLi_2Ti_6O_{14}$ 材料，制备的材料粒径保存了前驱体圆形形状，因此具有高的分散性和堆积密度。以 $SrLi_2Ti_6O_{14}$ 为负极材料、$LiMn_2O_4$ 正极材料组成 2.7V 全电池，展示了较好的循环稳定性和较高的倍率容量。Liu 等以 $SrLi_2Ti_6O_{14}$ 为负极材料组装了 $LiCoO_2/SrLi_2Ti_6O_{14}$ 全电池，研究结果表明：$LiCoO_2/SrLi_2Ti_6O_{14}$ 全电池具有比 $LiCoO_2/Li_4Ti_5O_{12}$ 全电池更高的工作电压，进而具有大的能量密度，50%DOD（放电深度）时，$LiCoO_2/SrLi_2Ti_6O_{14}$ 全电池展示了优异的比充电功率密度，高达3973W·kg^{-1}。

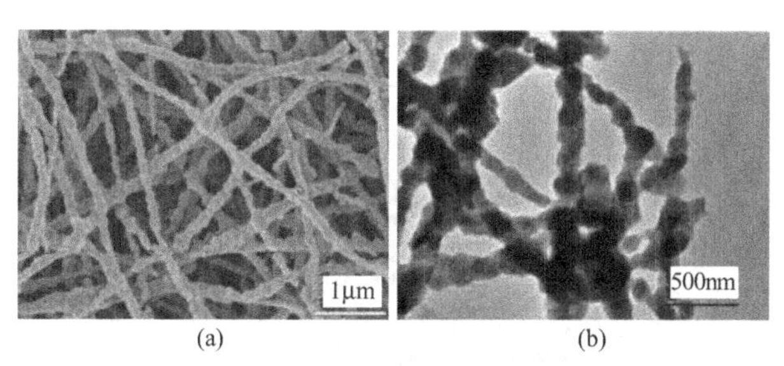

图9-8 利用静电纺丝法制备的超长$SrLi_2Ti_6O_{14}$纳米线
（a）SEM图；（b）TEM图

总之，人们通过优化反应条件及改进合成方法等途径来改善$Na_2Li_2Ti_6O_{14}$材料的性能取得了一定成效，但并不能从根本上解决$Na_2Li_2Ti_6O_{14}$电化学性能差的问题。要提高其电化学性能单独开展该方面的工作有一定局限性。

9.2.3 $MLi_2Ti_6O_{14}$（M=2Na, Sr, Ba）的掺杂改性

与$Li_4Ti_5O_{12}$一样，钛酸盐系列负极材料普遍具有较低的电子电导率和离子电导率。因此，$MLi_2Ti_6O_{14}$的电子电导率远低于商业化碳材料，这会导致材料在充放电时发生极化现象，所以材料电化学活性较低。事实上电子与离子的传导率低的问题，在锂离子电池电极材料的设计中可以通过掺杂或者包覆提高电极材料的电子电导率和离子电导率。因此，可以通过掺杂金属离子或者表面包覆形成复合材料等方式来提高$MLi_2Ti_6O_{14}$电导率。

伊廷锋等采用高温固相法制备了Li位掺杂的$Na_2Li_{1.9}M_{0.1}Ti_6O_{14}$（$M^{n+}=Na^+$，$Mg^{2+}$，$Cr^{3+}$，$Ti^{4+}$，$V^{5+}$）材料，其循环性能如图9-9所示，电流密度是100mA·g^{-1}，电位区间是0～3V。结果表明，$Na_2Li_{1.9}Cr_{0.1}Ti_6O_{14}$显示了最高的初始可逆容量262.2mA·h·g^{-1}，而原始$Na_2Li_2Ti_6O_{14}$的初始可逆容量仅为229.9mA·h·g^{-1}。此外，Na^+、Mg^{2+}、Ti^{4+}和V^{5+}掺杂后的样品显示的初始可逆容量分别是246.2mA·h·g^{-1}、253.4mA·h·g^{-1}、218.8mA·h·g^{-1}和188.6mA·h·g^{-1}。50周循环后，$Na_2Li_{1.9}Cr_{0.1}Ti_6O_{14}$依然维持着最高的容量239.2mA·h·g^{-1}，容量保持率为91.3%。另外五个样品的容量则分别是$Na_2Li_2Ti_6O_{14}$为177.5mA·h·g^{-1}，$Na_{2.1}Li_{1.9}Ti_6O_{14}$为187.2mA·h·g^{-1}，$Na_2Li_{1.9}Mg_{0.1}Ti_6O_{14}$为212.1mA·h·g^{-1}，$Na_2Li_{1.9}Ti_{6.1}O_{14}$为152.7mA·h·g^{-1}以及$Na_2Li_{1.9}V_{0.1}Ti_6O_{14}$为135.1mA·h·g^{-1}。因此，这些结果表明

Na^+、Mg^{2+} 和 Cr^{3+} 掺杂都会提高 $Na_2Li_2Ti_6O_{14}$ 的容量，同时可以发现 $Na_2Li_{1.9}Cr_{0.1}Ti_6O_{14}$ 显示了最好的容量性能。

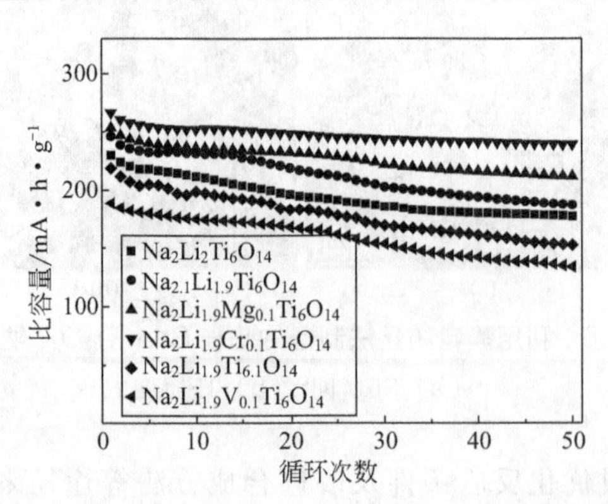

图 9-9 $Na_2Li_2Ti_6O_{14}$ 和 $Na_2Li_{1.9}M_{0.1}Ti_6O_{14}$ 的循环性能

为了进一步研究 $Na_2Li_{1.9}Cr_{0.1}Ti_6O_{14}$ 的整体结构变化，根据原位 XRD 精修得到的脱嵌锂过程中的晶格参数 a、b、c 和晶胞体积 V 的变化列于图 9-10，充放电的区间是 0～3V，图中横坐标 x 表示充放电过程中的嵌锂量变化。由图 9-10(a) 可以看到晶胞参数 a 由 16.4307Å 逐渐减小到 16.3357Å，伴随着 4.8 个单位的 Li 嵌入到晶胞内。在脱锂过程中，晶胞参数 a 又逐渐增加到 16.4247Å，同时有 4.7 个 Li 从结构中脱出。从图 9-10(b)～(d) 中，可以清楚地看到 b、c 和 V 的初始值分别是 5.7222Å、11.1969Å 和 1052.7298Å^3，然后迅速在嵌锂过程中增加到 5.7475Å、11.2817Å 和 1059.49Å^3，在反向充电过程中，又逐渐减小到 5.723Å、11.2026Å 和 1053.0283Å^3 至脱锂结束。在脱嵌锂过程中，$Na_2Li_{1.9}Cr_{0.1}Ti_6O_{14}$ 晶胞的体积变化仅为 0.64%，进一步证明了该材料在脱嵌锂过程中是“零应变”材料。此外，整体来看该材料的晶胞参数在脱嵌锂过程中是完整的镜面变化，表明在电化学反应过程中具有高度的可逆性。因此，$Na_2Li_{1.9}Cr_{0.1}Ti_6O_{14}$ 是一种结构稳定的储锂材料。

伊廷锋等还采用高温固相法制备了 Ti 位掺杂的 $Li_2Na_2Ti_{5.9}M_{0.1}O_{14}$（M=Al，Zr，V）负极材料，研究表明金属离子掺杂可以有效提高 $Na_2Li_2Ti_6O_{14}$ 的电子电导率和离子扩散系数，尤其是 $Na_2Li_2Ti_{5.9}Al_{0.1}O_{14}$，具有最高的电子电导率（$1.02\times10^{-9}$S·cm^{-1}）和离子扩散系数（$8.38\times10^{-15}$cm^2·s^{-1}）。最终导致 $Na_2Li_2Ti_{5.9}Al_{0.1}O_{14}$ 具有最好的电化学性能。在 0～3V 之间循环时，1000mA·g^{-1} 的电流密度下仍然可以提供 180.7mA·h·g^{-1} 的可逆容量。为了进一步研究 $Na_2Li_2Ti_{5.9}Al_{0.1}O_{14}$ 在可逆脱嵌锂过程中的稳定性，图 9-11 给出

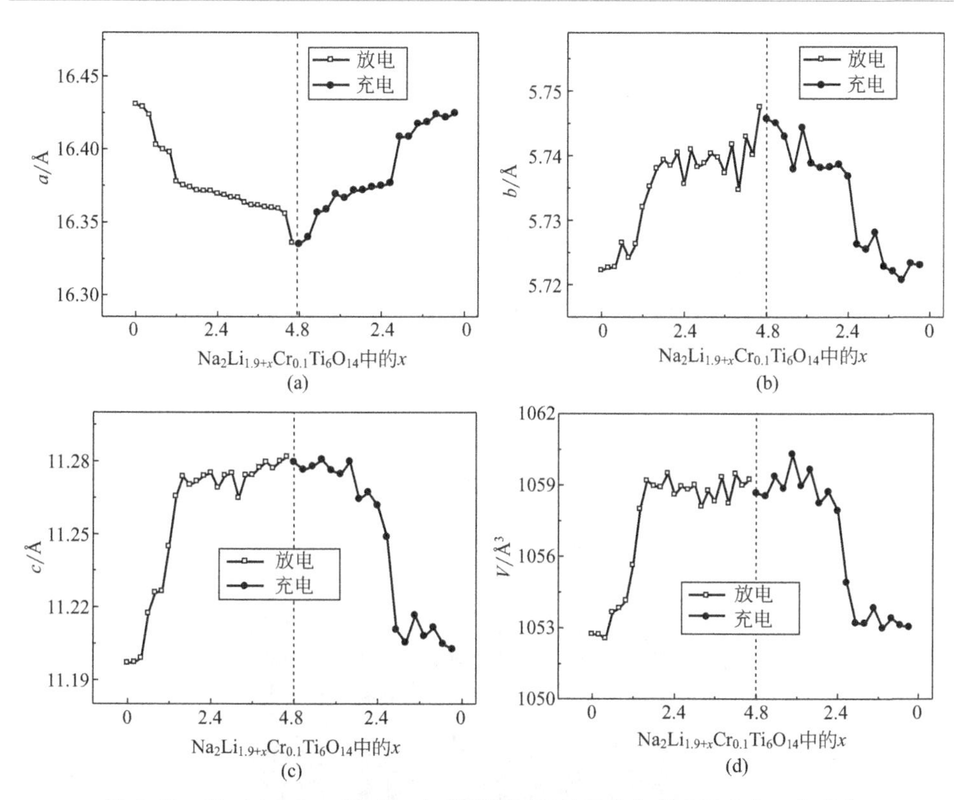

图 9-10 $Na_2Li_{1.9}Cr_{0.1}Ti_6O_{14}$ 在脱嵌锂过程的晶胞参数及晶胞体积的变化

了 $Na_2Li_2Ti_{5.9}Al_{0.1}O_{14}$ 的首个充放电循环周期原位 XRD 谱图，测试的电压区间 0～3.0V。在放电过程中，可以发现所有的衍射峰向低角度偏移，同时伴随着 5.76 个单位的 Li 的潜入。完全嵌锂后，最终导致布拉格点的位置在 18.76°、26.54°、28.81°、32.18°、33.49°、43.84°和 45.13°的 XRD 衍射峰偏移到 16.37°、26.37°、28.61°、31.96°、33.01°、43.21°和 44.81°。在反向充电过程中，所有衍射峰的位置沿着放电过程路径相反的方向偏移。这些结果表明 $Na_2Li_2Ti_{5.9}Al_{0.1}O_{14}$ 在嵌锂和脱锂过程中是一个可逆过程。因此，$Na_2Li_2Ti_{5.9}Al_{0.1}O_{14}$ 拥有稳定可逆的储锂结构，是一种很有潜质的负极材料。

舒杰等进一步研究了 Al 的掺杂量对 $Na_2Li_2Ti_6O_{14}$ 电化学性能的影响，研究表明 Al 在 Li 位的掺杂轻微影响了 $Na_2Li_2Ti_6O_{14}$ 的粒径，$Li_{1.95}Al_{0.05}Na_2Ti_6O_{14}$ 展示了最好的电化学性能，在 0～3V 之间循环，充放电电流密度分别为 $200mA \cdot g^{-1}$、$300mA \cdot g^{-1}$、$400mA \cdot g^{-1}$ 时，其可逆容量分别为 $224.8mA \cdot h \cdot g^{-1}$、$204.7mA \cdot h \cdot g^{-1}$、$192.4mA \cdot h \cdot g^{-1}$。原位 XRD 的结果表明其稳定的倍率性能来源于其循环过程中的结构稳定性。Wu 等研究了

Na 掺杂的 $Na_xLi_{4-x}Ti_6O_{14}$（$0 \leqslant x \leqslant 4$）材料的电化学性能，结果发现 $x=2$ 和 $x=4$ 为单一项化合物，其他为混合相。$Li_4Ti_6O_{14}$（$Li_4Ti_5O_{12}/TiO_2$）具有最好的电化学性能。

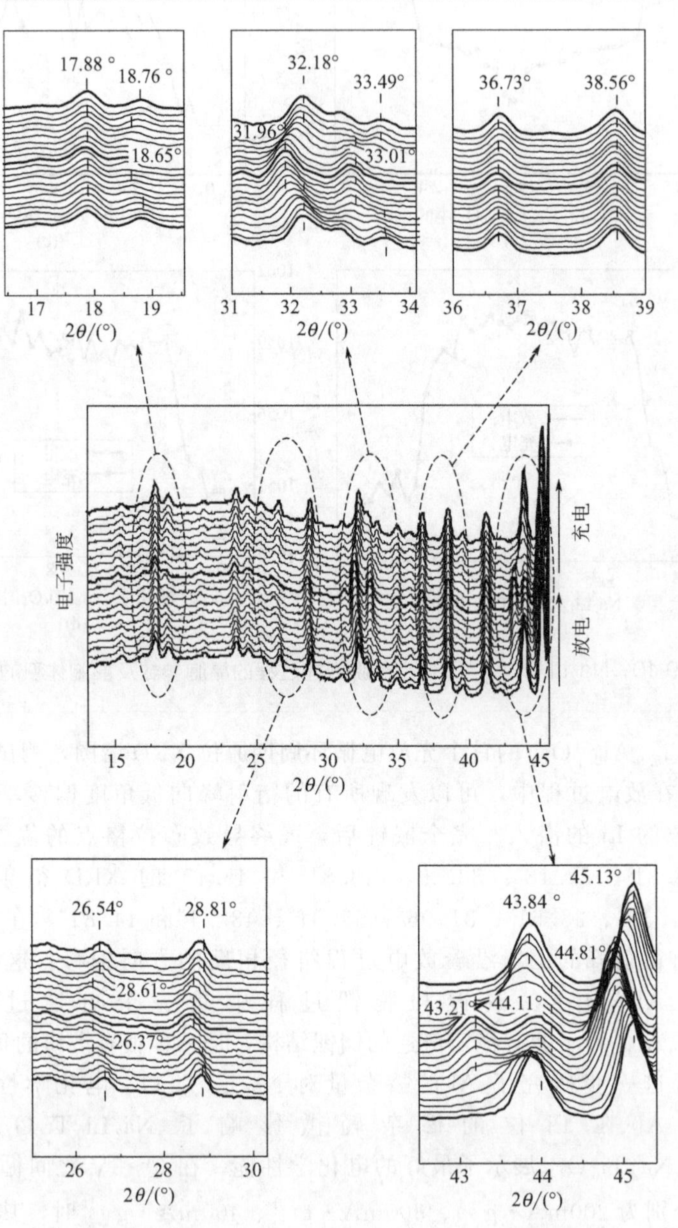

图 9-11 $Na_2Li_2Ti_{5.9}Al_{0.1}O_{14}$ 的原位 XRD 谱图

为了进一步研究掺杂元素以及掺杂位置对 $Na_2Li_2Ti_6O_{14}$ 性能的影响，伊廷锋等采用高温固相法制备了 Na 位掺杂的 $Na_{1.9}M_{0.1}Li_2Ti_6O_{14}$（$M=Li^+$，$Cu^{2+}$，$Y^{3+}$，$Ce^{4+}$，$Nb^{5+}$）负极材料，并通过非原位 XPS、非原位 TEM、原位 XRD 和精修对其储锂机理进行详细分析。图 9-12 给出了 $Na_2Li_2Ti_6O_{14}$ 和 $Na_{1.9}M_{0.1}Li_2Ti_6O_{14}$（$M=Li^+$，$Cu^{2+}$，$Y^{3+}$，$Ce^{4+}$，$Nb^{5+}$）的循环性能，测试电位区间是 0～3V，电流密度为 $100mA \cdot g^{-1}$。很明显，$Na_{1.9}Nb_{0.1}Li_2Ti_6O_{14}$ 显示了比其他样品更高的可逆比容量，$Na_{1.9}Nb_{0.1}Li_2Ti_6O_{14}$ 的初始容量为 $259.4mA \cdot h \cdot g^{-1}$。相比之下，原样和 Li^+、Cu^{2+}、Y^{3+}、Ce^{4+} 掺杂的样品的初始容量分别是 $216.2mA \cdot h \cdot g^{-1}$、$213.7mA \cdot h \cdot g^{-1}$、$233.2mA \cdot h \cdot g^{-1}$、$248.6mA \cdot h \cdot g^{-1}$ 和 $223.2mA \cdot h \cdot g^{-1}$。50 周循环过后，$Na_{1.9}Nb_{0.1}Li_2Ti_6O_{14}$ 的容量依旧可以维持在 $245.7mA \cdot h \cdot g^{-1}$，另外几个样品的容量则分别是：$Na_2Li_2Ti_6O_{14}$ 为 $189.2mA \cdot h \cdot g^{-1}$、$Na_{1.9}Li_{2.1}Ti_6O_{14}$ 为 $198.4mA \cdot h \cdot g^{-1}$、$Na_{1.9}Cu_{0.1}Li_2Ti_6O_{14}$ 为 $217.7mA \cdot h \cdot g^{-1}$、$Na_{1.9}Y_{0.1}Li_2Ti_6O_{14}$ 为 $233.8mA \cdot h \cdot g^{-1}$ 和 $Na_{1.9}Ce_{0.1}Li_2Ti_6O_{14}$ 为 $206.6mA \cdot h \cdot g^{-1}$。上述结果表明，Na 位被 Li^+、Cu^{2+}、Y^{3+}、Ce^{4+} 或 Nb^{5+} 取代的产物均能提高其容量性能，尤其是 Nb^{5+} 掺杂是最有效的提高其电化学性能的方式。

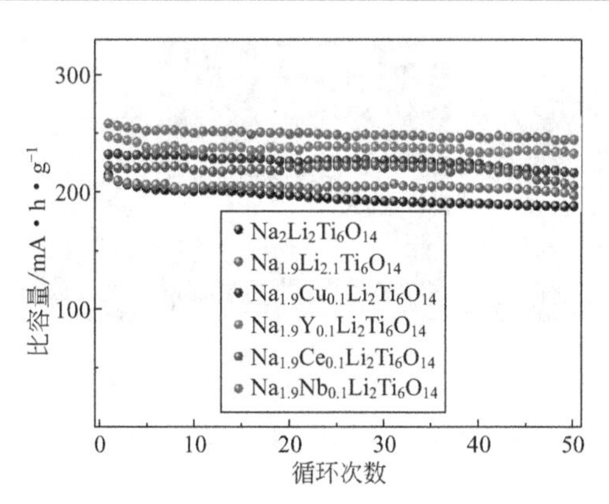

图 9-12 $Na_2Li_2Ti_6O_{14}$ 和 $Na_{1.9}M_{0.1}Li_2Ti_6O_{14}$ 的循环性能

图 9-13 为 $Na_{1.9}Nb_{0.1}Li_2Ti_6O_{14}$ 的非原位 TEM，从图 9-14(a)、(d)、(g) 可以看出 $Na_{1.9}Nb_{0.1}Li_2Ti_6O_{14}$ 的粒径在 100～300nm。

图 9-13(b) 的选区电子衍射（SAED）的晶格间距 1.427Å、2.001Å、3.075Å 和图 9-13(c) 的晶格条纹中的间距 4.8846Å 分别对应于 XRD 中的（040）晶面、（024）晶面、（113）晶面和（111）晶面。在完全嵌锂至 0V 后，从图 9-13(e)、(f) 可以看出随着锂离子的嵌入晶格间距分别增加到 1.474Å、2.046Å、3.108Å 和

4.9706Å。这意味着锂离子的嵌入引起了晶格体积的扩张。在反向充电到 3V 以后，条纹间距又缩小至 1.433Å、2.006Å、3.078Å 和 4.9215Å，如图 9-13(h)、(i) 中 SAED 和 HRTEM 所示。结果表明 $Na_{1.9}Nb_{0.1}Li_2Ti_6O_{14}$ 在脱嵌锂过程中晶格条纹间距的变化是可逆的，该材料是一种结构稳定的阳极储锂材料。

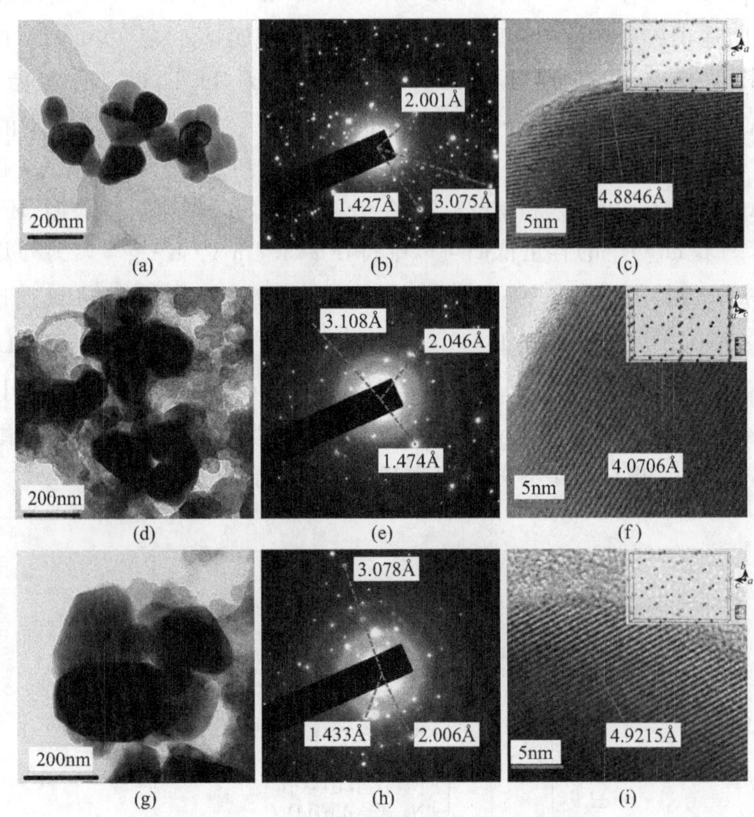

图 9-13　$Na_{1.9}Nb_{0.1}Li_2Ti_6O_{14}$ 的非原位 TEM 放电前（a）~（c），放电到 0V（d）~（f）和重新充电回 3V（g）~（i）

为了研究 $Na_{1.9}Nb_{0.1}Li_2Ti_6O_{14}$ 在充放电过程中的氧化还原反应的进行，图 9-14 中的非原位 XPS 用来检测其化合价的变化。图 9-14(a)，(b) 为原样的 Ti 和 Nb 元素的 XPS 峰谱，可以看出 $Ti_{2p_{3/2}}$ 和 $Ti_{2p_{1/2}}$ 自旋轨道的结合能在能级为 458.6eV 和 464.3eV 分别被观测到，表明 Ti^{4+} 存在于 $Na_{1.9}Nb_{0.1}Li_2Ti_6O_{14}$ 中。而在 207.0eV 和 209.8eV 两个结合能能级被观测到的峰可以归结为 $Nb_{3d_{5/2}}$ 和 $Nb_{3d_{3/2}}$ 的自旋轨道，它是 Nb^{5+} 的特征峰。此外，在 459.7eV 有一个微弱的峰是由于部分 Na^+ 被 Nb^{5+} 取代引起电位差，最终导致微量 Ti^{4+} 变为 Ti^{3+}，这也是

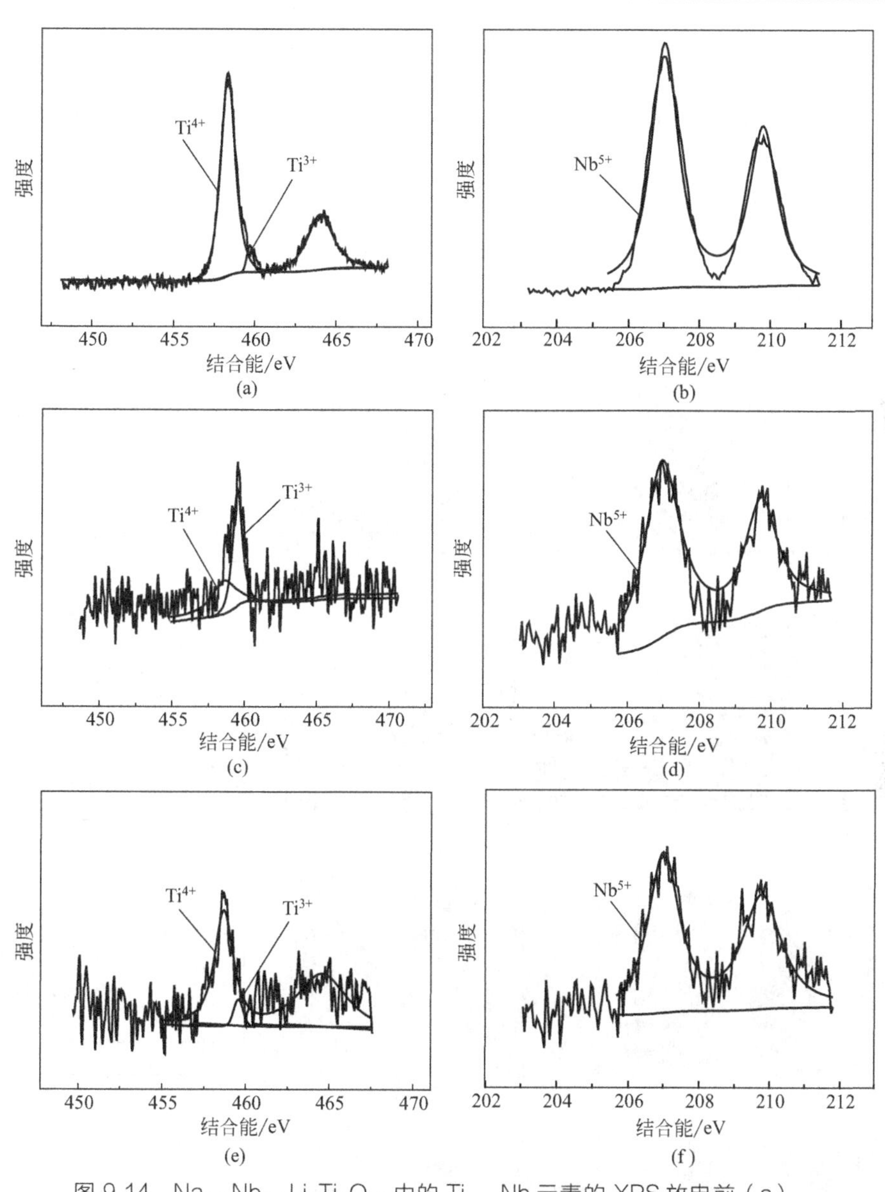

图 9-14 $Na_{1.9}Nb_{0.1}Li_2Ti_6O_{14}$ 中的 Ti、Nb 元素的 XPS 放电前（a）、（b），放电到 0V（c）、（d）和重新充电回 3V（e）、（f）

其电化学性能优于其他化合物的原因。此外，能谱追踪 Ti^{4+} 变为 Ti^{3+} 的过程也显示出相应的嵌锂量为 5.6 单位左右的 Li，略低于 6 单位 Li 的最大理论嵌锂量，与循环过程中的嵌锂量一致。当 $Na_{1.9}Nb_{0.1}Li_2Ti_6O_{14}$ 被放电到 0V 以后，Ti^{4+}

的峰逐渐变弱，Ti^{3+} 的峰逐渐增强，是由于 Li^{+} 的嵌入导致了钛化合价的变化，如图 9-14(c)，(d) 所示。在重新充电回 3V 以后，可以看到 Ti^{3+} 又逐渐演变回 Ti^{4+}。同时，没有发现 Nb^{5+} 的化合价在脱/嵌锂过程中的变化。结果最终表明 $Na_{1.9}Nb_{0.1}Li_2Ti_6O_{14}$ 在脱/嵌锂过程中的变化是可逆的，且结构是稳定的，与非原位 TEM 的结果相一致。

为了研究充放电过程中的详细储锂机制，图 9-15 给出了 $Na_{1.9}Nb_{0.1}Li_2Ti_6O_{14}$ 在 0～3V 之间的原位 XRD 图谱。如图 9-15(a)～(h) 所示，XRD 衍射峰相对强度的变化和布拉格点的变化显示了在嵌锂过程中衍射峰的位置逐渐向低角度偏移，

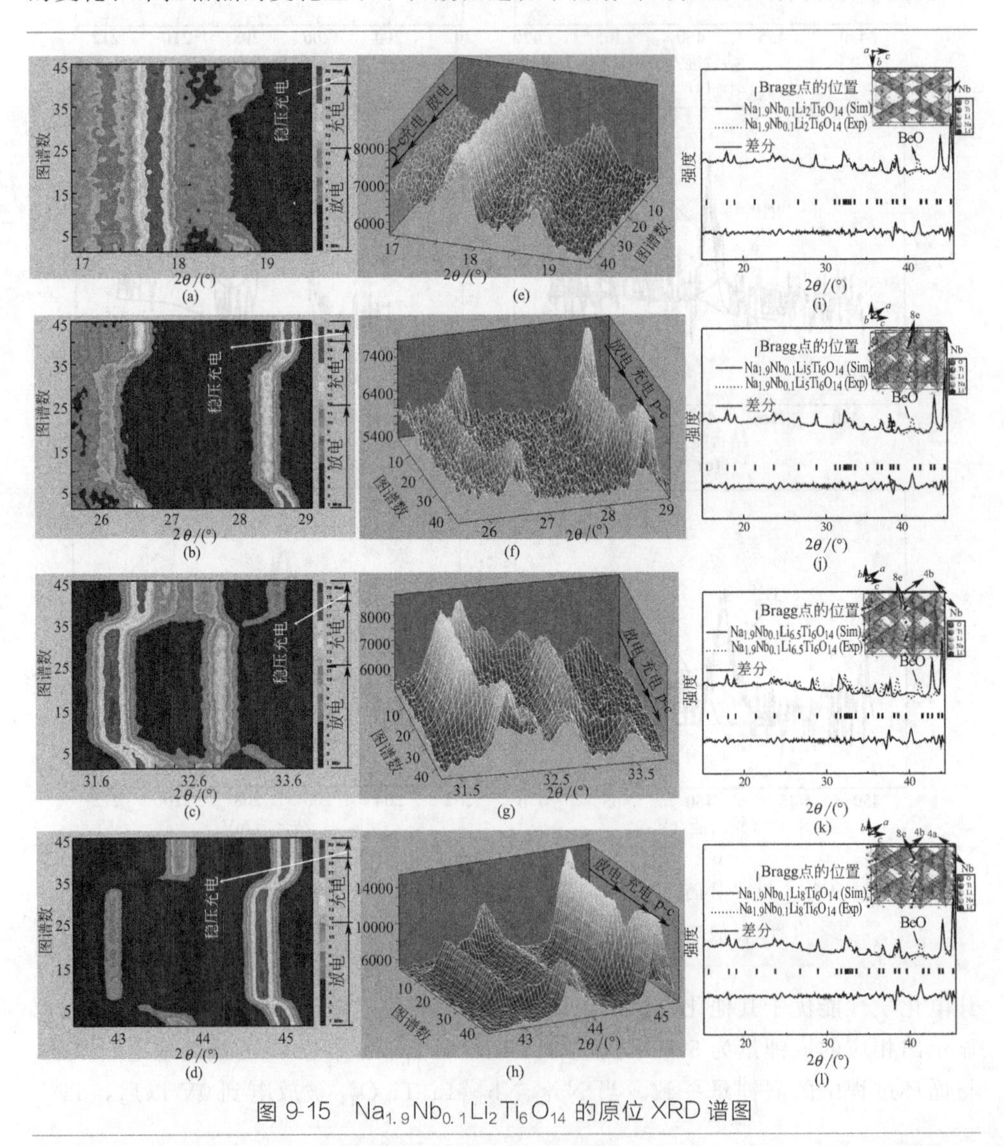

图 9-15 $Na_{1.9}Nb_{0.1}Li_2Ti_6O_{14}$ 的原位 XRD 谱图

而在反向脱锂过程又沿相反的路径返回原来的位置。这些结果进一步表明，$Na_{1.9}Nb_{0.1}Li_2Ti_6O_{14}$ 有稳定的结构供锂离子可逆脱嵌。

图 9-15(i)～(l) 是 $Na_{1.9}Nb_{0.1}Li_2Ti_6O_{14}$ 不同脱嵌锂状态下的 Rietveld 精修图及晶体结构图。从图中可以看出，衍射峰 38.4°和 41.25°位置的杂峰可以归因于 BeO（产生于 X 射线穿过后的电化学氧化过程）的杂质峰。就未脱嵌锂态的原始 XRD 而言，精修结果表明 $Na_{1.9}Nb_{0.1}Li_2Ti_6O_{14}$ 由 TiO_6 正八面体、LiO_4 正四面体和 NaO_{11}(NbO_{11}) 多面体的三维网络组成，其中存在 8e、4a 和 4b 的空位可供锂离子的脱嵌。当样品放电到 1.0V 时，嵌入的锂离子可以完全地占据 8e 空位，然后形成新的 LiO_4 正四面体，对应着 3 个 Li 嵌入到结构中形成 $Na_{1.9}Nb_{0.1}Li_2Ti_6O_{14}$。当从 1.0V 放电到 0.5V 时，另外 1.5 个 Li 嵌入到 4b 空位中并形成新的 Li-O 正四面体，晶体由 $Na_{1.9}Nb_{0.1}Li_2Ti_6O_{14}$ 相变为 $Na_{1.9}Nb_{0.1}Li_{6.5}Ti_6O_{14}$。最后放电到 0V，为完整嵌锂态，放电过程的小斜坡归因于最后的 1.5 个 Li 进入到结构中形成 $Na_{1.9}Nb_{0.1}Li_8Ti_6O_{14}$。反向脱锂到 3.0V 的过程与嵌锂过程正好相反，最终形成 $Na_{1.9}Nb_{0.1}Li_2Ti_6O_{14}$，整个过程为可逆过程，且由 XRD 强度变化的大小可以判断出该材料为零应变材料。

9.2.4 $MLi_2Ti_6O_{14}$（M＝2Na, Sr, Ba）的包覆改性

舒杰等研究了不同的碳材料包覆对 $Na_2Li_2Ti_6O_{14}$ 材料性能的影响，结果表明：采用碳纳米管包覆的 $Na_2Li_2Ti_6O_{14}$/CNT 材料具有最好的电化学性能，在 1～3V 之间循环，充放电电流密度分别为 100mA・g^{-1}、200mA・g^{-1}、300mA・g^{-1}、400mA・g^{-1} 时，其可逆容量分别为 111.4mA・h・g^{-1}、110mA・h・g^{-1}、103.9mA・h・g^{-1}、98.9mA・h・g^{-1}，其倍率性能远高于炭黑（CB)、石墨烯（GN）及 CB/GN/CNT 混合包覆的 $Na_2Li_2Ti_6O_{14}$ 材料。

舒杰等研究了不同含量的 Ag 包覆对 $BaLi_2Ti_6O_{14}$ 材料性能的影响，结果显示质量分数为 6%的 Ag 包覆的 $BaLi_2Ti_6O_{14}$ 材料展示了最好的充放电性能，在 0.5～2V 之间循环，充放电电流密度分别为 100mA・g^{-1}、200mA・g^{-1}、300mA・g^{-1}、400mA・g^{-1}、500mA・g^{-1} 时，其可逆容量分别为 149.1mA・h・g^{-1}、147.5mA・h・g^{-1}、139.7mA・h・g^{-1}、132.6mA・h・g^{-1}、126.7mA・h・g^{-1}，其优异的倍率性能来源于高导电性的纳米 Ag 粒径提高了 $BaLi_2Ti_6O_{14}$ 材料的导电性，进而减小了充放电过程中的电化学极化。

9.3 $Li_2MTi_3O_8$（M＝Zn, Cu, Mn）

具有“零应变”效应的 $Li_4Ti_5O_{12}$ 作为一种很有前景的负极材料，已经成功的应用到的锂离子电池中，并展示出了优异的循环性能和热稳定性。但 $Li_4Ti_5O_{12}$ 较低的理论容量（175mA·h·g^{-1}）和较高的放电平台电压（1.5V）在一定程度上限制了其在高容量和高能量密度储能材料领域的大规模应用。近期，研究人员已成功将新型复合物 $Li_2MM'_3O_8$（MM′＝ZnTi，CoTi，NiGe，MgTi，CoGe，ZnGe）应用于锂离子电极负极材料并展现出了高的放电比容量和优秀的循环稳定性。其中复合物 $Li_2ZnTi_3O_8$ 具有 227mA·h·g^{-1} 的理论容量和 0.5V 的放电平台电压，它在 0.02～3V 够完全可逆嵌入和脱出 Li^+，经研究表现出了可以与 $Li_4Ti_5O_{12}$ 相媲美的循环稳定性和优秀的倍率性能。

9.3.1 $Li_2ZnTi_3O_8$

尖晶石型材料 $Li_2ZnTi_3O_8$，被认为是两个二元氧化物 $Li_4Ti_5O_{12}$ 和 $Zn_2Ti_2O_4$ 的中间产物，属于简单立方结构，$P4_332$ 空间群。其晶体结构如图 9-16 所示。其中一半的 Li^+ 和全部的 Zn^{2+} 占据了四面体间隙位置，剩下的 Li^+ 和 Ti^{4+} 以阳离子无序的形式按 1∶3 的比例占据八面体位置，因此 $Li_2ZnTi_3O_8$ 也可以表示为 $(Li_{0.5}Zn_{0.5})^{tet}[(Li_{0.5})Ti_{1.5}]^{oct}O_4$（tet 表示四面体，oct 表示八面体），在这样一个形成的三位网状结构中，Li^+ 和 Zn^{2+} 占据四面体位置则为 Li^+ 的扩散形成通道。如图 9-16 所示，$(Li_{0.5}Zn_{0.5})^{tet}[(Li_{0.5})Ti_{1.5}]^{oct}O_4$ 在嵌脱锂的过程中可以提供由 TiO_6 和 LiO_6 八面体组成的稳定的框架，其中 12d 和 4b 的八面体位置由 Li/Ti 离子比 1∶3 的占据。作为结果，三维的轨道在这个结构中形成，而在这个三维的轨道结构中，Li 和 Zn 原子按照 1∶1 的比例随机地分享 8c 的四面体位置。因此，作为锂离子电池负极材料这样的三维轨道为锂离子可逆地嵌入/脱出尖晶石材料提供了

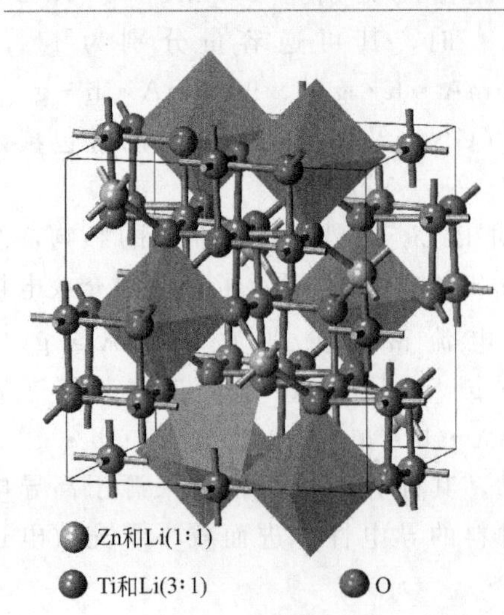

图 9-16 $Li_2ZnTi_3O_8$ 的晶体结构示意图

扩散的路径。

9.3.1.1 $Li_2ZnTi_3O_8$ 的合成方法

$Li_2ZnTi_3O_8$ 的合成方法主要有高温固相法和溶胶-凝胶法，新型的合成方法还有静电纺丝法和微波化学法等。

高温固相法制备 $Li_2ZnTi_3O_8$ 负极材料，通常是以锂盐、锌盐和 TiO_2 为原料，按化学计量比称量并混合均匀，然后置于马弗炉中进行煅烧即得目标产物。Chen 等以 Li_2CO_3、$Zn(CH_3COO)_2 \cdot 2H_2O$ 和 TiO_2 为原料，以 400r/min 转速球磨 12h 后在 750℃煅烧 5h，即制得了 $Li_2ZnTi_3O_8$ 负极材料。在电流密度为 $100mA \cdot g^{-1}$ 条件下，循环 20 次仍保持着 $190mA \cdot h \cdot g^{-1}$ 的稳定可逆容量，循环 50 次后，可逆容量降为 $140mA \cdot h \cdot g^{-1}$。材料开始时展现出优秀的循环稳定性是因为前 20 个循环八面体结构相对稳定，并且四面体中的 3D 网状结构为锂的脱嵌提供通道，随着循环次数的增加，锂离子的嵌入量过多，破坏了晶体结构的稳定性，导致了后期容量的迅速下降。

杨猛等采用溶胶-凝胶结合固相法制备 $Li_2ZnTi_3O_8$ 负极材料，测试结果进一步证明了 $Li_2ZnTi_3O_8$ 负极材料的尖晶石结构特征；材料在 0.02～3V 区间充放电，能够完全可逆脱嵌锂；电流密度为 $30mA \cdot g^{-1}$ 时，可逆充电比容量为 $219.9mA \cdot h \cdot g^{-1}$，达到理论容量的 96%；当电流密度为 $240mA \cdot g^{-1}$ 时，其可逆比容量仍可达到 $150mA \cdot h \cdot g^{-1}$。充放电时锂离子的嵌入和脱出导致晶体结构的变化都是可逆的，因此首次循环之后 $Li_2ZnTi_3O_8$ 材料表现出了良好的循环稳定性。

Wang 等采用静电纺丝技术制得 $Zn(CH_3COO)_2/CH_3COOLi$/TBT（钛酸四丁酯）/PVP（聚乙烯吡咯烷酮）纤维，然后热处理得到直径大约 200nm 的 $Li_2ZnTi_3O_8$ 纤维。测试结果表明，0.1C 循环 10 次以后，放电比容量为 $223.7mA \cdot h \cdot g^{-1}$，1C 倍率时容量减至 $190.2mA \cdot h \cdot g^{-1}$，2C 倍率时容量减至 $172.7mA \cdot h \cdot g^{-1}$。$Li_2ZnTi_3O_8$ 纤维材料展示了较好的循环稳定性和倍率容量。

9.3.1.2 $Li_2ZnTi_3O_8$ 的表面包覆

虽然 $Li_2ZnTi_3O_8$ 具有较高的理论容量和低的放电平台，但是与 $Li_4Ti_5O_{12}$ 相似的是 $Li_2ZnTi_3O_8$ 的电子电导率也比较低，大倍率放电时的性能较差。我们可以采用与钛酸锂相似的改性方式：表面包覆和离子掺杂，对 $Li_2ZnTi_3O_8$ 进行改性研究以提高材料的电子电导率，降低材料电阻，改善其倍率性能。

Tang 等选择碳包覆对 $Li_2ZnTi_3O_8$ 进行改性研究。实验原材料为：Li_2CO_3、$Zn(CH_3COO)_2 \cdot 2H_2O$ 和锐钛矿 TiO_2，分别选择蔗糖、柠檬酸、草酸为碳源，

探究不同碳源对 $Li_2ZnTi_3O_8$ 材料充放电性能的影响。实验结果显示，所有制备的样品都显示相当稳定的循环稳定性，而蔗糖包覆的 $Li_2ZnTi_3O_8$ 的复合材料则呈现出更好的电化学性能，在 $0.1A \cdot g^{-1}$、$0.5A \cdot g^{-1}$、$1.0A \cdot g^{-1}$、$2.0A \cdot g^{-1}$ 电流密度，电压区间为 0.05～3V 时放电比容量分别为：$286.5mA \cdot h \cdot g^{-1}$、$214.9mA \cdot h \cdot g^{-1}$、$177.8mA \cdot h \cdot g^{-1}$、$112.5mA \cdot h \cdot g^{-1}$，明显高于 $Li_2ZnTi_3O_8$ 纯样和柠檬酸、草酸包覆的样品。其原因可能是蔗糖包覆的样品颗粒表面形成的一层网状结构的无定形碳层（“导电桥”），可以减少粒径，避免电极和电解质接触面间的副反应，提高电子传导性。该研究表明，蔗糖包覆的 $Li_2ZnTi_3O_8$ 材料因其卓越的倍率性能是一种很有前景的锂离子负极材料。Tang 等还用高温固相法制备 $LiCoO_2$ 包覆的 $Li_2ZnTi_3O_8$ 复合材料。实验证明，$LiCoO_2$ 在 $Li_2ZnTi_3O_8$ 颗粒表面形成 2nm 的包覆层。经充放电测试 $LiCoO_2$ 包覆的材料，在 $3.0A \cdot g^{-1}$ 电流密度下循环 100 次，放电比容量为 $108mA \cdot h \cdot g^{-1}$，容量保持率可达 71.4%，明显高于未经包覆的样品。另外，$2.0A \cdot g^{-1}$ 电流密度下循环 1000 次后，包覆样品的放电比容量仍有 $64.3mA \cdot h \cdot g^{-1}$，较纯样的 $37.9mA \cdot h \cdot g^{-1}$ 高出很多。此结果足以证明 $LiCoO_2$ 包覆的材料在高倍率下具有更好的、更高的放电比容量和循环稳定性，并较纯样有更长的使用寿命。

Xu 等以 $Zn(CH_3COO)_2 \cdot 2H_2O$、$Li_2CO_3$ 和异丙氧基钛为原料用溶胶-凝胶法制备了碳包覆的 $Li_2ZnTi_3O_8/C$ 纳米级复合材料，颗粒粒径可达 20～30nm。复合材料展现了较高的可逆充放电容量，优秀的循环稳定性和高倍率性能，在电流密度为 $0.2A \cdot g^{-1}$ 时，循环 200 次后，容量仍保持在 $284mA \cdot h \cdot g^{-1}$。

Wang 等以金红石-TiO_2、$LiOH \cdot H_2O$、$LiNO_3$ 和金属有机框架材料 ZIF-8 [$Zn(MeIM)_2$；MeIM＝2-甲基咪唑] 为原料，分散均匀后在 250℃氮气中预烧 3h，然后在 600℃氮气气氛中裂解 4h，最后分别在 650℃、700℃和 750℃烧结 3h，得到纳米结构的氮掺杂碳包覆的 $Li_2ZnTi_3O_8$ 材料，在空气中裂解即可得到纳米结构的 $Li_2ZnTi_3O_8$ 材料，合成路线如图 9-17 所示。

电化学性能的测试结果表明，$Li_2ZnTi_3O_8$@C-N 材料在任意倍率循环时，均比 $Li_2ZnTi_3O_8$ 具有更高的容量。其中，700℃合成的 $Li_2ZnTi_3O_8$@C-N 材料展示了较好的电化学性能，在电流密度为 $1A \cdot g^{-1}$、$2A \cdot g^{-1}$、$3A \cdot g^{-1}$ 时，最大容量分别为 $194.1mA \cdot h \cdot g^{-1}$、$176.7mA \cdot h \cdot g^{-1}$、$173.4mA \cdot h \cdot g^{-1}$，而且保持了最好的循环性能，其原因是 $Li_2ZnTi_3O_8$@C-N 材料具有更高的电子电导率。

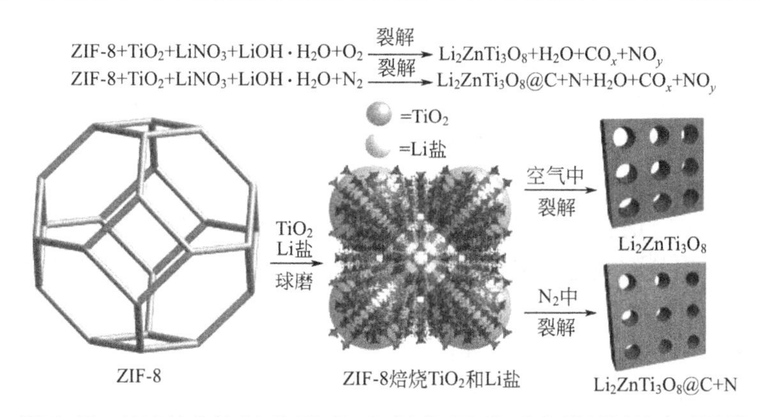

图 9-17 纳米结构的 $Li_2ZnTi_3O_8$ 和 $Li_2ZnTi_3O_8$@C-N 材料的合成路线

9.3.1.3 $Li_2ZnTi_3O_8$ 的离子掺杂

Tang 等利用高温固相法制备了 Al^{3+} 掺杂的 $Li_2ZnTi_{2.9}Al_{0.1}O_8$ 复合材料。经充放电测试 $Li_2ZnTi_{2.9}Al_{0.1}O_8$ 材料在 $0.5A \cdot g^{-1}$、$1.0A \cdot g^{-1}$、$2.0A \cdot g^{-1}$ 和 $3.0A \cdot g^{-1}$ 下，充电 100 循环后可逆容量分别为 $173.2mA \cdot h \cdot g^{-1}$、$136.7mA \cdot h \cdot g^{-1}$、$108.6mA \cdot h \cdot g^{-1}$ 和 $61.4mA \cdot h \cdot g^{-1}$，与纯 $Li_2ZnTi_3O_8$ 相比分别提高了 $21.5mA \cdot h \cdot g^{-1}$、$54.4mA \cdot h \cdot g^{-1}$、$59.0mA \cdot h \cdot g^{-1}$ 和 $31.8mA \cdot h \cdot g^{-1}$。除此之外，$Li_2ZnTi_{2.9}Al_{0.1}O_8$ 材料的循环稳定性也比纯样好。这说明了 Al^{3+} 的掺杂有利于提高 $Li_2ZnTi_3O_8$ 材料的放电比容量和循环稳定性能。Tang 等还用高能球磨辅助固相法制得 Ag^+ 掺杂的材料 $Li_2ZnAg_xTi_{3-x}O_8$（$x=0$，0.05，0.1，0.15，0.2），并用不同的物理及电化学方法对其进行表征。结果显示一部分的银离子掺入了 $Li_2ZnTi_3O_8$ 晶格中，剩下的附着在 $Li_2ZnTi_3O_8$ 颗粒表面，掺杂样品中 $Li_2ZnAg_{0.15}Ti_{2.85}O_8$ 具有最好的结晶度，在 $0.1A \cdot g^{-1}$ 下，具有最高的首次放电容量 $214mA \cdot h \cdot g^{-1}$。$Li_2ZnAg_{0.15}Ti_{2.85}O_8$ 材料在 $1A \cdot g^{-1}$、$2.0A \cdot g^{-1}$ 高倍率条件下循环 100 次后，放电比容量分别为 $127mA \cdot h \cdot g^{-1}$ 和 $77.1mA \cdot h \cdot g^{-1}$，而纯样的只保持在 $82.3mA \cdot h \cdot g^{-1}$ 和 $49.6mA \cdot h \cdot g^{-1}$。高倍率性能方面的显著提高表明了 Ag^+ 掺杂的 $Li_2ZnAg_xTi_{3-x}$（$x=0.15$）材料是一种很有前景的锂离子电池负极材料。

伊廷锋等采用高温固相法制备 V^{5+} 掺杂的 $Li_{2-x}V_xZnTi_3O_8$（$x=0$，0.05，0.1，0.15）材料，XRD 测试结果表明，V^{5+} 能够成功掺入晶格内部，占据了四面体位置，而且 V^{5+} 的掺入减小了晶格常数。随着掺杂量增大（$x \geqslant 0.1$ 时），图中开始出现微弱的 TiO_2 杂质峰，说明有部分 V^{5+} 没有掺入晶格中。从 Raman 测试看出掺杂后没有改变原材料的主要晶体结构。V^{5+} 掺入可以增强阳离子和氧之间键的振动，导致蓝移。所有样品颗粒粒径分布较窄，都在 0.5～1μm 之间。$Li_2ZnTi_3O_8$ 纯样团聚现象较为明显，掺杂 V^{5+} 后，团聚现象减轻，颗粒分散性明显提高，良好的分散性有利于锂离子的传输，从而提高材料的循环性能。充放电测试发现，V^{5+} 的掺入减缓了极化现象，能量密度增加，放电平台保持力提高。由不同倍率的充放电性能曲线图可以看出，V^{5+} 的掺入提高了材料的循环性能，其中 5C 电流密度下，掺杂样品的放电比容量均高于纯样，说明其大倍率性能得到一定改善。在掺杂样品中 $Li_{1.95}V_{0.05}ZnTi_3O_8$ 表现出了最高的比容量和优秀的循环稳定性，0.1C 时，更有 287.7mA·h·g^{-1} 的首次放电比容量。

9.3.2 $Li_2MnTi_3O_8$

$Li_2MnTi_3O_8$ 的结构与 $Li_2ZnTi_3O_8$ 类似，但是受合成方法的影响，合成的 $Li_2MnTi_3O_8$ 材料可能存在一定的缺陷。Chen 等采用高温固相法合成了 $Li_2MnTi_3O_8$ 材料，采用 Rietveld 方法对 XRD 精修发现，由于高温煅烧的工艺步骤，在 4b 和 8c 位置存在一定的锂空位。在这种结构中，八面体是由 Li、Mn、Ti 原子构成，它提供了使材料在嵌脱锂过程中保持稳定的框架结构。这也是 Ti 基材料具备良好循环性能的原因。而且，由于在四面体位置的 Li、Mn 分享了 8c 位置，由四面体组成的一个三维网络提供了锂离子移动的通道。因此，晶胞可以被描述为 $(Li_{0.505}Mn_{0.495})^{tet}(Li_{0.495}Mn_{0.005})^{oct}Ti^{oct}O_4$。电化学原位 XRD 测试结果说明，通过该简易固相法生成的 $Li_2MnTi_3O_8$ 在嵌脱锂过程中的结构变化是一个准可逆的过程。

图 9-18 为 $Li_2MnTi_3O_8$ 在不同嵌锂态的晶体结构图，基于 Ti^{4+}/Ti^{3+} 的氧化还原电对，$Li_2MnTi_3O_8$ 理论上最多可以嵌入 3 个锂离子。如图 9-18 所示，$Li_2MnTi_3O_8$ 中八面体的特殊位置 4b 和四面体的一般位置 8c 被阳离子占满。因此，在嵌锂过程中，嵌入的锂离子将会占据新的位置，而 4a 是一个理想的空位置。如图 9-18(b) 所示，当锂离子占据 4a 位置，新的 Li-O 八面体在初始结构的间隙处生成。锂离子嵌入 4a 位置的过程在随后的循环中是部分不可逆的，这也是造成容量衰减的主要原因。当放电电压继续从 1.70V 降到 0.40V 时，在 4a 和 4b 位置上的锂离子会持续不断的迁移到 8c 位置上。与此同时，新嵌入的锂离子会占据 4a 和 4b 位置。如图 9-18(c) 所示，当锂离子占据 8c 位置，新的 Li-O 四面体在初始结构的间隙处生成。锂离子可逆的嵌入/脱出 8c 位置确保了尖晶石 $Li_2MnTi_3O_8$ 作为锂离子电池负极材料的良好循环性能。

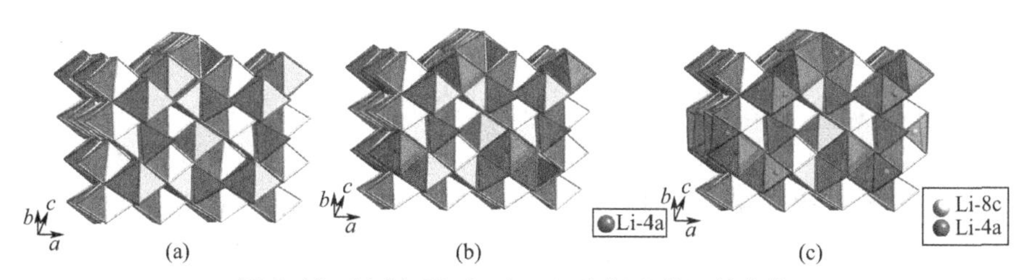

图 9-18 $Li_2MnTi_3O_8$ 在不同嵌锂态的晶体结构

(a) $Li_2MnTi_3O_8$；(b) $Li_3MnTi_3O_8$；(c) $Li_5MnTi_3O_8$

Chen 等还采用溶胶-凝胶法制备了 $Li_2MnTi_3O_8$ 材料，图 9-19 为 $Li_2MnTi_3O_8$ 材料的化学性能图。如图 9-19(a) 所示，在第一扫描时，位于 1.28V、0.51V、0.03V 处分别存在 3 个阴极峰，在 1.68V 和 0.23V 处存在 2 个阳极峰。但是第二次扫描时，在 1.32V 和 0.02V 出现了 2 个阴极峰，在 1.70V 和 0.30V

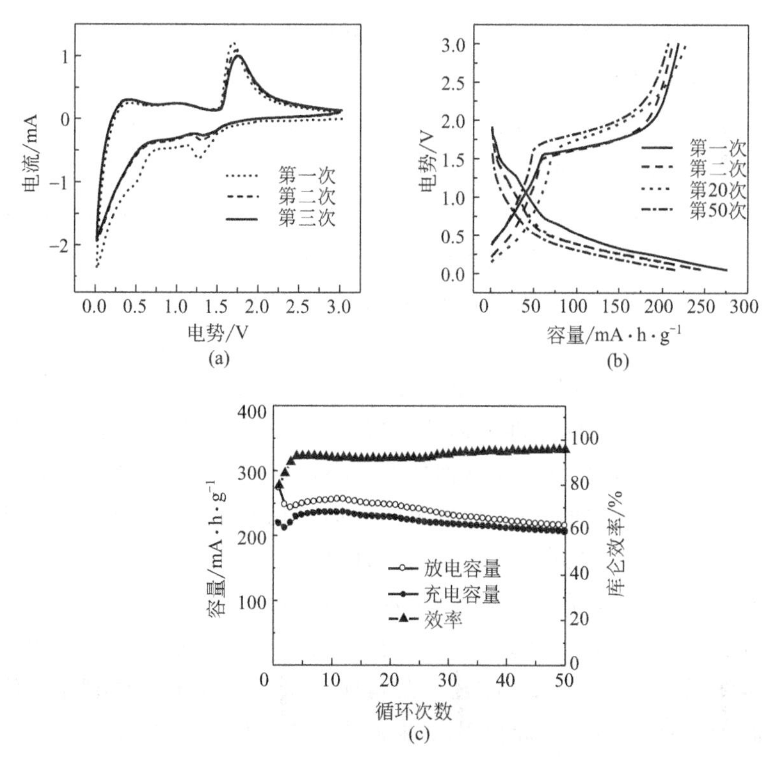

图 9-19 $Li_2MnTi_3O_8$ 材料的化学性能图

(a) 循环伏安曲线；(b) 充放电曲线；(c) 循环性能以及库仑效率图

出现了2个阳极峰，在0.51V处的阴极峰几乎消失，说明此处可能是不可逆的电化学过程，包括电解质的分解和SEI膜的形成等，这与$Li_4Ti_5O_{12}$负极材料非常相似。两个可逆的氧化还原电对1.70V/1.32V和0.30V/0.02V是由于在充放电的过程中Ti^{4+}/Ti^{3+}的变化造成的，这也和之前的Ti基锂离子负极材料的性能相一致，说明了锂离子嵌入和脱出该电极材料是高度可逆的。图9-19(b)为$Li_2MnTi_3O_8$材料的充放电曲线，在电压范围0～0.5V和0.5～1.0V有2个嵌锂的斜坡。$Li_2MnTi_3O_8$材料表现出了较好的可逆容量，其初始的放电容量为273.5mA·h·g^{-1}，50次循环后其可逆容量保持206.1mA·h·g^{-1}，相当于初始充电容量的94.5%，而且循环库仑效率的平均值也在95%以上［图9-19(c)］。

9.3.3 $Li_2CuTi_3O_8$

尽管与$Li_2MnTi_3O_8$和$Li_2ZnTi_3O_8$的结构类似，但是$Li_2CuTi_3O_8$的嵌锂机制与上述两种材料略有差异。Chen等以化学计量比的Li_2CO_3、CuO和TiO_2为原料，采用高温固相法合成了$Li_2CuTi_3O_8$材料。利用Rietveld精修XRD可发现，$Li_2CuTi_3O_8$可以用$(Li_{1.4}Cu_{0.6})^{tet}(Li_{0.6}Cu_{0.4}Ti_3)^{oct}O_8$的扩展形式来表示，电化学原位XRD测试结果表明，$Li_2CuTi_3O_8$的晶胞参数在嵌锂和脱锂过程中几乎是镜面对称，这说明$Li_2CuTi_3O_8$的充放电是一个准可逆的电化学反应过程。图9-20为$Li_2CuTi_3O_8$材料的嵌锂结构模型。

如图9-20(a)所示，在尖晶石结构框架中，O原子占据32e位置，Li、Cu、Ti原子占据16d位置形成了$(Li_{0.6}Cu_{0.4}Ti_3)^{oct}O_8$框架结构，它可以保持在嵌脱锂过程中的结构稳定。如图9-20(b)所示，在电位较高时(1.47V)，在四面体8a位的锂离子下移向不规则准八面体位置32e位，使得间隙四面体变为准八面体。但是放电过程后32e并不是八面体的中心。如图9-20(c)所示，在深度的嵌锂过程，在不规则准八面体32e位置上的锂离子在低电位下(0.67V)迁移到规则八面体16c位置上。其中16c位置是八面体的中心。但是与$Li_2MnTi_3O_8$和$Li_2ZnTi_3O_8$不同的是，在四面体8a位置上的铜离子也是会随着嵌锂过程中锂离子的移动而移动。如图9-20(d)所示，随着锂离子从8a位置迁移到32e位置上，铜离子也会发生迁移来到32e位置。在满锂状态下锂离子迁移到16c位置，在32e的铜离子返回8a位置。原位XPS也证明，当电位将至0.75V时，Cu^{2+}还原为Cu^+，这验证了Cu离子在8a和32e位置之间的迁移，也说明了$Li_2CuTi_3O_8$材料储锂容量部分来自于可逆转化的Cu^{2+}/Cu^+的氧化还原电对。

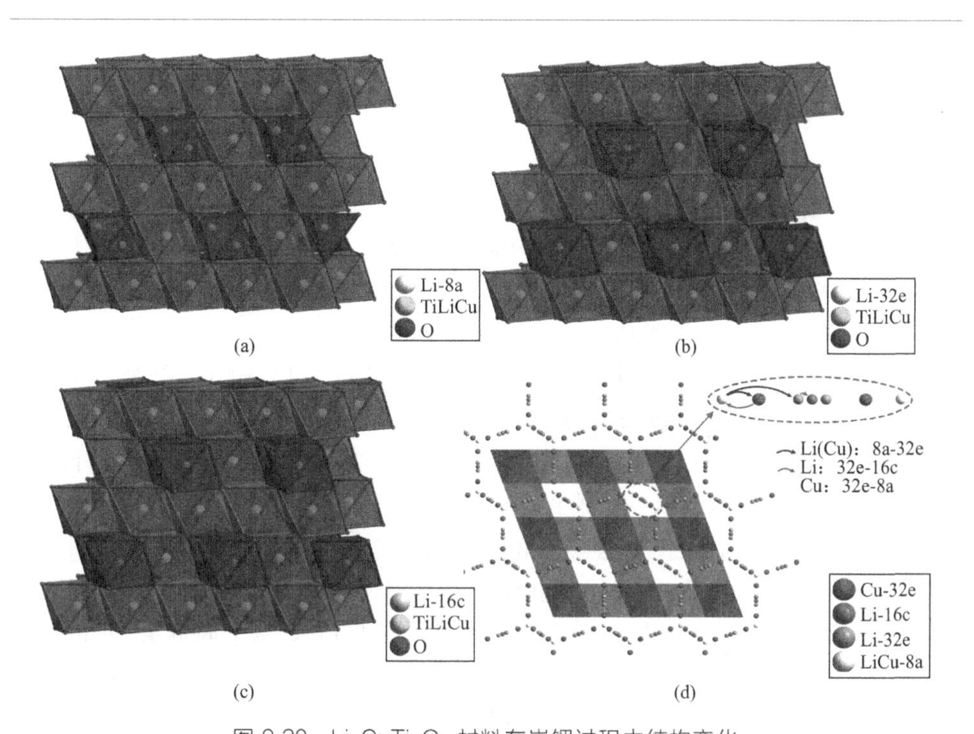

图 9-20 $Li_2CuTi_3O_8$ 材料在嵌锂过程中结构变化

（a）锂离子在 8a 位置；（b）锂离子在 32e 位置；（c）锂离子在 16c 位置；（d）锂离子和铜离子在放电阶段的迁移路径

9.4 Li-Cr-Ti-O

9.4.1 $LiCrTiO_4$

$LiCrTiO_4$ 负极材料属于尖晶石结构，空间点群为 Fd-3m，晶格参数为 $a=8.313(2)$Å，过渡金属 Cr 和 Ti 是以 1∶1 的比例结合并占据了八面体的 16d 位，氧紧密地排列在八面体的 32e 位点，锂离子则占据了四面体的 8a 位点。$LiCrTiO_4$ 的理论比容量 157mA·h·g^{-1}，稳定的充放电平台跟 $Li_4Ti_5O_{12}$ 类似，在 1.55V 左右，电化学性能稳定，电化学反应如下：

$$LiCrTiO_4+xLi^++xe^- \longrightarrow Li_{1+x}CrTiO_4(0\leqslant x\leqslant 1) \tag{9-4}$$

更重要的是，$LiCrTiO_4$ 的电子电导率和锂离子扩散系数高达 4×10^{-6}S·

cm^{-1}、$10^{-9}cm^2\cdot s^{-1}$，远远高于 $Li_4Ti_5O_{12}$ 的 $10^{-13}\sim10^{-8}cm^2\cdot s^{-1}$。Barker 等发现，$LiCrTiO_4$/Li 电池的嵌锂电压降至 0V 左右时，$LiCrTiO_4$ 可以嵌入 3 个锂，电化学反应如下：

$$LiCr^{3+}Ti^{4+}O_4+3Li^++3e^-=\!=\!=Li_4Cr^{2+}Ti^{2+}O_4 \quad (9\text{-}5)$$

此时全锂态的 $LiCrTiO_4$ 的理论比容量可高达 $471mA\cdot h\cdot g^{-1}$。当放电电压达到 0.05V 时，锂离子占满 16c 位后，将占据四面体位的 8a、8b 或 48f 位。但是占据的 8b 或 48f 位的锂离子不能可逆脱出，进而导致了材料首次不可逆容量损失，这与 $Li_4Ti_5O_{12}$ 非常类似。

Wang 等利用溶胶-凝胶化学结合电纺丝技术制备了 $LiCrTiO_4$ 纤维，并研究其在 0.05～3V 之间宽电位窗口的电化学性能，如图 9-21 所示。在初始的放电过程中，电压平台在 1.51V，随着电流密度的增加，电压平台逐渐降低。$LiCrTiO_4$ 纤维的首次放电（嵌锂）容量高达 $523.3mA\cdot h\cdot g^{-1}$，不可逆容量损失高达 $211.8mA\cdot h\cdot g^{-1}$，这与低电位下 SEI 膜的生成以及上述的 8b 或 48f 位的锂离子不能可逆脱出有关。在电流密度为 $100mA\cdot g^{-1}$ 时，50 次循环后 $LiCrTiO_4$ 纤维的放电容量为 $290mA\cdot h\cdot g^{-1}$，高于 $Li_4Ti_5O_{12}$ 放电至 0V 的容量（$225mA\cdot h\cdot g^{-1}$，$0.078mA\cdot cm^{-2}$）；即使是在电流密度为 $2000mA\cdot g^{-1}$ 时，$LiCrTiO_4$ 纤维的放电容量仍达 $259mA\cdot h\cdot g^{-1}$，表现出了优异的倍率性能。

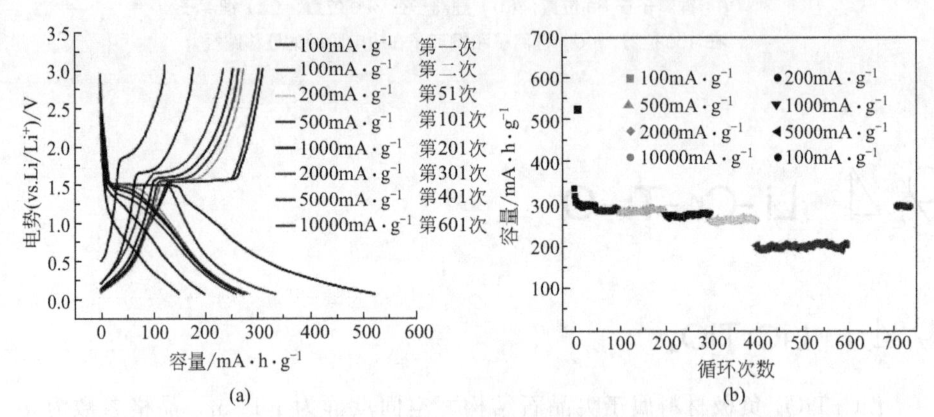

图 9-21 $LiCrTiO_4$ 纤维在 0.05～3V 之间不同电流密度的电化学性能曲线

（a）充放电曲线；（b）倍率性能。

为了提高 $LiCrTiO_4$ 在 1V 以上的电化学性能，Yang 等采用高温固相合成法制备了碳包覆的 $LiCrTiO_4$ 材料，电化学性能测试表明，0.1C、0.5C、1C、2C 倍率放电时，$LiCrTiO_4$-C 材料的可逆容量分别为 $147mA\cdot h\cdot g^{-1}$、$141mA\cdot h\cdot g^{-1}$、$131mA\cdot h\cdot g^{-1}$、$119mA\cdot h\cdot g^{-1}$；即使是在 12C 倍率放电时，其容量仍等

达到0.1倍率容量的50%，但是电压平台从1.5V降至1.31V。

9.4.2 $Li_5Cr_7Ti_6O_{25}$

相对于$Li_4Ti_5O_{12}$而言，Yi等最早报道$Li_5Cr_7Ti_6O_{25}$可以作为一种新型的钛酸盐负极材料，含锂量少，性能可以与$Li_4Ti_5O_{12}$媲美，有一定的成本优势。放电至1V时（vs. Li^+/Li），$Li_5Cr_7Ti_6O_{25}$的理论比容量147mA·h·g^{-1}，稳定的充放电平台跟$Li_4Ti_5O_{12}$类似，在1.55V左右，电化学性能稳定，电化学反应如下：

$$Li_5Cr_7Ti_6O_{25}+6e^-+6Li^+ \longrightarrow Li_{11}Cr_7Ti_6O_{25} \tag{9-6}$$

当$Li_5Cr_7Ti_6O_{25}$/Li电池的嵌锂电压降至0V左右时，$Li_5Cr_7Ti_6O_{25}$可以嵌入13个锂，理论容量为323mA·h·g^{-1}，远高于$Li_4Ti_5O_{12}$的293mA·h·g^{-1}，电化学反应如下：

$$Li_5Cr_7Ti_6O_{25}+13e^-+13Li^+ \longrightarrow Li_{18}Cr_7Ti_6O_{25} \tag{9-7}$$

$Li_5Cr_7Ti_6O_{25}$、$Li_{11}Cr_7Ti_6O_{25}$、$Li_{18}Cr_7Ti_6O_{25}$可以进一步地表示为$[Li_{2.4}Ti_{0.6}]_{8a}[\quad]_{16c}[Cr_{3.36}Ti_{2.28}]_{16d}[O_{12}]_{32e}$（$Li_{2.4}Cr_{3.36}Ti_{2.88}O_{12}$）、$[Ti_{0.6}]_{8a}[Li_{5.28}]_{16c}[Cr_{3.36}Ti_{2.28}]_{16d}[O_{12}]_{32e}$（$Li_{5.28}Cr_{3.36}Ti_{2.88}O_{12}$）、$[Li_xTi_{0.6}]_{8a}[Li_y]_{8b}[Li_{5.28}]_{16c}[Li_{3.36-x-y}]_{48f}[Cr_{3.36}Ti_{2.28}]_{16d}[O_{12}]_{32e}$。

图9-22(a)是溶胶-凝胶法制备的$Li_5Cr_7Ti_6O_{25}$在0～2.5V之间的首次充放电曲线。与$Li_4Ti_5O_{12}$类似，1V以上的电压平台在1.5V左右，对应一个可逆的两相反应；1V以下的斜线与新的电化学嵌入反应有关。1V以上的容量来自于Ti^{4+}/Ti^{3+}的氧化还原，1V以上的容量主要来自于Cr^{3+}/Cr^{2+}的氧化还原。$Li_5Cr_7Ti_6O_{25}$/Li电池的前两次放电容量分别为297mA·h·g^{-1}、195mA·h·g^{-1}，具有较高的首次不可逆容量。其原因如下：电池的导电剂炭黑的理论容量为372mA·h·g^{-1}（LiC_{12}），电极中10%的炭黑理论上最大可以传递46mA·h·g^{-1}的容量，实际上的容量一般在20mA·h·g^{-1}左右。此外，低电位时SEI膜的生成和电解液的分解也会导致一定的不可逆容量损失。最后，占据8b或48f位的锂离子不能可逆脱出，也是导致了材料首次不可逆容量损失的重要原因。图9-22(b)是溶胶-凝胶法制备的$Li_5Cr_7Ti_6O_{25}$在0～3V之间的循环伏安曲线。从放大的CV图上可以看出，相对于首次的CV曲线，在0.75V处有一个明显的不可逆峰，这说明首次循环时，在1V以下，钝化膜开始生成。考虑到这种电化学行为，在首次嵌锂过程中，SEI膜大约在0.7V时开始形成。因此，在1～2.5V之间循环时，与$Li_4Ti_5O_{12}$类似，$Li_5Cr_7Ti_6O_{25}$也是一种免SEI膜材料。

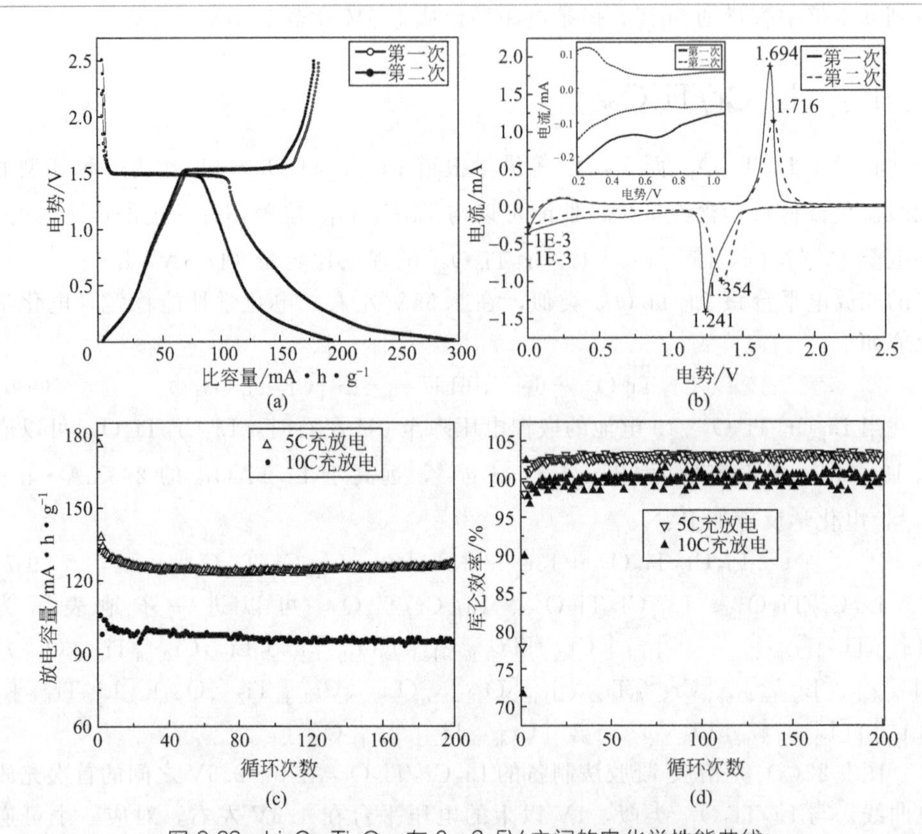

图 9-22 $Li_5Cr_7Ti_6O_{25}$ 在 0～2.5V 之间的电化学性能曲线

(a) 首次充放电曲线 (0.2C); (b) 循环伏安曲线; (c) 不同倍率的循环性能曲线; (d) 不同倍率的库仑效率曲线

图 9-22(c) 是溶胶-凝胶法制备的 $Li_5Cr_7Ti_6O_{25}$ 在 0～2.5V 之间的循环性能曲线，在 5C 和 10C 倍率充放电时，$Li_5Cr_7Ti_6O_{25}$ 的放电容量分别为 176mA·h·g^{-1}、132mA·h·g^{-1}，200 次循环后容量保持率分别为 91.5%、89.4%（相对于第二次放电容量），这说明即使是放电至 0V，$Li_5Cr_7Ti_6O_{25}$ 仍具有优异的快速充放电性能。从库仑效率图［图 9-22(d)］可以看出，$Li_5Cr_7Ti_6O_{25}$ 的首次库仑效率不高，在 5C 和 10C 倍率充放电时，首次循环的库仑效率分别为 78% 和 72%，这与低电位 SEI 膜的形成有关。但是，$Li_5Cr_7Ti_6O_{25}$ 的首次库仑效率明显地高于硬炭负极（约 60%）以及一些新型的负极材料，例如 ZnO/Ni/C 中空微球（61.4%）、Fe_3O_4 正八面体（68%）等。经过几次循环后，$Li_5Cr_7Ti_6O_{25}$ 的库仑效率几乎接近 100%。

为了提高 $Li_5Cr_7Ti_6O_{25}$ 在 1V 以上的电化学性能，Yan 等以蔗糖为碳源，采用溶胶-凝胶法制备了碳包覆的 $Li_5Cr_7Ti_6O_{25}$ 材料，如图 9-23 所示。

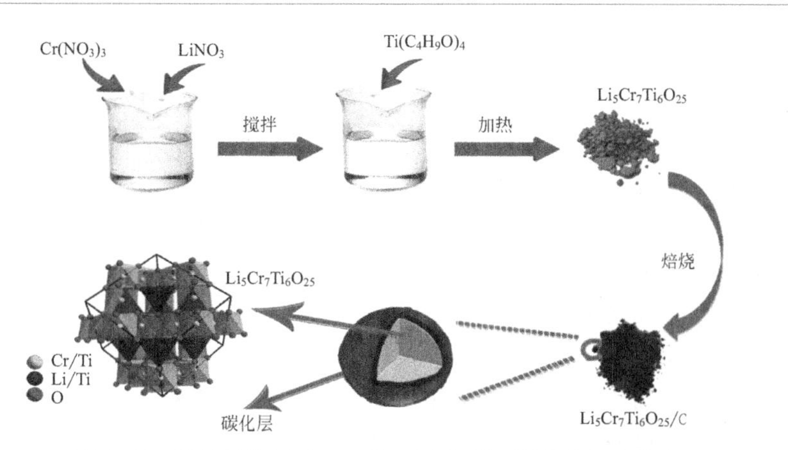

图 9-23 碳包覆的 $Li_5Cr_7Ti_6O_{25}$ 材料溶胶-凝胶法合成路线

电化学性能测试表明，$Li_5Cr_7Ti_6O_{25}$/C 比未包覆的 $Li_5Cr_7Ti_6O_{25}$ 的材料具有更好的循环性能和可逆容量。500mA·g^{-1} 循环时，200 次循环后 $Li_5Cr_7Ti_6O_{25}$/C 的可逆容量为 111.6mA·h·g^{-1}，容量损失为 13%；而 $Li_5Cr_7Ti_6O_{25}$ 的可逆容量仅为 93.6mA·h·g^{-1}，容量损失为 19%。$Li_5Cr_7Ti_6O_{25}$/C 优异的电化学性能来源于非晶碳层的包覆，碳层有利于锂离子和电子的传输。图 9-24 为 $Li_5Cr_7Ti_6O_{25}$/C 材料首次充放电循环的原位 XRD 图及对应的晶胞参数和晶胞体积的变化图。

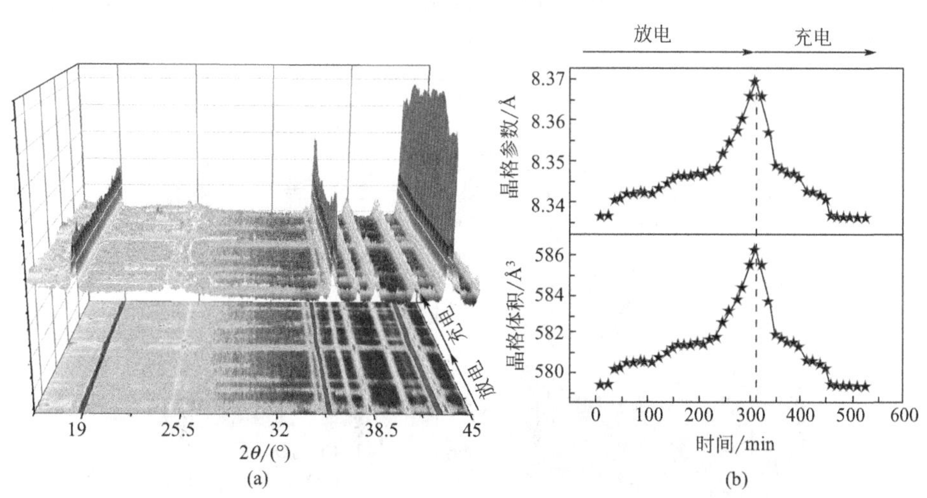

图 9-24 $Li_5Cr_7Ti_6O_{25}$/C 材料首次充放电循环的原位 XRD 图（a）及对应的晶胞参数和晶胞体积的变化（b）

从图 9-24 中可以看出，布拉格点的位置在 18.2°、35.7°、37.4°、43.4°处分别对应着（111）峰、（311）峰、（222）峰和（400）峰，在嵌锂过程中向低角度偏移。充电时（脱锂），所有的衍射峰又回到原来的位置。此外，在锂化过程中，（111）峰和（311）峰的强度逐渐减弱，（400）峰的强度逐渐增加，而脱锂时，各峰的强度又回到原来的位置。另外，$Li_5Cr_7Ti_6O_{25}$/C 材料的晶胞参数和晶胞体积在嵌锂脱锂过程中几乎呈镜面对称，这说明，$Li_5Cr_7Ti_6O_{25}$/C 具有较好的结构稳定性和储锂的可逆性。

另外，伊廷锋等利用高温固相法制备了 $Li_5Cr_7Ti_6O_{25}$@CeO_2 复合物，$Li_5Cr_7Ti_6O_{25}$@CeO_2［3%（质量分数）］在不同倍率下展示最高的嵌锂和脱锂容量，5C 倍率充放电时，100 次循环后的脱锂容量仍有 107.5mA·h·g^{-1}。根据 HRTEM 测试及 $Li_5Cr_7Ti_6O_{25}$@CeO_2 的界面模型图（图 9-25），$Li_5Cr_7Ti_6O_{25}$ 和 CeO_2 之间可以形成良好的界面。根据晶体对称性和两种化合物的晶格参数，沿着［001］方向，在 $Li_5Cr_7Ti_6O_{25}$ 和 CeO_2 之间可以形成良好的界面匹配。$Li_5Cr_7Ti_6O_{25}$ 的表面向量减小为 $\frac{\sqrt{2}}{2}a$、$\frac{\sqrt{2}}{2}b$ 和 $\frac{\sqrt{2}}{2}c$（$a=b=c=$ 8.3140Å），而 CeO_2 的晶格参数为 5.41Å。因此 $Li_5Cr_7Ti_6O_{25}$ 和 CeO_2 之间的不匹配度只有 8%。这进一步证明了在 $Li_5Cr_7Ti_6O_{25}$ 和 CeO_2 之间可以形成一个稳定的固相界面，进而可以储存更多的电解液进行电化学反应。在 CeO_2 表面的离子内吸附可以导致空间电荷效应，提高了 CeO_2 表面的正离子空位浓度，进而在 $Li_5Cr_7Ti_6O_{25}$ 和 CeO_2 之间形成良好的界面导电层。$Li_5Cr_7Ti_6O_{25}$ 和 CeO_2 之间良好的电子接触提高了锂离子和电子的传输效率，因此在电化学反应过程中，锂离子迁移能力、电化学活性、锂离子嵌脱可逆性均得到了提高，而电化学极化相应地减弱，进而导致了 $Li_5Cr_7Ti_6O_{25}$@CeO_2 复合物具有优异的电化学性能。

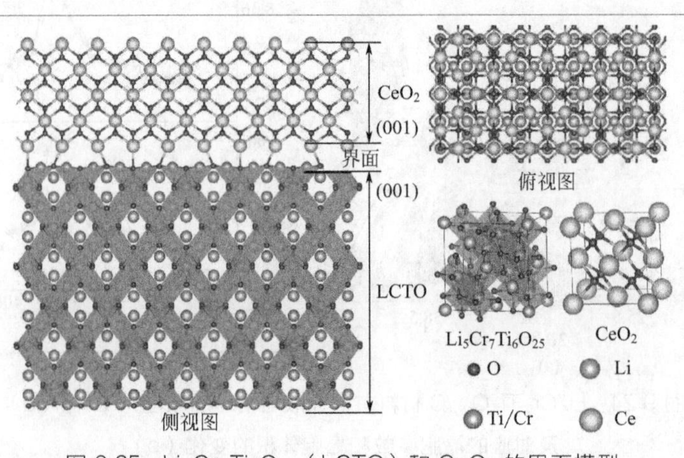

图 9-25 $Li_5Cr_7Ti_6O_{25}$（LCTO）和 CeO_2 的界面模型

9.5 TiO_2负极材料

TiO_2是自然界储量较大的材料，所以不必担心其来源的不足，而且因其具有多变的晶体结构，得到了广泛的研究。二氧化钛的存在方式主要有三种：金红石型（四方晶系，$P4_2/mmm$空间群）、锐钛矿型（四方晶系，$I4_1/amd$空间群）和板钛矿型（正交晶系，Pbca空间群）。图9-26为锐钛矿型TiO_2及其嵌锂后的结构图。

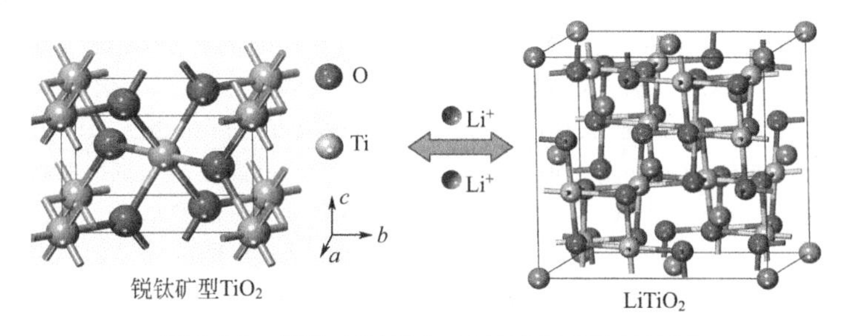

图9-26 锐钛矿型TiO_2及其嵌锂后的结构图

TiO_2的制备方法主要有溶胶-凝胶法、模板法、水热法和电化学阳极氧化法。Lou等通过液相法制备出各种纳米形貌的TiO_2及其复合材料，并具有良好的电化学性能。Dambournet等通过对分布函数的计算得到了板钛矿型TiO_2脱嵌锂过程中的储锂量，结果是1mol TiO_2中只能嵌入0.75mol的Li而形成$Li_{0.75}TiO_2$。这0.75个Li占据扭曲八面体结构中的8c空位。根据不同倍率下TiO_2的容量性能，可以发现二氧化钛在高倍率下容量衰减很大，所以不太适用于大功率的设备使用。

参考文献

[1] Wang Q, Yu H, Xie Y, Li M, Yi T F, Guo C, Song Q, Lou M, Fan S. Structural stabilities, surface morphologies and electronic properties of spinel Li-

Ti_2O_4 as anode materials for lithium-ion battery: A first-principles investigation. J Power Sources, 2016, 319: 185-194.

[2] 杨建文，颜波，叶璟，李雪. 锂钛氧嵌锂负极材料的研究进展. 稀有金属材料与工程，2015，44(1)：255-260.

[3] Cho W, Park M, Kim J, Kim Y. Interfacial reaction between electrode and electrolyte for a ramsdellite type $Li_{2+x}Ti_3O_7$ anode material during lithium insertion. Electrochim. Acta, 2012, 63: 263-268

[4] Dambournet D, Belharouak I, Amine K. $MLi_2Ti_6O_{14}$ (M = Sr, Ba, 2Na) Lithium Insertion Titante Materials: A Comparative Study. Inorg Chem, 2010, 49: 2822-2826.

[5] Wang P, Li P, Yi T, Lin X, Yu H, Zhu Y, Qian S, Shui M, Shu J. Enhanced lithium storage capability of sodium lithium titanate via lithium-site doping. J Power Sources, 2015, 297: 283-294.

[6] Li H, Shen L, Ding B, Pang G, Dou H, Zhang X. Ultralong $SrLi_2Ti_6O_{14}$ nanowires composed of single-crystalline nanoparticles: Promising candidates for high-power lithium ions batteries. Nano Energy, 2015, 13: 18-27.

[7] Shu J, Wu K, Wang P, Li P, Lin X, Shao L, Shui M, Long N, Wang D. Lithiation and delithiation behavior of sodium lithium titanate anode. Electrochim. Acta, 2015, 173: 595-606.

[8] Li P, Wu K, Wang P, Lin X, Yu H, Shui M, Zheng X, Long N, Shu J. Preparation, electrochemical characterization and in-situ kinetic observation of $Na_2Li_2Ti_6O_{14}$ as anode material for lithium ion batteries. Ceram Int, 2015, 41: 14508-14516.

[9] Liu J, Li Y, Wang X, Gao Y, Wu N, Wu B. Synthesis process investigation and electrochemical performance characterization of $SrLi_2Ti_6O_{14}$ by ex situ XRD. J Alloys Compd, 2013, 581: 236-240.

[10] Lin X, Li P, Wang P, Yu H, Qian S, Shui M, Zheng X, Long N, Shu J. $SrLi_2Ti_6O_{14}$: A probable host material for high performance lithium storage. Electrochim Acta, 2015, 180: 831-844.

[11] Liu J, Wu B, Wang X, Wang S, Gao Y, Wu N, Yang N, Chen Z. Study of the Li^+ intercalation/de-intercalation behavior of $SrLi_2Ti_6O_{14}$ by in-situ techniques. J. Power Sources, 2016, 301: 362-368.

[12] Yin S, Feng C, Wu S, Liu H, Ke B, Zhang K, Chen D. Molten salt synthesis of sodium lithium titanium oxide anode material for lithium ion batteries. J Alloys Compd, 2015, 642: 1-6.

[13] Dambournet D, Belharouak I, Ma J, Amine K. Template-assisted synthesis of high packing density $SrLi_2Ti_6O_{14}$ for use as anode in 2.7V lithium-ion battery. J Power Sources, 2011, 196: 2871-2874.

[14] Liu J, Sun X, Li Y, Wang X, Gao Y, Wu K, Wu N, Wu B. Electrochemical performance of $LiCoO_2/SrLi_2Ti_6O_{14}$ batteries for high-power applications. J Power Sources, 2014, 245: 371-376.

[15] Lao M, Li P, Wang P, Zheng X, Wu W, M S, Lin X, Long N, Shu J. Advanced deectrochemical performance of $Li_{1.95}Al_{0.05}Na_2Ti_6O_{14}$ anode material for lithium ion batteries. Electrochim Acta, 2015, 176: 694-704.

[16] Wu K, Shu J, Lin X, Shao L, Li P,

Shui M, Lao M, Long N, Wang D. Phase composition and electrochemical performance of sodium lithium titanates as anode materials for lithium rechargeable batteries. J Power Sources, 2015, 275: 419-428.

[17] Wang W, Gu L, Qian H, Zhao M, Ding X, Peng X, Sha J, Wang Y. Carbon-coated silicon nanotube arrays on carbon cloth as a hybrid anode for lithium-ion batteries. J Power Sources, 2016, 307: 410-415.

[18] Wu K, Shu J, Lin X, Shao L, Lao M, Shui M, Li P, Long N, Wang D. Enhanced electrochemical performance of sodium lithium titanate by coating various carbons. J Power Sources, 2014, 272: 283-290.

[19] Lin X, Wang P, Li P, Yu H, Qian S, Shui M, Wang D, Long N, Shu J. Improved the lithium storage capability of $BaLi_2Ti_6O_{14}$ by electroless silver coating. Electrochim Acta, 2015, 186: 24-33.

[20] Kawai H, Tabuchi M, Nagata M, Tukamoto H, West A R.Crystal chemistry and physical properties of complex lithium spinels $Li_2MM'_3O_8$ (M = Mg, Co, Ni, Zn; M′ = Ti, Ge). J Mater Chem, 1998, 8(5): 1273-1280.

[21] Wang L, Wu L, Li Z, Lei G, Zhang P. Synthesis and electro-chemical properties of $Li_2ZnTi_3O_8$fibers as an anode material for lithium-ion batteries. Electrochim Acta, 2011, 56 (15): 5343-5346.

[22] Chen W, Liang H, Ren W, Shao L, Shu J, Wang Z. Complex spinel titanate as an advanced anode material for rechargeable lithium-ion batteries. J. Alloys Compd, 2014, 611: 65-73.

[23] 杨猛，卞亚娟，赵相玉，冯晓叁，汪敏，马立群，沈晓冬. Li^+ 在尖晶石钛酸盐 $Li_2ZnTi_3O_8$ 中的电化学行为. 南京工业大学学报（自然科学版），2012，34（6）：18-21.

[24] Wang L, Wu L, Li Z, Lei G, Xiao Q, Zhang P. Synthesis and electrochemical properties of $Li_2ZnTi_3O_8$ fibers as an anode material for lithium-ion batteries. Electrochim Acta, 2011, 56 (15): 5343-5346.

[25] Tang H, Tang Z. Effect of different carbon sources on electrochemical properties of $Li_2ZnTi_3O_8$/C anode material in lithium-ion batteries. J Alloys Compd, 2014, 613: 267-274.

[26] Tang H, Zhu J, Ma C, Tang Z. Lithium cobalt oxide coated lithium zinc titanate anode material with an enhanced high rate capability and long lifespan for lithium-ion batteries. Electrochim Acta, 2014, 144: 76-84.

[27] Xu Y, Hong Z, Xia L, Yang J, Wei M. One step sol-gel synthesis of $Li_2ZnTi_3O_8$/C nanocomposite with enhanced lithium-ion storage properties. Electrochim Acta, 2013, 88: 74-78.

[28] Tang H, Zhu J, Tang Z, Ma C. Al-doped $Li_2ZnTi_3O_8$ as an effective anode material for lithium-ion batteries with good rate capabilities. J Electroanal Chem, 2014, 731: 60-66.

[29] Tang H, Tang Z, Du C, Qie F, Zhu J. Ag-doped $Li_2ZnTi_3O_8$ as a high rate anode material for rechargeable lithium-ion batteries. Electrochim Acta, 2014, 120: 187-192.

[30] Wang X, Wang L, Chen B, Yao J, Zeng H. MOFs as reactant: In situ

synthesis of $Li_2ZnTi_3O_8$ @C-N nanocomposites as high performance anodes for lithium-ion batteries. J Electroanal Chem, 2016, 775: 311-319.

[31] Yi T F, Wu J, Yuan J, Zhu Y, Wang P. Rapid lithiation and delithiation property of V^- Doped $Li_2ZnTi_3O_8$ as anode material for lithium-ion battery. ACS Sustainable Chem Eng, 2015, 3 (12): 3062-3069.

[32] Chen W, Liang H, Qi Z, Shao L, Shu J, Wang Z. Enhanced electrochemical properties of lithium cobalt titanate via lithium-site substitution with sodium. Electrochim Acta, 2015, 174: 1202-1215.

[33] Chen W, Zhou Z, Liang H, Shao L, Shu J, Wang Z. Lithium storage mechanism in cubic lithium copper titanate anode material upon lithiation/delithiation process. J Power Sources, 2015, 281: 56-68

[34] Chen W, Liang H, Shao L, Shu J, Wang Z. Observation of the structural changes of sol-gel formed $Li_2MnTi_3O_8$ during electrochemical reaction by in-situ and ex-situ studies. Electrochim Acta, 2015, 152: 187-194

[35] Wang L, Xiao Q, Wu L, Lei G, Li Z. Spinel $LiCrTiO_4$ fibers as an advanced anode material in high performance, lithium ion batteries. Solid State Ionics, 2013, 236: 43-47

[36] Yang J, Yan B, Ye J, Li X, Liu Y, You H. Carbon-coated $LiCrTiO_4$ electrode material promoting phase transition to reduce asymmetric polarization for lithium-ion batteries. Phys Chem Chem Phys, 2014, 16: 2882-2891

[37] Yi T F, Mei J, Zhu Y, Fang Z. $Li_5Cr_7Ti_6O_{25}$ as a novel negative electrode material for lithium-ion batteries. Chem Commun, 2015, 51 (74): 14050-14053.

[38] Yan L, Qian S, Yu H, Li P, Lan H, Long N. Zhang Ruifeng, Miao Shui,Jie Shu. Carbon-enhanced electrochemical performance for spinel $Li_5Cr_7Ti_6O_{25}$ as a lithium host material. ACS Sustainable Chem Eng, 2017, 5: 957-964.

[39] Wiedemann D, Nakhal S, Franz A, Lerch M. Lithium diffusion pathways in metastable ramsdellite-like $Li_2Ti_3O_7$ from high-temperature neutron diffraction. Solid State Ionics, 2016, 293: 37-43.

[40] Wang Z, Lou X. TiO_2 Nanocages: Fast Synthesis, Interior functionalization and improved lithium storage properties. Adv Mater, 2012, 24: 4124-4129.

[41] Yan L, Yu H, Qian S, Li P, Lin X, Long N, Zhang R, Shui M, Shu J. Enhanced lithium storage performance of $Li_5Cr_9Ti_4O_{24}$ anode by nitrogen and sulfur dual-doped carbon coating. Electrochimi Acta, 2016, 213: 217-224.

[42] Yan L, Yu H, Qian S, Li P, Lin X, Wu Y, Long N, Shui M, Shu J. Novel spinel $Li_5Cr_9Ti_4O_{24}$ anode: Its electrochemical property and lithium storage process. Electrochimi Acta, 2016, 209: 17-24.

[43] Lin C, Deng S, Shen H, Wang G, Li Y, Yu L, Lin S, Li J, Lu L. $Li_5Cr_9Ti_4O_{24}$: A new anode material for lithium-ion batteries. J Alloys Compd, 2015, 650: 616-621.

[44] Mei J, Yi T F, Li X Y, Zhu Y R, Xie Y, Zhang C F.Robust strategy for craf-

ting $Li_5Cr_7Ti_6O_{25}$ @ CeO_2 composites as high-performance anode material for lithium-ion battery. ACS Appl Mater Interfaces, 2017, 9 (28): 23662-23671.

[45] Yi T F, Wu J Z, Yuan J, Zhu Y R, Wang P F.Rapid lithiation and delithiation property of V^- Doped $Li_2ZnTi_3O_8$ as anode material for lithium-ion battery.ACS Sustain Chem Eng, 2015, 3 (12): 3062-3069.

第10章

其他新型负极材料

10.1 过渡金属氧化物负极材料

自从 Poizot 等的开创性工作报道了过渡金属氧化物（TMOs）后，由于其较高的理论容量，过渡金属氧化物被认为是高性能锂离子电池的极好的潜在负极材料。与传统的石墨负极相比，过渡金属氧化物拥有高的理论容量和首次充放电容量。它不同于传统碳材料的原子层间插入机理，也不同于锡基、硅基材料的合金化机理，而是基于如下可逆转化反应：

$$M_xO_y + 2yLi \rightleftharpoons xM + yLi_2O \tag{10-1}$$

首次嵌锂（放电）时，M_xO_y 颗粒表面发生电解液分解的副反应，形成一层有机固态电解质（SEI）膜，将颗粒包裹起来。进一步放电时，M_xO_y 被完全分解，生成高活性纳米过渡金属 M（2～8nm）以及分散这些纳米金属的非晶态 Li_2O 基质。之后的脱锂（充电）过程是一逆反应过程，放电时产生的纳米过渡金属 M 同 Li_2O 反应，生成纳米过渡金属氧化物 M_xO_y，同时伴有 SEI 膜的部分分解。这个逆反应过程的发生归因于放电时产生的过渡金属纳米粒子的高反应活性。

过渡金属氧化物负极材料的缺点主要体现在首次充放电不可逆容量损失大和循环稳定性差这两个方面。M_xO_y 首次不可逆容量损失主要源于两点：一是过渡金属氧化物与电解液在接触界面上发生反应，形成 SEI 膜，这一反应会不可逆地消耗一定的 Li；二是由于首次放电结束后生成的过渡金属 M 和 Li_2O 在首次充电过程中并不能完全转化成 M_xO_y，还会存在少量未反应的金属 M 和 Li_2O。M_xO_y 循环稳定性差的原因有三点：一是 M_xO_y 的导电性差，电子或离子的扩散系数不大，直接降低了电极反应的可逆性，充放电循环时容量衰减快；二是 M_xO_y 反复与 Li 反应后发生粉化，活性颗粒之间、活性颗粒与集流体之间会失去电接触，这些丧失电接触的颗粒不能再参与电极反应，从而导致容量衰减；三是 M_xO_y 与 Li 反应生成的金属纳米颗粒在多次充放电循环后严重团聚，能参与电极反应的活性物质减少，容量不断衰减。

10.1.1 四氧化三钴

四氧化三钴（Co_3O_4）容量高达约为 890mA·h·g^{-1}，比碳材料高两到三倍。然而，Co_3O_4 通常导电性较差，并且在电池放电时会引起巨大的体积膨胀，这便导致了其循环稳定性和倍率性能较差。这些问题也阻碍了其在锂离子电池中的实际应用。一个有效的解决方案是开发 Co_3O_4 与其他材料的复合材料，例如导电性能良好的碳材料。另一个解决方案是合成不同形貌的纳米 Co_3O_4，如纳米片、纳米带、纳米线及纳米膜等。

Ge 等合成并研究了多孔 Co_3O_4 中空纳米球，如图 10-1 所示。最初形成自组装聚集体（CDSA）前驱体，随后进行煅烧处理后得到多孔中空 Co_3O_4 纳米球，其中大部分 Co_3O_4 纳米球是相互分散的。当 Co_3O_4 纳米球用作储锂的负极材料时，显示出优异的库仑效率，高的储锂能力和优异的循环稳定性。考虑到多孔中空 Co_3O_4 纳米球易于合成的特点及其优异的电化学性能，特殊多孔中空框架的方案可以进一步扩展到其他金属氧化物负极材料的合成，并且可以预期将会提高那些循环过程中体积变化较大的负极材料的电化学性能。

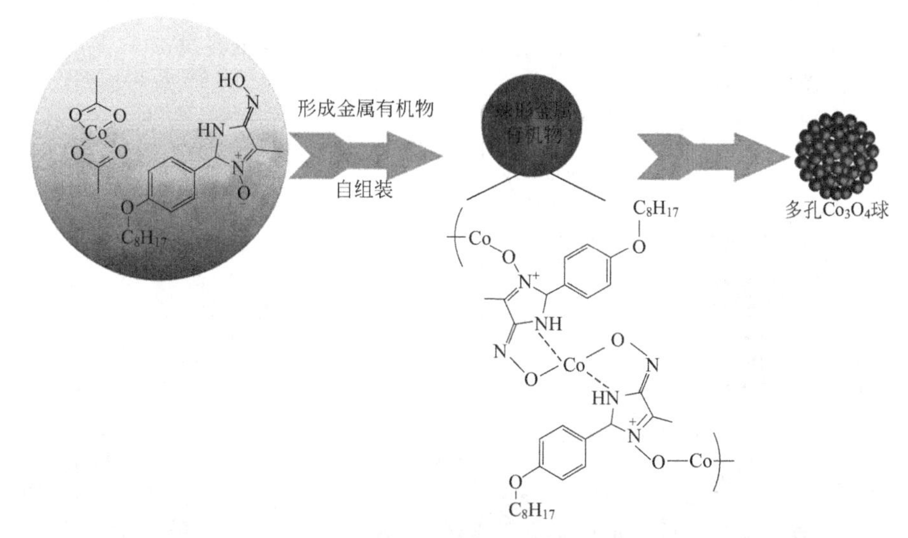

图 10-1 制备多孔 Co_3O_4 中空纳米球

Jin 等采用水热法结合煅烧制备了不同形态（叶，片和立方体型）的 Co_3O_4 材料，并研究了其电化学性能。结果表明，叶状 Co_3O_4 拥有最高的容量（1245mA·h·g^{-1}，在 0.1C 下 40 个循环）和良好的倍率性能（0.1C，0.2C，

0.5C，1C，2C 下可逆容量分别为 1028mA·h·g^{-1}，1085mA·h·g^{-1}，1095mA·h·g^{-1}，1038mA·h·g^{-1} 和 820mA·h·g^{-1})，这说明了形貌结构对 Co_3O_4 材料电化学性能是极其重要的。Li 等用模板法合成了不同形貌 Co_3O_4 纳米结构，包括纳米管、纳米钉和纳米颗粒，研究发现不同形貌的 Co_3O_4 材料的储锂性能有很大差别，Co_3O_4 纳米管要好于纳米钉的储锂性能，而纳米 Co_3O_4 颗粒最差。

石墨烯（graphene）是一种由碳原子紧密堆积而成，具有单层二维结构的碳薄膜新材料，具有较高的比表面积、良好的导电导热性能、超高的机械强度和化学稳定性。Wu 等合成了 Co_3O_4/石墨烯纳米复合物，如图 10-2 所示。首先采用化学法将石墨烯分散在异丙醇的水溶液中，然后在氩气气氛下转移到三口烧瓶中。随后加入适量的 $Co(NO_3)_2 \cdot 6H_2O$ 和 $NH_3 \cdot H_2O$，反应后生成 $Co(OH)_2$/石墨烯纳米复合物前驱体，最后在 450℃空气气氛中煅烧 2h 得到 Co_3O_4/石墨烯复合物。如图 10-2 所示，Co_3O_4/石墨烯展示了比 Co_3O_4 更高的可逆容量和更好的循环稳定性，具有优异的倍率性能。金属氧化物 M_xO_y 纳米粒子与石墨烯复合后具有更好的电化学性能的原因是：第一，纳米粒子均匀地分散在石墨烯上，缓解了充放电过程中纳米粒子的体积变化；第二，石墨烯导电性好，富有弹性，比表面积大，增大了电极/电解液接触面积，缩短了锂离子传输路径；第三，石墨烯和金属氧化物纳米粒子都贡献了充放电容量。

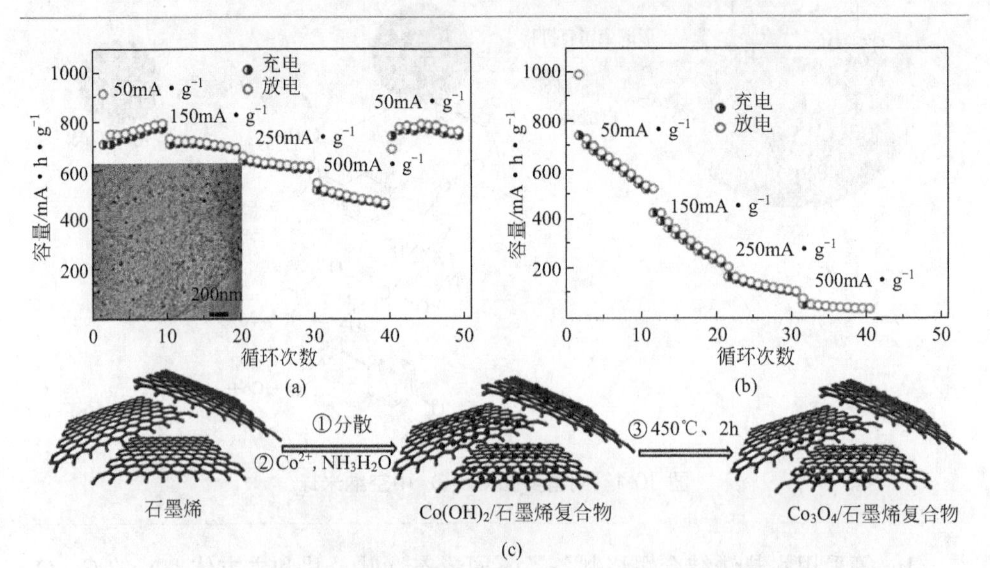

图 10-2 Co_3O_4/石墨烯（a）和 Co_3O_4（b）的倍率性能，Co_3O_4/石墨烯复合物的制备流程示意图（c）

另外，Hang等发现纳米粒子复合到管状碳纳米纤维，小片状纳米纤维等1D结构上的循环可逆容量大于负载在乙炔黑、石墨等其他碳基材料上的容量，是因为1D纳米线、碳纳米纤维（CNF）、碳纳米管（CNT）在电极中形成导电网格的能力远强于颗粒状碳粉。将活性材料复合在1D纳米结构导电网格中形成1D杂化网格结构，这种结构材料具有很高的倍率性能和循环性能。Yang等将碳纳米纤维与钴氧化物复合制备了CNF-Co_3O_4复合物。在0.01～3V之间循环时，以100mA·g^{-1}的电流密度充放电，CNF-Co_3O_4复合物在循环50次后容量约900mA·h·g^{-1}，循环100次后容量为776.3mA·h·g^{-1}，而循环35次后Co_3O_4纳米粒子的容量只有515mA·h·g^{-1}。

10.1.2 氧化镍

氧化镍（NiO）结构稳定，价格便宜，有较高的理论容量，已广泛应用于锂离子电池负极。但目前使用的氧化镍负极导电性能差，充放电过程不可逆，容量损失严重，倍率放电性能也不佳，以致限制了它的应用。为了提高NiO负极材料的电化学性能，目前，人们合成了各种结构的纳米NiO，包括纳米粒子、纳米线、纳米棒、纳米片、纳米棒、中空球和多孔固体等。近年来其硝酸盐的热分解、水热法等用于合成纳米结构的NiO已经被广泛报道。

Cho等通过静电纺丝法制备了中空纳米球组成的NiO纳米纤维和多孔结构的NiO纳米纤维，如图10-3所示。充放电结果表明，分别在300℃、500℃和700℃氢氩混合气下还原制备的中空纳米球组成的NiO纳米纤维1A·g^{-1}的电流密度循环250次后的放电容量分别为707mA·h·g^{-1}，655mA·h·g^{-1}和261mA·h·g^{-1}，展示了较好的循环稳定性和结构稳定性。

Wang等通过溶剂热法制备了一种新颖的三维（3D）层状多孔石墨烯@NiO@碳复合材料，其中石墨烯片被多孔NiO@碳纳米片均匀包裹，如图10-4所示。实验使用了二茂镍作为NiO和无定形碳的前驱体，氧化石墨烯被用作二维纳米结构和导电石墨烯骨架的模板。所得复合材料具有高表面积（196m^2·g^{-1}）和较大的孔体积（0.46cm^3·g^{-1}）。所获得的石墨烯@NiO@碳复合材料在200mA·g^{-1}的电流密度下有1042mA·h·g^{-1}的高可逆容量，凸显了其优异的倍率性能和较长的循环寿命。Lu等用电纺丝方法合成出NiO-SWNT纤维交叉重叠的三维网格结构，NiO-SWNT纤维表面光滑，表面直径相当均匀，合成的纤维为NiO，均匀填充在SWNT管内部形成同轴结构。与纯NiO纤维相比，NiO-SWNT纤维的稳定性要好。1C倍率下，NiO-SWNT纤维首次放电比容量为877mA·h·g^{-1}，而纯NiO纤维为857mA·h·g^{-1}。30个循环周期后NiO纤维放电比容量衰减到178mA·h·g^{-1}，平均每个周期衰减5.1%，NiO-SWNT纤维仅衰减3.1%。

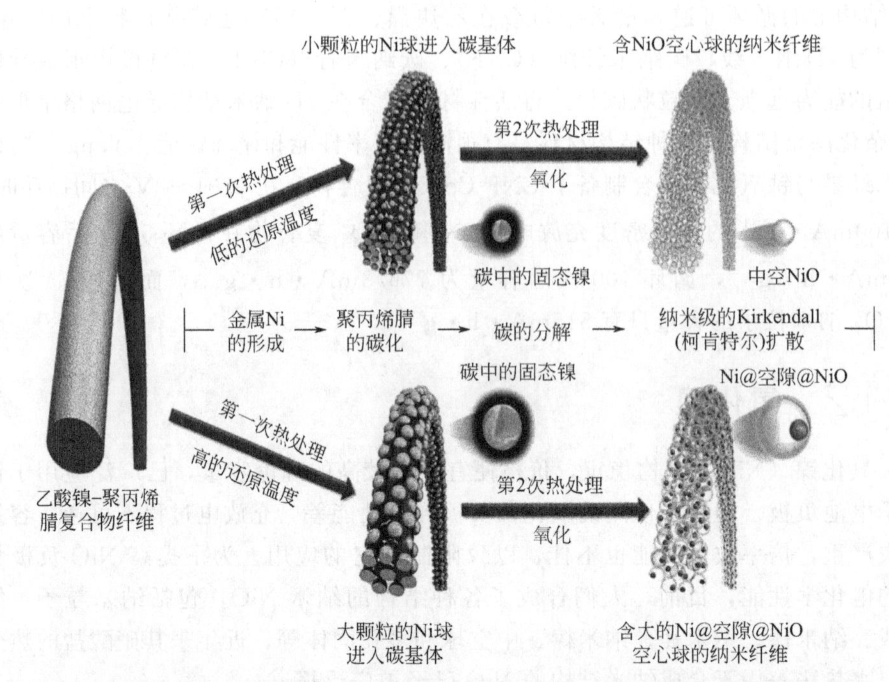

图 10-3 中空纳米球组成的 NiO 纳米纤维和多孔结构的 NiO 纳米纤维制备流程图

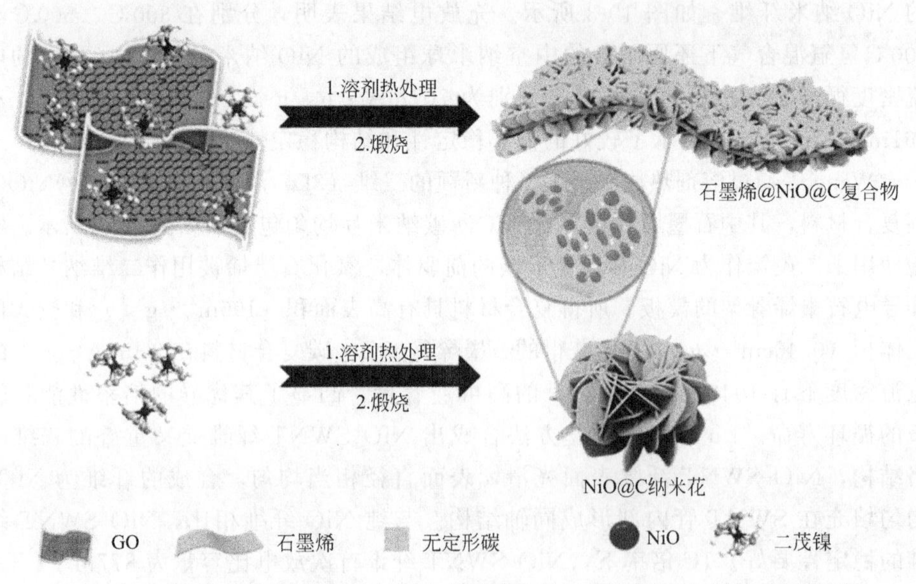

图 10-4 石墨烯@NiO@C 复合材料和 NiO@C 纳米花结构的形成机理的示意图

30次循环周期后NiO纤维结构发生坍塌，造成容量衰减，而NiO-SWNT纤维结构由于NiO纤维与SWNT之间的黏着力可以使NiO体积变化过程中产生的应力转移到SWNT内表面，避免破坏NiO纤维，从而结构得到保持且稳定性好，2C倍率下，20次循环周期后依然具有337mA・h・g^{-1}的可逆比容量。

10.1.3 二氧化锰

二氧化锰（MnO_2）负极材料具有较高的理论比容量，高达1232mA・h・g^{-1}，高于许多过渡金属氧化物的理论比容量（如：Fe_2O_3，1007mA・h・g^{-1}；Fe_3O_4，924mA・h・g^{-1}；Co_3O_4，890mA・h・g^{-1}；CuO，673mA・h・g^{-1}等），放电平台约为0.40V，明显低于其他过渡金属氧化物负极材料的电压平台（如Fe_2O_3，0.7～0.9V；Co_3O_4，约0.6V；CuO，约0.9V）。MnO_2具有多样的晶体结构可供选择（如α相、β相、γ相等），还具有丰富的自然储量、低廉的价格、环境污染较小等许多优点，这使得MnO_2在锂离子电池负极材料应用上具有巨大的潜力。但是MnO_2作为锂离子电池的负极材料，也面临着其他过渡金属氧化物负极材料类似的问题。

总的来说，γ-MnO_2最适合作为锂离子电池负极材料，层状结构有利于锂离子的扩散。β-MnO_2的结构最不利于锂离子的传输。2D的纳米片或者超薄片可以提供足够的用于离子占位活性位点和离子的传输通道，因此2DMnO_2纳米材料被广泛合成，并用于锂离子电池负极材料。图10-5展示了2DMnO_2纳米材料

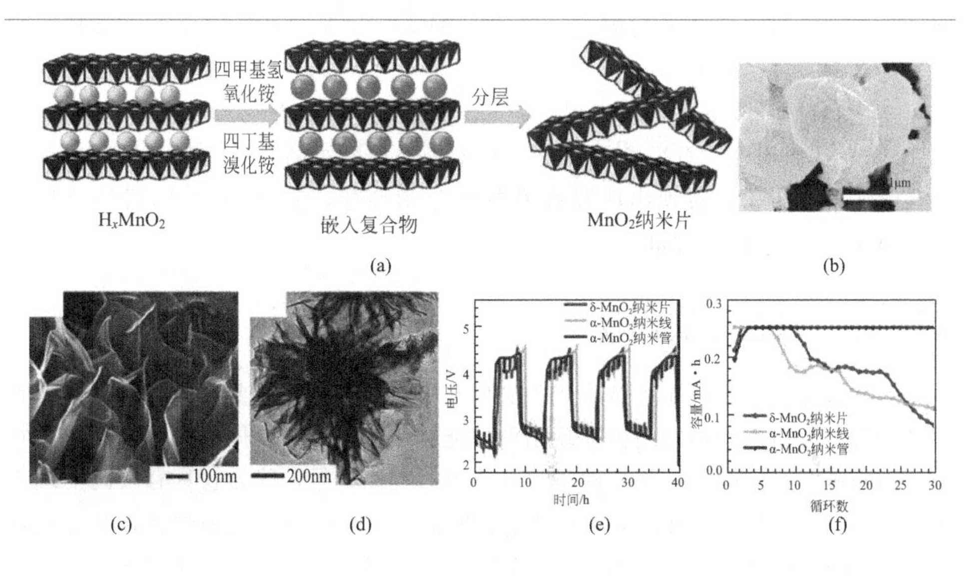

图 10-5

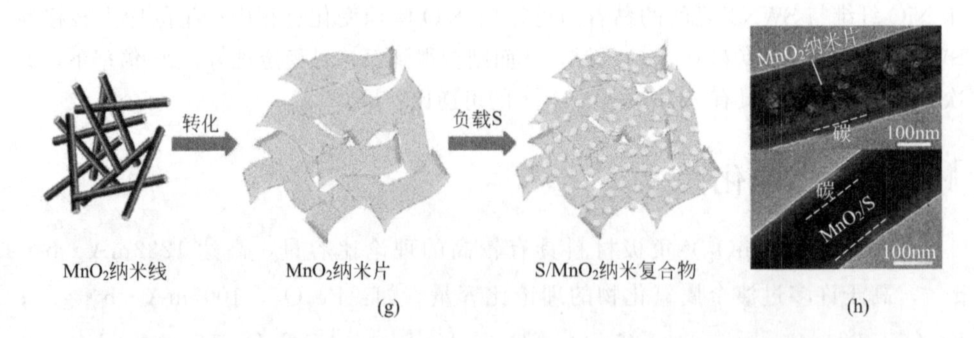

图 10-5 从层状的水钠锰矿 MnO_2 剥落制备 MnO_2 纳米片的示意图（a）；$H_{0.13}MnO_2 \cdot 0.7H_2O$ 的 SEM 图（b）；利用 SiO_2 为固态模板制备的超细 MnO_2 纳米片的 SEM 图（c）；利用微波辅助水热法制备的纳米片自组装而成的花状 δ-MnO_2 的 TEM 图（d），花状 δ-MnO_2 首次循环的时间-电压曲线图（e）；δ-MnO_2 纳米片循环性能曲线图（f）；在碳纤维内部制备 S/MnO_2 复合物示意图（g）；中空碳纤维内部填充了 S/MnO_2 复合物和 MnO_2 纳米片的 TEM 图（h）

的传统合成及应用。另外，将 MnO_2 与碳纳米管、石墨烯等具有优秀导电性能的材料复合，也可以提高电荷输运性能，进而提高其电化学性能。Ajayan 等将碳纳米管引入到 MnO_2 纳米材料中，采用模板法成功地制备出以碳纳米管为核、MnO_2 为壳层的一维纳米结构。与单独的 MnO_2 和碳纳米管相比，一维核壳纳米结构具有较好的循环稳定性能，在 $50mA \cdot g^{-1}$ 的电流密度下循环 15 圈后，其可逆比容量为 $500mA \cdot h \cdot g^{-1}$。Chen 等通过超滤的方法，逐层累积（layer-by-layer）从而构建了石墨烯与 MnO_2 纳米管交替分布的薄膜。该薄膜与单纯的 MnO_2 纳米管相比，表现出明显提升的电化学性能，其循环 70 圈后还能保持 $500mA \cdot h \cdot g^{-1}$ 的比容量。

10.1.4 双金属氧化物

二元金属氧化物近年来越来越受到研究人员的关注，有些用二元金属氧化物及其相关复合材料所做的电极显现出的性能相当优良。在不同的二元金属氧化物中，钴酸镍（$NiCo_2O_4$）是一种非常有希望的电极材料，因为它具有较高的理论容量（$890mA \cdot h \cdot g^{-1}$）。更重要的是，据报道，$NiCo_2O_4$ 比镍氧化物和氧化钴有更高的电导率和电化学性能，同时其较好的导电性能有利于电子传导。$NiCo_2O_4$ 采用尖晶石结构，其中所有的镍阳离子占据八面体间隙，而钴离子分布在四面体和八面体间隙中，如图 10-6 所示。

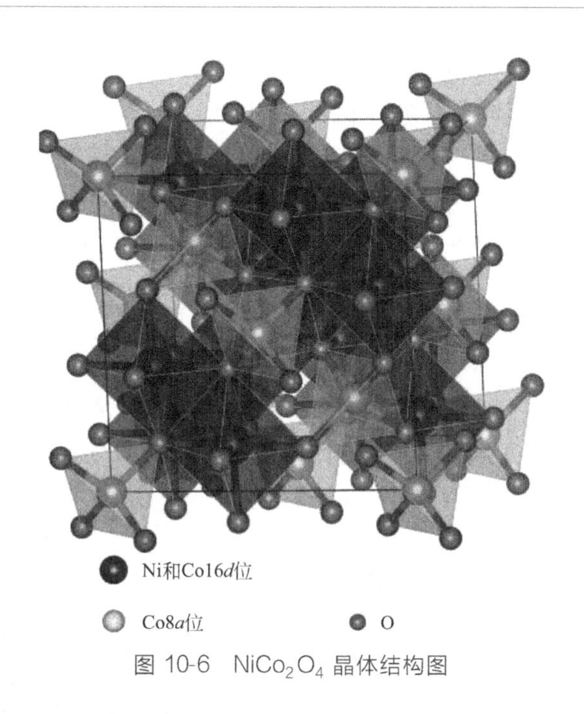

图 10-6 $NiCo_2O_4$ 晶体结构图

另外，据报道，钴酸镍的氧化态分布是不确定的；因此，其通式可以表示为 $Co_{1-x}^{2+}Co_x^{3+}[Co^{3+}Ni_x^{2+}Ni_{1-x}^{3+}]O_4$，$0\leqslant x\leqslant 1$。“$x$” 可以是 0，0.1，0.2，0.65，1 等。$NiCo_2O_4$ 材料结构由氧原子紧密堆积成尖晶石结构，Ni^{2+} 和 Ni^{3+} 占据在八面体位置上，而 Co^{2+} 和 Co^{3+} 占据在四面体和八面体的位置上。

Li 等通过溶剂热法先制备了 $Ni_{0.33}Co_{0.67}CO_3$ 前驱体然后热解得到了微球结构的 $NiCo_2O_4$，由于互相接触的 $NiCo_2O_4$ 纳米晶体组成独特的微/纳米结构，具有较大的电解质扩散和电极-电解质接触面积，同时减少了嵌脱锂过程的体积变化，进而具有较好的电化学性能。在 $200mA\cdot g^{-1}$ 的电流密度下，$NiCo_2O_4$ 微球 30 次循环后的放电容量可以达到 $1198mA\cdot h\cdot g^{-1}$。当电流密度提高到 $800mA\cdot g^{-1}$ 时，在 500 次循环后仍有 $705mA\cdot h\cdot g^{-1}$ 的可逆容量。Chen 等合成了 $NiCo_2O_4$ 纳米片-还原石墨烯（$NiCo_2O_4$-RGO）复合材料，与纯 $NiCo_2O_4$ 纳米片相比，其倍率性能和循环稳定性均得到提高。纳米复合材料解决了在循环时过渡金属氧化物结构破坏的问题，石墨烯不仅可以作为基底为活性物质晶粒提供空间，而且还可用作导电网络便于电子传递，间接提高了 $NiCo_2O_4$ 的电导率。

对于钴镍氧化物，研究较多的是 $NiCo_2O_4$，而对于 $NiCoO_2$ 研究得较少。Liu 等通过水热法合成了层状结构的 $NiCoO_2$，以 $0.1A \cdot g^{-1}$ 的电流密度充放电时，50 次循环后的可逆容量为 $449.3mA \cdot h \cdot g^{-1}$，显示出良好的循环稳定性和倍率性能。Liang 等制备了海胆状的 $NiCoO_2$@C 复合结构，这种独特的结构设计不仅保留了中空结构的所有优点，而且还增加了活性材料的堆积密度。将其纳米复合材料应用在锂离子电池和超级电容器中，结果显示出在比容量、循环性能和倍率性能等方面表现优异。在电流密度为 $0.4A \cdot g^{-1}$ 下，200 次充电/放电循环后的放电容量仍然高达 $913mA \cdot h \cdot g^{-1}$，为第二次容量（$1201mA \cdot h \cdot g^{-1}$）的 76%。Xu 等以聚合物纳米管（PNT）为模板和碳源，合成了 1D$NiCoO_2$（NSs）纳米片@无定形 CNT 复合材料，如图 10-7 所示。由于具有纳米片结构和无定形 CNT 的协同效应，在 $400mA \cdot g^{-1}$ 的电流密度循环时，300 次循环后 $NiCoO_2$@CNT 复合材料的放电容量仍高达 $1309mA \cdot h \cdot g^{-1}$。

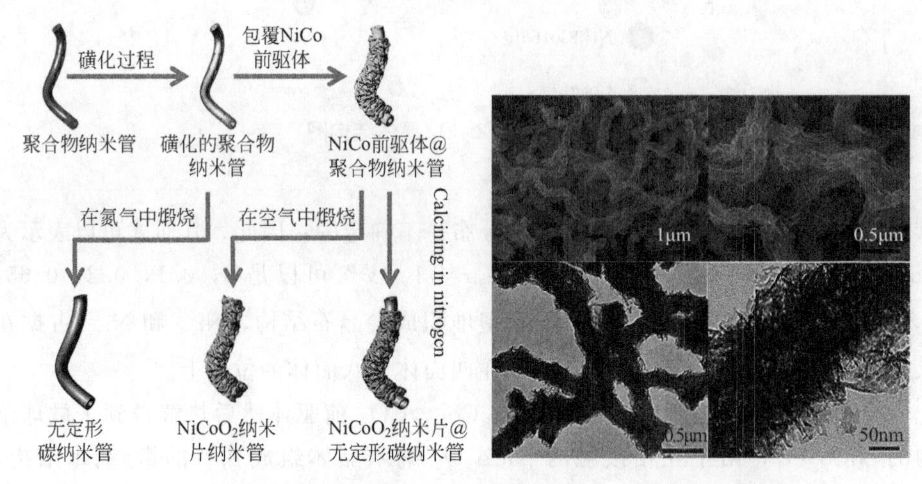

图 10-7 $NiCoO_2$NSs@无定形 CNT 复合材料，$NiCoO_2$NSsNTs（纳米管）和无定形碳纳米管（CNTs）的合成示意图，$NiCoO_2$NSs@无定形 CNT 复合材料的 SEM 图和 TEM 图

此外，铁基双金属氧化物（MFe_2O_4，M=Zn，Co，Ni，Cu，Mg，Mn 等）因为具有价格低廉、无毒、理论比容量高、环境友好等优点，也被认为是一种极具应用前景的新型锂离子电池负极材料。与其他金属氧化物一样，铁基双金属氧化物也存在导电性差、充放电过程中易发生材料的粉化和团聚、首次充放电效率低、低电位下电解液还原等缺点。

10.2 铌基负极材料

10.2.1 铌基氧化物负极材料

铌基氧化物的嵌脱锂电位比较高（1～2V），在用作锂离子电池的负极材料时，由于自身的多价态特性具有更高的比容量，可以有效地改善 $Li_4Ti_5O_{12}$ 低比能量的劣势，提高电池体系的能量密度。铌能够形成的氧化物有 Nb_2O_5、NbO_2、Nb_2O_3 和较为罕见的 NbO，其中最稳定、最常见的是 Nb_2O_5。目前被用作电极材料进行研究的主要是 Nb_2O_5。Nb_2O_5 有多种晶型，包括 H-Nb_2O_5、O-Nb_2O_5、T-Nb_2O_5 及 M-Nb_2O_5，其晶体结构如图 10-8 所示。

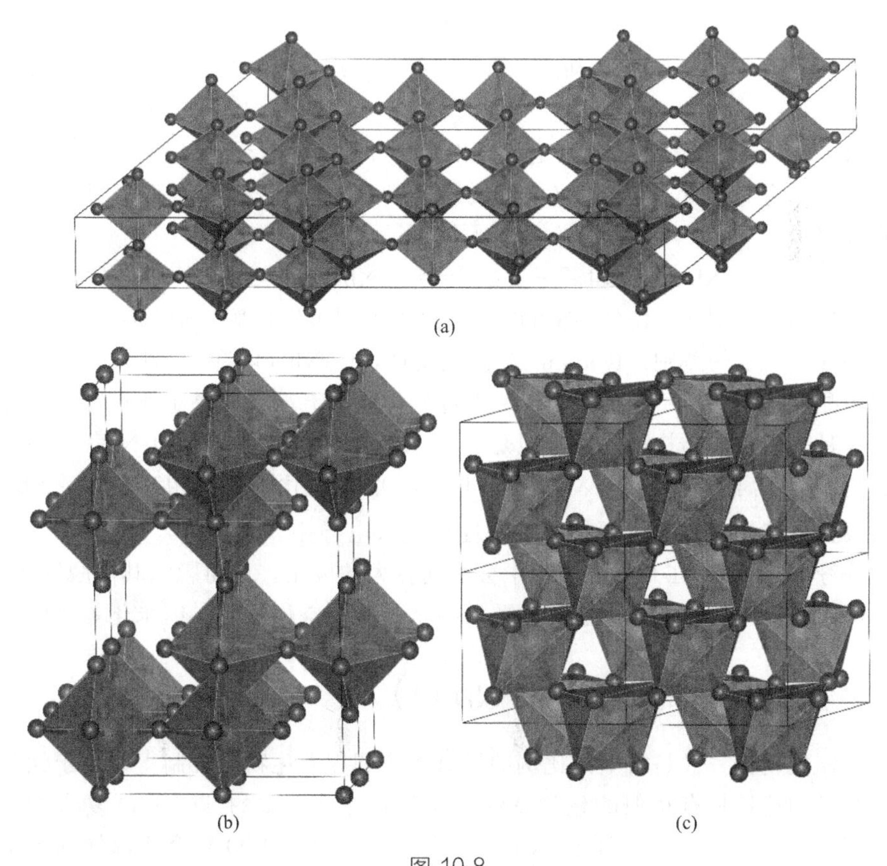

(a) (b) (c)

图 10-8

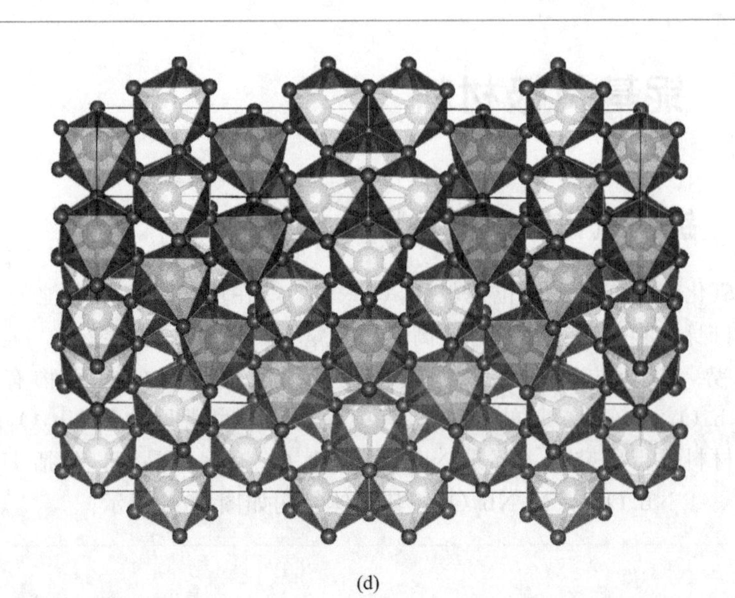

(d)

图 10-8 M-Nb_2O_5（a），H-Nb_2O_5（b），O-Nb_2O_5（b），T-Nb_2O_5（b）晶体结构

M-Nb_2O_5 属于热力学最稳定相；相反，H-Nb_2O_5 是最不稳定的，适当加热就极易转化为 M-Nb_2O_5。Nb_2O_5 嵌脱锂过程中的电化学反应可以用下面的反应方程式表示：

$$Nb_2O_5 + xLi^+ + xe^- \rightleftharpoons Li_xNb_2O_5 (0 \leqslant x \leqslant 2) \tag{10-2}$$

虽然四种晶型的 Nb_2O_5 都可以进行锂离子的可逆嵌脱，但是它们的电化学行为却存在一定的差别。Kodama 等研究发现，O-Nb_2O_5 和 T-Nb_2O_5 在嵌脱锂过程中晶型结构保持不变，晶格参数及晶胞体积略有变化（晶胞体积膨胀不超过1%），具有良好的结构稳定性。但是，T-Nb_2O_5 的层状结构比 O-Nb_2O_5 的三维结构更适合锂离子的可逆嵌入，从而 T-Nb_2O_5 的电化学性能相对较好。Nb_2O_5 具有较大的禁带宽度导致材料的导电性很差（电导率 $\sigma \approx 3 \times 10^{-6} S \cdot cm^{-1}$，近乎是绝缘体），因此在充放电过程中会引起较大的极化，从而影响其嵌脱锂性能。通常提高其电化学性能方法有碳包覆、掺杂、制造空位缺陷、纳米化等手段。

10.2.2 钛铌氧化物（Ti-Nb-O）

钛铌氧化物一般是由不同比例的钛氧化物和铌氧化物化合制得，由于钛和铌原子半径相近且具有相似的化学特性。因此有许多类型的 Ti-Nb-O 复合物，例如 $TiNb_2O_7$、$Ti_2Nb_2O_9$ 和 $Ti_2Nb_{10}O_{29}$ 等。由于 Ti-Nb-O 复合物的储锂容量高并具有安全的锂化电位区间（1.0～1.7V）正逐渐成为锂离子电池负极材料的替代品。

$TiNb_2O_7$ 属于单斜晶体，空间群 C2/m，单个晶胞参数 $a=20.351Å$、$b=3.801Å$、$c=1.882Å$、$\beta=120.19°$。在这种单斜晶体结构中，NbO_6 和 TiO_6 八面体共享边和角，并且 Ti 原子和 Nb 原子坐落在八面体的中心位置，并且随意排布，而在单斜晶系中的层状 2D 间隙中，每个 Nb 原子能发生 5 个电子的转移，对应的氧化还原电对为 Ti^{4+}/Ti^{3+}、Nb^{5+}/Nb^{4+} 和 Nb^{4+}/Nb^{3+}，理论容量为 $387.6mA\cdot h\cdot g^{-1}$。但是，$TiNb_2O_7$ 具有低的离子和电子电导率，所以材料电化学活性较低。事实上电子与离子的传导率低的问题，在高性能电极材料的设计中已经不是难题，可以通过体相掺杂来减小禁带宽度，或者表面修饰导电材料及纳米化，进而提高材料的电导率或者锂离子扩散系数。如图 10-9 所示，在嵌锂时，锂离子从电解液进入 4i(1) 位和 4i(2) 位，然后形成 $Li_{0.88}TiNb_2O_7$。当 4i(1) 位和 4i(2) 位被锂离子完全占据以后，开始发生两相的转换反应。在这一步，锂离子从 4i(1) 位转移到 4i(3) 位和 4i(4) 位，随后嵌入的锂离子通过 4i(1) 位占据 4i(3) 位和 4i(4) 位，最后再占据 4i(1) 位。第三步，4i(1) 和 4i(2) 位的锂离子同时转移的 4i(5) 位，随后嵌入的锂离子再继续占据 4i(1) 位和 4i(2) 位，同时 4i(3)位的锂离子转移到 8j 位。完全锂化之后，形成 $Li_4TiNb_2O_7$。

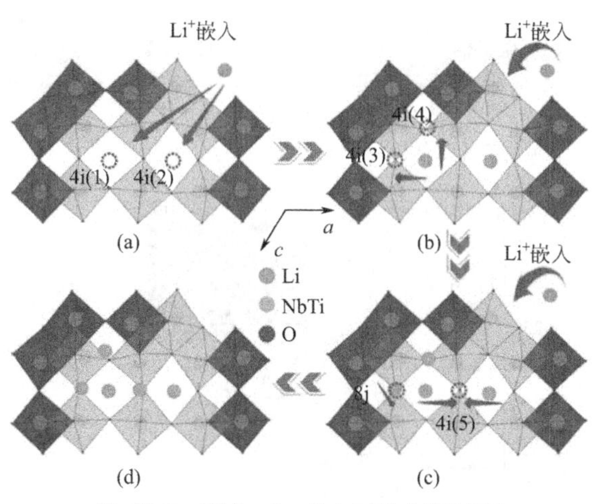

图 10-9 $TiNb_2O_7$ 放电时的嵌锂过程

(a) $TiNb_2O_7$；(b) $Li_{0.88}TiNb_2O_7$；(c) $Li_{2.67}TiNb_2O_7$；(d) $Li_4TiNb_2O_7$

有序的介孔结构不仅可以提供高的表面积，同样能提供额外的锂离子扩散通道。Jo 等采用嵌段共聚物辅助自组装法合成了介孔 $TiNb_2O_7$ 负极材料，如图 10-10 所示。$TiNb_2O_7$ 材料的孔径大约 40nm，缩短了锂离子的扩散距离，有利于电解液的快速补充。0.1C 倍率时，1～3V 之间循环时，介孔 $TiNb_2O_7$ 的可逆容量为 $289mA\cdot h\cdot g^{-1}$，20C 倍率时可逆容量为 $162mA\cdot h\cdot g^{-1}$，50C 倍率时可逆容量为 $116mA\cdot h\cdot g^{-1}$，展示了优异的倍率性能。

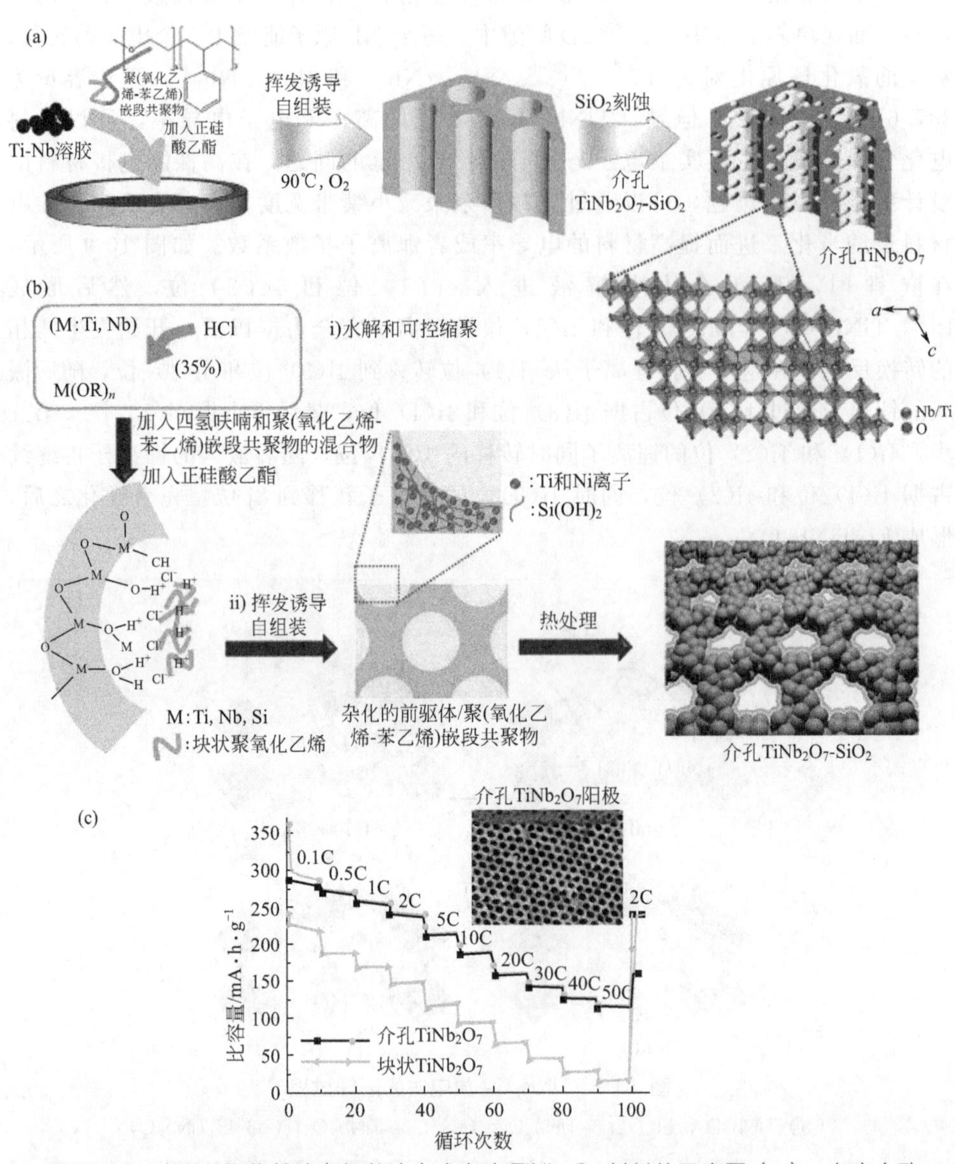

图 10-10 嵌段共聚物辅助自组装法合成介孔 $TiNb_2O_7$ 材料的示意图（a），有序介孔 $TiNb_2O_7$ 材料合成机制（b），介孔 $TiNb_2O_7$ 材料的倍率性能（c）

Guo 等用 F127 作为模板得到了多孔结构的 $TiNb_2O_7$，在 5C 倍率时可逆容量为200mA·h·g^{-1}，1000次循环后容量保持率84%。Qian等同样用P123作为模板制备了$TiNb_2O_7$多孔纳米球。但是，采用模板法如嵌段共聚物（F127，P123等）和制备多级结构的$TiNb_2O_7$，会增加其生产成本，并使生产过程变得复杂化。为了简化制备工艺，降低生产成本，Li等通过一步简单低成本的溶剂热方法合成出具备多级分层结构的$TiNb_2O_7$微米球，如图10-11所示。采用溶剂热法合成的$TiNb_2O_7$多孔纳米球由纳米颗粒组成，粒径分布均匀，直径大约2～3μm，展示了优异的快速充放电性能。10C倍率时，$TiNb_2O_7$多孔纳米球的可逆容量为115.2mA·h·g^{-1}，500次循环后容量几乎不变，库仑效率接近100%，显示了优异的循环稳定性和高倍率性能。

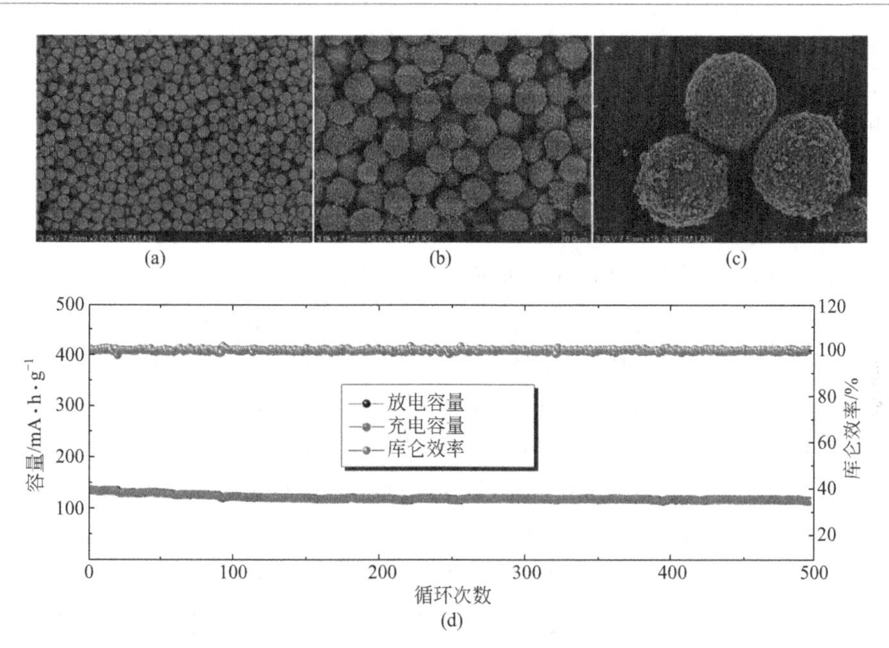

图10-11 多级分层结构的$TiNb_2O_7$微米球的SEM图（a），（b），（c）及循环性能图（d）

Madhavi等通过静电纺丝装置制备一维尺寸结构的$TiNb_2O_7$负极材料，经过静电纺丝处理后未煅烧和煅烧后的$TiNb_2O_7$材料是高度相互交叉网状结构的纤维。纤维的直径范围为100～300nm之间。1000℃煅烧后可以看到在沿着纳米线方向上生长着不规则形状的颗粒，形成一维纳米线结构。充放电测试表明，在1～3V之间循环，电流密度为150mA·g^{-1}时，首次脱锂容量为278.0mA·h·g^{-1}，库仑效率高达99.5%，100次循环后容量保持率为82.0%。

Lou等采用溶胶-凝胶法合成一维$TiNb_2O_7$纳米棒结构，具有优异的倍率性能。测试倍率从1C到50C然后恢复到1C，每5次的平均脱锂容量为226.0mA·h·g^{-1}、

207.4mA·h·g^{-1}、183.3mA·h·g^{-1}、166.2mA·h·g^{-1}、140.4mA·h·g^{-1}和83.9mA·h·g^{-1}，分别对应的充放电倍率是1C、2C、5C、10C、20C和50C。当倍率重新回到1C时，脱锂容量恢复到225.8mA·h·g^{-1}，说明$TiNb_2O_7$电极有良好的电化学可逆性。

Maier等采用静电纺丝法制备了直径为100nm左右的$TiNb_2O_7$纳米纤维，0.1C倍率下首次可逆容量为284mA·h·g^{-1}，1C倍率下首次可逆容量为260mA·h·g^{-1}，50次循环后容量保持率约为96%。当充放电倍率分别为2C和5C时，$TiNb_2O_7$纳米纤维的可逆容量分别为198mA·h·g^{-1}和137mA·h·g^{-1}，展示了优异的倍率性能。

另外，对$TiNb_2O_7$进行元素掺杂，碳材料包覆也是提高其导电性和电化学性能的常用方法。例如，Ru掺杂得到的$Ru_{0.01}Ti_{0.99}Nb_2O_7$、N掺杂的$TiNb_2O_7$、石墨烯或者碳纤维包覆的$TiNb_2O_7$具有较高锂离子扩散系数和电子导电性，明显提高了其电化学性能。

10.2.3 其他铌基氧化物

Son首次研究了多晶$LiNbO_3$的嵌脱锂性能，发现其在第一次充放电过程中存在较大的不可逆容量损失，他们认为这是由于金属氧化物的分解和热稳定性良好的Li_2O的形成所致。Pralong等以$CuNbO_3$为原料，采用拓扑化学法制备了$LiNbO_3$。结构研究表明$LiNbO_3$是沿着c轴方向排列的层状结构，由无数个Nb_4O_{16}单元组成，Nb_4O_{16}则是由4个边共享的NbO_6八面体组成。嵌脱锂过程中存在两相的转变反应，与$Li_4Ti_5O_{12}$的嵌脱锂机制相似，其在1～3V以0.1C倍率充放电时20次循环可逆容量约为110mA·h·g^{-1}，相当于每个$LiNbO_3$单元可逆地存储1个锂离子。锂铌氧化物作为负极材料时主要靠Nb^{5+}/Nb^{4+}与Nb^{4+}/Nb^{3+}两个氧化还原电对参与电化学反应，理论容量略低于钛铌氧化物。

Fuente等最早研究了铌钨氧化物（$W_3Nb_{14}O_{44}$）的嵌锂电化学特性，发现在锂离子嵌入过程中材料只是晶胞体积有一定程度的膨胀和收缩，属于固溶反应的范畴，且在1～3V内共存在四个固溶反应区域。但并不是所有铌钨氧化物体系的氧化物的嵌脱锂都是固溶反应，Montemayor等研究发现$Nb_8W_7O_{49}$在嵌脱锂过程中存在相变反应和固溶反应的混合，对应着充放电曲线上的平台区和倾斜区。铌钨氧化物体系的氧化物种类较多，大部分都可以可逆地嵌脱锂。Pralong等系统地研究了$WNb_{12}O_{33}$的电化学嵌脱锂性能，发现采用溶胶-凝胶法制备的纳米级材料有着更好的电化学性能，1C倍率下首次可逆容量为226mA·h·g^{-1}，20次循环后容量大约190mA·h·g^{-1}，10C和20C倍率下可逆容量分别为160mA·h·

g^{-1} 和 $140mA \cdot h \cdot g^{-1}$，相对于钛酸锂有着显著的优势，应用前景突出。舒杰等利用电化学原位 XRD 研究发现，如图 10-12 所示。XRD 的特征峰在嵌锂的过程中发生持续的偏移，在嵌锂的过程会沿相同的路径返回，这也说明了 $WNb_{12}O_{33}$ 充放电状态下发生的结构变化是一个准可逆的过程，也证实了所合成的 $WNb_{12}O_{33}$ 有一个稳定的嵌锂结构；通过衍射峰的变化，可以推断 $WNb_{12}O_{33}$ 的嵌脱锂过程包含一个固溶体和两相反应。通过其结构演化的结果可以看出，嵌锂时，晶格参数 a 值从 22.2387Å 降至 21.9474Å，晶格参数 c 值从 17.7237Å 降至 17.6150Å，但是晶格参数 b 值从 3.8465Å 增加至 3.9800Å。在嵌锂过程中，晶胞体积从 1268.31$Å^3$ 增加到 1287.95$Å^3$，体积变化仅为 1.55%。这说明，

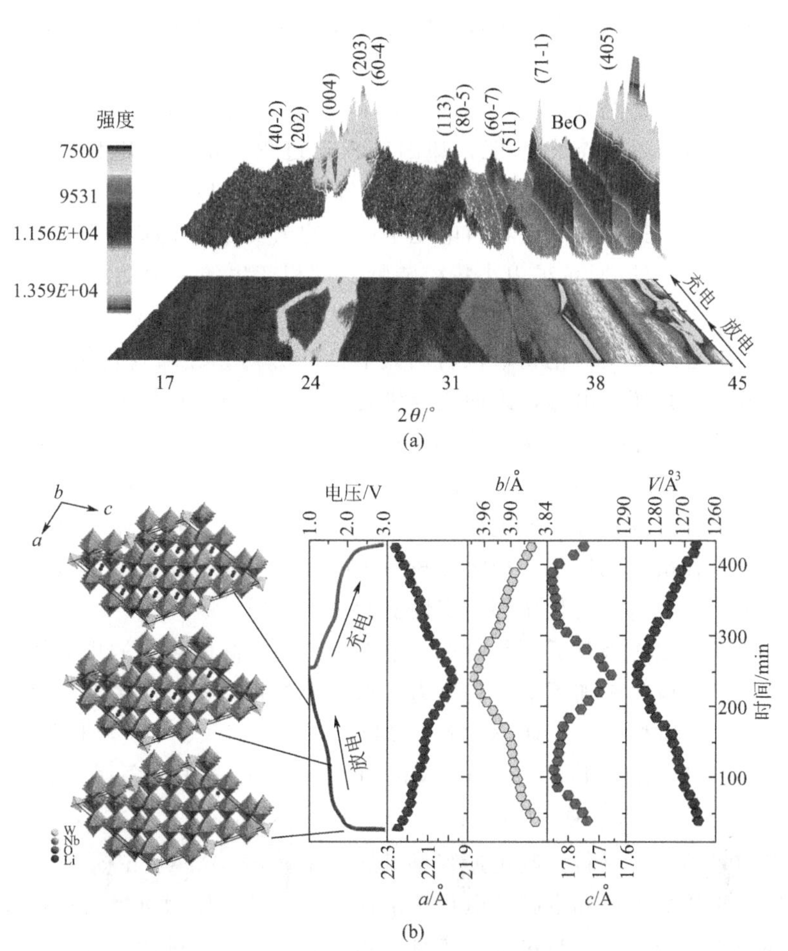

图 10-12 充放电时 $WNb_{12}O_{33}$ 的 XRD 图（a）及其对应的晶格参数变化（a，b，c，V）（b）

$WNb_{12}O_{33}$ 在嵌脱锂时具有较好的结构稳定性，进而具有较高的电化学可逆性，适合作为锂离子电池负极材料。

10.3 磷化物和氮化物负极材料

单质磷有黑磷、红磷、白磷等多种同素异形体。磷在离子电池中嵌锂机理为：$P \rightarrow Li_xP \rightarrow LiP \rightarrow Li_2P \rightarrow Li_3P$。其中，斜方晶系的黑磷是磷单质最稳定的存在形式，具有类似石墨的层状网络结构及较好的导电性，因而展现出特殊的物理化学性质。黑磷作锂离子电池负极材料时比容量可达 $1300mA \cdot h \cdot g^{-1}$。黑磷可以由其同素异形体在高温高压条件下转化形成。根据文献报道，由白磷转化的黑磷首次放、充电比容量分别是 $2505mA \cdot h \cdot g^{-1}$ 和 $1354mA \cdot h \cdot g^{-1}$，由红磷转化的黑磷首次放、充电比容量分别为 $2649mA \cdot h \cdot g^{-1}$ 和 $1452mA \cdot h \cdot g^{-1}$。黑磷虽有着类似石墨的导电性能，却因在锂化过程中形成导电性较差的 Li_3P，致使其库仑效率较低，而且磷在嵌入/脱出锂时体积膨胀约 291%，不利于电池的循环稳定。目前提高磷负极材料电化学性能的主要方法是减小活性物质磷颗粒的粒径（即非晶化处理）。虽由小粒径磷颗粒堆积产生的空隙能够为材料体积膨胀预留空间，降低其粉化剥离的程度，但仍没从本质上解决问题。正是磷单质的这些弱点，奠定了金属磷化物负极材料发展的新方向。金属磷化物嵌入/脱出锂时具有较低的氧化还原电势，因而能提供更高的比容量和更佳的循环稳定性。因此大量的金属磷化物被研发。除了较早的 Mn-P，还有 Ti-P、Co-P、Ni-P、Cu-P、Zn-P、Sb-P、Fe-P、Sn-P 等。Sn、Fe 元素含量丰富，成本较低，能提供较高的可逆比容量及良好的导电性，但磷合金复合电极材料在循环过程中仍存在体积膨胀大、容量衰减较快、稳定性较差等问题。因此，无定形包覆和非晶化处理也是改善磷合金电极材料循环稳定性能的重要手段。

过渡金属氮化物因其低而平的充放电电位平台、高度可逆的反应特性与容量大等特点，已经成为锂离子电池的有力备选负极材料。锂过渡金属氮化物的化学式主要有 Li_3N 结构 $Li_{3-x}M_xN$（M＝Mn，Cu，Ni，Co，Fe）和类萤石结构 $Li_{2n-1}MN_n$（M＝Sc，Ti，V，Cr，Mn，Fe）。三元锂过渡金属氮化物，例如 $LiMnN_2$、$Li_{3-x}M_xN$（M＝Co，Ni）、$Li_{2.7}Fe_{0.3}N$ 和 $Li_{2.6}Co_{0.4}N$，已经发展成一系列有前景的负极材料，其可逆容量可达到 $400 \sim 760mA \cdot h \cdot g^{-1}$。此外，过渡金属氮化物的高熔点和卓越的电化学惰性，有利于其作为电极材料在潮湿和腐蚀性的环境中稳定工作。与过渡金属氧化物相似，大多数过渡金属氮化物在充放电过程中具有较大的体积变化，从而导致活性成分随着循环的进行发生团聚、粉化、开裂和剥落，从而大大降低锂离子电池的性能。过渡金属氮化物的合成通常分为物理合成法和化学合成法。物理合成法主要包括球磨法、物理气相沉积法和激光溅射法等。但是，这些方法只能用于合成某几种过渡金属氮化物，例如 Li_7MnN_4、TiN 和 CrN 等。化学合成法则是相应的金属氧化物或其他合适的金属前驱体与氮源（如 NH_3 或 N_2）在高温（800～2000℃）下反应。这些方法已广泛应用于氮化物的合成。

10.4 硫化物负极材料

许多二硫化物具有类似于石墨的层状结构，层间以范德华力等分子间力作用，而层板上的原子以强烈的共价键相互作用而形成，被称为插层化合物。MoS_2、WS_2、VS_2 及 SnS_2 等二硫化物也是一种插层化合物，具有石墨烯特有的体积效应、表面效应、量子隧道效应和量子尺寸效应。与石墨烯类似，层状二硫化物有比较大的层间距，有利于锂离子的嵌入与脱出，特别是复合高导电性的碳复合材料，具有优异的储锂性能。

SnS_2 材料具有多种晶体结构，最常见的是具有层状六方结构的 CdI_2 型 SnS_2 化合物。该结构的空间群为 P-3m1，每层的 Sn 原子通过较强的 Sn—S 共价键与上下两层紧密堆叠的 S 原子相连接，而不同层之间的 S 原子则是通过较弱的范德华力相连接，如图 10-13 所示。正是由于存在这种较弱的层间力，使得锂离子很容易插入到 SnS_2 的基体中参与电化学反应，从而使其具有储锂活性，理论容量为 $645mA \cdot h \cdot g^{-1}$。

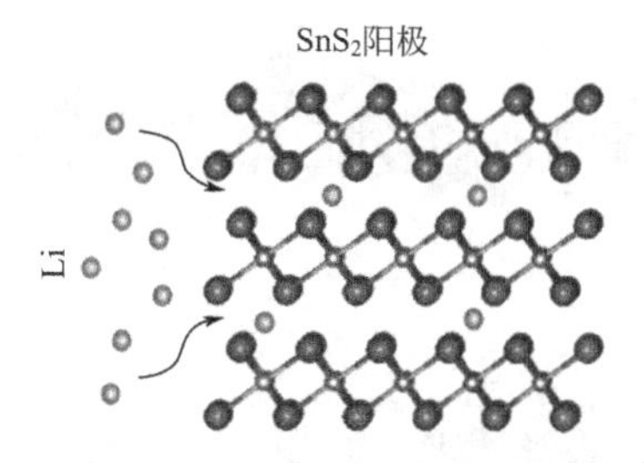

图 10-13 SnS_2 的晶体结构及其储锂示意图

一般认为，SnS_2 的电化学反应机理与 SnO_2 相似，电化学反应方程式如下所示：

$$SnS_2 + 4Li^+ + 4e^- = Sn + 2Li_2S \tag{10-3}$$

$$Sn + xLi^+ + xe^- = Li_xSn(0 \leqslant x \leqslant 4.4) \tag{10-4}$$

SnS_2 在首次嵌锂反应过程中与 Li 反应生成单质 Sn 及 Li_2S，电压平台位于 1.2V 左右，之后单质 Sn 进一步与 Li 反应生成 Li_xSn 合金（0～0.7V 之间），在随后的充放电过程中 Sn 单质与 Li 进行可逆的脱/嵌锂反应，而原位生成的 Li_2S 在其中起到缓冲体积变化的作用。但是首次嵌锂形成 Li_2S 反应的 Li^+ 不能可逆脱出，产生较大的不可逆容量，造成首次库仑效率的明显偏低。此外，SnS_2 在脱嵌锂过程中发生较大的体积变化（约 200%），容易造成极片的粉化、脱落，导致循环性能下降。另外，SnS_2 是 n 型半导体材料，电导率较低，倍率性能较差。与氧化物负极材料一样，提高其电化学性能的方法主要有：控制纳米微观形貌、制备 SnS_2/C 复合材料、与氧化物复合、离子掺杂、制备一体化电极等方法。

MoS_2 是一种二维层状过渡金属硫化物，是通过六方晶系中的单层或者多层 MoS_2 构成的。每个 MoS_2 分子层又可分成三原子层，中间的一层是 Mo 原子，排布在上、下两层的原子是 S 原子层，如图 10-14 所示。层和层之间是由范德华力相互支撑的，层内则是通过共价键相互作用的。通常单层 MoS_2 有两个相，分别是 2H 相和 1T 相。在 2H 相的单层 MoS_2 结构中，上层 S 原子在下层 S 原子的正上方，每个 Mo 原子同时被六个 S 原子包围，分布在三棱柱体各顶端，只有 S 暴露在 MoS_2 分子层的表面。在 1T 相单层 MoS_2 结构中，上下两层的 S 原子是相互偏离的，上面每个 S 原子排布在下面相邻的两个 S 原子中间部位，每个 Mo 原子排在六个 S 原子包围的中间位置，分子层表面只暴露 S 原子。由于 2H-MoS_2 的层状结构使得锂离子可以嵌入/脱出分子层间隙，有利于锂离子在电极体系中快速扩散，在

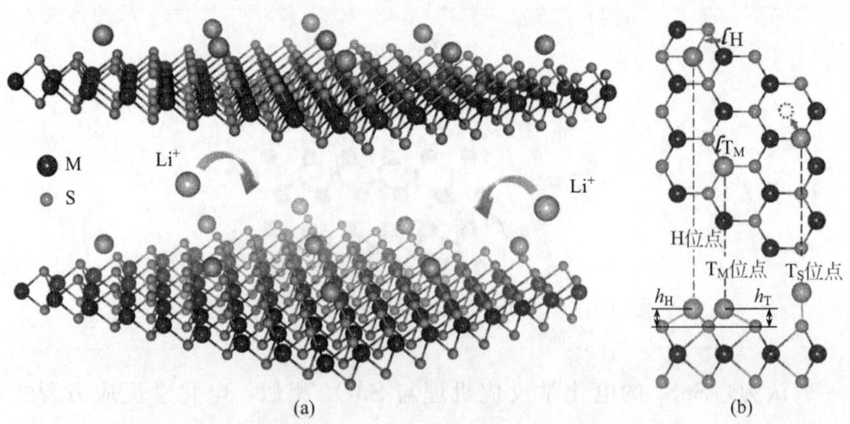

图 10-14 单层 MS_2（M=Mo, W）的原子结构示意图（a）及 3 个典型的储锂位置（H, TMo, TS）的俯视图（上）和侧视图（下）（b）

脱嵌锂的过程中材料的体积膨胀小。因此层状 MoS_2 是一种性能优异的高能量密度电池电极材料的插层主体，理论容量高达 670mA·h·g^{-1}。

MoS_2 电化学反应方程式如下所示：

$$MoS_2+xLi^++xe^-=Li_xMoS_2(0<x\leqslant 1) \tag{10-5}$$

$$Li_xMoS_2+(4-x)Li^++(4-x)e^-=Mo+2Li_2S(0<x\leqslant 1) \tag{10-6}$$

$$S+2Li^++2e^-=Li_2S \tag{10-7}$$

当嵌锂电位在 3～1.1V 之间时，MoS_2 发生式(10-5) 的电化学反应，锂离子插入 MoS_2 层范德华间隙，占据 Mo^{4+} 六方晶格中六配位空间结构的空位，形成八配位结构，并在 MoS_2 层间隙中迅速扩散，此时所对应的理论电容量为 167mA·h·g^{-1}。当嵌锂电位在 0～1.1V 之间时，硫离子与锂离子会发生一系列的复杂反应，有些机理尚不清楚或有争议。普遍认为 Li_xMoS_2 与 Li^+ 反应生成 Mo 与 Li_2S。按照反应式(10-6) 计算，单个 MoS_2 单元可以结合 4 个 Li^+，MoS_2 理论比电容量为 670mA·h·g^{-1}。但此比容量不能解释某些实验中 MoS_2 体系负电极比容量大于 700mA·h·g^{-1} 的现象。为此，有人忽略 Mo 原子质量将嵌、脱硫体系的理论活性成分硫单独计算 [即反应式(10-7)]，所得理论容量为 1675mA·h·g^{-1}；有人认为在嵌锂过程中 Mo 也会物理性吸附一定数量的 Li^+；也有人认为表面缺陷、碳相对体系比容量也有一定程度的贡献。

与 SnS_2 类似，MoS_2 存在电导率低、嵌锂后体积变化大、循环性能差的问题。制备三维多级纳米结构、与碳材料复合和增加层间距等方式是提升 MoS_2 负极材料性能的有效途径。三维多级纳米结构不仅具有良好的结构稳定性，且兼具了微米结构与纳米结构的优势，可为电极与电解质之间提供更高的接触面积，又可为锂离子提供必要的传输通道。Sen 等利用 $(NH_4)_2MoS_4$ 的热分解制备了菜花状的 MoS_2，如图 10-15 所示。首先 $(NH_4)_2MoS_4$ 分解为 MoS_2 纳米片，然后在特定的反应介质中利用范德华力自组装为纳米墙，形成菜花状的 MoS_2。电化学测试表明，电流密度为 100mA·g^{-1} 时，可逆容量为 880mA·h·g^{-1}，50 次循环后容量几乎未衰减。电流密度为 1000mA·g^{-1} 时，可逆容量为 676mA·h·g^{-1}，展示了优异的倍率性能和循环稳定性。

其他硫化物，例如 FeS、FeS_2 和 CuS 等其他硫化物也可以作为储锂负极材料，这类硫化物在嵌锂过程中发生两步反应，第一步生成中间相的 Li_xM (M=Fe，Cu$)_{1-x}$S，然后发生转换反应生成单质 M 和 Li_2S。但是反应中生成的 Li_2S 会导致一些副反应，造成循环性能差。

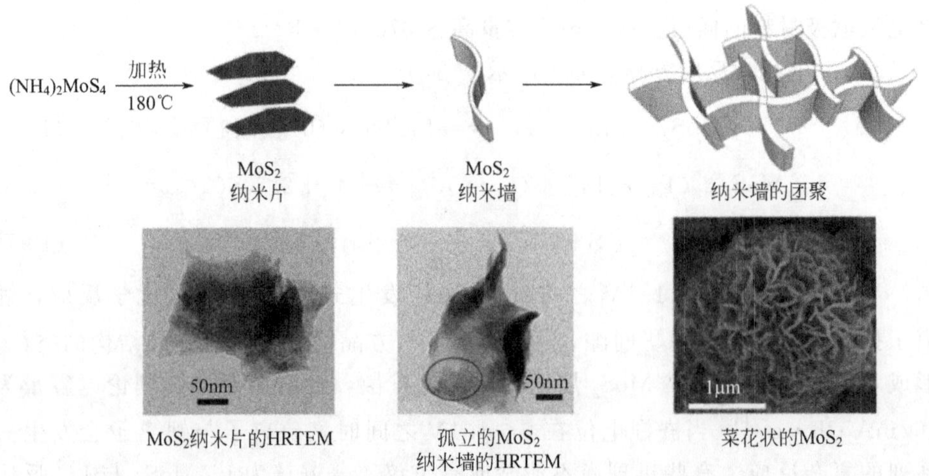

图 10-15 菜花状的 MoS_2 制备流程及其生长机理示意图

10.5 硝酸盐负极材料

2014 年舒杰等最早报道了部分硝酸盐具有可逆储锂/脱锂的性能，而且展示高的可逆容量，可以作为锂离子电池负极材料。目前已经报道的具有储锂功能的硝酸盐主要有：$Pb(NO_3)_2$、$Cu(NO_3)_2 \cdot 2.5H_2O$、$Sr(NO_3)_2$、$Co(NO_3)_2 \cdot 6H_2O$、$(NH_4)_2Ce(NO_3)_5 \cdot 4H_2O$、$[Bi_6O_4](OH)_4(NO_3)_6 \cdot 4H_2O$ 以及 $[Bi_6O_4](OH)_4(NO_3)_6 \cdot H_2O$。

舒杰等采用结晶法制备了 $Pb(NO_3)_2$/C 负极材料，将商品化的 $Pb(NO_3)_2$ 粉末与炭黑分散到乙醇溶液，并持续搅拌 5h。然后在 50℃下真空干燥，待乙醇完全挥发后即可得到 $Pb(NO_3)_2$/C 负极材料。如图 10-16 所示，非原位 XRD 和非原位 TEM 研究表明，在充放电过程中，Li 与 $Pb(NO_3)_2$ 之间的反应将不可逆的生成 $LiNO_3$、Li_3N、NO_2、O_2 和 Pb。然后，金属 Pb 与 Li 反应生成 LiPb 和 $Li_{10}Pb_3$，最后生成 Li_8Pb_3 和 $Li_{22}Pb_5$。其可逆过程是 Li_8Pb_3 和 $Li_{22}Pb_5$ 的去合金化反应，主要生成 LiPb 和 $Li_{10}Pb_3$，最后生成 Pb。但是，$Pb(NO_3)_2$ 的再生是不可逆的。因此，$Pb(NO_3)_2$ 的可逆储锂容量主要来自 Li/Pb 和 Li_xPb 可逆转换反应。$50mA \cdot g^{-1}$ 的电流密度充放电时，50 次循环后 $Pb(NO_3)_2$ 负极的可逆容量仅为 $55.9mA \cdot h \cdot g^{-1}$，仅为初始容量的 12.9%。但是，50 次循环后 $Pb(NO_3)_2$ 负极的可逆容量仍为 $241.5mA \cdot h \cdot g^{-1}$，为初始容量的 48.8%。

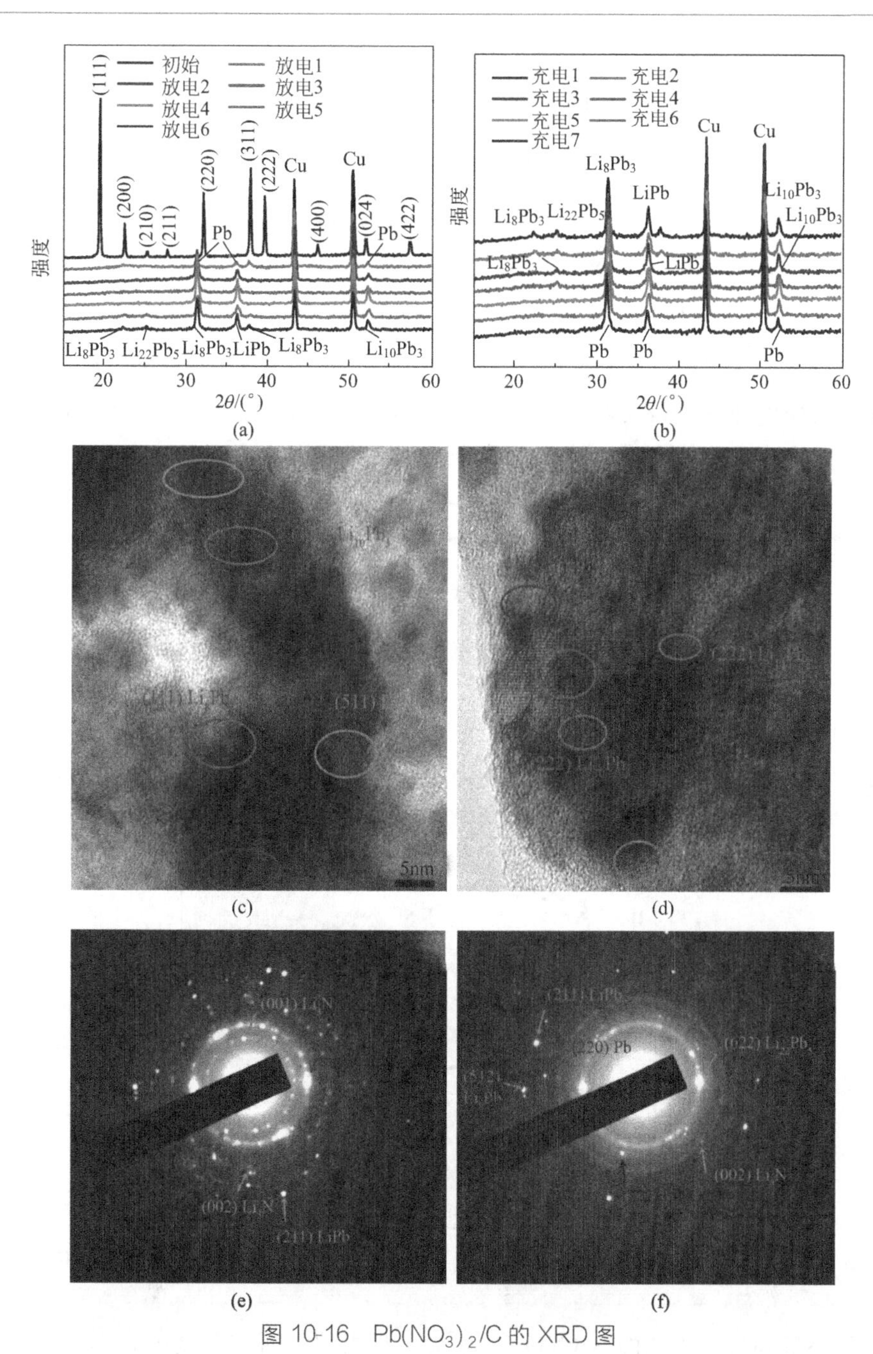

图 10-16 $Pb(NO_3)_2/C$ 的 XRD 图

(a) 首次放电过程的锂化态；(b) 首次充电过程的脱锂态；(c)，(d) 放电至 0V 的 HRTEM 图；(e)，(f) 对应的 SAED 图

舒杰等将分析纯的 $Cu(NO_3)_2 \cdot 2.5H_2O$ 作为负极材料，研究了其嵌锂机理，首次充放电过程如下：

$$Cu(NO_3)_2 \cdot 2.5H_2O+(18-8x)Li^+ +(18-8x)e^- \xrightarrow{放电} Cu+xLiNO_3+(2-x)Li_3N+(6-3x)Li_2O+2.5H_2O \tag{10-8}$$

$$yLi^+ +ye^- +电解质 \xrightarrow{放电} SEI膜 \tag{10-9}$$

$$Cu+xLiNO_3+(2-x)Li_3N+(6-3x)Li_2O \xrightarrow{充电} Cu(NO_3)_2+(18-8x)Li^+ +(18-8x)e^- \tag{10-10}$$

上述方程式说明，$Cu(NO_3)_2 \cdot 2.5H_2O/Li$ 半电池放电（嵌锂）时，放电曲线上所对应的锂化平台及斜线（图 10-17）对应着 Cu、Li_3N、$LiNO_3$ 和 Li_2O 的生成。首次充电曲线上对应的 2.82V 左右的脱锂平台来自于 $Cu(NO_3)_2$ 的生成。此外，充电至 3.4V 后，痕量的其他 Cu 基化合物（CuO 和 Cu_3N_2）被发现，说明部分 Li_2O 和 Li_3N 转化成了 CuO 和 Cu_3N_2，反应方程式如下所示：

$$Li_2O+Cu \xlongequal{充电} CuO+2Li^+ +2e^- \tag{10-11}$$

$$2Li_3N+3Cu \xlongequal{放电} Cu_3N_2+6Li^+ +6e^- \tag{10-12}$$

因此，$Cu(NO_3)_2 \cdot 2.5H_2O$ 和 Li 之间存在准可逆的转化反应，首次脱锂容量高达 $1632.1mA \cdot h \cdot g^{-1}$，嵌锂容量高达 $2285mA \cdot h \cdot g^{-1}$。

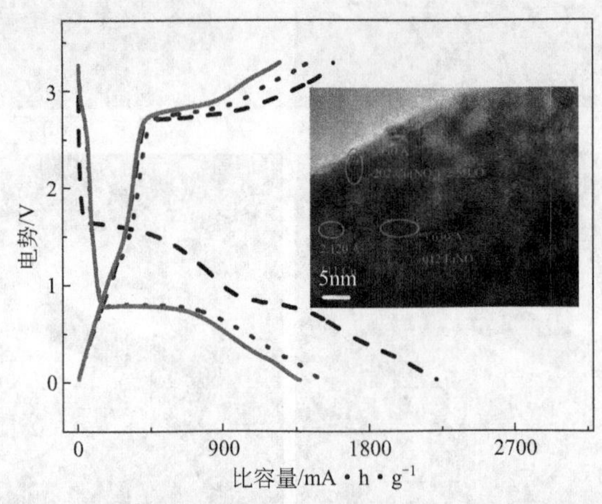

图 10-17 $Cu(NO_3)_2 \cdot 2.5H_2O/Li$ 半电池的首次放电曲线，插图为放电至 0V 的 HRTEM 图

舒杰等还将分析纯的 $Sr(NO_3)_2$ 作为负极材料，研究了其电化学性能。0～3V 之间循环，$50mA \cdot g^{-1}$ 电流密度下，$Sr(NO_3)_2$ 的首次脱锂容量为 $239.6mA \cdot h \cdot g^{-1}$，50 次循环后的容量为 $237.3mA \cdot h \cdot g^{-1}$，容量保持率高

达 99.04%。$500mA \cdot g^{-1}$ 电流密度充放电时，$Sr(NO_3)_2$ 的首次脱锂容量为 $103mA \cdot h \cdot g^{-1}$，500 次循环后的容量为 $100.9mA \cdot h \cdot g^{-1}$，展示了较高的可逆容量和循环稳定性。

舒杰等将 1g 分析纯的 $Bi(NO_3)_3 \cdot 5H_2O$ 和 200mg 炭黑溶于乙醇中，并搅拌 10h，在 60℃下真空干燥得到 $Bi(NO_3)_3 \cdot 5H_2O/C$ 复合物。然后将 $Bi(NO_3)_3 \cdot 5H_2O/C$ 复合物在 120℃下真空干燥 24h，得到 $Bi(NO_3)_3 \cdot 5H_2O/C$-120。为了便于比较，将分析纯的 $Bi(NO_3)_3 \cdot 5H_2O$ 在 120℃下真空干燥 24h，得到 $Bi(NO_3)_3 \cdot 5H_2O$-120A。将分析纯的 $Bi(NO_3)_3 \cdot 5H_2O$ 溶于乙醇中，并搅拌 10h，在 60℃下真空干燥去除溶剂，随后在 120℃下真空干燥 24h，得到 $Bi(NO_3)_3 \cdot 5H_2O$-120B。热重及 XRD 分析表明，在真空条件下干燥处理时，$Bi(NO_3)_3 \cdot 5H_2O$ 转化为了 $[Bi_6O_4](OH)_4(NO_3)_6 \cdot 4H_2O$。因此，$Bi(NO_3)_3 \cdot 5H_2O$-120A、$Bi(NO_3)_3 \cdot 5H_2O$-120B 及 $Bi(NO_3)_3 \cdot 5H_2O/C$-120 可以分别记作 $[Bi_6O_4](OH)_4(NO_3)_6 \cdot 4H_2O$、$[Bi_6O_4](OH)_4(NO_3)_6 \cdot H_2O$ 和 $[Bi_6O_4](OH)_4(NO_3)_6 \cdot H_2O/C$。通过非原位 FTIR、非原位 XRD、原位 XRD、非原位 HRTEM 以及非原位 SAED 的研究表明，$[Bi_6O_4](OH)_4(NO_3)_6 \cdot H_2O$ 的充放电过程如下：

$$[Bi_6O_4](OH)_4(NO_3)_6 \cdot H_2O + 18Li^+ + 18e^- = 6Bi + 4Li_2O + 4LiOH + 6LiNO_3 + H_2O \tag{10-13}$$

$$Bi + Li^+ + e^- = LiBi \tag{10-14}$$

$$LiBi + Li^+ + e^- = Li_2Bi \tag{10-15}$$

$$Li_2Bi + Li^+ + e^- = Li_3Bi \tag{10-16}$$

$[Bi_6O_4](OH)_4(NO_3)_6 \cdot 4H_2O$ 的储锂机制与 $[Bi_6O_4](OH)_4(NO_3)_6 \cdot H_2O$ 类似。在嵌锂的电化学反应中 $[Bi_6O_4](OH)_4(NO_3)_6 \cdot H_2O$ {或者 $[Bi_6O_4](OH)_4(NO_3)_6 \cdot 4H_2O$} 将生成 Bi、$LiNO_3$、LiOH、$Li_2O$ 以及 H_2O，然后再生成 Li-Bi 合金。充电（脱锂）时，Li-Bi 合金脱锂。在随后循环中，可逆的储锂容量来自 Bi 的嵌锂和 Li-Bi 合金的脱锂。电化学测试结果表明，$[Bi_6O_4](OH)_4(NO_3)_6 \cdot 4H_2O$ 的首次放电（嵌锂）容量为 $2792.9mA \cdot h \cdot g^{-1}$，高于 $[Bi_6O_4](OH)_4(NO_3)_6 \cdot H_2O$($832.2mA \cdot h \cdot g^{-1}$) 和 $[Bi_6O_4](OH)_4(NO_3)_6 \cdot H_2O/C$($1169.3mA \cdot h \cdot g^{-1}$)；但是 30 次循环后，$[Bi_6O_4](OH)_4(NO_3)_6 \cdot H_2O/C$ 具有最高的容量保持率。

舒杰等将 $Co(NO_3)_2 \cdot 6H_2O$ 和 CNTs 溶于无水乙醇，超声 8min 后搅拌 1h，然后转移至反应釜 50℃反应 12h，随后 50℃干燥 24h，得到纳微结构的 $Co(NO_3)_2 \cdot 6H_2O$@CNTs 复合材料，如图 10-18 所示。电化学测试结果表明，$50mA \cdot g^{-1}$ 电流密度下，100 次循环后，$Co(NO_3)_2 \cdot 6H_2O$@CNTs 的可

逆容量为 1460mA·h·g^{-1}。即是在 1000mA·g^{-1} 电流密度充放电时，1000 次循环后的容量仍高达 1089mA·h·g^{-1}，展示了较高的可逆容量和循环稳定性。

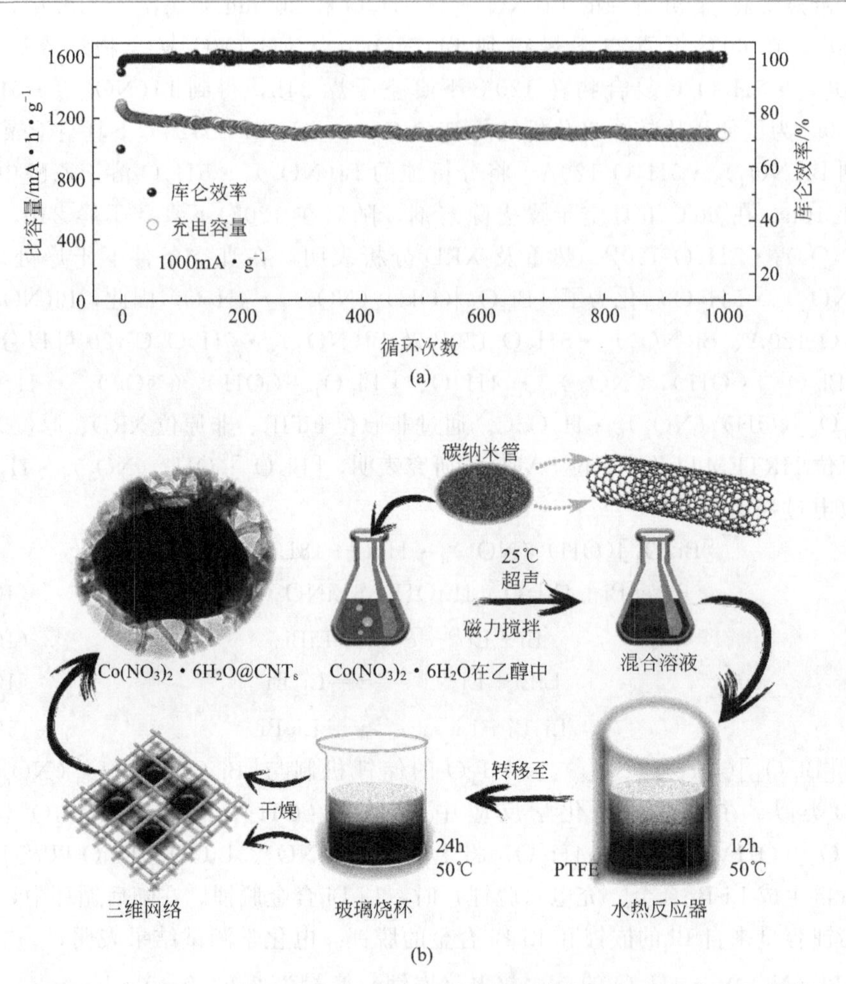

图 10-18 Co $(NO_3)_2$·$6H_2O$@CNTs 复合材料的循环性能图（a）及合成示意图（b）

舒杰等将 $(NH_4)_2Ce(NO_3)_5$·$4H_2O$ 溶于无水乙醇，然后分别加入炭黑（CB）、碳纳米管（CNT），在 60℃搅拌下去除溶剂，随后 120℃干燥 24h，分别得到 $(NH_4)_2Ce(NO_3)_5$·$4H_2O$、$(NH_4)_2Ce(NO_3)_5$·$4H_2O$/CB、$(NH_4)_2Ce(NO_3)_5$·$4H_2O$/CNT 负极材料。$(NH_4)_2Ce(NO_3)_5$·$4H_2O$ 可能的嵌脱锂机制如下式所示：

$$(NH_4)_2Ce(NO_3)_5 \cdot 4H_2O + 5Li^+ + 3e^- \longrightarrow Ce + 5LiNO_3 + 2NH_4^+ + 4H_2O \tag{10-17}$$

$$LiNO_3 + 8Li^+ + 8e^- \longrightarrow Li_3N + 3Li_2O \tag{10-18}$$

$$Ce + Li_3N - 3e^- \longrightarrow CeN + 3Li^+ \tag{10-19}$$

$$Ce + 2Li_2O - 4e^- \longrightarrow CeO_2 + 4Li^+ \tag{10-20}$$

$(NH_4)_2Ce(NO_3)_5 \cdot 4H_2O$ 首次嵌锂时，生成 Ce、$LiNO_3$、NH_4^+ 和 H_2O，然后 $LiNO_3$ 进一步嵌锂生成 Li_2O 和 Li_3N。随后的脱锂过程中，Ce 分别与 Li_2O 和 Li_3N 反应生成 CeO_2 和 CeN。$(NH_4)_2Ce(NO_3)_5 \cdot 4H_2O$ 嵌锂反应的理论容量为 $2161mA \cdot h \cdot g^{-1}$，但是 $LiNO_3$ 的电化学分解是部分可逆的，致使实际的储锂容量低于理论容量，并导致了首次不可逆容量损失较大，如图 10-19 所示。另外，$(NH_4)_2Ce(NO_3)_5 \cdot 4H_2O$ 首次嵌锂生成的 H_2O 也逐渐降低了材料的循环稳定性。但是，CNT 包覆的材料具有更好的电化学性能。0～3V 之间循环，$50mA \cdot g^{-1}$ 电流密度下，$(NH_4)_2Ce(NO_3)_5 \cdot 4H_2O$/CNT 在 30 次循环后的可逆脱锂容量为 $818.5mA \cdot h \cdot g^{-1}$，容量保持率为 90.74%，平均库仑效率为 96.58%，远远高于 $(NH_4)_2Ce(NO_3)_5 \cdot 4H_2O$（$50.6mA \cdot h \cdot g^{-1}$，4.82%，74.07%）和 $(NH_4)_2Ce(NO_3)_5 \cdot 4H_2O$/CB（$208.8mA \cdot h \cdot g^{-1}$，28.4%，85.45%）。

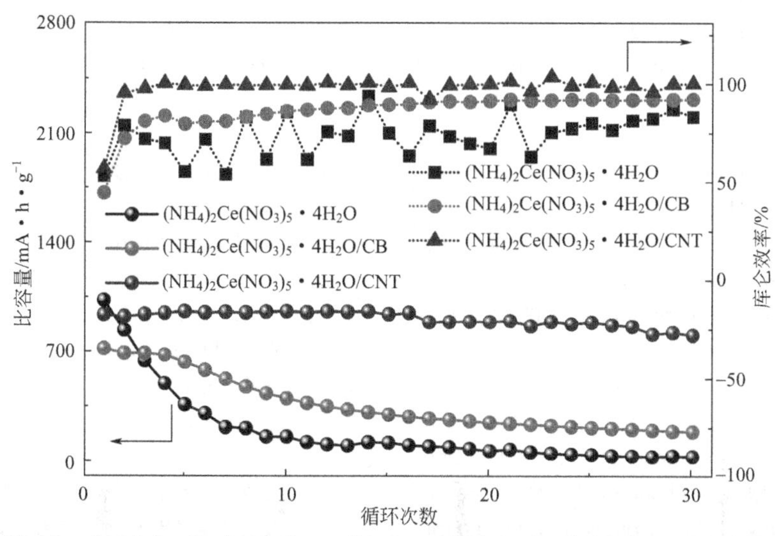

图 10-19 $(NH_4)_2Ce(NO_3)_5 \cdot 4H_2O$、$(NH_4)_2Ce(NO_3)_5 \cdot 4H_2O$/CB、$(NH_4)_2Ce(NO_3)_5 \cdot 4H_2O$/CNT 材料的循环性能及库仑效率

参考文献

[1] Cabana J, Monconduit L, Larcher D, Palacín M R. Beyond intercalation-based Li-ion batteries: The state of the art and challenges of electrode materials reacting through conversion reactions. Adv Mater, 2010, 22: 170-192.

[2] 陈欣，张乃庆，孙克宁. 锂离子电池 3d 过渡金属氧化物负极微/纳米材料. 化学进展，2011，23(10)：2045-2054.

[3] Jin L, Li X, Ming H, Wang H, Jia Z, Fu Y, Adkins J, Zhou Q, Zheng J. Hydrothermal synthesis of Co_3O_4 with different morphologies towards efficient Li-ion storage. RSC Adv, 2014, 4: 6083-6089.

[4] Wu X, Wang B, Li S, Liu J, Yu M Electrophoretic deposition of hierarchical Co_3O_4@graphene hybrid films as binder-free anodes for high-performance lithium-ion batteries. RSC Adv, 2015, 5: 33438-33444.

[5] Li W, Xu L, Chen J. Co_3O_4 nanomaterials in lithium-ion batteries and gas sensors. Adv Funct Mater, 2005, 15: 851-857.

[6] Wu Z, Ren W, Wen L, Gao L, Zhao J, Chen Z, Zhou G, Li F, Cheng H. Graphene Anchored with Co_3O_4 Nanoparticles as Anode of Lithium Ion Batteries with Enhanced Reversible Capacity and Cyclic Performance. ACS Nano, 2010, 4(6): 3187-3194.

[7] Cho J, Lee S, Ju H, Kang Y. Synthesis of NiO nanofibers composed of hollow nanospheres with controlled sizes by the nanoscale kirkendall diffusion process and their electrochemical properties. ACS Appl Mater Interfaces, 2015, 7: 25641-25647.

[8] Wang X, Zhang L, Zhang Z, Yu A, Wu P. Growth of 3D hierarchical porous NiO@carbon nanoflakes on graphene sheets forhigh-performance lithium-ion batteries. Phys Chem Chem Phys, 2016, 18: 3893-3899.

[9] Mei J, Liao T, Kou L, Sun Z. Two-dimensional metal oxide nanomaterials for next-generation rechargeable batteries. Adv Mater, 2017, 29: 170-176.

[10] 顾鑫，徐化云，杨剑，钱逸泰. 二氧化锰纳米材料在锂离子电池负极材料中的应用. 科学通报，2013，58(31)：3108-3114.

[11] Xu X. Dong B, Ding S, Xiao C, Yu D Hierarchical $NiCoO_2$ nanosheets supported on amorphous carbon nanotubes for high-capacity lithium-ion btteries with a long cycle life. J Mater Chem A, 2014, 2: 13069-13074.

[12] 曾艳，王利媛，朱婷，王维，徐志伟. 离子电池中磷基负极材料的研究进展. 功能材料. 2017，48(2)：02033-02040.

[13] 陈汝文，涂新满，陈德志. 过渡金属氮化物在锂离子电池中的应用. 化学进展，2015，27(4)：416-423.

[14] 娄帅锋，程新群，马玉林，杜春雨，高云智，尹鸽平. 锂离子电池铌基氧化物负极材料. 化学进展，2015，27(2/3)：

297-309.

[15] Yu H, Lan H, Yan L, Qian S, Cheng X, Zhu H, Long N, Shui M, Shu J. $TiNb_2O_7$ hollow nanofiber anode with superior electrochemical performance in rechargeable lithium ion batteries. Nano Energy, 2017, 38: 109-117.

[16] Jayaraman S, Aravindan V, Suresh Kumar P, Ling W, Ramakrishna S, Madhavi S. Exceptional Performance of $TiNb_2O_7$ Anode in All One-Dimensional Architecture by Electrospinning. ACS Appl Mater Interfaces, 2014, 6 (11): 8660-8666.

[17] Lou S, Ma Y, Cheng X, Gao J, Gao Y, Zuo P, Du C, Yin G. Facile synthesis of nanostructured $TiNb_2O_7$ anode materials with superior performance for high-rate lithium ion batteries. Chem Commun, 2015, 51, 17293-17296.

[18] Li H, Shen L, Pang G, Fang S, Luo H, Yang K, Zhang X. $TiNb_2O_7$ nanoparticles assembled into hierarchical microspheres as high-rate capability and long-cycle-life anode materials for lithium ion batteries. Nanoscale, 2015, 7, 619-624.

[19] Yan L, Lan H, Yu H, Qian S, Cheng X, Long N, Zhang R, Shui M, Shu J. Electrospun $WNb_{12}O_{33}$ nanowires: superior lithium storage capability and their working mechanism. J Mater Chem A, 2017, 5, 8972-8980

[20] Wang D, Wu K, Shao L, Shui M, Ma R, Lin X, Long N, Ren Y, Shu J. Facile fabrication of Pb (NO_3) $_2$/C as advanced anode materialand its lithium storage mechanism. Electrochimi Acta, 2014, 120: 110-121.

[21] 刘欣，赵海雷，解晶莹，王可，吕鹏鹏，高春辉. 锂离子电池 SnS_2 基负极材料. 化学进展，2014，26(9)：1586-1595.

[22] Wang D, Liu L, Zhao S, Hu Z, Liu H. Potential application of metal dichalcogenides double-layered heterostructures as anode materials for Li-ion batteries. J Phys Chem C, 2016, 120 (9): 4779-4788.

[23] Sen U K, Mitra S. High-rate and high-energy-density lithium-ion battery anode containing 2D MoS_2 nanowall and cellulose binder. ACS Appl Mater Interfaces, 2013, 5(4): 1240-1247.

[24] 马晓轩，郝健，李垚，赵九蓬. 类石墨烯二硫化钼在锂离子电池负极材料中的研究进展. 材料导报，2014，28(6)：1-9.

[25] Wu K, Shao L, Jiang X, Shui M, Ma R, Lao M, Lin X, Wang D, Long N, Ren Y, Shu J. Facile preparation of $[Bi_6O_4](OH)_4(NO_3)_6 \cdot 4H_2O$, $[Bi_6O_4](OH)_4(NO_3)_6 \cdot H_2O$ and $[Bi_6O_4](OH)_4(NO_3)_6 \cdot H_2O$/C as novel high capacity anode materials for rechargeable lithium-ion batteries. J Power Sources, 2014, 254: 88-97.

[26] Shu J, Wu K, Shao L, Lin X, Li P, Shui M, Wang D, Long N, Ren Y. Nano/micro structure ammonium cerium nitrate tetrahydrate/carbon nanotube as high performance lithium storage material. J Power Sources, 2015, 275: 458-467.

[27] Li P, Lan H, Yan L, Yu H, Qian S, Cheng X, Long N, Shui M, Shu J. Micro-/nano-structured $Co(NO_3)_2 \cdot 6H_2O$@CNTs as novel anode material with superior lithium storage performance. J Electroanal Chem, 2017, 791: 29-35.

[28] Jiang X, Wu K, Shao L, Shui M, Lin X, Lao M, Long N, Ren Y,

Shu J. Lithium storage mechanism in superior high capacity copper nitrate hydrate anode material. J Power Sources, 2014, 260: 218-224.

[29] Yang K, Lan H, Li P, Yu H, Qian S, Yan L, Long N, Shui M, Shu J. Strontium nitrate as a stable and potential anode material for lithium ion batteries. Ceram Int, 2017, 43: 10515-10520.

[30] Jo C, Kim Y, Hwang J, Shim J, Chun J, Lee J. Block Copolymer Directed Ordered Mesostructured $TiNb_2O_7$ Multimetallic Oxide Constructed of Nanocrystals as High Power Li-ion Battery Anodes, Chem Mater, 2014, 26 (11): 3508-3514.

第11章

锂离子电池材料的理论设计及其电化学性能的预测

在过去二十多年里，锂离子电池因其能量密度高和倍率性能良好等诸多优点成为了现代社会生活中不可或缺的一类能量存储和转换装置。虽然锂离子电池目前已经成功地应用于各种便携式设备中，并且它们作为动力电池在电动汽车领域也有非常广阔的前景，但是其仍难以满足当代社会和经济发展的需求，安全性和更高的能量密度将是今后很长一段时间内人们所追求的目标。因此，新的电极材料的开发和探索将具有重要的意义。然而在传统的电极材料的研发过程中，新材料的合成、结构表征和性能测试通常要经历一个摸索过程，往往会遵循尝试-修正-再尝试的模式，这不仅延长了开发周期，而且增加了资源的损耗。这些问题的产生主要源于人们对材料的微观结构与电化学性能之间的内在关系没有足够清晰的认识，以功能和性能为导向的材料设计变得比较困难。而第一性原理计算的应用，以及材料的理论设计等理念的引入，将大大减轻新电极材料研发过程中的工作量。因此以第一性原理计算为基础，系统地研究锂离子电池的电极材料的结构稳定性、电子结构、掺杂效应、表/界面效应和扩散动力学等问题，并揭示它们的结构和电化学性能之间的关系，将为新型电池材料的设计和性能调控提供重要的理论依据。

11.1 锂离子电池材料的热力学稳定性

在锂离子电池中，“摇椅理论”是被人们广泛接受的一种机理：锂离子在充放电过程中可以可逆地在电极材料的晶格结构中嵌入或脱出，而电极材料中的过渡金属则发生变价从而实现电荷的补偿。在整个循环的过程中，电极材料骨架的结构稳定性无疑至关重要，因为它决定了材料的循环性能和安全性。例如，传统的 $LiCoO_2$ 正极材料在深度脱锂的条件下会发生结构相变并导致其性能迅速衰退，其实际比容量仅为 $145mA \cdot h \cdot g^{-1}$，即仅有 0.5 个锂可以可逆地参与到电化学反应中；而最近与锰基富锂材料有关的研究进展则表明：它们普遍存在着首圈不可逆容量损失大、容量和电压会在循环过程中持续衰退。这些问题的产生与富锂材料在高电位条件下（>4.5V）充电时晶格氧的不可逆损失密切有关，进而导致安全性问题。因此，采用第一性原理方法对电极材料的结构稳定性进行评价，并从微观电子结构的角度分析和阐明结构稳定性及失稳现象的本源，将为设计高稳定性和高循环寿命的电极材料提供重要的理论依据。

11.1.1 电池材料相对于元素相的热力学稳定性

为了评估电池材料的热力学稳定性，最常用的物理量就是采用材料的摩尔生成焓（$\Delta_f H_m$）或者摩尔生成吉布斯自由能（$\Delta_f G_m$）。以 $LiFePO_4$ 正极材料为例，它的生成反应可表示如下：

$$Li(s,Im-3m)+FePO_4(s,P3121)=\!=\!=LiFePO_4(s,Pnma) \quad (11\text{-}1)$$

该化学反应的吉布斯自由能的变化值（$\Delta_r G_m$）可用下述公式进行计算：

$$\Delta_r G_m[式(11\text{-}1)]=G(LiFePO_4)-G(Li)-G(FePO_4) \quad (11\text{-}2)$$

对于固体材料，体积效应和熵变对吉布斯自由能（$G=U+PV-TS$）的贡献很小，因此在实际应用中往往可以将它们忽略不计。在此近似下，固体材料的吉布斯自由能可近似地用其总能替代，公式(11-2) 可改写成：

$$\Delta_r G_m[式(11\text{-}1)]=E(LiFePO_4)-E(Li)-E(FePO_4) \quad (11\text{-}3)$$

此外，化学反应（11-1）在整个过程中所吸收或释放的能量也可以通过各物质的摩尔生成吉布斯自由能（$\Delta_f G_m$）来计算：

$$\Delta_r G_m[式(11\text{-}1)]=\Delta_f G_m(LiFePO_4)-\Delta_f G_m(Li)-\Delta_f G_m(FePO_4) \quad (11\text{-}4)$$

将公式(11-3) 和式(11-4) 合并可得到下式：

$$\Delta_f G_m(LiFePO_4)=E(LiFePO_4)-E(Li)-E(FePO_4)+\Delta_f G_m(Li)+\Delta_f G_m(FePO_4) \quad (11\text{-}5)$$

根据纯物质的热力学数据手册，可以获得磷酸铁［$\Delta_f G_m(FePO_4)$］和金属锂晶体［$\Delta_f G_m(Li)$］在标准压力和不同温度下的最稳定结构的摩尔生成吉布斯自由能的实验值，而根据第一性原理计算则可以确定不同材料的基态总能量。因此，最终可通过第一性原理计算确定 $LiFePO_4$ 的摩尔生成吉布斯自由能。由于材料的摩尔生成焓或摩尔生成吉布斯自由能是强度性质，并不依赖于反应的路径，因此上述计算方法不仅适用于研究磷酸铁锂正极材料的热力学稳定性，对于其他正极、负极材料也同样适用。

表 11-1　几种正极材料的摩尔生成焓和摩尔生成吉布斯自由能的计算值

物质	$\Delta_f H_{m,el.}$/kJ·mol^{-1}	$\Delta_f G_{m,el.}$①/kJ·mol^{-1}	ΔE②	$\Delta_r G_{m,ox.}$③/kJ·mol^{-1}
$LiFePO_4$	−1682.36	−1569.47	—	−287.51
$FePO_4$	−1343.13	−1230.24	339.23	−242.68(206.89)④
$LiMnPO_4$	−1835.11	−1722.21	—	−297.79

续表

物质	$\Delta_f H_{m,el.}$ /kJ·mol^{-1}	$\Delta_f G_{m,el.}$①/kJ·mol^{-1}	ΔE②	$\Delta_r G_{m,ox.}$③/kJ·mol^{-1}
$MnPO_4$	−1446.58	−1333.69	388.53	−203.67(152.34)④
$LiCoO_2$	−670.90(−679.40)⑤	−628.79	—	−133.54(−142.54)⑤
CoO_2	−262.28	−238.44	390.35	−24.24
$LiNiO_2$	−587.91(−593.00)⑤	−541.35	—	−48.76(−56.21)⑤
NiO_2	−186.28	−158.02	383.33	53.52
$LiMn_2O_4$	−1380.77(−1380.90)⑤	−1268.62	—	−81.87(−82.47)⑤
Mn_2O_4	−1118.70	−1008.92	249.6	−78.64

①生成吉布斯自由能（元素相的能量作为参考零点）。

②锂离子脱嵌过程中吉布斯自由能的变化值。

③生成吉布斯自由能（氧化物的能量作为参考零点），该值的绝对值表示物质发生分解反应并形成相应的氧化物所需要的能量。

④分解反应（$MPO_4^- > 0.5M_2P_2O_7 + 0.25O_2$）的吉布斯自由能的变化值。

⑤摩尔生成焓（$\Delta_f H_m$）的实验值。

表 11-1 列出了几种典型的正极材料的摩尔生成焓和摩尔生成吉布斯自由能的理论计算值。需要指出的是物质的生成吉布斯自由能是指在一定温度和压力下，由最稳定的单质生成 1mol 该物质时的吉布斯自由能的变化，其所参考的能量零点是最稳定单质（元素相）的吉布斯自由能，如图 11-1 所示。对于 $LiFePO_4$ 和 $LiMnPO_4$，它们相对于元素相的生成吉布斯自由能分别为−1569.47kJ·mol^{-1} 和−1722.21kJ·mol^{-1}，而 $LiMn_2O_4$ 的数值则为−1268.62kJ·mol^{-1}；传统的正极材料 $LiCoO_2$ 和 $LiNiO_2$ 相对于元素相的生成吉布斯自由能则大得多，它们的数值分别为−670.90kJ·mol^{-1} 和−587.91kJ·mol^{-1}。上述计算结果似乎表明 $LiFePO_4$、$LiMnPO_4$ 和 $LiMn_2O_4$ 要比 $LiCoO_2$ 和 $LiNiO_2$ 稳定得多。但由于它们均是电极材料，均会在充放电过程中发生嵌/脱锂反应，从而导致化学计量比发生变化。因此在实际应用中还需要进一步考虑电极材料的不同嵌锂态的热力学

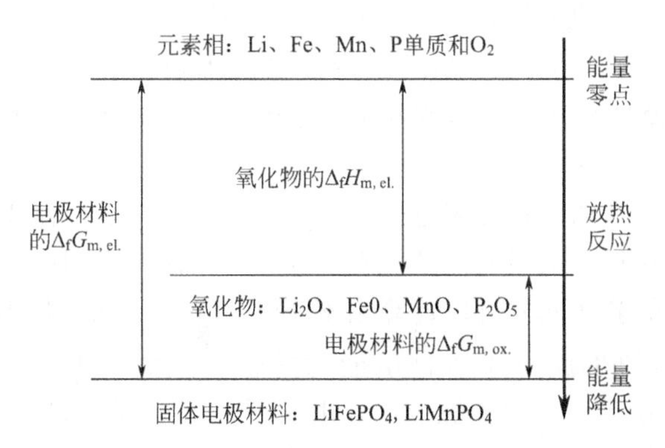

图 11-1　电极材料相对于元素相和氧化物的生成吉布斯自由能的计算方法

稳定性。Ceder 等提出了一种研究全热力学相图的理论计算方法，并且他们指出电极材料相对于元素相即使具有很负的生成能也不足以判断电极材料是否是热力学稳定的，主要原因在于电极材料在嵌脱锂过程中很有可能会发生相变而转变为其他结构的稳定氧化物。

11.1.2 电池材料相对于氧化物的热力学稳定性

与其他材料不同，具有不同化学计量比的电极材料能否发生相变，这个问题对于研究和分析电极材料的可逆性和循环性能都是非常重要的。在这种情况下，计算电极材料相对于氧化物的生成吉布斯自由能可能更加合理。电极材料相对于氧化物的生成吉布斯自由能可定义为：以稳定的氧化物作为反应物，通过化学反应生成相应的电极材料时，反应的吉布斯自由能的变化数值。以 $LiFePO_4$ 和 $LiMnPO_4$ 为例，相应的反应式可以表示如下：

$$Li_2O(s,Fm-3m)+2FeO(s,Fm-3m)+P_2O_5(s,Pnma)=\!=\!=2LiFePO_4(s,Pnma) \tag{11-6}$$

$$Li_2O(s,Fm-3m)+2MnO(s,Fm-3m)+P_2O_5(s,Pnma)=\!=\!=2LiMnPO_4(s,Pnma) \tag{11-7}$$

电极材料相对于元素相和氧化物的生成吉布斯自由能的区别如图 11-1 所示。需要注意的是反应式(11-6) 和反应式(11-7) 的逆反应的吉布斯自由能的变化值实际上也反映了电极材料在工作过程中分解成相应氧化物的难易程度。表 11-1 的计算结果表明 $LiFePO_4$ 和 $LiMnPO_4$ 相对于氧化物的摩尔生成吉布斯自由能的数值分别为$-287.51kJ \cdot mol^{-1}$ 和$-297.79kJ \cdot mol^{-1}$。尽管这些数值比电极材料相对于元素相的摩尔生成吉布斯自由能小得多，但是它们仍然是很负的，这说明电极材料在嵌/脱锂过程中将具有很好的热力学稳定性。对于 $LiCoO_2$、$LiNiO_2$ 和 $LiMn_2O_4$，它们相应的计算值分别为$-133.54kJ \cdot mol^{-1}$、$-48.76kJ \cdot mol^{-1}$ 和$-81.87kJ \cdot mol^{-1}$。虽然 $LiMn_2O_4$ 相对于元素相的摩尔生成吉布斯自由能要比 $LiCoO_2$ 的数值低得多，但是它在嵌/脱锂过程中要比 $LiCoO_2$ 更容易分解成相应的氧化物。

正极材料中的锂离子将在充电过程中从晶格脱嵌，晶格体积和化学计量比的变化将导致电池材料的微观成键结构发生变化，从而对它们的热力学稳定性产生影响。根据类似的算法同样可以计算出 $FePO_4$(Pnma) 和 $MnPO_4$(Pnma) 脱锂态相对于元素相的生成吉布斯自由能的数值分别为$-1230.24kJ \cdot mol^{-1}$ 和$-1333.69kJ \cdot mol^{-1}$。与嵌锂态相比，由于锂离子的脱嵌，上述材料的吉布斯自由能分别升高了 $339.23kJ \cdot mol^{-1}$ 和 $388.52kJ \cdot mol^{-1}$。这个差别在 $LiCoO_2$、$LiNiO_2$ 和 $LiMn_2O_4$ 材料中也是存在的，并且其主要是源于 Li 和 O 离子对之间的化学键的作用。根据 Li_2O 离子化合物的标准生成吉布斯自由能（$-562.104kJ \cdot mol^{-1}$）可知一个纯的 Li—O 离子键的键能约为 $-281.052kJ \cdot mol^{-1}$。在 $LiMPO_4$ 材料中，锂和六个氧配位并构成 LiO_6 八面体，而在 Li_2O 结构中锂和四个氧配位形成 LiO_4 四面体。因此，锂和氧在 $LiMPO_4$ 材料中的相互作用要稍强于 Li_2O 离子化合物中的 Li—O 离子键，且锂在 $LiMPO_4$ 中应主要以纯离子的形式存在于晶格中。

表 11-1 的数据还表明当锂从正极材料的骨架中脱嵌之后，各种材料相对于氧化物的生成吉布斯自由能也明显升高。相对于完全嵌锂态（$LiMPO_4$），$FePO_4$(Pnma) 和 $MnPO_4$(Pnma) 的计算值分别提高了 $145.46kJ \cdot mol^{-1}$ 和 $194.38kJ \cdot mol^{-1}$，但是这些值仍为负值，这表明 $FePO_4$(Pnma) 和 $MnPO_4$(Pnma) 相对于相应的氧化物（FeO、MnO 和 P_2O_5）仍是具有较高的热力学稳定性的。但是这种情况在 CoO_2 和 NiO_2 材料中却是不同的，CoO_2(R－3m) 相对于氧化物的生成吉布斯自由能非常接近零（$-24.24kJ \cdot mol^{-1}$），而 NiO_2(R－3m) 的数值（$53.52kJ \cdot mol^{-1}$）已经转变为正值。这个结果表明 CoO_2(R－3m) 的热力学稳定性相对于氧化物而言是比较差的，而 NiO_2(R－3m) 将自发地分解成氧化镍（NiO，Fm－3m），因此氧气的释放在这两种材料中是可以预期的，这也与实验的观测结果一致。

目前，实验的研究结果已经证实 $LiFePO_4$ 和 $FePO_4$ 具有很高的热力学稳定性，而且它们也具有优良的循环性能，文献曾报道 $FePO_4$ 在升温至 500～600℃ 时仍能保持稳定的结构，且不会存在氧释放的问题。但是对于 $MnPO_4$ 的热力学稳定性，目前仍存在一些争议。人们一度认为 $MnPO_4$ 与 $FePO_4$ 一样，两者的热力学稳定性应该是相当的。但最近的实验研究结果证实：$MnPO_4$ 在 120～210℃ 时会分解并形成 $Mn_2P_2O_7$，同时伴随着氧气的释放，这将使 $LiMnPO_4$ 面临着严峻的安全性挑战并极大地限制了其应用。Martha 等采用微分扫描量热法（DSC）、热重质谱耦合分析（TGA-MS）、X 射线衍射（XRD）和高分辨扫描电镜（HRSEM）对 $LiMPO_4$（M＝Fe、Mn、$Mn_{0.8}Fe_{0.2}$）、$LiCoO_2$ 和 $LiNi_{0.8}Co_{0.15}Al_{0.05}O_2$ 以及它们的电化学脱锂态在 400℃ 加热前后的结构进行了比较研究，他们没有发现 $LiFePO_4$ 和 $LiMnPO_4$ 以及它们的脱锂态的热力学性质存在显著差异的证据；他们认为不管是嵌锂态还是脱锂态，$LiMnPO_4$ 正极材料的热力学稳定性应该与 $LiFePO_4$ 相近，没有证据证明 $MnPO_4$ 或者 [MnFe]PO_4 的热力学稳定性要比 $FePO_4$ 差。

虽然第一性原理的计算结果与 Martha 等的实验结果吻合，即 MPO_4（M＝Fe、Mn）相对于氧化物的生成吉布斯自由能比较接近且都是负值，但是实验确实观测到了 $MnPO_4$ 相变的发生。为了阐明这个问题，还需要进一步计算下述分解反应的吉布斯自由能的变化值：

$$2MPO_4 \longequal M_2P_2O_7 + 0.5O_2 \tag{11-8}$$

表 11-1 中的计算结果表明：$MnPO_4$ 向 $Mn_2P_2O_7$ 转变时反应是吸热的，所需的能量约为 152.34kJ・mol^{-1}；而 $FePO_4$ 分解成类似的产物则更为困难，所需要的能量约为 206.89kJ・mol^{-1}，这与 $LiFePO_4$ 具有优良的可逆性的实验结果是一致的。需要指出的是除了热力学的原因之外，还有其他几种可能可以导致材料发生结构相变的机制：例如按软模理论所描述的不稳定的晶格振动可以导致相变的发生；在外部应力作用下材料的力学失稳也可能引发相变。对于锂离子电池而言，锂离子在电极材料的晶格中反复地嵌入和脱嵌将导致晶体颗粒的内部产生局部应力和应变。良好的可逆性不仅要求电极材料在应变产生时能够保持稳定的结构，而且材料在应力作用下仍应保持良好的力学稳定性，不应发生力学失稳的现象。为了探索 $MnPO_4$ 相变的本质及其根源，仍需要展开相关的理论研究。

11.2 电极材料的力学稳定性及失稳机制

11.2.1 Li_xMPO_4（M=Fe、Mn；x=0、1）材料的力学性质

电极材料对应力场的力学响应与材料本身固有的弹性性质密切相关。当电极材料在形变的作用下发生力学失稳的现象时，相变将会发生并导致电池性能的衰退。因此可以预期在充放电过程中电极材料的力学稳定性和材料的循环性能之间应该存在着重要的联系。为了研究这个问题，首先需要计算材料的弹性刚度（C_{ij}）和弹性柔度（S_{ij}），相关的计算方法如下：

$$\begin{bmatrix} \sigma_{xx} \\ \sigma_{yy} \\ \sigma_{zz} \\ \tau_{yz} \\ \tau_{zx} \\ \tau_{xy} \end{bmatrix} = \begin{bmatrix} C_{11} & C_{12} & C_{13} & 0 & 0 & 0 \\ C_{21} & C_{22} & C_{23} & 0 & 0 & 0 \\ C_{31} & C_{32} & C_{33} & 0 & 0 & 0 \\ 0 & 0 & 0 & C_{44} & 0 & 0 \\ 0 & 0 & 0 & 0 & C_{55} & 0 \\ 0 & 0 & 0 & 0 & 0 & C_{66} \end{bmatrix} \begin{bmatrix} \varepsilon_{xx} \\ \varepsilon_{yy} \\ \varepsilon_{zz} \\ \gamma_{yz} \\ \gamma_{zx} \\ \gamma_{xy} \end{bmatrix} \tag{11-9}$$

式中，σ、τ、ε 和 γ 分别是拉张应力、剪应应力、拉伸应变和剪应应变。$\boldsymbol{C}_{ij}$ 是弹性常数矩阵元，它们可以通过公式 $\boldsymbol{S}=\boldsymbol{C}^{-1}$ 与弹性柔度矩阵元（$\boldsymbol{S}_{ij}$）联系起来。

Born 和黄昆在系统地研究了七大晶系的力学响应问题的基础上，确定了各

个晶系的力学稳定性判据，他们指出一个晶格要保持力稳状态就要求弹性能量密度应该是应变的正定二次函数。对于正交晶系，相应的力学稳定性判据如下：

$$C_{11}+C_{22}+C_{33}+2C_{12}+2C_{13}+2C_{23}>0, C_{11}+C_{33}-2C_{13}>0,$$
$$C_{11}+C_{22}-2C_{12}>0, C_{22}+C_{33}-2C_{23}>0, C_{ij}(i=j)>0 \quad (11\text{-}10)$$

表 11-2 Li_xMPO_4（M=Fe、Mn；x=0、1）**正极材料的弹性常数的计算值**

单位：GPa

物质	C_{11}	C_{12}	C_{13}	C_{22}	C_{23}	C_{33}	C_{44}	C_{55}	C_{66}
$LiFePO_4$	140.22	69.87	58.84	187.40	49.76	174.16	39.04	45.70	44.99
文献[30]	138.90	72.80	52.50	198.00	45.80	173.00	36.80	50.60	47.60
$FePO_4$	182.38	27.62	66.65	115.53	13.34	131.60	31.49	48.26	44.15
文献[30]	175.90	29.60	54.00	153.60	19.60	135.00	38.80	47.50	55.60
$LiMnPO_4$	127.49	68.87	48.24	156.73	42.60	151.16	32.82	37.24	39.52
$MnPO_4$	99.62	−36.09	21.19	166.07	−10.60	73.57	16.96	48.71	17.93

Li_xMPO_4（M=Fe、Mn；x=0、1）正极材料的弹性常数的计算值如表 11-2 所列，计算结果表明 $LiFePO_4$ 和 $FePO_4$ 的弹性常数均满足力学稳定性判据，因此它们在应力的作用下仍可以保持稳定的结构，不会出现力学失稳的状态。上述结果与 Maxisch 等采用 GGA+U 的方法计算所得到的数值完全一致。一般来说，C_{11}、C_{22} 和 C_{33} 分别反映的是材料在 a、b 和 c 轴向抵抗线性压缩的能力，而 C_{44}、C_{55} 和 C_{66} 则表示材料分别在｛001｝，｛010｝和｛001｝晶面上抵抗剪应形变的能力。表 11-2 的计算结果表明 $LiFePO_4$ 的 C_{11}、C_{22} 和 C_{33} 值要比 C_{44}、C_{55} 和 C_{66} 大得多，因此 $LiFePO_4$ 抵抗 a、b 和 c 方向单轴拉伸的能力是很强的，而剪应形变在该材料中则更容易产生。当锂离子从晶格脱嵌之后，$FePO_4$ 的 C_{22}、C_{33}、C_{12} 和 C_{23} 值明显减小，而 C_{11} 值反而增大了 42.16GPa。这种反常的现象已被 Maxisch 等发现，他们认为这是 a 轴向发生压缩时，PO_4 四面体将发生旋转并向附近的非占据锂空位靠近所致。虽然 $LiMnPO_4$ 材料中每个 C_{ij} 的数值相对于 $LiFePO_4$ 都有很小的降低，但是这两种材料的弹性常数均具有非常相似的特征，这表明两者的微观成键特性应该是比较相近的。但是与 $FePO_4$ 不同，锂离子从 $LiMnPO_4$ 的晶格脱嵌之后，系统的弹性常数发生了根本性的变化：除了 C_{22} 和 C_{55}，$MnPO_4$ 的其他 C_{ij} 的数值都减小了；C_{12} 和 C_{23} 甚至已经转变为负值。因此 $MnPO_4$ 在应力的作用下难以保持力稳状态，系统将会发生相应的相变。这种反常的性质也说明 $MnPO_4$ 的成键特征已经发生了改变。

除了弹性常数之外，还有其他一些量可以用于描述晶体的力学性能。一般来说，电极材料都是经过烧结得到，而烧结粉末往往都是由无序取向的单相单晶聚集形成的多晶样品。这种情况下，计算多晶电极材料的模量比较重要。目前多晶模量的计算方法主要有 Voigt 法和 Reuss 法两种。对于一个正交晶体，剪应模量

(G) 和体模量 (B) 完全可以根据弹性常数近似地估算出来。

$$\frac{1}{G_R}=\frac{4}{15}(S_{11}+S_{22}+S_{33})-\frac{4}{15}(S_{12}+S_{13}+S_{23})+\frac{3}{15}(S_{44}+S_{55}+S_{66}) \tag{11-11}$$

$$G_V=\frac{1}{15}(C_{11}+C_{22}+C_{33}-C_{12}-C_{13}-C_{23})+\frac{1}{5}(C_{44}+C_{55}+C_{66}) \tag{11-12}$$

$$\frac{1}{B_R}=(S_{11}+S_{22}+S_{33})+2(S_{12}+S_{13}+S_{23}) \tag{11-13}$$

$$B_V=\frac{1}{9}(C_{11}+C_{22}+C_{33})+\frac{2}{9}(C_{12}+C_{13}+C_{23}) \tag{11-14}$$

实际上由 Voigt 法和 Reuss 法所计算得到的数值分别为上限和下限，因此两者的算术平均值对于描述多晶的模量应该更加合理：

$$G=\frac{G_R+G_V}{2}, B=\frac{B_R+B_V}{2} \tag{11-15}$$

表 11-3 为 Li_xMPO_4 正极材料的体模量和剪应模量的计算值。体模量反映的是在外力作用下材料抵抗体积形变的能力，而剪应模量则表示材料抵抗剪应形变的能力。计算结果表明：$LiFePO_4$、$LiMnPO_4$ 和 $FePO_4$ 的体模量要比它们的剪应模量大得多，因此它们抵抗体积形变的能力更强；而 $MnPO_4$ 体模量的计算值 (31.76GPa) 比其剪应模量 (34.47GPa) 小。这种反常现象也是可以预期的，因为模量的导出是基于弹性常数的数值的。此外还需要注意的是 B/G 的比值是很重要的，因为它是表征材料的塑性和弹性性质的一个尺度：高 B/G 的材料具有较好的韧性，而低 B/G 的材料具有脆性。区分这两种行为 B/G 的临界值约为 1.75。$LiFePO_4$ 和 $LiMnPO_4$ 的 B/G 值分别为 2.04 和 2.13，这说明它们均具有较好的韧性。当锂离子从晶格中脱嵌之后，$FePO_4$ 的 B/G 值降低至 1.52，其具有较弱的脆性特征。$MnPO_4$ 的 B/G 值为 0.92，该数值比临界值低得多。可以预期在理论剪应力达到临界值之前，裂纹尖端处的应力已经超过了理论拉伸应力，$MnPO_4$ 因而显示出明显的脆性特征。

表 11-3 Li_xMPO_4 (M=Fe、Mn；x=0，1) 正极材料的体模量和剪应模量

物质	B_R/GPa	B_V/GPa	B/GPa	G_R/GPa	G_V/GPa	G/GPa	B/G
$LiFePO_4$	94.55	95.41	94.98	45.93	47.50	46.72	2.04
文献[51]	93.00	94.70	93.90	47.20	49.60	48.40	1.92
$FePO_4$	64.85	71.64	68.25	43.36	46.24	44.80	1.52
文献[51]	72.70	74.50	73.60	50.30	52.50	51.40	1.45
$LiMnPO_4$	83.36	83.87	83.62	38.78	40.30	39.54	2.13
$MnPO_4$	31.49	32.03	31.76	27.90	41.04	34.47	0.92

Ravindran 和 Tvergaard 等指出热膨胀系数的各向异性和弹性各向异性可导致材料内部产生微观裂纹。锂离子在反复嵌入和脱嵌过程中，电极材料的弹性各向异性将会发生变化，从而导致微观裂纹的出现，这对材料的可逆性和容量保持均有不利的影响。对于正交晶系的材料，弹性各向异性主要来源于剪应各向异性和线性体模量各向异性，而前者主要衡量的是处于晶面上的原子之间成键的各向异性。在＜011＞和＜001＞方向的｛100｝剪应面、在＜101＞和＜001＞方向的｛010｝剪应面，以及在＜110＞和＜010＞方向的｛001｝剪应面的剪应各向异性因子可分别定义如下：

$$A_1=\frac{4C_{44}}{C_{11}+C_{33}-2C_{13}} \tag{11-16}$$

$$A_2=\frac{4C_{55}}{C_{22}+C_{33}-2C_{23}} \tag{11-17}$$

$$A_3=\frac{4C_{66}}{C_{11}+C_{22}-2C_{12}} \tag{11-18}$$

对于各向同性的晶体，A_1、A_2 和 A_3 的数值均为 1，而任何偏离 1 的值则表示材料存在弹性各向异性。在 $LiFePO_4$ 正极材料中，A_2 和 A_3 的数值分别为 0.698 和 0.985，因此它的｛001｝晶面上的原子之间的成键具有各向同性的特征，而｛010｝晶面上的原子间的成键具有各向异性特征。当锂离子从 $LiFePO_4$ 晶格脱嵌之后，材料的 A_1 和 A_3 值有所减小，而 A_2 值有所增大，这说明锂离子的脱嵌确实对弹性各向异性产生了影响。表 11-3 的计算值还表明 $LiMnPO_4$ 材料的 A_1、A_2 和 A_3 值要比 $LiFePO_4$ 的数值更偏离约 1，因此 $LiMnPO_4$ 在｛100｝、｛010｝和｛001｝晶面上的成键将具有更明显的各向异性特征。$MnPO_4$ 脱锂态的 A_1(0.519) 和 A_3(0.212) 值异常小，可以预期它的｛100｝和｛001｝晶面上原子间成键将会发生显著变化，这个现象的起因仍需进一步分析。

为了研究线性体模量各向异性，需要计算材料沿着不同晶轴方向的体模量的数值，它们的定义如下：

$$B_a=a\frac{\mathrm{d}P}{\mathrm{d}a},B_b=b\frac{\mathrm{d}P}{\mathrm{d}b},B_c=c\frac{\mathrm{d}P}{\mathrm{d}c} \tag{11-19}$$

沿着 a 轴方向的体模量相对于 b 轴和 c 轴的各向异性可以分别用 $A_{a/b}=B_a/B_b$ 和 $A_{a/c}=B_a/B_c$ 表示。与剪应各向异性相似，任何偏离 1 的数值均表示系统存在各向异性。Li_xFePO_4 的 $A_{a/b}$ 和 $A_{a/c}$ 的数值在脱锂后分别从 0.662 和 0.821 变成 3.278 和 2.502，这表明该正极材料存在线性体模量各向异性。由于 Li_xMnPO_4 的 $A_{a/b}$ 和 $A_{a/c}$ 的数值与 Li_xFePO_4 相比更接近 1，因此它的线性体模量各向异性较 Li_xFePO_4 弱。为了更清楚地表示各向异性的特征，Chung 和 Buessem 提出了以百分比表示各向异性：

$$A_B=\frac{B_V-B_R}{B_V+B_R},A_G=\frac{G_V-G_R}{G_V+G_R} \tag{11-20}$$

在此定义中，数值0表示各向同性，而数值100%则表示系统具有最大的各向异性。表11-3中的计算结果表明对于$LiFePO_4$和$LiMnPO_4$，弹性各向异性主要来源于剪应分量，而不是线性弹性模量分量。当锂离子脱嵌之后，$FePO_4$的A_B和A_G值均有明显的提高，其A_G值甚至变得比A_B值大。这种情况在$MnPO_4$材料中明显不同：$MnPO_4$的A_B值仅为0.85%，而A_G值已经高达19.05%。因此$MnPO_4$的弹性各向异性主要是由于材料中的剪应分量引起的。由于$MnPO_4$具有很大的剪应各向异性，电极材料在充放电过程中将会很容易产生微观裂纹及晶格位错，从而导致电池材料的电化学性能发生明显的衰退。需要指出的是A_G与A_1和A_3（或C_{44}和C_{66}）密切相关，更具体地说这种反常的行为应该与$MnPO_4$材料在某个特定晶面上的各向异性的成键特征密切相关。为了揭示宏观力学性能与微观成键特征之间的关系，仍需要对$LiMPO_4$材料在脱锂前后的电子结构进行系统的研究。

11.2.2 Li_xMPO_4（M=Fe、Mn；x=0、1）材料的电子结构及力学失稳机制

在MnO_6八面体中，Mn离子的高自旋排布结构将导致系统具有较大的Jahn-Teller效应。这个现象是很普遍的，且在一些锰基正极材料（$LiMn_2O_4$、Li_2MnSiO_4和$LiMnPO_4$）中已经被证实。通过比较和分析成键特征的变化，可以发现Li_xFePO_4和Li_xMnPO_4两种材料的电子结构确实存在明显的差异。锂离子的脱嵌将导致$LiFePO_4$的Fe—O(Ⅰ)键变短，而Fe—O(Ⅱ)键则变长，这两类化学键的键长逐渐趋于相等，如图11-2和表11-4所示。这个结果表明

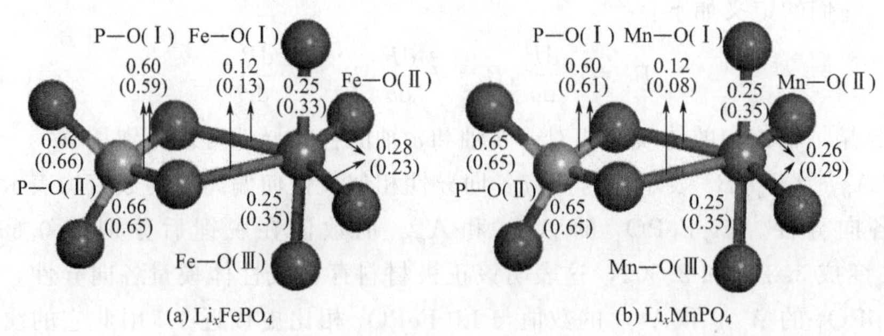

图11-2 Li_xFePO_4（a）和Li_xMnPO_4（x=0、1）（b）的Mulliken重叠布居

两种球的数值分别表示嵌锂态（$LiFePO_4$）和脱锂态（$FePO_4$）的键级，Li—O纯离子键的键布居为0.01

$FePO_4$ 脱锂态中的 FeO_6 八面体的畸变将会减小。而 Li_xMnPO_4 材料中的 Mn—O(Ⅰ) 和 Mn—O(Ⅱ) 键则表现出相反的变化趋势，锂离子脱嵌后两类键长的比值从 1.067 增大至 1.166。因此 $MnPO_4$ 脱锂态中 MnO_6 八面体的结构畸变显著增大。由于结构上的变化，$MnPO_4$ 材料在空间中的电荷分布将与 $FePO_4$ 完全不同。

表 11-4 Li_xMPO_4（M=Fe、Mn；x=0、1）材料的 M—O 键键长单位：Å

项目	M—O(Ⅰ)	M—O(Ⅱ)	M—O(Ⅲ)	M—O(Ⅰ)/M-O(Ⅱ)②
$LiFePO_4$	2.258	2.062	2.159	1.095
$FePO_4$	2.176	2.106	1.922	1.033
Δ(in%)①	−3.63	2.13	−10.98	—
$LiMnPO_4$	2.307	2.162	2.225	1.067
$MnPO_4$	2.365	2.028	1.923	1.166
Δ(in%)①	2.51	−6.19	−13.57	—

①正值和负值分别表示键长增加和减小的百分比数值。

②衡量 MO_6 八面体赤道平面畸变度的一个指标。

图 11-2 和表 11-4 的计算结果表明 M—O(Ⅰ) 键比其他共价键弱。对于一个共价晶体，较弱的共价键可以导致两个结果：化学键很容易发生断裂，这与材料的脆性行为相关；而较弱的共价键也可激活晶体中的一些滑移系统，这使剪应形变在某些方向上更容易产生。这两种行为相互协作和竞争，并最终决定了晶体材料的力学性质。为了确定材料的微观化学成键与弹性常数之间的内在联系，需要对应力和应变间的关系以及材料在某些界面上的键强度进行估算。图 11-3(a) 为 Li_xMPO_4 投影到 xoz 平面之后各应力与应变之间的对应关系图。当主轴应力（σ_{yy}）作用于 y 轴时，材料将沿着 [010] 方向产生主轴应变；同时 xoz 平面上产生的剪应力（τ_{yz} 和 τ_{yx}）将导致剪应形变的发生。剪应形变可以定义为材料内部两个平行的交界区域之间的平行滑动。根据公式(11-9) 可知 C_{44} 可以通过 $\tau_{yz}=C_{44}\gamma_{yz}$ 与剪应力 τ_{yz} 和剪应形变 γ_{yz} 相联系。因此当材料在应力作用下产生剪应应变时，最活跃的（100）界面应该是具有最弱化学成键的界面，并且与该界面相关的剪应形变的产生在能量上将更加有利。图 11-3(a) 给出了三种可能的（100）界面，并且每个界面处的总键布居的计算值如表 11-5 所列。

表 11-5 Li_xMPO_4 材料内部不同界面处的总键布居的计算值

项目	界面	化学键	$LiFePO_4$	$FePO_4$	$LiMnPO_4$	$MnPO_4$
C_{44}(100)	(1)	2P—O(Ⅱ)	1.32	1.32	1.30	1.30
	(2)	2P—O(Ⅰ),2M—O(Ⅲ)	1.70	1.84	1.70	1.91
	(3)	4M—O(Ⅰ),2M—O(Ⅲ)	0.98	1.18	0.98	1.02

续表

项目	界面	化学键	$LiFePO_4$	$FePO_4$	$LiMnPO_4$	$MnPO_4$
C_{55}(010)	(1)	4M—O(Ⅱ)	1.12	0.92	1.04	1.16
	(2)	2P—O(Ⅰ),2M—O(Ⅰ), 2M—O(Ⅱ)	2.00	1.90	2.12	1.96
C_{66}(001)	(1)	2P—O(Ⅱ),2M—O(Ⅲ) 4M—O(Ⅰ)	2.30	2.50	2.28	2.32
	(2)	1P—O(Ⅱ),2P—O(Ⅱ) 2M—O(Ⅰ),2M—O(Ⅱ) 1M—O(Ⅲ)	2.91	2.89	2.86	2.96
	(3)	4M—O(Ⅰ),2M—O(Ⅲ)	0.98	1.18	0.98	1.02

计算结果表明在 Li_xMPO_4 材料的 xoz 平面内，界面（3）处界面上的化学键的强度明显小于其他两个界面。当锂离子从晶格脱嵌之后，$FePO_4$ 在该界面处的总键布居有所增加，而 $MnPO_4$ 材料在该界面处的数值基本保持不变，这与表 11-4 的计算结果也是一致的，即 Mn—O(Ⅰ) 键的强度因锂离子脱嵌从 0.12 降低至 0.08。因此，可以推断 Li_xMPO_4 材料中与 C_{44} 和（100）晶面有关的剪应形变主要是由最弱的 M—O(Ⅰ) 键决定。上述结果也很好地解释了为什么 $MnPO_4$ 中的 C_{44} 的数值相比其嵌锂态明显地减小了。类似地，表 11-5 中的计算结果也进一步证实了 C_{55} 的数值与 M—O(Ⅱ) 键相关，而 C_{66} 值仍然是与较弱的 M—O(Ⅰ) 键相关。

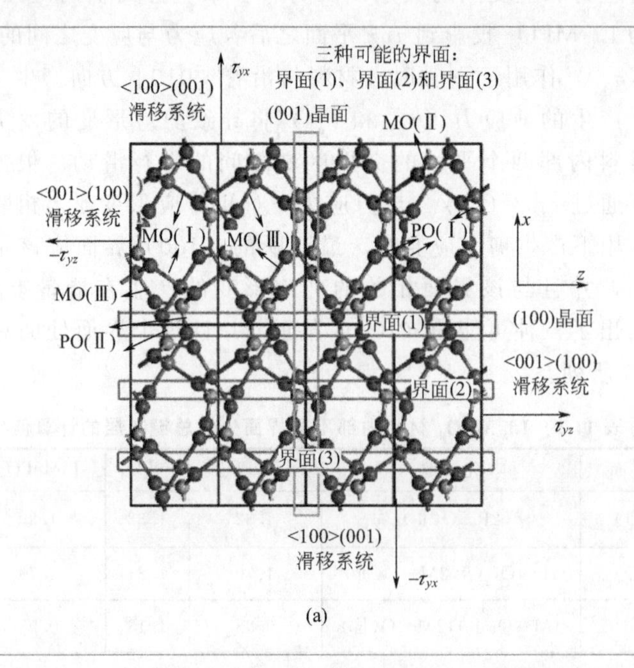

(a)

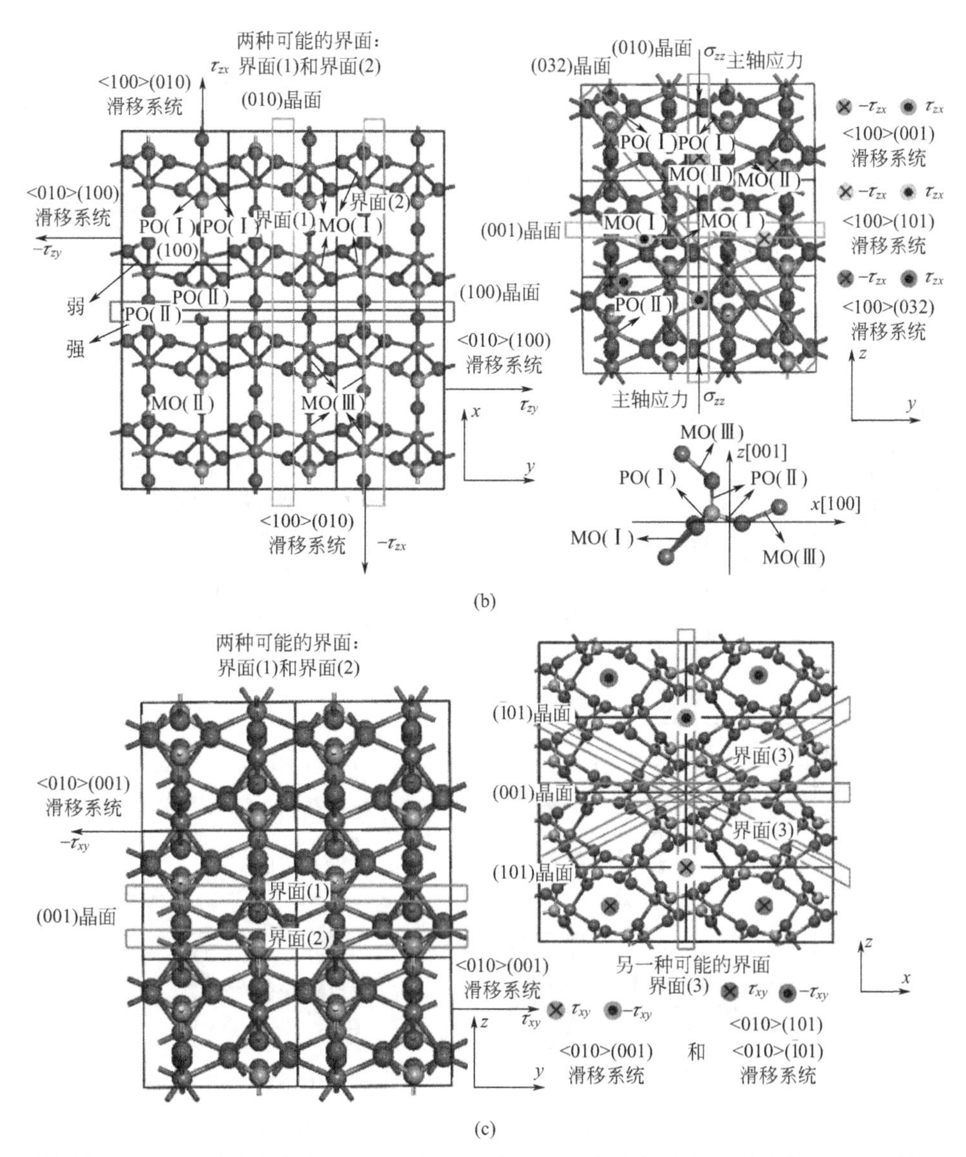

图 11-3　与 τ_{zx} 剪应力（a）、τ_{zx} 剪应力（b）和 τ_{xy} 剪应力（c）相关的剪应形变示意图

在 Li_xMnPO_4 系统中，M—O(Ⅰ) 键的强度随着锂离子的脱嵌而减弱 33%。这种变化趋势在 Li_xFePO_4 中刚好相反。同时需要注意的是剪应力 $\boldsymbol{\tau}_{yz}$ 和 $\boldsymbol{\tau}_{yx}$ 均是矢量，如果此时将晶体的取向也考虑进去，可以发现 Mn—O（Ⅰ）键主要近似地垂直分布在 {101} 和 {$\bar{1}$01} 晶面簇上，如图 11-4 所示。因此，在

$MnPO_4$ 材料中，与这两个晶面簇相关的滑移系统（＜010＞{101}、＜10$\bar{1}$＞{101}、＜010＞{$\bar{1}$01}和＜101＞{$\bar{1}$01}）将变得非常活泼。这很好地解释了为什么 C_{55}（yy，48.71GPa）能够保持较大的数值，而 C_{44}（xx，16.96GPa）和 C_{66}（zz，17.93GPa）则相对于 $LiMnPO_4$ 明显减小。除此之外，$MnPO_4$ 中较弱的 Mn—O(Ⅰ）键对于材料在［100］和［001］方向上线性压缩也有重要的作用。表 11-2 中弹性常数的计算结果表明 $MnPO_4$ 的 C_{11} 和 C_{33} 值因锂离子的脱嵌显著减小，而它的 C_{12} 和 C_{23} 值甚至变为负值，这导致材料的体模量明显降低，最终使材料展现出脆性的特征。

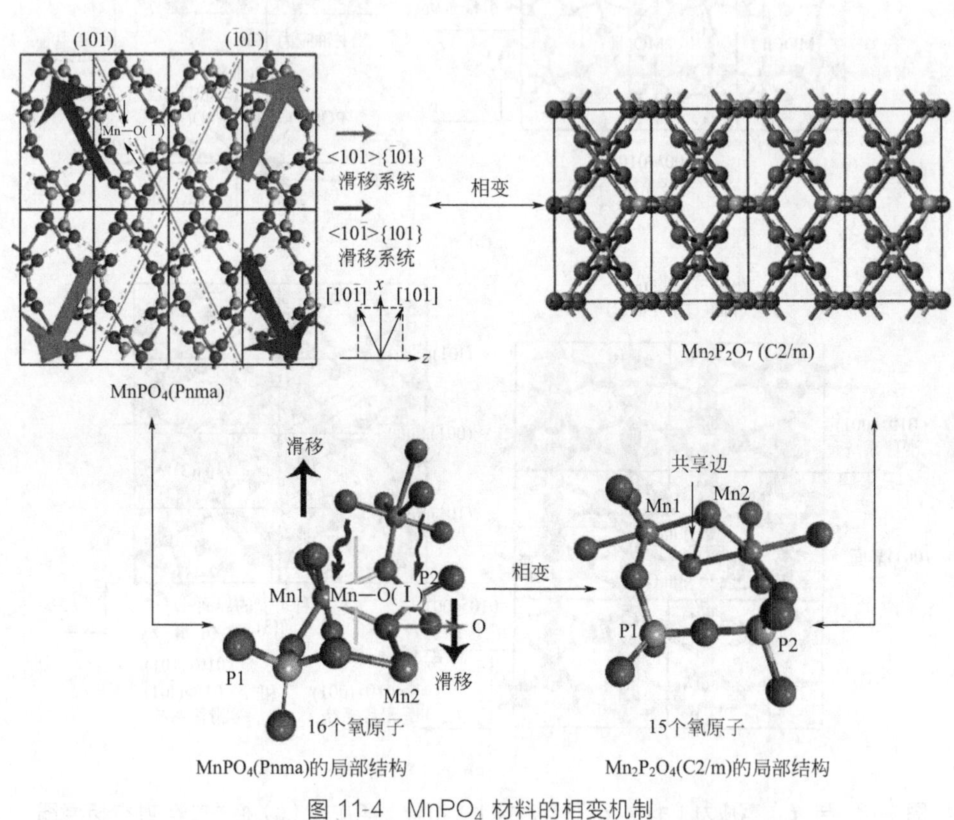

图 11-4 $MnPO_4$ 材料的相变机制

注：其中 [010] 方向（y 轴向或 Voigt 表示中的 yy）垂直纸面

由于 $MnPO_4$ 脱锂态中的滑移系统因锂离子的脱嵌而被激活，剪应形变和晶格位错将更容易产生。如图 11-4 所示，沿着（101）和（$\bar{1}$01）晶面的滑移和位错将使相邻的两个 MnO_6 形成一个共享边，而最近邻的两个 PO_4 四面体则通过共享氧顶点连接在一起。每个 $Mn_2P_2O_8$ 单元的产生同时伴随着一个多余的 O 原子的出现，氧将从界面上逃逸并最终导致氧释放的问题。下述反应成为可能：

$$\underset{\text{Pnma}}{2MnPO_4} = \underset{\text{C2/m}}{Mn_2P_2O_7} + 0.5O_2 \tag{11-21}$$

虽然从热力学的角度考虑，该反应仍是吸热的，但是计算结果表明较差的力学性能是导致 $MnPO_4$ 材料发生相变的一个重要原因，相变的发生将对电极材料的可逆性和循环产生重要影响，这与 Li_xFePO_4 材料完全不同。

11.3 $Li_{2-x}MO_3$ 电极材料的晶格释氧问题及其氧化还原机理

11.3.1 $Li_{2-x}MO_3$ 电极材料的晶格释氧问题

除了热力学稳定性及力学稳定性之外，人们在研究 $Li_{2-x}MO_3$ 及锰基富锂材料的过程中发现在高电位条件下充电时它们展现出一系列不可逆的现象，例如氧释放、过渡金属迁移、相变及表面副反应等。为了抑制这些不可逆现象，提高电极材料抵抗晶格氧释放的能力至关重要。为了研究这个问题，需要考虑以下晶格氧空位的生成反应，

$$Li_{2-x}MO_3(s) = Li_{2-x}MO_{3-\delta}(s) + \frac{\delta}{2}O_2(g) \tag{11-22}$$

在 δ 归一化的条件下且引入 Ceder 等提出的校正因子对 O_2 分子的能量进行校正之后，该反应的反应焓（$\Delta_r H$）可以用 0K 时的 DFT＋U（density functional theory plus U）能量进行合理的估算，可用于表示氧空位生成所需的能量。由于上述反应中 δ 的数值较小，Li_xMO_3 和 $Li_xMO_{3-\delta}$ 材料中过渡金属的价态基本保持不变，因此在计算中所采用的 U 值对计算的结果并没有显著的影响，不同 U 值条件下所得到的变化规律基本相同。

图 11-5(a) 为 $Li_{2-x}MO_3$ 材料的理论计算模型。该物质属于单斜晶系，空间群为 C2/m。根据 Wyckoff 表示，锂离子分别占据 2b、2c 和 4h 位置，而氧则占据 4i 和 8j 位。总能的计算结果表明锂离子占据 2b 位时系统的能量相对于锂占据 2c 位和 4h 位更高。与 $Li[Li_{(1-2x)/3}Mn_{(2-x)/3}]O_2$ 材料有关的计算结果表明：锂从过渡金属层和 Li 层脱嵌时所对应的电位约为 3.20～3.27V 和 2.84～2.94V。实验的观察结果则表明锂层中的锂脱嵌之后所产生的空位将由过渡金属层中锂补充。

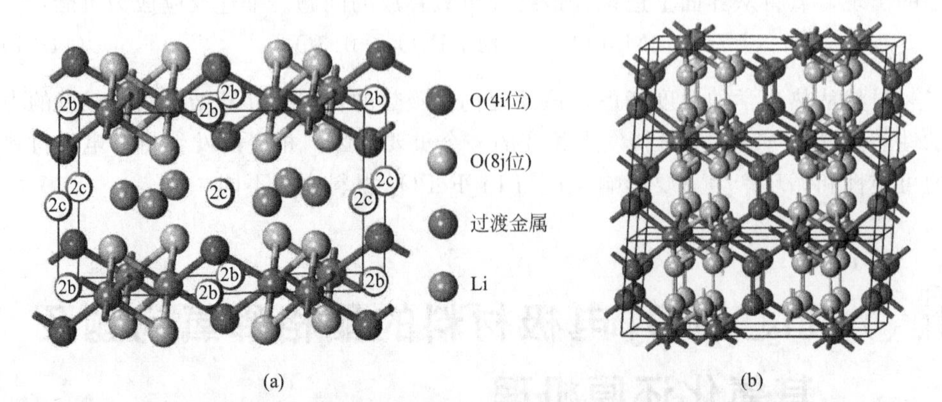

图 11-5 $Li_{2-x}MO_3$ 电极材料的理论计算模型，其中未标示的锂处于 4h 位（a）；M(3d)O_3 完全脱锂态的稳定结构，过渡金属层沿着 a 轴方向发生滑移，且 c 轴压缩形成紧凑结构（b）。d^{n-x} 系统中的 n 表示过渡金属 M^{4+} 的 d 电子层所剩余的电子数，而 x 则表示锂脱嵌的数目

在确定了各种脱锂态的最稳定结构之后，还需要进一步考虑晶格中氧的占位问题。由图 11-5 可知，氧存在两个独立的位置，即 O_{4i} 和 O_{8j} 位。计算结果表明从 Li_2MO_3 晶格中的 O_{4i} 和 O_{8j} 位移除一个氧原子所需的能量是非常相近的，但通常情况下从 O_{8j} 位置移除一个氧原子所需的能量要稍小一些。Okamoto 等采用第一性原理的方法对 Li_2MnO_3 材料中的氧空位问题进行了研究，他们也发现 8j 位的氧空位的能量确实要比 4i 位低 0.10eV。而同步 XRD 和 Rietveld 分析结果则证实 Li_2MnO_3 材料中的 O_{8j} 位的占据数在金属氢化物的作用下从 1.0 降低至 0.9649，而 O_{4i} 位的占据数基本保持不变。

图 11-6(a) 为 $Li_{2-x}MO_3$ 材料的氧空位生成焓与锂含量、过渡金属 d 层电子数以及过渡金属行之间的关系。计算结果表明氧从 Li_2MO_3 晶格中脱嵌时氧空位的生成反应是吸热的，因此氧从 3d、4d 和 5d 金属氧化物骨架中脱出是很困难的。基于第一性原理计算，几个课题组独立地研究了 Li_2MnO_3、Li_2RuO_3 和 $Li_{0.25}Ni_{0.25}Mn_{0.58}O_2$ 等电极材料的晶格氧空位问题，虽然所得到的数值依赖于所用的模型、氧空位的比率以及 O_2 分子能量的校正而有所不同，但是所有的计算结果均证实 Li_2MO_3 相是很稳定的。

图 11-6(a) 的计算结果也表明由 3d、4d 和 5d 过渡金属所构成的 Li_2MO_3 相，它们的氧空位生成焓曲线呈平行分布；从 5d 系统向 4d 系统转变时，每个 Li_2MO_3 单元的 $\Delta_r H$ 的数值平均降低了约 0.05eV，而从 4d 系统向 3d 系统转变时，该数值继续降低约 0.22eV。对于一个特定的周期，当 d 电子层的电子数从少（低 d^n 构型）逐渐增多（高 d^n 构型）时，$\Delta_r H$ 的数值逐渐减小，这说明氧从 Li_2MO_3 晶格中的脱嵌逐渐变得容易，或者说过渡金属氧化物骨架的稳定性将

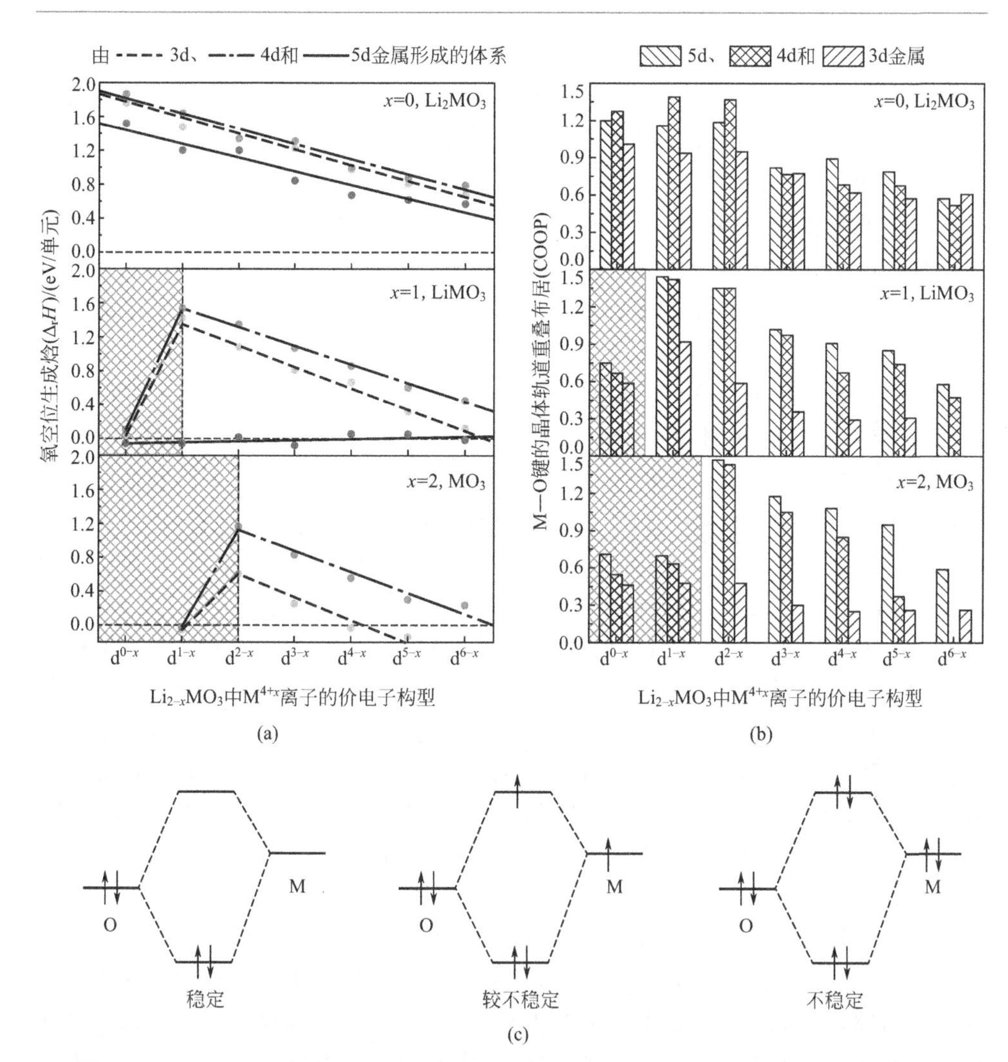

图 11-6 $Li_{2-x}MO_3$ 电极材料的氧空位生成焓（eV/单元），其中氧空位的比率（δ）为 1/12，实（空）心圆表示材料的层状结构是（不）稳定的（a）；不同的电极材料及不同的嵌锂态中的 M—O 键的晶体轨道重叠布居图（b）；两中心-n 电子体系的成键示意图（c）

逐渐变差。由于反应式(11-22) 的能量变化与 M_d—O_{2p} 轨道之间的相互作用有关，因此进行晶体轨道重叠布居（crystal orbital overlap population，COOP）分析并揭示上述现象的本质是非常有意义的。晶体轨道重叠布居是指晶体中某个化学键的重叠布居权重态密度，是描述化学键的一个工具。将 COOP 积分至费米能级所得到的数值可以作为衡量一个化学键键级的指标。如图 11-6(b) 所示，

除了 d^{6-x} 系统之外，在外层电子数均相同的条件下，M_{4d}—O 和 M_{5d}—O 键的强度均高于 M_{3d}—O 键。对于任意一个 d^n 构型，M_{4d}—O 和 M_{5d}—O 之间的共价性的提高对于稳定 Li_2MO_3 层状结构均是非常有利的。而随着 d 电子层中电子数的增加，M—O 键的键级逐渐减弱，这种现象则可以用 2 中心-n 电子图像进行描述，如图 11-6(c) 所示：当过渡金属 d 轨道与 O_{2p} 轨道通过对称性发生相互作用时，两个相互作用的轨道中的电子数为 2 时系统最稳定；而当过渡金属的 d 电子层的电子数增加时，反键态开始被填充，M—O 之间的相互作用因而逐渐减弱，这很好地解释了为什么随着 d 电子层的电子数增加氧空位的生成逐渐变得容易。

当一个锂从 Li_2MO_3 的晶格脱嵌之后，$\Delta_r H$ 的数值均明显减小，因此 $LiMO_3$ 相的稳定性相对于 Li_2MO_3 稍差。对于 d^{0-x} 系统，过渡金属（Ti^{4+}、Zr^{4+} 和 Hf^{4+}）的 d 带并无多余的电子，相应的 $LiMO_3$ 相的 $\Delta_r H$ 的数值已接近 0 或者已变为负值，因此在这些结构中氧空位的产生将成为近自发过程，它们的结构稳定性非常差。而对于其他的 d^{n-x}（$n>0$）系统，由 4d 和 5d 过渡金属组成的 $LiMO_3$ 相的 $\Delta_r H$ 的数值虽然相对于 Li_2MO_3 相分别减小了约 0.38eV 和 0.18eV，但是它们仍为负值，$LiM_{4d}O_3$ 和 $LiM_{5d}O_3$ 仍能保持良好的结构稳定性。由 3d 过渡金属组成的 $LiMO_3$ 相具有完全不同的行为，即它们 $\Delta_r H$ 的数值对 d 电子层的电子数并不敏感且基本为零，因此它们的结构稳定性也非常差。对于大部分 $LiM_{3d}O_3$ 相，几何优化和晶格振动的计算结果也表明它们的过渡金属层上的氧原子形成（O—O）二聚体的趋势非常强。由于二聚体的形成，M_{3d}—O 的键级明显降低 [图 11-6(b)]，$LiNiO_3$ 中的 O_{4i} 离子甚至已经从晶格中脱出，并形成自由 O_2 分子。

上述计算结果已经被实验所证实。Bruce 等最近采用了质谱和同位素标记的方法对 $Li_{1.2}[Ni_{0.13}Co_{0.13}Mn_{0.54}]O_2$ 正极材料在充电过程中的电化学性质展开了深入的研究，他们明确地指出充电至 4.5V 以上时氧将从晶格中脱出，部分逃逸的氧将与电解质发生反应从而导致 CO_2 气体的产生。而最近的一些理论研究也证实了在 $LiMnO_3$ 结构中氧缺陷的生成能非常接近 0 或者为负值（0.05eV、±0.05eV 和 −0.23eV），并且当 $x<1$ 时 Li_xMnO_3 存在着氧释放的问题且表现出了很差的热力学稳定性。Meng 等采用理论计算和实验相结合的方法研究了 $Li[Li_{1/6}Ni_{1/6}Co_{1/6}Mn_{1/2}]O_2$ 材料中的氧空位对过渡金属离子的迁移动力学的影响，他们指出氧空位的产生将使 Ni 离子和 Mn 离子的迁移势垒明显降低，这将使材料由层状结构向尖晶石相的转变成为可能。这种行为最近也被从头算分子动力学模拟（ab initio molecular dynamics，AIMD）所证实：在高电位条件下充电时 $Li_{2-x}MnO_3$ 电极材料中产生的氧空位将使 Mn 离子在晶格内发生迁移，这是后续循环过程中产生电压衰退的前兆。

随着锂离子继续从晶格中脱嵌并形成 MO_3 完全脱锂态，$\Delta_r H$ 的数值会继续减小。此时 d^{1-x} 系统所对应的 $Li_{2-x}MO_3$ 相（$x=2$，M = V^{5+}、Nb^{5+} 和 Ta^{5+}）的氧空位生成焓变为负值，氧空位的形成成为自发过程。除了 d^{1-x} 系统之外，由 3d 过渡金属组成的 MO_3 相仍是非常不稳定的，它们的层状结构在转变为紧凑结构［图 11-5(b)］时每个单元的能量将降低 0.96～1.81eV。在 $M_{3d}O_3$ 的紧凑结构中，相邻的两个过渡金属层将沿着 a 轴方向发生滑移，同时伴随着 c 轴的压缩过渡金属层间形成键长约为 1.5Å 的 O—O 键。虽然 $M_{3d}O_3$ 的紧凑结构与它们对应的层状结构相比能量较低，但是 O_2 的生成反应仍为自发过程。Oishi 等采用 O 的 K 边 X 射线吸收光谱（X-ray absorption spectroscopy，XAS）研究了 Li_2MnO_3 纯相的电化学性质，他们发现当锂离子脱嵌之后晶格中形成的 $O^{2-}Mn^{4+}O^{-}$ 或 $O^{-}Mn^{4+}O^{-}$ 状态要比 $O^{2-}Mn^{5+/6+}O^{2-}$ 更加稳定，这将导致近邻的自由基阴离子 O^{-} 发生组合并形成 $(O_2)^{2-}$。

在所研究的 4d 和 5d 过渡金属中，除了 RhO_3 和 PdO_3 两相之外，由其余过渡金属组成的 MO_3 相的层状结构都是较稳定的。虽然 RuO_3 相的 $\Delta_r H$ 的计算值（−0.04eV/单元）比文献报道的值（0.12eV/单元）稍低，但是图 11-6 的计算结果清楚地表明过渡金属由 M_{3d} 向 M_{4d} 和 M_{5d} 变化时，M—O 间共价性的增强确实使氧空位的生成被抑制或推迟了，这明显地提升了富锂层状氧化物的结构稳定性。可以预期将 4d 和 5d 过渡金属引入到 Li_2MnO_3 或 $LiMO_2$ 之后，富锂层状氧化物的结构稳定性和晶格氧损失的问题将有明显的改善。

11.3.2 $Li_{2-x}MO_3$ 电极材料的氧化还原机理

目前，人们提出了阴离子氧化还原活性解释富锂层状氧化物的额外容量。从实验的角度考虑，这个过程通常被认为是可逆的，主要原因在于人们可以在若干个循环中持续观察到与额外容量相关的氧的氧化还原活性，尽管此时晶格氧会持续损失。但从理论的角度考虑，即使是少量氧从晶格中释放，电极材料也无法再回复到初始的状态，因此相应的电化学反应仍应是不可逆的。富锂层状材料的费米能级附近存在纯的 O_{2p} 能级是材料具有额外容量的原因，这个观点似乎被大家所认可，但是对于反应过程中阴离子的氧化还原是否是完全可逆的这个问题目前仍存在争议。实际上纯的 O_{2p} 态的出现是由于对称性所致，并与 O/M 的比率有关：从 $LiMO_2$ 结构向 Li_2MO_3 结构转变时，O/M 比率的提高使得能与 O_{2p} 轨道发生相互作用 M_d 轨道的数目减少，这不可避免地使氧产生孤电子对。因此在 Li_2MO_3 材料的能带结构图中，O_{2p} 非键定域态将出现在以 O_{2p} 占主导的 MO 成键态以及 M_d 主导的 MO^* 反键态之间。由于这些 O_{2p} 定域态不会和过渡金属的 d 轨道发生交叠，因此它们的化学势主要依赖于其他离子所确定的静电场以及材料内的电荷分布。因此，它们在富锂层状氧化物的能带结构图中的位置将受M—O共价性、材料中的锂浓度以及O^{2-}-Li^+的稳定化作用的影响。在这种情况下，O_{2p}非键态相对于过渡金属d带所处的能量位置变得至关重要，因为这决定了它们能否参与到电化学反应中去。

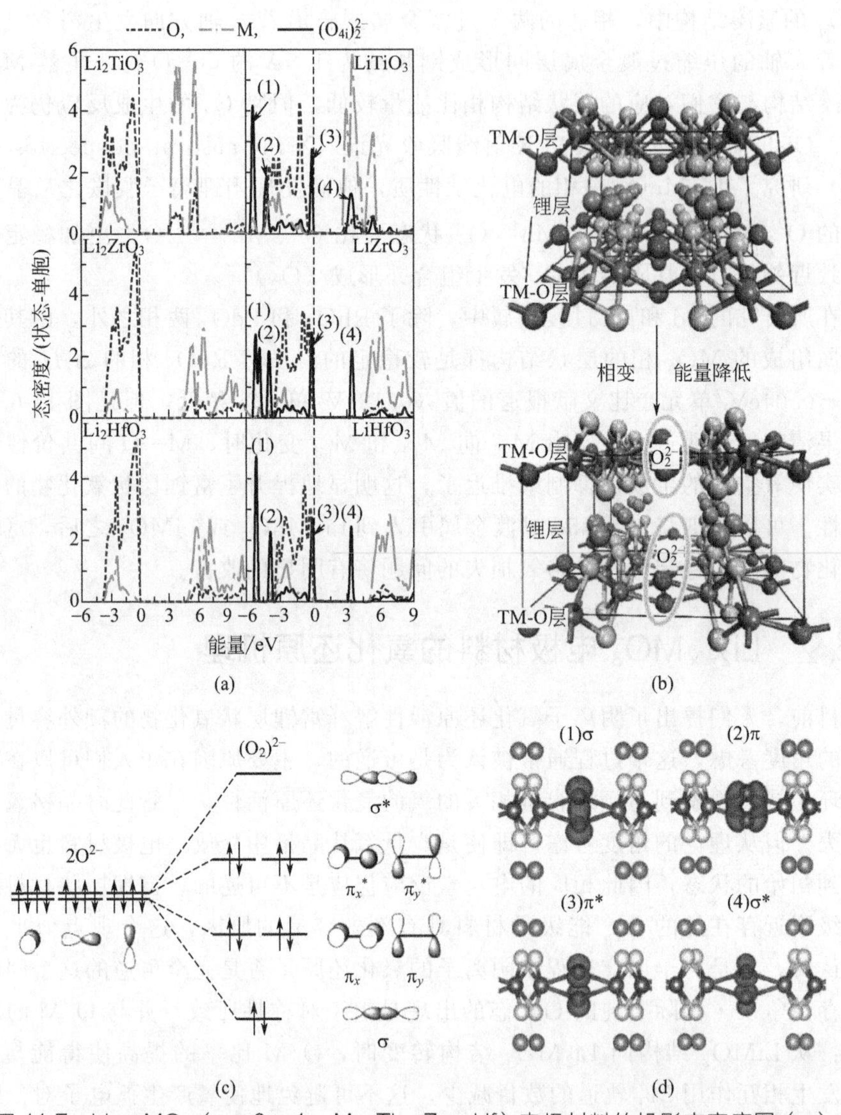

图 11-7 $Li_{2-x}MO_3$（x=0、1；M=Ti、Zr、Hf）电极材料的投影态密度图（a）；（O—O）二聚体形成时$LiMO_3$材料的结构转变（b）；$(O_2)^{2-}$的分子轨道表示（c）；DOS图中标记［（1）~（4）］的电子态（d）

为了证实这些 O_{2p} 定域态能否参与到富锂层状氧化物的氧化还原反应过程，集中考虑 d^{0-x} 系统所对应的 Li_2MO_3 材料是很有帮助的。在这些材料中，过渡金属的名义价态均为+4价，因此 Li_2MO_3 材料（M＝Ti、Zr和Hf）的电子结构都是由一个完全占据的低能满带（一般称为p带）和一个非占据的高能空带（一般称为d带）构成，两组能带之间由一个较大的带隙间隔开，如图11-7(a)所示。计算结果表明 Li_2TiO_3、Li_2ZrO_3 和 Li_2HfO_3 的带隙分别为3.1eV，4.4eV和4.9eV，三种材料的电子导电性都是非常差的。但假设这些材料均具有电化学活性，态密度（density of states，DOSs）的计算结果则进一步证实费米能级之下的纯 O_{2p} 态将因锂的脱嵌而产生空穴。这种体系是高度不稳定的，随着过渡金属层中的 O_{4i} 离子形成键长约为1.5Å的 $(O_2)^{2-}$ 过氧基团［图11-6(b)］，费米能级之下的 O_{2p} 非键态将发生明显的分裂，同时每个 $LiTiO_3$、$LiZrO_3$ 和 $LiHfO_3$ 单元的能量分别降低0.64eV、1.01eV和0.91eV。

与材料的几何结构变化相对应，$LiMO_3$(M＝Ti、Zr和Hf）的电子结构中的 $O_{8j\,2p}$ 态的位置仅发生了微小的变化，而 $O_{4i\,2p}$ 态则分裂成（O—O）二聚体的几个特征峰：σ和π成键态向低能位置方向发生明显的移动，而 σ^* 反键态则被清空并被推向费米之上，过氧基团的 π^* 反键态成为新的价带顶。由于 O_{4i} 离子从－2价被氧化成－1价，$LiMO_3$（M＝Ti、Zr和Hf）材料的电中性通过电荷的重新分布$\{Li^+M^{4+}(O_{8j})_2^{4-}[(O_{4i})_2^{2-}]_{1/2}\}$而得以保持。虽然 O_{4i} 离子形成过氧基团对于系统能量的降低是非常有利的，但是 O_{4i}—O_{4i} 之间相互作用的增强也导致了较长且较弱的 M—O_{4i} 键的形成。根据图11-6(b)的计算结果可知，$LiTiO_3$、$LiZrO_3$ 和 $LiHfO_3$ 中的 M—O_{4i} 键的COOP分别减小了42%、47%和35%。因此 $(O_2)^{2-}$ 基团很容易从层状氧化物的骨架中脱出，氧的氧化成为一个不可逆的过程，这也与氧空位生成焓［图11-6(a)］的计算结果相一致。另外，需要指出的是对于 d^{1-x}（x＝1）和 d^{2-x}（x＝2）系统，它们所对应的电极材料的电子结构应该与 Li_2MO_3(M＝Ti、Zr和Hf）类似。假如这些导电性差的 d^0(Li_2TiO_3 和 $LiVO_3$ 等）材料具有电化学活性，那么它们在电化学脱锂过程中也将展示出不可逆的阴离子氧化还原活性，并最终以 O_2 从晶格的脱出或者 Li_xMO_3 分解成 Li_xMO_2 和 MO_2 为终结。上述计算结果与Thackeray等和Yabuuchi等的研究结果相一致：Li_2TiO_3 和 Li_2ZrO_4 材料要么没有活性，要么具有很强的不可逆性；$Li_{1.3-x}Nb_{0.3}Mn_{0.4}O_2$ 的Nb离子（Nb^{5+}，d^0）并无电化学活性，材料嵌脱锂过程的电荷补偿由氧离子和锰离子的氧化还原共同来实现。虽然 Nb_{4d}^{5+} 和 Mn_{3d}^{3+} 的组合由于4d金属的引入提高了M—O的共价性并使材料的骨架的稳定性相对于纯锰基材料有所改善，且部分占据的3d轻金属减小了材料的带隙，但Nb/Mn基富锂材料在循环过程中仍存在着容量衰减的问题，这与基于3d过渡金属的富锂材料在高充电倍率下具有不可逆的阴离子氧化还原活性的期望是完全一致的。

对于由$4d^n$和$5d^n$（$n\geqslant 2$）过渡金属组成的Li_2MO_3材料，它们的电子结构中的d/p带之间有明显的交叠，O_{2p}定域态相对费米能级的位置对M—O的共价性、d电子的相关作用以及d带的填充数之间的微妙作用是很敏感的，因此计算中所采用的泛函对它的位置也有很大的影响。最近的实验研究表明Li_2MO_3（M＝Mo、Ru、Ir）电极材料在锂脱嵌形成MO_3时具有累积的阳离子（M^{4+}/M^{6+}）、阴离子［$O^{2-}/(O_2)^{n-}$］氧化还原活性。而结构弛豫的计算结果则证实上述材料在脱锂过程中形成了键长为2.3～2.5Å的O—O键。与3d过渡金属组成的富锂材料不同，这些较弱的（O—O）二聚体并未与4d周期的d^2～d^4金属离子（Mo^{4+}、Tc^{4+}、Ru^{4+}）和5d周期的d^2～d^6金属离子（W^{4+}、Re^{4+}、Os^{4+}、Ir^{4+}，Pt^{4+}）发生失配，且它们比较难以从晶格中脱出，如图11-8所示。这些在晶格内能够保持较长的O—O键的材料与Ru基富锂层状氧化物的结构非常类似，而后者可以通过还原耦合机制（reductive coupling mechanism，RCM）使材料的几何结构和电子结构在氧阴离子（O^{2-}）发生氧化还原的过程中发生可逆的转变。RCM机制的产生与d带中的MO^*反键态和p带中的纯O_{2p}非键态均被钉扎

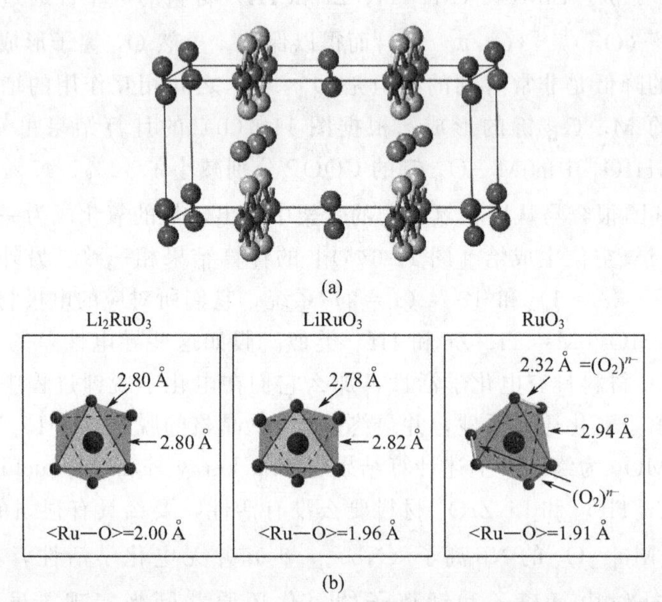

图11-8 $LiNiO_3$材料的低能结构，（O—O）二聚体的形成使其与过渡金属Ni之间的作用明显减弱，导致氧气的释放（a）； $Li_{2-x}RuO_3$材料在脱锂过程中的还原耦合机制，RuO_3脱锂态因M（d）—O_2（σ）键的产生而能保持良好的结构稳定性和可逆性（b）

在费米能级处有关，这些简并的电子态将导致系统产生不稳定性，并且电子态的简并度可以通过类似于Jahn-Teller畸变的效应，使M—O网络发生重组而降低。由于4d和5d过渡金属可以与（O—O）类过氧基团形成很强的M(d)—O_2(σ)键，因此材料的完全脱锂态仍能保持较好的结构稳定性，氧释放反应仍为非自发过程。

需要注意的是假如p带中的MO成键态也参与到了电极的氧化过程中，那么材料将不可避免地产生结构不稳定性，因为这些态是保持金属氧化物结构完整性的基础。在富锂层状氧化物中，纯的O_{2p}态并未与过渡金属的d轨道发生相互作用，因此电极材料在氧化的过程中M—O键并未产生去稳定化作用。这种电子结构特征已被人们在高容量Li_xMP_4电极材料中观察到，并且研究结果进一步证实大的P/M值使材料的费米能级处产生大量的P_{3p}非键态，这对于材料产生额外的容量有重要贡献。对于“贫锂”的$LiMO_2$层状氧化物而言，较低的O/M比使它们的能带结构中并不存在纯的O_{2p}非键态，因此它们在脱锂氧化过程中无法产生还原耦合作用以稳定材料的骨架。$LiCoO_2$和$LiNiO_2$正极材料在高电位条件下充电时将发生结构相变，同时伴随着氧的释放。此外需要进一步指出的是如果仅仅考虑氧的氧化活性，超富锂氧化物Li_3MO_4结构中由于O/M比率的进一步提高，其费米能级处将产生更多的O_{2p}非键态。若$Li_{3-x}MO_4$仍能保持住稳定的结构，那么该材料相对于$Li_{2-x}MO_3$将可以获得更高的与阴离子氧化还原活性有关的额外容量。

由于过渡金属的复杂性，不同的$Li_{2-x}MO_3$材料可能具有不同的氧化还原机制，为了提供一个统一的图像，需要借助Zaanen-Sawatzky-Allen等提出的关于Mott-Hubbard绝缘体和Charge Transfe绝缘体的描述加以解释。在Zaanen-Sawatzky-Allen的表示中，一个材料的能带结构的特征可以根据U/Δ比值来确定，其中U和Δ分别表示过渡金属的库仑排斥作用和电荷转移项。如图11-9所示，当$U \ll \Delta$时，系统具有Mott-Hubbard特征，即d带中的MO^*反键态将出现在费米能级处，此时锂离子的脱嵌将导致阳离子产生氧化活性；相反地，当$U \gg \Delta$时，系统则具有Charge-Transfer特征，即p带中的O_{2p}态将出现在费米能级处，此时锂离子的脱嵌将导致氧阴离子（O^{2-}）产生氧化活性。前面的理论计算结果及文献报道均表明这种阴离子氧化还原活性是不可逆的，因为锂离子的脱嵌将导致系统产生高度不稳定的氧空穴以及O^-自由基。键长小于1.5Å的$(O—O)^{2-}$过氧基团的产生将使它们脱离过渡金属的骨架，如图11-8(a)所示，最终使电极材料在循环过程中发生分解反应，形成其他稳定的金属氧化物。此外当$U/2$与Δ相当的时候，电极材料中将出现一个很有意思的图景，即MO^*反键态和O_{2p}非键态均位于费米能级处，锂离子的脱嵌将导致系统产生部分占据的简并电子态。这种简并态也是不稳定的，且随着局部对称性的降低，电极材料内部的结构畸变将使 MO^* 反键态和 O_{2p} 非键态产生相互作用，这导致了 M(d)—$O_2(\sigma)$ 共价键的生成，以及电荷在 M 和 O 之间发生重组。由于 MO^* 反键态和 O_{2p} 非键态在该过程均受到了影响，上述氧化还原机理实际上应该用阳离子和阴离子的混合氧化还原来进行描述。但实验的观测结果表明与该过程有关的几何结构的变化以及电子结构的变化主要是发生在 O 的网络上，这是上述机理被看成是可逆的阴离子氧化还原机理的原因，这与 $U \gg \Delta$ 时的不可逆的阴离子氧化还原行为完全不同。

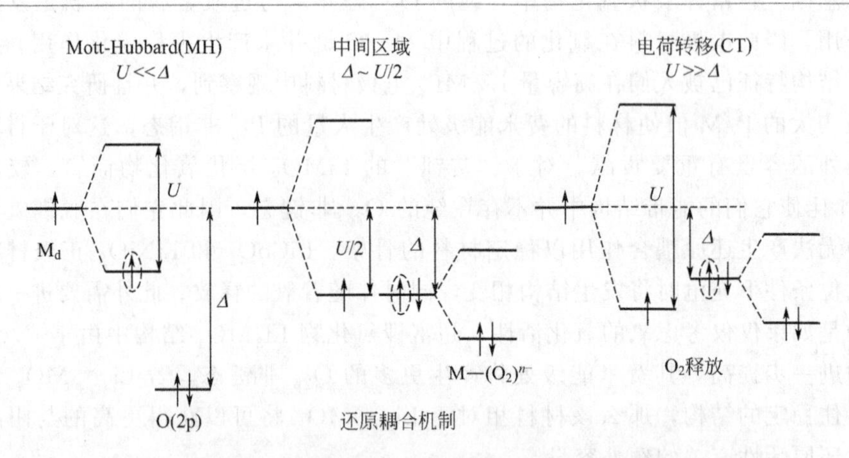

图 11-9 $Li_{2-x}MO_3$ 电极材料的氧化还原机制

Mott-Hubbard 和 Charge-Transfer 特征将随过渡金属的氧化物中的 U/Δ 值变化而变化。虚线椭圆表示一个锂从晶格脱嵌时，电子将从能带结构中的某个轨道上被移除。当 $U/2$ 与 Δ 相当时，费米能级处的电子态将发生分裂以降低系统的简并度，这导致 MO^* 反键态和纯的 O_{2p} 非键态发生相互作用。

使用图 11-9 所提出的标准将不同的 $Li_{2-x}MO_3$ 材料进行严格的分类是很吸引人，但也是非常危险的，因为 p 带和 d 带（与 U/Δ 有关）的相对位置对泛函的选择有很强的依赖性。但上述的计算结果仍能给出一个普遍的趋势。3d 过渡金属具有较大的 U 值，且 M_{3d}—O 之间的共价性相对于 M_{4d}—O 和 M_{5d}—O 更弱，因此基于 M_{3d} 过渡金属的 Li_2MO_3 材料（M＝Ti、Mn、Fe、Co、Ni）均具有明显的电荷转移特征，这与具有 d^0 结构且导电性很差的 Li_2ZrO_3 和 Li_2HfO_3 材料类似。这些电极材料在锂离子的脱嵌过程中均显示出了很大的结构不稳定性以及氧气的释放问题［图 11-6(a)］。而对于 4d 和 5d 过渡金属，它们的 U 值较 3d 金属明显减小，可以预期从前 nd 结构（d^2）向后 nd 结构（d^6）变化时，相应的 Li_2MO_3 富锂层状氧化物的能带结构将同时具有 Mott-Hubbard 和 Charge-Trnasfer 特征，这与它们从 Li_2MO_3 向 $LiMO_3$ 转变的过程中所展示出的良好的结构稳定性［图 11-6(a)］是完全一致。

上述的研究结果表明 $Li_{2-x}MO_3$ 电极材料所展现出来的不同的氧化还原机理与系统中的库仑排斥作用（U 项）和 M—O 键的共价性（Δ 项）之间的微妙平衡密切相关，计算结果为调控富锂层状氧化物的能带结构以激活所需的氧化还原机理提供了重要的理论依据，这对于设计高稳定性和高能量密度的锂离子电池电极材料有重要的意义。

11.4 锂离子电池材料的电化学性能的理论预测

11.4.1 电极材料的理论电压及储锂机制

锂离子电池材料相对于金属锂的电位是一个很重要的参数，因为它决定了所构筑电池的输出电压及能量密度。以 $Na_2Li_2Ti_6O_{14}$ 为例，其在嵌/脱锂过程中的电化学反应方程式可表示如下：

$$Na_2Li_2Ti_6O_{14}+xLi^++xe^-=\!=\!=Na_2Li_{2+x}Ti_6O_{14} \tag{11-23}$$

根据反应的吉布斯自由能，可以算出电极材料相对于金属锂负极（半电池）的电压：

$$\overline{V}(x)=-\frac{\Delta G_r}{xF}\approx-\frac{[E(Na_2Li_{2+x}Ti_6O_{12})-E(Na_2Li_2Ti_6O_{12})]-xE(Li)}{xF} \tag{11-24}$$

类似于前面热力学稳定性的计算，当固态材料的体积效应和熵变对吉布斯自由能（$G=U+pV-TS$）的贡献被忽略之后，(半) 电池的电压可以用系统的总能进行估算。文献报道在采用该近似的条件下，电压计算值的误差小于 0.1V。需要指出的是电极材料的吉布斯自由能或 DFT 总能不仅仅在研究材料的热力学稳定性和理论电压中有重要的作用，它们也是预测电极材料的相图、表面稳定性和粒子形貌的基础。除此之外，电极材料中锂离子嵌入的数目及其占位情况也很重要，因为这决定了材料的比容量。对于储锂机制问题，可以采用原位 XRD 并结合 Rietveld 精修技术进行研究，也可以采用第一性原理方法通过计算锂离子处于晶格中不同的空位处时系统的能量来确定。

图 11-10 为 $Na_2Li_{2+x}Ti_6O_{14}$ 材料在嵌锂过程中的结构示意图，而材料结构优化之后各原子的原子坐标则列于表 11-6。根据晶体的 Wyckoff 表示及各原子的坐标可知 $Na_2Li_2Ti_6O_{14}$ 负极材料中的 Na、Li 和 Ti 原子将分别占据晶格中的 8i、8g 和 8f(16n) 位置，而 O 则占据 8i、16o、16n 和 16l 位。除了以上的位置以外，$Na_2Li_2Ti_6O_{14}$ 材

料的晶格中仍存在着许多空位可以用于容纳外来的锂离子。但是晶格中的 8c、8d、16j、16k 和 16m 等位置是无法容纳锂的，因为外来的锂离子若处于这些位置，所得到的 Li—O 键的键长将小于 1.65Å，这个数值要远远低于 Li_2O 晶体（1.996Å）和 $LiTi_2O_4$ 晶体（2.009Å）中 Li—O 键的平衡键长。因此，Li 和 O 之间的短程排斥作用将变得非常强，这阻碍了锂离子嵌入到这些位置中。

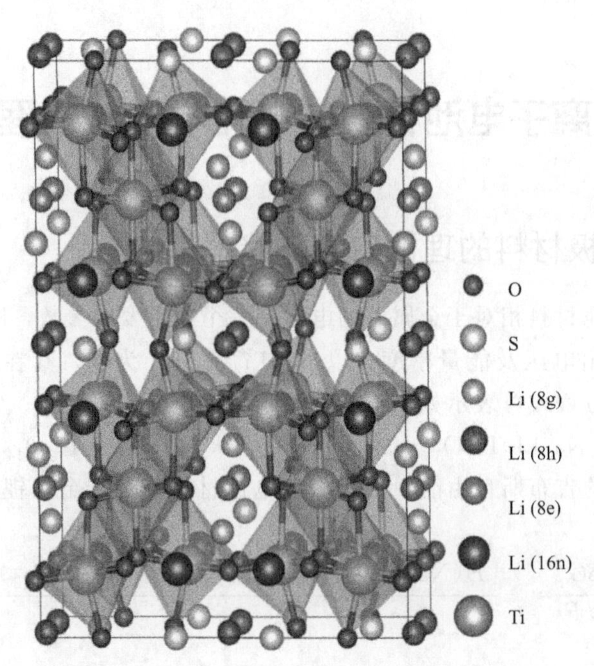

图 11-10 $Na_2Li_{2+x}Ti_6O_{14}$ 负极材料的理论计算模型

表 11-6 结构优化后 $Na_2Li_2Ti_6O_{14}$ 晶格中各原子的坐标及可能的嵌锂位置

项目	x	y	z	占据数	D_{Li-O}/Å
Na(8i)	0.000000	0.000000	0.369641	1	—
Li(8g)	0.316689	0.000000	0.000000	1	—
Ti(16n)	0.108995	0.000000	0.127145	1	—
Ti(8f)	0.250000	0.250000	0.250000	1	—
O(16l)	0.131580	0.250000	0.250000	1	—
O(16n)	0.235918	0.000000	0.134099	1	—
O(16o)	0.106307	0.223608	0.000000	1	—
O(8i)	0.000000	0.000000	0.165780	1	—
空位(16n)	0.118943	0.000000	0.375000	—	2.066
空位(8h)	0.000000	0.250000	0.000000	—	1.757
空位(8e)	0.250000	0.250000	0.000000	—	2.086
空位(8c)	0.000000	0.750000	0.250000	—	1.712
空位(4b)	0.000000	0.000000	0.500000	—	2.357
空位(4a)	0.000000	0.000000	0.000000	—	1.859

表 11-6 同时列出了一些最有可能的嵌锂位置。对于大部分锂离子嵌入材料，如 $LiMn_2O_4$、$Li_4Ti_5O_{12}$、$LiFePO_4$ 和 $LiCoO_2$ 等，Li—O 键的键长约为 2.0Å，此时氧和锂之间的静电吸引作用和短程排斥作用将达到一个微妙的平衡，因此系统的能量最低。根据表 11-6 中 Li—O 键键长的计算结果可以推断锂离子嵌入 8e 和 16n 位应该是能量上最为有利的。考虑到材料的化学计量比，每个 $Na_2Li_2Ti_6O_{14}$ 单元将可提供 2 个 8e 和 4 个 16n 空位用于容纳外来的锂离子，这与文献的分析一致。

表 11-7　锂嵌入过程中晶格常数、晶格体积及电压的理论计算值

计量比	a/Å	b/Å	c/Å	体积/Å^3	电压/V
$Na_2Li_2Ti_6O_{14}$	5.7098	11.2143	16.4625	1054.117	—
$Na_2Li_4Ti_6O_{14}$	5.7701	11.2905	16.5218	1076.351	1.253
$Na_2Li_6Ti_6O_{14}$	5.8694	11.5962	16.2718	1107.503	0.837
$Na_2Li_7Ti_6O_{14}$	6.0035	11.4952	16.2578	1121.974	0.224

为了定量地研究 $Na_2Li_2Ti_6O_{14}$ 材料的储锂机制，仍需要采用第一性原理的方法对嵌锂过程中锂离子的占位情况及电压进行计算。嵌锂过程中的晶格常数、晶格体积及电压的变化值如表 11-7 所示。计算结果表明在第一个阶段嵌锂时，当外来的锂离子分别占据 4a、4b、8c、8e、8h 和 16n 位置时，系统的相对能量分别为 0.554eV、2.635eV、0.574eV、0.000eV、0.354eV 和 0.219eV。因此外来的锂离子占据 8e 位在能量上是最为有利的。表 11-7 的计算结果还表明，当所有的 8e 空位均被外来的锂离子所占据时，电极材料相对于金属锂电极的电位约为 1.253V，此时的理论嵌锂容量约为 93.87mA·h·g^{-1}。随着锂离子的嵌入，电极材料的电位继续降低，此时锂离子将优先占据能量次低的 16n 位置。对于 $Na_2Li_6Ti_6O_{14}$ 和 $Na_2Li_7Ti_6O_{14}$ 嵌锂态，它们相对于金属锂电极的电位分别为 0.837V 和 0.224V，此时的理论嵌锂容量分别为 187.73mA·h·g^{-1} 和 234.67mA·h·g^{-1}。当晶格中的嵌锂数目达到 5.5 的时候，反应式(11-23) 的吉布斯生成能已经转变为正值，相应的电化学反应转变为非自发过程。第一性原理的计算结果表明 $Na_2Li_2Ti_6O_{14}$ 晶格大约可以容纳 6 个外来的锂离子，这与实验的结果完全一致。

虽然理论上所有电极材料的电压均可以通过第一性原理计算来确定，但是在计算的过程中人们仍需要细致地考虑各种嵌/脱锂态的几何结构以及锂离子的占位情况等问题。对于不具备扎实理论基础的实验研究人员，材料结构的多样性及计算过程的复杂性使他们比较难以开展理论计算工作。为了解决这个问题并提供一种简单的方法用于预测材料的电位，Doublet 等开展了一些相关的研究工作。她们改写了电极材料的电位计算公式，并将其分解成 3 个部分，即 1 个与氧化还原活性中心的化学势及化学硬度相关的原位贡献（on-site contribution）以及2个因外加电荷［A^+（A＝Li、Na）和 e^-］的引入而引起的位间贡献（inter-site contribution）。对于强离子系统，上述3个部分的贡献仅用2个Madelung势进行表示即可，而Madelung势则可以通过简单的电荷计算即可确定。图11-11的计算结果表明Fe基和Co基电极材料的形式电荷或Bader电荷与材料的电压之间均有线性依赖关系。由于Doublet等提出的方法避免了分别计算嵌锂态和脱锂态的能量才能确定电极材料的理论电压，且该方法对于不同的晶体结构、不同的碱金属、不同的计量比、不同的配体和不同的过渡金属均是有效的，这为人们预测电极材料的电压提供重要的依据，对电极材料的设计和优化也有重要的意义。

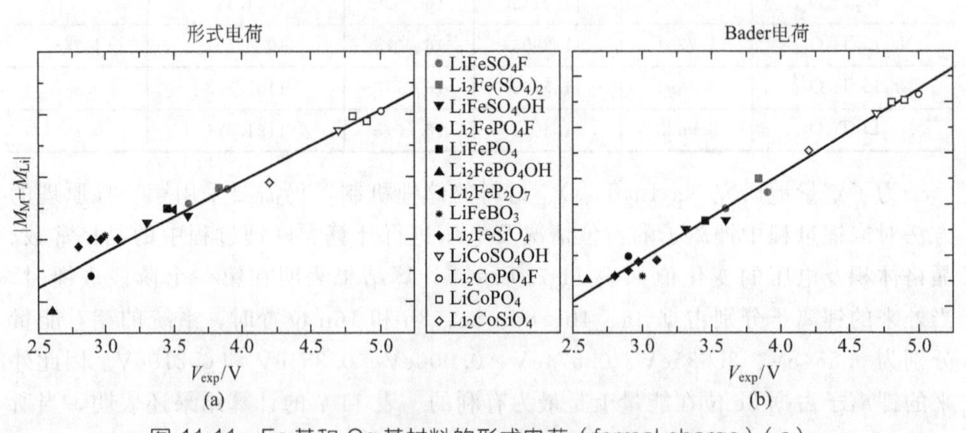

图11-11 Fe基和Co基材料的形式电荷（formal charge）（a）及Bader电荷（b）与电压之间的关系

11.4.2 电极材料的表面形貌的预测及表面效应

由于锂离子电池的电极材料主要以氧化物为主，较差的电子电导率及锂离子扩散动力学使其倍率性能受到了极大的限制。目前纳米化是解决上述问题的一个非常有效的方法。为了评价和揭示纳米效应对电极材料的电化学性能的影响，有关电极材料的表面稳定性及电子结构的研究成为了人们关注的焦点。材料的表面稳定性一般可用表面能（或弛豫裂解能）来评价，其计算公式如下：

$$\gamma=\frac{E_{slab}-nE_{bulk}}{2A}=\frac{E_{slab}^{rel}(A)+E_{slab}^{rel}(B)-nE_{bulk}}{4A} \tag{11-25}$$

式中，E_{slab} 和 E_{bulk} 分别为材料的表面及体相的总能量，而 A 则为表面的面积。

图11-12为 $LiTi_2O_4$ 负极材料的表面模型，不同晶面的弛豫裂解能如表11-8

所示。计算结果表明 (111)-$LiTiO_4$ 和 (111)-Ti 互补面的裂解能最低 (0.77J·m^{-2}); (100)-Li 和 (100)-Ti_2O_4 互补面的裂解能 (1.03J·m^{-2}) 相对较高，但是它们的数值仍明显低于 (110)、(210) 和 (310) 等晶面; (111)-Li_2TiO_8 和 (111)-Ti_3 互补面的裂解能最高 (4.59J·m^{-2})，因此它们很难通过机械裂解的方法得到。

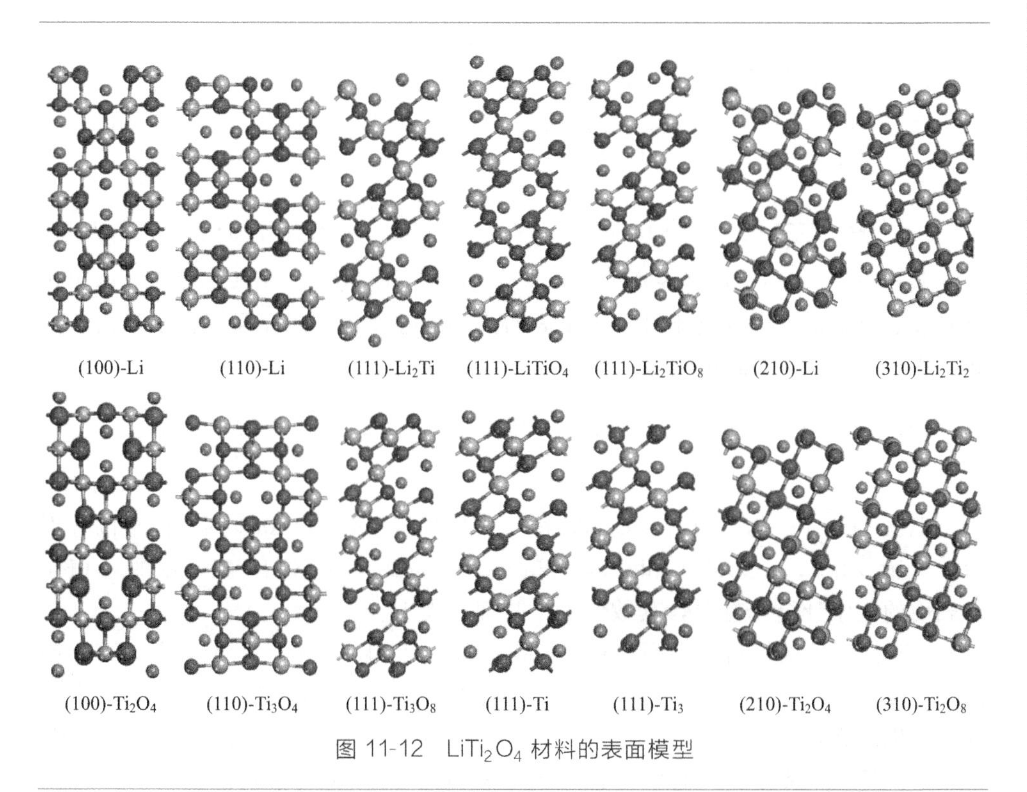

图 11-12 $LiTi_2O_4$ 材料的表面模型

表 11-8 $LiTi_2O_4$ 材料不同表面的裂解能，SGP 常数及表面功函的计算值

项目	E_{cl}^{rel}/J·m^{-2}	φ/J·m^{-2}	表面功函/eV
(100)-Li	1.03	5.26	2.091
(100)-Ti_2O_4	1.03	−3.20	3.026
(110)-Li	1.28	4.25	2.967
(110)-Ti_2O_4	1.28	−1.67	3.519
(111)-Li_2Ti	1.65	11.38	2.726
(111)-Ti_3O_8	1.65	−8.07	5.886
(111)-$LiTiO_4$	0.77	0.82	2.985
(111)-Ti	0.77	0.72	1.534
(111)-Li_2TiO_8	4.59	7.71	5.872
(111)-Ti_3	4.59	2.21	2.877

续表

项目	E_{cl}^{rel}/J·m^{-2}	φ/J·m^{-2}	表面功函/eV
(210)-Li	1.11	3.03	2.237
(210)-Ti_2O_4	1.11	−0.80	3.009
(310)-Li_2Ti_2	1.13	3.86	2.037
(310)-Ti_2O_8	1.13	−0.72	3.813

在晶体的生长和沉积过程中，当表面和环境之间存在物种交换的情况下，一些特定的不稳定表面（如氧化物极化面）是可以通过实验方法制备出来的。为了将环境的因素考虑进去，需要引入表面 grand 势（surface grand potential，SGP）的概念：

$$\Omega=\frac{1}{2A}[E_{slab}-N_{Ti}\mu_{Ti}-N_{Li}\mu_{Li}-N_O\mu_O]=f(\mu_{Ti},\mu_{Li},\mu_O) \quad (11\text{-}26)$$

上式中的 SGP(Ω) 是各物种的化学势（μ）的函数，且计算过程中的体积效应和熵的贡献也可以忽略不计。由于表面内部的各物种之间存在着化学平衡，因此公式(11-26) 可以简化成化学势的二元函数：

$$\Omega=\varphi+\frac{1}{2A}[(2N_{Li}-N_{Ti})\Delta\mu_{Ti}-(4N_{Li}-N_O)\Delta\mu_O]=f(\Delta\mu_{Ti},\Delta\mu_O) \quad (11\text{-}27)$$

根据 $LiTi_2O_4$ 的生成吉布斯自由能，可以确定 $\Delta\mu_{Ti}$ 和 $\Delta\mu_O$ 的取值范围分别为 [−10.70eV，0.00eV] 和 [−5.35eV，0.00eV]。公式(11-27) 中的 φ 值与各表面的化学计量比有关，其数值也一并列于表 11-8 中。

$LiTi_2O_4$ 负极材料各表面的相对稳定性如图 11-13 所示。一般来说，富氧条件下（O-rich）的稳定表面其含氧量是超出 $LiTi_2O_4$ 计量比的，而钛过量的表面则应该出现在富钛（Ti-rich，$\Delta\mu_{Ti}\rightarrow 0$eV）区域。在富氧和富钛（$\Delta\mu_O\rightarrow 0$eV，$\Delta\mu_{Ti}\rightarrow 0$eV）的条件下，电极材料的稳定表面的 TiO 含量将超出 $LiTi_2O_4$ 计量比。相反地，稳定的富锂表面将出现在贫 Ti(Ti-poor，$\Delta\mu_{Ti}\rightarrow -10.70$eV) 和贫 O(O-poor，$\Delta\mu_O\rightarrow -5.35$eV) 的区域。根据表 11-8 可知：在富锂和富钛的条件下，富锂表面的 SGP 常数比 0 大得多，例如 (100)-Li 表面的 φ 值高达 5.26J·m^{-2}，因此这些富锂表面的表面 SGP 要比其他表面大很多，它们无法在富锂和富钛的条件下稳定下来。

图 11-14(a) 为富氧（$\Delta\mu_O=0.0$eV）条件下 (100)、(110) 和 (210) 表面的 SGP 与 $\Delta\mu_{Ti}$ 的关系图。对于计量比互补的一对表面，如 (100)-Li 和 (100)-Ti_2O_4、(110)-Li 和 (110)-Ti_2O_4 以及 (210)-Li 和 (210)-Ti_2O_4，它们的 SGP 的平均值并不依赖于 Ti 的化学势（$\Delta\mu_{Ti}$）且等价于它们的弛豫裂解能。当 $\Delta\mu_{Ti}<-9.33$eV 时，(100)-Li 终结面的 SGP 均比其他五个表面要小，因此它将成为

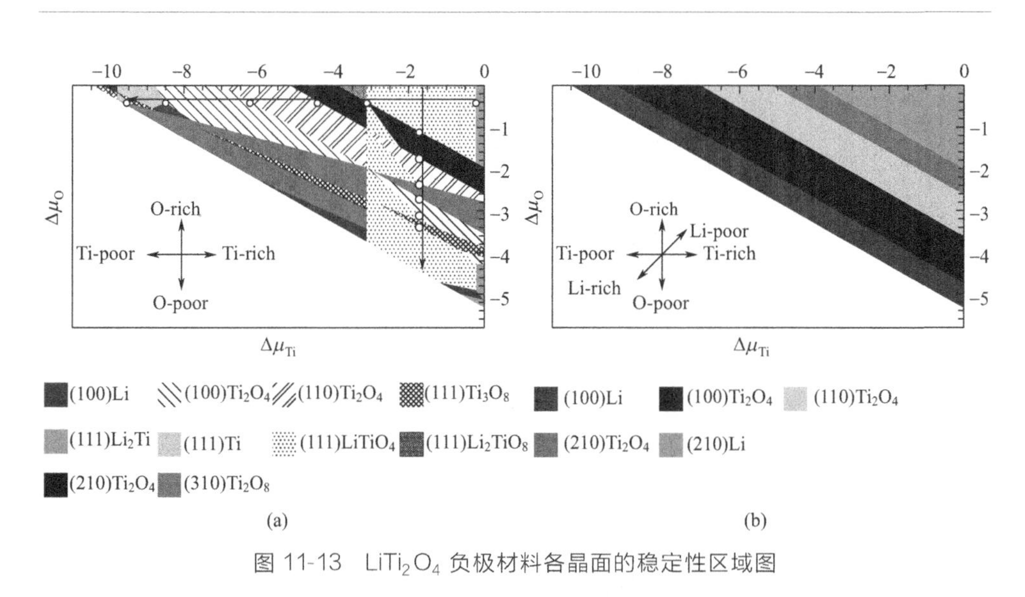

图 11-13 $LiTi_2O_4$ 负极材料各晶面的稳定性区域图

最稳定的表面，并且在图 11-13(a) 和图 11-13(b) 中出现相应的稳定性区域。随着 $\Delta\mu_{Ti}$ 的数值逐渐增加，上述六个表面的 SGP 均发生了显著的变化。当 $\Delta\mu_{Ti}$ 介于［－9.33eV，－7.05eV］区间时，最稳定的构型转变为 (100)-Ti_2O_4 终结面。需要注意的是当 $\Delta\mu_{Ti}>-7.05eV$ 的时候，(100)-Ti_2O_4 表面的 SGP 值已经变为负值，这意味着 $LiTi_2O_4$ 晶体将发生解构，(100)-Ti_2O_4 表面的生成变成了一个自发的过程。这个推论是不合理的，因此还需要引入 SGP＞0 的条件对这种可能出现的情况加以限制。(110)-Ti_2O_4 和 (210)-Ti_2O_4 表面将分别在［－7.05eV，－5.24eV］和［－5.24eV，－3.79eV］区间稳定下来。当 $\Delta\mu_{Ti}>-3.79eV$ 时，(210)－Li 表面似乎成为了所考虑的六个表面构型中最稳定的一个表面。但这与前面的推论是相互矛盾的：即富锂表面应该在贫氧和贫钛条件下才能稳定存在。实际上，(210)-Li 表面在富锂和富钛条件下的 SGP 值 (3.03J·m^{-2}) 仍是相当高的，此时若是考虑其他可能的表面构型，其稳定性区域将不复存在。计算结果表明图 11-13(b) 中 (210)-Li 表面的稳定性区域并未在图 11-13(a) 中出现，其已被 (111) 和 (310) 表面所取代。在 $\Delta\mu_O>-3.60eV$ 的条件下，(310)-Ti_2O_8 展示出了一个较大的稳定性区域，而 5 个 (111) 表面则依赖于它们的组成分别分布在不同的稳定性区域中：(111)-$LiTiO_4$ 和 (111)-Ti 互补面在 $\Delta\mu_{Ti}>-3.13eV$ 的条件下占主要贡献；(111)-Li_2TiO_8 表面在 $\Delta\mu_{Ti}<-3.13eV$ 的条件下存在一个很小的稳定性区域；而 (111)-Li_2Ti 终极面在富锂条件下的稳定性区域基本上可以忽略不计。

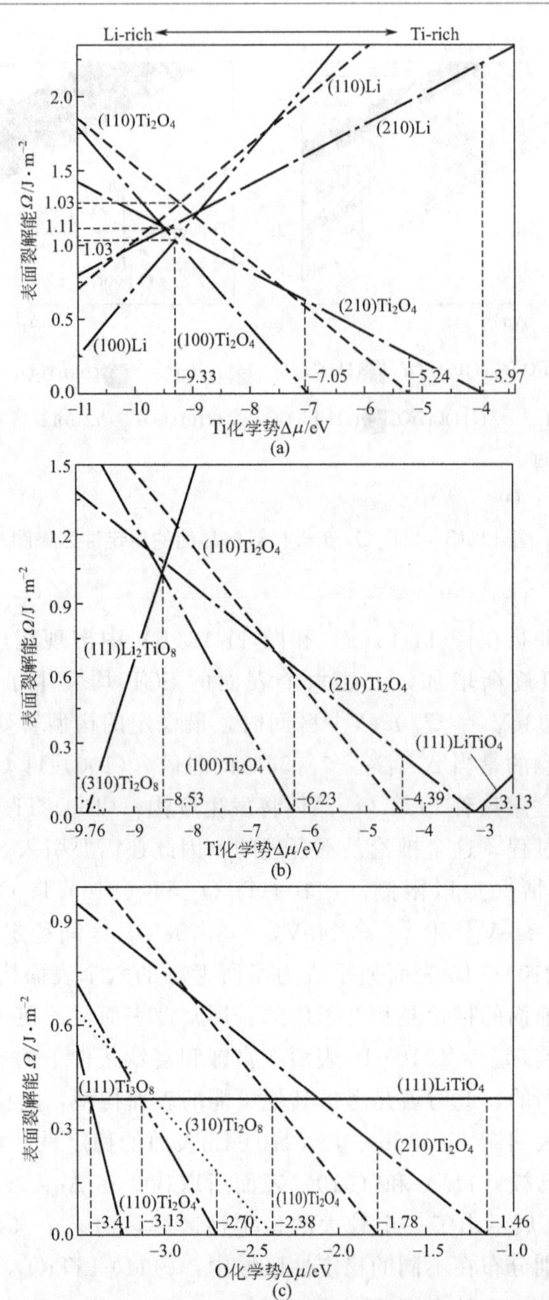

图 11-14 （100）、（110）和（210）表面在富氧条件（$\Delta\mu_{O}=0.00$eV）下的SGP线（a），（111）、（110），（111）、（210）和（310）表面在 $\Delta\mu_{O}=-0.41$eV（b）和 $\Delta\mu_{Ti}=-1.65$eV（c）条件下的 SGP 线

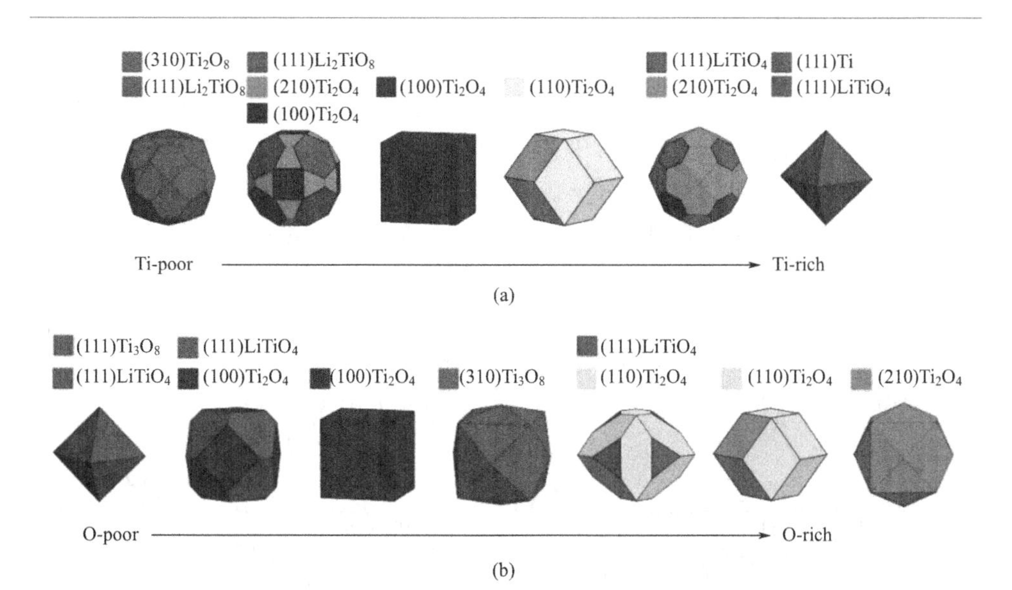

图 11-15 $LiTi_2O_4$ 负极材料在 $\Delta\mu_{Ti}$（a）和 $\Delta\mu_O$（b）发生变化时平衡形貌的演变规律

虽然图 11-13 给出了不同化学环境下最稳定的表面的稳定性区域，但在实际应用中材料粒子的平衡形貌并非完全由最稳定的表面来决定。根据 Gibbs-Wulff 理论，晶体将自动发生重组以使粒子总的表面自由能达到最小值。为了揭示材料的平衡形貌随化学环境变化而演化的规律，我们沿图 11-13(a) 中的空心圆所示的路径构建了 $LiTi_2O_4$ 的 Gibbs-Wulff 形貌。图 11-15（a）为 $\Delta\mu_o$ 固定（−0.41eV）而 $\Delta\mu_{Ti}$ 变化时，$LiTi_2O_4$ 负极材料的平衡形貌的演变规律；图 11-15(b) 则为 $\Delta\mu_{Ti}$ 固定（−1.65eV）而 $\Delta\mu_o$ 变化时，$LiTi_2O_4$ 负极材料的平衡形貌的演变规律。计算结果清楚地表明化学势的变化确实对材料的平衡形貌有很大的影响。当 $\Delta\mu_o$ 固定且 $\Delta\mu_{Ti}$ 从贫钛向富钛条件变化时，由贫钛 (310)-Ti_2O_8 表面主导的粒子逐渐向由富钛 (111)-Ti 表面主导的粒子发生转变。除了主导表面之外，其他表面在负极材料的粒子中也是可以共存的，特别是在表面稳定性区域图中的交界区域。例如在 $\Delta\mu_{Ti}=-8.53$eV 和 $\Delta\mu_o=-0.41$eV 的条件下，(110)-Ti_2O_4、(111)-Li_2TiO_8 和 (210)-Ti_2O_4 终结面的 SGP 值 [图 11-14(b)] 是非常接近的，这导致材料的粒子将具有 3 个主导表面。此外，图 11-13(a) 的计算结果还表明 (100)-Ti_2O_4 和 (110)-Ti_2O_4 表面在富锂的条件下具有很大一块稳定性区域，而图 11-14(b) 则表明这两个表面比其他表面稳定得多。因此具有单一晶面的 (100)-Ti_2O_4 立方体和 (110)-Ti_2O_4 截角 12 面体的粒子形貌是可以获得的 [图 11-15(a)]。若化学环境可以被精确地控制，则人们将可以制备出具有所需取向及特殊形貌的电极材料，这对于电极材料的设计及电化学性能的优化将具有重要的指导作用。

图 11-16 为 $LiTi_2O_4$ 负极材料不同表面的态密度图。对于 $LiTi_2O_4$ 体相的能带结构，文献指出其价带主要是由 O_{2p} 态构成，而其导带则由分裂成两个组态（t_{2g} 和 e_g）Ti_{3d} 态组成；并且由于 O_{2p} 和 Ti_{3d} 之间具有较强的轨道相互作用，Ti—O 之间形成了强共价键，而锂则主要以离子的形式存在于晶格中。另外由于 $LiTi_2O_4$ 负极材料中 Ti 的平均价态为＋3.5 价，因此系统的费米能级将位于部分占据的 Ti_{3d} 态上，这与缀加平面波的计算结果也是一致。

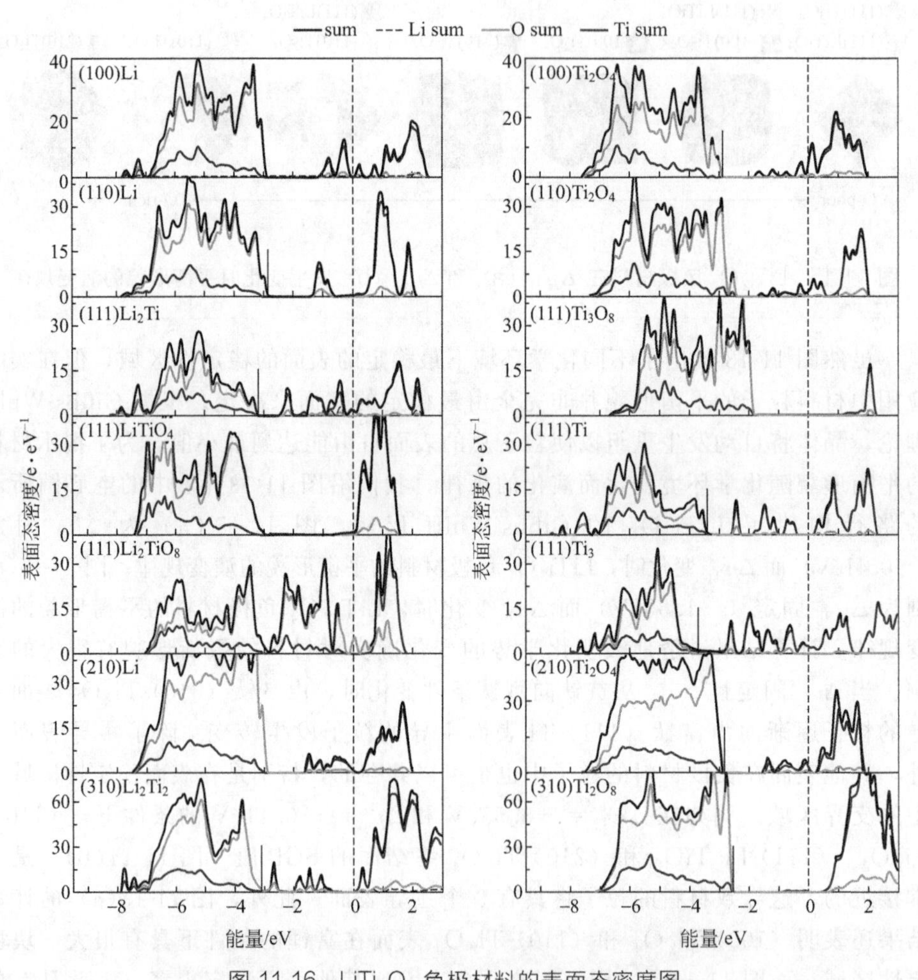

图 11-16　$LiTi_2O_4$ 负极材料的表面态密度图

当表面形成之后，由于表面配位数的降低以及表面组成的变化，表面的电子结构相对于体相发生了很大的变化，从而对电极材料的电化学性质产生影响。

图 11-16 的计算结果表明 $LiTi_2O_4$ 负极材料的富锂终结面［如（110)-Li、(111)-Li_2Ti_2 等］的 O_{2p} 带将处于更低的能量位置，而且价带（valence band，VB）和导带（conduction band，CB）之间出现了一些主要由钛的轨道占主要贡献的隙间态。由于费米能级作为参考的能量零点，即 $E-E_f=0.0eV$，O_{2p} 带向低能方向移动说明费米能级的能量将有所升高，这将导致表面的功函降低。上述分析与表 11-8 中不同表面的功函的计算结果是一致的。

最近，Wang 等以电极材料的表面功函作为一个指标去研究电解质/电极之间的界面反应，他们的研究结果证实 $Li_{3+x}Ti_{6-x}O_{12}$ 电极材料的表面功函因富锂表面的存在而降低。虽然电子从富锂表面更容易逃逸，但是富锂态的出现使表面的化学势逐渐接近或达到电解质的最低非占据轨道（lowest unoccupied molecular orbital，LUMO），这将导致电解质的分解以及气体的产生。上述有关表面稳定性的计算结果表明富锂表面只有在极端富锂的条件下才能稳定存在，而这个条件对于全电池的负极材料在深度充电的条件下也可以达成的。这个现象已经被实验所证实：$Li_4Ti_5O_{12}$ 电池在全充电状态下可能会出现膨胀的问题。

除了富锂表面以外，$LiTi_2O_4$ 负极材料的（111)-Ti 和（111)-Ti_3 表面的功函也很小，相应的数值分别为 1.534eV 和 2.877eV；与富锂表面的电子结构类似，这两个表面的 O_{2p} 带也处于能量较低的位置，且它们的 CB 和 VB 间也出现了一些隙间态。(111)-Li_2TiO_8 终结面在贫钛和富氧的条件下可以稳定存在，它的 O_{2p} 带主要分布在［−8.0eV，0.0eV］区间，其价带顶处于能量较高的位置。因此电子从（111)-Li_2TiO_8 终结面移除变得较为困难，该表面具有较大的功函。需要指出的是 Li、O 和 Ti 的化学势是相互关联的，富锂和富钛的条件实际上与贫氧条件是等价的。$Li_4Ti_5O_{12}$ 负极材料表面的功函随表面组成的变化趋势与实验的研究结果完全一致，即电极材料的表面功函随着表面氧空位的增加（贫氧条件）而逐渐减低。上述有关表面稳定性、电子结构和功函的讨论为相应电极材料的表面结构控制和电化学性能的优化提供了理论依据。

11.4.3 锂离子扩散动力学及倍率性能

锂离子电池的倍率性能是一个重要的电化学指标，良好的倍率性能对于实际应用至关重要。电池材料的倍率性能不仅仅与材料的电子结构和电子导电性相关，它也与锂离子在晶格中以及界面中的扩散动力学有关。采用理论计算方法研究锂离子在晶格中的扩散路径和扩散势垒不仅可以深化人们对材料的结构和性能关系的认识，同时也为人们调控材料的结构以激活高速扩散通道提供了依据，这对于高倍率性能的电极材料的设计具有重要的指导作用。

锂离子在晶格中的扩散动力学的第一性原理计算一般需要遵循以下的步骤：

①确定锂离子的嵌锂位置以及可能的迁移路径。对锂离子的占位情况，特别是电极材料处于不同的嵌锂态的条件下，需要结合晶体的几何结构、对称性和Wyckoff位置等信息，并通过总能的计算来确定。这部分计算与嵌锂机制和电压的预测类似，请参见本章的11.4.1部分。②在确定了扩散路径的初始态和终止态的几何构型的基础上，利用线性插值方法在两个状态之间生成若干个镜像。③利用微动弹性带的方法（nudged elastic band，NEB）对整个路径中所有镜像的能量进行估算，并根据设置的标准对各镜像的几何结构进行调整和重新优化，最终确定锂离子扩散时的最低能量路径（minimum energy path，MEP）。

以尖晶石 $LiTi_2O_4$ 晶格为例，其几何结构如图 11-17(a) 所示，其中 Ti 和 O 分别处于 16d 和 32e 位，而 Li 则处于 8a 位。在锂离子嵌入过程中，外来的锂离子将优先占据 16c 位。根据晶体的结构和对称性可知，锂离子的扩散通道主要沿着［110］及其等价方向，该通道可用 8a-16c-8a 进行表示。由于该通道的起始态和终止态的锂离子均处于 8a 位，因此两个结构的能量相同。通过线性插值的方法，可以在起始态和终止态之间加入若干个镜像，而 NEB 的优化结果则如图 11-17(b) 所示。计算结果表明锂离子在 $LiTi_2O_4$ 体相中的扩散势垒为 0.56eV。需要注意的是锂离子的扩散势垒与电极材料的锂含量有关，文献报道 $Li_{1+x}Ti_2O_4$ 材料的锂离子跃迁势垒在不同的锂含量的条件下分别为 0.46～0.56eV 和 0.38～0.52eV，这些数值比实验值稍大。

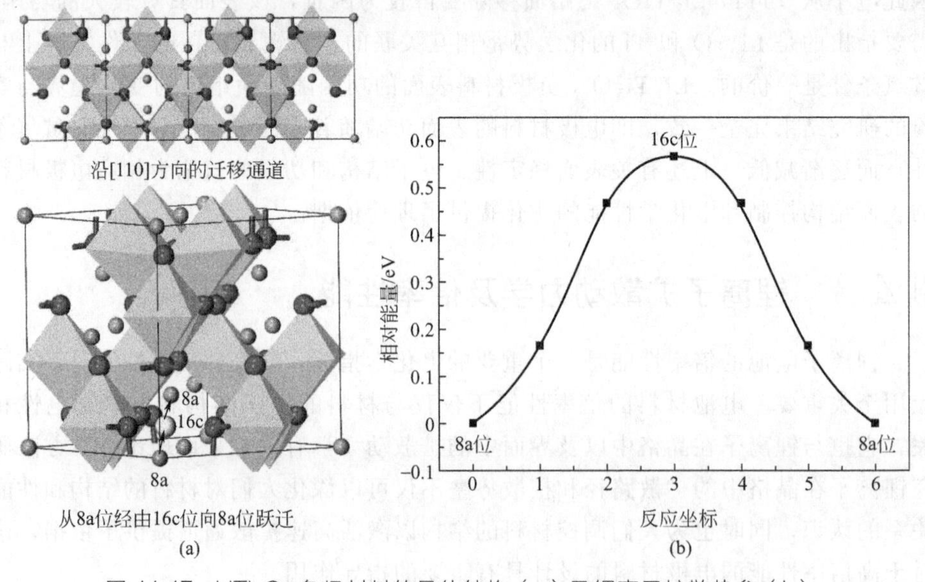

图 11-17 $LiTi_2O_4$ 负极材料的晶体结构（a）及锂离子扩散势垒（b）

在确定了特定的扩散路径的势垒之后，可采用以下公式计算锂离子的扩散系数：

$$D=a^2 v \cdot \exp\left(\frac{-E_a}{kT}\right) \tag{11-28}$$

式中，a、v 和 E_a 分别是跃迁距离、尝试频率和活化能。跃迁距离可以通过锂离子扩散过程中的几何坐标的变化来确定，而尝试频率一般采用 $10^{13}s^{-1}$ 或者也可以通过计算材料的声子谱来确定。根据公式(11-28) 可以计算出锂离子在 $LiTi_2O_4$ 晶格中的扩散系数约为 $4.62\times10^{-12}cm^2 \cdot s^{-1}$，这与其他文献的计算值[约 10^{-10} 和 $(3.6\pm1.1)\times10^{-11}cm^2 \cdot s^{-1}$] 基本吻合。

需要注意的是 $LiTi_2O_4$ 及 $Li_4Ti_5O_{12}$ 尖晶石负极材料中锂离子的扩散路径均沿着 [110] 方向。由于晶体存在对称性，[110] 方向与 [101]、[011]、[$\bar{1}$10]、[$\bar{1}$01] 和 [0$\bar{1}$1] 5 个方向是等价的，这 6 个方向的扩散通道相互连接并在晶体内部形成三维的扩散通道。在确定了上述通道的扩散势垒和扩散系数之后，结合表面形貌的预测结果可以进一步讨论纳米化及表面效应对电极材料倍率性能的影响。如图 11-18 所示，当锂离子从电极材料的内部经由 [110] 及其等价扩散通道向 (111) 表面扩散时，锂离子的扩散距离是向 (110) 表面扩散的 1.22 倍。当锂离子从电极材料内部分别向 (100)、(210) 和 (310) 表面扩散时，其扩散平均自由程将分别增加 1.41、1.58 和 2.24 倍。表面形貌和锂离子扩散动力学的计算结果表明具有 (110) 单一晶面的纳米粒子是可以在适当的实验条件下[图 11-15(a)，Ti-和 O-适中] 获得的，该具有特定形貌的粒子将具有优良的倍率性能。

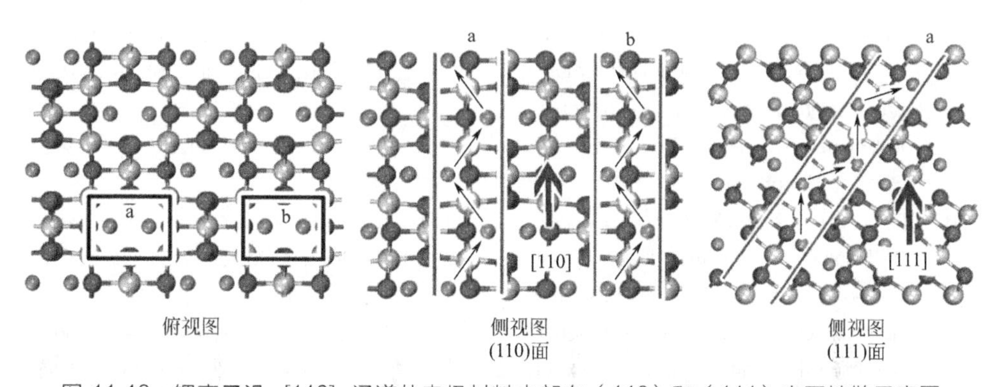

图 11-18 锂离子沿 [110] 通道从电极材料内部向 (110) 和 (111) 表面扩散示意图

综上所述，第一性原理计算目前已经被成功地应用到了电池材料的结构和性能的研究中，为电极材料的性能预测及其结构设计奠定了重要的理论依据。而理论计算和实验技术相结合也势必成为本领域在未来发展中的一个重要趋势，这将为新能源材料的设计和开发提供了重要的思路。

参考文献

[1] Whittingham M S. Lithium batteries and cathode materials. Chem Rev，2004，104(10)：4271-4302.

[2] Goodenough J B，Park K S. The Li-ion rechargeable battery：a perspective. J Am Chem Soc，2013，135(4)：1167-1176.

[3] Choi J W，Aurbach D. Promise and reality of post-lithium-ion batteries with high energy densities. Nat Rev Mater，2016，1：16013.

[4] Gao X，Yang H. Multi-electron reaction materials for high energy density batteries. Energy Environ Sci，2010，3(2)：174-189.

[5] Meng Y S，Elena M.Arroyo-de Dompablo，First principles computational materials design for energy storage materials in lithium ion batteries. Energy Environ Sci，2(6)：589-609.

[6] Hy S，Liu H，Zhang M，Qian D，Hwang B J，Meng Y S. Performance and design considerations for lithium excess layered oxide positive electrode materials for lithium ion batteries. Energy Environ Sci，2016，9：1931-1954.

[7] Reimers J N，Dahn J R. Electrochemical and In Situ X-Ray Diffraction Studies of Lithium Intercalation in $LixCoO_2$. J Electrochem Soc，1992，139(8)：2091-2097.

[8] Thackeray M M，Johnson C S，Vaughey J T，Li N，Hackney S A. Advances in manganese-oxide 'composite' electrodes for lithium-ion batteries. J Mater Chem，2005，15(23)：2257-2267.

[9] Rozier P，Tarascon J M. Review-Li-rich layered oxide cathodes for next-generation Li-ion batteries：chances and challenges. J Electrochem Soc，2015，162(14)：A2490-A2499.

[10] Armstrong A R，Holzapfel M，Novák P，Johnson C S，Kang S H，Thackeray M M，Bruce P G. Demonstrating oxygen loss and associated structural reorganization in the lithium battery cathode $Li[Ni_{0.2}Li_{0.2}Mn_{0.6}]O_2$. J Am Chem Soc，2006，128(26)：8694-8698.

[11] Luo K，Roberts M R，Hao R，Guerrini N，Pickup D M，Liu Y S，Edström K，Guo J，Chadwick A V，Duda L C，Bruce P G. Charge-compensation in 3d-transition-metal-oxide intercalation cathodes through the generation of localized electron holes on oxygen. Nat Chem，2016，8：684-691.

[12] Saubanere M，McCalla E，Tarascon J

M, Doublet M L. The intriguing question of anionic redox in high-energy density cathodes for Li-ion batteries. Energy Environ Sci, 2016, 9 (3): 984-991.

[13] Xie Y, Saubanere M, Doublet M L. Requirements for reversible extra-capacity in Li-rich layered oxides for Li-ion batteries. Energy Environ Sci, 2017, 10 (1): 266-274.

[14] Xie Y, Yu H, Yi T, Zhu Y. Understanding the thermal and mechanical stabilities of olivine-type $LiMPO_4$ (M = Fe, Mn) as cathode materials for rechargeable lithium batteries from first principles. ACS Appl Mater Interfaces, 2014, 6 (6): 4033-4042.

[15] Aydinol M K, Kohan A F, Ceder G, Cho K, Joannopoulos J. An initio study of lithium intercalation in metal oxides and metal dichalcogenides. Phys Rev B, 1997, 56 (3): 1354-1365.

[16] Islam M S, Davies R A, Gale J D. Structural and electronic properties of the layered $LiNi_{0.5}Mn_{0.5}O_2$ lithium battery material. Chem Mater, 2003, 15 (22): 4280-4286.

[17] Barin I. Thermochemical data of pure substances (3rd edition) . Weinheim W: VCH, 1989, 304 (334): 1117.

[18] Wang M, Navrotsky A. $LiMO_2$ (M = Mn, Fe, and Co): Energetics, polymorphism and phase transformation. J Solid State Chem, 2005, 178 (4): 1230-1240.

[19] Wang M, Navrotsky A. Enthalpy of formation of $LiNiO_2$, $LiCoO_2$ and their solid solution, $LiNi_{1-x}Co_xO_2$. Solid State Ionics, 2004, 166 (1): 167-173.

[20] Wang M, Navrotsky A. Thermochemistry of $Li_{1+x}Mn_{2-x}O_4$ ($0 \leqslant x \leqslant 1/3$) spinel. J Solid State Chem, 2005, 178 (4): 1182-1189.

[21] Ong S P, Mo Y, Richards W D, Miara L, Lee H S, Ceder G. Phase stability, electrochemical stability and ionic conductivity of the $Li_{10\pm1}MP_2X_{12}$ (M = Ge, Si, Sn, Al or P, and X = O, S or Se) family of superionic conductors Energy Environ Sci, 2013, 6 (1): 148-156.

[22] Ong S P, Wang L, Kang B, Ceder G. Li-Fe-P-O-2 phase diagram from first principles calculations. Chem Mater, 2008, 20 (5): 1798-1807.

[23] Fey G T K, Muralidharan P, Lu C Z, Cho Y D. Enhanced electrochemical performance and thermal stability of La_2O_3-coated $LiCoO_2$. Electrochim Acta, 2006, 51 (23): 4850-4858.

[24] Gong Z, Yang Y. Recent advances in the research of polyanion-type cathode materials for Li-ion batteries. Energy Environ Sci, 2011, 4 (9): 3223-3242.

[25] Delacourt C, Poizot P, Tarascon J M, Masquelier C. The existence of a temperature-driven solid solution in Li_xFePO_4 for $0 \leqslant x \leqslant 1$. Nat Mater, 2005, 4 (3): 254-260.

[26] Choi D, Xiao J, Choi Y J, Hardy J S, Vijayakumar M, Bhuvaneswari M S, Liu J, Xu W, Wang W, Yang Z, Graff G L, Zhang J G. Thermal stability and phase transformation of electrochemically charged/discharged $LiMnPO_4$ cathode for Li-ion batteries. Energy Environ Sci, 2011, 4 (11): 4560-4566.

[27] Martha S K, Haik O, Zinigrad E, Exnar I, Drezen T, Miners J H, Aurbach D. On the Thermal Stability of Olivine Cathode Materials for Lithium-Ion Batteries. J Electrochem Soc, 2011, 158 (10): A1115-A1122.

[28] Xie Y, Yu H, Yi T, Wang Q, Song Q, Lou M, Zhu Y. Thermodynamic stability and transport properties of tavorite $LiFeSO_4F$ as a cathode material for lithium-ion batteries. J Mater Chem A, 2015, 3 (39): 19728-19737.

[29] Born M, Huang K, Lax M. Dynamical theory of crystal lattices. Am J Phys, 1955, 23 (7): 474-474.

[30] Maxisch T, Ceder G. Elastic properties of olivine Li_xFePO_4 from first principles. Phys Rev B, 2006, 73 (17): 174112.

[31] Hill R. The elastic behaviour of a crystalline aggregate. Proc Phys Soc London Sect A, 1952, 65 (5): 349-354.

[32] Pugh S F, XCII. Relations between the elastic moduli and the plastic properties of polycrystalline pure metals. The London, Edinburgh, and Dublin Philosophical Magazine and Journal of Science, 1954, 45 (367): 823-843.

[33] Ravindran P, Lars Fast, Korzhavyi P A, Johansson B. Density functional theory for calculation of elastic properties of orthorhombic crystals: application to $TiSi_2$. J Appl Phys, 1998, 84 (9): 4891-4904.

[34] Tvergaard V, Hutchinson J W. Microcracking in ceramics induced by thermal expansion or elastic anisotropy. J Am Ceram Soc, 1988, 71 (3): 157-166.

[35] Chung D H, Buessem W R. Anisotropy in single-crystal refractory compounds. Plenum: New York, 1968, 2: 217.

[36] Dong Y, Wang L, Zhang S, Zhao Y, Zhou J, Xie H, Goodenough J B. Two-phase interface in $LiMnPO_4$ nanoplates. J Power Sources, 2012, 215: 116-121.

[37] Xu B, Qian D, Wang Z, Meng Y S. Recent progress in cathode materials research for advanced lithium ion batteries. Mater Sci Eng, R, 2012, 73 (5-6): 51-65.

[38] Yamada A, Tanaka M, Tanaka K, Sekai K. Jahn-Teller instability in spinel Li-Mn-O. J Power Sources, 1999, 81: 73-78.

[39] Qian D, Xu B, Chi M, Meng Y S. Uncovering the roles of oxygen vacancies in cation migration in lithium excess layered oxides. Phys. Chem Chem Phys, 2014, 16 (28): 14665-14668.

[40] Sathiya M, Abakumov A M, Foix D, Rousse G, Ramesha K, Saubanère M, Doublet M L, Vezin H, Laisa C P, Prakash A S, Gonbeau D, VanTendeloo G, Tarascon J M. Origin of voltage decay in high-capacity layered oxide electrodes. Nat Mater, 2015, 14 (2): 230-238.

[41] Koyama Y, Tanaka I, Nagao M, Kanno R. First-principles study on lithium removal from Li_2MnO_3. J Power Sources, 2009, 189 (1): 798-801.

[42] Yabuuchi N, Yoshii K, Myung S T, Nakai I, Komaba S. Detailed studies of a high-capacity electrode material for rechargeable batteries, Li_2MnO_3-$LiCo_{1/3}Ni_{1/3}Mn_{1/3}O_2$. J Am Chem Soc, 2011, 133 (12): 4404-4419.

[43] Hong J, Lim H D, Lee M, Kim S W, Kim H, Oh S T, Chung G C, Kang K.

Critical role of oxygen evolved from layered Li-excess metal oxides in lithium rechargeable batteries. Chem Mater, 2012, 24 (14): 2692-2697.

[44] Hy S, Felix F, Rick J, Su W N, Hwang B J. Direct in situ observation of Li_2O evolution on Li-rich high-capacity cathode material, Li [$Ni_xLi_{(1-2x)/3}Mn_{(2-x)/3}$] O_2 ($0 \leq x \leq 0.5$). J Am Chem Soc, 2014, 136 (3): 999-1007.

[45] Wang L, Maxisch T, Ceder G. Oxidation energies of transition metal oxides within the GGA + U framework. Phys Rev B, 2006, 73 (19): 195107.

[46] Grey C P, Yoon W S, Reed J, Ceder G. Electrochemical Activity of Li in the Transition-Metal Sites of O_3Li [$Li_{(1-2x)/3}Mn_{(2-x)/3}Ni_x$] O_2, Electrochem Solid-State Lett, 2004, 7 (9): A290-A293.

[47] Thackeray M M, Kang S H, Johnson C S, Vaughey J T, Benedek R, Hackney S A. Li_2MnO_3-stabilized $LiMO_2$ (M = Mn, Ni, Co) electrodes for lithium-ion batteries. J Mater Chem, 2007, 17 (30): 3112-3125.

[48] Okamoto Y. Ambivalent effect of oxygen vacancies on Li_2MnO_3: A first-principles study. J Electrochem Soc, 2011, 159 (2): A152-A157.

[49] Lim J M, Kim D, Lim Y G, Park M S, Kim Y J, Cho M, Cho K. Mechanism of oxygen vacancy on impeded phase transformation and electrochemical activation in inactive Li_2MnO_3. Chem ElectroChem, 2016, 3 (6): 943-949.

[50] Lee E, Persson K A. Structural and chemical evolution of the layered Li-excess Li_xMnO_3 as a function of Li content from first-principles calculations. Adv Energy Mater, 2014, 4 (15): 1400498.

[51] Xiao R, Li, Chen L. Density functional investigation on Li_2MnO_3. Chem Mater, 2012, 24 (21): 4242-4251.

[52] Li B, Shao R, Yan H, An L, Zhang B, Wei H, Ma J, Xia D, Han X. Understanding the stability for Li-rich layered oxide Li_2RuO_3 cathode. Adv Funct Mater, 2016, 26 (9): 1330-1337.

[53] Dronskowski R, Bloechl P E. Crystal orbital hamilton populations (COHP): energy-resolved visualization of chemical bonding in solids based on density-functional calculations. J Phys Chem, 1993, 97 (33): 8617-8624.

[54] Croy J R, Iddir H, Gallagher K, Johnson C S, Benedek R, Balasubramanian M. First-charge instabilities of layered-layered lithium-ion-battery materials. Phys Chem Chem Phys, 2015, 17 (37): 24382-24391.

[55] Iddir H, Bareño J, Benedek R. Stability of Li-and Mn-rich layered-oxide cathodes within the first-charge voltage plateau. J Electrochem Soc, 2016, 163 (8): A1784-A1789.

[56] Gu M, Belharouak I, Zheng J, Wu H, Xiao J, Genc A, Amine K, Thevuthasan S, Baer D R, Zhang J G, Browning N D, Liu J, Wang C. Formation of the spinel phase in the layered composite cathode used in Li-ion batteries. ACS Nano, 2013, 7 (1): 760-767.

[57] Oishi M, Yamanaka K, Watanabe I, Shimoda K, Matsunaga T, Arai H, Ukyo Y, Uchimoto Y, Ogumi Z, Ohta T. Direct observation of reversible oxygen anion redox reaction in Li-rich

manganese oxide, Li_2MnO_3, studied by soft X-ray absorption spectroscopy. J Mater Chem A, 2016, 4 (23): 9293-9302.

[58] Sathiya M, Abakumov A M, Foix D, Rousse G, Ramesha K, Saubanere M, Doublet M L, Vezin H, Laisa C P, Prakash A S, Gonbeau D, Van-Tendeloo G, Tarascon J M. Origin of voltage decay in high-capacity layered oxide electrodes. Nat Mater, 2015, 14 (2): 230-238.

[59] Sathiya M, Rousse G, Ramesha K, Laisa C P, Vezin H, Sougrati M T, Doublet M L, Foix D, Gonbeau D, Walker W, Prakash A S, Ben Hassine M, Dupont L, Tarascon J M. Reversible anionic redox chemistry in high-capacity layered-oxide electrodes. Nat Mater, 2013, 12 (9): 827-835.

[60] Sathiya M, Ramesha K, Rousse G, Foix D, Gonbeau D, Prakash A S, Doublet M L, Hemalatha K, Tarascon J M.High performance $Li_2Ru_{1-y}Mn_yO_3$ ($0.2 \leqslant y \leqslant 0.8$) cathode materials for rechargeable lithium-ion batteries: their understanding. Chem Mater, 2013, 25 (7): 1121-1131.

[61] McCalla E, Abakumov A M, Saubanere M, Foix D, Berg E J, Rousse G, Doublet M L, Gonbeau D, Novak P, Van Tendeloo G, Dominko R, Tarascon J M. Visualization of O—O peroxo-like dimers in high-capacity layered oxides for Li-ion batteries. Science, 2015, 350 (6267): 1516-1521.

[62] Koga H, Croguennec L, Ménétrier M, Douhil K, Belin S, Bourgeois L, Suard E, Weill F, Delmas C. Reversible oxygen participation to the redox processes revealed for $Li_{1.20}Mn_{0.54}Co_{0.13}Ni_{0.13}O_2$. J Electrochem Soc, 2013, 160 (6): A786-A792.

[63] Seo D H, Lee J, Urban A, Malik R, Kang S, Ceder G. The structural and chemical origin of the oxygen redox activity in layered and cation-disordered Li-excess cathode materials. Nat Chem, 2016, 8: 692-697.

[64] Vaughey J T, Geyer A M, Fackler N, Johnson C S, Edstrom K, Bryngelson H, Benedek R, Thackeray M M. Studies of layered lithium metal oxide anodes in lithium cells. J Power Sources, 2007, 174 (2): 1052-1056.

[65] Yabuuchi N, Takeuchi M, Nakayama M, Shiiba H, Ogawa M, Nakayama K, Ohta T, Endo D, Ozaki T, Inamasu T, Sato K, Komaba S. High-capacity electrode materials for rechargeable lithium batteries: Li_3NbO_4-based system with cation-disordered rocksalt structure. Proc Natl Acad Sci U S A, 2015, 112 (25): 7650-7655.

[66] Ma J, Zhou Y, Gao Y, Yu X, Kong Q, Gu L, Wang Z, Yang X, Chen L. Feasibility of using Li_2MoO_3 in constructing Li-rich high energy density mathode materials. Chem Mater, 2014, 26 (10): 3256-3262.

[67] Doublet M L, Lemoigno F, Gillot F, Monconduit L. The Li_xVPn_4 ternary phases (Pn = P, As): rigid networks for lithium intercalation/deintercalation. Chem Mater, 2002, 14 (10): 4126-4133.

[68] Souza D C S, Pralong V, Jacobson A J, Nazar L F. A reversible solid-state crystalline transformation in a metal phosphide induced by redox chemis-

try. Science, 2002, 296 (5575): 2012-2015.

[69] Bichat M P, Gillot F, Monconduit L, Favier F, Morcrette M, Lemoigno F, Doublet M L. Redox-induced structural change in anode materials based on tetrahedral (MPn_4)$^{x-}$ transition metal pnictides. Chem Mater, 2004, 16 (6): 1002-1013.

[70] Seo D H, Urban A, Ceder G. Calibrating transition-metal energy levels and oxygen bands in first-principles calculations: Accurate prediction of redox potentials and charge transfer in lithium transition-metal oxides. Phys Rev B, 2015, 92 (11): 115118.

[71] Braithwaite J S, Catlow C R A, Gale J D, Harding J H. Lithium intercalation into vanadium pentoxide: a theoretical study.Chem Mater, 1999, 11 (8): 1990-1998.

[72] Wang Q, Yu H, Xie Y, Li M, Yi T, Guo C, Song Q, Lou M, Fan S. Structural stabilities, surface morphologies and electronic properties of spinel $LiTi_2O_4$ as anode materials for lithium-ion battery: A first-principles investigation. J Power Sources, 2016, 319: 185-194.

[73] Yao Y, Yang P, Bie X, Wang C, Wei Y, Chen G, Du F. High capacity and rate capability of a layered Li_2RuO_3 cathode utilized in hybrid Na^+/Li^+ batteries. J Mater Chem A, 2015, 3 (35): 18273-18278.

[74] Saubanère M, Yahia M B, Lebègue S, Doublet M L. An intuitive and efficient method for cell voltage prediction of lithium and sodium-ion batteries. Nat Commun, 5: ncomms6559.

[75] Heifets E, Ho J, Merinov B. Density functional simulation of the $BaZrO_3$ (011) surface structure. Phys Rev B, 2007, 75 (15): 155431.

[76] Yi T, Xie Y, Zhu Y, Shu J, Zhou A, Qiao H. Stabilities and electronic properties of lithium titanium oxide anode material for lithium ion battery. J Power Sources, 2012, 198: 318-321.

[77] Gao Y, Wang Z, Chen L. Workfunction, a new viewpoint to understand the electrolyte/electrode interface reaction. J Mater Chem A, 2015, 3 (46): 23420-23425.

[78] Belharouak I, Koenig G M, Tan T, Yumoto H, Ota N, Amine K. Performance degradation and gassing of $Li_4Ti_5O_{12}$/$LiMn_2O_4$ lithium-ion cells. J Electrochem Soc, 2012, 159 (8): A1165-A1170.

[79] Wu K, Yang J, Zhang Y, Wang C, Wang D. Investigation on $Li_4Ti_5O_{12}$ batteries developed for hybrid electric vehicle. J Appl Electrochem, 2012, 42 (12): 989-995.

[80] Henkelman G, Jónsson H. Improved tangent estimate in the nudged elastic band method for finding minimum energy paths and saddle points. J Chem Phys, 2000, 113 (22): 9978-9985.

[81] Anicete-Santos M, Gracia L, Beltrán A, Andrés J, Varela J A, Longo E. Intercalation processes and diffusion paths of lithium ions in spinel-type structured $Li_{1+x}Ti_2O_4$: Density functional theory study. Phys Rev B, 2008, 77 (8): 085112.

[82] Bhattacharya J, Van der Ven A. Phase stability and nondilute Li diffusion in spinel $Li_{1+x}Ti_2O_4$. Phys Rev B, 2010,

81 (10): 104304.

[83] Sugiyama J, Nozaki H, Umegaki I, Mukai K, Miwa K, Shiraki S, Hitosugi T, Suter A, Prokscha T, Salman Z, Lord J S, Månsson M. Li-ion diffusion in $Li_4Ti_5O_{12}$ and $LiTi_2O_4$ battery materials detected by muon spin spectroscopy. Phys Rev B, 2015, 92 (1): 014417.

[84] Van der Ven A, Ceder G. Lithium diffusion mechanisms in layered intercalation compounds. J Power Sources, 2001, 97: 529-531.

[85] Tripathi R, Gardiner G R, Islam M S, Nazar L F. Alkali-ion Conduction Paths in $LiFeSO_4F$ and $NaFeSO_4F$ Tavorite-Type Cathode Materials. Chem Mater, 2011, 23 (8): 2278-2284.